해외건설 프로젝트의 시공자 관점

프로젝트 성공을 위한
클레임 관리

Claim Management for Project Success

e대한경제

추천사

먼저, 엔지니어링/건설업계에 많은 도움이 될 수 있는 전문서적이 출간된 점을 진심으로 축하 드립니다. 이 책은 저자가 실무적인 경험을 기초로 하고 있어 그 가치가 있으며 특히 지난 몇 년간 서울대 엔지니어링개발연구센터(EDRC)에서 진행되었던 'Claim Management' 과정을 중심으로 작성되었는데, 해당 과목은 전체 40여개가 넘는 강의과정 중에서 강의평가 2위로 수강생들에게 인기가 많은 우수한 내용이었습니다. 우리 산업계에 꼭 필요한 내용이라 책으로 출간되었으면 하는 생각을 가지고 있었는데 이렇게 책으로 출간되어 추천사를 부탁 받게 되어서 책임교수로 재직하는 저에게는 고맙기도 하고, 뿌듯한 마음을 감출 수가 없습니다.

국내 건설시장에서 계약, 클레임과 관련된 관행은 해외의 건설프로젝트를 추진하는데 있어서 많은 시행착오와 손실을 발생시켰습니다. 이런 문제점 때문에 서울대 엔지니어링개발연구센터 (EDRC)도 계약, 클레임을 포함한 프로젝트 매니지먼트(Project Management)에 대하여 글로벌 엔지니어 인재양성을 위한 프로그램을 운영해왔습니다. 그 중 계약, 클레임 분야는 프로젝트에 끼치는 영향이 매우 큰데 반해, 전문가가 부족하고 체계적인 교육과정이 미흡하여 아직까지 국내 업계는 전문성이 많이 부족한 상황입니다.

이런 배경에 진행되었던 'Claim Management' 과정과 이 책의 가장 큰 특징은 이론과 실무를 적절하게 조화했다는 것입니다. 계약, 클레임의 이론을 더 깊게 다룬 책도 있지만 실무적인 활용면에서는 아쉬움이 있었고, 실무적인 내용만을 다룬 책은 개인의 경험담에 그치기도 합니다. 적절한 이론이 뒷받침된 실무 업무를 진행하는 것이 가장 바람직한데, 이 책은 이론과 실무 어느 한 쪽에 치우치지 않고 균형 잡힌 시각으로 정리되었습니다. 흔한 말로 '알고 하는 것'과 '모르고 하는 것'은 차이가 있습니다. 프로젝트의 상황에 따라 '하는 것'은 비슷할 수 있지만, '알고' 업무를 진행하면 다른 기회가 생기거나 어려운 상황을 기회로 반전을 할 수도 있을 것입니다. 그런 점에서 이 책은 전문적인 이론을 바탕으로 실무업무를 진행하는 데 많은 도움을 줄 수 있을 것입니다.

보통 계약, 클레임 분야는 어렵다고 느끼는 경우가 많은데, 이 책은 다양한 Diagram, Flowchart, 도표를 활용하여 독자로 하여금 쉽고 빠르게 이해할 수 있도록 작성되었습니다. 용어의 개념은 여러 정의와 비교를 통하여 설명되었으며, 실무 업무는 수행 순서를 고려하여 Flowchart가 많이 활용되었습니다. 따라서 계약, 클레임 분야를 처음 접하는 독자도 쉽게 이해할 수 있을 것으로 보입니다.

최근의 건설시장은 COVID로 인하여 피해가 많이 발생하고 있습니다. 어떻게 하면 그 피해를 만회하고 프로젝트를 성공적으로 완수할 수 있을지에 관심이 모아지고 있습니다. 이 책이 COVID 이슈를 포함한 계약, 클레임 분야에 있어서 독자 여러분들께 많은 도움이 되길 바라며, 지금 이 순간에도 해외현장에서 가족을 위하여, 대한민국을 위하여 열심히 땀 흘리고 계신 건설 관계자분들께 격려와 응원을 보내드립니다.

그리고 저자에게 다시금 감사의 말씀을 드립니다.

수고하셨습니다.

최현대

서울대 엔지니어링개발연구센터(EDRC)
PM분과 책임교수

머리말

본 책은 서울대 엔지니어링개발연구센터(EDRC)에서 3회(2017년~2018년)에 걸쳐 진행된 "Claim Management" 강의 내용을 기본으로 작성되었다. 당시 클레임의 전반적인 내용을 설명하기에는 3일 과정으로는 시간이 부족하였고 강의를 준비·진행하는 과정에서 많은 내용이 생략될 수밖에 없어서 아쉬움이 컸었다. 다행히 e대한경제(舊 건설경제)와 좋은 기회를 가지게 되어 강의내용을 재정리한지 3년여 만에 출간하게 되었다.

"Claim Management" 강의를 준비하는 과정에서 가장 먼저 고려했던 점은 실제 클레임을 준비하는 입장에서 클레임을 구체적으로 어떻게 작성해야 하는지에 대해 실질적인 도움을 주는 것이었다. 이에 따라 아래 2가지 원칙을 고려하여 강의와 책을 준비하였다.

첫 번째 원칙은 구체적인 클레임 별로 최상위 레벨을 구분하여 목차를 구성한 것이다. 클레임을 작성하는 자가 어떤 특정한 상황을 가정하여 클레임 문서를 작성할 수 있도록 클레임의 종류별로 구분하였다. 예를 들어서 예상하지 못한 부지조건(Unforeseen Site Conditions), 불가항력(Force Majeure) 등과 같이 특정한 상황별로 관련 내용을 정리해서 클레임 작성자가 해당 상황에 대하여 쉽고 빠르게 대처할 수 있게 하였다.

두 번째 원칙은 실무적인 내용을 충분히 고려했다는 것이다. 이론과 실제 업무는 분명히 다르기 때문에 이론이 정확하게 실무적으로 반영되지 않는 경우가 많다. 이에 따라 본 책은 이러한 한계를 인지한 상태에서 실제로 활용 가능한 측면을 충분히 고려하였다. 혹자는 이러한 실무적인 대응방법에 대해서 '잘못되었다', '이러한 방법이 더 적합한 방법이다'라고 반문할 수 있다고 본다. 이론적이고 원칙적인 면에서는 그러한 의견이 더 합당할 수 있으나 현실적인 상황은 다를 수 있다.

물론 아무래도 저자들의 경험이 EPC Contractor(시공자) 위주이고, 프로젝트 중에 발생한 손실을 어떻게든 만회하고자 하는 안타까운 시공자의 관점이 많이 반영된 것이라고 볼 수 있다. 이러한 점 때문에 "Claim Management" 강의를 진행할 때 항상 서두에 "본 강의는 어떤 정답을 제시하는 것이 아니라, 시공자가 시도해 볼 수 있는 여러 방법, 대안을 제시하는 것"이라는 점을 강조하였다.

해외건설업계는 2000년대 이후에 많은 실적과 경험을 바탕으로 점차 안정기에 접어들고 있고, 4차 산업혁명에 대비한 새로운 방향을 모색하고 있다. 건설업과 관련된 여러 분야 중 하나인 계약·클레임 분야는 국내에서 아직 체계적으로 정립되지는 않았는데, 이 책의 내용을 바탕으로 클레임의 이론과 실무를 체계적으로 정리하여 건설업에 활용될 수 있는 플랫폼(Platform)을 구축하고 더 나아가 4차 산업혁명에 대비할 수 있는 계기가 되기를 바란다.

최초에 "Claim Management" 강의 기회를 제공해주신 서울대 엔지니어링 개발연구센터(EDRC)의 최현대 교수님과, 선진건설산업을 경험할 수 있는 기회를 주신 최광철 전 SK건설 사장님, 지식공유를 늘 격려해 주신 SK건설 안재현 사장님, 여러 활동에 대해서 아낌없이 지원해 주신 김택수 전 SK건설 부사장님, 그리고 대부분의 실무적인 경험을 함께 진행했던 SK건설의 여러 관계자 분들께 진심으로 감사드립니다.

저자 일동

목 차

CHAPTER 01

클레임 관리 Claim Management

CHAPTER 02

공사변경 클레임 Change in Scope Claim

CHAPTER 03

예상할 수 없는 부지조건 클레임 Unforeseen Site Conditions Claim

CHAPTER 04

발주자 행위에 의한 클레임 Act of Employer Claim

CHAPTER 05

불가항력 클레임 Force Majeure Claim

CHAPTER 06

공사중단 & 계약해지 클레임 Suspension & Termination Claim

목 차

CHAPTER 07

공기연장 클레임 Extension of Time Claim

CHAPTER 08

방해/간섭 클레임 Disruption Claim

CHAPTER 09 공기단축 클레임 Acceleration Claim

CHAPTER 10 발주자 클레임 Employer's Claim

CHAPTER 11 기타 클레임 Other Claims

목 차

CHAPTER 14

클레임 전략과 협상 Claim Strategy & Negotiation

Appendix

Appendix

CHAPTER 01

클레임 관리

Claim Management

1장은 개별적인 클레임을 설명하기에 앞서 전체적인 클레임의 개념과 구조를 먼저 설명하고 클레임 업무와 관련된 조직과 업무, 주요 요인을 설명한다. 특히 클레임은 공사변경(Change)과 구분하여 그 특성을 이해하고 대응하는 것이 중요하며, 이에 따라 주요하게 입증해야 할 5가지 내용이 있다.

1. 개요
2. Change / Claim / Dispute
3. 클레임 조직과 업무
4. 성공적인 클레임을 위한 주요 요인

1 클레임 관리

Claim Management

1. 개요

1.1 대형 프로젝트의 문제점

대부분의 건설 프로젝트에서 입찰 초기에는 예상하지 못했거나 또는 발주자가 변경을 지시함으로 인하여 공사금액의 변경과 공사기간의 지연이 빈번하게 발생하고 있다. 맥킨지가 조사한 자료를 참고하면 대형 프로젝트[1]의 98%는 초기 예산의 30% 이상이 초과되고, 대형 프로젝트의 77%는 당초 공사기간보다 40% 이상이 증가하는 것으로 조사되었다. 아래 그래프는 2013년에 맥킨지가 대형 프로젝트의 공사기간과 예산을 조사한 자료[2]이다.

[그림 1.1] 대형프로젝트의 공기지연과 예산초과

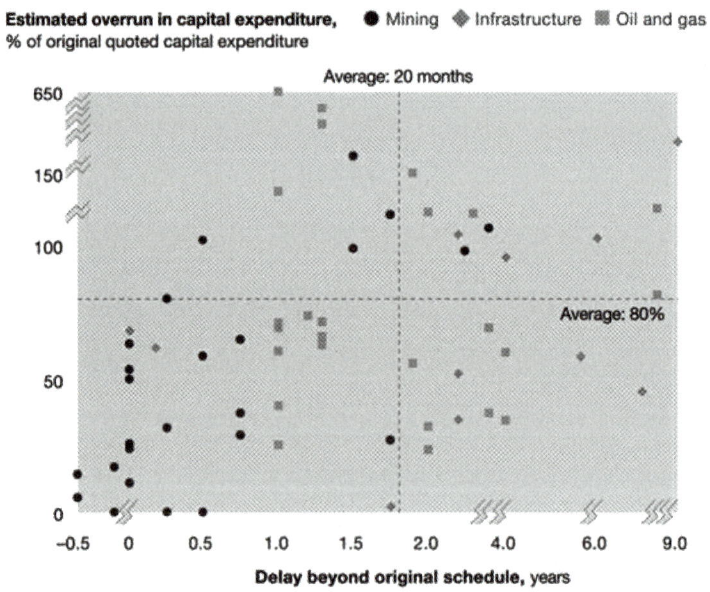

1) Large Project를 대형프로젝트라고 번역하였으며, Large Project는 다양하게 정의되는데, Mega Project와 비슷한 개념으로 추정되며, 이 경우 보통 10억 US달러 이상의 프로젝트를 의미한다.

2) Global Projects Database,His Herold, Nov 19, 2013, herold.com; Mckinsey Analysis

공사기간(가로축)은 평균적으로 계획보다 20개월 이상 지연되고 공사금액(세로축)은 평균적으로 80%를 초과하는 것으로 확인되었다. 특히 정유, 가스(Oil and Gas) 분야는 예산을 초과하는 편차가 광산(Mining)이나 인프라(Infrastructure) 분야보다 큰 것으로 조사되었다. 이와 같이 대형프로젝트는 입찰시와 비교하면 그 편차가 크고 문제점이 발생하면 영향이 크기 때문에 더욱 유의 깊게 프로젝트를 관리해야 한다.

1.2 국제 분쟁 동향

ARCADIS[3]가 2020년에 발간한 'Global Construction Disputes Report 2020'의 주요 내용을 참고하면, 분쟁의 평균금액은 30.7백만불로 조사되었으며, 분쟁의 평균기간은 15개월로 조사되었다. 이와 같이 분쟁은 한 번 발생하면 해결되기까지 시간이 많이 소요되고 수익에 큰 영향을 발생시키기 때문에 분쟁을 최소화하고 효과적으로 대응하는 것이 매우 중요하다.

[표 1.1] 2015~2019년 대륙별 분쟁금액 및 분생기간

Region	Averaga Dispute Value (US$ Millions)					Average Length of Dispute (Months)				
	2015	2016	2017	2018	2019	2015	2016	2017	2018	2019
North Ameracia	25.0	21.0	19.0	16.3	18.8	13.5	15.6	17.7	15.2	17.6
Unitied Kingdom	25.0	34.0	34.0	17.9	17.8	10.7	12.0	10.0	12.8	9.8
Continental Europe	25.0	19.0	29.5	41.0	24.5	18.5	14.1	18.1	20.0	15.6
Middle East	82.0	56.0	91.0	56.7	62.0	15.2	13.7	13.5	20.0	17.0
Global Average	**39.3**	**32.5**	**43.4**	**33.0**	**30.7**	**14.5**	**13.9**	**14.8**	**17.0**	**15.0**

3) 네덜란드를 소재로 하는 국제적인 Design & Consultant 회사

분쟁의 평균금액은 2017년 43.4백만불로 점차 증가하다가 감소하는 추세이며, 지역별로는 중동지역이 평균 62백만불로 가장 크다. 분쟁 평균기간은 2018년에 17개월로 가장 많이 소요되었으며, 지역별로는 영국의 분쟁기간이 9.8개월로 가장 짧게 소요되었다. ARCADIS는 분쟁의 원인도 조사하였는데, 아래와 같이 3가지 내용을 주요한 원인으로 확인했다.

[표 1.2] 분쟁의 주요원인

2019 Rank	분쟁의 주요원인	2018 Rank
1	Poorly drafted or incomplete and unsubstantiated claims	New ranking
2	Failure to make interim awards on extensions of time and compensation	New ranking
3	Owner/Contractor/Subcontractor failing to understand and/or comply with its contractual obligations	1

분쟁의 원인 중 클레임 문서의 부족한 점이 가장 높은 순위로 확인되었는데, 이 원인은 과거 2순위로 자주 확인되었으나, 2019년에 1순위로 상승하였다. 프로젝트 중간에 발생하는 공기연장과 보상에 대한 분쟁이 2순위로 확인되었으며 2019년에 새로운 원인으로 추가되었다.

ARCADIS는 분쟁해결을 위하여 중요한 요인도 분석했는데, 협상타결을 위한 의지가 가장 높은 순위로 확인되었으며, 정확하고 시의적절한 스케줄 검토가 2순위로 확인되었다.

[표 1.3] 분쟁해결을 위한 주요 요인

2019 Rank	분쟁해결을 위한 주요 요인	2018 Rank
1	Owner/Contractor willingness to compromise	2
2	Accurate and timely schedules and review by project staff or third parties	New ranking
3	Contractor transparency of cost data in support of claimed damages	3

국제동향을 더 확인하기 위하여 HKA[4]가 2018년에 발간한 'Claims and Dispute Causation a Digital Perspective'를 참고하면 분쟁을 발생시킨 이벤트 3,000여개를 그 원인에 따라 세부적으로 분석했다. 이 리포트는 257개의 클레임 문서를 분석했는데, 1개의 문서에는 약 13개의 이벤트가 활용되었다.

4) 클레임과 전문가 지원 서비스를 주로 하는 국제적인 컨설팅 회사

[표 1.4] 대륙별 분쟁 금액

Region	Project CAPEX Total(USD)	Ratio
Asia	**204,357,790,104**	**47%**
Middle East	**100,789,504,471**	**23%**
Oceania	58,887,617,658	13%
Europe	33,371,939,458	8%
South America	17,981,530,600	4%
North America	13,107,376,500	3%
Africa	9,343,512,000	2%
Total	**437,839,270,791**	**100%**

분쟁금액을 보면 아시아 지역이 47%로 가장 많았으며, 중동지역도 23%로 높은 비율을 차지했다. 특히 아시아 지역은 정유, 가스(Oil & Gas) 분야의 분쟁이 약 90%로 대부분을 차지했으며, 중동 지역은 정유, 가스(Oil & Gas), 발전(Power), 인프라(Infrastructure) 등 다양한 분야에서 분쟁이 발생했다. 이 리포트는 분쟁을 발생시킨 원인을 1차적으로 아래와 같이 구분하였다. 시공자가 제공한 원인이 20%로 가장 많았으며, 다음으로는 설계상의 문제, 기술적인 문제, 발주자가 제공한 원인 순으로 많이 발생했음을 확인할 수 있다.

[그림 1.2] 분쟁의 1차 원인

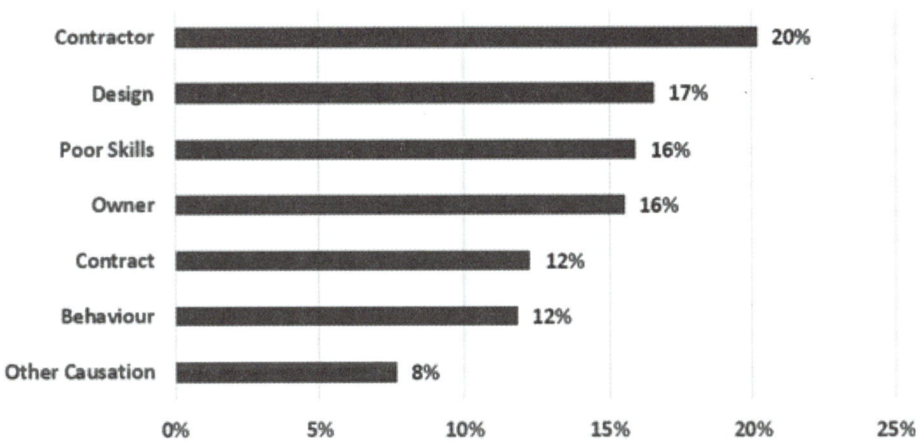

시공자가 발생시킨 원인을 세부적으로 분석해보면, 아래 그래프와 같이 공사지연(Slow Progress), 공기연장(Extension of Time) 등 공정과 관련된 원인이 44%를 차지했다. 즉 공정과 관련된 클레임이 많이 발생하고 있음을 확인할 수 있다.

[그림 1.3] 시공자가 발생시킨 분쟁의 원인

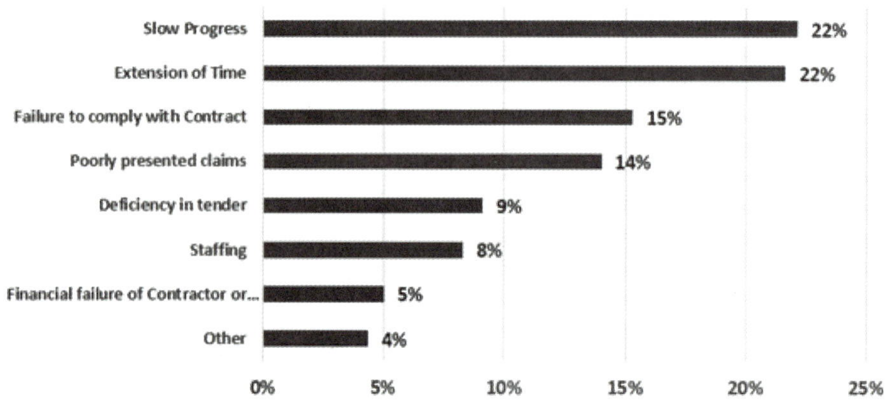

1.3 국내분쟁 동향

대한상사중재원의 과거 6년간 실적을 참고하면 국내의 분쟁동향을 간접적으로 확인할 수 있다. 2015년에 413건을 정점으로 감소해 왔으나 2016년 이후 증가 추세이며, 국내중재건수는 점차적으로 증가하고 있는 추세이다. 이러한 동향은 국제분쟁 동향과도 비슷한 추세를 나타내고 있는데, 2015~2016년에 발생한 국제유가의 급락으로 인하여 건설시장이 전체적으로 하락 국면이었고, 이후 유가가 어느 정도 선에서 안정됨에 따라 건설시장이 상승세를 나타냈으며, 이에 따라 분쟁건수도 증가한 것으로 확인되었다.

[그림 1.4] 대한상사중재원 중재건수

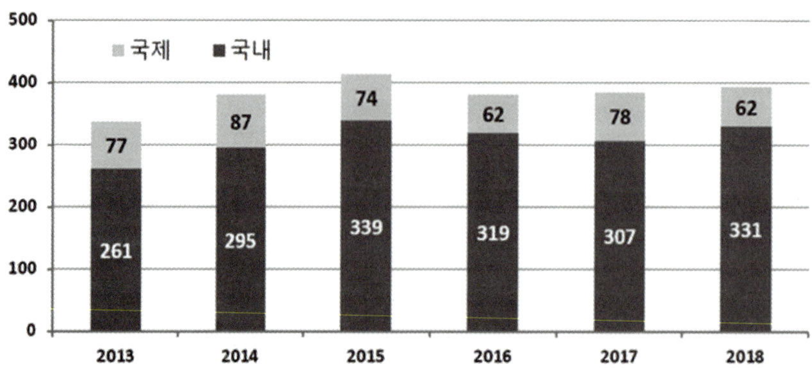

국내의 중재사건을 분석한 자료(2009~2014년)를 참고해보면 공사변경이 41%로 가장 많았으며, 발주자의 부당행위, 공사지연, 건설품질의 순으로 많이 발생했음을 확인할 수 있다[5].

[그림 1.5] 건설분쟁의 주요 원인

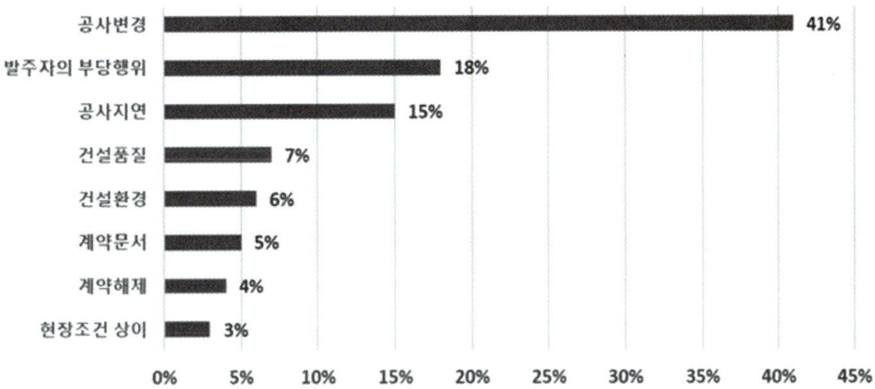

5) 클레임 판례분석을 통한 국내 건설클레임 주요 원인도출. 전예원, 김기민, 최재현

2. Change / Claim / Dispute

2.1 개요

어떤 이벤트가 발생하면 무조건 클레임으로 진행한다던지 또는 공사변경(Change)으로 진행하는 것은 올바른 접근방법은 아니다. 계약서에 명시되어 있는 절차를 확인한 이후에 그 절차에 맞게 진행하는 것이 필요하며, 이를 위해서는 어떤 상황과 연관된 계약적인 절차를 숙지할 필요가 있다. 원칙적으로 모든 이벤트는 공사변경에 해당하며, 계약참여자 간에 원만하게 합의되지 않아서 공사변경으로 진행되지 못하는 경우에 분쟁해결(Dispute Resolution) 절차를 고려하여 클레임 절차로 진행되는 것뿐이다. 가장 많이 발생하는 공기연장 클레임(Extension of Time Claim)은 보통 합의하지 못하는 경우가 많기 때문에 대부분 클레임으로 진행되지만, 이것도 승인되면 결국 공사변경 또는 계약변경(Contract Amendment) 형태로 진행되어야 한다. 따라서 시공자 입장에서는 공사변경으로 먼저 접근해야 하며, 합의가 여의치 않을 경우에 분쟁해결을 고려한 클레임 절차를 고려해야 한다.

[그림 1.6] Change / Claim / Dispute 순서도

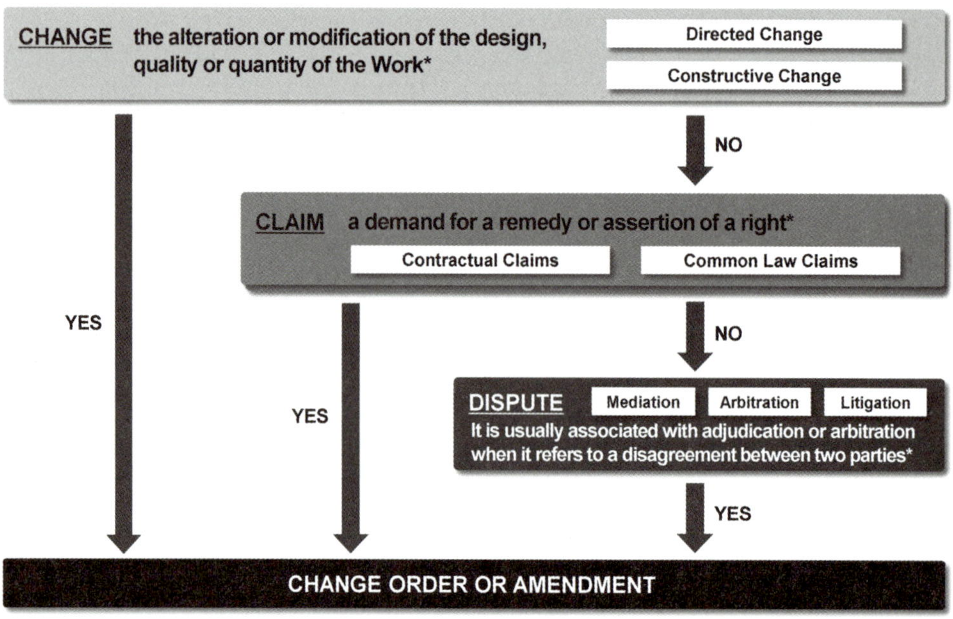

프로젝트가 진행됨에 따라 공사변경(Change)이 발생하고 그러한 공사변경은 프로젝트에 누적적으로 영향을 발생시킨다. 이 중 공사기간에 대한 영향은 공기연장 클레임(Extension of Time Claim)으로 프로젝트 후반부에 협의하는 경우가 일반적인데, 개별적인 공사변경은 이러한 영향이 발생할 때마다 분석/제출/협의하는 것이 필요하다.

[그림 1.7] Change / Claim / Dispute의 진행순서

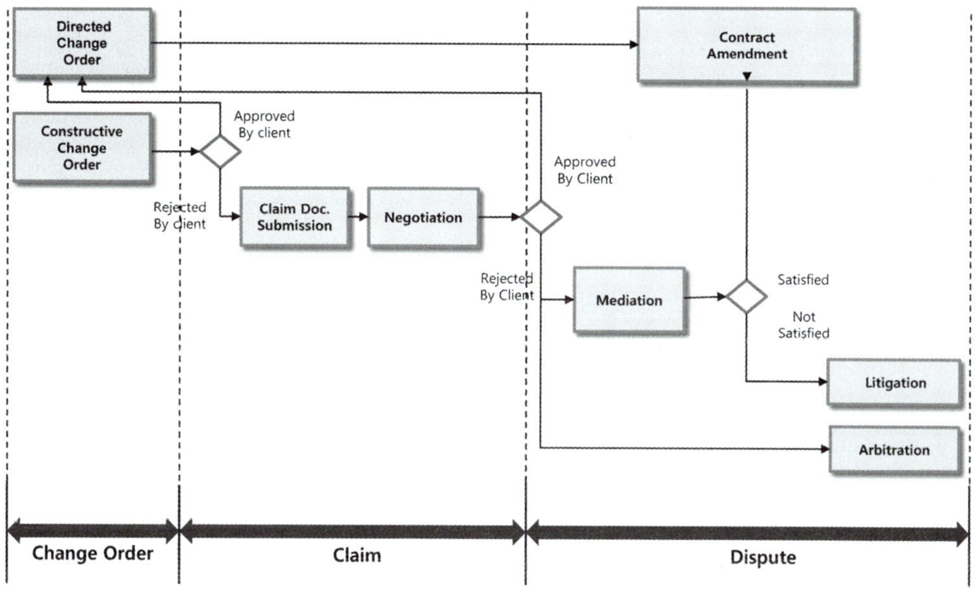

Delay & Disruption Protocol[6]은 아래와 같이 권장하고 있다.

> **Core Principles 19. Valuation of variations**
>
> Where practicable, the total likely effect of variations should be pre-agreed between the Employer/CA and the Contractor to arrive at, if possible, a fixed price of a variation, to include not only the direct costs but also the time-related and disruption costs, an agreed EOT and the necessary revisions to the program.[7]

공사변경(Change)을 협의할 때는 직접적인 영향뿐만 아니라 전체적인 영향(시간, 방해/간섭 등 간접적인 영향 포함) 및 공정표의 개정을 포함하여 합의할 것을 추천하고 있다.

---

6) 영국의 Society of Construction Law 협회에서 발간한 Protocol이며 클레임 분야에 있어서 가장 많이 인용되는 자료이다.
7) The Society of Construction Law, Delay and Disruption Protocol 2nd Edition (2017)

[그림 1.8] 개별적인 공사변경(Change)의 영향

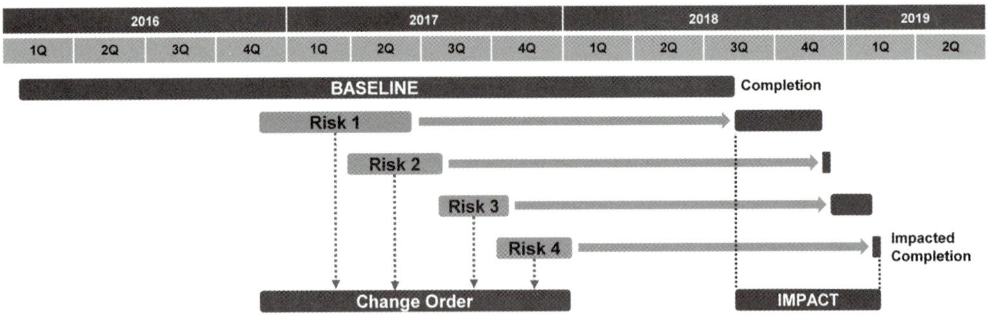

본격적인 설명에 들어가기에 앞서, 앞으로 많이 인용되는 국제 표준계약서의 약어와 지역을 정리하면 아래와 같다.

[그림 1.9] 국제 표준계약서

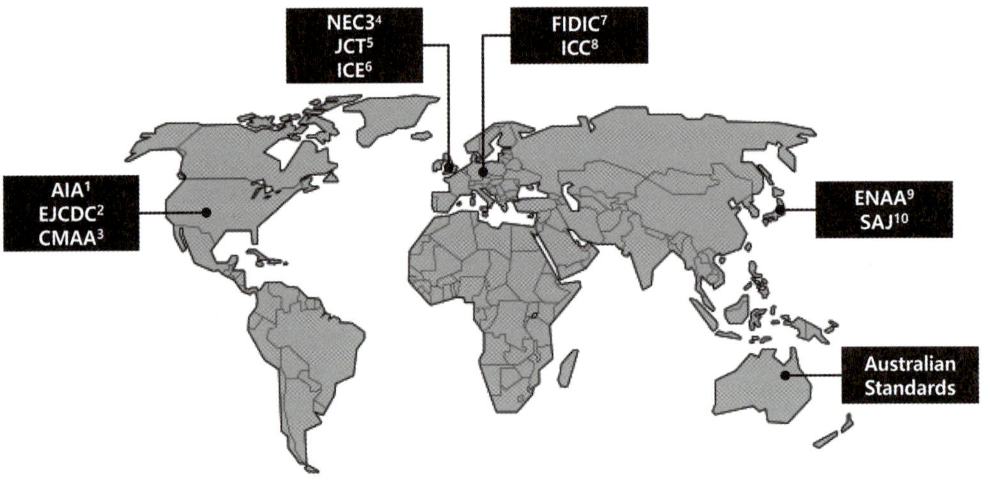

1. The American Institute of Architects
2. Engineers Joint Contract Documents Committee
3. The Construction Management Association of America
4. New Engineering Contracts
5. The Joint Contracts Tribunal
6. Institution of Civil Engineers
7. The International Federation of Consulting Engineers
8. International Chamber of Commerce
9. Engineering Advancement Association of Japan
10. The Shipbuilder's Association of Japan

2.2 공사변경(Change)

프로젝트가 시작하면, 공사변경(Change)이 많이 발생하고 이러한 공사변경이 계약참여자간에 원만하게 합의되지 못하면 프로젝트의 수익률이 저하되고, 공사기간이 증가한다. 따라서 프로젝트가 수행단계에 접어들면 이러한 공사변경을 잘 처리하는 것이 중요하며, 이는 곧 프로젝트의 성공과 직결되기 때문에 공사변경에 대한 개념과 추진절차 등을 숙지해야 한다.

[그림 1.10] 공사변경(Change) 개념

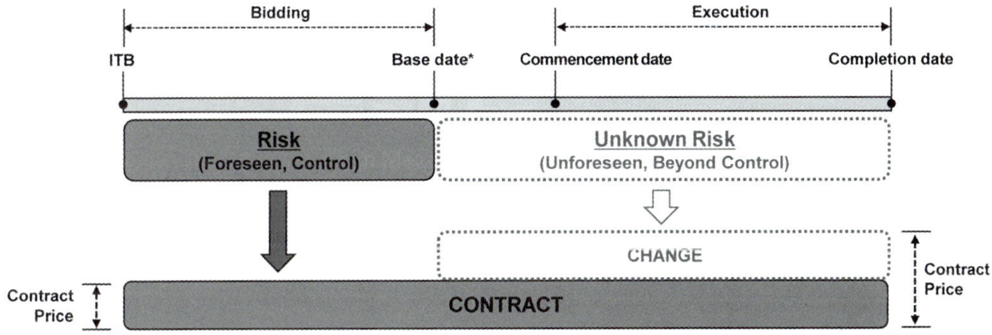

*Base date means the date 28 days prior to the latest date for submission of the Tender.

계약서의 공사변경 조항을 검토할 때 2가지를 유의 깊게 확인해야 한다. 하나는 공사변경(Change)의 정의이며, 다른 하나는 공사변경이 어떻게 발생되는지를 확인하는 것이다. 먼저 JCT Contract의 공사변경(Change) 정의를 참고하면 아래와 같다.

- ddition, omission or substitution of any work
- alternation of the kind or standard of any materials or goods
- removal of any work or goods which are not defective
- imposition of obligation or restriction on access to any part of the site
- limitation on working space or hours
- execution or completion of work in any specific order[8)]

위의 정의는 작업제한, 작업순서 등을 포함하여 폭넓게 공사변경(Change)을 정의하고 있기 때문에 추후 시공자가 공사변경으로 어떤 상황을 주장할 때 유리한 편이다. 예를 들어서 어떤 계약서의 공사변경 정의가 작업순서 변경을 포함하고 있지 않다면, 어떤 이벤트가 발생하여 작업 순서가

8) Section 5 Variations, JCT SBC/Q Revision 2 (2009)

변경되어서 발생한 손실에 대해서 시공자는 공사변경 절차를 밟지 못하고 클레임으로 진행할 수밖에 없기 때문이다. 한편 'Accelerating'을 포함하는 경우에는 시공자에게 불리하게 해석될 수도 있다. 공기단축(Acceleration)이 공사변경(Change)의 범주에 속하면, 발주자가 공사변경으로 공기단축을 지시할 수 있는데, 통상적으로 공기단축에 대한 계약적 입장이 시공자에게 유리하게[9] 해석될 수 있는 상황이 많기 때문에 이러한 계약조건은 불리한 편이라고 볼 수 있다.

아래는 공사변경(Change)이 발생하는 과정을 보여주고 있다. 먼저 발주자의 지시 또는 요청에 의하여 공사변경이 발생할 수 있으며, 시공자가 공사변경을 요청하거나 진행할 수 있다. 또한 계약조항에 의하여 공사변경이 발생될 수도 있다. 이와 같이 공사변경이 발생하면 계약적인 절차에 의하여 진행된다.

[그림 1.11] 공사변경(Change)의 발생

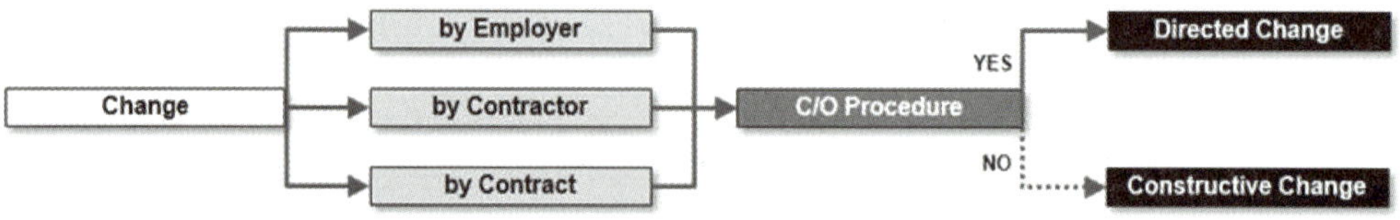

계약적인 절차에 의하여 승인을 받으면, 공사변경(Change)으로 정상적으로 진행되나, 승인받지 못하는 경우에는 의제된[10] 공사변경(Constructive Change)으로 진행되거나 또는 철회된다. 결국 승인받지 못하는 공사변경이 클레임으로 진행되는 셈이다.

Constructive Change

The doctrine of constructive change is often alleged by the Contractor to recover its increased time of performance and costs when the Employer has informally directed the Contractor to perform work that was not required under the terms of the Contract or has instructed the Contractor to perform work in a manner more costly than it had reasonably anticipated.[11]

9) 계약공사기간은 입찰시에 양 계약당사자가 합의한 내용이므로 어느 한 일방이 임의대로 공사기간을 단축할 수는 없으며, 협의가 필요한 사항이다. 자세한 내용은 9장 Acceleration Claim의 개요에 기술되었다.

10) 본질은 같지 않지만 법률에서 동일한 것으로 처리하여 동일한 효과를 주는 것

11) Richard J. Long, Constructive Changes, Long International (2015)

대부분의 계약형태는 발주자가 공사변경(Change)을 지시하는 절차를 포함하고 있으나, 시공자가 공사변경을 요청하는 형태는 포함하지 않거나 또는 그 내용을 VE[12](Value Engineering) 형태로 제한하는 경우가 많다. 아래의 프로젝트 조항을 참고하면 시공자가 제안하는 형태의 공사 변경이 VE이기 때문에 일반적으로 시공자가 공사변경을 제안하는 형태는 진행되기 어려운 계약구조이다. 이러한 계약구조는 결국 공사변경에 대한 시공자의 행위를 제한함으로써 분쟁이 많이 발생할 수 있다.

[그림 1.12] 공사변경(Change) 발생 순서도[13]

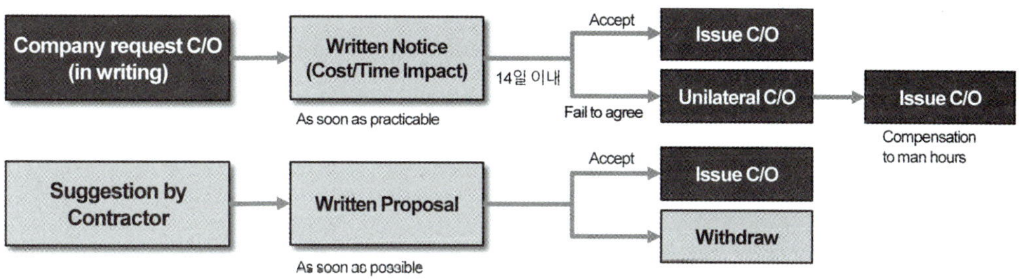

따라서 공사변경(Change) 조항은 전체 프로젝트의 성패와 매우 밀접한 관계가 있기 때문에 입찰시 또는 계약서를 협상할 때 공사변경과 관련된 계약서의 전체 구조를 확인해서 협의 하는 것이 중요하다.

2.3 클레임

클레임은 한 마디로 계약참여자의 어느 한 일방이 보상을 요구하거나 권리를 주장하는 절차라고 할 수 있다.

> A demand or assertion by one of the parties seeking, as a matter of right, adjustment or interpretation of contract terms, payment of money, extension of time or other relief with respect to the terms of the contract.[14]

12) 가치공학이라고 하며, 건설업에서는 주로 설계단계에서 타당성조사, 설계, 시공 및 유지관리에 이르기까지 LCC(Life-cycle cost)를 종합적으로 분석, 검토하여 총비용 문제를 해결하거나 비용을 낮추면서도 품질과 완성도를 높이는 방법이다.

13) EPC Project(Engineering, Procurement, Construction을 포함한 계약형태로 보통 Lump Sum 계약으로 진행되는 민간프로젝트를 의미한다)

14) Glossary of Construction Industry Terms, American Institute of Architecture (2009)

위 정의와 같이 클레임은 계약조건에 근거하는 것이 가장 일반적이지만, 다른 종류의 클레임도 가능하다. 예를 들어서 Quantum Meruit은 합의한 단가에서 벗어나 수행한 작업에 대한 가치에 대해서 모든 상황을 고려하여 합리적인 적정 금액, 시장물가에 따라서 보상을 받는 클레임으로, 디자인 변경이 지나쳐서 물량이 일정 수준을 넘어 증가했거나, 공사중단(suspension)이 지나치게 오래 지속된 경우에 시도해 볼 수 있다. 또한 영미법에서 불법행위(Tort) 상 위반 행위, 즉 중대한 과실(Gross Negligence), 부주의(Reckless), 미필적 고의(Willful misconduct) 발생시 관련 법에 의거하여 보상을 요구하는 클레임도 가능하다.

한편 Gratia(Mercy) 클레임은 계약적인 책임관계를 떠나 상대방의 호의에 호소하는 클레임이다. 예를 들면 시공자가 어떤 공사를 수행할 때 지연/손실을 최소화하려는 노력을 충분히 했음에도 불구하고 손해를 보았다면, 그 손실을 근거로 클레임을 주장하는 것이다. 발주자 입장에서는 시공자가 소송 등 후속 절차를 진행하는 경우에 그에 따른 발주자의 대응 노력이나 경비를 감안하여 적정선에서 보상하는 상황이다.

[그림 1.13] 클레임의 유형

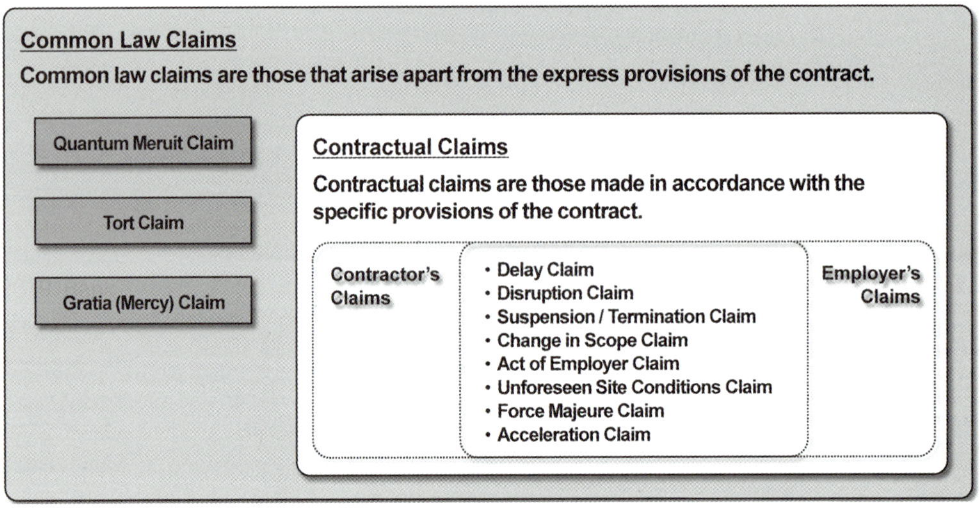

계약적인 클레임(Contractual Claims)은 누가 클레임을 제기하느냐에 따라 시공자의 클레임(Contractor's Claim)과 발주자의 클레임(Employer's Claim)으로 나뉠 수 있는데, 다음과 같이 다양하게 구분된다.[15]

15) 박준기, 건설클레임 분쟁론 (2015)

Civil Engineering Claims, Vincent Powell-Smith, Douglas Stephenson, 1997

- 계약상의 클레임
- 계약위반 클레임
- 법률위반 클레임
- 준계약 클레임
- 호의적인 클레임

Resolution of International Claims, Christopher J. Lemar, Suann Myint, 1996

- 명시적인 계약조항에 의한 클레임
- 계약위반 클레임
- 계약해지 클레임
- 불법행위 클레임
- 법령에 의한 클레임
- 법령상의 의무위반클레임
- 초계약적인 클레임

Types of Claims, Robert A. King, Philip L. Brooks, 1996

- 공사범위변경 클레임
- 공정가속 클레임
- 지체클레임
- 공정차질 클레임
- 대가지급 클레임
- 계약해지 클레임
- 지체클레임
- 보수비용 클레임
- 계약해지 클레임
- 법률위반 클레임

위와 같이 클레임을 구분하는 방법이 다양하나, 이 책에서는 클레임의 원인과 결과를 기준으로 구분하였다.

[그림 1.14] 원인과 결과에 따른 클레임 구분

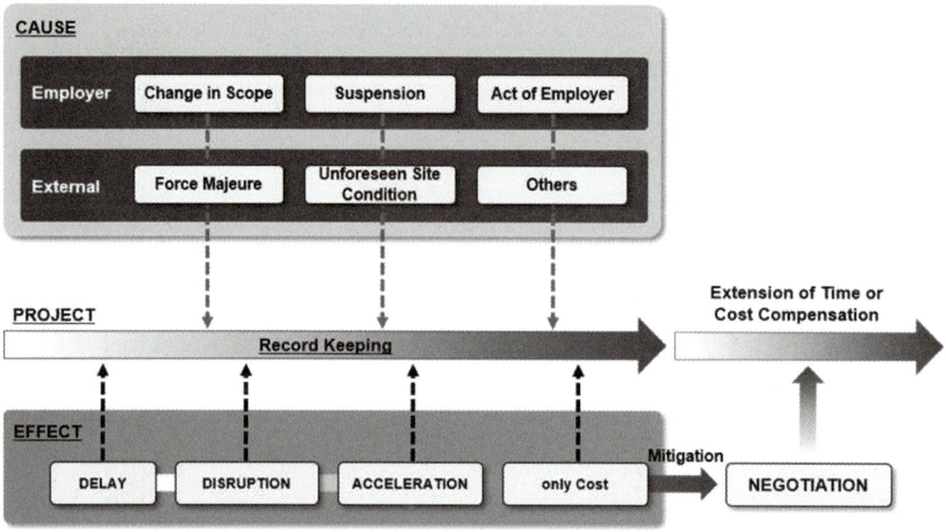

프로젝트는 수행단계에서 여러 이벤트들에 의하여 클레임이 발생하는데, 이러한 이벤트는 계약적인 원인에 따라 구분할 수 있고 이러한 구분은 청구자(Claimant)의 권리를 설명하는데 기준이 된다. 결국 클레임의 결과는 지연(Delay), 방해/간섭(Disruption), 공기단축(Acceleration), 비용(Cost)의 형태로 나타난다.

보통 계약적, 법적 권리분석을 바탕으로 원인 혹은 귀책여부를 확인한 이후에 여러 증빙자료를 근거로 결과를 분석하여 원인과 결과를 논리적으로 설명하는데, 클레임의 성공여부는 이를 얼마나 효과적으로 설득력 있게 입증했느냐에 달려있다. 아래의 내용은 클레임에 있어서 중요하게 입증해야 하는 내용을 설명하고 있다.

[그림 1.15] 클레임의 주요 입증 내용

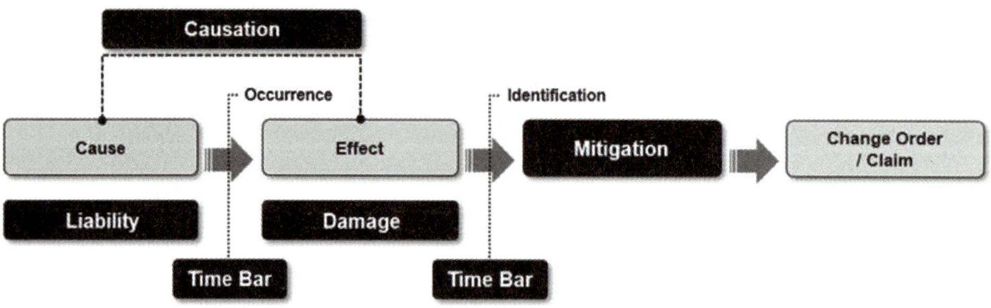

책임(Liability)

지연이나 추가비용을 일으킨 사건이 누구의 책임으로 인하여 발생했는지를 확인해야 한다. 예를 들어 발주자가 시공자에게 계약서에 규정된 시점 내에 부지를 인도하지 못한 경우를 가정해보자. 계약서에 아래와 같이 발주자의 책임이 명확히 규정되어 있고 발주자가 그 의무를 준수하지 못했을 때는 시공자의 클레임에 대한 권리가 확보될 수 있다.

> The Employer shall be responsible, to the extent necessary for the purposes of the Works, for acquiring and providing legal and physical possession of the site and access.[16)]

그러나 계약서에 관련 규정이 없다면, 영미법/관습법(Common Law) 관점에서 책임을 물을 수 있는지에 대해서 관련법을 검토해 볼 수 있다.

인과관계(Causation)

클레임 문서를 얼마나 잘 만들었는지의 여부는 인과관계(Causation)를 얼마나 효과적으로 기술하였는지에 달려있는데, 관련된 계약조항을 참고하면 아래와 같다.

> All proposed or requested changes in the Contract time shall include an analysis showing the actual effect of the event on the Construction Schedule. No adjustments in the Contract time shall be allowed if the event does not directly affect the critical path indicated in the Contractor's Construction Schedule.[17)]

이벤트가 주경로(Critical Path)에 끼친 결과(Effect)를 입증해야만 공정표의 개정이 진행될 수 있다고 설명하고 있는데, 인과관계를 설명하기 위해서 여러 가지 방법이 사용될 수 있다.

- Cause and Effect Matrix
- Scott Schedules
- Critical Path Method

먼저 Cause and Effect Matrix는 원인과 결과의 연관관계를 연결해서 순차적으로 설명하는 방식이다. 보통 클레임은 복잡하게 얽혀 있는 경우가 많기 때문에 원인과 결과를 명확히 구분해서 실제 진행된 흐름으로 설명하는 것이 효율적이다. 아래의 Cause and Effect Matrix는 주요 원인(Primary Causes), 부차적 원인(Secondary Causes) 등 여러 원인들을 먼저 나열한 이후에

---

16) Clause 13.3, ICC Contract

17) Clause 9.48, CMAA Contract,

이러한 결과가 결국 생산성 손실을 발생시켰다고 설명하고 있다. 이와 같이 Cause and Effect Matrix는 연관관계를 구분하여 효과적으로 이벤트를 설명하는 방법이다.

[그림 1.16] Cause and Effect Matrix

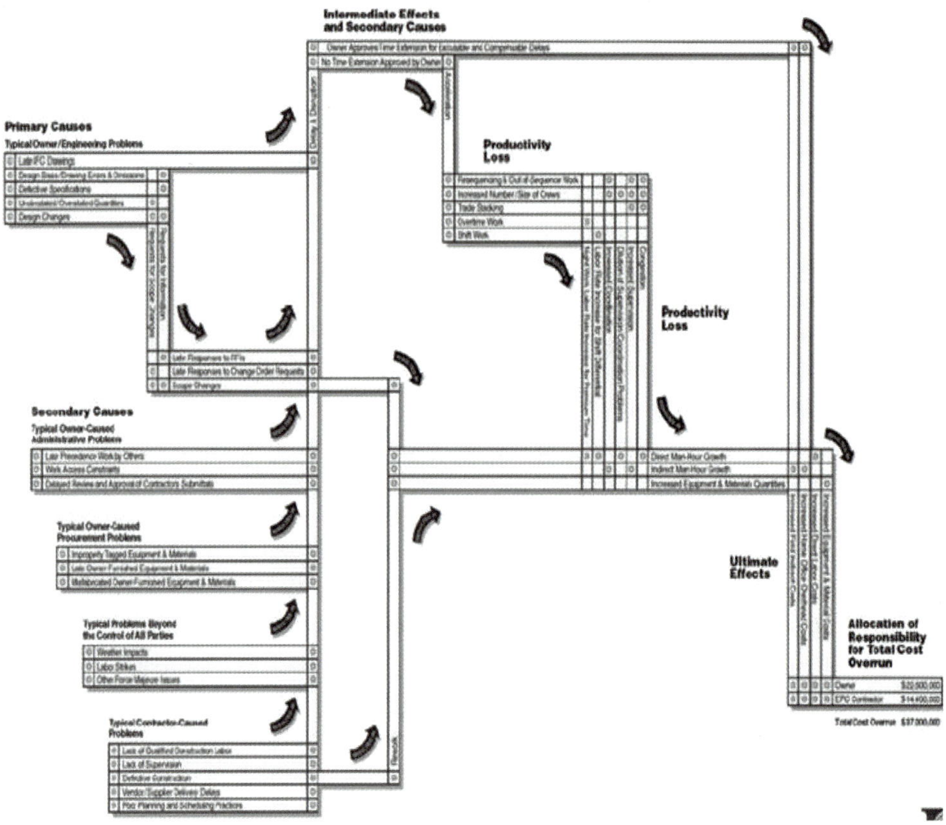

Scott Schedules은 해당 이슈에 대하여 청구자(Claimant)[18], 응답/대응자(Respondent)[19] 그리고 제 3자의 의견을 같이 정리하는 방법이며, 개별 이슈별로 구분해서 정리하는 형태다.

[표 1.5] Scott Schedules

Item	Architect's Breach	Engineering's Breach	Consequences of Breach	Amount Claimed	Amount Admitted	Defendant's Case	Tribunal's comments

18) 클레임을 제기한 자

19) 클레임을 접수받은 자

마지막으로 주경로 분석방법(Critical Path Method)은 공기지연 클레임(Extension of Time Claim)을 입증하는데 많이 사용되는 방법이다. 프로젝트가 시작되면 계약에 의거하여 계획공정표(Baseline)를 작성하고 프로젝트가 진행됨에 따라 진행실적이 기록되는데 결국 주경로 분석방법은 계획공정표와 진행실적을 기록한 완료공정표의 차이를 분석한다. Delay & Disruption Protocol을 참고하면 아래와 같은 방법이 주로 사용된다.

- Impacted As-Planned Analysis
- Time Impact Analysis
- Time Slice Windows Analysis
- As-Planned versus As-Built Windows Analysis
- Retrospective Longest Path Analysis
- Collapsed As-Built Analysis[20)]

손해(Damages)

클레임 문서에서 손해를 산출할 때 중요한 원칙은 그 손해가 실제 발생했는지의 여부이다. 클레임은 발생한 손해에 대한 책임을 상대방에게 묻고 그 손실을 청구하는 개념이기 때문에 원칙적으로 실제 발생하지 않은 예상손해, 추정손해를 청구하는 것은 법적, 계약적으로 맞지 않다고 볼 수 있다. 관련 조항을 참고하면 아래와 같다.

> All reasonable actual costs unavoidably incurred by the Contractor in giving effect to the Superintendent's instruction under this clause and in subsequently recommencing the performance of the works shall be payable by the Company.[21)]

대부분의 계약조건에서 클레임으로 인한 계약금액의 조정은 실제 비용(Actual costs) 또는 실제 손실(Actual loss) 개념으로 설명하고 있으며, 어떤 계약은 명시적으로 이익(Profit)은 제외한다는 내용도 포함하고 있다. 손해는 직접손해(Direct Damages)와 간접손해(Consequential Damages)로 구분해서 이해해야 하는데 7장 공기연장 클레임(Extension of Time Claim)에서 자세한 내용을 확인할 수 있다.

---

20) The Society of Construction Law, Delay and Disruption Protocol 2nd Edition (2017)

21) EPC Contract

기한 경과시 권리상실 조건(Time Bar)

Time Bar는 어떤 이벤트에 대해서 특정한 기한 내에 계약 상대방에게 통지(Notice)하지 않으면 그 이벤트에 대한 권리가 상실된다는 조항이다. FIDIC 계약서의 조항을 참고하면 아래와 같다.

> If the claiming Party fails to give a Notice of Claim within this period of 28 days, the claiming Party shall not be entitled to any additional payment, the Contract Price shall not be reduced (in the case of the Employer as the claiming Party), the Time for Completion (in the case of the Contractor as the claiming Party) or the DNP (in the case of the Employer as the claiming Party) shall not be extended, and the other Party shall be discharged from any liability in connection with the event or circumstance giving rise to the Claim.[22)]

위의 조항에 따르면 이벤트를 알았거나 알았어야 하는 날로부터 28일 이내에 통지하지 않으면 공기연장이 되지 않는다고 명시되어 있다. 즉 해당 이벤트에 대한 클레임 권리는 상실되는 것이다. 여기서 Time Bar의 기준시점은 다양하게 해석할 수 있는데, 국제적으로 많이 사용되는 표준계약서의 조건을 참고하면 아래와 같다.

[표 1.6] 표준계약서의 통지(Notice) 시점

Contract	Clause	Description
FIDIC	20.2.1	The claiming Party shall give a Notice to the other Party, describing the event or circumstance giving rise to the cost, loss, delay or extension of DNP for which the Claim is made as soon as practicable, and no later than 28 days after the claiming Party became aware, or should have become aware, of the event or circumstance
ENAA	40.2	as soon as reasonably practicable after the commencement of such event or circumstance.
AIA	15.1	…within 21 days after occurrence of the event giving rise to such Claim or within 21 days after the Claimant first recognizes the condition giving rise to the Claim, whichever is later.
NEC3	61.3	…within 8 weeks of becoming aware of the event…

[그림 1.17] 표준계약의 통지(Notice) 기준시점

22) Clause 20.2.1, FIDIC Silver Book, 2nd Edition (2017)

FIDIC, NEC3 계약은 이벤트를 인지한 시점 또는 클레임 권리를 발생시키는 시점으로 설명하고 있으며, ENAA는 이벤트의 발생시점을 Time Bar의 기준시점으로 설명하고 있다. 프로젝트에는 하루에도 수십 건의 이벤트가 발생하는데, 시작시점이나 발생시점을 기준으로 해서 Time Bar를 산정하는 것은 비합리적이라고 볼 수 있다. 왜냐하면, 이벤트가 어떤 영향을 발생시켰는지 확인하기 위해서는 검토시간이 필요하고 실제로 어떻게 진행되는지도 확인해야 하기 때문이다. 따라서 Time Bar의 기준시점은 클레임의 권리발생 시점 또는 이벤트의 인지시점으로 산정하는 것이 합리적이라고 볼 수 있다.

이와 관련한 Obrascon 판례[23]를 참고하면, 6월에 공사변경(Change)이 발급되었으며, 10월에 지연이 발생할 것이라고 합리적으로 예상되었고, 11월부터 실제로 공사가 지연되었으나, 법원은 11월에 클레임을 통지하면 된다고 판시하였다. 즉 Time Bar의 시작시점은 실제 공사가 지연된 시점으로 고려한다는 것이다. 한편 Lee Masonry 판례[24]는 계약서에 언급되어 있는 "occurrence of the event giving rise to the claim" 시점과 관련하여 어떤 이벤트가 끝나지 않으면 'occurrence'의 시작시점은 지속된다고 판시하였다. 즉 Time Bar의 시작시점은 특정 이벤트가 발생한 시점이 아니라 끝나는 시점을 기준으로 고려할 수 있다는 의미이다.

> In Lee Masonry, in which the contract required that Contractor was to give notice no later than 30 days "after the occurrence of the event giving rise to the claim," the Tennessee Court of Appeal upheld the opinion of the lower court that for an extension of time, the trade contractors had thirty days after the occurrence ended, not started, within which to state the general nature of their claims. On this basis, the lower court had concluded that because of the cumulative nature of the delays and disruptions that had occurred over the course of the project, "the occurrence was on-going and did not end until [the trade contractors'] work ended.

Time Bar의 기준시점을 아래 그림과 같이 다시 정리하면, ①번 시점은 이벤트의 발생시점이며, ②번 시점은 영향을 받은 작업의 계획종료일이 지연되는 시점이다. 이벤트가 발생하여 영향을 받은 작업의 시작시점이 지연되어도 그 작업이 지연되었다고 판단하기는 어려울 것이다. 왜냐하면 시작시점이 지연되어도 이후 완화(Mitigation)해서 당초 완료일보다 일찍 끝날 수도 있기 때문이다. ③번 시점은 전체 프로젝트의 계획종료일을 경과하는 시점인데, 이 시점이 비로소 지연이 발생하는 시점에 해당한다. ②번 시점에서 어떤 작업에 지연이 발생했어도 전체 프로젝트는 일찍 완료될 수도 있기 때문이다.

---

23) Obrascon Huarte Lain SA v Her Majesty's Attorney General for Gibraltar [2014] EWHC 1028(TCC)

24) Lee Masonry, Inc, No.M2008-02844-COA-R3-CV (2010) Tenn. Ct. App.

[그림 1.18] Time Bar의 기준시점

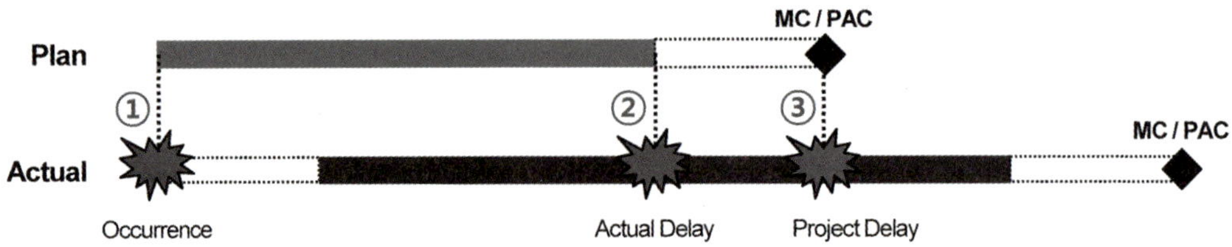

따라서 Time Bar의 기준시점으로 고려할 수 있는 클레임을 발생시키는 시점 또는 이벤트의 발생시점은 다르게 해석될 수 있다. 위 그림에 표현된 ① 시점은 이벤트의 발생시점이나, 발생했다고 해서 관련된 행위에 문제가 발생했다고 판단하기는 어려우며, 관련된 작업이 당초에 종료되었어야 하는 날짜가 경과하고 나서야 비로소 클레임을 발생시킨다고 해석될 수 있다. 즉 영향을 받은 작업의 종료시점을 같이 확인해야한다.

[표 1.7] Time Bar의 기준시점에 대한 검토

시점	의미	검토
①	특정 이벤트의 지연이 발생하는 시점으로, 시공자가 지연을 알 수 있거나 알아야만 하는 시점임.	이 시점은 특정 이벤트의 영향이 어느 정도인지 확인하기 어렵기 때문에 이 기준으로 Time Bar를 산정하면 통지문서는 확보되기 어려움.
②	영향을 받은 작업에 실제 지연이 발생하는 시점임.	지연을 측정할 수 있는 시점이며 지연을 확인할 수 있기 때문에 통지문서를 검토해야 함.
③	프로젝트가 실제적으로 지연되는 시점임	지연의 개념은 실제 지연뿐만 아니라 예상되는 지연도 포함하기 때문에 실제 지연되기 전에 통지를 해야 함. 따라서 Time Bar 시작 시점으로 주장하기에는 어려움.

일정 기간 이내에 통지(Notice)를 보내지 않을 경우 클레임에 대한 모든 권리를 상실한다는 것이 계약서에 명확하게 규정되어 있을 경우 이를 극복하기란 쉽지 않다. 따라서 계약서에 Time Bar 조항이 있을 경우 기한 내에 통지를 보내지 않아서 클레임 권리를 상실하는 일이 없도록 특별한 관리가 필요하다. 단, 위에서 기술한 것처럼 Time Bar의 시작시점에 대한 논의는 가능해 보이며, 준거법(Governing Law)[25]에 따라서 논리를 보완해 볼 수 있을 것이다.

25) 중동지역은 Shariah(Riba, Gharar), 카타르 Civil Code (Article 418, 172), UAE Civil Code(Article 487, 246)를 고려하면, Time bar 조항의 완화를 주장해볼 수 있음. 또한 독일은 Time bar를 엄격하게 적용하지 않고, 시공자의 의무로 해석함. 즉 이미 인지하고 있는 경우 통지가 불필요한 상황도 있을 수 있음

완화(Mitigation)

완화(Mitigation)는 촉진(Expedition), 공기단축(Acceleration)과 혼동해서 사용되기도 하는데, 아래의 내용을 확인해서 상황에 맞게 적절히 사용해야 한다.

[표 1.8] Expedition, Mitigation, Acceleration의 차이

구분	Expedition	Mitigation	Acceleration
발생	시공자의 의무를 준수하지 못하거나 예상되는 상황	시공자의 의무를 준수하지 못하거나 예상되는 상황	발주자의 지시
목적	계약적 완료일을 준수하기 위하여	지연의 영향을 최소화하기 위하여	계약적 완료일보다 더 빨리 완료하기 위해서
보상	시공자가 비용을 부담	시공자가 비용을 부담	발주자가 비용을 지불
보상 범위	촉진(Expedition)을 위한 비용	합리적인 선에서 최소한의 비용	추가적인 비용
조건	해당 행위를 거부하는 것은 계약위반이 될 수도 있음	공기연장 권리에 내한 사전조건 (Pre-condition)	시공자는 공기단축 (Acceleration) 관련조항이 계약에 없다면 그 요청을 거부할 수 있음

촉진(Expedition)과 완화(Mitigation)는 시공자의 의무라는 점에서 동일하며, 공기단축(Acceleration)은 발주자의 지시에 의하여 발생한다. 촉진은 예정일을 충족시키기 위한 행위이며, 완화는 어떤 지연(원인과 관계없이)의 영향을 최소화하기 위한 행위라는 점에서 상이하다. 시공자는 어떤 지연이 발생하면 계약적으로 완화(Mitigation)해야 할 의무를 가지고 있으므로, 클레임을 주장할 때 완화 내용을 포함해야 한다. 국제적으로 많이 사용되는 표준계약서의 관련 조항을 참고하면 아래와 같다.

[표 1.9] 완화(Mitigation) 조항

구분		내용
JCT	조항	**2.28 fixing Completion Date**
	내용	2.28.6.1 the Contractor shall constantly use his best endeavors to prevent delay in the progress of the Works or any Section, however caused, and to prevent the completion of the Works or Section being delayed or further delayed beyond the relevant Completion Date
		시공자는 지연이 발생하지 않도록 최선을 다해야 하며, 지연 발생 시 추가적인 지연을 예방하기 위한 노력을 하여야 함

구분		내용
ENAA	조항	**40. Extension of Time for Completion**
	내용	40.3 The Contractor shall at all times use all commercially reasonable endeavors to minimize any delay in the performance of its obligations under the Contract.
		시공자는 계약조건에 따라 지연을 최소화하기 위한 합리적인 노력을 해야 함.
ICC	조항	**58.18 Damage Mitigation**
	내용	The Employer and Contractor acknowledge that in the event of damage, both Parties shall exert all reasonable efforts to mitigate the damage accruing from such event.
		지연 발생시 각 계약참여자는 손해를 완화하기 위해 합리적인 노력을 해야 함

쉽게 설명하면, 발주자의 어떤 행위로 인하여 지연이 발생한 상황에서 시공자가 아무런 행위를 하지 않고 무조건 발주자의 보상만 기대하는 것은 합리적인 시공자의 행위가 아니며, 그러한 영향을 최소화하기 위하여 노력하고, 그럼에도 불구하고 피할 수 없는 손실에 대해서 청구하는 것이 합리적인 절차라고 볼 수 있다. 물론 당초 계획했던 작업순서, 작업방법, 작업인원을 변경하면서 새로운 작업인원을 추가하는 행위는 공기단축(Acceleration) 행위[26]로 볼 수 있는데, 자세한 내용은 9장 공기단축 클레임(Acceleration Claim)에 기술되었다.

2.4 분쟁(Dispute)

계약서에 명시되어 있는 클레임 절차에 의거하여 어떤 이벤트가 해결되지 못하면, 분쟁해결(Dispute Resolution) 절차에 의하여 진행된다. 많이 사용되는 방법은 아래 3가지인데, 조정(Mediation), 중재(Arbitration), 소송(Litigation)이며 정의는 아래와 같다.

[그림 1.19] Mediation, Arbitration, Litigation

Mediation	• A process where the parties work towards an agreement with the aid of a neutral third party. • A form of alternative dispute resolution in which an independent third party (Mediator).
Arbitration	• A contractual agreement to refer disputes or differences for settlement by an independent private tribunal consisting of one or more arbitrators.
Litigation	• The process of carrying on a lawsuit. • The taking of legal action by a 'litigant'.

26) 공기단축(Acceleration)에 대한 보상을 청구하기 위해서는 발주자의 지시가 있어야 한다.

표준계약에 명시된 분쟁해결(Dispute Resolution) 절차는 아래와 같다. FIDIC 계약은 분쟁조정위원회(Dispute Adjudication Board)를 거쳐서 중재(Arbitration)를 통해서 분쟁을 해결하도록 되어 있으며, JCT Contract는 협상 후에 Mediation, Adjudication, Arbitration 중 어느 하나를 선택해서 진행하도록 설명하고 있다. 미국에서 많이 사용되고 있는 AIA Contract는 Mediation 이후에 Litigation으로 진행하는 것으로 설명하고 있다.

[그림 1.20] 국제 표준계약서의 분쟁해결(Dispute Resolution)

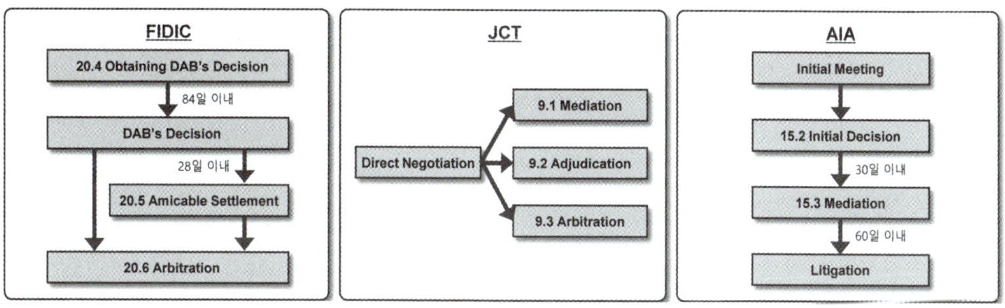

각 계약별로 분쟁해결(Dispute Resolution)의 내용이 상이한데, 관련된 계약조항을 검토할 때 몇 가지 유의해야 할 내용이 있다. 먼저 클레임과 연결된 메커니즘(Mechanism)이 명확히 설명되어야 한다. 클레임이나 공사변경(Change)에서 연결되는 경로가 명확하지 않으면 분쟁해결이 어려울 수 있다. 두 번째로 각 단계별로 기한이 명확히 명시되어야 한다. 어떤 단계에 특정 기한이 같이 명시되어 있지 않거나 또는 특정 기한 내에 진행되지 않는 경우에 다음 단계가 명시되어 있지 않으면 분쟁이 해결되지 않고 장기화되거나 또는 다음 단계로 진행하기가 어렵다. 아래는 각 단계별로 기한이 같이 명시되어 있는 사례인데, 이와 같이 특정한 기한을 포함해야 빠른 시일 내에 분쟁을 해결하는데 도움이 될 것이다.

[그림 1.21] 분쟁해결(Dispute Resolution) 단계별 절차와 기한 사례[27)]

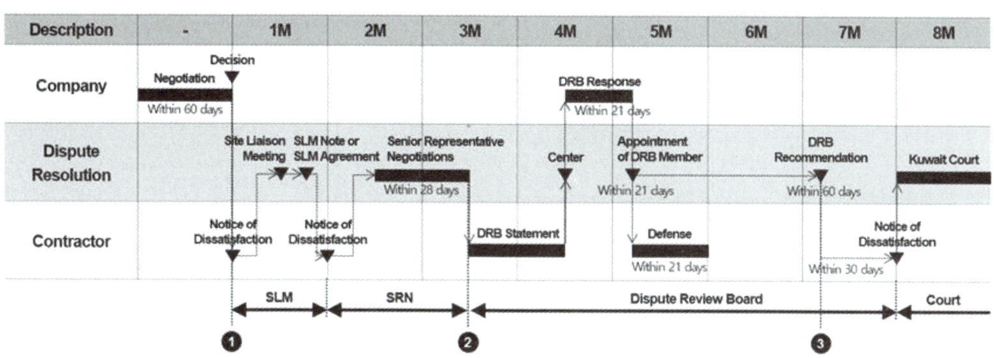

27) EPC Contract (SLM: Site Liasion Meeting, SRN: Senior Representative Negotiation)

어떤 계약조건은 분쟁해결(Dispute Resolution) 조항의 내용이 거의 없거나 몇 개의 선택(Option) 중 하나를 합의하여 결정하게 되어 있는데, 이러한 경우는 분쟁이 발생했을 때 발주자가 분쟁해결을 회피할 가능성이 높다. 쉽게 말해서 분쟁절차가 명확하지 않은 상태에서 발주자는 '시공자가 불만이 있다면 분쟁해결(Dispute Resolution)로 진행해라' 라고 문제를 회피할 수 있는 것이다. 따라서 너무 복잡하거나 시간이 많이 걸리는 절차는 지양하되, 최소한의 필요한 절차는 명확하게 규정되어 있어야 한다.

[그림 1.22] 분쟁해결(Dispute Resolution) 절차[28)]

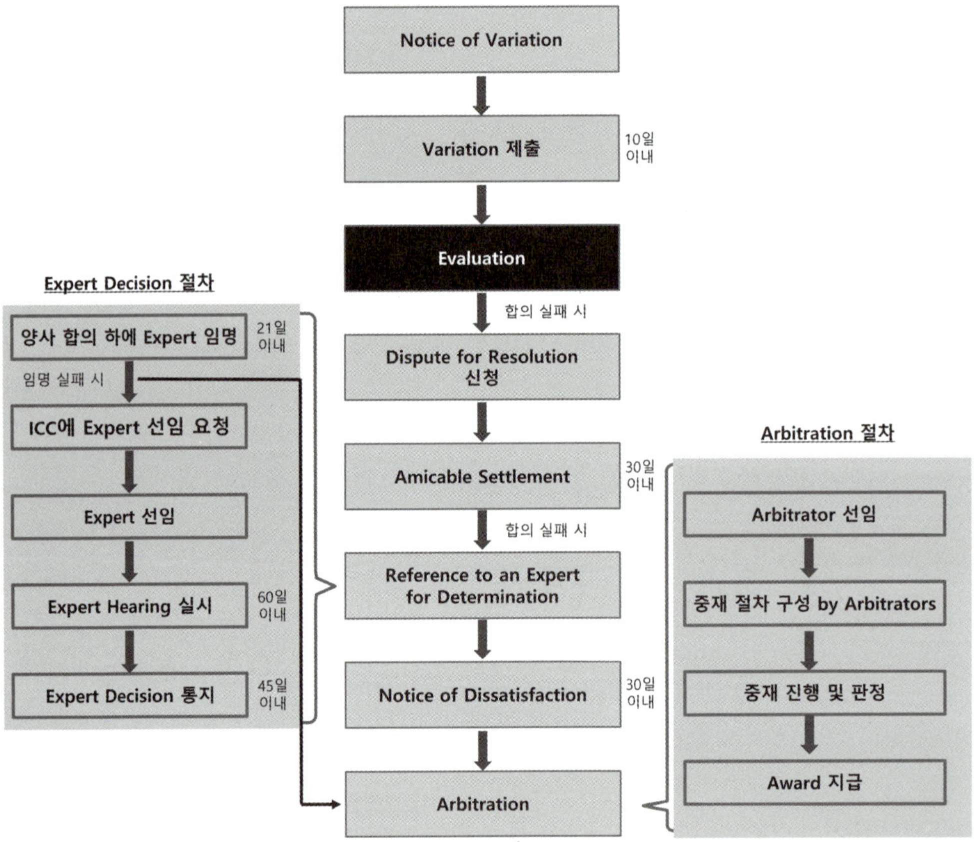

28) EPC Contract

3. 클레임 조직과 업무

국내의 건설회사 조직을 참고하면 클레임을 위한 전문적인 조직은 거의 없는 것이 현실이다. 보통 계약조직, 법무조직 또는 사업관리조직을 통하여 클레임을 처리하는 경향이 많고 외부 컨설팅사나 로펌을 통하여 클레임을 처리하고 있다. 따라서 클레임 조직, 업무 등을 간략하게 소개함으로써 클레임 업무에 대하여 도움이 되고자 한다.

거의 모든 프로젝트에서 계획과 대비하여 공사비용 및 공사기간이 증가하는데, 그 원인이 시공자에게 있지 않다면 공사변경(Change) 또는 클레임을 진행해서 리스크를 감소시켜야 한다. 이런 상황에서 공사비용의 증가는 비용 분석가(Quantum Analyst) 또는 적산가(Quantity Surveyor)가 검토하며, 공사기간의 증가는 공기지연 분석가(Delay Analyst) 또는 공정관리자(Scheduler)가 검토한다. 이러한 수량화(Quantification) 작업과 더불어 계약관리자 또는 법무담당자가 계약적/법적 논리를 보완하는 권리(Entitlement)를 검토한다.

[그림 1.23] 클레임 관리(Claim Management)의 개념

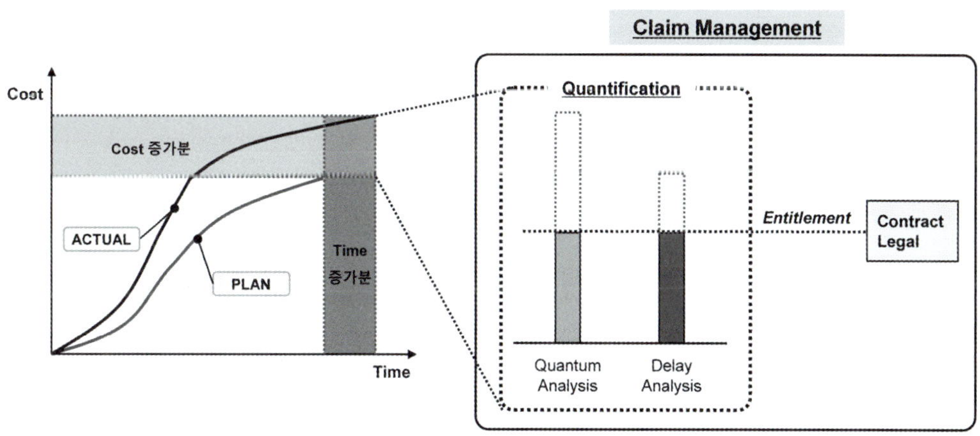

결국 클레임 관리(Claim Management)는 어느 한, 두명의 인원으로 진행될 수 없고 최소한 3개 분야 이상의 전문성을 가진 인원이 협력해서 진행해야 하는데, 각 담당자의 업무를 정리하면 아래와 같다.

계약/법 전문가(Contract / Legal)

Contract / Legal 업무를 담당하는 인원은 초기단계의 계약적 리스크를 식별하고 그에 따른 대응방안을 수립하는 것이 중요하며, 프로젝트가 진행되면 클레임 관리(Claim Management)에 대한 전반적인 이해를 바탕으로 계약업무를 수행해야 한다. 특히 전체적인 전략을 수립하고 각 담당자간의 업무를 조정하는 업무가 중요하다.

[그림 1.24] Contract / Legal의 주요업무

초기 단계

■ Contract Formation
- 계약적으로 불리하게 적용될 수 있는 조항 검토/수정
- Risk Allocation 고려

■ Contractual Risk Identification
- Governing Law 의 이해 필요
- Project 와의 연관관계를 고려한 Contractual Risk 식별
- Risk 인식에 따른 대응방안 수립
- Contract Management Procedure 수립

중기 단계

■ Contract Management
- Event 추적, 관리
- 관련 Record 확보를 통한 Evidence Build up
- 계약적인 의무사항 (Notice 등) 이행

■ Claim Management
- Claim 관련 전략 수립
- 개별 Event 의 Entitlement 검토
- Claim Document 작성
- Governing Law 관련 Law Firm 과 관련 법규에 대한 확인

완료 단계

■ Negotiation, Amendment
- 미해결 C/O , Claim 관련 협상
- Legal Action 검토
- Change Order / Amendment 관련 업무 수행

■ Closing
- Completion 과 관련된 Handover 절차, 주의사항 확인
- Bond 내용 확인, 인수인계
- Lessons Learned 정리

비용 분석가(Quantum Analyst / QS(Quantity Surveyor))

비용을 관리하는 인원은 실행 가능한 예산계획 수립을 통한 적절한 예산관리업무와 주기적인 추세 분석을 통한 모니터링 업무가 중요하다. 특히 공사변경(Change)으로 인하여 변경되는 항목에 대하여 향후 클레임을 대비한 데이터 관리, 확보가 중요하다.

[그림 1.25] Quantum Analyst의 주요업무

초기 단계

■ Budget 수립
- Contract Price 검토
- Tender Allowances 검토
- Scope 정의
- 실행예산 분석

■ Cost Planning
- Cost Breakdown Structure 작성
- 자원 (Cost) 검토, 분배
- Execution Plan 을 고려한 계획수립
- Contingency 검토

중기 단계

■ Cost control
- Change Order 등 주요변경사항 확인을 통한 변경예산 관리
- Forecasting 을 통한 예산조정
- Trend 분석
- Cost 관련 Evidence 유지

■ Cost Claim
- Prolongation cost 검토 및 산출
- Direct Cost 검토 및 산출
- 변경단가 및 내역 정리
- Back Up document 정리

완료 단계

■ Negotiation, Amendment
- 미해결 C/O , Claim 관련 협상
- Change Order / Amendment 관련 업무 수행

■ Closing
- Actual Cost 정리 및 확정
- Subcontractor 정산
- Lessons Learned 정리

지연분석가(Delay Analyst) / 공정관리자(Scheduler)

지연분석가 또는 공정관리자는 계약 범위(Scope), 시공자의 의무 등을 고려하여 계획공정표(Baseline)를 작성하고 주기적으로 월간공정표(Updated Program)를 관리하여 향후 공기연장 클레임(Extension of Time Claim)에 활용이 가능한 데이터를 유지해야 한다.

[그림 1.26] Delay Analyst의 주요업무

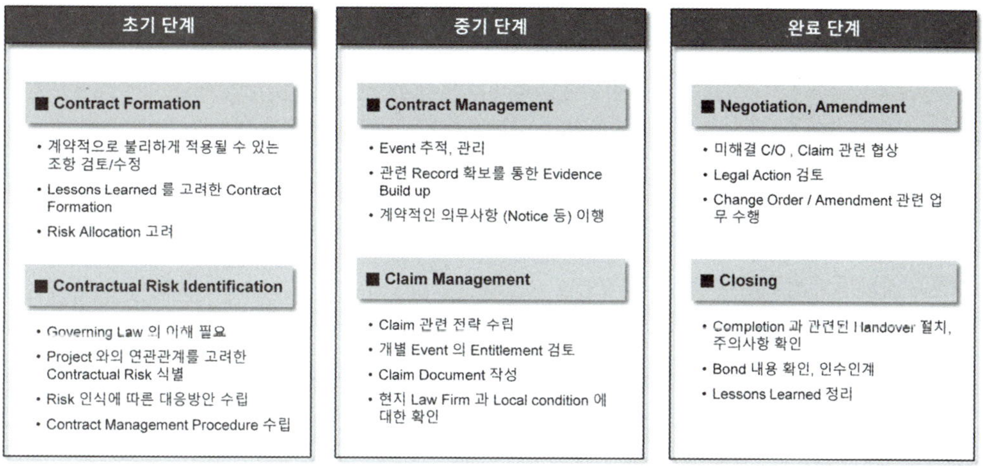

4. 성공적인 클레임을 위한 주요 요인

클레임 문서를 아무리 잘 작성해도 클레임을 성공시킬 수 있느냐의 여부를 장담하기는 어렵다. 계약적 권리(Entitlement)가 아무리 좋아도 클레임은 상대방과의 의사소통을 통하여 확정되는 것이기 때문에 클레임 본연의 내용과 아울러 다른 요인들도 충분히 고려해야 한다. 이러한 관점에서 실무적인 경험을 바탕으로 클레임의 성공요인을 정리하였다.

[그림 1.27] 클레임의 주요 요인

4.1 문화적 차이(Cultural Gap)

해외공사에서 클레임은 문화적인 차이로 인하여 발주자, 하도급자와의 우호적 관계 형성 및 유지에 어려움을 겪기도 한다. 과거에는 국내공사에서 발주자와의 관계를 우호적으로 유지하는 것이 비교적 쉬워서, 때로는 계약서에 없는 내용이나 공식적인 문서없이 구두지시만으로 작업이 수행되기도 했고, 원칙대로 계약문서대로 진행하면 오히려 프로젝트 진행에 걸림돌이 되는 경우가 있었다. 이러한 국내에서의 관행을 바탕으로 해외공사를 진행하는 경우 국내의 경험이 그대로 적용되지 않아 손실 및 공기지연으로 이어지는 경우가 많았다. 이러한 점을 극복하기 위한 몇 가지 문화적 차이를 정리하면 아래와 같다.[29]

29) Eric Webb, A Contract Manager abroad, Systech Insight Edition 1

중요하다고 생각하는 내용이 상이함

지역	문화
서양	**문서화 된 계약서가 중요합니다.** 서명된 계약서가 최종약속이니 변경은 물론 안 되고 엄격하게 지킵시다.
동양	**좋은 관계를 유지하는 것이 중요합니다.** 계약의 상세한 내용은 계속해서 조율해 나가면 되는 것입니다.

갈등에 대한 의사소통 방법의 차이

지역	문화
서양	**갈등은 적극적으로 풉시다.** 공식미팅을 통해 문제점들을 드러내 놓고 논의합시다.
동양	**갈등은 일단 접어놓읍시다.** 공개적으로 논의하면 불쾌할 테니까 따로 풉시다.

분쟁해결 방법의 차이

지역	문화
서양	**소송도 가능합니다.** 의견이 일치하지 않으면 계약서에 의거해서 소송도 갈 수 있습니다.
동양	Good Faith 상대방의 신뢰에 반하지 않도록 신의성실의 원칙으로 문제를 해결합시다.

개인과 조직에 대한 의견이 상이함

지역	문화
서양	**개인의 능력/성과 중시** 내가 제일 잘 나가니까 의견이나 주장을 자주 제시하는 편입니다.
동양	**팀/ 조직 중시** 의견이나 주장을 잘 내세우지 않는 편이고 겸손이 미덕입니다.

이와 같이 문화적인 차이가 존재하기 때문에 상대방의 문화 또는 국제관행에 대하여 충분한 이해가 필요하며, 이를 바탕으로 의사소통을 효율적으로 진행하는 것이 성공적인 클레임의 기본적인 조건이 될 수 있을 것이다.

4.2 리스크(Risk)

시공자가 입찰시에 리스크를 부담하는 것으로 이미 합의하였다면, 추후에 아무리 클레임 서류를 잘 만들고 발주자와 관계가 좋다고 하더라도 이미 합의된 계약조건을 극복하기란 매우 힘들다. 따라서 입찰단계부터 계약조항을 충분히 이해하고 계약조항에 담긴 의미를 확인해서 그러한 리스크를 입찰시에 반영해야 한다. 아래 사례는 부지자료(Site Data)와 관련된 모든 책임을 시공자가 부담한다는 조항인데, 이와 같이 일방적으로 리스크를 부담하는 형태는 추후에 클레임으로 연결하기 매우 어려운 것이 사실이다.

> **Site Data**
>
> Contractor accepts total responsibility for having foreseen all difficulties and costs of successfully completing the Works and Contractor should be responsible for verifying and interpreting all Site Data. The Employer shall have no responsibility for the accuracy, sufficiency or completeness of Site Data.[30)]

따라서 리스크가 과도하게 발생할 수 있는 조항에 대해서는 입찰시에 의사결정을 신중하게 진행해야 하며, 리스크를 처리하는 방법에 대해서 결정이 필요하다. 즉 계약조건을 수정하거나(Deviation), 예비비(Contingency)에 반영하거나 또는 공급자(Vendor), 하도급자(Subcontractor)와의 계약으로 Flow-down[31)]하는 등 여러 가지 방법을 고려할 수 있을 것이다.

4.3 기록(Record)

클레임 작업에 있어서 가장 중요한 점은 기록(Record)이다. 기록은 아무리 강조해도 지나치지 않으며, 잘 정리된 기록은 성공적인 클레임을 위한 가장 중요한 요소이다.

프로젝트가 많이 진행된 이후에 클레임 작업이 진행되면, 기록(Record)이 미비해서 클레임 작업에 어려움이 발생하는 경우가 많기 때문에 프로젝트 초기에 기록을 어떻게 관리해야 하는지에 대한 절차를 구축하는 것이 중요하다. 기록 관리(Record Keeping)에 관한 내용은 12장 기록관리에 기술되어 있다.

---

30) EPC Contract

31) 원도급계약의 내용을 그대로 하도급계약에 반영한다는 의미로, 적절하게 Flow-down 된다면 시공자의 리스크가 감소할 수 있다.

4.4 통지(Notice)

통지는 Time Bar와 밀접한 관련이 있기 때문에 계약적 요구사항에 맞게 합리적인 시간 내에 상대방에게 보내야 한다. Time Bar를 미준수하면 클레임 내용과 관계없이 클레임 권리가 없어지는 상황이 발생할 수도 있기 때문이다. 따라서 통지해야 하는 시공자의 의무를 우선적으로 준수해야 하는데, 통지의 목적을 참고하면 아래와 같다.

- Permit the owner to make its own determination as to the character and scope of the problem
- Permit the owner to determine the course of action to be taken in coping with the problems encountered
- Permit the owner to exercise control over the cost and effort expended in resolving the problems
- Insure that both parties have a record of the dates and facts which initiated the claim situation
- Permit resolution of the situation while the facts and circumstances are still fresh

이와 같이 통지(Notice)의 중요한 의미에도 불구하고 이벤트가 발생한지 한참 후에 통지하거나 또는 통지하지 않으면, 시공자의 태만(Negligence) 행위로 볼 수 있다.

[그림 1.28] 통지(Notice)의 구분

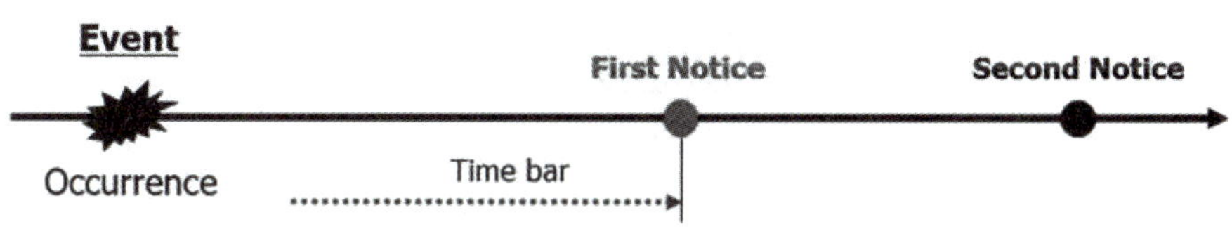

통지는 보통 2단계로 나뉘며, 첫 번째 통지는 주로 Time Bar와 관련이 있는데, 이벤트의 내용을 상대방에게 알리는데 목적이 있다. 통지에 포함되는 내용에 대해서는 여러 의견이 있으나, 특별한 기준이 있는 것은 아니며 어떤 내용을 포함하지 않았다고 해서 통지가 무효화되지는 않는다. 그러나 통지(Notice)에 포함되어야 할 내용에 대하여 Delay and Disruption in Construction Contracts 4th Edition을 참고하면 아래와 같다.

- The material circumstances giving rise to the delay to progress
- The cause of the delay to progress

- Contractor's opinion as to whether the cause of the delay to progress is defined as an Employer's time risk event

또 다른 관련 자료를 참고하면 아래와 같다.

- Be in writing
- Be served to a specific designated party
- Be given as soon as the notifying party becomes aware of the circumstances of an impact, event or condition
- Be given within a defined time period
- Be given for time and additional cost impacts if both are deemed involved
- Provide details of the actual, apparent or anticipated effects of any impacts
- Provide estimates of the extent of any time and cost impact
- Submit supporting documentation within a specified time frame
- Identify specific schedule and work activities affected
- Identify the cause, effect and duration of the impact[32)]

통상적으로 통지의 목적과 계약적인 의미를 고려하였을 때 필수적으로 3가지 내용을 포함해야 하는데, 먼저 이벤트에 대한 원인, 책임이 시공자에 있지 않고 발주자에게 있거나 또는 외부적인 요인으로 발생했다는 것을 설명해야 한다. 만약 책임이 시공자에게 있다면 시공자가 스스로 만회해야 하기 때문에 발주자에게 통지를 보낼 의무는 없을 것이다. 첫 번째 내용의 가장 중요한 목적은 상대방에게 어떤 내용을 알리고 인지시키는데 있다. 상대방이 어떤 내용이 발생했다는 사실을 모르는 상태에서(즉 Time Bar를 미준수한 상황에서) 한참 후에 느닷없이 클레임 서류를 제출하고 상대방에게 클레임 권리를 주장한다면, 이는 합리적인 행위가 아닐 것이다.

두 번째 포함내용은 어떤 영향(Time or Cost)이 발생했거나 또는 발생할 것으로 예상된다는 내용이다. 프로젝트에서는 하루에 수십 건의 사건들이 발생하는데, 단순하게 사건만 기술한 상태에서 추후에 상대방에게 클레임을 청구하는 것은 적절하지 않다. 클레임 청구란 상대방의 잘못 또는 시공자가 책임지지 않는 행위에 대하여 보상을 청구하는 것인데, 사건을 단순하게 기술하는 것으로 계약상대방이 어떤 문제라는 것을 인식했다고 보기 어려운 상황에서 나중에 상대방 에게 책임을 묻기 어렵다는 의미이다. 따라서 이벤트의 영향과 관련한 내용이 꼭 포함되어야 한다. 포함되는 수준은 첫 번째 통지와 두 번째 통지가 다른데, 첫 번째 통지에는 개략적인 수준만 포함되는 경우가 있지만, 두 번째 통지에서 구체적인 수준의 내용이 포함되어야 한다.

32) Michael Harris, The Importance and Value of 'Notice' provision in Construction Contracts, Long International (2015)

세 번째 포함내용은 계약 상대방에게 어떤 구체적인 행위를 요청해야 한다. 시공자는 어떤 사건이 발생했을 때 완화(Mitigation)해야 할 의무를 가지고 있고, 발주자 입장에서는 어떻게 해야 할지 모를 수도 있다. 또한 이러한 요청은 추후 클레임을 위한 좋은 자료[33]로 활용될 수 있다. 적절한 시점에 통지하지 않음으로써 시공자의 권리가 상실되는 것에 대한 이론적인 근거는 통지를 하지 않는 행위가 계약상대방에게 적절한 조치를 취할 수 있는 기회를 빼앗는 방해행위(Prevention)로 볼 수 있기 때문이다. 따라서 통지는 상대방에게 어떤 행위를 명확하게 요청하는 내용을 포함하고, 관련 계약조항을 같이 기술해서 해당 문서가 명확하게 통지문서(Notice Letter)라는 점을 강조하는 것도 추후 분쟁을 최소화하는데 도움이 될 수 있다.

위에 언급한 내용은 리포트와 레터의 차이를 설명하는 것과 비슷하다. 흔히 리포트(Daily Report, Weekly Report, Monthly Report 등)는 통지(Notice) 문서로 해석되기 어려운데, 이는 단순하게 지연의 현황만 표현하는 것은 그것이 문제인지 아닌지 정확히 알 수 없고 또한 누구의 책임이라는 것이 표현되지 않으면, 상대방에게 어떤 것을 요청하는 것으로 볼 수 없기 때문이다. 즉 상대방에게 어떤 사건을 정확히 인지시켰느냐에 대한 판단이 명확하지 않을 수 있기 때문에 리포트는 Time Bar의 기준인 통지문서로 활용되기는 어렵다.

첫 번째 통지 이후에는 두 번째 통지[34]를 보내야 한다. 첫 번째 통지가 개략적인 내용을 포함했다면, 두 번째 통지는 구체적인 금액이나 완료일의 변경 등을 포함해서 제출한다. EPC Contract를 참고하면,

> Within a period of thirty (30) Days from the said notification, the Contractor shall submit all supporting documents substantiating the Claim. Without prejudice to the above, if the event or circumstance giving rise to the Claim has a continuing effect:
> (a) this fully detailed claim shall be considered as interim
> (b) the Contractor shall send further interim claims at monthly intervals, giving the accumulated delay and/or amount claimed, and such further particulars as the Superintendent may reasonably require; and
> (c) the Contractor shall send a final claim with all supporting documents within thirty (30) Days after the end of the event or circumstances, or within such other period as may be proposed by the Contractor and approved by the Superintendent.[35]

33) 상대방이 해야 할 의무를 적절히 준수하지 않았다는 사실에 대한 입증자료로서 활용한다는 점에서 그러하다.

34) 두 번째 통지는 흔히 Detail Particulars 또는 Supporting documents라고 불리운다.

35) EPC Contract

첫 번째 통지 이후 30일 이내에 구체적인 내용을 제출해야 한다고 기술되어 있으며, 보통 두 번째 통지는 Time Bar의 내용을 포함하지 않는 경우가 많다. 이 계약조건에서는 그 영향이 지속될 때는 1달 간격으로 클레임을 계속 제출하고, 이벤트가 종료되면 30일 이내에 최종 클레임을 제출하는 것으로 설명하고 있다.

4.5 정보망(Networking)

클레임 문서를 잘 만드는 것도 중요하지만 이에 못지않게 중요한 것은 계약상대방과의 정보망(Networking)을 잘 유지하는 것이다. 발주자의 조직도 및 의사결정 구조를 참고하여 어떤 사람이 클레임을 책임지고 해결할 수 있는 권한이 있는지 확인해서 그 구조에 맞게 정보망을 유지하는 것이 성공적인 클레임의 해결에 많은 도움이 될 수 있다.

발주자의 의사결정 구조가 확인되면 그에 맞게 시공자의 담당자를 배치시키는 Networking Plan을 셋팅해서 클레임의 협상단계별로 레벨을 맞춰가면서 진전시키는 과정이 필요하다.

[그림 1.29] Networking Plan

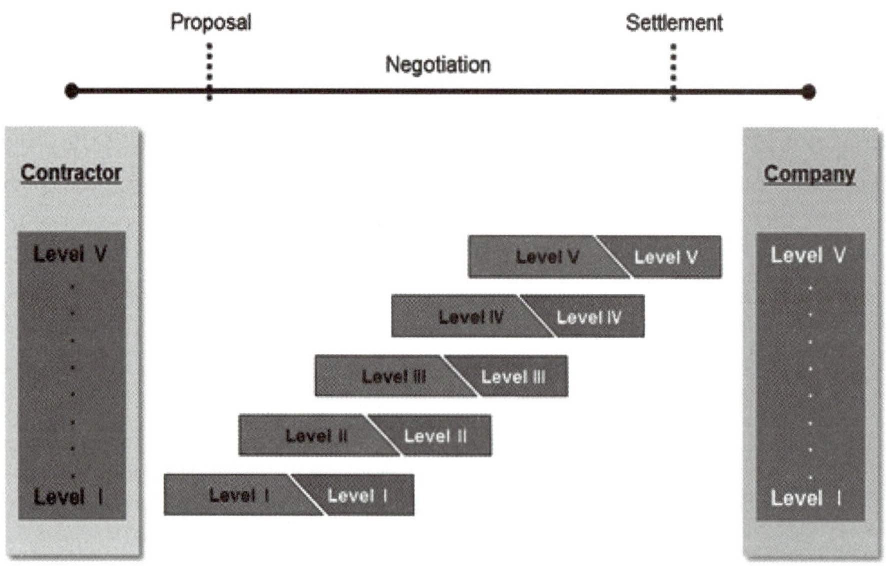

그러나 정보망(Networking)에만 의존해서 클레임을 해결하려는 자세는 바람직한 방향은 아닐 것이다. 정보망이 클레임의 해결에 중요한 역할을 하더라도 실무레벨에서 납득하고 이해할 수 있는 클레임 문서, 증거자료 등이 반드시 보완되어야 한다.

4.6 가이드(Guide)

클레임을 다루는 몇몇 전문가들에 의해서 전체 회사의 클레임 관리가 원활하게 진행되기는 매우 어려울 것이다. 소수의 전문가들이 수십, 수백 개의 프로젝트에서 발생하는 많은 클레임을 통제하는 것은 현실적으로 불가능하기 때문이다. 따라서 이와 같은 목적을 달성하기 위하여 회사 구성원들을 대상으로 주기적인 교육, 세미나 등의 과정을 통하여 구성원들이 클레임에 대하여 기본적인 지식을 가지고 각각의 분야에서 최선을 다할 때 비로소 성공적인 클레임을 달성할 수 있다.

교육, 세미나는 프로젝트의 단계에 따라 내용을 조금씩 달리 해야 한다. 프로젝트 초기에는 계약조건에 따른 리스크, 예상되는 문제점, 향후 대응방안 등에 대하여 선제적으로 대응하는 것에 초점을 맞춰야 한다. 이후에 프로젝트가 어느 정도 진행되면 증거자료를 효과적이고 의미 있게 확보하는 방법이나 절차에 대해서 설명이 필요하다. 이러한 과정이 없다면 추후 클레임 문서를 작성해야 하는 시점에는 적절한 증거자료 확보가 어려울 수 있다. 따라서 향후 분쟁을 최소화하고 빠른 시일 내에 해결하기 위해서는 증거자료의 확보(Evidence Build Up)가 매우 중요하다. 프로젝트가 마무리되는 시점은 클레임 문서를 작성하기 위하여 협업이 진행되는데, 클레임 전략, 클레임 문서 작성, 협상 등의 내용으로 가이드가 필요하다.

결론적으로 클레임 관리는 위의 주요 요인들이 잘 관리되어야 클레임을 성공적으로 해결할 수 있는 바탕이 되는 것이다. 어느 하나의 요인에 의존하거나 소수의 전문가들에 의존하면 클레임은 실패하기 쉽고, 프로젝트, 본사 담당자, 외부 조직이 협력해서 클레임을 해결해야 한다.

CHAPTER 02

공사변경 클레임

Change in Scope Claim

클레임이 발생한 원인을 보면 공사변경(Change)과 관련된 클레임이 가장 많이 발생하는데, 이런 클레임은 흔히 의제된 공사변경(Constructive Change)이라고 불리우는 상황이다. 발주자는 공사변경에 동의하지 않고 시공자는 공사변경으로 주장하면서 합의에 이르지 못하고 클레임 또는 분쟁단계로 진행된다. 공사변경 클레임은 크게 공사범위에 대한 이견 또는 시방서의 해석에 따른 이견으로 구분된다.

2 공사변경 클레임

Change in Scope Claim

1. 개요

1.1 정의

공사변경(Change)은 각 계약별로 그 정의가 약간씩 상이한데, 해당 계약조건에 맞춰 공사변경에 대한 계약적 해석과 적용이 필요하다. 특히 공사변경은 클레임을 가장 많이 유발하는 원인이기 때문에 공사변경의 메커니즘(Mechanism)을 또한 충분히 이해하고 대응해야 할 것이다. FIDIC 계약서상의 공사변경 정의를 참고하면 아래와 같다.

Each Variation may include

- changes to the quantities of any item of work included in the Contract (however, such changes do not necessarily constitute a Variation),
- changes to the quality and other characteristics of any item of work,
- changes to the levels, positions and/or dimensions of any part of the Works,
- the omission of any work unless it is to be carried out by others without the agreement of the Parties
- any additional work, Plant, Materials or services necessary for the Permanent Works, including any associated Tests on Completion, boreholes and other testing and exploratory work,
- changes to the sequence or timing of the execution of the Works[36)]

위와 같이 FIDIC Red Book은 시공계약(Construction Contract)이므로 다양하게 공사변경(Change)을 정의하고 있는데, 특히 작업순서 또는 작업시점까지 폭넓게 정의하고 있다. EPC Contract에 언급되어 있는 정의를 참고하면 아래와 같다.

36) Clause 13.1, FIDIC Red Book 2nd Edition (2017)

"Change" means those specified in Clauses 11.1 and 11.2 herein or other changes or restrictions in Contractor's sequence, conditions or methods of working that entitle the Contractor for an extension or shortening to the Scheduled Provisional Turnover Date or date of Turnover and/or increase or decrease in the Total Lump Sum Price as expressly stated in this Contract or otherwise agreed by the Parties.

11.1 The Company shall have the right to request and subsequently to order the Contractor from time to time during the performance of the Contract to make any change, modification, addition or deletion to, in or from the Work. The Contractor shall not proceed with any Change unless and until the Company issues a Change Order under sub-Clause 11.6 or issues an instruction to carry out the Change under sub-Clause 11.7.

11.2 The Contractor may, from time to time during its performance of the Contract, propose to the Company any Change which the Contractor considers necessary or desirable to improve the quality, efficiency or safety of the Work. The Company may at its discretion approve or reject any Change proposed by the Contractor.[37]

이 계약서는 공사변경(Change)을 폭넓게 정의하고 있는데, 작업순서, 작업방법, 작업 조건까지 공사변경의 개념을 포함하고 있다. Clause 11.1은 작업수정, 추가, 제거를 설명하고 있으며, Clause 11.2는 시공자가 VE(Value Engineering)의 개념으로 제안하는 공사변경을 설명 하고 있다. 이와 같이 공사변경이 정의된다면 매우 폭넓게 공사변경을 적용할 수 있어서 시공자에게 유리하게 활용될 수 있다.

1.2 포함내용

공사변경(Change) 조항은 각 계약서에 따라 상이하지만 필수적, 공통적으로 포함해야 하는 내용이 있다. 이러한 내용이 포함되지 않으면 계약적인 절차를 진행하는데 문제가 발생할 수 있고 프로젝트의 원활한 진행을 저해할 수 있다. 필수적인 포함내용은 아래와 같다.

- 공사변경을 발생시키는 권한에 대한 개요
- 계약금액 변경과 공사금액 변경으로 진행하는 절차
- 공사변경에 대하여 동의하지 않는 경우 진행되는 절차

37) EPC Contract

먼저 공사변경(Change)을 실행하는 권한을 가진 계약참여자 또는 책임자에 대한 설명이 있어야 하는데, 공사변경에 대한 권한을 분류하면 아래와 같다.

- Implied Authority: 특히 설계 전문가는 권한이 위임되지 않았는데도 실질적으로 발주자를 대행한다.
- Apparent Authority: 환경전문가나 외부기관이 명백한 권한이 있다고 하더라도 계약관계가 우선한다.
- Alternatives to Demonstrating Authority: 권한을 대신하는 설계전문가의 경우도 계약상 유효한 형태의 절차가 요구된다.

다음으로는 계약적인 절차가 명시되어 있어야 한다. 계약서에는 일반적인 내용 위주로 정리가 되는 편이며 프로젝트의 절차서(Procedure)를 통하여 구체적인 내용이 정리되는데, 절차서에 포함되어야 하는 내용을 정리하면 아래와 같다.

- 공사변경에 대한 정의
- 공사변경 제안에 대한 포함내용
- 공사변경에 대한 검토기간(승인기간)
- 공사변경의 승인권자, 책임관계에 대한 정의
- Register(Document 정리에 대한 기준)
- Numbering System
- Procedure for Change
- Attachment(Sample 문서제공)

[그림 2.1] 공사변경(Change)의 순서도

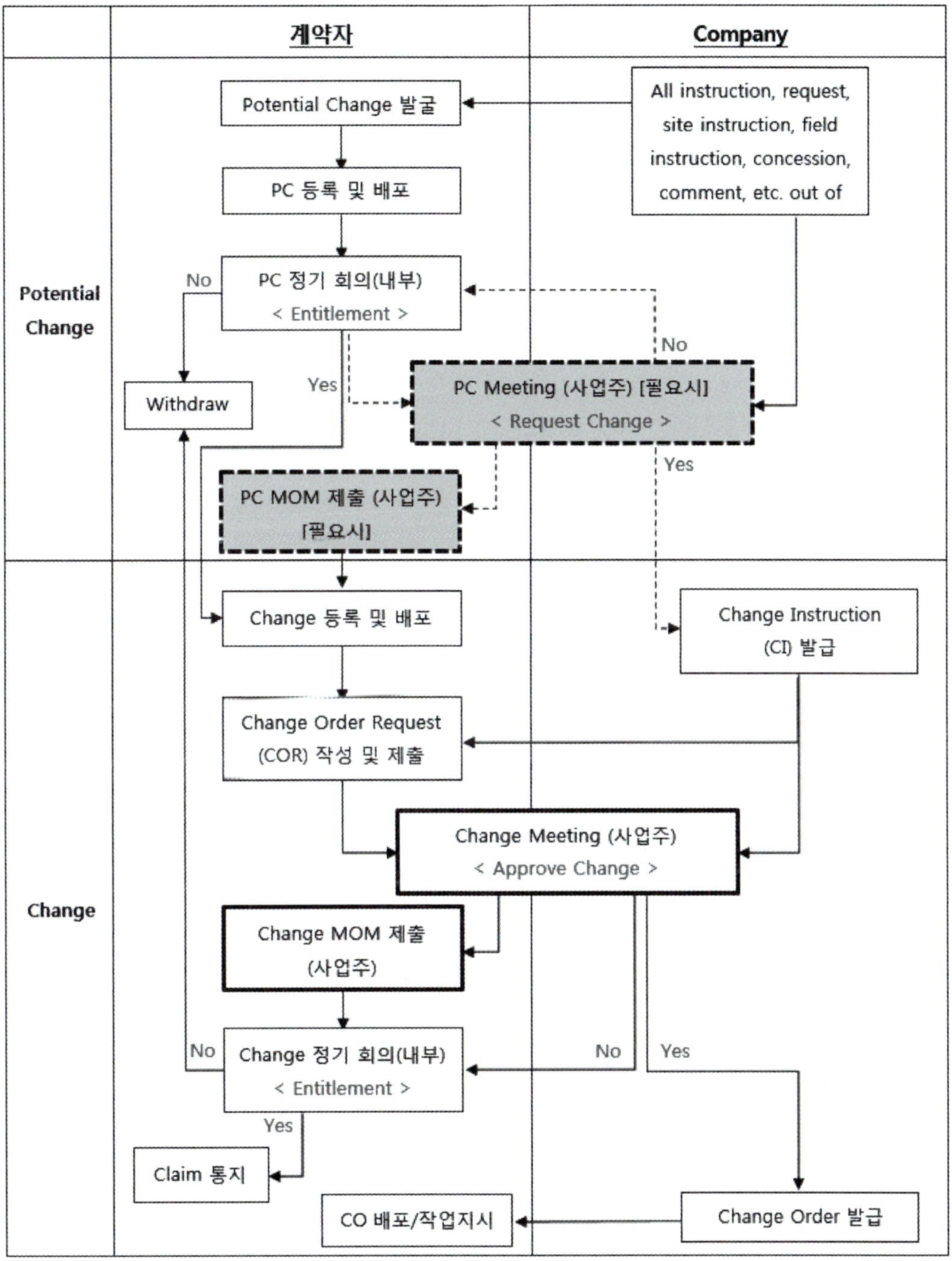

마지막으로 공사변경(Change)이 합의되지 않는 경우를 고려하여 후속절차에 대한 내용을 포함해야 한다. 주로 클레임 조항으로 연결되는데, EPC Contract를 참고하면 아래와 같다.

Dispute Regarding Variations

In the event that the Superintendent and the Contractor are unable to agree whether the Contractor is entitled to a Variation or Adjustment Order under the Contract or are unable to reach agreement on an adjustment to the Contract Price, the Scheduled Turnover Date or other effect resulting from a Variation in accordance with the provisions of Variations, the Superintendent may nevertheless direct the Contractor to proceed with the work in question, subject to the following:

(a) the Parties shall use good faith endeavours to reach the earliest possible agreement on the effects of the Variation

(b) if an agreement cannot be reached between the Superintendent and the Contractor, the matter shall be referred by either Party to the dispute resolution procedure contained in Clause 55.0 (Dispute Resolution)

(c) pending agreement between the Parties or resolution of the dispute pursuant to Clause 55.0 (Dispute Resolution), the Company shall pay the Contractor in connection with such work and award any undisputed extensions to the Scheduled Turnover Date in a manner reasonably determined by Superintendent. In the event that the resolution of any such dispute results in an over or under payment, the over payment shall be refunded by the receiving Party or the under payment shall be immediately made by the appropriate Party.

The Contractor shall not be entitled to additional Costs or to an extension of the Scheduled Turnover Date in respect of Works already commenced or executed which have not been carried out in accordance with this Clause 13.0 (Variations).[38]

위 EPC Contract는 Dispute Regarding Variations라는 조항을 별도로 두어서 공사변경(Change)으로 합의되지 않는 경우 후속절차에 대해서 구체적으로 기술하고 있다. 공사변경이 합의되지 않는 경우에도 발주자가 지시하면 시공자는 작업을 수행해야 하나, 관련된 분쟁절차에 대해서도 합리적으로 기술하고 있다. 이러한 내용들은 어느 한 계약참여자에게 유리한 내용인지, 불리한 내용인지의 해석과 관계없이 매우 구체적으로 기술되었다는 점은 추후 분쟁을 최소화할 수 있다는 차원에서 의미가 있다.

38) EPC Contract

1.3 공사변경(Change)의 발생

합리적인 계약서라면 공사변경(Change)이 발생하는 메커니즘(Mechanism)을 잘 기술해야 한다. 먼저 발주자가 공사변경을 지시하거나 요청하는 경우이다. 대부분의 계약서가 포함하는 조항인데, 발주자가 요청, 지시하는 것에 대한 권한이나 범위에 대해서 계약서마다 약간씩 상이하다.

[표 2.1] 국제 표준계약 중 공사변경(Change)의 범위와 금액 제한

국제계약	계약범위	금액 제한	Omission 및 제 3자 수행
FIDIC	N/A	N/A	제 3자가 수행하는 Omission 행위는 불가
ENNA	General Scope내에 있어야 하며, Unrelated Work는 미적용	최초 계약 금액의 15%	Deletion가능, 제 3자 수행 유무 미명시
JCT	N/A	N/A	Omission가능, 제 3자 수행 유무 미명시
NEC	N/A	N/A	N/A

FIDIC 계약서를 참고하면 발주자가 지시하는 공사변경(Change)에 대하여 시공자가 물품을 쉽게 확보할 수 없거나, 안전에 위협을 가하거나, 성능달성에 부정적인 경우에 해당하면 시공자가 거부할 수 있다고 설명한다.

[그림 2.2] FIDIC 계약서의 공사변경(Change) 순서도

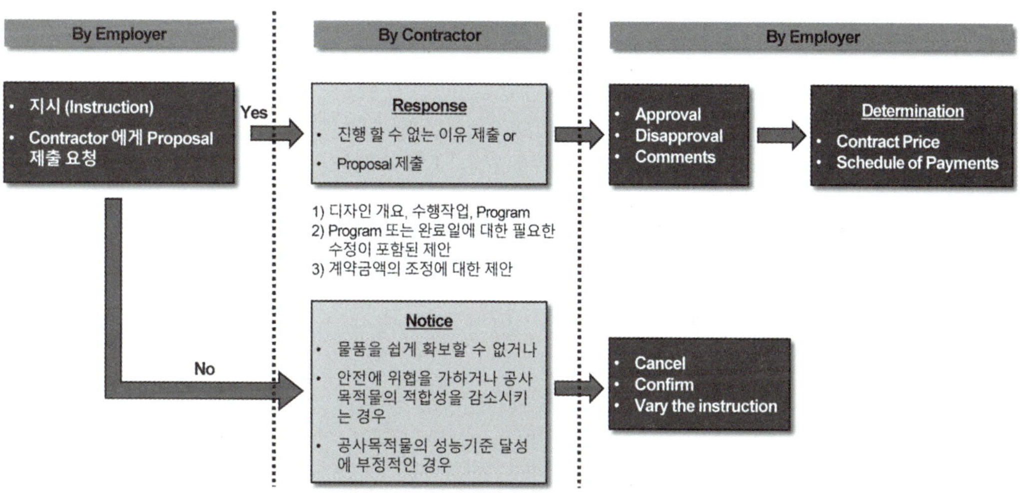

두 번째는 시공자가 공사변경(Change)을 제안하거나 고려하는 방법인데, EPC Contract를 참고하면 아래와 같다.

> The Contractor may at any time during the performance of the Contract propose a Variation for consideration by the Company, which may, in its sole judgement, reject or approve such proposed Variation.[39]

또는 VE(Value Engineering)의 형태로 이러한 메커니즘(Mechanism)을 기술하기도 한다. 그러나 시공자가 공사변경(Change)을 제안하는 형태의 메커니즘을 포함하지 않는 계약서도 많이 있다. 프로젝트가 진행되면, 시공자가 제출하는 형태의 공사변경이 발생할 수밖에 없는데, 이런 메커니즘이 없는 경우는 그만큼 공사변경이 원만하게 협의되지 못하고 분쟁으로 진행될 가능성이 매우 높다. 따라서 공사변경 조항에는 아래와 같이 시공자가 고려(제안)하는 메커니즘을 포함해야 한다.

> If the Contractor considers that any instruction, comment, approval or disapproval by the Company is or should be the subject of a Change, it must prepare and furnish to the Company a written statement containing the details set out in sub-Clause 11.4.[40]

세 번째는 계약적인 조항에 의거하여 공사변경(Change)이 발생하는 경우이다. 예를 들어서 법령변경이 발생하면, 발주자의 지시여부와 관계없이 시공자는 그러한 법적 요구사항을 준수하기 위하여 공사변경을 수행해야 한다. 이런 내용은 Deemed variations triggered by an event[41]로 설명되는데 의제된 공사변경(Constructive Change)이라는 개념으로 설명될 수 있다. 예를 들어서 도면에 표현된 물량이 Bill of Quantities(BOQ)보다 많다면, BOQ가 잘못 작성된 것이고 시공자는 이러한 가정을 고려하여 입찰을 한 것이 아니다. 따라서 시공자는 BOQ보다 많은 물량을 시공할 수밖에 없는 상황이기 때문에 발주자의 지시여부와 관계없이 공사변경이 진행될 수밖에 없으며, 의제된 공사 변경으로 주장하기도 한다. 이러한 논리는 프로젝트의 상황과 계약조건에 따라 다르게 해석될 수도 있다.

계약상 의제된 공사변경(Constructive Change)과는 약간 다른 개념으로 공사변경(Change)이 발생되는 경우를 참고하면 아래와 같다.

---

39) EPC Contract

40) EPC Contract

41) Michael Sergeant & Max Wieliczko, Construction Contract Variations (2014)

Variation or Adjustment Order Required by Terms of Contract

Where the Contract expressly provides for a Variation or Adjustment Order to be issued pursuant to any provision of the Contract other than Clauses 13.1 (Company Variations) and 13.2 (Contractor Variations), the Contractor shall in accordance with the provisions of Clause 41.0 (Time Limitations and Claims by Contractor), submit a claim therefor including the following details to the Superintendent together with the appropriate justification thereof...[42]

개별적인 계약조항에 의거하여 공사변경(Change)을 성립하는 조건에 부합하면 클레임 (용어로는 클레임으로 표현되어 있으나 공사변경과 거의 비슷한 개념으로 진행됨)을 제출하라고 설명되어 있다.

아래 그림은 공사변경(Change)이 발생하는 계약조건을 도식화 한 것인데, 시공자가 공사변경을 요청, 제안하는 내용이 포함되어 있으며, 승인 받지 못하는 경우 클레임으로 진행하는 과정이 표현되어 있다.

[그림 2.3] 공사변경(Change)의 발생 메커니즘(Mechanism)

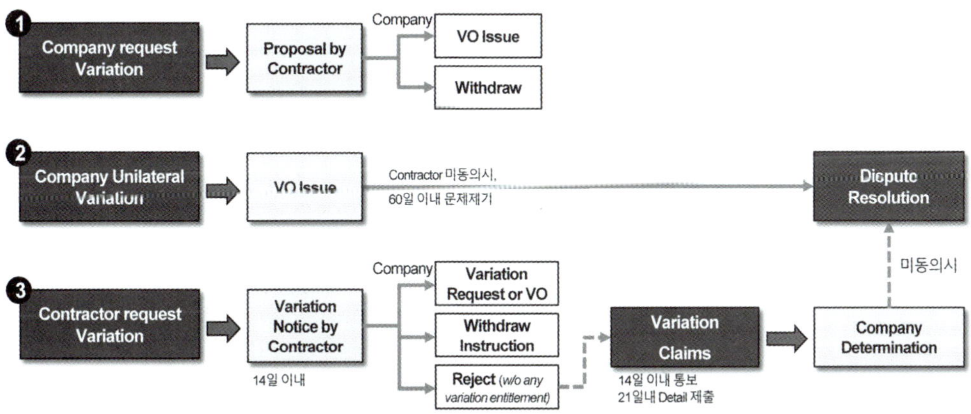

공사변경(Change)의 메커니즘(Mechanism)이 미흡하면 클레임으로 진행될 수 있기 때문에 공사변경이 발생되는 경로, 승인되지 않았을 때 진행되는 클레임 절차, 공사변경을 거부할 수 있는 내용 등이 계약서에 포함되어야 한다. 강조하지만 위에 설명한 내용들은 시공자에게 유리한 내용을 많이 넣고 불리한 내용을 빼는 식의 설명이 아니라 계약서에 공사변경의 발생과 관련한 메커니즘을 충분히 포함시켜야 한다는 의미이다.

42) EPC Contract

1.4 Change / Claim / Dispute의 메커니즘(Mechanism)

1장 클레임 관리(Claim Management)에서 Change/Claim/Dispute의 개념에 대해서 살펴 보았으며, 이번 장은 메커니즘(Mechanism) 위주로 설명할 예정이다. 이벤트가 발생했을 때 공사변경(Change)의 정의와 일치하지 않거나 계약적인 절차가 명확히 설명되어 있지 않아도 우선적으로 공사변경으로 진행하는 것이 바람직하다고 볼 수 있다. 공사변경은 통상적인 관점에서 발주자와 시공자가 협의 후에 승인하는 과정을 거치기 때문에 그 과정이 계약상대방에게 책임을 묻거나 법적인 절차를 밟는 것이 아니라 계약참여자간의 합의과정으로 볼 수 있다. 그러나 클레임은 분쟁직전의 계약적인 절차로 상대방에게 책임을 전가하거나 묻는 행위이고 이후에 분쟁으로 진행할 수도 있다는 의미를 포함하고 있기 때문에 계약상대방은 클레임을 협의하거나 승인하는 것에 부담을 가질 수밖에 없다. 또한 시공자 입장에서는 클레임의 Time Bar 조항에 따라 클레임의 권리가 상실될 수 있는 리스크도 있을 수 있다. 따라서 공사변경의 메커니즘(Mechanism)상 어떤 상황에서 공사변경으로 진행할 수 있는 경로가 명확하게 금지되어 있거나, 다른 해석상의 여지가 있는 상황이 아니라면 우선적으로 공사변경으로 진행하는 것이 바람직하다.

국제표준계약을 참고하면 공사변경(Change)과 클레임의 절차가 약간씩 상이한데, 먼저 AIA Contract[43]를 보면 2개의 조항(Injury or Damage, Suspension)이 공기연장(Extension of Time) 조항으로 연결되며 공기연장 조항을 포함한 4개의 조항은 공사변경(Change)으로 연결된다.

[그림 2.4] AIA Document A201-2007 Contract Mechanism

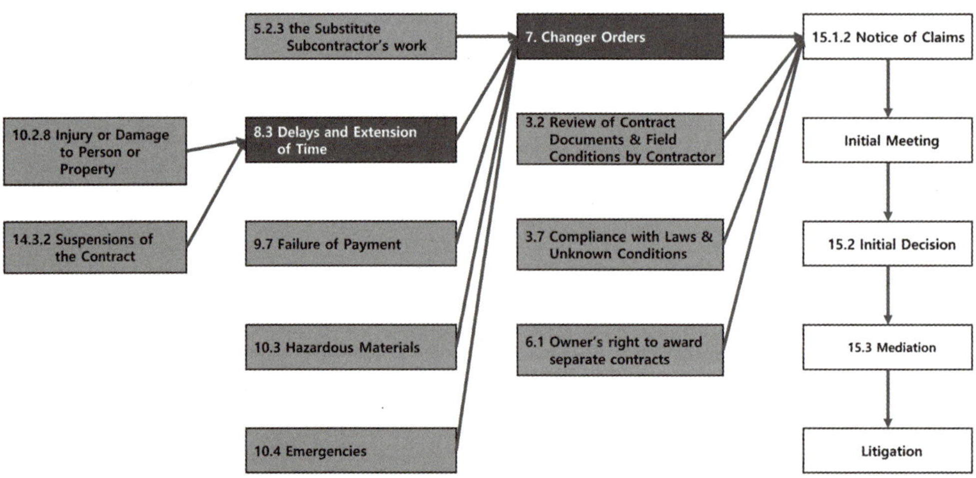

43) 미국에서 널리 사용되고 있는 표준계약으로 The American Institute of Architecture의 약자이다.

즉 'Section 3.2 Review of Contract Documents & Field Conditions by Contractor'와 'Section 3.7 Compliance with Laws & Unknown Conditions'와 'Section 6.1 Owner's right to award separate contracts' 조항은 공사변경(Change)을 거치지 않고 곧바로 클레임으로 진행하는 것으로 기술하고 있다. 한편 다른 EPC Contract를 참고하면 아래와 같다.

[그림 2.5] EPC Contract Mechanism 1

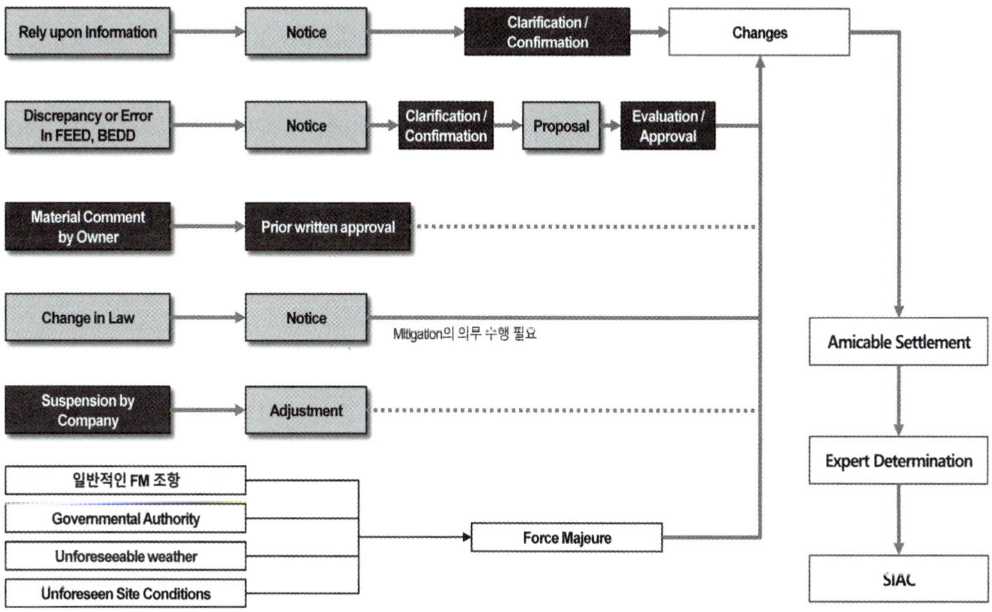

상기 EPC Contract는 클레임 조항이 명확하게 설명되어 있지 않고 대부분의 내용이 공사변경(Change)으로 연결되어 있다. 이러한 메커니즘(Mechanism) 분석을 통해서 이벤트가 발생하면 어떤 과정을 통해서 공사변경 또는 클레임으로 연결되는지 구조를 파악할 수 있다. 또 다른 사례를 참고하면 아래와 같다.

[그림 2.6] EPC Contract Mechanism 2

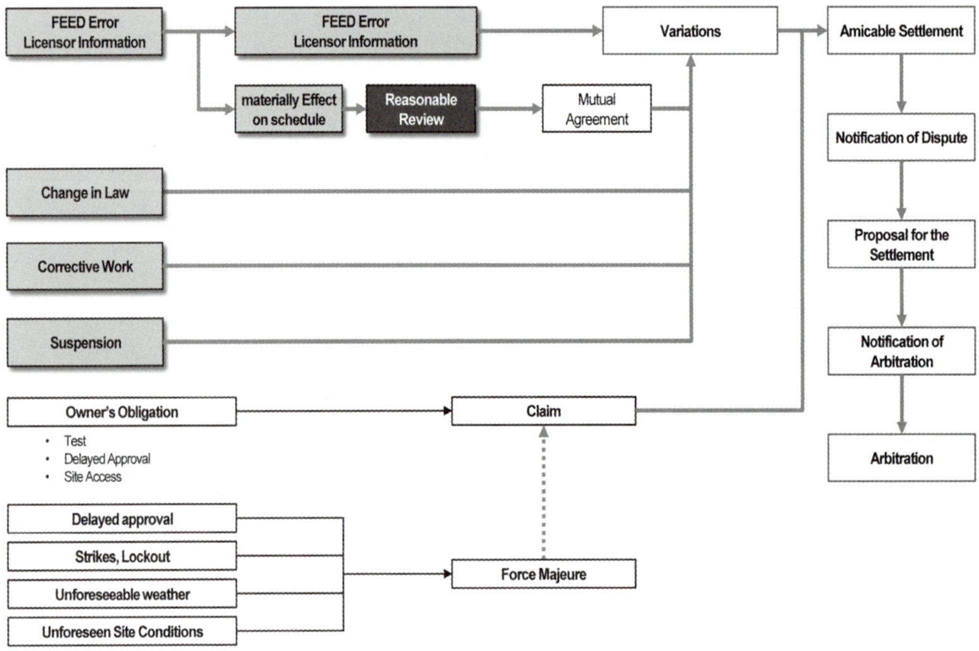

대부분의 계약조항이 공사변경(Change)으로 연결되어 있으며, 'Owner's Obligation' 및 'Force Majeure'는 클레임으로 연결되어 있다. 따라서 발주자의 승인지연과 같은 상황은 공사변경으로 진행하기는 어렵고 클레임 조항을 통해서 분쟁으로 진행되는 메커니즘(Mechanism)임을 확인할 수 있다.

2. 주요 유형

2.1 개요

공사변경(Change)의 유형은 속성 및 형태에 따라 다양하게 정의하고 있으나, 계약적인 개념 또는 진행절차를 고려하였을 때 아래와 같이 3가지로 구분할 수 있다.

- 지시에 의한 공사변경(Directed Change)
- 의제된 공사변경(Constructive Change)
- 중대한 변경(Cardinal Change)

공사변경(Change)이 발생하고 공사변경 절차에 의하여 발주자가 이를 승인하면 지시에 의한 공사변경(Directed Change)이라고 볼 수 있으며, 승인되면 작업이 진행되기 때문에 이는 클레임과는 관련이 없다. 그러나 발주자가 공사변경을 철회하면 클레임으로 진행되지 않지만, 발주자가 공사변경으로 인정하지 않으면서 시공자에게 작업을 강요하거나, 시공자가 부득이하게 작업을 진행할 수밖에 없는 상황이라면, 의제된 공사변경(Constructive Change)으로 진행될 수밖에 없다. 또한 공사변경의 속성이 과도한 물량변경이나 또는 구조변경과 같이 통상적인 범위를 벗어나는 경우에는 중대한 변경(Cardinal Change) 형태로 진행된다.

[그림 2.7] 공사변경(Change)의 순서도 및 유형

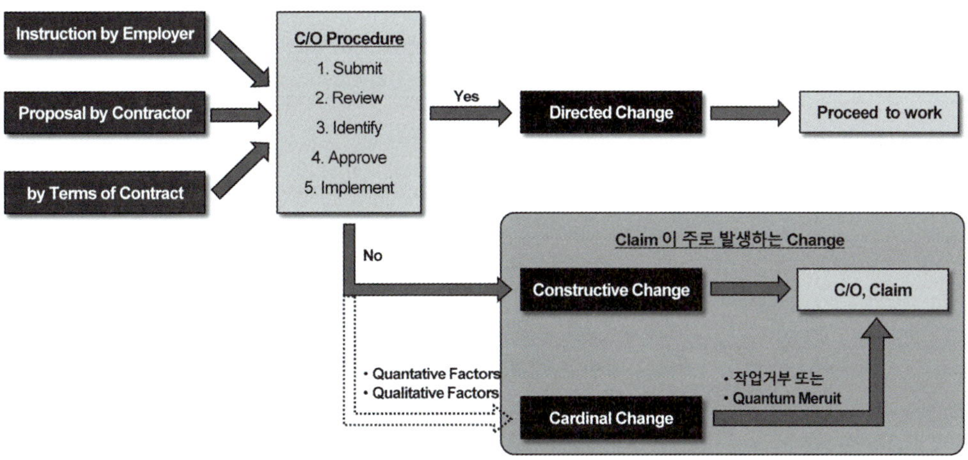

클레임에서 공사변경(Change)과 관련하여 주로 다뤄지는 유형은 의제된 공사변경(Constructive Change)과 중대한 변경(Cardinal Change)인데, 이를 이해하고 올바르게 대응하는 것이 중요하다.

2.2 의제된 공사변경(Constructive Change)

의제된 공사변경의 정의를 참고하면 아래와 같다.

> Owner conduct which is not a formal change order, but which has the effect of requiring the contractor to perform work different from that prescribed by the original contract, but in theory, which could have been ordered under the changes clause.[44]

발주자가 정식으로 공사변경(Change)을 승인하지 않았으나, 시공자로 하여금 당초 계약과는 다른 내용을 수행하게 하는 효과를 가지고 있고, 이론적으로는 계약서의 공사변경 조항으로 지시되었어야 하는 것으로 정의하는데, 아래의 참고자료[45]는 4가지로 구분하고 있다.

- An informal extra work directive or order.
- The drawings or specifications are defective and, as a result, the contractor is required to expend extra effort.
- The owner or its representative misinterprets the contract - for example, where work that actually satisfies contract requirements is erroneously rejected or where an unreasonably high standard of performance is required.
- The owner denies the contractor a justified time extension, requiring compliance with the original completion schedule, and thereby forces the contractor to accelerate performance.

다른 참고자료[46]는 아래와 같이 자주 발생하는 의제된 공사변경(Constructive Change)의 형태를 11가지로 구분하고 있다.

- Constructive Acceleration
- Constructive Deceleration
- Erroneous Contract Interpretation
- Defective Plans and Specifications
- Unreasonable Inspection Practices
- Owner-Furnished Items

44) Thomas J. Kelleher Jr., Common Sense Construction Law (2009)
45) 상동
46) Richard J. Long, Constructive Changes (2015)

- Direction by the Employer
- Method of Performance
- Extra Work
- Restriction of work hours
- Misrepresentation

Constructive Acceleration

면책가능한 공기지연(Excusable Delay)이 발생한 상황에서 시공자가 공기지연 클레임을 제출했으나, 발주자는 승인을 거절하고 당초의 완료일을 준수하라고 지시하는 경우, 시공자는 지체상금 부과를 피하기 위하여 불가피하게 공기단축(Acceleration)을 수행할 수밖에 없는 상황에서 발생한다.

Constructive Deceleration

의제된 공기단축(Constructive Acceleration) 상황과는 반대의 상황으로 발주자가 공사중단(Suspension)과 같이 특정 위치, 특정 작업을 중단시켜서 프로젝트에 영향이 발생했음에도 불구하고 그러한 영향을 인정하지 않을 때 발생한다. 즉 시공자는 Pacing delay[47] 상황에 직면하여 그 중요한 지연에 맞추어 다른 작업의 속도를 조절하는 상황이다.

Erroneous Contract Interpretation

발주자가 애매모호한 계약조항이나 시방서에 대해서 엄격하게 해석하거나 시공자가 예상하는 수준보다 높은 수준을 요구할 때 발생한다.

Defective Plans and Specifications

도면이나 시방서에 결점이 있을 때, 발주자가 암묵적으로(비공식적으로) 공사변경(Change)을 지시하는 상황에서 발생한다.

Unreasonable Inspection Practices

발주자가 계약서에 명시된 기준보다 더 높은 기준을 요구하거나 엄격하게 검사를 실시할 때 발생한다. 검사절차서(Inspection Procedure)의 내용에 대해서 정확한 해석이 필요하다.

Owner-Furnished Items

발주자가 제공하는 기자재, 물품이 늦게 도착해서 프로젝트에 영향을 발생시켰음에도 불구하고 발주자가 그러한 영향을 인정하지 않으면서 시공자의 요청을 계속 거절하는 상황에 발생한다.

---

47) Pacing Delay는 7장 공기연장 클레임의 개요에 자세하게 기술되었다.

Direction by the Employer

발주자가 계약에 명시되어 있는 내용과 다른 지시를 할 때 발생한다.

Method of Performance

계약서는 목적물(Deliverable)에 대한 구체적인 규격과 특정한 수준을 규정하고 있으나, 보통 수행 방법은 명시하지 않기 때문에 시공자가 적절한 수단과 방법을 사용해서 프로젝트를 수행한다. 그러나 발주자가 비용이 더 많이 드는 방법을 주장할 때, 발주자는 증가한 비용에 대해서 책임을 져야 한다.

Extra Work

발주자에게 책임이 있는 이벤트와 관련된 수량증가 또는 시방서의 변경 등으로 인하여 추가 작업이 발생하는 상황이며, 계약조건이나 범위가 명확하지 않을수록 많이 발생한다.

Restriction of Work Hours

계약서에 명시된 작업시간, 근무일 이상 또는 이하로 작업시간을 제약할 때 발생한다.

Misrepresentation

발주자가 시방서와 관련된 정보를 잘못 해석, 설명함으로 인하여 변경/수정이 발생한다.

의제된 공사변경(Constructive Change)과 관련하여 자주 발생하는 문제점은 아래와 같다.

- 공사변경(Change)을 지시한 사람이 계약적 권한이 있는 사람이 아닌 경우
- 구두지시만 있었고 증거문서가 없는 경우
- 발주자가 강제로 지시한 적이 없고 시공자가 자발적으로 수행한 경우

따라서 이러한 문제점들에 대응하기 위하여 시공자가 입증해야 할 내용은 아래와 같다.

- 발주자 또는 발주자의 대리인 등에 의해서 요청된 변경을 수행했음을 입증
- 계약적인 조건, 요구사항을 만족시키기 위하여 시공자가 수행했음을 입증
- 통상적인 범위, 수준을 초과해서 수행한 작업내용임을 입증

또한 시공자는 의제된 공사변경(Constructive Change)에 따른 손실을 최소화하기 위하여 아래의 내용을 고려하여 공사를 진행해야 한다.

- 발생한 영향(비용, 시간)에 대한 내용을 발주자에게 통지해야 함
  (발주자가 상황을 인지하고 있었다면 엄격한 Time Bar는 적용 받지 않을 수 있음)

- 계약조건 중 어떤 내용이 공사변경(Change)에 해당하는지 충분한 검토가 필요함
- 진행되는 의사소통에 대한 기록을 문서로 유지

위에서 살펴본 바와 같이 의제된 공사변경(Constructive Change)은 계약적으로 공사변경(Change)으로 처리되어야 함에도 불구하고 발주자가 공사변경으로 동의하지 않는 형태의 공사변경을 의미한다. 이런 상황에서 시공자는 다음과 같이 대응할 수 있다.

먼저 분쟁해결(Dispute Resolution) 절차를 고려하는 것이다. 아래와 같이 공사변경(Change)으로 합의되지 않으면 클레임 또는 분쟁해결 조항으로 연결되는 내용을 확인해서 해당 절차를 검토할 수 있을 것이다.

> Where no agreement is reached between the Company and the Contractor as to the matters set out in this Clause x the matter shall be settled in accordance with Clauses x (Time Limitation of Claims by the Contractor) and x (Dispute Resolution)[48]

그러나 이러한 상황에도 대부분의 계약조건은 시공자가 공사변경(Change) 작업을 수행해야 하는 의무를 포함하고 있기 때문에 분쟁 진행여부와 관계없이 해당 작업을 수행해야 한다.

> The Company may issue a written instruction to the Contractor to carry out the Change notwithstanding that agreement on all matters has not been reached, in which case the Contractor shall carry out the Change and the Company shall make fair and reasonable provisional payments to the Contractor based, inter alia, on such parts of the Contractor's statement and/or the rates in Contract as agreed, or as otherwise determined by the Company.[49]

두 번째로 공사변경(Change)에 대한 발주자의 명확한 지시를 지속적으로 요청하고, 적절한 회신이 오지 않으면 작업을 거부하는 행위이다. 아래의 계약조건은 비슷한 내용을 포함하고 있다.

> Contractor shall not proceed with any variations without prior written approval of the Employer.[50]

48) EPC Contract
49) EPC Contract
50) EPC Contract

위 조항은 시공자는 발주자의 사전승인 없이 공사변경(Change)을 진행하면 안 된다고 설명하고 있다. 발주자가 어떤 작업을 지시하면 시공자는 이행해야 할 기본적인 의무를 가지고 있는 경우에, 발주자가 어떤 상황에서는 명확하게 지시를 하지 않거나, 당연히 시공자가 해야 할 의무임을 내세워 동의나 승인하지 않는 상황에서 시공자는 명확한 지시가 올 때까지 발주자에게 지속적으로 공사변경(Change)을 요청하거나 또는 상황에 따라서 공사변경을 거부하는 행위를 고려할 수 있을 것이다.

2.3 중대한 변경(Cardinal Change)

중대한 변경이란 공사변경(Change)의 내용이 지나치게 과도하여 시공자로 하여금 계약의 통상적인 범위를 벗어나서 다른 의무를 수행하도록 요구되는 공사변경을 의미하며, 발주자에 의한 계약위반(Breach of Contract)이라고도 볼 수 있다. 중대한 변경(Cardinal Change)의 정의를 참고하면 아래와 같다.

> The term "cardinal change" refers to a change or changes ordered by the owner that are beyond the scope of the contract and therefore constitute a material breach of contract.[51)]

여러 공사변경(Change) 중에서 어떤 내용을 기준으로 중대한 변경(Cardinal Change)인지 여부를 판단할 수 있는 것일까? 아래의 내용은 중대한 변경과 관련하여 가장 많이 인용되고 있는 판례[52)]에서 설명하고 있는 내용이다.

양적 요인(Quantitative Factors)

- the number of changes
- the cost of the changed item as compared to the cost of the original

질적 요인(Qualitative Factors)

- the number of changed parts vs. the number of unchanged parts
- the effect of the changes on the unchanged parts
- the character of the changes
- the timing of the changes
- the extent of engineering, research, and development which the changes required the plaintiff to do

51) Thomas J. Kelleher Jr., Common sense, Construction Law (2009)
52) Air-A-Plane Corp. v. U.S., 408 F.2d 1030 (Ct.Cl. 1969)

먼저 양적 요인(Quantitative Factors)과 관련하여 국내 계약조건을 참고하면 아래와 같다.[53]

> **제46조(계약상대자에 의한 계약해제 또는 해지)** ①계약상대자는 다음 각 호의 어느 하나에 해당하는 사유가 발생한 경우에는 해당계약을 해제 또는 해지할 수 있다.
> 1. 제19조에 의하여 공사내용을 변경함으로써 계약금액이 100분의 40이상 감소되었을 때

이 조항은 감액의 한계를 40%로 규정함으로써 이 범위를 벗어나는 내용에 대해서는 일반적인 공사변경(Change)의 개념이 아닌 계약해지 조건으로 규정하면서 한계값을 분명하게 설명하고 있다. 증액에 관해서는 일반적인 한계에 대해서는 규정하지 않았으나, '제20조 설계변경으로 인한 계약금액의 조정'에서 특정한 조건에 한하여 아래와 같이 설명하고 있다.

> 계약담당공무원은 예정가격의 100분의 86미만으로 낙찰된 공사계약의 계약금액을 제1항에 따라 증액 조정하고자 하는 경우로서 해당 증액조정금액(2차 이후의 계약금액 조정에 있어서는 그 전에 설계변경으로 인하여 감액 또는 증액 조정된 금액과 증액조정하려는 금액을 모두 합한 금액을 말한다)이 당초 계약서의 계약금액 (장기계속공사의 경우에는 시행령 제69조제2항에 따라 부기된 총공사금액)의 100분의10 이상인 경우에는 시행령 제94조에 따른 계약심의회, 「국가재정법 시행령」 제49조에 따른 예산집행심의회 또는 「건설기술관리법 시행령」 제21조에 따른 설계자문위원회의 심의를 거쳐 소속중앙관서의 장의 승인을 얻어야 한다.[54]

공사변경(Change)의 한계와 관련하여 다른 국가들의 조건을 확인하면 아래와 같다.

[표 2.2] 공사변경(Change)의 수량/금액 한계

국가	내용	비고
사우디 아라비아	공사변경(Change)으로 인한 감액은 당초 계약금액의 20%, 증액은 10%까지로 제한	공공공사 표준계약조건
미국	실제수량이 추정수량의 15% 이상 증가, 감소되는 경우 계약금액 조정	연방조달규정 (FAR)
일본	실제수량이 계약수량의 20% 이상 증가, 감소하는 경우 계약금액 조정	
세계무역기구 (WTO)	공사변경(Change)의 금액은 당초 계약금액의 50%까지로 제한	WTO 정부조달협정

53) 기획재정부 계약예규, 공사계약일반조건
54) 상동

물론 이러한 조건을 벗어나는 경우 무조건 중대한 변경(Cardinal Change)이라고 정의하는 것은 아니며, 위의 내용들에 해당하면 새로운 계약형태로 인식하여 추가적인 계약이 진행되거나 자동적으로 계약금액을 조정하는 절차가 진행된다는 점에서 간접적으로 중대한 변경에 가까운 개념으로 적용이 가능하다고 볼 수 있다.

중대한 변경(Cardinal Change)이라는 단어는 1937년 미연방정부와 제너럴 컨트랙팅사의 판례를 통해서 처음으로 사용되었는데, 아래 사례는 중대한 변경으로 인정받은 판례[55]이다.

P. L. Saddler v. U.S., 287 F.2d 411(Ct.Cl. 1961)

제방을 건설하는 프로젝트에서 제방의 길이가 100% 늘어났고 부피는 141% 증가하였다. 이와 같은 상황에서 법원은 질적 변경(Quality of the Change)에 해당하지는 않으나, 수량의 변경이 매우 크기 때문에 중대한 변경(Cardinal Change)이라고 판결하였다.

Peter Keiwit Sons' Co. v. Summit Construction Co., 422 F.2d 242(8th Cir. 1969)

시공자는 미사일기지의 굴착작업, 부지정리, 되메우기 작업을 수행하는데, 발주자가 되메우기 작업의 진행절차를 변경하면서 시공자에게 작업중단, 재시작을 반복적으로 지시하였다. 이 결과로 되메우기 작업의 비용은 333%가 증가하였으며, 전체 계약금액의 50% 이상 증가하였다. 법원은 이러한 변경의 비용증가를 고려하였을 때 발주자의 계약위반이라고 판결하였다.

Thermocor v. U.S., 35 Fed.Cl. 480(1996)

시공자는 오염된 토양을 제거하고 새로운 토양을 운반하는 계약을 체결하였다. 그러나 진행되는 과정에서 오염된 토양의 제거량은 100%가 넘게 증가하였고 새로운 토양은 60%가 증가하였다. 발주자는 결과적으로 공평한 조정(Equitable Adjustment)을 통하여 계약금액의 55%를 증액하는 것으로 시공자에게 제시하였다. 법원은 시공자가 중대한 변경(Cardinal Change)으로 고려할 수 있는 요인을 정확히 제기하였다고 판단하였다.

다음으로 질적 요인(Qualitative Factors)은 변경의 내용이 얼마나 중대한[56] 것이었는지에 따라 중대한 변경(Cardinal Change)으로 인정할 수 있는데, 관련된 판례를 참고하면 아래와 같다.

---

55) 미국 판례이며, 일반적으로 적용되는 원칙으로 접근하면 안 되고 해당국가의 법체계 구성에 따라 다르게 해석될 수 있으므로 주요한 이론적인 원칙에 대해서만 참고가 가능하다.

56) 예를 들어 구조를 변경하는 것과 같이 매우 큰 영향을 발생시킨 경우 또는 계약내용을 고려하였을 때 그 변경이 계약의 중요한 부분인 경우

Airprep Technology, Inc. v. U.S., 30 Fed.Cl. 488(1994)

시공자는 공기정화시스템을 제작하는데, 발주자는 압력기준을 당초 0.9 psi에서 1.6 psi로 변경할 것을 지시하였다. 이러한 변경으로 인하여 당초 계약금액의 77%가 증가하였다. 법원은 이러한 금액의 증가와 변경의 내용을 고려하였을 때 매우 중요한 상황인 것으로 판단해서 중대한 변경(Cardinal Change)으로 인정하였다. 이러한 발주자의 계약위반 행위에 대해서 시공자의 계약해지 행위가 적절하다고 판결하였다.

General Dynamics Corp. v. U.S., 585 F.2d 457(Ct.Cl. 1978)

시공자는 핵잠수함을 제작하는 프로젝트를 체결하였는데, 제작기간은 5년이고 비용은 6천만불이다. 그러나 수많은 변경으로 인하여 제작기간은 50% 이상 증가한 2년 이상이 지연되었으며 제작비용은 20%가 상승하였다. 최종적으로 제작된 핵잠수함의 규격은 당초와 비교했을 때 많이 바뀌었다. 법원은 이러한 상황은 매우 중대한 변경(Cardinal Change)에 근접하였으며, 시도할만하다고 언급했으나, 발주자(정부)도 국가의 보안을 유지하기 위해서 이러한 변경을 수행할 특권을 가지고 있다고 판결하였다.

아래 판례는 공사기간의 증가를 주요한 요인으로 고려하여 중대한 변경(Cardinal Change)으로 주장하였으나. 변경의 내용이 중요한 설계변경이 아니있기 때문에 공사기간만으로는 중대한 변경으로 인정받지 못한 판례이다.

F.H. McGraw and Co. v. U.S., 130 F.Supp. 394(Ct.Cl. 1955)

시공자는 추가적인 병원건물을 건설하는 계약을 체결하였다. 당초 공사기간은 400일이었으나 수많은 설계변경이 발생하였으며, 결국 공사기간이 65% 증가한 660일에 공사가 완료되었으며 시공자는 소송을 제기하였다. 법원은 그러한 설계변경이 구조를 변경하는 중요한 설계변경도 아니었으며, 공사기간의 증가 그 자체로는 중대한 변경(Cardinal Change)을 구성하지 않는다고 판결하였으며, 어느 정도의 설계변경은 계약 이내에서 충분히 고려할 만한 내용이라고 언급하였다.

Wunderlich Contracting Co. v. U.S., 351 F2d 956(1965)

종합병원 건물 신축공사의 시공 도중에, 발주자가 도면 및 시방서에 대한 변경을 600회 이상 지시했다. 시공사는 이로써 계약의 범위가 본질적으로 바뀌었으니, 즉 계약 범위를 벗어났으니 발주자가 계약을 위반한 것이라고 주장했다. 그래서 비용이 증가했으니, 그것을 보상하라고 청구하였다. 그러나 법원은 변경이 많았지만 건물의 위치, 외형, 병실의 수, 층수 및 시설의 내용이 원래의 계약 내용과 같다고 지적하면서, 계약의 범위를 벗어난 것이 아니라고 판결하였다.

위의 판례를 참고해서 중대한 변경(Cardinal Change)의 기준을 정리하면 먼저 양적요인(Quantitative Factor)은 다음 3가지가 중요하다.

(1) Changes in size or amount
(2) Changes in cost
(3) Changes in time

공사기간이 증가한 것은 비용 또는 수량의 증가보다는 덜 중요하며 단독적으로는 중대한 변경(Cardinal Change)으로 인정받기는 쉽지 않다. 법원은 비용 또는 수량의 증가가 100%를 넘지 않는다면 중대한 변경로 인정하지 않는 편이며, 어느 한 쪽이 100%를 넘지 않는 상황에서 다른 요인과의 연관관계를 고려하여 판단하였다. 또한 비용과 수량의 증가 둘 다 50%를 넘지 않는 상황은 중대한 변경으로 거의 인정하지 않았다.

질적 요인(Qualitative Factor)은 수량 또는 비용의 증가와 관계없이 요인의 중요도와 영향도를 중대한 변경(Cardinal Change) 판정의 기준으로 확인하였다. 주요한 내용을 정리하면 아래와 같다.

(1) Changes in fundamental structural design
(2) Work outside the scope of the contract
(3) Fundamental changes in construction methods

구조설계의 변경, 당초 계약의 범위를 벗어나는 작업, 시공방법상의 중요한 변경일 경우에 법원은 중대한 변경(Cardinal Change)으로 인정하였다.

3. 주요 계약조항

국제표준계약 및 EPC Contract에 언급되어 있는 공사변경(Change) 조항을 정리하면 아래와 같다.

[표 2.3] 공사변경(Change) 계약조항

<table>
<tr><th colspan="2">구분</th><th>내용</th></tr>
<tr><td rowspan="3">FIDIC (Silver Book)</td><td>조항</td><td>13.1 Right to Vary</td></tr>
<tr><td rowspan="2">내용</td><td>Variations may be initiated by the Employer under Sub-Clause 13.3 [Variation Procedure] at any time before the issue of the Taking-Over Certificate for the Works.
Other than as stated under Sub-Clause 11.4 [Failure to Remedy Defects], a Variation shall not comprise the omission of any work which is to be carried out by the Employer or by others unless otherwise agreed by the Parties.
The Contractor shall be bound by each Variation instructed under Sub-Clause 13.3.1 [Variation by Instruction], and shall execute the Variation with due expedition and without delay, unless the Contractor promptly gives a Notice to the Employer stating (with detailed supporting particulars) that:

(a) the varied work was Unforeseeable having regard to the scope and nature of the Works described in the Employer's Requirements;
(b) the Contractor cannot readily obtain the Goods required for the Variation;
(c) it will adversely affect the Contractor's ability to comply with Sub-Clause 4.8 [Health and Safety Obligations] and/or Sub-Clause 4.18 [Protection of the Environment]
(d) it will have an adverse impact on the achievement of the Schedule of Performance Guarantees; or
(e) it may adversely affect the Contractor's obligation to complete the Works so that they shall be fit for the purpose(s) for which they are intended under Sub-Clause 4.1 [Contractor's General Obligations].</td></tr>
<tr><td>5가지 상황에 해당하는 경우 시공자는 발주자에게 통지할 수 있고 그렇지 않으면 공사변경을 수행해야 한다.</td></tr>
<tr><td rowspan="2">ENAA</td><td>조항</td><td>GC 39. Change in the Works</td></tr>
<tr><td>내용</td><td>39.1 Subject to GCs 39.7 and 39.8, the Owner shall have the right to</td></tr>
</table>

구분		내용
		request and subsequently to order the Contractor from time to time during the performance of the Contract to make a change, modification, addition or deletion to, in or from the Works, (a "Change") 39.2 The Contractor may from time to time during its performance of the Contract propose to the Owner any Change which the Contractor considers necessary or desirable to improve the quality, efficiency or safety of the Works or which is necessitated by reason of any act, omission or breach of the Contract by the Owner or its contractors of any tier. The Owner may at its discretion approve or reject any Change proposed by the Contractor, provided that the Owner shall approve any Change necessitated by reason of any act, omission or breach of the Contract by the Owner or its contractors of any tier or proposed by the Contractor to ensure the safety of the Works.
		39.1에 의거하여 발주자는 공사변경을 지시할 수 있고, 39.2에 의거하여 시공자는 필요한 공사변경을 요청할 수 있다.
ICC	조항	Article 35 Variations and Changes to the works
	내용	35.1 The purpose of these Variations provisions is to ensure that the Contractor is paid a reasonable price and profit for any changes in the works and that the Employer preserves its right, within the framework of this Contract, to change the Works and maintain its right to delay damages as the Works progress. Variation may be instructed by the Employer or proposed by the Contractor. 35.4 The Employer shall have the right to request and subsequently order Variations to the Works from time to time during the performance of the Contract until the complete Works have been taken over, or if the Variation is agreed by the Contractor, until the end of the last Defect Correction Period. 35.6 The Contractor may refuse to carry out any Variation that: (a) is unrelated to the Works (b) is not technically practicable (c) has in the reasonable opinion of the Contractor not been the subject of adequate assurances under Article 13.5 (d) adversely affects in a material way the Contractor's ability to fulfil any Contract obligation, including performance guarantees, warranties or Defect (e) will reduce the safety or suitability of the Works.
		ICC는 시공자가 거부할 수 있는 여러 상황들을 제시하고 있다.

구분		내용
EPC Contract	조항	13.1 Company Variations
	내용	The Company may require Variations, and the Contractor shall execute and be bound by such Variations in accordance with this Clause 13.0 (Variations). The Superintendent may at any time propose in writing, changes to any aspect of the Works or Company's requirements thereto, including without limitation any changes in the design or drawings of any part of the Facilities, or the specification of Materials therefore or the construction thereof, or the addition or omission of any work in connection therewith, or additional/ modified Materials.
		어떤 특별한 제한 없이 감독관은 공사변경을 제안할 수 있다.
	조항	13.2 Contractor Variations
	내용	The Contractor may at any time during the performance of the Contract propose a Variation for consideration by the Company, which may, in its sole judgement, reject or approve such proposed Variation.
		시공자도 공사변경(Change)을 발주자에게 제안할 수 있다.
	조항	13.3 Variation or Adjustment Order required by Terms of Contract
	내용	Where the Contract expressly provides for a Variation or Adjustment Order to be issued pursuant to any provision of the Contract other than Clauses 13.1 (Company Variations) and 13.2 (Contractor Variations), the Contractor shall in accordance with the provisions of Clause 41.0 (Time Limitations and Claims by Contractor), submit a claim therefor including the following details to the Superintendent together with the appropriate justification thereof:
		다른 계약조항에서 공사변경 관련 내용이 있을 때, 시공자는 Clause 41에 따라 클레임을 제출한다.

4. 주요 고려사항

위에 언급된 내용들을 참고했을 때 공사변경(Change)이 원만하게 합의되지 못하고 클레임으로 진행되는 것을 방지하기 위해서 아래의 내용을 고려해서 입증해야 한다.

4.1 공사변경(Change)의 내용

공사변경은 용어 그대로 변경되었다는 것을 의미한다. 어떤 공사변경의 내용을 검토하면 변경 전과 변경 후의 차이가 명확하지 않고 단지 변경 후만 강조되어 있는 경우도 있다.

[그림 2.8] 변경 전과 변경 후의 대조

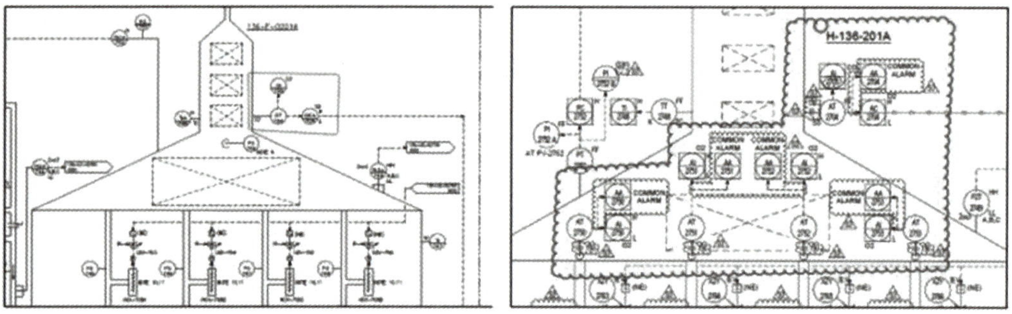

ITB PEFS LATEST PEFS

클레임 단계에서는 계약당사자뿐만 아니라 로펌이나 컨설팅사와 같은 외부의 관계자도 참여하는 경우가 많기 때문에 명확하게 변경 전과 변경 후를 대조해서 공사변경(Change)을 효과적으로 입증해야 할 필요가 있다. 또는 변경 전의 상황이 특별하게 명시되어 있지 않거나 표현하기 어려운 상황이라면, 부족한 내용을 명확히 표현해서 변경 전의 상황을 정확히 묘사하거나 또는 변경 후의 내용이 합리적이라는 점을 강조해야 한다.

사례: Extra Work on Scope

- 개요

  시공자와 발주자가 이해하는 도면의 경계라인이 상이하여 경계라인 사이에 존재하는 구조물에 대해서 시공자의 역무인지 아닌지에 대하여 클레임이 발생하였다. 발주자는 미래의 계획된 변경(Future Development)을 위해서 계단의 연장과 물탱크를 위한 기초시공을 주장하고 있고, 시공자는 구조물 경계 밖은 역무가 아니라고 주장하였다.

[그림 2.9] 부지경계선과 관련된 클레임

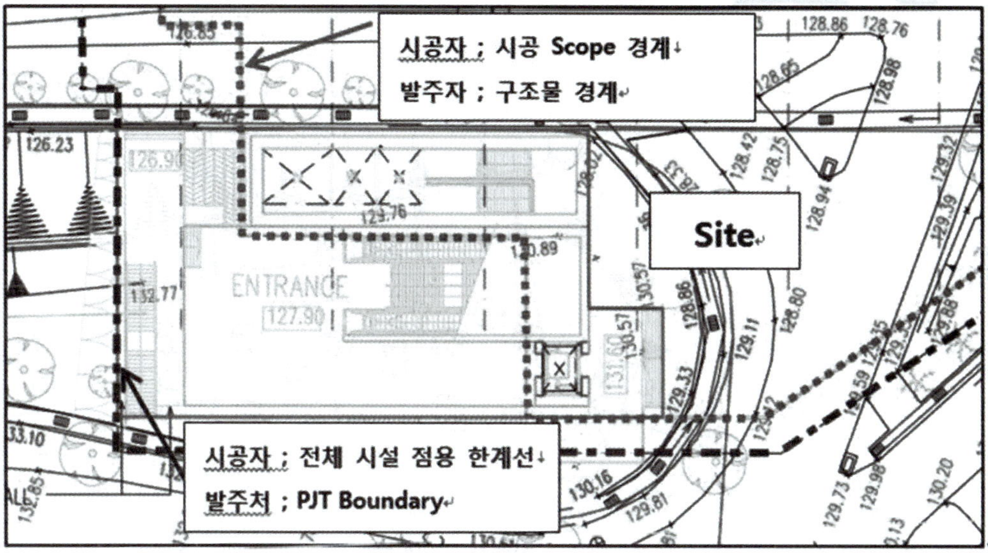

- 우선적으로 검토해야 할 내용
  - 계약상 정의되어 있는 업무범위를 가장 먼저 확인해야 함
  - 미래의 계획된 변경(Future Development)과 관련된 내용 확인 필요

- 공사변경(Change)으로 처리되기 위해서 입증해야 할 내용
  - 입찰 시 받은 도면과 확인사항(Clarification)을 검토해서 입찰 시 시공자가 알 수 없었던 내용임을 입증
  - 허가를 위하여 외부기관에 제출된 도면 활용
  - 발주자에게 제출한 도면의 승인여부를 확인하여 활용

4.2 공사변경(Change)의 원인

변경 전과 변경 후의 내용이 명확해서 어느 누가 보더라도 변경이 이루어졌다고 확인되었더라도 그러한 변경의 원인이 시공자의 선호(제안에 의한) 또는 계약적 요구사항(Contractual requirement)에 의하여 진행되었다면, 공사변경(Change)으로 인하여 발생한 비용증가와 공사기간의 연장에 대해서 발주자가 쉽게 인정하지 않을 것이고 클레임으로 진행될 가능성이 많다. 즉 발주자가 먼저 지시하지 않았는데도 불구하고 시공자가 어떤 공사변경을 선호해서 제안하는 형태는 시공자에게 보상 권리가 자동적으로 부여되지 않는다. 공사변경의 원인이 발주자에 기인하거나 또는 계약적으로 보상권리를 부여하는 조항에 있다는 것을 입증해야 시공자에게 보상권리가 주어진다고 볼 수 있다. 따라서

공사변경(Change)의 내용뿐만 아니라 공사변경의 원인을 명확히 입증하는 것도 매우 중요하다. 따라서 공사변경에 대하여 보상권리를 확보하고자 한다면, 시공자가 공사변경을 제안하는 형태(Propose, Alternative, Option)보다는 변경할 수밖에 없는 원인에 따라 불가피하게 변경 되었다는 논리를 전개해야 한다.

계약적 요구사항(Contractual Requirement)을 준수하기 위한 공사변경의 형태도 시공자가 계약적 요구사항을 준수해야 하는 의무를 가지고 있기 때문에 보상권리는 매우 약하다고 볼 수 있다. 특히 EPC Contract에서 시공자는 설계를 직접 수행하고 계약적 요구사항을 충족시키기 위해서 디자인 개발(Design Development)을 수행하기 때문에 이는 정상적인 과정이라고 할 수 있다. 따라서 계약적인 요구사항과 관련된 공사변경을 입증하기 위해서는 서로 다른 문서의 불일치(Inconsistency) 또는 에러(Error)와 같은 내용을 위주로 검토할 필요가 있다.

4.3 공사변경(Change)과 클레임의 연관관계

공사변경은 보통 공사비용의 증가와 공사기간의 연장을 포함해서 제출하는데, 합의하지 못하고 클레임 단계로 진행하는 경우에 비용과 시간을 구분해서 협의할 필요가 있다. 비용은 개별적인 공사변경별로 쉽게 확인이 가능하기 때문에 발주자와 지속적으로 협의를 시도할 필요가 있다. 즉 합의되지 못했다고 해서 클레임으로 곧바로 진행하지 말고 공사변경의 개념 하에서 시공자가 계속 주장할 필요가 있다는 의미이다. 클레임으로 진행한다는 것은 분쟁을 염두에 두고 발주자를 압박한다는 의미이기 때문에 클레임으로 진행하는 것에 대해서 유의해야 한다. 발주자와 시공자가 협의해서 합의하면 승인될 수도 있으나, 클레임은 Time Bar나 계약적인 권리를 확인하기 위한 절차가 필요하기 때문에 시공자가 자신의 의무를 준수하지 않았을 때 시공자의 권리를 인정받지 못할 수도 있다는 점을 충분히 고려해야 한다.

이에 반해 공사변경(Change)으로 인한 공사기간의 연장은 발주자에게 승인받기 매우 어려운 편이다. 공사변경의 권리가 아무리 좋다고 하더라도 대부분의 발주자는 계약적 완료일 이전에 개별적인 이벤트로 인한 공기연장(Extension of Time)을 인정하지 않고 시공자에게 당초의 계약적 완료일에 공사를 완료할 것을 끊임없이 요청한다. 그래서 보통 공사변경으로 인하여 발생한 공사기간의 연장은 원만하게 합의되지 못하고 클레임을 통해서 분쟁으로 진행되는 경우가 많은 편이다. 따라서 하나의 공사변경 내에서 비용은 기존 권리를 유지한 상태에서 협의를 시도하고, 공사기간의 연장은 별도의 분석을 통해서 클레임 단계로 진행하는 것을 고려할 필요가 있다. 현실적인 제약을 고려하였을 때 프로젝트가 완료되기 이전에 공사기간의 연장을 합의하는 것은 어렵기 때문에 당초의 계약적 완료일 즈음에 타결을 목표로 협상일정을 수립하는 것이 적절할 것이다.

정리하자면 공사변경(Change)으로 인한 추가비용은 가능하면 공사변경을 유지한 상태에서 협의를 지속적으로 진행하고, 공사기간의 영향은 현실적으로 협의가 쉽지 않기 때문에 계약적 완료일 6개월[57] 이전에 종합적으로 공사변경의 내용을 합쳐서 통합적인 공기연장 클레임(Extension of Time Claim)으로 진행하는 것이 바람직할 것이다. 물론 프로젝트의 운영시점에 공사기간에 영향이 발생하면 발생 즉시 통지하는 과정은 필요하며, 이러한 과정을 거치지 않으면 추후 클레임 협의 시 권리가 상실될 수도 있기 때문에 유의해야 한다.

4.4 공사변경(Change)의 재분석

공사변경(Change)이 제출되면 보통 시공자는 특정한 회신기간 이내에 그러한 공사변경이 승인될 것으로 기대하고 공사기간을 산정하는데, 승인까지 시간이 매우 많이 소요되기 때문에 제출한 공사변경 이상으로 공사기간에 영향을 미치게 된다. 또한 프로젝트의 연장기간을 정확하게 계산하기 위해서는 여러 공사변경의 내용을 복합적으로 고려해야 하는데, 개별적인 공사변경은 그러한 영향을 포함하지 않기 때문에 개별적으로 제출된 공사변경의 공사기간에 대한 영향은 정확하지 않을 가능성이 매우 높다.

[그림 2.10] Window Analysis를 통한 복합적인 이벤트의 분석

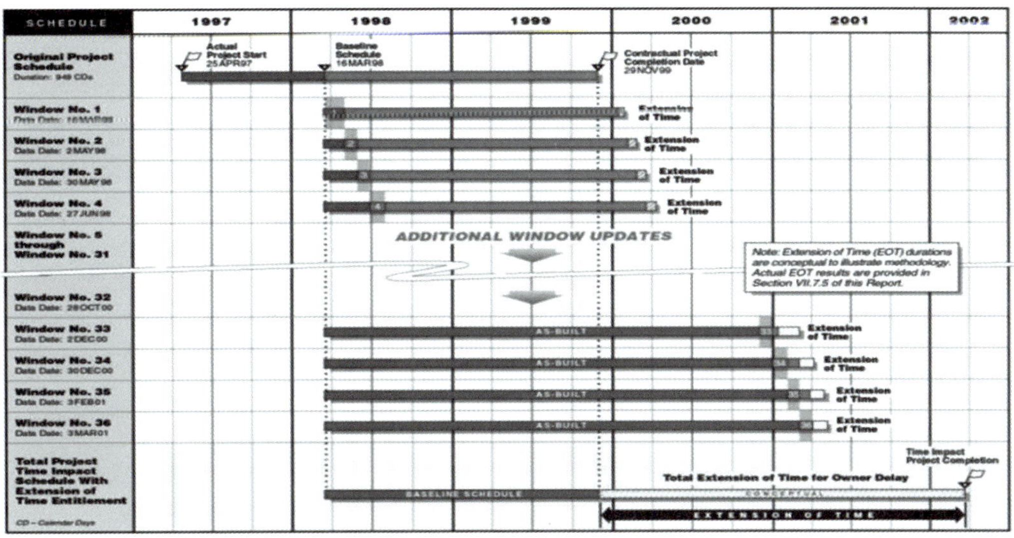

따라서 개별적으로 제출된 공사변경(Change)의 공사기간에 대한 영향은 복합적이고 누적적으로 다시 분석되어야 할 필요가 있는데, 프로젝트의 완료일이 근접한 시점 또는 매우 중요한 공사변경이 발생한 시점에 종합적으로 재분석되어야 한다.

---

57) 작성기간 3개월, 검토 및 협상기간 3개월로 가정

5. 공사변경 비용

5.1 구성항목

공사변경 비용은 추가공사(Additional Work) 또는 수정작업(Modification Work)과 관련된 비용을 청구하는 것으로 추가 투입된 자원의 비용 및 제반 경비 등의 비용을 포함하며 구성 항목을 참고하면 아래와 같다.

1) Addltional Direct Labour Costs(증가된 직접노무비)

추가공사를 수행했거나 예측할 수 없었던 조건 때문에 작업이 훨씬 어려웠고 그것이 발주자 귀책인 경우 입찰시 예상한 투입인원수 및 단가 대비 추가 투입 시간 및 단가 상승에 대한 비용을 산정한다.

2) Loss of Inefficiency and Productivity(생산성 저하로 인한 직접 노동 시간 증가)

물량증가 또는 작업 변경으로 인해 계획된 작업이 영향을 받았고, 예상보다 많은 인력을 투입한 경우 일에 대한 생산성 저하가 발생할 수 있고 관련 비용을 산정할 수 있다. 단, 당초 역무를 수행하기 위해 예정된 인원 이상으로 투입한 인원을 상황에 따라 적절하게 비용산정을 해야 하며, 인과관계(Cause and Effect)를 입증하여야 한다.

3) Increased Material Costs(증가된 자재비)

변경 또는 추가 공사를 수행하기 위해 투입한 추가자재는 공사변경(Change) 비용에 포함되는 항목이다. 입찰시 포함된 공사(Base Bid Work) 대비 추가 자재의 비용 정리가 필요하다.

4) Increase/Exccess Equipment Costs(초과 장비비)

- Equipment Rental Cost: 추가공사를 위해 임대장비를 투입한 경우 경비를 산정한다.
- Cost for Owned-Equipment Use: 추가공사로 인해 자사장비를 추가로 투입한 경우 또는 지연기간 중 투입한 자사장비 사용시간에 따른 비용을 산정한다.

5) Additional Subcontract Costs(하도급자 비용)

추가공사로 인하여 하도급자의 공사물량이 증가한 경우 하도급자의 공사비용은 포함되어야 하는 항목이다. 또한 작업변경으로 인해 스케쥴이 지연되었다면, 지연에 따른 하도급자의 추가 비용 또는 경우에 따라 물가변동(Escalation)의 비용도 청구 가능하다.

6) Site Overehead Costs(현장관리비)

작업과 관련하여 추가되는 현장간접비를 포함하는 것은 정당하며, 추가공사로 인한 현장 관리 증가 비용 등이 포함된다.

7) Homeoffice Overhead Costs(본사관리비)

추가 공사를 위해 본사인력이 투입된 경우 본사관리 비용을 산정할 수 있다.

8) Finance and Interest Costs(금융 및 이자 비용)

지연기간 동안의 추가 자금 조달에 따른 이자 손실 등의 비용으로 공기지연과 관련이 크지 않는 추가공사인 경우 이 항목은 잘 포함되지 않는다. 단, 추가공사에 대한 기성 시급이 지연될 경우 지연으로 인해 발생하는 이자비용을 산정할 수 있다.

9) Profit(이익)

이익은 실제 수행한 공사에 대한 정당한 보수라는 관점에서 청구논리가 성립된다.

5.2 산정방법

공사변경(Change) 비용 산정 시 합리적인 기준은 계약서에 합의 된 단가(Unit Price)이다. 하지만 별도로 합의된 단가가 없다면 일반적으로 특정 프로젝트의 단가 또는 이전에 수행한 프로젝트의 단가를 참고하게 되며 발주자가 허용한다면 제 3자에 의해 검증된 단가를 활용 할 수 있다.

변경된 일을 수행하기 전에 단가를 산정하고 협의하면, 시공자는 변경된 일에 대한 금액을 산정하고 발주자와 협상을 통해 최종단가 또는 금액을 합의하는 것이 일반적이다. 하지만 만약 변경된 일을 수행한 이후에 금액을 산정하면, 여러 가지 금액산정 방법을 적용해야 하는데, 일반적으로 적용되는 방법은 아래와 같다.[58]

1) Actual Costs
2) Total Cost Method
3) Modified Total Cost Method
4) Jury Verdict Method
5) Quantum Meriut

1) Actual Costs

이 방법은 공사변경(Change) 비용을 산정하는데 있어서 가장 선호되는 방법으로 프로젝트 수행자료 및 과거 투입 비용을 산정하는 방법이다. 만약 시공자가 실제 투입비용 기록을 근거로 비용을 산정하였다면 산정금액의 불합리성을 입증할 책임은 발주자에게 있다.

실제로 발생한 비용은 일반적으로 시공자의 회계시스템으로부터 집계되어 산정되는데, 시공자는 변경된 일과 관련된 비용을 분리하여 산정된 금액이 합리적이고 정당하다는 것을 보여주어야 한다. 이때 시공자의 회계시스템의 원리 및 투명성을 효과적으로 설명해서 비용 산정 근거로서 인정받을 필요가 있다.

2) Total Cost Method

이 방법은 변경금액의 산정에 있어서 가장 선호하지 않는 방법으로 다른 산출방법을 찾지 못할 경우 사용하는 최후의 방법이다.[59] 이 방법은 시공자의 당초 계획대비 초과된 전체 비용이 변경된 일과 관련된 금액이라는 것을 의미하며, 특정 원인이나 특정 이벤트로 구분해서 설명하지 못하는 방법이다. 또한 추가비용의 모든 책임을 발주자에게 돌리기 때문에 발주자로부터 반박을 많이 받게 된다. 결론적으로 이 방법은 복잡한 프로젝트에 적용하기에는 현실적이지 않은 금액산출 방법이다.

3) Modified Total Cost Method

이 방법은 Total Cost Method을 보완한 방법으로 변경된 일을 수행함에 있어서 시공자의 책임이 있다면 해당 비용을 전체금액에서 제외하여 산정하는 방법이다. 이 방법을 적용하기 위해서는 시공자의 입찰 또는 기준이 되는 금액에 문제가 없어야 하며, 시공자가 산정한 비용이 합리적이야 하며, 산정한 금액에 시공자 귀책으로 인한 금액은 제외되어야 한다. 비록 이 방법이 적용되기 위한 조건을 만족하기에 쉽지는 않지만, 현실적으로 많이 사용되는 방법이다.

---

58) Robert F. Cushman외 3인, Proving and Pricing Construction Claim, 3rd Edition (2001)
59) U.S..Steel Corp. v. Construction Aggregates Corp., 559 F.Supp. 414(E.D. Mich. 1983)

4) Jury Verdict Method

이 방법은 변경된 작업으로 인하여 시공자가 명백히 손실을 입었다는 정황이 있으나 다른 비용 산정 방법을 적용할 수 없을 때 사용하는 방법이다.[60] 간단히 설명하면, 법원의 배심원들이 시공자가 제출한 근거자료를 기준으로 산정금액의 적정성을 평가하는 방법이다.

5) Quantum Meriut

당초 계약서에 변경 또는 추가 작업의 금액산정 방법에 대한 합의가 없고 중대한 변경(Cardinal Change)이어서 합의된 범위 내의 작업을 수행하는 것이라고 보기 어려운 공사변경(Change)이 발생하였을 때 적용할 수 있는 방법이다. 이 방법은 금액을 산정하는 방법이라기보다는 공사변경의 정의 및 책임여부를 구분하는 방법이라고 볼 수 있다.[61]

이 방법은 발생한 비용보다는 변경된 일의 가치에 무게를 두기 때문에, 변경 작업을 수행할 경우 실제 발생된 비용보다 더 큰 비용을 보상 받을 수 있다. 반면 변경 작업을 적절히 수행하지 못할 경우 모든 실 투입비를 보상 받지 못하는 경우가 있음을 유의하여야 한다.

> The measure of damage under a quantum meriut approach lies in the value of the work rather than in the cost incurred. It is possible, for example, that the value of the completed work will be less than the cost incurred to perform the work. It is important to note that if there are performance problems, the contractor may have difficulty in recovering all of its costs.[62]

5.3 단가 선정 방법

변경 또는 추가작업을 위한 금액 산정시 선행되어야 하는 작업은 단가 선정이다. 일반적으로 기존 작업과 유사한 작업일 경우, 계약단가를 활용하여 단가를 선정하고, 작업조건의 변화가 클 경우 특성을 고려하여 신규단가를 선정할 수 있다. 기존 작업과 유사한 작업의 단가 산정시 계약서의 BOQ (Bill of Quantities) 단가를 활용 하여 유사단가의 평균값을 사용하여 신규단가를 정하기도 한다.

일반적으로 시공자 입장에서는 추가작업 금액산정을 위한 단가는 높게 산정하려는 경향이 있기 때문에 계약서에 신규단가 적용에 대한 규정을 포함한다. FIDIC 계약서에 따르면 감리자가 달리 지시하지 않는 한 아래와 같이 공사변경(Change)의 평가(Evaluation)는 Clause 12의 규정에 따르도록 설명하고 있다.

---

60) Dawco Constr., Inc. v United States, 930 F.2d 872 (Fed. Cir. 1991)

61) Joseph Pickard's Sons Co. v. United States, 532 F.2d 739 (1976)

62) Robert F. Cushman외 3인, Proving and Pricing Construction Claim, 3rd Edition (2001)

Clause 12.3 Valuation of the Works[63)]

A new rate or price shall be appropriate for an item of work if:

(a) the item is not identified in, and no rate or price for this item is specified in, the Bill of Quantities or other Schedule and no specified rate or price is appropriate because the item of work is not of similar character, or is not executed under similar conditions, as any item in the Contract;

(b) (i) the measured quantity of the item is changed by more than 10% from the quantity of this item in the Bill of Quantities or other Schedule,

(ii) this change in quantity multiplied by the rate or price specified in the Bill of Quantities or other Schedule for this item exceeds 0.01 % of the Accepted Contract Amount,

(iii) this change in quantity directly changes the Cost per unit quantity of this item by more than 1 %, and

(iv) this item is not specified in the Bill of Quantities or other Schedule as a "fixed rate item", "fixed charge" or similar term referring to a rate or price which is not subject to adjustment for any change in quantity; and/or

(c) the work is instructed under Clause 13 [Variations and Adjustments] and sub-paragraph (a) or (b) above applies.

즉 FIDIC (Red Book) 계약서 Clause 12.3에 따르면, 신규단가는 다음 조건을 모두 만족할 때 적용하도록 허용하고 있다.

- 물량 10% 변경
- 계약단가 적용시 변경금액이 계약금액의 0.01% 초과
- 물량변경으로 단위 물량당 비율을 1% 이상 변경
- 계약에 'fixed rate item'으로 명시되지 않은 경우

또는 다음 조건을 모두 만족한 경우에 신규단가 적용이 가능하다.

- Clause 13 Variation에 의한 작업지시인 경우
- 계약에 해당 작업에 대한 단가나 금액이 없는 경우
- 계약단가나 금액을 적용하는 것이 부절절한 경우(깊은 굴착, 고소작업 등과 같이 작업환경이 현저하게 바뀐 경우)

63) Clause 12.3, FIDIC Red book 2nd Edition (2017)

5.4 생산성 저하(Loss of Productivity) 비용

공사변경(Change) 비용 산정시 간과하는 부분이 생산성저하로 발생한 비용이다. 공사변경이 발생하면, 생산성 저하 관련비용이 발생하는데, 이와 관련하여 많은 연구가 있었다. 아래 그래프는 공사변경과 생산성과의 관계를 분석하기 위해서 169개 프로젝트를 조사한 결과인데, 공사변경이 많아질수록 생산성이 떨어지는 것으로 확인되었으며, 생산성이 떨어지는 비율은 약 40%선에서 수렴하고 있다.

[그림 2.11] 공사변경(Change)과 관련된 작업효율

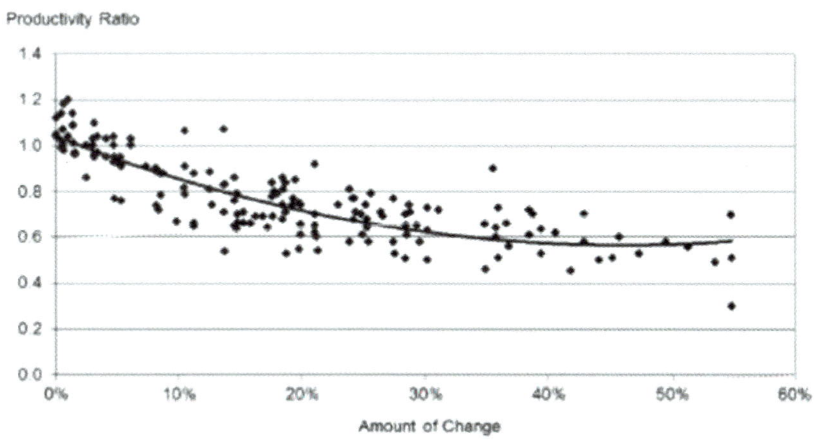

공사변경(Change)이 발생하면 생산성 저하가 불가피하기 때문에 공사변경의 비용 산정시 생산성 저하에 따른 추가 비용을 적절히 산정해야 한다. 아래의 내용은 생산성 저하 비용 산정 사례이다.

사례 1: Calculation of Additional Cost of Changes - Total Cost Approach

시공자가 콘크리트 기초를 설치하는 공사 중에 발주자가 제공하는 장비 및 자재조달 지연이 발생하여 불가피한 작업 변경이 발생하였고, 결과적으로 생산성 저하가 발생하여 계획인원보다 많은 인력이 투입되어서 추가 공사비가 발생했다. 이런 상황에서 생산성 저하로 인한 추가공사비는 Total Cost Approach를 적용하여 다음과 같이 산정되었다.

Total Acutal Manhours		**122,452**
Actual Change Order Hours Added to Contractor Work		
Change Order No.1	451	

Change Order No.2	1,450	
Change Order No.3	6,790	
Change Order No.4	9,417	
Change Order No.5	6,157	
Change Order No.6	6,941	
Subtotal	31,206	
Actual Additional Manhours on Pending Changes	3,455	
Additional Manhours from Unit Price Adjustment	479	
Total Actual Change Order Hours		(35,140)
Actual Hours for Base Concrete Work		87,312
Estimated Hours Base Concrete work		(63,200)
Unproductive Hours		24,112
Hourly Billing Rate - Original Project		$23.40
Lost Productivity Cost		$564,220

사례 2: Calculation of Additional Cost of Changed Work _ Leonard Analysis

사례 1의 상황에서 Leonard Analysis를 활용한 비용(생산성저하에 따른 추가비용)을 산정을 하면 다음과 같다.

Total Actual Manhours	**122,452**
Actual Change Order Hours	
Actual Hours of Base Contract Work	87,312

Change Order Hours as a Percentage of Base Contract Hours
= 35,140/87,312
= 40.25%

Civil/Architectural Model을 기준으로, 작업변경이 40.25% 발생하고, 한 가지 요인 (발주자 장비제공 지연)에 의한 경우일 때, 좌측 그래프 에서 생산성 저하가 약 29% 정도임을 확인할 수 있다.

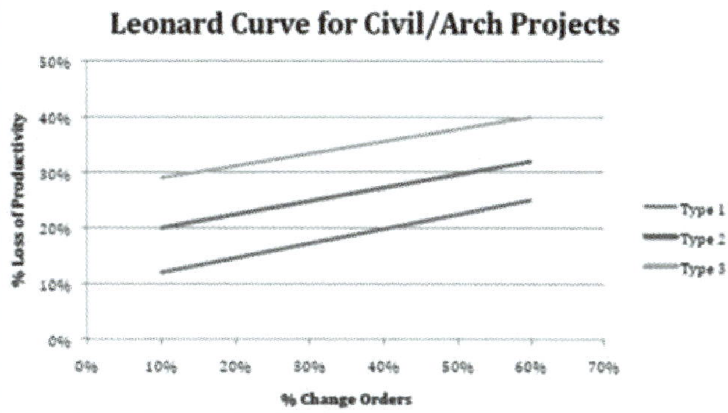

Calculation of Unproductive Hours = Base Contract Craft Hours (87,312) x Leonard Inefficiency Factor _ one additional cause (29%)
= 87,312 x 0.29 = 25,320

Calculation of Impact Costs = Unproductive Hours x Hourly Rate ($23.4)
= 25,320 x $23.4

Calculation of Impact Costs = $592,488

상기 결과의 같이 Leonard Analysis을 적용하여 산정한 생산성 저하는 25,320 manhours 이며, 이는 사례 1에서 산정한 24,112 manhours와는 차이가 있지만 두 가지 방법을 사용해서 공사변경(Change)으로 인한 생산성 저하에 따른 손실을 비교해서 설명하고 있다.

CHAPTER 03

예상할 수 없는 부지조건 클레임

Unforeseen Site Conditions Claim

예상할 수 없는 부지조건 클레임(Unforeseen Site Conditions Claim)은 복잡한 클레임은 아니나, 한 번 발생하면 잘 해결되지 않아서 프로젝트에 많은 영향을 끼치는 편이다. 또한 프로젝트 초기의 토목작업에서 발생하는 경우가 많아서 발생하면 그 영향이 크다. 여러 판례를 참고하면, 예상할 수 없는 부지조건 클레임(Unforeseen Site Conditions Claim)은 법원에서 인정받기 어려워서 그 개념과 입증해야 할 내용에 대해서 충분한 이해가 필요하다.

3 예상할 수 없는 부지조건 클레임

Unforeseen Site Conditions Claim

1. 개요

1.1 특징

Unforeseen Site Condition(이하 'USC')의 정의를 살펴보기에 앞서 부지조건(Site Condition)의 내용을 확인하면 아래와 같다.

[그림 3.1] 부지조건(Site Condition)의 종류

구분	내용
자연적 여건 또는 인위적 여건	• 자연적 여건 : 지질, 암반, 지하수 • 인위적 여건 : 상, 하수도관, 가스관, 전선
지상 여건 또는 지하 여건	• 지상 여건 : 지상 건축물, 전신주, 지상 암반 • 지하 여건 : 지하 암반, 지하수, 지하 시설물
현장 여건 또는 현장 주변의 여건	• 현장 여건 : 현장 내부 • 현장 주변의 여건 : 현장진입로, 우회로, 임시숙소, 사무실 등
물리적 여건 또는 정치, 경제, 기후 여건	• 물리적 여건 : 물리적인 상태로 나타나는 여건 • 정치적 여건, 경제적 상황, 기후상태 등의 추상적 여건

위에 언급된 대부분의 내용은 USC 클레임으로 활용되나, 정치, 경제적인 조건은 USC 클레임의 대상으로 보기 어려우며, 물리적인 조건에 한하여 검토된다고 볼 수 있다. USC 클레임은 아래의 특성을 가지고 있다.

- 입찰 당시에 예측할 수 없었기 때문에 예산이나 계획에 반영되지 않았다.
- 대부분 지하의 지장물과 관련된 내용이 많은데, 이런 경우에 공사기간에 미치는 영향이 크다.
- 다른 또는 예측할 수 없는 내용을 정확히 입증하기 어렵다.

USC 클레임은 역사적으로 그 개념이 조금씩 확장되어 왔는데, 특히 미국에서의 진행경과를 확인하면 아래와 같다.

[그림 3.2] USC 클레임의 유형과 관련된 진행경과

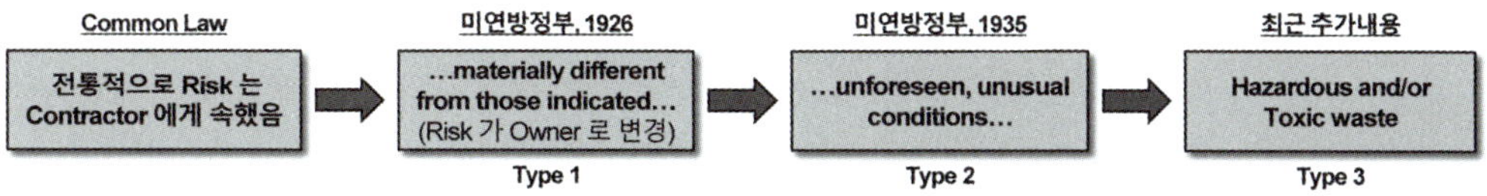

전통적으로 USC의 리스크는 시공자가 부담하는 개념이었다. 예상할 수 없는 리스크를 포함하여 시공자가 입찰하고 USC에 대하여 추가적인 보상 없이 그 금액 내에서 프로젝트를 수행했다. 그러나 리스크를 포함하는 과정에서 입찰금액이 높아지고 시공자가 수용하기에는 리스크가 과도하게 커지는 상황이 발생함에 따라 1926년에 미연방정부는 Differing Site Conditions(Type 1)라는 개념으로 리스크에 대한 책임을 발주자가 부담하는 것으로 변경하였다. 이후 1935년에 USC(Type 2)로 개념이 확장되었으며, 최근에는 위험물(Type 3)까지 개념이 확장되었다.

1.2 유형

위에 설명한 바와 같이 USC는 내용에 따라 3가지로 구분할 수 있는데, 각 유형별로 정의와 계약조항을 참고하면 아래와 같다.

[표 3.1] USC의 유형별 정의와 계약조항

구분	Type 1	Type 2	Type 3
Description	situations where the contractor encounters unanticipated physical conditions in the field that are "materially" different than those identified in the owner provided documents.	unknown physical conditions at the site of an unusual and unpredictable nature.	unidentified "hazardous waste and/or toxic waste" materials.
Contract Document	"...subsurface or latent physical conditions…" "Any physical condition uncovered or revealed…"	"unknown physical conditions…" "unknown physical conditions of an unusual nature…"	"Materials differing from that represented in the contract documents which the contractor believes

구분	Type 1	Type 2	Type 3
	"Concealed or latent physical conditions or subsurface Conditions…" "...any subsurface or physical condition that is uncovered or revealed either.	"unusual and unknown physical conditions…" "an underground facility...not shown or indicated in the contract documents and was not a facility of which a contractor could reasonably have been expected to have been aware…"	may be hazardous waste" "contractor is not responsible for any hazardous conditions encountered at the site."

Type 1은 발주자가 제공한 문서 또는 알려진 사실과 실제적으로 확인된 내용이 다르다는 것이다. 이러한 상황을 Differing Site Conditions(이하 'DSC')이라고 하는데, 예상할 수 없거나 알지 못했다는 것이 아니라 이미 알려진 사실과 다르다는 점이 중요하기 때문에 전과 후의 상태를 명확히 비교해서 입증해야 한다. 위에 언급된 "concealed, latent, different" 등의 단어가 포함되면 Type 1에 가깝기 때문에 계약조건과 다르다는 것에 대한 분석이 필요하다. 확인이 필요한 사항은 아래와 같다.

[표 3.2] Type 1의 주요내용

No	구분	내용
1	Physical Condition	직면한 상황이 물리적인 조건이어야 한다. 정치적, 경제적, 자연재해 등은 대상이 아니다.
2	Subsurface or Latent Condition	물리적인 조건은 지하에 위치하거나 숨겨진 조건이어야 한다. 그러나 숨겨진 조건은 꼭 지하일 필요는 없다.
3	Encountered at the Site	계약서에 설명된 부지 내에서 발생해야 한다.
4	Material Difference and Contract Representations	계약서에 설명된 내용과 직면한 상황이 실제적으로 달라야 한다.
5	Contractor Reliance	시공자가 계약서에 명시된 내용을 근거로 입찰하였다.
6	Conditions Encountered were Unknown	직면한 상황이 입찰 전에는 알려지지 않았다.
7	Cost of Performance Increased	계약서에 명시된 내용과 직면한 상황의 차이로 인하여 비용이 증가하였다.

[그림 3.3] Type 1 사례

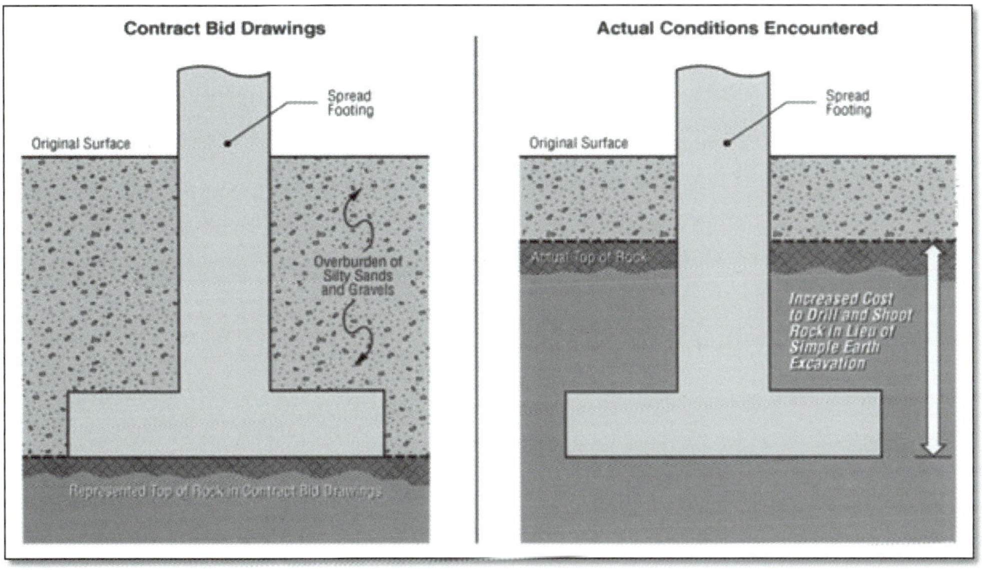

왼쪽 그림은 입찰 당시 도면으로 지층의 암반 높이(Rock level)가 낮은 것으로 확인되었기 때문에 굴착작업에 많은 비용을 산출하지는 않았다. 그러나 오른쪽 그림과 같이 실제 지반조건은 암반 높이(Rock level)가 매우 높기 때문에 굴착작업에 많은 시간이 소요되고 비용이 증가되었다. 이와 같은 상황은 입찰시 제공받은 내용과 실제 현장의 조건이 명확히 다르기 때문에 Type 1의 형태로 클레임을 제기할 수 있을 것이다. Type 1의 입증내용과 관련하여 다른 자료를 참고하면 아래와 같다.[64)]

(1) That certain conditions are indicated by the plans, specifications, and other contract documents

(2) That it relied on the physical conditions indicated in the contract

(3) The nature of the actual conditions encountered

(4) The existence of a material variation between the conditions indicated and the conditions actually encountered

(5) That notice, as required by the contract, was given

(6) That the changed condition resulted in additional performance costs, time or both, as demonstrated by satisfactory documentation or proof.

64) Thomas J. Kelleher Jr., Common Sense Construction Law (2009)

Type 1을 입증하기 위해서는 어떤 조건들이 계약문서에 포함되어 있고 계약문서가 그러한 조건을 명시해야 한다. 그리고 실제 직면한 조건들이 명시된 조건과 다르고 계약서에 규정된 통지기한을 준수한 이후에 충분한 문서에 의하여 추가적인 손실이 발생했음을 밝혀야 한다.

Type 2는 계약조건에 보통 "Unforeseen, Unknown, Not Shown"등이 포함되어 있는 개념이다. 단어 그대로 예상할 수 없었거나 알 수 없었던 내용이 포함되지만, 무조건 알지 못한다고 주장할 수는 없으며, '경험 있는 시공자(Experienced Contractor)'로서 예상할 수 있는 범위 이내라면, USC 클레임으로 주장하기는 어려울 것이다. 경험 있는 시공자와 관련된 법원의 판결을 참고해 보면 아래와 같다.

> 본 법원은 입찰 단계에서 경험 있는 시공사는 단순하게 자신에게 제공되는 계약 전 현장 조사 보고서에 담긴 지질정보(Geotechnical Information)나 샘플링 작업의 분석 자료에만 의존하지 않는다고 판단한다.[65)]
>
> 본 법원은 이를 상식으로 본다. 모든 경험 있는 시공사는 지반 조사가 수행된 정확한 위치에서는 100% 정확하다는 것을 안다. 전체적으로 조건이 어떨지에 대해서 그 차이를 메우고 정보에 근거한 결정을 하는 것이 바로 경험 있는 시공사이다.[66)]

따라서 Type 2는 단순하게 알 수 없다거나 예상할 수 없었다는 수준에서 그치면 안 되고 경험 있는 시공자(Experienced Contractor)로서 계약상의 의무를 충분히 수행하였고, 그럼에도 불구하고 예상할 수 없는 내용이 발생하였다는 것을 입증하는 과정이 필요하며 확인이 필요한 내용은 아래와 같다.

[표 3.3] Type 2의 주요내용

No	구분	내용
1	Recognized & Usual Condition	• 경험 있고 신중한 시공자로서 현장조사, 계약 문서, 주어진 조건 등을 검토했을 때, 일반적인 상황을 예상하였음을 입증
2	Actual Conditions encountered were unusual	• 그러나 실제 직면한 상황은 아래의 상황과 같이 특이한 상황이었음을 입증해야 함 - 비정상적인 위치에 있는 방해물 - 유사 프로젝트에서 발견되지 않는 상황 - 알려진 상황이나 일반적으로 예상할 수 있는 것 보다 훨씬 더 영향을 끼친 경우

65) Obrascon Huarte Lain SA v Her Majesty's Attorney General for Gibraltar [2014] EWHC 1028(TCC) and [2015] EWCA Civ 712

66) Van Oord UK Ltd and Sicim Roadbridge Ltd v Allseas UK Ltd [2015] EWHC 3074 (TCC)

위에 설명한 내용과 더불어 Type 1과 Type 2의 차이점을 정리하면 아래와 같다.

[표 3.4] DSC와 USC의 차이점

Type	구분	상황	보상
Type 1	Differing Site Conditions	actual conditions differ from the representation made in the contract documents	Contractor is awarded damages for differing site conditions
Type 2	Unforeseen Site Conditions	unusual situation not reasonably anticipated based on contract documents	Contractor NOT awarded damages for unforeseen site conditions unless they rise to the level of practical impossibility, commercial sensele ssness, or there is contract language transferring risk

DSC는 발생한 상황이 계약적인 조건과 명확히 다르다면 보상에 대한 권리가 발생하나, USC는 실질적인 가능성, 상식적인 상황, 리스크 분배와 같은 내용이 충족되어야 보상이 가능한 것으로 설명하고 있다.

Type 3은 최근에 추가된 개념으로 위험물질, 폐기물 등과 관련된 내용인데 확인이 필요한 내용은 아래와 같다.

[표 3.5] Type 3의 주요내용

No	구분	내용
1	Define Type & Condition	위험물질에 대한 정의가 필요하고, 운반 및 이동과 관련된 조건을 설명해야 함
2	Onsite Inspection & Testing Services	폐기물 처리 등과 관련된 검사, 테스트가 필요
3	Unit Price	각 종류별, 검사 별로 일정한 기준금액이 입찰가에 포함되어야 함

1.3 절차 및 성립요건

USC 클레임은 발주자와 시공자가 수행해야 할 절차를 고려하여 성립되는데 아래의 절차는 일반적으로 진행되는 절차이다.

[그림 3.4] USC 클레임의 일반적인 절차

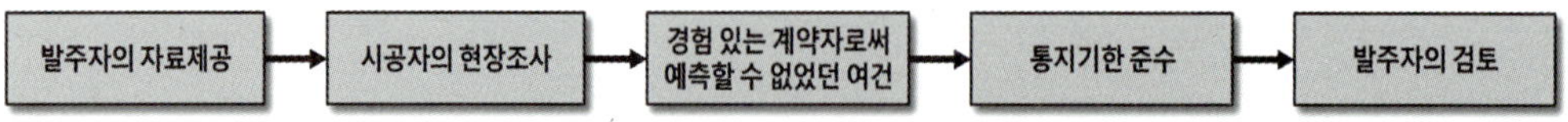

FIDIC Silver Book, AIA Contract을 포함한 대부분의 계약서는 발주자가 입찰일 이전에 가능한 정보를 시공자에게 제공할 의무를 부여하고 있으며, 시공자가 그러한 정보에 접근하게 해야 한다고 설명하고 있다.

> **2.5 Site data and Items of Reference**
>
> The Employer shall have made available to the Contractor for information, before the Base Date, all relevant data in the Employer's possession on the topography of the Site and on sub-surface, hydrological, climatic and environmental conditions at the Site. The Employer shall promptly make available to the Contractor all such data which comes into the Employer's possession after the Base Date."[67)]
>
> **2.2 Information and services required of the Owner**
>
> In addition, the Owner may provide the Contractor access to the Owner's records, which may contain information about the site and adjacent land and improvements that was not collected specifically for the Project.[68)]

발주자가 그러한 정보를 제공하지 않았다고 해서 USC 클레임이 성립하지 않는다고는 볼 수 없지만 예를 들어서 발주자가 시공자에게 부지를 조사할 수 있는 기회를 제공하지 않은 경우에는 시공자가 현장조사를 해야 하는 의무를 이행하기 어렵기 때문에 시공자에게 USC로 인한 손실을 부담하게 하는 것은 부당하다고 볼 수 있다.

발주자가 시공자에게 제공하는 자료는 계약문서에 포함되는지, 단지 기술 자료인지에 따라 해석이 다를 수 있지만 대부분의 계약은 시공자가 그러한 정보를 해석하는 것에 대한 책임이 있으며, 특히 기술 자료인 경우는 그 정보의 정확성에 대한 책임이 발주자에게 없다고 규정하고 있다.

---

67) Clause 2.5, FIDIC Silver Book 2nd Edition (2017)

68) Article 2.2, AIA Document A201-2007

> The Contractor shall be responsible for verifying and interpreting all data made available by the Employer under Sub-Clause 2.5 [Site Data and Items of Reference].[69)]

대부분의 입찰안내서는 아래 조항과 같이 입찰단계에서 시공자의 현장조사 의무를 설명하고 있다. 그러나 이러한 내용이 시공자로 하여금 전문가를 고용해서 필요 이상으로 조사를 해야 하는 의무까지 부담시키는 것은 아니다.

> 4.1 It is the responsibility of each Bidder before submitting a bid:
>
> 4.1.1 To examine thoroughly the Contract documents and related data identified in the Bidding Documents (including 'technical data' referred to below)
>
> 4.1.2 To visit the site to become familiar with and satisfy Bidder as to the general, local and site conditions that may affect cost, progress, performance or furnishing of the work:[70)]

프로젝트가 착수한 이후에 시공자가 경험 있는 시공자로서 예측할 수 없었던 또는 알 수 없었던 상황에 직면하고 계약조항에 따라 발주자에게 통지하고 발주자가 이에 대하여 검토하는 과정이 일반적인 USC 클레임의 절차이다.

USC 클레임을 주장하기 위해서는 성립요건을 검토해야 하는데, 주요 내용은 아래와 같다.

[표 3.6] USC 클레임의 성립요건

항목	내용
Unforeseeability	시공자는 입찰당시에 가능한 모든 정보에 기초하여 예상할 수 없었던 상황이라는 것을 입증해야한다. 추가적이고 독립적인 조사를 수행하는 의미까지 확장되지는 않는다.
Physical Condition	물리적인 조건을 의미하며 자연적 조건과 인공적 조건으로 나눌 수 있다. 따라서 Economic, Political, Governmental or Business condition과 아래 내용은 해당하지 않는다. • shortage of qualified craft labor • inability to get equipment or materials to the site • increased material costs or ordinances that restrict performance of the work.
At the Site	현장은 프로젝트가 건설되어지는 장소를 의미하는데 USC를 주장하려면 먼 곳이 아닌 현장 내에서 발생한 상황이어야 한다. 그러나 먼 곳에 자재적치 지역을 계획하는 내용이 있다면 이 조항을 적용할 수 있다.

69) Clause 4.10, FIDIC Silver Book 2nd Edition (2017)

70) AIA 입찰유의서 제4조 계약문서 및 현장의 조사

2. 주요 계약조항

2.1 Risk Allocation

USC 상황을 어떻게 인식하고 그러한 리스크를 어떻게 배분할지에 대해서 각 계약별로 리스크 배분을 약간 달리하고 있다.

[그림 3.5] USC의 리스크 분배

Variation

계약 사항의 변경

New Contract

초기 예측 불가능한 사항 발생으로 당초 계약과 별도 취급

Force Majeure

발주처, 시공사 각자의 의무를 다했음에도 불구하고 발생하여 risk allocation 불가능

사정 변경

"계약은 지켜져야 한다" vs "사정이 변경되지 않는 한" 계약 체결 당시 당사자들의 기본적 가정을 파괴할 정도로 사정이 변경되고, 이행 시 일방 당사자에게 심히 불공평한 결과 초래한다면 무너진 계약의 균형 다시 회복해야 함.

USC를 계약사항의 변경으로 인식하고 공사변경(Change)으로 적용하는 계약형태도 있으며, 또는 초기에 예측이 불가능한 상황으로 보고 당초 계약과 별도의 개념으로 취급하는 새로운 계약(New Contract)으로 정의하기도 한다. 또는 리스크 분배를 공평하게 나누는 불가항력(Force Majeure) 개념으로 해석하기도 하며, 국내계약은 계약당시의 기본적인 가정이 바뀌어서 사정이 변경되는 개념으로 설명하기도 한다.

리스크를 분배한다는 의미는 USC 상황에 의하여 발생하는 비용, 공사기간 증가에 대한 책임을 어느 계약참여자가 부담하느냐의 문제인데, 관련된 계약서를 참고하면 아래와 같다.

[표 3.7] 표준계약 및 EPC Contract의 리스크 분배

Contract	Description
FIDIC (Yellow Book)	시공자가 예측 불가능한 Unforeseeable physical conditions를 발견 시 (If and to the extent that the Contractor encounters physical conditions which are Unforeseeable), 추가비용 및 지연이 발생하는 경우 추가비용 및 공기연장 보상 가능
FIDIC (Silver Book)	예측할 수 없었던 어려움으로 인한 계약금액 조정은 불가함
ENAA	시공자가 합리적인 현장조사를 토대로 경험 있는 시공자가 예측할 수 없었던 Site physical conditions 또는 Artificial obstructions를 발견하는 경우, 발주자에게 통지하고 공기 연장 및 추가비용 보상 가능
EPC Contract	시공자가 현장조사 기간 (120)일 이내, 확인의 의무를 수행하였음에 불구하고, 입찰 시 경험 있는 시공자가 예측할 수 없었던 any physical conditions를 발견하는 경우 비용 및 공기연장 보상 가능
	Munitions, other war related explosives and chemicals, radioactive soil contamination, undiscovered pipelines and related contamination 및 cables 발견 시에만 발주자가 해당 비용을 보상, 기타 USC에 대해서는 시공자가 책임

2.2 국제 표준계약 및 국내 계약

국제적으로 널리 사용되는 표준계약서 및 국내계약의 주요 조항을 참고하면 아래와 같다.

[표 3.8] 표준계약서의 USC 조항

구분		내용
FIDIC (Silver Book)	조항	**2.5 Site data and Items of Reference**
	내용	...The original survey control points, lines and levels of reference (the “items of reference” in these Conditions) shall be specified in the Employer’s Requirements. The Employer shall have no responsibility for the accuracy, sufficiency or completeness of such data and/or items of reference, except as stated in Sub-Clause 5.1 [General Design Obligations].
		발주자가 제공한 그런 정보들에 대해서 발주자의 책임이 없다고 명시하고 있다.
	조항	**4.12 Unforeseeable Difficulties**
	내용	Except as otherwise stated in the Contract: (a) The Contractor shall be deemed to have obtained all necessary information as to risks, contingencies and other circumstances which may influence or affect the Works

구분		내용
		(b) By signing the Contract, the Contractor accepts total responsibility for having foreseen all difficulties and costs of successfully completing the Works (c) The Contract Price shall not be adjusted to take account of any unforeseeable difficulties or costs.
		계약체결 이후의 모든 책임은 시공자에게 있는 것으로 규정하고 있다.
ENAA	조항	**GC 35. Unforeseen Conditions**
	내용	35.1 If, during the execution of the Works, the Contractor shall encounter on the Site any physical conditions (other than climatic conditions) or artificial obstructions that could not have been reasonably foreseen at the date of the Agreement by an experienced contractor on the basis of reasonable examination of the data relating to the Works (including any data as to boring tests) provided by the Owner and of information the Contractor could have obtained from a visual inspection of the Site (if access thereto was available) or other data readily available to it relating to the Works, and if the Contractor determines that it will in consequence of such conditions or obstructions incur additional cost and expense or require additional time to perform its obligations under the Contract which would not have been required if such physical conditions or artificial obstructions had not been encountered, 35.3 If the Contractor shall be delayed or impeded in the performance of the Contract due to any such physical conditions or artificial obstructions referred to in GC 35 .1, the Time for Completion shall be extended in accordance with GC 40 (Extension of Time for Completion).
		발주자가 제공한 정보와 상이한 Unforeseen Physical Condition에 대해 공기연장 청구가 가능하다.
AIA	조항	**Clause 3.7 PERMITS, FEES, NOTICES, COMPLIANCE WITH LAWS AND CONCEALED OR UNKNOWN CONDITIONS**
	내용	3.7.4 Except to the extent assumed by Contractor in Contractor's Quality Control Plan, if the Contractor encounters conditions at the site that are (1) subsurface or otherwise concealed physical conditions that differ materially from those indicated in the Contract Documents, or (2) unknown physical conditions of an unusual nature, that differ materially from those ordinarily found to exist and generally recognized as inherent in construction activities of the character provided for in the Contract Documents, the Contractor shall promptly provide notice to the Owner and the Architect before conditions are disturbed and in no event later than seven days after first observance of the conditions

구분		내용
		계약서 또는 처음에 확인된 내용과 실제적으로 다른 지하조건 또는 알려지지 않은 물리적 조건들로 정의하고 있다.
ICC	조항	**Article 23 Unexpected Artificial or Physical Conditions of Obstructions**
	내용	23.1 The Contractor shall notify the Employer if, during the execution of the Works, it encounters on the Site any artificial or physical conditions or obstructions (whether sub-surface or otherwise) that were not reasonably to be expected prior to the submission of the Tender on the basis of the examination of data provided by the Employer under Article 22. If the Contractor has provided design or construction Assumptions prior to or at Tender that include statements of the conditions it expects, such Assumptions, to the extent that they were not contradicted by the Employer prior to signing the Contract, will be presumed to be determinative of the issue of whether or not the obstruction was expected. 23.2 …the Employer shall, after consulting the Contractor, by notice determine the appropriate Cost and/or time implications arising from changes to the Method Statement, using the Method Statement and the Assumptions as the basis for such determination, and provisionally adjust the Contract Price and/or revise the Time to Taking Over accordingly. These adjustments are binding unless and until the Contract Price and/or the Time to Taking-Over are further revised by agreement or under Chapter 13.
		입찰과정에 제출된 시공자의 가정, 전제를 초과하는 Unforeseeable Physical Condition에 대해 공기연장의 권한을 인정한다.
계약 예규	조항	**제19조 설계변경 등**
	내용	설계변경은 다음 각 호의 어느 하나에 해당하는 경우에 한다. 1. 설계서의 내용이 불분명하거나 누락, 오류 또는 상호 모순되는 점이 있을 경우 2. 지질, 용수 등 공사현장의 상태가 설계서와 다를 경우 3. 새로운 기술, 공법 사용으로 공사비의 절감 및 시공기간의 단축 등의 효과가 현저할 경우 4. 기타 발주기관이 설계서를 변경할 필요가 있다고 인정할 경우 등
		발주자가 제공한 설계서와 다른 현장조건에 대한 설계변경권한을 규정한다.

2.3 EPC Contract

일반적인 EPC Contract의 USC 조항을 참고하면 아래와 같다.

[표 3.9] EPC Contract의 USC 조항

구분		내용
EPC Contract	조항	**31.0 Unforeseen Site Conditions**
	내용	Subject to Contractor fulfilling its obligations under Clause 3.3 (Verification of Site Information by Contractor), if during the execution of the Contract, the Contractor encounters on the Site any physical conditions relating to the Site (other than climatic conditions) that could not have been reasonably foreseen at the Date of Bid by an experienced Contractor on the basis of its examination and inspection of data and the Site in accordance with Clause 3.2 (Contractor's General Responsibilities) and Clause 3.3 (Verification of Site Information by Contractor), and if the Contractor determines that it will as a consequence of such physical conditions (other than Unusually Inclement Weather) incur additional Cost or be delayed as a direct result of such unforeseen conditions relating to the Site such that, the Contractor will not be able to achieve Turnover of the Facilities or any Portion on or before the relevant Scheduled Turnover Date, the Contractor shall promptly, and before performing any additional work or modified work notify the Superintendent in writing of: (a) the physical conditions on the Site that could not have been reasonably foreseen and the date such physical conditions were encountered (b) the resultant additional or modified work including the steps which the Contractor proposes to take to overcome such physical conditions (c) any additional Cost that the Contractor is likely to incur calculated in accordance with Clause 13.4.1 (Valuation of Variations); and (d) the effect of such event on the Scheduled Turnover Date and any material impact on any major activity dates and constraints imposed by the Programme of Works; or The Contractor shall be entitled to as applicable, an adjustment to the Scheduled Turnover Dates and/or an adjustment to the Contract Price in respect of such matters pursuant to an Adjustment Order under Clause 13.3 (Variation or Adjustment Order Required by Terms of Contract).
		Unforeseen Site Condition 발생 시 시공자에게 공기연장 권한을 부여한다.

<table>
<tr><th colspan="2">구분</th><th>내용</th></tr>
<tr><td rowspan="3">EPC Contract</td><td>조항</td><td>6.2 Local Conditions</td></tr>
<tr><td rowspan="2">내용</td><td>6.2 Should actual subsurface or other unknown physical conditions encountered in the performance of the WORK differ materially from either the conditions indicated in this Contract or the conditions which could have been anticipated by an experienced contractor, CONTRACTOR shall promptly, and before such conditions are altered, notify SAUDI ARAMCO orally, followed by prompt written confirmation. SAUDI ARAMCO shall promptly investigate such conditions and, if they will affect CONTRACTOR's costs or the Scheduled Completion Date or Critical Milestone Dates, issue a Change Order pursuant to Paragraph 10 or an Amendment, making appropriate adjustments.</td></tr>
<tr><td>Actual subsurface 및 Unknown physical condition에 대하여 공기연장 권한을 부여한다.</td></tr>
<tr><td rowspan="3">EPC Contract</td><td>조항</td><td>12. Adverse Physical Conditions</td></tr>
<tr><td rowspan="2">내용</td><td>If, during the execution of the Works, the Contractor shall encounter physical conditions, other than weather conditions and effects due to weather conditions on the Site, or artificial obstructions, which conditions or obstructions could not have been reasonably foreseen by an experienced contractor, the Contractor shall forthwith give written notice thereof to the Engineer and if, in the opinion of the Engineer, such conditions or artificial obstructions could not have been reasonably foreseen by an experienced contractor, then the Engineer may grant such time extension as is reasonable in accordance with Clause 51 and may certify pursuant to Clause 63 such sums as may be reasonable in respect of such Loss and Expense to which the Contractor shall have been put by reason of:
(a) complying with any instruction which the Engineer may issue to the Contractor in connection therewith; and
(b) any proper and reasonable measures accepted by the Engineer which the Contractor may take in the absence of specific instructions form the Engineer</td></tr>
<tr><td>Reasonably Unforeseeable Physical Condition의 경우 공기연장 권한을 인정한다.</td></tr>
</table>

3. 대응전략

3.1 발생시 수행절차

USC 상황이 발생하면 아래의 절차를 고려하여 USC 클레임을 효과적으로 입증할 수 있으며, 분쟁을 최소화할 수 있다.

[그림 3.6] 발생시 수행절차

먼저 입찰시에 현장 방문과 조사를 적절히 수행해야 추후 클레임을 주장할 수 있다. USC 클레임은 발주자가 제공해 준 정보에만 전적으로 의존해서, 다르다는 내용만을 강조해서는 성공적으로 진행하기 어렵다. 발주자가 제공하는 정보뿐만 아니라 시공자의 의무를 충실히 수행해야 클레임의 정당성이 확보될 수 있다. 대부분의 계약은 현장조사(Site Investigation)와 관련된 조항을 포함하고 있기 때문에 이와 관련한 시공자의 의무를 수행하고 그러한 과정들을 같이 제시해야 한다. 두번째는 USC 상황이 발생하면 발주자에게 신속하게 통지해야 한다. 그렇게 함으로써 발주자에게 상황을 확인하고 합리적인 결정을 할 수 있는 기회를 부여해야 한다. 계약서에 규정되어 있는 기간 내에 통지가 필요하다.

세번째는 영향 받은 지역의 작업을 중단하고 발주자로 하여금 해당 내용을 확인할 수 있게 현장을 유지해야 하며, 그렇지 않은 경우 입증할 수 있는 증거가 없기 때문에 추후 클레임으로 진행하기 어려울 수 있다. 이러한 통지와 현장보존이 없다면 발주자가 어떤 행위를 취할 수 있는 기회를 뺏는 결과가 될 수도 있다. 따라서 발주자에게 조사할 수 있는 충분한 시간을 부여해야 하나, 합리적인 시간을 초과하는 경우에는 발주자에게 입증 책임이 부여될 수도 있다. 마지막으로 시공자는 그러한 손해를 완화하는 행위를 해야 한다. USC 상황이 발생했다고 해서 시공자는 아무 행위를 하지 않고 기다리기만 하는 것은 시공자의 의무를 이행하지 않은 것이며, 다른 대안을 제시한다던지 후속 공정을 조정하는 등의 완화(Mitigation) 의무를 성실히 수행해야 한다.

3.2 Practical Recommendation

발주자와 시공자는 USC 상황에 대응하기 위하여 입찰단계, 수행단계에서 아래의 내용들을 고려하여 적절히 대응전략을 수립해야 한다.

[표 3.10] Practical Recommendation

대상	내용
발주자	• 모든 알려진 정보를 입찰 전에 공개할 것 • USC 조항을 계약에 포함시키면 통지 조항을 엄격하게 하고, 보상은 직접 손실비용으로 제한할 것 • Subsurface Condition에 대한 긍정적인 표현은 가능하면 피할 것 • 지질보고서를 제공한다면, 계약문서의 일부가 아닌 것으로 언급할 것 • 계약서가 USC에 대한 리스크 분배를 어떻게 하고 있는지 이해가 필요함
시공자	• 계약서를 충분히 검토하고 USC의 리스크 분배에 대한 이해가 필요함 • 입찰문서에 제공된 현장 자료의 정확성을 부인하는 계약조항이나 책임을 피하는 계약조항을 분석할 것 • 합리적인 현장조사를 수행하고, 관련 기록을 유지할 것 • 이러한 물리적인 상황에 대해서 통지 등의 의사소통이 필요함 • USC를 발견하면, 현장을 그대로 유지하고 통지 조건에 맞게 발주자에게 통지할 것 • USC로 인하여 발생한 추가비용을 기록할 것 • USC와 관련된 준거법을 확인하고 변호사와 협의할 것

3.3 계약적/법적 대안

계약서에 USC와 관련된 조항이 없다면 일반적 법이론에 의하여 시공자는 USC 클레임에 대한 권리를 주장할 수 있다. 먼저 부실표시(Misrepresentation)는 발주자가 제공한 정보가 부실하게 표시되었음을 주장하면서 그 정보와는 다른 조건이 확인되었음을 주장하는 것이다. 이러한 내용이 성립하기 위해서 시공자는 아래의 내용을 입증해야 한다.

(1) the contractor justifiably relied on the information represented in the contract documents,

(2) the actual conditions encountered differed materially from conditions indicated in the contract documents,

(3) the owner erroneously concealed information that was material to the contractor's performance.

(4) the contractor incurred increased costs of performance due to the conditions encountered[71)]

이와는 다른 법적 개념으로 사기(Fraud) 개념을 활용하는 것도 고려할 수 있을 것이다. 사기가 부실표시(Misrepresentation)와 다른 점은 발주자가 제공한 정보의 에러나 부정확한 내용이 발주자가 낮은 입찰가를 유도하기 위해서 의도적으로 이러한 정보를 제공했다는 점이다. 그러나 발주자가 의도적으로, 고의로 그와 같은 행위를 했다는 것을 시공자가 입증해야 하기 때문에 실질적으로 활용하기에 어려움이 있을 수 있다. 시공자는 이러한 부실표시(Misrepresentation), 사기(Fraud)를 활용할 수 있다면 이러한 내용에 기반하여 발주자가 위반행위를 했다고 주장할 수 있을 것이다.

또는 발주자가 특별한, 우월적 기술이나 지식을 보유하고 있고, 이러한 것이 계약수행에 필수적인 상황하에서 시공자가 그러한 정보를 확인할 수 없었다거나 발주자가 이러한 정보를 숨겼다는 가정에 근거하여 시공자는 클레임을 주장할 가능성이 있지만, 시공자는 아래의 내용을 입증해야 한다.

(1) the owner failed to disclose facts that it had a duty to disclose,
(2) the owner knew that the contractor would act on the false or incomplete information provided,
(3) the contractor relied on the owner to disclose all pertinent information, and
(4) the contractor's cost of performance increased as a result of not having the superior knowledge.[72)]

그러나 어떤 판례에서는 발주자가 이러한 정보를 시공자에게 제공할 의무는 없다고 설명하기도 하기 때문에 관련된 상황을 유의 깊게 확인해야 한다.

다른 기타 이론으로 상호 착오(Mutual Mistake)를 참고하면, 발주자와 시공자 둘 다 어떤 정보를 확인하는 과정에서 착오로 인하여 정보를 잘못 해석하는 경우에 적용이 가능하다. 또는 부당이득(Unjust Enrichment)도 고려할 수 있는데, 이러한 상황에서 시공자는 아래의 내용을 입증해야 한다.

(1) the work completed was not originally required by the contract and
(2) the owner directed or agreed to have the work competed.[73)]

---

71) Richard J. Long, Differing Site Condition, Long International (2015)

72) 상동

73) 상동

부당이득(Unjust Enrichment)은 이러한 USC 상황이 당초 계약에 포함되지 않았고 따라서 시공자는 계약 이외의 범위를 수행하였으며, 시공자가 이에 대한 합리적인 대가를 받지 못해서 발주자는 부당한 이익을 취했다는 논리로 설명하는 개념이다.

FIDIC Silver Book 과 같이 USC 상황 발생에 대하여 불리한 계약조건에서 시공자는 다음의 계약적 Mechanism을 대안으로 활용할 수 있다.

먼저 Variation 조항에 의거 USC로 인한 추가공사 여부를 따져 발주자로부터 공사지시가 나올 수 있도록 협의한다. 또 시공자가 입찰 시 관련 정보 부족으로 도면에 반영할 수 없었음을 주장하거나, Exceptional Event에 해당된다고 주장해 볼 수 있다. 계약적으로 여의치 않을 경우, Civil Code등을 클레임 권리 주장의 근거로 활용 할 수 있다.

[그림 3.7] USC 클레임 계약적 대안 절차

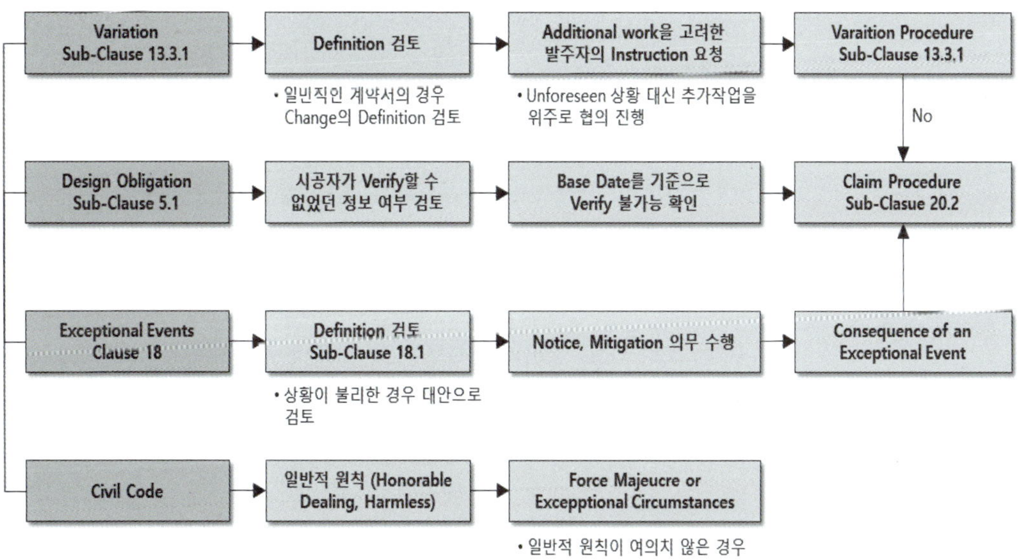

3.4 적절한 통지

USC는 특성상 초기 시공단계에 발생하는 경우가 많으며, 한 번 발생하면 해결되기까지 시간이 많이 걸리는 특성이 있다. 그러나 대부분의 프로젝트에서 초기 단계이기 때문에 그 영향이 쉽사리 확인되지 않아서 적절한 통지가 이루어지지 않거나 또는 단순한 리포트 형태로 제출되어서, 추후 적절한 통지(Notice) 문서로 활용되기 어려운 경우가 많다. 따라서 USC 상황이 발생하면 빨리 그 영향을 확인해서 적절한 형태의 통지 문서로 적시에 발주자에게 송부할 필요가 있다.

[그림 3.8] USC 상황의 리포트 제출 사례-1

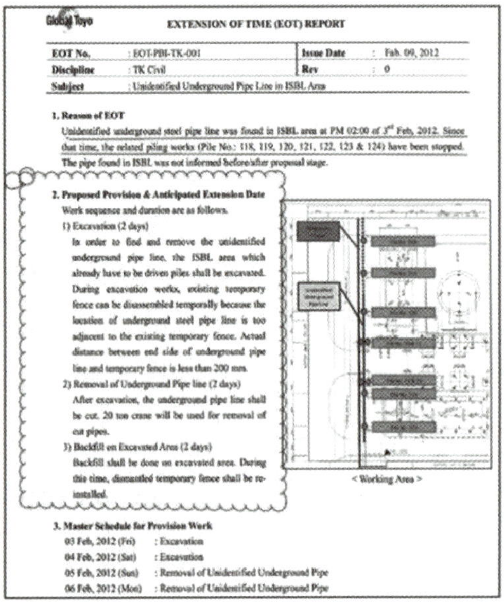
Global Toyo

EXTENSION OF TIME (EOT) REPORT

EOT No.	: EOT-PBI-TK-001	Issue Date	: Fab. 09, 2012
Discipline	: TK Civil	Rev	: 0
Subject	: Unidentified Underground Pipe Line in ISBL Area		

1. Reason of EOT
Unidentified underground steel pipe line was found in ISBL area at PM 02:00 of 3rd Feb, 2012. Since that time, the related piling works (Pile No.: 118, 119, 120, 121, 122, 123 & 124) have been stopped. The pipe found in ISBL was not informed before/after proposal stage.

2. Proposed Provision & Anticipated Extension Date
Work sequence and duration are as follows.
1) Excavation (2 days)
In order to find and remove the unidentified underground pipe line, the ISBL area which already have to be driven piles shall be excavated. During excavation works, existing temporary fence can be disassembled temporally because the location of underground steel pipe line is too adjacent to the existing temporary fence. Actual distance between end side of underground pipe line and temporary fence is less than 200 mm.
2) Removal of Underground Pipe line (2 days)
After excavation, the underground pipe line shall be cut. 20 ton crane will be used for removal of cut pipes.
3) Backfill on Excavated Area (2 days)
Backfill shall be done on excavated area. During this time, dismantled temporary fence shall be re-installed.

< Working Area >

3. Master Schedule for Provision Work
03 Feb, 2012 (Fri) : Excavation
04 Feb, 2012 (Sat) : Excavation
05 Feb, 2012 (Sun) : Removal of Unidentified Underground Pipe
06 Feb, 2012 (Mon) : Removal of Unidentified Underground Pipe

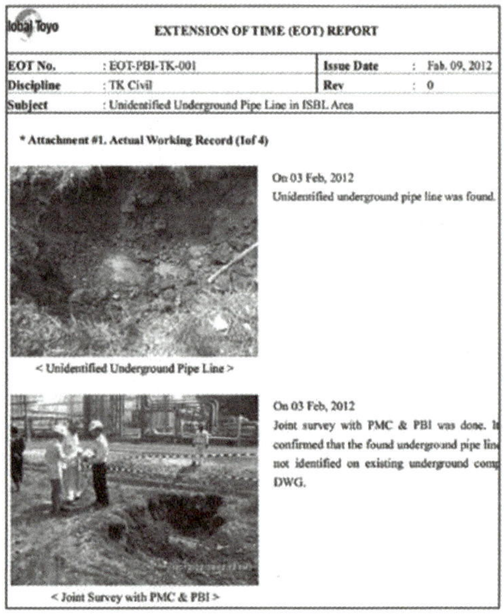
Global Toyo

EXTENSION OF TIME (EOT) REPORT

EOT No.	: EOT-PBI-TK-001	Issue Date	: Fab. 09, 2012
Discipline	: TK Civil	Rev	: 0
Subject	: Unidentified Underground Pipe Line in ISBL Area		

* Attachment #1. Actual Working Record (1of 4)

On 03 Feb, 2012
Unidentified underground pipe line was found.

< Unidentified Underground Pipe Line >

On 03 Feb, 2012
Joint survey with PMC & PBI was done. It confirmed that the found underground pipe line not identified on existing underground comp DWG.

< Joint Survey with PMC & PBI >

위 사례는 발생시점의 상황이 잘 묘사되어 있고 해당 위치, 세부 설명, 계약적인 근거들을 구체적으로 명시하고 있으며 특히 발주자와의 협의 사진까지 포함하고 있어서 발주자에게 통지(Notice)가 잘 이루어졌음을 보여주고 있다.

[그림 3.9] USC 상황의 리포트 제출 사례-2

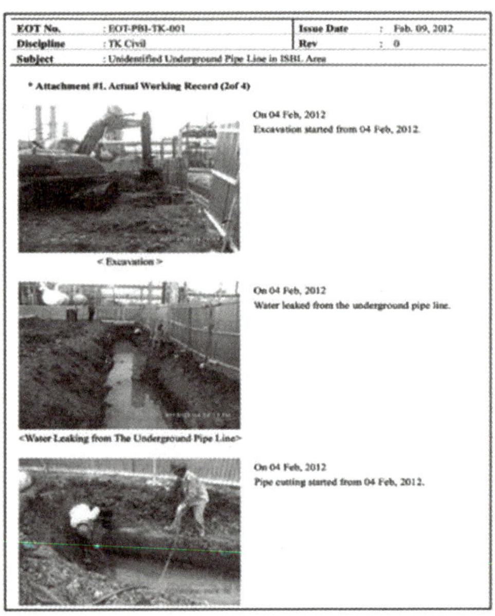
EOT No.	: EOT-PBI-TK-001	Issue Date	: Fab. 09, 2012
Discipline	: TK Civil	Rev	: 0
Subject	: Unidentified Underground Pipe Line in ISBL Area		

* Attachment #1. Actual Working Record (2of 4)

On 04 Feb, 2012
Excavation started from 04 Feb, 2012.

< Excavation >

On 04 Feb, 2012
Water leaked from the underground pipe line.

<Water Leaking from The Underground Pipe Line>

On 04 Feb, 2012
Pipe cutting started from 04 Feb, 2012.

EOT No.	: EOT-PBI-TK-001	Issue Date	: Fab. 09, 2012
Discipline	: TK Civil	Rev	: 0
Subject	: Unidentified Underground Pipe Line in ISBL Area		

* Attachment #1. Actual Working Record (3of 4)

On 04 Feb, 2012
Slurry was found in the underground pipe line as well as water.

< Water & Slurry in Pipe Line >

On 06 Feb, 2012
Dewatering was required continually due to repeated water leaking from the underground pipe line

< Before Dewatering >

On 06 Feb, 2012
Dewatering of the inside pipe was done.

[그림 3.10] USC 상황의 리포트 제출 사례-3

EOT No.	: EOT-PBI-TK-001	Issue Date	: Feb. 09, 2012
Discipline	: TK Civil	Rev	: 0
Subject	: Unidentified Underground Pipe Line in ISBL Area		

*** Attachment #1. Actual Working Record (4of 4)**

< End of Pipe Line >

On 06 Feb, 2012
The end of pipe line was found at 2m north side from pile no. 120

< Backfilling after Pipe Line Removal >

On 07 Feb, 2012
After the removal of underground pipe line was completed, backfill was started from 07 Feb, 2012.

On 08 Feb, 2012
All works were completed on 08 Feb, 2012.
Pile driving resumed from 08 Feb, 2012.

EOT No.	: EOT-PBI-TK-007	Issue Date	: May 30, 2012
Discipline	: TK Civil/Electrical/Instrument	Rev	: 0
Subject	: Request of Cable Route #1 Change in Area 250		

1. Reason of EOT

PBI requested that cable route of Area 250 should be changed for existing pump maintenance. But, this Area was already excavated and purred lean concrete after received PBI approval. Therefore, related civil construction work schedule in this Area 250 should be delayed until completion of cable route design and receipt of PBI's approval for related design.

2. Proposed Provision

1) Civil construction work for the cable route #1 is HOLD.
2) Following engineering drawings to be changed.
   - Area Plot Plan Drawing for Area 250
   - Cable Route Plan Drawings of Electrical and Instrument
   - Foundation Drawings of Cable Sleeper and Steel Structure Drawings of New Cable Rack #1

3. Extension Date

A - Expected Engineering Working Date for Civil Revision Drawings = 3 days
(Including revision of Area Plot Plan Drawing)
B - Expected Date for PBI's Approval of Revision Drawings = 2 days
C - Expected Civil Construction Working Days = 3 days (Refer to below detailed schedule)
- Excavation = 2 days
- Purring the Lean Concrete = 1 day

EOT = A + B + C = **8 days**

The following factors are also included in above EOT date;
- Above extension date is considered the period to meet the current situation of construction.

4. Attachment

Attachment #1. PBI's Request e-mail
Attachment #2. Area Plot Plan (Before / After)
Attachment #3. Current Site Pictures

클레임 문서를 정리하다 보면 어떤 사건의 결과를 입증할 수 있는 증거가 부족한 경우가 많다. 즉 사건의 발생과 관련한 정보는 잘 정리되었음에도 불구하고 사건이 종료된 이후에는 관련된 기록을 유지하는 사례가 많지 않다. 이 리포트는 해당 상황이 종료된 이후의 결과까지 자세히 설명하고 있어서 이벤트가 몇 일의 지연을 발생시켰는지 설명하고 있다.

3.5 지연기간의 산정 사례

USC 상황에서 합리적인 지연기간을 산정하기 위해서 아래의 사항에 유의하여 검토작업을 진행해야 한다.

[그림 3.11] USC 클레임의 지연기간 산정

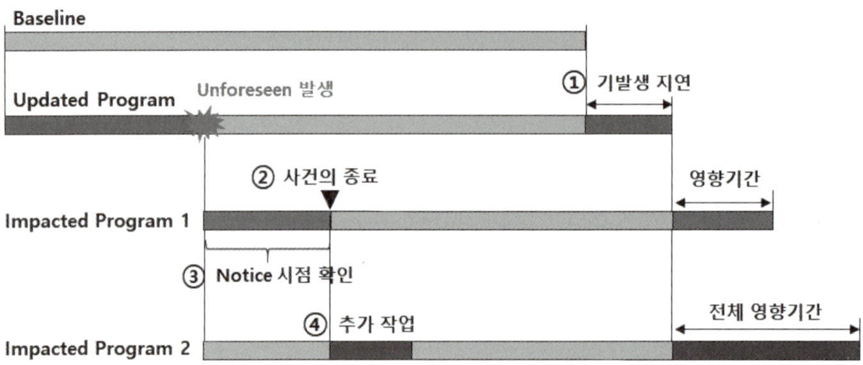

1) 기발생 지연

- Unforeseen 발생 전까지의 지연 상태 확인
- 기발생 지연으로부터 추가적인 영향기간만 계산 필요

2) 사건의 종료

- 종료시점을 확인해서 이 시점을 기준으로 지연기간 계산
- 분석대상이 영향을 직접 받은 작업인지, 후속작업인지 판단 필요

3) 통지(Notice) 시점 확인

- Time Bar를 위반하지 않도록 통지시점을 확인 후 지연기간 산정
- 통지 내용 검토 (특히 통지의 유효성 여부 확인)

4) 추가영향 기간 확인

- 해당 사건으로 인하여 발생한 추가기간도 고려 필요
- 시공자의 적절한 완화작업이 포함되어 있는지 검토

4. Case Study

4.1 The Appeal of Bean Stuyvesant LLC ASBCA No. 53882

개요

입찰시에 일부 지역의 천공자료(Boring Data)가 없었고 공사수행 중에 시공자는 다른 지질 조건을 발견했다. 이에 따라 시공자는 USC로 판단하고 클레임을 제기하였다

결과

법원은 여러 가지 정황을 고려하여 시공자가 보상을 받지 못하는 것으로 판시하였다. 법원은 입찰 시에 그러한 정보가 없었다는 점은 확인했으나, 정보를 요청하는 것이 가능했으며, 실제로 다른 시공자는 입찰 시에 발주자에게 요청했다는 사실을 확인했다. 따라서 법원은 시공자의 클레임을 인정하지 않았다.

시사점

시공자는 발주자에게 주어진 정보에 전적으로 의존해서 그 정보를 기준으로 클레임을 제기하는 것은 충분하지 못하며, 입찰 시에 모든 정보를 검토하고 경험 있는 시공자로서 합리적인 수준의 추가적인 정보를 요청해야 추후 권리확보가 가능하다.

4.2 North Pacific Erectors, Inc. v. State of Alaska, 2013 WL 4768380 (Alaska 2013)

개요

석면제거공사를 수행하던 중 시공자는 예상보다 많은 양의 석면을 발견했고 발주자가 일부 정보를 제공하지 않았기 때문에 피해가 발생했다고 주장했다. 발주자는 당초에 시공자가 현장조사를 적극적으로 수행하지 않았기 때문이라며 시공자의 주장을 인정하지 않았다.

결과

법원은 시공자가 현장 방문(Site Visit)도 하지 않았고 정보를 얻기 위한 적극적인 행위를 하지 않았으며, 또한 발주자가 항상 모든 정보를 제공해야 하는 의무는 없다고 설명하면서 클레임을 인정하지 않았다.

시사점

시공자는 발주자가 모든 정보를 제공한 것으로 가정하면 안 되고, 입찰 시에 적극적인 현장 조사(Site Investigation)를 통해서 가능한 예비비(Contingency)를 최대한 고려해야 한다.

4.3 Foster Construction CA. and Williams Brothers Company, A Joint Venture v. The United States 435 F.2d 873(Ct. Cl. 1970)

개요

입찰 시에 시공자가 받은 지질보고서는 지하수가 없다는 결과를 나타내고 있었으나, 프로젝트 진행 중에 지하수가 지표 3m 이내에서 발견되었으며, 이에 따라 시공자는 클레임을 제기하였다.

결과

법원은 합리적인 시공자라면 인근지역의 조사를 통해 지하수가 지표로부터 3m 이내에 있다는 내용을 쉽게 알 수 있었기 때문에 무조건 입찰정보에 의존하면 안 된다고 설명하면서 클레임을 인정하지 않았는데, 판결내용을 인용하면 아래와 같다.

> 변경조건(Changed conditions) 조항과 관련하여 현장조사의 의무가 시공자로 하여금 숨겨진 여건이나 주어진 시간에 수행할 수 있는 조사의 한계를 초과하는 여건을 찾아내도록 하는 위험에 둠으로써 변경조건(Changed conditions) 조항을 무효로 하는 것은 아니다. 시공자는 비교적 간단한 질의로도 다른 여건을 밝혀낼 수 있었을 경우에는 지하여건에 대한 계약문서상의 내용에만 의존하여서는 안 된다. 예를 들면, 당해 계약상의 자료에서 본건 사건처럼 지하수가 없는 것으로 기재된 때에는 지하수의 존재가능성을 알아보기 위하여 전문가를 고용할 필요는 없다.

시사점

시공자는 입찰정보를 무조건적으로 신뢰해서는 안 되며, 특히 입찰보가 포함하지 않거나 표현하지 않은 내용에 대해서는 독립적인 조사 등을 통해 충분한 정보를 얻어야 한다.

4.4 P. J. Maffei Building Wrecking Corporation v. The United States Appellee, 732 F.2d 913(Fed. Cir. 1984)

개요 및 결과

입찰 시에 제거되어야 할 구조물의 도면이 제공되었으나, 정확하지는 않았고 단지 참고용이었다. 시공자는 제거 구조물에 대해서 클레임을 제출하였다. 법원은 이러한 내용이 정확히 명시되어 있지 않다면, DSC로 인정할 수 없다고 판단하였다.

시사점

입찰문서가 어떤 내용을 포함하지 않거나 표현하지 않았다면, 비교할 수 있는 조건이 존재하지 않기 때문에 DSC를 인정받기 어렵다고 볼 수 있다.

4.5 Van Oord UK Ltd and Sicim Roadbridge Ltd v Allseas UK Ltd [2015] EWHC 3074(TCC)[74)]

개요

Van Oord사(이하 '시공사')는 Gas Field development의 일부인 Offshore와 Onshore gas pipeline을 건설하는 공사를 체결하였다. 공사 완료 후 시공사는 USC 클레임을 발주사에게 청구하였는데, '공사 중 남쪽 구간에서 엄청난 깊이의 토탄(Peat)을 맞닥뜨렸고, 이로 인하여 Stone Road 대신 13.5m 너비의 Stone 제방을 해당 구간 전체에 건설했어야 했다'라고 주장하였다.

법원 판결

1) Ground Information

남쪽 구간에서 고려된 것 보다 더 깊은 토탄이 있다는 점을 확인하였다. 아마 Mackintosh 보고서(발주자가 제공한 보고서)에 보여지는 구간의 것 보다 깊었기 때문일 것이다. 하지만 경험 있는 시공사가 합리적으로 예견할 수 없었는지에 대한 본 사안은 더 넓고 객관적으로 평가되고 결정되어야 한다. 증거에 따라 볼 때, 경험 있는 시공사는 남쪽 구간의 깊은 토탄의 많은 구멍이 있음을 합리적으로 예견 가능했다. 시공사측 증인도 심리시에 그러한 것이 예상된 것임을 확인하였다. 시공사의 클레임은 근본적으로 잘못된 가정을 근거로 한다. 즉 Mackintosh 보고서를 그 결과에 비추어 벗어나는 부분에 대해서는 계약 조건에 따라 클레임 할 수 있는 일종의 보증 같은 것으로 취급했다 … 중략

74) 박기정, 예견불가능한 물리적 장애, K Build (2017년 3월호)

하지만 궁극적으로는 그 정보에 대해 어느 정도 의존할 지에 대한 판단의 문제이다. 본 법원은 시공사가 단순히 어떤 특정 지역에서 계약 전에 제공된 정보와는 다르다는 이유로 시공사가 이를 클레임 하는 것은 원칙상 잘못된 것이라고 본다. 그러한 차이가 나는 조건은 반드시 어느 정도 예견 불가능해야 한다 … 중략

따라서 시공사가 이용 가능했던 지질 정보들을 고려할 때, 계약서에 나타난 조건과 다른 것이 있었다면 그러한 것들은 경험 있는 시공사가 합리적으로 예견할 수 있었던 조건들일 것이다.

2) Depths Actually Found 관련

"본 법정은 1.5m 깊이를 합리적으로 예견할 수 있는 반면 1.71m를 합리적으로 예견할 수 없었다는 가정을 받아들일 수 없다. 그 차이가 너무 작고, 시공사 측의 증인도 최대 2m(또는 2.5m)까지의 깊이에 대해서는 제방 공사 방식이 필요가 없다고 확인하였다. 또 다른 경우에는 2.5m가 관련된 cut-off라고 했다. 남쪽 구간에서 발견된 깊이는 이러한 범위 안에 있다. 따라서 그러한 깊이가 합리적으로 예견할 수 없었다고는 할 수 없다."

시사점

법원은 발주자가 제공한 정보에 의존해서 시공자가 상황을 판단하면 안 된다고 판결하였으며, 여러 상황을 고려하여 시공자가 예견가능성을 검토해야 하므로 해당 클레임은 성립할 수 없다고 하였다. 또한 USC는 판단한 정보간의 차이를 고려해야 하는데, 그 차이가 거의 없기 때문에 경험 있는 시공자가 예견 가능한 수준이라고 판결하였다. 따라서 시공자는 그러한 차이에 대하여 충분히 예상할 수 없었는지의 여부를 신중하게 검토해야 한다.

4.6 Soil Quality & Improvement

개요

입찰 시 토질조사 리포트(Soil Investigation Report)상으로는 B지역의 토질상태가 양호하여 B지역의 흙을 파서 A지역으로 되메우는 공법으로 계획하였으나, 되메우기가 불가능한 토질(Mudstone)이 부분적으로 발견되었다. 수개월간의 협의 후 결국 B지역의 일부 흙을 폐기 처리하고 새로운 흙을 구매하여 A지역의 되메우기 작업을 실시하였다.

[그림 3.12] 토질 개선작업 중 발생한 USC 상황

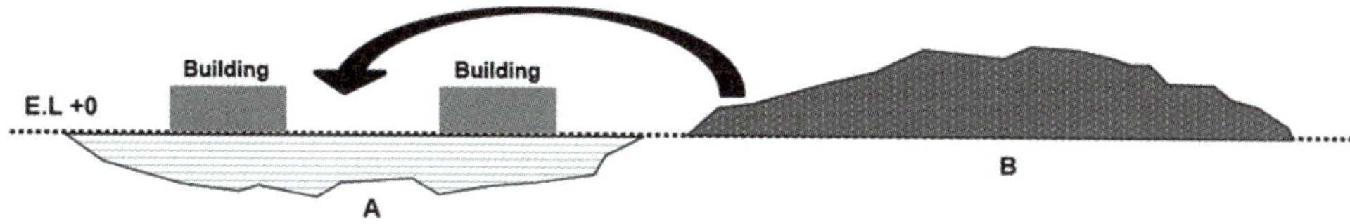

USC를 주장하기 위해서 검토해야 할 내용은 아래와 같다.

- 토질조사 리포트(Soil Investigation Report)의 데이터와 실제 발견된 토질 상태의 비교필요 (초기에 검토했던 내용 확보 및 시공자의 합리적인 판단 입증)
- 입찰시점 또는 공사초기에 이러한 내용을 확인할 수 있었는지 확인 필요
- USC 조항을 고려하여 통지(Notice) 등의 절차 진행
- 작업상태를 보존하고 발주자와 해당내용을 확인
- 후속작업의 지연 및 손실을 방지하기 위하여 초기에 필요한 조치, 실시 (다른 지역으로 작업 이동 또는 대기인력의 최소화)

아래의 내용은 초기 시점에 진행해야 할 주요한 내용이다.

- 완화계획서(Mitigation Plan) 작성으로 손실을 최소화
- MOM, E-mail, Letter, 사진 등 관련 확보(최소 2~3 주 이내로 적극적인 행위 필요)
- 발생 가능한 공사기간의 영향, 비용증가를 분석하여 최적의 의사결정에 활용

해당 이벤트가 종료되면 아래의 작업이 필요하다.

- 실제 수행한 작업내용 정리 및 최종적인 정리
- 이전에 가정했던 내용과 결과를 비교, 분석한 후에 발주자에게 통지
- 계약적인 절차의 마무리작업

CHAPTER 04

발주자 행위에 의한 클레임

Act of Employer Claim

발주자 행위에 의한 클레임(Act of Employer Claim)은 종류가 매우 많고 아주 다양한 편이다. 대표적인 것으로 발주자가 지시, 승인, 검사를 늦게 함으로서 시공자의 행위를 방해하는 것이다. 이러한 발주자의 행위는 결과적으로 시공자의 행위를 방해하는 것이기 때문에 방해원칙(Prevention Principle)에 대한 이해가 필요하다.

보통 계약서에는 발주자의 의무에 대한 내용이 기술되어 있는데, 발주자가 이러한 의무를 준수하지 않음으로 인하여 발생하는 상황 또한 발주자의 행위에 의한 클레임이라고 볼 수 있다.

4 발주자 행위에 의한 클레임

Act of Employer Claim

1. 개요

발주자의 행위 또는 부작위 등에 의하여 지연이나 손실이 발생하는 상황에서 보통 아래와 같은 조항에 근거하여 클레임을 제기한다.

> (c) any delay, impediment or prevention caused by or attributable to the Employer, the Employer's Personnel, or the Employer's other contractors on the Site (or any Unforeseeable shortages in the availability of Employer-Supplied Materials, if any, caused by epidemic or governmental actions)[75]

발주자 또는 발주자가 고용한 다른 시공자가 지연 또는 방해를 발생시키면, 시공자는 공기연장 및 추가비용을 청구할 수 있다고 설명한다. FIDIC Silver Book에 설명된 대표적인 발주자의 행위를 구분하면 아래와 같다.

[그림 4.1] 발주자의 행위와 관련된 계약조항

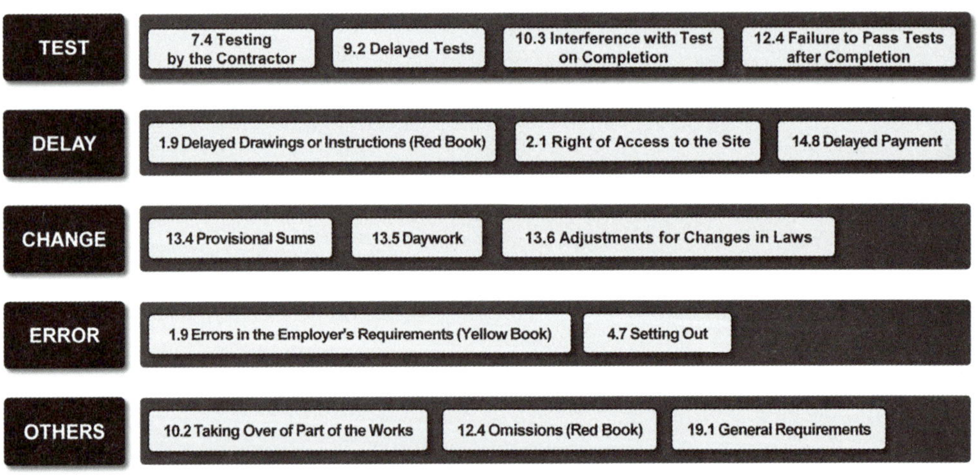

75) Clause 8.4, FIDIC Silver Book 2nd Edition (2017)

발주자는 적절한 시간 내에 테스트를 해야 하는데, 테스트가 지연되는 상황과 관련된 조항이 다수 기술되어 있다. 다음으로는 발주자가 지시 하거나 수행해야 하는 의무(부지접근, 대금지급)에 있어서 지연이 발생하는 상황이다. 그리고 공사변경(Change), 제공한 정보의 오류 등이 있다. FIDIC 계약서의 종류(Silver / Yellow / Red Book)에 따라 그 내용이 약간씩 다르기 때문에 계약형태에 맞춰서 검토여부를 고려해야 한다. 관련 조항을 비교하면 아래와 같다.

[표 4.1] 발주자의 행위와 관련된 계약조항의 비교(Silver/Yellow/Red Book)

Description	Silver	Yellow	Red
Delayed Drawings or Instructions	N/A	N/A	O
Errors in the Employer's Requirements	N/A	O	N/A
Right of Access to the Site	O	O	O
Setting Out	N/A	O	O
Testing	O	O	O
Delayed Tests	O	O	O
Taking Over of Part of the Works	O	O	O
Interference with Test on Completion	O	O	O
Omissions	N/A	N/A	O
Failure to Pass Tests after Completion	O	O	N/A
Provisional Sums	O	O	O
Daywork	O	O	O
Change in the laws of the host country	O	O	O
Delayed Payment	O	O	O
General Requirements for Insurances	O	O	O

2. 주요 원인

2.1 지연된 도면 또는 지시(Delayed Drawings or Instructions)

FIDIC 계약의 Silver Book, Yellow Book은 설계에 대한 책임이 시공자에게 있기 때문에, 해당 내용은 Red Book에만 있다. 도면이나 지시가 적기에 발급되지 않아서 지연이나 손실이 발생하는 상황에 해당하며, 비슷한 개념으로 시공자가 발주자에게 승인을 요청하는 경우, 발주자의 검토기간(Review Period)이 계약조항에 포함되기도 하는데, 승인이나 검토가 늦어질 경우 이와 관련한 클레임을 제기할 수 있다.

[표 4.2] 도면공급 또는 지시의 지연

Contract	Description
FIDIC (Red book)	**1.9 Delayed Drawings or Instructions** The Contractor shall give a Notice to the Engineer whenever the Works are likely to be delayed or disrupted if any necessary drawing or instruction is not issued to the Contractor within a particular time, which shall be reasonable.
EPC Contract	The Contractor shall prepare and submit to Company for review and/or approval the design documentation, including related drawings, for the Facilities listed in Exhibit. The Company shall notify Contractor of any comments considered necessary **within fourteen (14) days of receipt of such documents…**

이러한 상황이 발생하면, 요청시점으로부터 합리적인 기간 이후 또는 계약서에 명시된 기간 이후로 지연기간을 산정한다. 일반적으로 14일 또는 21일이 많은데, 아래 그림과 같이 검토기간(Review Period) 이후로 지연기간을 계산해야 한다. 즉 검토기간은 발주자에게 주어진 검토에 필요한 시간이기 때문에 지연기간 산정에 포함하면 안 된다.

[그림 4.2] 지연기간의 산정

만약 아래와 같이 시공자가 서류를 제출하고 특정기간 이내에 발주자가 승인하지 않으면 승인된 것으로 간주하는 조항이 있는 경우에는 어떻게 대응해야 할까?

Unless otherwise stated in the Employer's Requirements, each review period shall not exceed 21 days, calculated from the date on which the Employer receives a Contractor's Document and the Contractor's notice. If the Employer fails to reply (Comment / Reject / Approval) to the Contractor's document within the period of 21 days, the Contractor's document shall be deemed to have been approved.[76]

이러한 계약조건 하에서 발주자의 승인지연을 클레임으로 작성해서 제출하는 것은 합리적이지 않다. 이러한 조건이 의미하는 것은 승인이 지연되는 상황에서 프로젝트의 지연을 방지하기 위하여 양 계약당사자가 지체 없이 진행하는 것을 합의한 것이라고 봐야하기 때문에, 뒤늦게 클레임을 제기하는 것은 적정한 권리(Entitlement)를 담보하기 어렵다. 그러나 이러한 계약조항이 있더라도 대부분의 경우 실무담당자가 발주자의 승인 없이 진행하는 것은 현실적으로 쉽지 않다. 발주자가 다음 단계에서 추가적인 코멘트를 하기도 하고 다른 작업에 제동을 거는 일이 발생할 수 있기 때문이다. 따라서 이와 같은 계약조건 하에서 발주자의 코멘트가 뒤늦게 발생하면 발주자에게 '이런 계약적인 조항이 있음에도 불구하고 신의성실(Good Faith)로 수정작업을 진행할 예정이며, 추후 공기가 지연되거나 비용이 증가할 가능성이 있으며, 클레임을 발생시키는 이벤트로 확인되면 클레임을 제출하겠다.' 라는 내용으로 의사소통을 유지해서 추후 계약적 권리 확보를 시도해 볼 수 있을 것이다.

프로젝트의 자료를 검토하다 보면 어떤 발주자는 계약서에 설명되어 있는 회신기한을 다 채워서 반복적으로 회신함으로써 지연을 발생시키지만, 계약서의 회신기간은 준수하기 때문에 시공자의 입장을 매우 곤란하게 하기도 한다. 아래 EPC Contract의 계약조건은 제출 횟수에 따라 승인기한을 달리 함으로써 공사기간의 지연을 부분적으로 감소시킨 조항이다.

[표 4.3] 회신기간의 계약조항

Clause 5.2 Submittal / Approval
The following are the approval periods required by COMPANY for the various classes of documents listed[77]

Submission	Duration
First	12 Working Days
Second	6 Working Days
Third	6 Working Days

76) EPC Contract
77) Annexure, EPC Contract

설계단계에서 발주자의 지나친 코멘트는 그 자체만으로는 클레임에 활용하기 어렵다고 볼 수 있다. 그 내용이 잘못되었거나 비합리적인 내용이거나 또는 회신기한이 늦는 경우에 한정하여 활용이 가능하며, 코멘트가 지나치게 많았다는 사실만으로는 특정한 지연기간을 산정하기 어려우며, 코멘트가 많았다는 측면을 합리적으로 입증하기 위한 기준을 제시하기 어렵기 때문에 권리(Entitlement)를 확보하기는 쉽지 않다.

도면과 관련한 지연이 자주 발생하는데, 이에 대하여 시공자는 다음과 같이 지연의 원인에 따라 달리 대응 할 수 있다.

[그림 4.3] 도면지연 시 계약적 대응

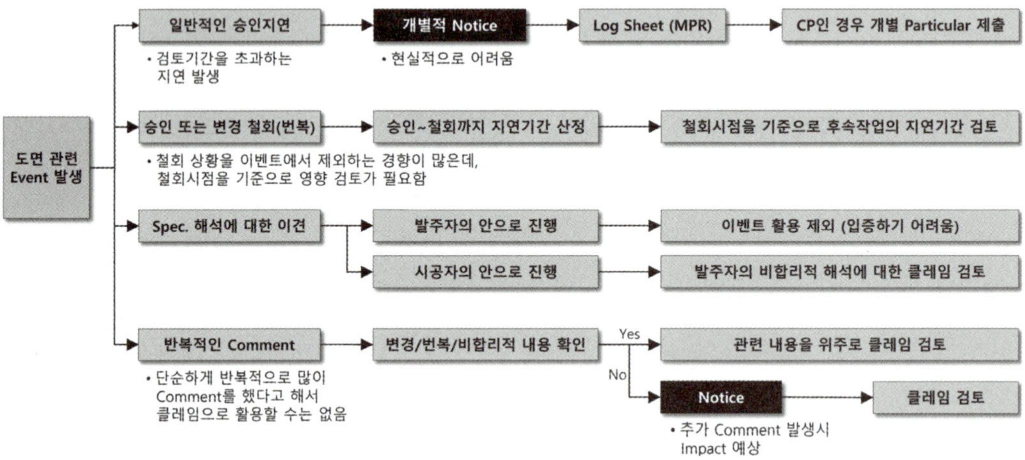

지연기간의 계산은 도면제출일, 승인예정일, 공정표상 예정일, 실제승인일을 고려하여 산정해야 한다.

[그림 4.4] 도면지연 시 지연기간 산정

구분	도해	고려사항
공정표상 관련 작업의 예정일이 승인 예정일보다 늦은 경우	①제출일 (요청일) ②승인예정일 ③ 공정표상 예정일 ④ 실제 승인일 / Float / 발주자 지연	• 승인예정일부터 공정표상 예정일까지는 Float에 해당하며, 이 기간은 지연기간에서 제외해야 함. • 따라서 공정표상 예정일부터 지연기간을 산정해야 함.
승인 예정일이 공정표상 관련 작업의 예정일보다 늦은 경우	①제출일 (요청일) ③ 공정표상 예정일 ②승인예정일 ④ 실제 승인일 / 시공자 지연 / 발주자 지연	• 이 경우는 시공자가 도면 제출 또는 Test 요청을 계획보다 늦게 한 상황임. 즉 3~2기간은 시공자의 지연임. • 따라서 승인예정일을 기준으로 지연기간을 산정
공정표상 예정일 후에 도면제출이나 Test 요청이 이루어진 경우	③ 공정표상 예정일 ①제출일 (요청일) ②승인예정일 ④ 실제 승인일 / 시공자 지연 / 발주자 지연	• 이 경우는 시공자의 지연이 더 길수 있으므로 이벤트에서 제외하는 편이 바람직함.

2.2 발주자 요구사항의 결함(Errors in the Employer's Requirements)

FIDIC 계약 중 Silver Book, Red Book은 해당되지 않고 Yellow Book에만 언급되어 있는데, 발주자가 요구한 조건의 결함으로 인하여 지연이나 추가비용이 발생하는 경우를 의미한다. 단 경험 있는 시공자가 충분히 주의를 기울였음에도 불구하고 발견할 수 없었던 결함이 주요한 전제조건에 해당한다. EPC Contract는 발주자가 제공하는 FEED[78], 시방서(Specification) 등에 결함이 있는 경우 이에 해당한다.

[표 4.4] 발주자가 요구한 조건의 결함 조항

Contract	Description
FIDIC (Yellow book)	**1.9 Errors in the Employer's Requirements** If, under sub-paragraph (b) above, an experienced contractor would not have discovered the error, fault or other defect: (ii) If the Contractor suffers delay and/or incurs Cost as a result of an error, fault or defect, the Contractor shall be entitled subject to Sub-Clause 20.2 [Claims for Payment and/or EOT] to EOT and/or payment of such Cost Plus Profit
EPC Contract	The Employer shall be responsible for the correctness of the following portions or the Employer's Requirements and of the following data and information provided by (or on behalf of) the Employer…

이러한 상황에서 결함을 기술적으로 정확히 입증하는 것이 가장 중요하며, 계약서에 프로젝트의 시작일로부터 특정 기간 내에 검토해야 하는 내용이 있을 때는 프로젝트 초기에 적절한 인력을 투입하여 빠른 시일 내에 집중적으로 검토하는 과정이 필요하다. 결과적으로 발주자가 요청한 조건과 실제 진행한 작업의 조건이 반대로 진행되었다면, 이러한 상황은 시공자의 권리를 주장하는데 도움이 될 수도 있을 것이다.

그러나 대부분의 EPC Contract는 발주자가 제공하는 데이터에 대하여 시공자가 모든 책임을 부담하고 인지하는 것으로 기술하는 내용이 많다.

---

78) 플랜트 프로젝트에서 기본설계를 의미하는 용어이며 Front-End Engineering Design의 약자이다.

> Subject only to sub-Clause 2.10 herein, the Contractor acknowledges that it has carefully examined all documents and other data relating to this Contract including the terms of and data produced pursuant to the Process Licenses (including the Process Design Package), the FEED, the Shell DEPs, or other engineering design, and any open art technology and that it is completely aware and accepts full responsibility for the design, process technology, open art technology and all other matters arising there under (and under any further data or documents issued in future in relation to such matters) which may affect its performance of the Work…[79]

또는 아래와 같이 디자인 개발(Design development)이라는 표현으로 시공자의 권리를 제한하기도 한다.

> In addition, normal design development and corrections to detailed design work performed or to be performed by the Contractor, which are required to achieve the Performance Guarantees and/or comply with the Contract, shall not be construed as a Change.[80]

만약 이러한 계약조항만 존재하고 반대적인, 예외적인 내용이 없다면 클레임을 진행하기가 매우 어렵다고 볼 수 있다. 그러나 발생한 이벤트는 일반적인 디자인 개발(Design development)이 아니며, 공사변경(Change) 조항의 정의를 고려하였을 때 매우 중대한 영향을 발생시킨 공사변경이다라는 설명을 통하여 클레임을 제기해 볼 수 있을 것이다. 결국 공사변경의 내용이 어떤 것인지, 공사변경 정의가 어떻게 기술되어 있는지의 내용을 종합적으로 검토하는 과정이 필요하다.

2.3 부지접근 권리(Right of Access to the Site)

발주자는 계약수행에 필요한 현장 부지와 현장에 접근할 수 있는 권리를 시공자에게 제공해야 할 의무가 있으며, 적기에 제공하지 못하여 공사수행이 지연되거나 손실이 발생하면 시공자는 클레임을 제기할 수 있다. 그러나 통행권(Rights of Way)이나 접근로(Access Route)에 대한 수행의무는 일반적으로 시공자에게 있기 때문에 이러한 내용은 클레임으로 활용되기 어렵다. 따라서 부지접근과 접근 수단, 접근로에 대한 계약적 의미와 차이를 명확히 이해해야 한다.

79) EPC Contract

80) EPC Contract

[표 4.5] 부지접근, 수단 조항

Contract	Description
FIDIC (Silver book)	**2.1 Right of Access to the Site** The Employer shall give the Contractor right of access to, and possession of, all parts of the Site within the time (or times) stated in the Contract Data. The right and possession may not be exclusive to the Contractor. If, under the Contract, the Employer is required to give (to the Contractor) possession of any foundation, structure, plant or means of access, the Employer shall do so in the time and manner stated in the Employer's Requirements. However, the Employer may withhold any such right or possession until the Performance Security has been received.
	4.13 Rights of Way and Facilities The Contractor shall bear all costs and charges for special and/or temporary rights-of-way which may be required for the purposes of the Works, including those for access to the Site.
	4.15 Access Route The Contractor shall be deemed to have been satisfied, at the Base Date, as to the suitability and availability of the access routes to the Site. The Contractor shall take all necessary measures to prevent any road or bridge from being damaged by the Contractor's traffic or by the Contractor's Personnel.

발주자가 시공자에게 부지접근에 대한 권리를 제공하는 것과 기성을 지급하는 의무는 거의 모든 계약서에 공통적으로 언급되어 있는 발주자의 중요한 의무 중의 하나이다. 따라서 이러한 이벤트에 대한 시공자의 권리는 비교적 쉽게 확보될 수 있다.

부지 전체에 대한 접근권리가 프로젝트의 시작일 이후에 주어지지 않는다면, 시작일을 기준으로 클레임을 분석하면 된다. 그러나 특정 지역이나 특정 시기에 접근권리가 제한된다면 어떻게 분석할 것인가? 무조건 시작일을 기준으로 분석한다면 결과는 비논리적으로 산출될 수 있으며, 합리적으로 협의하기가 쉽지 않을 것이다. 특히 대형 프로젝트는 지역이 나누어질 수 있고, 각 유닛(Unit)별로 시작시점이 상이할 수도 있기 때문에 이와 같은 경우는 아래와 같은 기준을 고려할 수 있다.

- 공정표(Program)에 표현된 시작일
- 특정한 날에 부지접근을 요청한 시점
- 부지접근을 제한받은 시점

먼저 공정표에 표현된 작업의 시작날짜를 기준으로 부지접근이 허락되지 않은 기간을 산출해서 클레임 분석을 할 수 있다. 그러나 공정표를 단지 제출했다고 해서 발주자가 당연히 그러한 날짜를 인지하고 있다거나 무조건 시공자에게 사용권리가 주어진다고 볼 수는 없다. 시작시점이 임박하면 시공자는 그러한 날짜를 발주자에게 다시 한 번 통지해서 주지시킬 필요가 있으며, 부지접근이 되지 않으면, 해당 사안을 통지해야 할 의무가 있다. 따라서 공정표의 시작날짜를 근거로 하는 것은 통지(Notice)의 Time Bar 조항에 위반될 수 있기 때문에 가능하면 부지사용을 요청한 날짜를 기준으로 하는 편이 바람직하다. 이와 비슷한 개념으로 부지접근을 제한 받은 시점을 활용할 때도 통지와 관련된 조항을 준수했는지를 확인해야한다. 발주자 입장에서는 부지접근을 제한할 때 그러한 내용이 어느 정도의 영향을 발생시키는지 정확하게 알 수 없기 때문에, 시공자는 부지접근이 제한되면 그에 따른 영향을 추정하여 발주자에게 통지하고, 제한사항이 해결되면 최종적인 영향을 발주자에게 통지해야 한다. 정리하자면, 부지접근(Site Access)을 클레임에 활용하기 위해서는 부지접근이 제한된 시점과 관련된 통지가 반드시 필요하여, 어떤 영향이 발생했는지에 대해서 충분한 의사소통과 입증자료준비가 필요하다.

2.4 착수/셋팅(Setting Out)

FIDIC 계약 중 Red Book, Yellow Book에만 언급이 되어 있으며, Silver Book에는 해당되지 않는다. 발주자는 시공자에게 공사목적물의 위치나 표고를 제공해야 할 의무가 있으므로 결함에 대해서 책임을 져야 한다. JCT(SBC/Q) 계약도 비슷하게 설명하고 있으나 시공자가 잘못 시공하는 경우에 추가비용에 대한 부담은 시공자가 책임지는 것으로 설명한다.

[표 4.6] 착수/셋팅 조항

Contract	Description
FIDIC (Red book)	**4.7 Setting Out** If, under sub-paragraph (b) above, an experienced contractor would not have discovered the error: (i) Sub-Clause 13.3.1 [Variation by Instruction] shall apply to the measures that the Contractor is required to take (if any); and (ii) if the Contractor suffers delay and/or incurs Cost as a result of the error, the Contractor shall be entitled subject to Sub-Clause 20.2 [Claims For Payment and/or EOT] to EOT and/or payment of such Cost Plus Profit.

Contract	Description
JCT 2009 (SBC/Q)	**2.10 Levels and setting out of the works** The Architect/Contract Administrator shall determine any levels required for the execution of the Works and, subject to clause 2.9.4.2, shall provide the Contractor by way of accurately dimensioned drawings with such information as shall enable the Contractor to set out the Works.

이러한 상황이 발생하면, 정확한 위치, 표고에 대한 기록관리(e-mail, letter 등)가 중요하며 해당 내용의 정확성을 확인하기 위한 시공자의 합리적인 노력을 입증해야 할 필요가 있다.

2.5 테스트(Testing)

FIDIC(Silver, Yellow, Red) 계약은 테스트와 관련한 조항을 동일하게 설명하고 있는데, 이 조항은 완료시점에서의 테스트 조항과는 상이하다. 시공자가 테스트를 요청하면 발주자는 시공자에게 테스트 72시간 전에 참석여부를 통지해야 하며, 참석하지 않을 경우 다른 지시가 있지 않는 한 감리자(Engineer)가 참여한 상태에서 테스트가 이루어진 것으로 간주된다.

[표 4.7] 테스트 관련 조항

Contract	Description
FIDIC (Silver book)	**7.4 Testing by the Contractor** The Employer shall give a Notice to the Contractor of not less than 72 hours of the Employer's intention to attend the tests. If the Employer does not attend at the time and place stated in the Contractor's Notice under this Sub-Clause, the Contractor may proceed with the tests, unless otherwise instructed by the Employer. These tests shall then be deemed to have been made in the Employer's presence. If the Contractor suffers delay and/or incurs Cost from complying with any such instruction or as a result of a delay for which the Employer is responsible, the Contractor shall be entitled subject to Sub-Clause 20.2 [Claims For Payment and/or EOT] to EOT and/or payment of Cost Plus Profit.
EPC Contract	The Contractor, where the Company fails to exercise its right of inspection after notification by the Contractor in accordance with Clause, may proceed with such inspection or testing so that subsequent closing or covering will not be delayed.

인용된 EPC Contract도 비슷하게 설명하고 있으며, 발주자가 특정기간 이내에 테스트를 하지 않으면, 시공자가 작업을 진행할 수 있는 것으로 설명하고 있다. 그러나 플랜트 공사에서는 테스트를 Hold Point와 Witness Point로 나눠서, Hold Point는 발주자 또는 대리자가 해당 테스트를 꼭 확인해야만 다음 작업을 진행할 수 있는 것으로 정의하기도 한다. 따라서 Witness Point는 테스트가 지연되어도 곧바로 진행 할 수 있기 때문에 클레임으로 주장하기는 어려우나, Hold Point에서 발주자의 테스트 지연행위가 발생하면 시공자의 권리를 주장할 수 있을 것이다.

테스트 지연과 관련한 내용은 프로젝트에서 매우 빈번하게 발생하는데, 아래의 경우에는 클레임에 활용하기에 어려운 편이다.

- 해당 테스트의 요청날짜를 확인하기 어려운 경우
- 테스트 요청 접수 이후에 테스트 시행까지 적절한 기간이 계약서에 없는 경우
- 테스트 불참여부의 사실관계 확인이 어려운 경우
- 테스트 지연 이후 언제 재시작되었는지 확인이 어려운 경우
- 특정한 1, 2개소의 테스트만 지연된 경우(다른 곳은 정상적으로 진행)

발주자 입장에서는 테스트를 요청 받았다고 해서 언제든지 참석할 수 있는 것은 아니다. 테스트 접수 이후에 직원을 배치해서 테스트를 실시하기까지의 합리적인 시간이 필요하며, 보통 프로젝트의 절차서에 이런 내용을 포함하고 있다. 따라서 이 기간을 지키지 못하는 경우에 합리적인 기간 이후로 지연기간을 산정해야한다. 또한 테스트의 지연 분석은 테스트의 요청시점을 시작으로 계산되기 때문에 정확한 요청시점을 확인하기 어렵다면 이는 클레임으로 활용하기 어려울 것이다. 또한 테스트를 실시하기까지의 합리적인 기간도 명시되어 있지 않다면 지연기간을 계산하기 위한 기준이 없기 때문에 지연분석이 쉽지 않을 수 있다.

발주자의 테스트 불참여부에 대해서 확인이 어려운 경우도 있다. 어떤 테스트가 시행되지 않았다면, 그 원인이 시공자가 실시하지 않았을 수도 있고 발주자가 참여하지 않았을 수도 있는데, 사실관계에 대한 기록이 미흡해서 활용하기 어려운 상황도 발생한다. 이 경우 프로젝트의 담당자는 테스트가 언제 중단되고 언제 재시작 되었으므로 해당 기간 전체를 활용할 것을 주장하기도 하지만, 재시작 되기까지의 원인이 확인되지 않으면 클레임에 활용하기 쉽지 않을 것이다. 시공자의 준비 미흡으로 테스트가 지연될 수도 있기 때문이다. 또는 테스트 재시작 시점의 확인이 어려운 경우도 많다. 다른 클레임도 이와 같은 경우가 많은데, 보통 담당자는 문제가 발생하면 그 문제를 해결하기 위해서 여러 가지 행위를 하고 자료를 준비하지만, 문제의 해결이 예상되거나 해결되면 더 이상 관리하지 않고 다른 문제를 해결하는데 관심이 옮겨지게 된다. 이와 같은 업무형태로 인하여 해결시점 또는 재시작 시점의 자료관리가 잘 이루어지지 않는다.

마지막으로 특정한 1, 2개소의 테스트만 지연된다면, 관련된 후속작업은 정상적으로 진행되는 경우가 많다. 이런 경우는 공정표를 검토해도 지연의 결과가 잘 나타나지 않으며, 특히 공정표의 단위 작업(Activity)은 상위 레벨로 합쳐지기 때문에 지연을 표현하는 것도 쉽지 않다. 결론적으로 이러한 상황을 방지하기 위하여 필요한 내용을 정리하면 아래와 같다.

- 테스트와 관련한 절차를 사전에 합의하고 그 절차에 따라 진행
- 테스트 지연상황이 발생하면 그 결과를 발주자에게 통지해서 기록 유지
- 재시작 여부가 결정되면 기발생한 지연의 결과를 유지

발주자 불참 등의 발주자 귀책으로 인한 테스트(Test) 지연에 대한 클레임 청구를 위한 근거자료로 포함되어야 할 필수 내용 및 유의사항은 다음과 같다.

[그림 4.5] 테스트 지연기간 산정

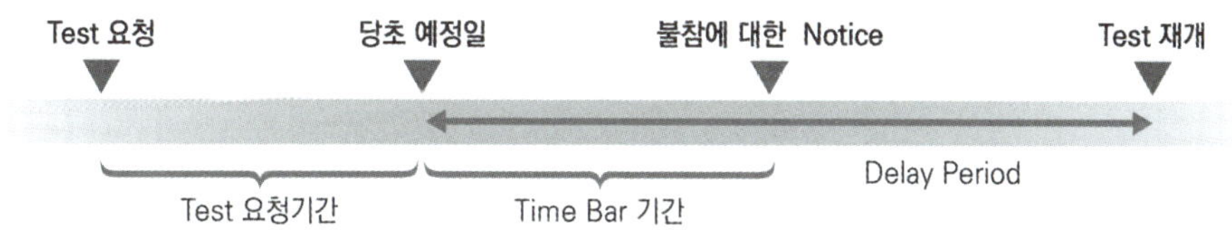

1) Test 요청 기간	Test Procedure에 기술되어 있는 Test 요청기간 즉, 몇 일 전까지 Test 요청을 보내야 하는지에 대한 기간
2) 당초 예징일	Test 요청일과 관련작업의 예정일을 비교하여 검토
3) 통지일	당초 예정일로부터 불참 통지(Notice)를 보낸 시점까지의 통지기간 검토 및 Time Bar 기간 이내인지 확인 필요
4) Test 재개시점	근거자료로서 가장 중요한 내용으로 Test가 언제 재개되었는지 확인 필요

2.6 완료일과 관련된 테스트의 지연 (Delayed Tests/Interference with Tests on Completion)

발주자가 완공시험을 지연시키면, Clause 9.2 or 10.3을 적용할 수 있는데, Clause 10.3은 발주자에 의하여 14일 이상 지연이 발생하면, FIDIC (Red / Yellow) 계약은 해당공사를 발주자가 인수한 것으로 간주하여 감리자(Engineer)는 인수확인서를 발급하고 하자통지기간이 만료되기까지 해당부분에 대한 완공시험을 이행한다. FIDIC(Silver Book) 계약은 가능한 빠른 시일 내에 시공자는 완공시험을 수행하고 테스트 지연으로 인하여 지연이나 손실이 발생하면, 시공자는 클레임을 제기할 수 있다고 설명한다.

[표 4.8] 완공시험 조항

Contract	Description
FIDIC (Silver book)	**9.2 Delayed Tests** If the Contractor has given a Notice under Sub-Clause 9.1 [Contractor's Obligations] that the Works or Section (as the case may be) are ready for Tests on Completion, and these tests are unduly delayed by the Employer's Personnel or by a cause for which the Employer is responsible, Sub-Clause 10.3 [Interference with Tests on Completion] shall apply.
	10.3 Interference with Tests on Completion If the Contractor is prevented, for more than 14 days, from carrying out the Tests on Completion by a cause for which the Employer is responsible, the Contractor shall carry out the Tests on Completion as soon as practicable.

2.7 작업의 부분적인 인수/점유(Taking Over of Part of the Works)

FIDIC 계약 중 Silver Book은 발주자의 부분적인 점유, 사용을 원칙적으로 인정하고 있지 않으나, Yellow Book, Red Book은 발주자의 부분적인 점유, 사용으로 인하여 지연이나 손실이 발생하면 클레임을 제기할 수 있다고 설명한다.

[표 4.9] 점유/인수 조항

Contract	Description
FIDIC (Silver book)	**10.2 Taking Over of Part of the Works** Parts of the Works (other than Sections) shall not be taken over or used by the Employer, except as may be stated in the Employer's Requirements or as may be agreed by both Parties.
FIDIC (Yellow/Red)	**10.2 Taking Over Parts** If the Contractor incurs Cost as a result of the Employer taking over and/or using a Part, the Contractor shall be entitled subject to Sub-Clause 20.2 [Claims For Payment and/or EOT] to payment of such Cost Plus Profit.

Silver Book과 같이 원칙적으로 발주자의 권리가 인정되지 않는 상황에서 발주자가 부지의 일부 또는 전부를 사용하거나 점유한다면 계약위반(Breach of the Contract)을 근거로 보상청구가 가능할 것이다. 그러나 많은 경우 발주자가 구두로 이를 지시해서 문서로 된 증거를 확보하기가 쉽지

않다. 이와 같은 상황에서 시공자는 "발주자가 이런 내용을 언제 지시해서 부분적인 작업중단이 발생했다"라는 레터를 발송함으로써 증거 확보를 시도해 볼 수 있다. 발주자가 이 상황을 부정하지 않고 시간이 한참 지난 뒤에는 결국 문서를 통해서 사실관계를 확인하기 때문에 사실로 인정될 가능성이 높고 클레임으로 활용하기에도 용이할 수 있다.

2.8 생략(Omissions)

FIDIC 계약 중 Red Book에만 언급되어 있는 내용으로 발주자의 요구조건에 변경이 없다면 Yellow Book, Silver Book 계약에는 적용되지 않는다. 감리자(Engineer)는 공사변경(Change)으로 생략(Omissions)을 지시할 수 있으며, 아래의 조건에 부합하면 시공자는 클레임을 제기할 수 있다.

[표 4.10] 생략(Omissions) 조항

Contract	Description
FIDIC (Red Book)	**12.4 Omissions** Whenever the omission of any work forms part (or all) of a Variation; (a) the value of which has not otherwise been agreed; (b) the Contractor will incur (or has incurred) cost which, if the work had not been omitted, would have been deemed to be covered by a sum forming part of the Accepted Contract Amount; (c) the omission of the work will result (or has resulted) in this sum not forming part of the Contract Price; and (d) this cost is not deemed to be included in the valuation of any substituted work; then the Contractor shall, in the Contractors proposal under sub-paragraph (c) of Sub-Clause 13.3.1 [Variation by Instruction], give details to the Engineer accordingly, with detailed supporting particulars.

당초 계약을 고려하였을 때 생략(Omission)되지 않았다면, 계약금액에 포함되어 보상받을 수 있었고, 생략 결과가 계약금액으로 보상되지 않았고, 대체작업으로 포함되어 있지 않는 조건을 모두 충족하면 보상금액 청구가 가능하다고 설명하고 있다.

2.9 잠정금액(Provisional Sums)

잠정적 금액은 초기에 정확한 내역을 확정하지 못하는 상황에서 예산을 추정하여 계약에 포함하는 것을 의미한다. 관련된 정의를 참고하면 아래와 같다.

> Provisional Sum means a sum (if any) which is specified in the Contract, for the execution of any part of the Works or for the supply of any Materials or services including any specified project contingency sum in accordance with Clause 11.2.[81)]

[표 4.11] 잠정금액 조항

Contract	Description
FIDIC (Silver Book)	**13.4 Provisional Sums** Each Provisional Sum shall only be used, in whole or in part, in accordance with the Employer's instructions, and the Contract Price shall be adjusted accordingly.
EPC Contract	Any adjustment to the Contract Price resulting from the Company's instruction pursuant to Clause 11.2.1 (provisional Sums) shall be calculated in accordance with the provisions of Clause 13.4 (Valuation of Variations).

발주자의 지시와 관련된 증거자료 확보가 중요하며, 관련된 공사변경(Change) 조항에 의거하여 클레임을 제기할 수 있다. 하도급자(Subcontractor)와의 계약관계에서 아래와 같이 에러(Error), 생략(Omission)으로 인하여 발생하는 비용은 잠정적인 하도급 계약금액(Provisional Subcontract price)에 포함하는 것으로 설명하기도 한다.

> It is understood that the provisional Subcontract Price is based on the Bill of Quantities and that any errors, omissions, design developments and/or Work scope required to execute the Subcontract work as intended but not specifically covered by the Bill of Quantities is included in the provisional Subcontract Price…[82)]

계약시점에 이러한 상황을 고려하여 위와 같이 잠정금액을 정한 것이기 때문에 에러(Error), 생략(Omission)으로 인하여 발생하는 클레임 상황에서 하도급자(Subcontractor)의 권리는 약하다고 볼 수 있다.

81) EPC Contract
82) Subcontract

2.10 기성지급의 지연(Delayed Payment)

발주자가 계약에 의하여 지급해야 할 기성금액을 지급하지 않는 상황을 의미하는데, 대부분의 경우 공사중단(Suspension) 조항으로 연결되어 시공자의 권리를 인정하고 있으며, 기성 미지급은 발주자의 중요한 계약적 의무이기 때문에 이를 위반하는 상황은 중대한 계약위반으로 볼 수 있다.

[표 4.12] 대금지급 조항

Contract	Description
FIDIC (Silver Book)	**14.8 Delayed Payment** If the Contractor does not receive payment in accordance with Sub-Clause 14.7 [Payment], the Contractor shall be entitled to receive financing charges compounded monthly on the amount unpaid during the period of delay. Unless otherwise stated in the Contract Data, these financing charges shall be calculated at the annual rate of three percent (3%) above:
	16.1 Suspension by Contractor If: (a) the Employer fails to provide reasonable evidence in accordance with Sub-Clause 2.4 [Employer's Financial Arrangements]-, (b) the Employer fails to comply with Sub-Clause 14.7 [Payment];... and such failure constitutes a material breach of the Employer's obligations under the Contract. the Contractor may, not less than 21 days after giving a Notice to the Employer (which Notice shall state that it is given under this Sub-Clause 16.1), suspend work (or reduce the rate of work) unless and until the Employer has remedied such default.

기성미지급으로 인하여 발생하는 금융손실에 대한 이자지급 내용을 계약조항에 포함하지 않는 경우가 많은데, 특수조건에 포함해서 권리를 확보해야 할 필요가 있다. 또는 대금지급 지연으로 인하여 발생한 지연과 관련하여 유예기간(Grace Period)과 같이 시공자의 권리를 완화하는 내용을 고려할 필요도 있다.

> (ii) any adjustment to the Scheduled Mechanical Completion Date shall be immediately made upon any delay in the performance of the Owner's obligation to pay the Second Advance Payment and/or the Third Advance Payment without applying the grace period and/or cure period allowed to the Owner under Clause 30.1.[83)]

83) EPC Contract

여기서 유예기간(Grace Period)의 계약적 의미를 확인하면 아래와 같다.

> The Owner shall waive its right to claim for the liquidated damages under this Contract for the Grace Period and the Contractor shall not be entitled to claim for Extra Costs and any other costs in relation to the Grace Period. For the avoidance of any doubt, save for the Grace Period, nothing in this Clause 20.2 shall have the effect of or otherwise be construed as extinguishing, derogating from or otherwise adversely affecting the Owner's right and entitlement to claim for and/ or deduct liquidated damages for the period immediately following the Grace Period up to and including the Mechanical Completion Date[84)]

유예기간[85)](Grace Period)이 발생하면 발주자는 유예기간동안 지체상금을 부과할 수 있는 권리를 상실하고 시공자는 유예기간에 발생한 손실에 대하여 클레임을 제기할 수 있는 권리가 없어지는 것으로 설명하고 있다. 즉 유예기간은 양 계약당사자가 상호간에 책임을 묻지 않고 합의하여 완료일을 조정하는 형태로 볼 수 있다. 어떤 발주자는 유예기간에 대해서 지체상금을 부과하는 시점만 유예하는 것으로 잘못 이해할 수도 있기 때문에 정의를 정확히 기재하는 것이 분쟁을 줄이는데 도움이 될 수 있다.

2.11 일일작업(Daywork)

비교적 규모가 작거나 비정기적으로 발생하는 작업에 대해서 발주자는 공사변경(Change)을 지시할 수 있고 공사변경이 진행되지 않는 경우에 시공자는 클레임을 제기할 수 있다.

[표 4.13] 일일작업과 관련한 조항

Contract	Description
FIDIC (Silver Book)	**13.6 Daywork** For work of a minor or incidental nature, the Employer may instruct that a Variation shall be executed on a daywork basis. The work shall then be valued in accordance with the Daywork Schedule, and the following procedure shall apply.

84) EPC Contract

85) 당초 계약적 완료일로부터 특정 시점까지 완료일이 연장되는 기간을 의미한다.

일일작업 개념으로 작업을 수행하는 경우, 반드시 해당 작업 수행 후에 발주자 담당자로부터 서명을 득하여 시공자의 권리를 확보해서 손실이 발생하지 않도록 유의해야 한다.

2.12 보험에 대한 일반적인 요구사항(General Requirements for Insurances)

계약참여자가 계약에 따라 발생한 보험 조건을 준수하지 않을 경우, 이를 준수하지 않은 당사자는 그러한 실패로 인해 발생하는 모든 직접적 손실과 청구에 대해 상대방에게 배상해야 한다고 설명하고 있다.

[표 4.14] 보험 관련 조항

Contract	Description
FIDIC (Silver Book)	**19.1 General Requirements** If either the Contractor or the Employer fails to comply with any condition of the insurances effected under the Contract, the Party so failing to comply shall indemnify the other Party against all direct losses and claims (including legal fees and expenses) arising from such failure.

3. 방해원칙

방해원칙은 발주자가 자신의 과실(혹은 자신의 책임하에 있는 사유)로 공기지연이 발생했을 때, 지체상금 조항에 따른 손해배상 청구권리를 상실하도록 한 것이다. 방해이론은 일반적으로 발주자의 방해행위에 의해 야기된 공기지연에 대해 공기연장을 부여하는 조항이 계약상 존재하지 않을 때 적용되는 것이 일반적이다. 방해이론의 핵심은 발주자가 시공자의 계약이행을 방해한 경우, 즉 발주자의 어떠한 행위가 시공자가 준공기한 내에 공사를 완성하는 것을 방해한 경우에는 시공자에게 준공기한 내의 공사완료 의무의 이행을 강제할 수 없다는 데 있다. 따라서 방해이론이 적용되면,

1. 당초의 계약상 준공기한은 그 효력을 상실하여 준공기한의 정함이 없는 상태가 되고(time at large), 시공자는 상당한 기간 내에(within a reasonable time) 공사를 완성하면 되며,
2. 시공자는 지체상금의 지급의무를 면하고, 발주자는 단지 시공자가 상당한 기간 내에 공사를 완성하지 못하는 경우 이로 인하여 실제로 발생하는 손해에 대하여 배상을 구할 수 있을 뿐이다.

[표 4.15] 방해행위의 유형[86)]

No	구분		내용
1	계약위반 행위 (Breach)	고의	도덕적으로까지 비난받아 마땅한 발주자의 행위, 그리고 의도적인 계약위반, 예컨대 시공자에게 의도적으로 필수 정보의 제공을 지연하는 행위 등
2		과실	그 밖에 다른 발주자의 계약위반 행위, 예컨대 발주자의 현장확보 어려움 때문에 시공자에게 현장 접근권을 제때 부여하지 못 한 경우
3	계약 범위 이내 행위	비난받을 행위	계약위반에는 해당되지 않는 발주자의 행위, 예컨대 지급불능 상태인 하도급자(Subcontractor)의 지정
4		계약적 권리	계약범위 내에서 명시된 발주자의 행위들, 예컨대 계약내용의 변경
5	제 3자의 행위 (발주자 책임)		발주자의 책임하에 있는 제 3자의 행위들 (발주자가 지명한 다른 시공자에 의해 야기된 지연)

1~2단계는 고의 또는 과실로 인하여 발생하기 때문에 발주자에게 명확하게 책임이 있다고 볼 수 있다. 3~4단계는 계약적인 범위 이내의 행위이나 결과적으로 보았을 때 지연을 야기한 행위라고 볼 수 있다. 5단계는 발주자의 직접적인 행위는 아니나 간접적, 결과적으로 발주자에게 책임을 물을 수 있는 내용이라고 볼 수 있다. 이해를 돕기 위하여 관련된 판례를 참고하면 아래와 같다.

86) 정홍식, 방해이론과 Time-Bar 조항, 국제건설계약에서 완공의 지연 (2013)

Case: Peak Construction(Liverpool) Ltd. v. McKinney Foundations Ltd.(1970) 1 BLR 111

1) 개요

14층 건물을 24개월 내에 완공하는 계약이 체결되었다. 지체상금 조항은 있었으나, 발주자의 행위로 인하여 공기가 연장된다는 내용은 없었다. 시공 중 기초파일의 오류(하도급자(Subcontractor) 책임)로 인하여 58주의 지연이 발생해서 시공자는 발주자에게 지체상금을 지불해야 했고, 하도급자(Subcontractor)에게 그 금액을 구상하고자 했다. 전체 지연기간 58주 중 발주자의 책임 있는 기간은 8주가 포함되어 있었다.

2) 결과

영국법원은 방해이론을 적용해서 총 지연의 일부가 발주자에 의해 야기되었기 때문에, 발주자는 지체상금에 대한 권리를 상실한다고 판단하였다. 또한 계약서 조항은 발주자의 행위에 따른 지연 조항을 포함하지 않았기 때문에 새로운 완료일은 합리적인 기한(Time at large) 내로 조정하였다. 따라서 발주자는 시공자에게 지체상금을 부과할 수 없고, 시공자 또한 하도급자(Subcontractor)에게 지체상금을 구상할 수 없다고 판시하였다.

영국법원은 발주자가 야기한 기간이 8주로 짧음에도 불구하고, 전체 지체상금에 대한 권리를 상실한다고 판결하였다. 이 판결에서는 발주자의 방해행위는 2단계였으나, 이후에 영국, 호주의 추가적인 판례는 발주자의 방해행위에 대해서 5단계까지도 폭넓게 방해이론을 적용한다. 방해이론이 적용되기 위해서는 아래의 조건들이 필요하다.

- 준공기한이 확정기한으로 정해져 있을 것
- 공사지연사유가 발생하였을 것
- 발주자 또는 그 대리인에게 귀책사유가 있을 것
- 방해행위 발생과 관련하여 계약상 준공기한의 연장이 허용되어있지 않을 것

준공기한이 확정적으로 있는 경우에 방해이론을 적용할 수 있으며, 확정되어 있지 않다면 시공자는 합리적인 상당한 기간 내에 프로젝트를 완료하면 되므로 지체상금을 부과하거나 방해이론이 적용될 수 있는 여지는 없다. 또한 발주자 또는 그 대리인의 귀책사유로 인한 공사지연이 발생해야 한다. 마지막으로 어떤 행위와 관련된 공사기간의 연장 조항이 없는 경우에 한한다. 방해이론이 적용되기 위한 범위와 관련하여 몇 가지 상황을 참고하면 아래와 같다.

3.1 준공기한 연장사유가 지나치게 협소하게 규정된 경우

위에 언급된 판례에서 잉글랜드 법원은 아래와 같이 판시하였다.

> 표준계약 조건상의 지체상금 및 준공기한 연장조항은 작성자 불이익의 원칙(contra proferentem)에 따라 발주자에게 불리하게 해석되어야 한다. 만약 발주자 스스로의 과실 또는 계약위반으로 인하여 공사가 지연되었음에도 불구하고 시공자가 기한 내에 공사를 완성하지 못하였음을 이유로 지체상금을 부과하고자 하였다면, 명시적 또는 묵시적으로 그러한 발주자의 과실 또는 계약위반을 이유로 준공기한을 연장할 수 있는 규정을 두어야 한다.

이에 따르면 준공기한의 연장조항이 지나치게 협소하게 규정되어 있다면, 발주자에게 불리하게 그 문언을 넓게 해석하여 준공기한을 연장하는 것이 가능하고 볼 수 있다.

3.2 준공기한의 연장을 부당하게 승인하지 않은 경우

시공자가 발주자의 귀책사유로 인하여 공사가 지연되어서 준공기한 연장신청을 하였으나 발주자가 준공기한 연장을 부당하게 승인하지 않거나 장기간 동안 승인 여부를 결정하지 아니한 상황에서 방해이론이 적용된다는 의견도 있다. Hawl-Mac Construction Ltd. v. Campbell River 판례를 참고하면 시공자는 발주자와 송수관 건설공사를 계약했는데, 시공자에게 책임 없는 사유로 인하여 공사가 지연되었고, 시공자는 감리자에게 준공기한의 연장을 신청하였다. 그런데 감리자는 원래의 준공기한이 경과할 때까지 이를 이행하지 아니한 채 방치하였다. 시공자는 원래의 준공기한으로부터 144일이 지연된 시점에 공사를 완성하였다. 발주자는 시공자의 이행지체를 이유로 지체상금 상당액의 대금지급을 유보하였고, 시공자는 이행지체로 인한 책임을 부담하지 않는다고 주장하면서 발주자가 유보한 금액의 지급을 구하는 소송을 제기하였다. 이에 대해 법원은 이 사건 계약상 감리자는 준공기한 연장신청을 받으면 이를 충실하게 검토한 후 새로운 준공기한을 정해야 하는데, 감리자가 원래의 준공기한이 경과될 때까지 이러한 의무를 이행하지 아니하였다면, 당초의 준공기한은 효력을 상실하고 발주자는 지체상금 상당액을 유보하거나 상계할 수 없다고 판시하였다.

3.3 시공자가 준공기한 연장절차를 위반한 경우

보통 준공기한의 연장사유가 발생하면 시공자가 일정한 기간 내에 일정한 방법을 준수하여 통지함으로써 준공기한의 연장신청을 하도록 되어있다. 일종의 선결조건(Condition Precedent)을 요구하는 것인데, 시공자가 절차적 요건을 준수하지 못하여 준공기한의 연장을 받을 수 없을 때,

방해이론의 적용여부가 쟁점이다. 호주의 Gaymark Investments Pty Ltd. v Walter Construction Group Ltd. 판례는 준공기한 연장신청의 절차적 요건을 구비하지 못한 경우에도 방해이론이 적용된다고 본 대표적인 판례이다. 이 사건에서 시공자는 통지요건을 준수하지 못하였고, 이에 따라 준공기한이 연장되지 않았다. 중재판정부는 '방해이론이 적용되어 준공기한이 정함이 없는 상태가 되었으므로, 시공자는 상당한 기간 내에 공사를 완료하면 된다'고 하면서 발주자의 지체상금 청구를 배척하였다. 호주 법원은 "이 사건 공사계약상 시공자가 발주자의 귀책사유로 인하여 공사를 지연하였으나 준공기한의 연장을 위한 엄격한 통지요건을 구비하지 못한 경우에 준공기한을 연장할 수 있도록 하는 규정을 두고 있지 않으므로 방해이론이 적용된다'고 하면서 항소허가신청을 기각하였다. 이와 같은 Gaymark 판결에 의하면, 방해이론이 절차적 요건에 비해 우선하는 결과가 된다. 그러나 아래와 같이 이와 반대되는 판결도 많이 있었다.

[표 4.16] 방해행위와 관련된 판례

판례	내용
Turner Corporation Ltd. v Austotel Pty Ltd.	시공자가 서면통지를 통하여 준공기한의 연장을 신청할 수 있는 권리가 있음에도 불구하고 그 통지를 게을리했다면, 준공기한 내에 공사를 완성하지 못한 것이 발주자의 방해 행위(act of prevention)라는 주장을 하지 못한다
City Inn Ltd. v Shepherd Construction Ltd	법원은 시공자가 명시된 절차를 준수하지 못하였다면, 준공기한을 연장 받을 수 없으며, 이로 인하여 지체상금의 성격이 위약벌 (penalty)로 변경되는 것이 아니다라고 판시하였다. 즉, 영미법상 그 효력이 상실되는 위약벌로서의 성격을 가지는 것이 아니므로, 시공자는 지체상금을 지급할 의무를 부담한다는 것이다.
Multiplex Constructions (UK) Ltd. v Honeywell Control Systems Ltd.	방해 행위로 인하여 시공자가 준공기한 내에 공사를 완성할 수 없었다면, 준공기한 연장조항의 적용대상이 되는데, 시공자가 준공기한 연장신청의 통지를 하지 못하였으므로 당초의 준공기한은 그대로 유효하다고 보았다. 즉, 준공기한의 연장을 위한 절차적 요건을 준수하지 않아서 준공기한을 연장 받지 못한 경우에는 방해이론이 적용될 수 없다는 것이다.
Peninsula Balmain Pty Ltd. v Abigroup Contractors Pty Ltd.	시공자가 준공기한 연장에 필요한 절차를 준수하지 못하였으므로 방해이론에 근거하여 지체상금 지급의무를 면하는 것은 허용되지 않는다.

대부분의 의견은 시공자가 절차적 요건을 갖추지 못하는 경우에는 방해이론이 적용되는 것이 어렵다는 것이 학계의 다수 의견이라고 볼 수 있다.

3.4 동시지연의 경우

동시지연이 발생하는 상황에서 방해이론이 어떻게 적용되는지도 쟁점이다. 이에 대해 Adyard Abu Dhabi v SD Marine Services 판례에서 법원은 시공자의 귀책사유에도 불구하고 방해이론이 적용되어야 한다는 시공자의 주장을 배척한 바 있고, 이후 Jerram Falkus Construction Ltd. v Fenice Investments Inc. 판례에서도 법원은 "방해이론이 적용되려면 시공자는 발주자의 행위로 인하여 준공기한 내에 공사를 완성할 수 없었음을 입증하여야 하는데, 시공자 스스로의 귀책사유로 인하여 동시지연이 발생하여 준공기한 내에 공사를 완성할 수 없었다면, 방해이론은 적용되지 않는다"고 판시하여, 동시지연의 경우 방해이론이 적용되지 않는다고 보았다. 이러한 내용을 고려하였을 때 방해이론은 발주자의 행위가 공사지연의 유일한 원인인 경우에만 적용될 수 있다고 볼 수 있다. 그러나 각국의 판례가 일치하지는 않으며, 활발하게 논쟁이 진행되고 있는데, 사례를 참고하면 아래와 같다.

[표 4.17] 동시지연 및 방해행위와 관련된 판례

판례	내용
Henry Boot Construction (UK) Ltd. v Malmaison Hotel (Manchester) Ltd	시공자가 준공기한의 연장신청을 하면서 근거 사유가 공사지연의 지배적인 원인이 아니더라도, 적어도 다른 지연사유들과 공사지연에 미치는 영향이 동등한 경우에는 준공기한의 연장이 허용되어야 한다.
Peak Construction (Liverpool) Ltd. v McKinney Foundations Ltd	법원은 공사가 지연된 것에 대해서 발주자와 시공자 모두에게 책임이 있다면 발주자가 시공자의 공사지연으로 인하여 입은 손해를 입증할 수 있는 경우에 그 손해를 배상받을 수 있을 뿐이다라고 판시하고 이는 공사지연이 동시지연으로 발생해도 준공기한의 연장이 인정될 수 있다는 것이다.
SMK Cabinets v Hili Modern Electrics Pty Ltd.	두 개의 지연사유가 존재하고, 그 중 하나는 발주자의 귀책사유로 인한 것이고, 다른 하나는 발주자의 귀책사유가 아닌 경우, 시공자는 다른 사유가 미치는 영향에도 불구하고 지연된 전체 기간만큼 준공기한을 연장받을 수 있다.

동시지연이 발생하면 방해이론의 적용과는 관계없이 준공기한은 연장 받는 것이 대다수의 판결사례라고 볼 수 있는데, 이러한 연장기간에 대해서 아래와 같이 분배(Apportionment)를 고려한 판례도 있다.

[표 4.18] 동시지연과 관련된 분배이론

판례	내용
John Doyle Construction Ltd. v Laing Management (Scotland) Ltd	동시지연의 원인이 전적으로 시공자에게 있지 않는 한, 책임은 동등하게 분배되어야 하고, 손실을 초래한 원인이 동시에 발생하여 하나의 결과에 영향을 끼친 각 사유의 중요성에 따라 손실을 분배하는 것이 가능할 것이다.
City Inn Ltd. v Shepherd Construction Ltd.	두 가지 원인이 발생해서 하나는 발주자가 책임을 지는 Relevant Event 이고 다른 하나는 시공자의 책임인 상황에서 어느 것도 Dominant Cause가 아니라면 그 책임은 적절하게 분배되어야 한다.

최근에는 거의 모든 계약에서 발주자의 방해행위로 인한 지연에 대하여 공기연장을 부여하는 내용이 포함되어 있기 때문에 발주자의 방해행위로 인한 상황에서 시공자가 지체상금 지급이무에서 벗어나기는 이렵다고 볼 수 있다. 최근 Severfield v Duro 판례에서 법원은 본 사건의 공기연장 조항이 폭넓게 규정되어 있어서 실제로 발생한 모든 지연사유들에 대해서 공기연장을 허용하고 있기 때문에 기한의 정함이 없는(Time at Large) 것으로 보기에는 어렵다고 설명하면서 가능한 계약 당사자들이 합의한 계약서 내의 메커니즘을 인정할 것이며, 계약 외적인 개념에 의지하는 것은 피할 것이라고 판시하였다. 따라서 계약서에 발주자의 방해행위와 관련한 공기연장 조항이 있는 경우에는 영국법 하에서 방해행위의 적용이 받아들여지기는 매우 어렵다고 볼 수 있다.

CHAPTER 05

불가항력 클레임

Force Majeure Claim

불가항력 클레임(Force Majeure Claim)은 그 정의와 범위를 결정하는 것이 어려운 클레임이다. 어떤 프로젝트에서는 시공자가 자신의 책임이 없고 예상하지 못했던 상황은 무조건 불가항력(Force Majeure)이라고 주장하기도 하는데, 이 장은 어떤 정의와 기준으로 불가항력(Force Majeure)을 판단할 수 있는지를 설명할 예정이다. 또한 불가항력(Force Majeure)은 계약적으로 비슷한 개념이 많고 다른 계약조항으로 연결되기 때문에 연관관계를 중심으로 자세히 살펴보도록 하겠다.

5 불가항력 클레임

Force Majeure Claim

1. 개요

1.1 정의

불가항력(Force Majeure)은 계약 성립 이후에 당사자가 통제할 수 없는 불가항력적인 사태가 발생하여 계약의 이행이 불가능하게 되었음에도 불구하고 당사자에게 그 계약이행 책임을 부담시키는 것이 부당하기 때문에 이러한 부당성을 시정하고자 하는 과정에서 형성된 개념이다. French Civil Code에 언급된 정의를 참고하면 아래와 같다.

> 1147. The debtor is condemned, where appropriate, to the payment of damages, whether for non-performance of the obligation or for delay in its performance, whenever he does not show that the failure to perform derives from an extraneous cause which cannot be imputed to him, even though there is no bad faith on his part.[87)]

FIDIC 계약서는 2017년에 개정된 Second Edition에서 Force Majeure라는 용어를 Exceptional Event로 바꿔서 기술하고 있는데, 다른 표준계약과 비교해보았을 때 가장 합리적으로 설명되어 있다.

> "Exceptional Event" means an event or circumstance which:
> (i) is beyond a Party's control;
> (ii) the Party could not reasonably have provided against before entering into the Contract;
> (iii) having arisen, such Party could not reasonably have avoided or overcome; and
> (iv) is not substantially attributable to the other Party.[88)]

87) French Civil Code

88) Clause 18.1, FIDIC Silver Book 2nd Edition (2017)

계약참여자의 통제범위를 벗어난 상황, 계약 체결 전에 합리적으로 대비할 수 없었던 상황, 계약참여자가 합리적으로 피하거나 극복할 수 없는 상황, 계약상대방에게 기인하지 않은 상황들에 대해서 불가항력 상황으로 설명하고 있다. 이러한 상황은 'and'로 연결되어 있는데, 이 중 하나라도 부족한 상황이라면 불가항력이라고 주장하기에는 부족하다고 볼 수 있다. ICC 계약[89]에서 설명하는 내용을 참고하면 아래와 같다.

> Party can prove that:
>
> a) its failure to perform was caused by an impediment beyond its reasonable control
> b) it could not reasonably have been expected to have taken the occurrence of the impediment into account at the time of the conclusion of the Contract; and
> c) it could not reasonably have avoided or overcome the effects of the impediment.

ICC 계약은 합리적인 통제를 벗어나서 수행하기 불가능한 상황, 합리적으로 예상하기 어렵고 회피할 수 없었던 상황을 불가항력(Force Majeure)이라고 정의하고 있다.

보통 대륙법(Civil Law)은 French Civil Code를 기본으로 불가항력(Force Majeure)에 대한 정의와 해석이 존재하나, 영미법/관습법(Common Law)은 불가항력 개념 대신 좌절(Frustration) 개념을 사용하고 있다. 불가항력은 좌절과 비슷한 개념으로 볼 수 있으나, 그 효과를 구제하는데 있어서 좁게 해석되며 좌절은 실제 합리적인 해결을 기대하기는 어렵기 때문에 계약서의 불가항력 규정을 명확히 할 필요가 있다. 좌절은 사정의 변경으로 계약의 목적을 달성할 수 없는 것이 이행의 불능에 해당될 때 채무자의 책임을 면하도록 하는 개념을 포함한다. 즉 사정의 변경을 기본적인 발생원인으로 판단한다는 점에서 불가항력과 다르다고 볼 수 있는데, 판례를 참고하면 아래와 같다.

<u>Case: Taylor v. Caldwall(1863)</u>

법원은 계약의 이행이 특정된 사람이나 물건의 계속적인 존속에 의존하고 있는 경우에는 묵시적 조건으로서 사람이나 물건의 멸실로 인해 발생하는 이행의 불능은 이행을 면책시키고 양 당사자는 면책된다고 판시하였다. 즉 계약은 그 계약이 체결된 사정이 계속되어야 이행할 수 있고, 그 사정이 변경되어 계약의 기초가 상실되면 이행할 수 없고 채무자는 면책된다는 이론이다. 따라서 좌절(Frustration)은 협상을 통해 인과관계를 규명하고, 손해배상 등 불가항력 (Force Majeure)과는 다른 메커니즘을 통해 해결해야 한다.

89) ICC Model Turnkey Contract for Major Projects

UAE는 불가항력(Force Majeure)과 예외적 상황(Exceptional Circumstances)으로 구분하여 설명하고 있는데, 먼저 불가항력를 설명하는 UAE Civil Code 273조를 참고하면 아래와 같다.

> (1) In contracts binding on both parties, if Force Majeure supervenes which makes the performance of the contract impossible, the corresponding obligation shall cease, and the contract shall be automatically cancelled.
>
> (2) In the case of partial impossibility, that part of the contract which is impossible shall be extinguished, and the same shall apply to temporary impossibility in continuing contracts, and in those two cases it shall be permissible for the obligor to cancel the contract provided that the obligee is so aware.

또한 UAE Civil Code 249조는 예외적 상황(Exceptional Circumstances)에 대하여 아래와 같이 설명하고 있다.

> If exceptional circumstances of a public nature which could not have been foreseen occur as a result of which the performance of the contractual obligation, even if not impossible, becomes oppressive for the obligor so as to threaten him with grave loss, it shall be permissible for the judge, in accordance with the circumstances and after weighing up the interests of each party, to reduce the oppressive obligation to a reasonable level if justice so requires, and any agreement to the contrary shall be void.

계약적인 요건과 효과를 비교하면 아래와 같다.

[표 5.1] 불가항력(Force Majeure)과 예외적 상황(Exceptional Circumstances)의 요건, 효과[90]

구분	불가항력(Force Majeure)	Exceptional (Unforeseen) Circumstances
요건	계약 이행이 실제 불가능에 이르러야 함	계약 이행이 곤란한 정도로도 요건 충족 가능
효과	지체책임면제 계약 해지 O	합리적인 수준으로 채무 감경 계약 해지 X

90) COVID-19 클레임 관련 주요 법률적/계약적 쟁점 세미나, 윤덕근, (2020)

예외적 상황(Exceptional Circumstances)으로 성립되기 위해서는 아래의 요건이 필요하다.

1) 해당 사건이 예외적일 것
2) 해당 사건이 공공성(public nature)을 가질 것
3) 당사자가 해당 사건을 예상할 수 없었을 것
4) 해당 사건을 극복하는 것이 불가능할 것
5) 계약의 이행이 불가능한 정도는 아니지만 채무자에게 가중된 부담이 될 것
6) 가중된 부담이 채무자에게 중대한 손실을 초래할 것[91)]

불가항력(Force Majeure)은 발주자의 리스크(Employer's Risks)와도 비슷한 개념으로 언급되는데, 불가항력은 천재지변이나 전쟁과 같은 유사한 상황에서 계약상대방에 대하여 부담하고 있는 계약상 의무를 면책하는 것에 관한 문제이고, 계약 목적물의 물리적 파손에 대하여 책임을 누가 부담할 것인가에 대한 문제는 발주자의 리스크(Employer's Risks) 조항과 관련이 있다.

1.2 구성요건

불가항력(Force Majeure)을 구성하는 요건을 고려하여 증거자료를 확보하고 대응원칙을 수립해야 한다. 이러한 구성요건은 결국 불가항력 상황이었는지 아니었는지를 판단하기 위한 중요한 기준이 될 수 있기 때문에 충분한 대응논리를 구축해야 한다.

- Irresistibility
- Unforeseeability
- Externality
- Impossibility[92)]

1) Irresistibility

저항할 수 없거나 피할 수 없는 상황을 의미한다. 예를 들어서 파업으로 인해 해상운송을 할 수 없는 상황에서 항공운송이 가능하다면 이러한 상황은 불가항력(Force Majeure) 상황이 성립한다고 보기 어렵다. 불가항력 상황은 계약참여자의 의무 이행이 불가능한 상황을 입증해야 하는데, 다른 방법을 활용해서 피할 수 있었다면 이는 불가항력 상황이 아니라는 해석이 가능하다.

91) 상동
92) Ewan Mckendrick, Force Majeure and Frustration of Contract, 2nd Edition (2013)

2) Unforeseeability

계약 당시의 환경에서 합리적인 사람이 예측할 수 없었던 상황을 의미한다. 예를 들어서 발주자가 작업허가(Work Permit)에 대한 승인을 지연하는 것은 예측 가능하기 때문에 불가항력(Force Majeure)에 해당하지 않는다. 그러나 이러한 Unforeseeability는 점차 완화되어 가고 있는 추세이다.

3) Externality

계약참여자 자신이 통제할 수 있는 원인이 아닌 외부 환경에 대해서 저항할 수 없고 예측할 수 없는 상황을 의미한다. 따라서 자신의 행위를 대리한 사람으로 발생한 상황은 불가항력(Force Majeure)에 해당하지 않으며, 외부적으로 발생한 상황을 중요한 구성요건으로 판단할 수 있다.

4) Impossibility

계약참여자의 행위를 불가능하게 만드는 상황을 의미한다.

일반적으로 법원은 위 4가지를 불가항력(Force Majeure) 판단의 구성요건으로 고려하고 있다. 그러나 현대 입법례는 불가항력의 성립요건의 하나로 예견가능성(Foreseeability)을 요구하지 않거나 적어도 완화시켜가고 있는 추세이다. FIDIC 계약서는 예견불가능성과 관련하여 불가항력 성립 요건 중의 하나로 아래를 설명한다.

> (ii) the Party could not reasonably have provided against before entering into the Contract;[93]

이 내용은 예견가능성(foreseeability)과는 약간 다르다고 볼 수 있다. 예를 들어 이라크에서 내전이 발생하는 경우 이라크는 전쟁이 많이 발생하고 예측 가능하기 때문에 불가항력(Force Majeure)이 아니라는 결론에 이르게 되므로 예견가능성보다는 대비가 가능한 것인지의 여부를 선행 조건으로 보는 것이 조금 더 합리적인 해석이다. 아래 인용된 ENAA Clause 37.1도 예견가능성을 요구하지 않는다.

> Force Majeure shall mean any event beyond the reasonable control of the Owner or the Contractor, as the case may be, and which is unavoidable notwithstanding the reasonable care of the party affected, and shall include…

93) Clause 18.1, FIDIC Silver Book 2nd Edition (2017)

1.3 Checklist

불가항력(Force Majeure)의 정의, 구성요건에 따라 계약서의 여러 가지 내용을 확인해야 하며, 특히 연결되는 계약조항이 많기 때문에 관련 조항의 내용을 같이 확인해야 한다.

[표 5.2] 불가항력(Force Majeure)과 관련하여 검토가 필요한 내용

구분	내용
Who should bear risk	일반적으로 발주자가 리스크를 부담하는 것으로 고려하나, 영국은 시공자에게 불가항력 리스크를 분담하기를 요청하기도 한다. 따라서 불가항력의 리스크를 어느 계약참여자가 부담하게 되어 있는지 계약조항의 확인이 필요하다.
What are the consequences of force majeure event	불가항력 결과가 프로젝트 전체에 영향을 미치는지 아니면 부분적인 작업에 영향을 미치는지에 대한 확인이 필요하다.
Liquidated Damages	계약조항에 지체상금이 있다면, 시공자가 작업을 수행하지 못하는 상황에 대하여 공사기간을 연장하는 관련 조항이 있어야 한다.
Continued Payment	시공자가 의무를 이행할 수 없는 경우에도 어느 정도까지 기성이 지급되는지 확인이 필요하다.
Termination for extended force majeure	불가항력이 지속되는 경우에 계약해지로 연결되는 조항이 있는지 확인이 필요하며, 계약해지 시 보상범위에 대한 확인이 필요하다.
Definition of Force Majeure	불가항력의 정의가 Foreseeable, Control, Avoid 등의 내용 중 어느 내용까지 포함하고 있는지 확인한다.
Application to subcontractor/vendor	원도급계약 상의 불가항력 인정 범위가 하도급자/공급자에게 동일하게 적용 되는지 확인해야 한다.
Insurance	지진, 태풍 등의 천재지변 또는 공사 국가 내 Strike/Riot/Commotion 등이 발주자/시공자 부보 보험을 통해 보상 가능한지, 금액은 얼마인지, 공제금액 등의 확인이 필요하다.

2. 주요 계약조항

2.1 순서도

불가항력(Force Majeure)은 아래의 순서에 따라 관련된 계약조항을 검토해야 하며, 각 순서별로 주요 계약조항을 확인하면 아래와 같다.

[그림 5.1] 불가항력(Force Majeure) 순서도

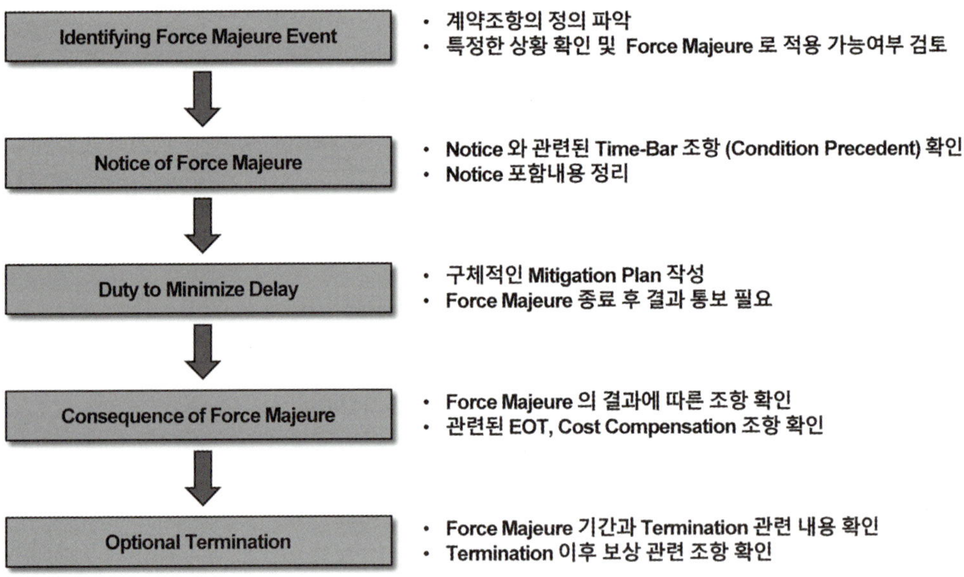

2.2 Identifying Force Majeure event

먼저 어떤 상황이 불가항력(Force Majeure)인지 그 상황이 계약서에 포함되어 있는지 여부를 확인해야 한다. 그리고 불가항력 조항이 특정한 상황만 언급하는 한정적 조항(Closed Clause)인지 모든 상황을 포함할 수 있는 개방적 조항(Open Clause)인지를 확인한다.

[표 5.3] Definition of Force Majeure

<table>
<tr><th colspan="2">구분</th><th>내용</th></tr>
<tr><td rowspan="3">FIDIC (Silver Book)</td><td>조항</td><td>18.1 Exceptional Events</td></tr>
<tr><td rowspan="2">내용</td><td>An Exceptional Event may comprise but is not limited to any of the following events or circumstances provided that conditions (i) to (iv) above are satisfied:
(a) war, hostilities (whether war be declared or not), invasion, act of foreign enemies;
(b) rebellion, terrorism, revolution, insurrection, military or usurped power, or civil war;
(c) riot, commotion or disorder by persons other than the Contractor's Personnel and other employees of the Contractor and Subcontractors;
(d) strike or lockout not solely involving the Contractor's Personnel and other employees of the Contractor and Subcontractors;
(e) encountering munitions of war, explosive materials, ionising radiation or contamination by radio-activity, except as may be attributable to the Contractor's use of such munitions, explosives, radiation or radio-activity; or
(f) natural catastrophes such as earthquake, tsunami, volcanic activity, hurricane or typhoon.</td></tr>
<tr><td>Clause 18.1의 정의를 만족시키는 조건하에 위의 내용들을 언급한다.</td></tr>
<tr><td rowspan="2">ENAA</td><td>조항</td><td>GC 37. Force Majeure</td></tr>
<tr><td>내용</td><td>37.1 "Force Majeure" shall mean any event beyond the reasonable control of the Owner or the Contractor, as the case may be, and which is unavoidable notwithstanding the reasonable care of the party affected, and shall include, Without limitation, the following:
(a) war, hostilities or warlike operations (whether a state of war be declared or not), invasion, act of foreign enemy, civil war, or
(b) rebellion, revolution, insurrection, mutiny, usurpation of civil or military government, conspiracy, riot, civil commotion, terrorist acts; or
(c) confiscation, nationalization, mobilization, commandeering or requisition by or under the order of any government or dejure or de facto authority or ruler or any other act or failure to act of any local, state or national government authority; or
(d) strike, sabotage, lock—out, embargo, import restriction, port congestion, lack of usual means of public transportation and communication, industrial dispute, shipwreck, shortage or restriction of power supply, epidemics, quarantine, plague; or
(e) earthquake, landslide, volcanic activity, fire, flood or inundation, tidal wave, typhoon or cyclone, hurricane, storm, lightning, or other inclement weather condition, nuclear and pressure waves, or other natural or physical disaster; or</td></tr>
</table>

<table>
<tr><th colspan="2">구분</th><th>내용</th></tr>
<tr><td rowspan="2"></td><td rowspan="2"></td><td>(f) shortage of labor, materials or utilities where caused by circumstances that are themselves Force Majeure.</td></tr>
<tr><td>ENAA는 불가항력(Force Majeure)의 정의에 예측가능성은 포함하고 있지 않으며, Control, Avoid 등을 기준으로 하고 있다.</td></tr>
<tr><td rowspan="6">EPC Contract</td><td>조항</td><td>Clause 45 Force Majeure</td></tr>
<tr><td rowspan="2">내용</td><td>45.1 Force Majeure means events or circumstances occurring after the Date of Bid that are unforeseen and beyond the reasonable control of the Party claiming Force Majeure and that cannot be circumvented by such Party by legal means. Such events and circumstances include but are not limited to acts of God, acts of Governmental Authority, fires, floods, earthquakes, Unusually Inclement Weather, explosions, riots, war (whether war be declared or not), rebellion and sabotage, strikes and lockouts (other than those solely confined to the Contractor and/or Subcontractors or their employees) but excluding lack or shortage of labour, Materials or shipping (unless caused by Force Majeure events and circumstances). For the avoidance of doubt, it is agreed that inclement weather (other than Unusually Inclement Weather) is excluded from the definition of Force Majeure.

45.2 No delay in or failure of performance by either Party under the Contract shall constitute default hereunder or give rise to any claim for damages or compensation if and to the extent caused by Force Majeure, provided that:</td></tr>
<tr><td>Unforeseen 과 Control을 중요한 기준으로 보고 있으며, 보상은 안 된다고 설명하고 있다.</td></tr>
<tr><td>조항</td><td>Clause 20.2 Excepted Risks</td></tr>
<tr><td rowspan="2">내용</td><td>The "excepted risks" are insofar as they occur in Singapore:

(a) war, hostilities (whether war be declared or not), invasion, act of foreign enemies, act of terrorism, rebellion, revolution, insurrection or military or usurped power, civil war, or unless solely restricted to employees of the Contractor or of his sub-contractors and arising from the conduct of the Works, riot, commotion or disorder
(b) ionising radiations or contamination by radio-activity from any nuclear fuel or from any nuclear waste from the combustion of nuclear fuel, radio-active, toxic, or other hazardous properties of any explosive nuclear assembly or nuclear component thereof; and (c) pressure waves caused by aircraft or other aerial devices travelling at sonic or supersonic speeds.</td></tr>
<tr><td>싱가폴 내에서 발생하는 것을 전제로 하고 있으며, excepted risks 라는 용어를 사용한다.</td></tr>
</table>

2.3 Notice of Force Majeure

불가항력(Force Majeure)의 통지(Notice)와 후속절차는 다른 일반적인 클레임 조항과 달리 그 절차가 복잡하고 통지기한도 짧기 때문에 유의해야 한다.

[표 5.4] Notice to Force Majeure

<table>
<tr><th colspan="2">구분</th><th>내용</th></tr>
<tr><td rowspan="6">FIDIC (Silver Book)</td><td>조항</td><td>18.2 Notice of Exceptional Event</td></tr>
<tr><td rowspan="2">내용</td><td>If a Party is or will be prevented from performing any obligations under the Contract due to an Exceptional Event (the "affected Party" in this Clause), then the affected Party shall give a Notice to the other Party of such an Exceptional Event, and shall specify the obligations, the performance of which is or will be prevented (the "prevented obligations" in this Clause).

This Notice shall be given within 14 days after the affected Party became aware, or should have become aware, of the Exceptional Event, and the affected Party shall then be excused performance of the prevented obligations from the date such performance is prevented by the Exceptional Event. If this Notice is received by the other Party after this period of 14 days, the affected Party shall be excused performance of the prevented obligations only from the date on which this Notice is received by the other Party.</td></tr>
<tr><td>불가항력 상황을 인지하거나 인지했어야 하는 날로부터 14일 이내에 통지하도록 명시하고 있다.</td></tr>
<tr><td>조항</td><td>18.3 Duty to Minimise Delay</td></tr>
<tr><td rowspan="2">내용</td><td>If the Exceptional Event has a continuing effect, the affected Party shall give further Notices describing the effect every 28 days after giving the first Notice under Sub-Clause 18.2 [Notice of an Exceptional Event].

The affected Party shall immediately give a Notice to the other Party when the affected Party ceases to be affected by the Exceptional Event. If the affected Party fails to do so, the other Party may give a Notice to the affected Party stating that the other Party considers that the affected Party's performance is no longer prevented by the Exceptional Event, with reasons.</td></tr>
<tr><td>영향이 지속되면, 28일 간격으로 추가적인 통지를 하는 것으로 기술하고 있으며, 만약 없으면 종료된 것으로 고려한다는 통지를 할 수도 있다고 설명한다.</td></tr>
<tr><td rowspan="2">ENAA</td><td>조항</td><td>GC 37.2 Force Majeure</td></tr>
<tr><td>내용</td><td>If either party is prevented, hindered or delayed from or in performing any of its obligations under the Contract by an event of Force Majeure, then</td></tr>
</table>

구분		내용
		it shall notify the other in writing of the occurrence of such event and the circumstances thereof within seven (7) days after it becomes aware of the occurrence of such event. The party who has given such notice shall be excused from the performance or punctual performance of its obligations under the Contract to the extent that such party's performance is prevented, hindered or delayed. The Time for Completion shall be extended in accordance with GC 40 (Extension of Time for Completion).
		불가항력 상황을 인지한 날로부터 7일 이내에 통지하도록 명시하고 있다.

2.4 Duty to minimize delay

일반적으로 시공자는 완화(Mitigation) 의무를 부담하며, 불가항력(Force Majeure) 조항도 이러한 의무에 대해서 자세하게 기술하고 있다. 불가항력 조항은 어느 한 계약당사자로 한정하여 설명하는 조항이 아니라 'Party'라는 용어로 양 계약당사자를 같이 지칭하여 설명하는 조항이다. 따라서 시공자, 발주자 둘 다 자신의 의무를 이행하지 못하는 상황에서 그 의무를 벗어나기 위하여 불가항력으로 인한 영향을 최소화하기 위한 노력을 해야 한다.

[표 5.5] Duty to minimize delay

구분		내용
FIDIC (Silver Book)	조항	**18.3 Duty to Minimize Delay**
	내용	Each Party shall at all times use all reasonable endeavours to minimise any delay in the performance of the Contract as a result of an Exceptional Event.
		지연을 최소화하기 위해서 합리적인 노력을 해야함을 강조하고 있다.
ENAA	조항	**GC 37.2 Force Majeure**
	내용	The party or parties affected by the event of Force Majeure shall use reasonable endeavors to mitigate the effect thereof upon its or their performance of the Contract and to fulfill its or their obligations under the Contract, but without prejudice to either party's right to terminate the Contract under GC 37.6 and GC 38.5.
		영향을 최소화하기 위해 합리적인 노력을 해야함을 강조하고 있다.
EPC Contract	조항	**Clause 32.0 Force Majeure**
	내용	The Party or Parties affected by the event of Force Majeure shall use reasonable efforts (but without incurring unreasonable costs) to mitigate

구분		내용
		the effect thereof upon its or their performance of the Contract and to fulfill its or their obligations under the Contract, but without prejudice to either party's right to terminate the Contract under sub-Clause 32.6 below.
		계약상의 의무로써 완화를 수행하고 비합리적인 비용발생 없이 합리적인 노력을 강조한다.

2.5 Consequences of Force Majeure

불가항력(Force Majeure)의 결과에 따라서 보상여부를 확인하고 관련된 조항이 어떻게 연결되어있는지를 확인해야 한다.

[표 5.6] Consequences of Force Majeure

구분		내용
FIDIC (Silver Book)	조항	**18.4 Consequences of Exceptional Event**
	내용	If the Contractor is the affected Party and suffers delay and/or incurs Cost by reason of the Exceptional Event of which he/she gave a Notice under Sub-Clause 18.2 [Notice of an Exceptional Event], the Contractor shall be entitled subject to Sub-Clause 20.2 [Claims For Payment and/or EOT] to: (a) EOT; and/or (b) if the Exceptional Event is of the kind described in sub-paragraphs (a) to (e) of Sub-Clause 18.1 [Exceptional Events] and, in the case of sub-paragraphs (b) to (e) of that Sub-Clause, occurs in the Country, payment of such Cost.
		공기연장이 가능하고, 자연재해를 제외한 상황에 대해서 보상까지 가능하다고 설명
ICC	조항	**Article 56 Force Majeure**
	내용	A Party successfully invoking this Article 56 is, subject to Article 56.7, relieved from its duty to perform its obligations under the Contract from the time at which the impediment causes the failure to perform if notice thereof is given without delay or, if notice thereof is not given without delay, from the time at which notice thereof reaches the other Party. 56.10 Any time period specified in this Contract for the performance of an obligation shall, upon request of the affected Party, be appropriately extended by reference to the effect of the Force Majeure event.

구분		내용
		56.12 If the Works suffer loss or damage prior to transfer of risk, and such loss or damage is due to one or more circumstances listed in Article 56.4 (a) through 56.4 (h) and the Contractor isnot entitled to receive insurance proceeds under the Marine Cargo or the Construction /Erection All Risk Insurance, then the Employer shall fully compensate the Contractor for such loss of or damage to the Works.
		공기연장이 가능하고, 보험으로 처리되지 않는 경우에 한해서 발주자가 보상하도록 설명한다.

FIDIC 계약은 Exceptional Events 관련조항에 기반하여 특정한 상황이 발생하고 발주자가 지시하면 Change로 간주된다고 설명하고 있다. 이러한 내용은 FIDIC 1999 First Edition의 Employer's Risk와 유사한 개념으로 볼 수 있다.

> Subject to Sub-Clause 18.4 [Consequences of an Exceptional Event], if any of the events described in sub-paragraphs (a) to (f) above occurs and results in damage to the Works, Goods or Contractor's Documents the Contractor shall promptly give a Notice to the Employer. Thereafter, the Contractor shall rectify any such loss and/or damage that may arise to the extent instructed by the Employer. Such instruction shall be deemed to have been given under Sub-Clause 13.3.1 [Variation by Instruction].[94)]

2.6 Optional Termination

불가항력(Force Majeure) 기간이 길어지면 양 계약당사자는 계약을 해지할 수 있는 권리를 가질 수 있는데, 그 기간의 합이 연속적인 기간의 합인지 또는 개별적인 기간의 합인지에 대한 내용이 약간씩 상이하다.

94) Clause 17.2, FIDIC Silver Book 2nd Edition (2017)

[표 5.7] Optional Termination

<table>
<tr><th colspan="2">구분</th><th>내용</th></tr>
<tr><td rowspan="3">ICC</td><td>조항</td><td>Article 56. Force Majeure</td></tr>
<tr><td>내용</td><td>56.13 If one or more events of Force Majeure shall impede either Party's performance for longer than a total of 150 Days from the Date of the notice of such event, the Parties shall decide through consultation the terms upon which either to continue the performance of this Contract or to terminate this Contract by mutual agreement.

56.14 If the Parties are unable to agree on such terms or to terminate this Contract by mutual agreement within 180 Days of the Date of the notice of such Force Majeure, either Party may then terminate this Contract immediately by written notice to the other Party.</td></tr>
<tr><td></td><td>기간의 합이 150일보다 길어지면 합의하에 계약해지를 할 수 있다.</td></tr>
<tr><td rowspan="3">ENAA</td><td>조항</td><td>GC 37. Force Majeure / GC 38. War Risks</td></tr>
<tr><td>내용</td><td>37.6 If the performance of the Works is substantially prevented, hindered or delayed for an aggregate period of more than one hundred and twenty (120) days on account of one or more events of Force Majeure during the currency of the Contract, either party may terminate the Contract by giving a notice to the other, but without prejudice to either party's right to terminate the Contract under GC 38.5.

38.5 If, during the performance of the Contract, any War Risk shall occur which financially or otherwise materially affects the execution of the Works by the Contractor, the Contractor shall use its reasonable endeavors to execute the Works with due and proper consideration given to the safety of its and its Sub-contractors'personnel engaged in the Works, provided, however, that if the execution of the Works becomes impossible or is substantially prevented for an aggregate period of more than sixty (60) days on account of any War Risks, either party may terminate the Contract by giving a notice to the other.</td></tr>
<tr><td></td><td>불가항력으로 인한 지연의 합은 120일, War Risks는 지연의 합이 60일이 넘으면 계약해지로 진행할 수 있다고 명시하고 있다.</td></tr>
</table>

2.7 국내 관련 조항

기획재정부 계약예규의 공사계약일반조건 중 불가항력 관련 조항을 인용하면 아래와 같다.

[표 5.8] 국내 관련 조항

구분	내용
제 32조 (불가항력)	① 불가항력이라 함은 태풍·홍수 기타 악천후, 전쟁 또는 사변, 지진, 화재, 전염병, 폭동 기타 계약당사자의 통제범위를 벗어난 사태의 발생 등의 사유(이하 "불가항력의 사유"라 한다)로 인하여 계약당사자 누구의 책임에도 속하지 아니하는 경우를 말한다. 다만, 이는 대한민국 국내에서 발생하여 공사이행에 직접적인 영향을 미친 경우에 한한다. ② 불가항력의 사유로 인하여 다음 각호에 발생한 손해는 발주기관이 부담하여야 한다. 1. 제27조에 의하여 검사를 필한 기성부분 2. 검사를 필하지 아니한 부분 중 객관적인 자료(감독일지, 사진 또는 동영상 등)에 의하여 이미 수행되었음이 판명된 부분 3. 제31조제1항 단서 및 동조 제3항에 의한 손해
제 31조 (일반적 손해)	① 계약상대자는 계약의 이행중 공사목적물, 관급자재, 대여품 및 제3자에 대한 손해를 부담해야 한다. 다만, 계약상대자의 책임없는 사유로 인하여 발생한 손해는 발주기관의 부담으로 한다. ② 제10조에 의하여 손해보험에 가입한 공사계약의 경우에는 제1항에 의한 계약상대자 및 발주기관의 부담은 보험에 의하여 보전되는 금액을 초과하는 부분으로 한다. ③ 제28조 및 제29조에 의하여 인수한 공사목적물에 대한 손해는 발주기관이 부담하여야 한다.
제 25조 (지체상금)	③ 계약담당공무원은 다음 각호의 어느 하나에 해당되어 공사가 지체되었다고 인정할 때에는 그 해당일수를 제1항의 지체일수에 산입하지 아니한다. 1. 제32조에서 규정한 불가항력의 사유에 의한 경우
제 41조 (대가지급지연에 대한 이자)	② 불가항력의 사유로 인하여 검사 또는 대가지급이 지연된 경우에 제27조 제2항 단서 및 제40조제4항에 의한 연장기간은 대가지급 지연일수에 산입하지 아니한다.
제 26조 (계약기간의 연장)	⑥ 계약담당공무원은 제1항 내지 제5항에도 불구하고 계약상대자의 의무불이행으로 인하여 발생한 지체상금이 시행령 제50조제1항에 의한 계약보증금상당액에 달한 경우로서 계약목적물이 국가정책사업 대상이거나 계약의 이행이 노사분규 등 불가피한 사유로 인하여 지연된 때에는 계약기간을 연장할 수 있다. ⑦ 제6항에 의한 계약기간의 연장은 지체상금이 계약보증금상당액에 달한 때에 하여야 하며, 연장된 계약기간에 대하여는 제25조에도 불구하고 지체상금을 부과하여서는 아니된다.

2.8 계약조항 작성시 고려사항

Reducing Uncertainties

- 모호한 표현은 피하고 가능하면 불확실성을 줄이는 표현이 좋다
- 포괄적 조항(Catchall Clause)을 사용하는 편이 좋다.

Reviewing The Legal Framework

- 관련된 준거법을 고려하여 조항의 유효성을 검토한다.
- 분쟁해결이 중재인 경우 관련 국제계약의 내용을 검토한다.

Force Majeure Relief and Mitigation

- 계약적인 의무를 이행하기가 불가능한 경우에 대한 구체적인 내용을 확인해야 한다.
- 완화(Mitigation)에 대한 책임을 확인한다.

Payments During Force Majeure Events

- 불가항력(Force Majeure) 기간에 발생한 손실 등에 대한 보상규정 여부를 확인한다.

기타

- 보험처리와 관련된 규정을 확인한다.
- 불가항력(Force Majeure) 기간이 길어질 경우 계약해지(Termination) 규정을 확인한다.

3. 발생시 수행절차 및 고려사항

3.1 수행절차

불가항력(Force Majeure)이 발생하면 위에서 살펴본 계약조건들을 고려하여 어떻게 진행할지 결정해야 한다. 먼저 불가항력 상황에 해당하는지 확인한 이후에 보험 적용이 가능한지 검토한다. 불가항력 상황이 맞다면 계약서에 명시되어 있는 특정 기간 이내에 통지하고 완화계획서(Mitigation Plan)를 제출한다.

[그림 5.2] 불가항력(Force Majeure) 발생 후 수행절차

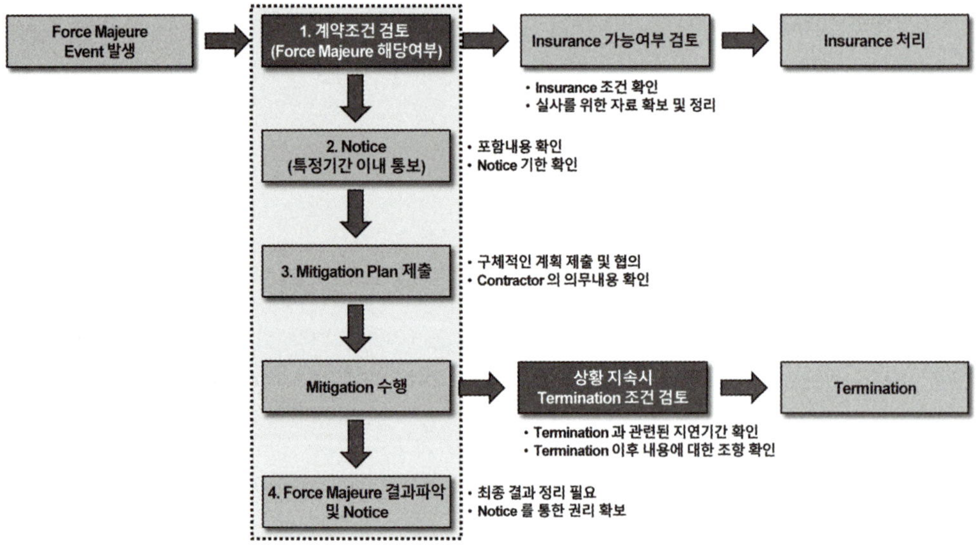

이후에 지속적으로 완화(Mitigation)를 진행하고 발주자와 의사소통 기록을 유지한다. 불가항력 상황이 지속되면 계약해지(Termination) 관련 조항을 살펴보고, 불가항력이 종료되면 최종적으로 결과(영향)를 정리해서 발주자에게 통지한다. 각 단계별로 중요한 내용을 정리하면 아래와 같다.

1) 계약조건 검토 및 이벤트 분석

• 불가항력(Force Majeure) 정의파악
  - 개방적 조항(Open Clause): 충족조건에 부합하는 모든 상황을 불가항력으로 인정
  - 한정적 조항(Closed Clause): 구체적인 상황만을 불가항력으로 인정
  - 포괄적 조항(Catchall Clause): 유사 상황을 포함(ex: similar events…)

- 다른 조항과의 연계성 검토 등
- 준거법 및 국제계약조항과의 연계성 고려
- 이벤트의 불가항력(Force Majeure) 구성요건 검토
- 발생시 처리, 해결절차, 계약적 권리 등에 대한 내용 검토

2) 통지(Notice) 포함 내용

- 불가항력 상황의 발생
- 직접적 피해에 대한 구체적 기술
- 시공자의 초기 대응 및 조치내용
- 발생한 상황이 불가항력 상황으로 판단되기 위한 내용 기술
- 추후 조치계획에 대한 언급
- 현장 보존 및 관리
- 계약적 의무를 소홀히 하지 않았다는 내용

3) 완화계획서(Mitigation Plan) 포함내용

- 현재의 정확한 피해상황
- 불가항력(Force Majeure)으로 인하여 영향을 받는 구체적 항목 기술
- 각 항목의 영향을 최소화하기 위한 단계
- 보존(Preservation)/유지관리(Care and Custody) 의무에 대한 수행계획
- 계약적인 의무를 수행했다는 내용

4) 결과 보고서 포함 내용

- 증빙자료(보상근거 및 신의성실을 증명)
  - 공사이행에 방해가 되는 정황증거를 최대한 확보(뉴스, 영상, 사진 등)
  - 발주자와 상황 공유시 예상 상황 및 조치/예방 노력에 대한 통지(Notice)
  - 계획공정표와 월간공정표의 기록
  - 인력/자재 등 투입내역
  - Daily Report, MOM, e-mail 등 관련 자료
  - 피해규모에 대한 엔지니어의 확인

- 논리적인 설명
  - 이벤트가 불가항력(Force Majeure)으로 적용되어야 하는 근거를 설명
  - 이벤트가 발생시킨 피해상황과의 인과관계
  - 통지(Notice), 완화(Mitigation) 노력에도 불구하고 발생한 손실임을 입증

3.2 손해(Damages) 산출을 위한 고려사항

불가항력(Force Majeure)이 발생하면 프로젝트 전체에 영향을 끼치는 경우가 많은데, 이 경우는 공정표의 달력(Calendar)을 조정하여 지연을 산출할 수 있다. 만약 부분적으로 영향을 끼쳤다면, 그 형태가 지연인지 또는 방해/간섭인지 먼저 확인한 이후에 방해/간섭이라면 생산성 분석을 통한 직접비를 분석한다. 만약 지연이라면, 영향을 받은 작업을 확인해서 지연기간을 결정한 이후에 공기지연 분석(Delay Analysis)을 진행한다.

[그림 5.3] 불가항력(Force Majeure) 상황에서 Delay & Disruption의 검토

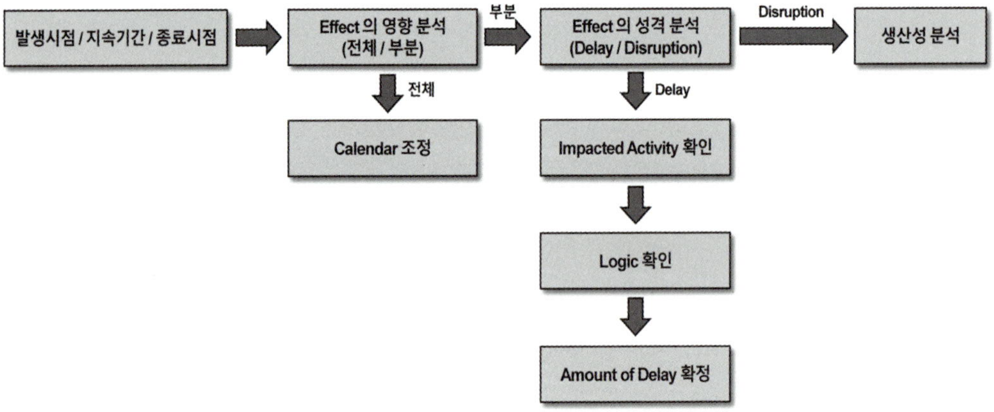

손해의 보상여부는 계약조건에 따라 상이하기 때문에 보상 관련 계약조항을 검토해야한다. 그리고 완화(Mitigation) 비용을 검토하고 완화를 시행했음에도 불구하고 발생한 불가피한 손해 금액을 산정한다. 대부분의 계약조항은 불가항력(Force Majeure)이 발생하면 시공자에게 보상권리를 부여하고 있지 않지만, 상황을 완화화기 위한 불가피한 손해라는 논리로 금액을 정리해서 협상을 진행할 수 있을 것이다.

[그림 5.4] 불가항력(Force Majeure) 발생시 비용 산출

아래 2가지 사례를 가정하여 계약적으로 어떤 과정을 거치는지 더 자세히 살펴보자.

사례 1:

테러로 인하여 플랜트 프로젝트가 중단되어 시공자 인원 및 건설 중장비의 대기 비용이 발생 하였고, 일부가 파손되었다. 이러한 경우, 대기 비용 및 복구비용은 발주자와 시공자 중에 누가 부담해야 하는 것인가? (FIDIC Silver Book 가정)

테러로 인해 작업이 중단되는 기간에 발생한 대기 비용 및 공기연장에 대해서는 조항 18.4 Consequences of Exceptional Event 조항에 따라 보상이 가능하며 발주자가 해당 비용을 부담해야 한다. 또한 테러로 인해 가시설물을 포함한 공사목적물이 손상되는 경우에는 발주자가 요구하는 범위까지(to thc extent rcquired by lhe Employer) 복구작업을 실시하고 복구비용에 대한 보상이 가능하며 발주자가 해당 비용을 부담해야 한다.

[그림 5.5] 불가항력(Force Majeure)의 복구/보상 처리

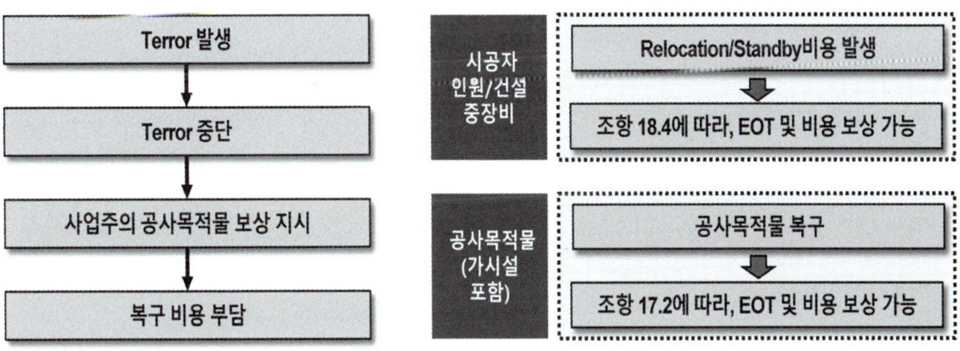

사례 2:

Exceptional Events가 장기간 지속되어서 공사 목적물의 파손이 심한 경우에 발주자 또는 시공자는 어떠한 권리를 행사할 수 있을까(FIDIC Silver Book 가정)

Exceptional Events가 연속 84일 또는 총합 140일 이상 발생하면 각 계약당사자는 계약해지(Termination) 할 수 있는 권리가 발생하고 통지하면 7일 이후에 효력이 발생한다. 이후 Clause 18.5 Optional Termination 조항[95]에 따라 발주자는 시공자에게 아래 금액을 지급해야 한다.

a) the amounts payable for any work carried out for which a price is stated in the Contract;
수행된 모든 작업에 대하여 지급해야 하는 금액

b) the Cost of Plant and Materials ordered for the Works which have been delivered to the Contractor, or of which the Contractor is liable to accept delivery. This Plant and Materials shall become the property of (and be at the risk of) the Employer when paid for by the Employer, and the Contractor shall place the same at the Employer's disposal;
기 주문되어 발주자가 인수할 책임이 있는 설비나 자재

c) any other Cost or liability which in the circumstances was reasonably incurred by the Contractor in the expectation of completing the Works;
준공일을 예상하여 시공자가 합리적으로 부담한 모든 여타 비용 및 책임

d) the Cost of removal of Temporary Works and Contractor's Equipment from the Site and the return of these items to the Contractor's place of business in the Contractor's country (or to any other destination(s) at no greater cost); and
가설공사 및 시공자 장비의 철수/반출 비용

e) the Cost of repatriation of the Contractor's staff and labour employed wholly in connection with the Works at the date of termination.
시공자의 인력 본국 복귀비용

95) Clause 18.5, FIDIC Silver Book 2nd Edition (2017)

4. Case Study

4.1 근로자의 파업

개요

하도급자(Subcontractor)의 근로자들이 노동조합을 결성하였고, 근로조건 등의 개선을 주장하면서 협상이 진행되었다. 그러나 협상은 여의치 않았고 약 1개월간 파업이 진행되었으며, 이에 따라 프로젝트는 부분적으로 작업을 방해받기도 하고 전면적으로 작업이 중단되기도 했다. 계약서에는 하도급자에게 근로자 관리 책임이 있기 때문에, 시공자는 발생한 피해에 대해서 하도급자에게 클레임을 제기하였다.

파업에서 가장 중요하게 검토해야 할 내용은 어떤 것인가?

파업은 불가항력(Force Majeure) 조항에 거의 포함되나, 프로젝트 내에서만 독립적으로 진행되거나 또는 근로조건 등으로 인하여 진행되는 경우 불가항력으로 인정받기 어렵다.

> strikes, industrial and labour disputes, except to the extent affecting solely the employees of the Contractor or any Subcontractor.[96]
>
> 계약상대자의 자체 노사분규로 인한 계약이행지체는 지체상금 면제대상이 되지 아니함[97]

따라서 파업이 프로젝트 내의 자체 파업인지 또는 외부의 근로자가 포함되어 있는지 여부를 중요하게 검토해야 한다.

초기단계에서 시공자가 수행해야 할 내용은?

시공자는 해당 사실을 발주자에게 통지하고 필요한 협조사항을 요청해야 한다. 그리고 하도급자(Subcontractor)와 협조하여, 파업이 시작하기 전까지 최대한 파업을 저지하기 위한 노력을 수행하고 관련 기록을 유지해야 한다. 또한 파업이 시작되면 완화(Mitigation) 노력을 실시하고, 피해상황에 대한 기록을 유지해야 한다.

96) EPC Contract

97) 정부 유권해석 (회계2210-1918, 1987.09.07)

클레임에 포함해야 하는 내용은?

1) 공기지연 분석(Delay Analysis)
- 작업중단기간 또는 작업에 방해를 받은 기간 분석
- 실제 진행된 작업량를 고려한 영향 고려

2) 방해/간섭 분석(Disruption Analysis)
- 간접적으로 영향을 발생시킨 작업에 대한 분석
- 관련 작업의 생산성 분석을 통한 생산성 검토

3) 비용 분석(Quantum Analysis)
- 공기지연에 따른 지체상금 검토
- 직접적, 간접적 피해금액 산출

시공자는 발주자와 어떻게 협의해야 하는가?

1) 파업 진행 중
- 발주자와 의사소통을 진행하고 필요한 내용을 발주자에게 요청한다.
- 시공자가 완화(Mitigation) 의무를 성실히 수행하고 있음을 강조한다.

2) 파업 완료 이후
- 그럼에도 불구하고 발생한 공기지연, 피해 등에 대해서 불가항력(Force Majeure) 조항을 적용하여 지체상금 구제요청 및 보상을 청구한다.

4.2 플랜트 노조집회 및 하수급인의 직장 폐쇄

개요

프로젝트 내의 플랜트 노조원 및 전국플랜트 노조에서 근로조건 등의 향상을 요구하면서 작업을 방해하고 협상이 진행되었으나, 그 과정에서 일부 하수급자는 직장을 폐쇄하는 등 공사기간의 지연 및 손실이 발생하였다.

검토내용

노사분규에 대한 판단은 회사자체내의 근로조건 등 내부원인인지 또는 외부세력의 개입 등 외부원인인지의 여부가 중요하다. 이 사건은 전국플랜트 노조협회가 관여한 사안이기 때문에 시공자의 권리를 주장하기에 좋은 편이라고 볼 수 있다. 그러나 기획재정부 계약예규 공사계약

일반조건의 26조 7항 '계약기간의 연장은 지체상금이 계약보증금상당액에 달한 때에 하여야...'라는 조항이 있어서 결국 계약기간의 연장은 지체상금이 최대금액에 도달한 이후에 적용될 수 있고 다른 이벤트의 지연기간 등을 종합적으로 고려해야 할 필요가 있다.

4.3 불법점유로 인한 지체상금 부과 (건설중재 판정사례 : 중재 제 11111-0116호)

개요

공동수급업체들의 부도로 인하여, 공사대금을 받지 못한 하도급자가 공사현장을 불법 점유하였다. 이에 따라 공사가 지체되었으며, 발주자는 공사에 대한 이행보증계약을 체결한 건설보증기관에게 지체상금을 부과하였다.

진행경과

보증기관은 보증시공을 위한 현장 보존 및 인도의무는 발주자에게 있으며, 시공능력이 미달되는 공동수급 업체로 인한 공사지연은 발주자의 책임 있는 사유에 해당하므로 지체상금의 반환을 요청하였다. 발주자는 공사를 중단 없이 계속 진행할 의무, 현장 보존의 의무는 보증기관에 있다고 주장하였다.

결과

이행약정서를 보면 하도급자의 계약조건 및 대금정산, 현장운용자금에 대하여 보증기관에게 권한을 부여한 사실로 보았을 때 보증기관의 지배 또는 통제영역이라고 판단하였다. 따라서 불가항력으로 인하여 발생한 기간이 아니라고 판단하였으나 기간단축을 위하여 성실히 노력한 점, 합법적인 유치권 행사 등을 고려하여 전체 기간 중 60% 만 보증기관에게 책임을 부담하는 것으로 판단하였다.

시사점

계약조건 등을 고려하여 불가항력적 상황에 대한 지배 또는 통제책임이 어느 계약참여자에게 있었는지를 판단하였다. 보증기관이 성실하게 노력한 여러 정황들을 고려해서 민법 제 398조 제 2항 '손해배상의 예정액이 부당히 과다한 경우에는 법원은 적당히 감액할 수 있다'를 적용하여 지체상금 중 40%가 감액되었다.

4.4 집중호우로 인한 지연일자 제외 (건설중재 판정사례 : 중재 제 11111-0116호)

개요

도로개설 공사 중 집중호우 및 우천으로 인하여 공사가 중단되었다. 그러나 해당 기간동안 지체상금이 부과되었고 시공자는 지연일자 제외를 요청하였다.

진행경과

시공자는 우천기간 41일은 불가항력에 해당하기 때문에 공사지연일수에서 제외되어야 한다고 주장하였으며 발주자는 구체적인 입증자료가 없기 때문에 인정할 수 없다고 주장한다.

결과

집중호우가 어느 정도 있었다는 점은 인정되나 시공자 주장대로 공사기간 중 우천이 불가항력에 해당한다고 하기 위해서는 통상적으로 예상되는 우천의 정도를 초과하는 강우가 있었다고 하는 특별한 사정에 대하여 시공자가 이를 구체적으로 입증해야 하는데, 우천이 있었던 날이 모두 불가항력에 해당된다고 판단하기에는 증거자료가 부족하다고 보고 시공자의 주장을 인정하지 않았다.

시사점

예외적인 기상조건(Exceptionally weather condition) 또는 악천후(Inclement weather)는 일반적으로 10년 평균 데이터와 비교해서 판단할 수 있는데, 이와 관련한 구체적인 계약조항을 확인하고 기상자료를 확보해서 구체적으로 입증해야 한다.

CHAPTER 06

공사중단 & 계약해지 클레임

Suspension & Termination Claim

발주자가 공사중단(Suspension)을 명확하게 지시하면 공사변경 (Change) 또는 클레임으로 진행할 수 있지만, 그렇지 않은 경우에는 클레임으로 진행하기에 어려울 수 있다. 또한 계약서에 장기중단(Long Stop) 조항 또는 시공자에 의한 공사중단 조항이 없는 경우에 시공자의 계약적인 대응이 중요하다. 공사중단은 자주 발생하지는 않지만 한 번 발생하면 그 영향이 크기 때문에 수요한 내용을 확인해야 할 필요가 있다.

6 공사중단 & 계약해지 클레임

Suspension & Termination Claim

1. 개요

건설 프로젝트에서 시공자는 공사를 수행하고 발주자는 기성을 지급하는 것이 계약의 기본적인 성립조건이다. 만약 공사를 수행했는데도 기성을 지급하지 않는다면 이는 불합리한 상황이며, 이런 상황에 대응하기 위하여 계약서에 공사중단(Suspension), 계약해지(Termination)와 같은 메커니즘(Mechanism)이 존재해야 한다.

[그림 6.1] 계약 성립의 의미

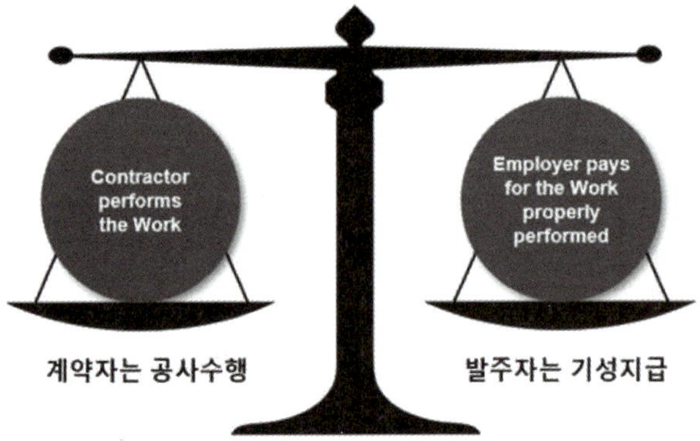

[그림 6.2] 계약의 불균형 상황

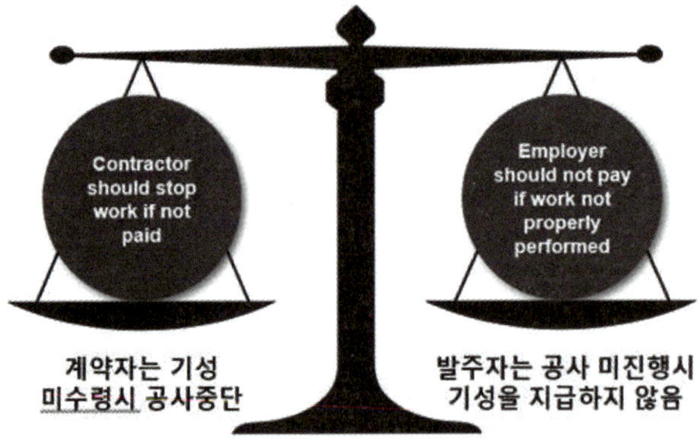

2. 공사중단

2.1 특징 및 발생

공사중단(Suspension)은 아래와 같이 몇 가지 특징을 가지고 있다.

- Contractor stops work before completion
- Demobilizes and protects the Work
- Commits to resuming work if default cured
- Retains staff and resources in place to remobilize

즉 시공자는 공사중단(Suspension)이 발생하더라도 작업이 다시 재개될 때까지 프로젝트를 보존해야하며 작업재개를 고려하여 인력, 장비의 재동원 계획을 수립해야 한다. 공사중단은 발주자, 시공자 둘 다 동일하게 계약서에 명시된 계약적 권리 또는 법적권리에 의하여 발생할 수 있다.

[그림 6.3] 공사중단(Suspension)의 발생

"계약적" 권리로서의 공사중단 (계약서에 명시된 경우)	"법적" 권리로서의 공사중단 (계약서에 명시되어 있지 않아도 권리행사 가능)

계약적 권리로서의 공사중단(Suspension)이 계약서에 명시된 경우 계약서에 의거된 절차에 따라 공사중단이 발생할 수 있고 계약서에 명시되어 있지 않더라도 해당 국가의 준거법(Governing Law)에 따라 법적권리로써 공사중단을 할 수 있다.

2.2 계약적 권리로서의 공사중단

1) 발주자가 지시하는 공사중단(Suspension)

대부분의 계약서는 발주자가 언제든지 공사중단(Suspension)을 할 수 있는 조항을 포함하고 있다. 그러나 시공자의 책임 있는 사유가 아닌 경우에 발주자가 임의로 공사중단을 하면 그에 따른 보상을 하는 것이 일반적인 공사중단의 계약조건이다. FIDIC Silver Book에 언급되어 있는 순서를 참고하면 아래와 같다.

[그림 6.4] 발주자가 지시하는 공사중단(Suspension)의 순서도

Employer's Rights

- **The Employer may at any time instruct the Contractor to suspend progress of part or all of the Works, which instruction shall state the date and cause of the suspension.**

FIDIC Silver Book Clause 8.9

Contractor's Responsibilities

- **During such suspension, The Contractor shall protect, store and secure such part or the Works (as the case may be) against any deterioration, loss or damage.**

FIDIC Silver Book Clause 8.9

Contractor's Rights

- **the Contractor shall be entitled subject to Sub-Clause 20.2 to EOT and/or payment of such Cost Plus Profit.**
- **The Contractor shall be entitled to payment of the value (as at the date of suspension instructed under Sub-Clause 8.9 of Plant and/or Materials which have not been delivered to Site, if (중단기간이 28일 이상, 발주자의 지시)**
- **If the suspension under Sub-Clause 8.9 has continued for more than 84 days, the Contractor may give a Notice to the Employer requesting permission to proceed. (Omission / Termination)**

FIDIC Silver Book Clause 8.10, 8.11, 8.12

발주자가 공사중단(Suspension)을 지시하면, 시공자는 공사목적물, 현장보존 등의 책임이 발생하며, 이후 손실이 발생하면 시공자에게 보상 받을 권리가 주어진다. FIDIC 계약은 발주자의 공사중단으로 현금흐름(Cashflow) 문제가 발생할 수 있음을 고려하여, 발주자의 작업중단이 28일 이상 지속되고, 발주자의 자산으로 확인한 경우에, 현장에 기자재가 도착하지 않더라도 시공자는 해당 기성에 대해서 지급받을 권리가 있다고 규정하고 있다.

또한 Clause 11.3 Extension of Defect Notification Period을 참고하면 공사중단 (Suspension)으로 인한 하자통지기간(Defect Notification Period, 이하 'DNP')은 완화 가능하다고 설명하고 있다.

> If delivery and/or erection of Plant and/or Materials was suspended under Sub-Clause 8.9 [Employer's Suspension] (other than where the cause of such suspension is the responsibility of the Contractor) or Sub-Clause 16.1[Suspension by Contractor], the Contractors obligations under this Clause shall not apply to any defects or damage occurring more than two years after the DNP for the Works, of which the Plant and/or Materials form part, would otherwise have expired.[98]

98) Clause 11.3, FIDIC Silver book 2nd Edition (2017)

FIDIC 계약을 기준으로 발주자가 공사중단(Suspension)을 지시하면 진행되는 순서를 정리하면 아래와 같다.

[그림 6.5] 공사중단(Suspension)의 계약적 메커니즘(Mechanism)

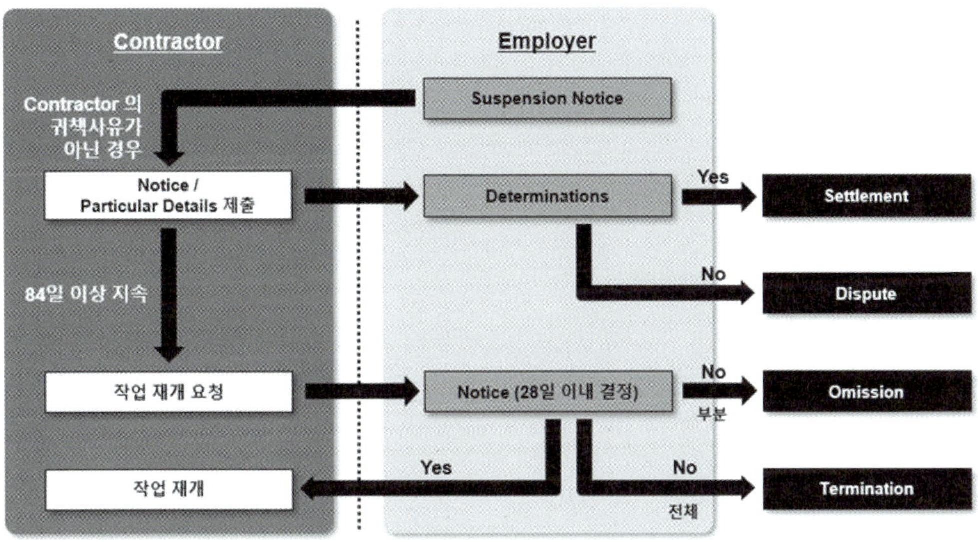

시공자의 귀책사유가 아닌 경우 그 공사중단(Suspension)에 대하여 통지(Notice) 및 상세 클레임 문서(Detail particulars)를 발주자에게 제출하고 발주자는 이에 대하여 의사결정 (Determination)을 한다. 이후 공사중단이 84일 이상 지속되면 시공자는 발주자에게 작업재개 요청을 하고 발주자가 28일 이내에 작업재개를 결정하면 작업이 재개되지만, 그렇지 않은 경우에 공사중단의 범위가 부분적인 경우 작업생략(Omission)이 가능하고 공사중단의 범위가 전체적인 경우 시공자는 계약해지로 진행할 수 있다. 만약 시공자에게 귀책사유가 있다면 공사중단에 대한 계약적인 대응방향이 달라질 수 있다. 아래의 상황은 발주자가 공사중단을 지시해도 시공자에게 보상청구나 공기연장에 대한 권리가 주어지지 않는다.

> Unless such suspension is:
> (a) reasonably required due to default or breach of the Contract by the Contractor or persons for whom it is responsible; or
> (b) necessary for the proper execution of the Work or the safety of the Work or any part thereof,[99]

99) EPC Contract

공사중단(Suspension)의 원인을 시공자가 제공했다면 이러한 공사중단은 공사변경(Change) 조항 또는 공기연장 조항으로 진행될 수 없고, 공사중단으로 인한 손실, 지연에 대해서는 시공자가 책임질 수 밖에 없다. 연장된 공사중단(Prolonged Suspension) 조항을 더 자세히 확인하면 아래와 같다.

> If the suspension under Sub-Clause 8.9 [Employer's Suspension] has continued for more than 84 days, the Contractor may give a Notice to the Employer requesting permission to proceed.
>
> If the Employer does not give a Notice under Sub-Clause 8.13 [Resumption of Work] within 28 days after receiving the Contractor's Notice under this Sub-Clause, the Contractor may either:
>
> (a) agree to a further suspension, in which case the Parties may agree the EOT and/or Cost Plus Profit (if the Contractor incurs Cost), and/or payment for suspended Plant and/or Materials, arising from the total period of suspension;
>
> or (and if the Parties fail to reach agreement under this sub-paragraph (a))
>
> (b) after giving a (second) Notice to the Employer, treat the suspension as an omission of the affected part of the Works (as if it had been instructed under Sub-Clause 13.3.1 [Variation by Instruction]) with immediate effect including release from any further obligation to protect, store and secure under Sub-Clause 8.9 [Employer's Suspension]. If the suspension affects the whole of the Works, the Contractor may give a Notice of termination under Sub-Clause 16.2 [Termination by Contractor].[100]

FIDIC Silver book은 연장된 공사중단(Prolonged Suspension)을 자세히 기술하고 있는데, 만약 공사중단(Suspension)이 장기화되는 경우의 계약적 메커니즘(Mechanism)을 설명하고 있다. 그러나 이런 조항이 없는 경우에는 분쟁이 발생할 수 있는데, 관련된 계약조항은 아래와 같다.

> The Contractor, on the written instruction of the Superintendent, shall suspend the progress of the Works or part thereof for such time or times and in such manner as the Superintendent may consider necessary and shall during such suspension properly protect and secure the Works. All reasonable actual costs unavoidably incurred by the Contractor in giving effect to the Superintendent's instruction under this clause and in subsequently recommencing the performance of the Works shall be payable by the Company…[101]

100) Clause 8.12, FIDIC Silver book 2nd Edition, 2017

101) EPC Contract

위의 계약서는 연장된 공사중단(Prolonged Suspension)에 대한 내용이 없어서 공사중단(Suspension)이 장기간 지속되어도 시공자가 다른 조치를 취할 수 있는 방법이 없다. 또한 공사중단의 손실에 대한 보상은 포함하고 있지만, 공기연장 조항이 없어서 시공자의 권리가 제한적이라고 볼 수 있다.

이런 상황을 방지하기 위해서 연장된 공사중단(Prolonged Suspension) 조항에 장기중단(Longstop)의 특정기간을 기재해서 시공자를 보호하는 메커니즘(Mechanism) 확보가 필요하며 공사중단(Suspension)에 연결되는 비용보상과 공기연장에 대한 권리를 같이 기재하는 것도 필요하다. 또한 시공자가 발주자와 계약한 내용과 공급자(Vendor), 하도급자 (Subcontractor)와 계약한 내용이 달라서 발주자로부터 기인한 손실이 공급자에게 연결되지 않아서 시공자의 손실이 커질 수도 있기 때문에, 원도급계약을 하도급계약으로 Flow Down해서 리스크를 최소화해야 할 것이다.

[그림 6.6] 공사중단(Suspension) 장기화에 따른 문제점과 대응방안

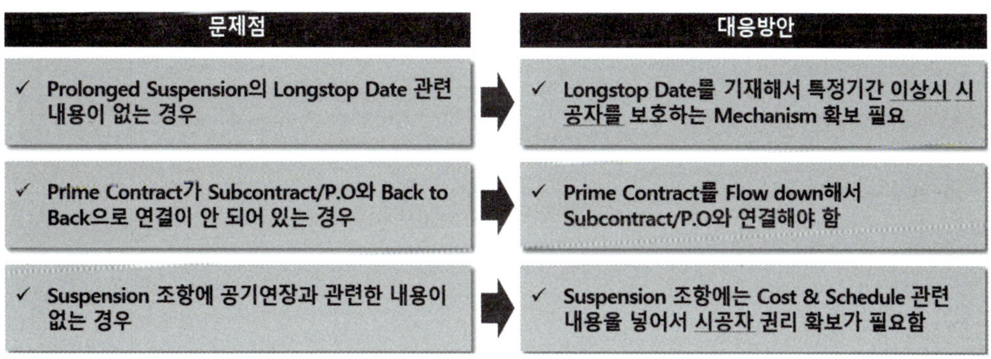

공사중단(Suspension) 클레임을 검토하다 보면 발주자가 명확하게 공사중단을 지시한 문서나 정황이 없음에도 불구하고 공사중단으로 계약적인 절차를 진행하는 경우가 가끔 있는데, 공사중단을 주장하기 위해서는 명확한 공식적인 문서(Written Document)가 필요하다. 예를 들어서 발주자가 보낸 레터에 제 3자, 지역공공기관(Local Authorities) 또는 관련 법규 등을 언급하면서 공사중단을 우회적으로 표현했다면, 이런 경우에는 발주자의 의도를 다시 확인해야 하며(발주자가 공사중단을 지시했는지 여부), 다른 이벤트가 공사중단의 원인이라면 그 원인과 관련된 계약 메커니즘(Mechanism)을 검토해야 한다.

2) 시공자에 의한 공사중단(Suspension)

일반적인 EPC Contract는 시공자가 실시할 수 있는 공사중단(Suspension)의 메커니즘(Mechanism)을 포함하지 않는 경우가 많다. 그러나 서두에 설명한 바와 같이 시공자가 기성을 못 받는 상황이 발생하면 공사중단을 할 수밖에 없는데, FIDIC 계약서를 참고하면 아래와 같다.

[그림 6.7] 시공자에 의한 공사중단(Suspension)의 순서도

Employer's Responsibilities

- the Employer fails to provide reasonable evidence in accordance with Sub-Clause 2.4 [Employer's Financial Arrangements]
- the Employer fails to comply with Sub-Clause 14.7 [Payment]; or
- the Employer fails to comply with:
  (i) a binding agreement, or final and binding determination under Sub-Clause 3.5 [Agreement or Determination]-, or
  (ii) a decision of the DAAB under 21.4 [Obtaining DAAB's Decision] (whether binding or final and binding)

FIDIC Silver Book Clause 16.1

↓

Contractor's Rights

- the Contractor may, not less than 21 days after giving a Notice to the Employer (which Notice shall state that it is given under this Sub-Clause16.1), suspend work (or reduce the rate of work) unless and until the Employer has remedied such default.
- This action shall not prejudice the Contractor's entitlements to financing charges under Sub-Clause 14.8 [Delayed Payment] and to termination under Sub-Clause 16.2 [Termination by Contractor].
- If the Employer subsequently remedies the default as described in the above Notice before the Contractor gives a Notice of termination under Sub-Clause 16.2 [Termination by Contractor], the Contractor shall resume normal working as soon as is reasonably practicable.
- If the Contractor suffers delay and/or incurs Cost as a result of suspending work (or reducing the rate of work) in accordance with this Sub-Clause, the Contractor shall be entitled subject to Sub-Clause 20.2 [Claims For Payment and/or EOT] to EOT and/or payment of such Cost Plus Profit.

FIDIC Silver Book Clause 16.1

발주자가 Clause 2.4 [Employer's Financial Arrangements] 또는 Clause 14.7 [Payment]를 준수하지 못하는 경우에는, 시공자는 최소 21일 전에 발주자에게 통지한 후 합리적인 증빙 또는 지급을 받을 때까지 작업을 중단(혹은 Slowdown) 할 수 있다고 설명한다. FIDIC 계약서는 기성지급이 지연되면 시공자가 공사감속(Slowdown) 또는 공사중단(Suspension)을 하는 메커니즘을 제공하지만, 대부분의 EPC Contract는 이러한 메커니즘(Mechanism)을 포함하지 않는다. 또한 기성지급에 문제가 발생하면 아래와 같이 이자를 지급하는 메커니즘도 없는 경우가 많다.

> In the event that OWNER fails to make payment of any undisputed amount payable to CONTRACTOR under the STAGE I of the CONTRACT, OWNER shall pay the delay interest of point five percent (0.5%) per year for the delay portion of the payment of STAGE I.[102)]

102) EPC Contract

오히려 분쟁상황이 발생해도 시공자는 작업을 계속 진행해야 함을 강조하는 조항이 있는 경우 기성이 미지급되는 상황임에도 불구하고 시공자의 의무를 이행하지 않는 경우는 시공자의 의무불이행(Default)으로 판단될 수도 있다.

> **Continuance of the Work**
>
> Notwithstanding any disagreement, dispute, protest, or legal proceedings (including those proceedings pursuant to Clauses x to x) arising out of or in connection with the Contract or its performance, the Contractor at all times shall proceed with the Work, including the disputed portions (if any) thereof and in accordance with Company's instructions, unless the Company agrees otherwise in writing. If the Contractor fails to proceed with the Work as above, it shall be considered to be in default."[103]

아래의 계약조항은 기성지급의 지연에 대해서 시공자의 권리(공사중단 또는 공사감속)가 포함되있다.

> **16.1 Contractor's Entitlement to Suspend Work**
>
> If the Employer fails to issue a Completion Letter to the Contractor for each progress or milestone activities against which payment is due within 21 days from receipt of the related request by the Contractor, the Contractor may, after giving not less than 30 days'notico to the Employer, suspend work (or reduce the rate of work) unless and until the Contractor has received the reasonable evidence or payment, as the case may be and as described in the notice.
> If the Contractor suffers delay as a result of suspending work (or reducing the rate of work) in accordance with this Sub-Clause, the Contractor shall give notice to the Employer and **shall be entitled subject to Sub-Clause [Contractor's Claims] to an extension of time for any such delay,** if completion is or will be delayed, under Sub-Clause 8.4 [Extension of Time for Completion][104]

그러나 공기연장에는 문제가 없지만 연장비용(Prolongation Cost) 조항이 없어서 비용보상과 관련하여 분쟁이 발생할 수 있으며, FIDIC 계약조항처럼 비용과 관련하여 계약서에 포함되는 내용을 확인해야 한다.

---

103) EPC Contract
104) EPC Contract

위에서 살펴본 유의사항을 다시 정리하면, 장기중단(Long Stop)에 따른 특정기한이 없거나 또는 시공자가 계약조항에 의거하여 적절하게 공사중단(Suspension)을 하더라도 비용에 대한 내용이 계약서에 누락되면 손실이나 리스크가 매우 커진다. 따라서 공사중단(Suspension)은 이러한 조항에 유의하여 계약협상을 진행해야 한다.

2.3 법적인 권리에 의한 공사중단

법적인 권리에 의한 공사중단(Suspension)을 하기 위해서는 일방 당사자에 의한 심각한 계약 위반 사실이 있어야 하며, 이러한 권리는 계약적 권리 위에 더해지는 추가적인 권리이다. 중동지역의 민법(Civil Code)을 참고하면 아래와 같다.

UAE Civil Code(Article 247)

In contracts binding upon both parties, if the mutual obligations are due for performance, each of the parties may refuse to perform his obligation if the other contracting party does not perform that which he is obliged to do.

UAE 민법(Civil Code)은 계약 당사자 상호의 의무가 요구되는 쌍무 계약에서 일방 당사자가 자신의 의무를 이행하지 않는 경우, 상대방은 스스로의 의무를 거부할 권리가 있다고 설명한다.

Kuwait Civil Code(Article 219)

In contracts binding both sides, if the counter obligations are due, either contracting parties may abstain from fulfillment of his obligation, if the other contracting party has not fulfilled his obligation, unless otherwise agreed upon or otherwise determined by custom.

쿠웨이트 민법(Civil Code) 역시 계약 당사자 상호의 의무가 요구되는 쌍무 계약에서 일방 당사자가 자신의 의무를 이행하지 않는 경우, 상호 합의 또는 관습에 의해 달리 규정되지 않은 한 스스로의 의무를 이행하지 않을 권리가 있다고 설명한다.

2.4 실무적 고려사항

공사중단(Suspension)은 다른 계약조항으로 많이 연결되어 있고 계약적인 행위가 분명하게 이루어져야만 해당 조항을 적용하여 클레임의 근거로 활용할 수 있기 때문에 여러 가지 내용을 함께 검토해야 한다. 아래는 실무적으로 고려해야 할 내용을 설명하고 있다.

[표 6.1] 공사중단(Suspension) 관련 실무적 고려사항

No	구분	내용
1	Event	공사중단 조항을 검토하여, 근거가 되는 이벤트가 계약조항에 명시되어 있는지 확인 필요
2	Time Bar	계약서에 명시된 통지기간 준수
3	Writing & Service	통지의 형식이 계약적 요구사항을 준수하는지 확인 필요 (예를 들어, 서면통지의 요건, 명시 주소 및 기타 형식적 요건)
4	Record Keeping	공사중단과 관련된 이벤트의 상세내용 작성, 통지 & 기록 보존 등의 기록관리가 필요함
5	EOT & Additional Cost	공기연장 및 추가 비용 청구를 위한 계약적 요건을 준수할 수 있도록 근거자료 유지, 제출 및 기록을 보존해야 함

3. 계약해지

3.1 특징 및 발생

계약해지(Termination)는 아래와 같은 특징을 가지고 있다.

- Contractor ceases to work before completion
- Many future obligations cease
- Past obligations are subject to assessment
- Accrued rights may survive

계약해지(Termination)는 작업의 완료 전에 계약을 해지하는 것이며, 미래에 예정되었던 계약당사자의 다양한 의무도 중단된다. 기 수행한 작업에 대한 권리는 유지되며, 해당 작업에 대한 평가가 진행된다.

[그림 6.8] 계약해지(Termination)의 발생

"계약적" 권리로서의 계약해지 (계약서에 명시된 경우)	"법적" 권리로서의 계약해지 (계약서에 명시되어 있지 않아도 권리행사 가능)

3.2 계약적 권리로서의 계약해지(Termination)

1) 발주자가 실시하는 계약해지(Termination)

발주자가 계약해지(Termination)를 할 수 있는 상황에 대해서 FIDIC 계약서[105]는 3가지 상황(Contractor's Default, Convenience, Exceptional Event)을 설명하고 있다.

<u>Contractor's Defaults(Clause 15.2.1)</u>

- Abandons the work or otherwise plainly demonstrates the intention not to continue performance of the Contractor's obligations under the Contract
  공사포기, 계약상 자신의 의무이행을 하지 않겠다는 의사를 명백히 표시한 경우

105) FIDIC Silver Book, 2nd Edition (2017)

- without reasonable excuse fails to proceed with the Works in accordance with Clause 8 [Commencement, Delays and Suspension] or, if there is a maximum amount of Delay Damages stated in the Contract Data, the Contractor's failure to comply with Sub-Clause 8.2 [Time for Completion] is such that the Employer would be entitled to Delay Damages that exceed this maximum amount
정당한 이유 없이 착공 혹은 공사 미진행 또는 Delay Damages의 최대값을 초과한 경우

- without reasonable excuse fails to comply with a Notice of rejection given by the Employer under Sub-Clause 7.5 [Defects and Rejection] or an Employer's instruction under Sub-Clause 7.6 [Remedial Work], within 28 days after receiving it
발주자의 Rejection 또는 개선지시에 정당한 이유 없이 준수하지 않는 경우

- Fails to comply with Sub-Clause 4.2 [Performance Security]
이행보증 관련 조항을 준수하지 않은 경우

- subcontracts the whole, or any part of, the Works in breach of Sub-Clause 4.4 [Subcontractors], or assigns the Contract without the required agreement under Sub-Clause 1.7 [Assignment]
계약전부의 하도급 또는 동의 없는 양도

- becomes bankrupt or insolvent; goes into liquidation, administration, reorganization, winding-up or dissolution; becomes subject to the appointment of a liquidator, receiver, administrator, manager or trustee; enters into a composition or arrangement with the Contractor's creditors; or any act is done or any event occurs which is analogous to or has a similar effect to any of these acts or events under applicable Laws
부도, 파산 등

- is found, based on reasonable evidence, to have engaged in corrupt, fraudulent, collusive or coercive practice at any time in relation to the Works or to the Contract
부패, 담합, 사기 등과 관련하여 합리적인 증거가 발견되는 상황

<u>Convenience(Clause 15.5)</u>

- The Employer shall be entitled to terminate the Contract at any time for the Employer's convenience, by giving a Notice of such termination to the Contractor
  발주자의 편의에 의해 언제든지 통지 후 해지

<u>Exceptional Event : Optional Termination(Clause 18.5)</u>

- a continuous period of 84 days
- multiple periods which total more than 140 days
  연속적 기간은 84일, 합계기간이 140일 이상인 경우 선택적 계약해지

먼저 시공자가 정당한 권리 없이 일방적으로 전체 공사를 중단(Suspension)하는 의무불이행(Contractor's Default) 상황에서 FIDIC 계약에 따르면 발주자는 아래와 같은 절차를 진행할 수 있다.

[그림 6.9] 시공자의 일방적인 공사중단(Suspension) 이후 발주자의 Option 1

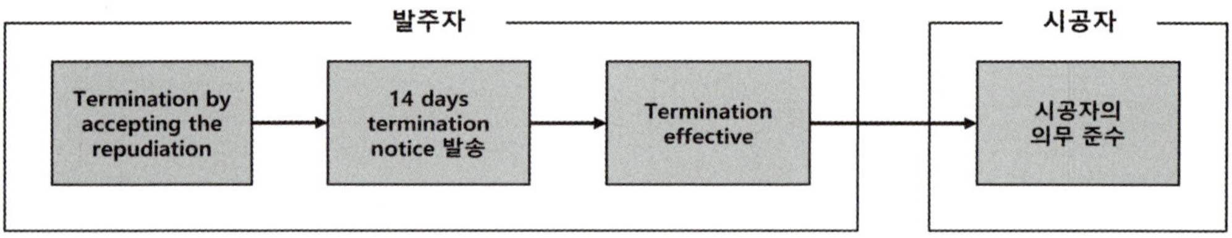

발주자는 시공자의 의사가 작업거부(Repudiation)라고 판단하고 계약해지(Termination) 절차를 밟는 것이다.

[그림 6.10] 시공자의 일방적인 공사중단(Suspension) 이후 발주자의 Option 2

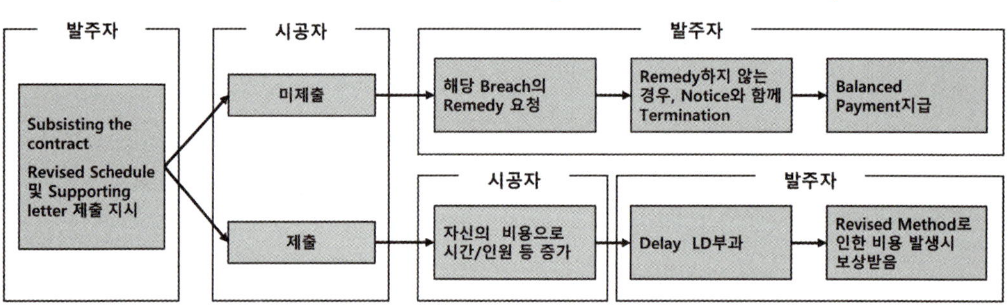

또는 발주자가 계약이 유지되기를 의도하는 경우 시공자에게 개정공정표와 관련 문서제출을 지시할 수 있고 이에 따른 시공자의 회신에 따라 계약적인 절차가 진행될 수 있다.

발주자의 편의(Convenience)에 의한 계약해지(Termination)는 시공자의 입장에서 보면 매우 부당한 행위이고 계약해지에 따라 시공자의 손실은 매우 커질 수 있다. 그런데 '발주자의 편의를 위해 아무런 이유 없이 계약해지가 가능할까'라는 의문이 생길 수 있다. 주로 발주자가 프로젝트를 포기할 때 악용되는 경우가 많으며, 부당한 계약해지(Wrongful Termination)의 리스크를 회피하고자 하는 상황에 사용된다. 이에 대한 제한은 아래와 같다.

[표 6.2] Contractual & Legal Restriction

구분	내용
제한	1) FIDIC : 발주자 직접 시공 혹은 대체 시공을 위해서 악용하는 것은 제한 2) USA : "simply to acquire a better bargain from another source" 금지, 신의성실 원칙에 어긋나는 악용 금지
Compensation : Governing law or other applicable law	1) French Civil Code : 손실과 이익상실에 대한 보상 규정 2) Austria : 손실 보상 3) Germany : adverse financial consequence를 시공자 단독으로 부담하지 않도록 보상

발주자의 편의상 계약해지(Termination) 조항이 계약서에 없어도 발주자는 편의상 계약해지가 가능한지에 대해서 준거법에 따라 해석이 상이한데, 대표적으로 영국법과 한국법을 참고하면 아래와 같다.

[표 6.3] 발주자의 편의에 의한 계약해지(Termination)시 준거법의 해석

구분	내용
영국법	반드시 계약조항에 명시되어 있어야만 발주자가 행사할 수 있음
한국법	계약조항에 명시되어 있지 않더라도 발주자가 행사 가능함 우리나라 민법의 경우에는 제 673조에서 '수급인이 일을 완성하기 전에는 도급인은 손해를 배상하고, 계약을 해제할 수 있다'고 규정하여, 발주자의 '편의에 의한 계약해지를(시공자에게 손해배상만 하여 준다면) 특별한 사유가 없더라도 인정하고 있음 이때의 손해의 범위에 대하여 대법원은 "도급인의 일방적인 계약해제로 인하여 수급인이 입게 될 손해, 즉 수급인이 이미 지출한 비용과 일을 완성하였더라면 얻었을 이익을 합한 금액을 전부 배상하는 것'이라고 하여 (대법원 2002.5.10. 선고, 2000다37296판결 등), 발주자의 편의에 의한 계약해지의 경우 발주자가 시공자에 대하여 잔여공사에 대한 이윤까지 배상하는 것으로 설명하였음

발주자의 편의에 의한 계약해지(Termination)는 EPC Contract에 선택적 계약해지(Optional Termination)로 포함되기도 하는데 참고하면 아래와 같다.

Optional Termination

The Company may terminate the Contract or any part of the Works at any time by giving the Contractor a written notice without cause. Such notice shall specify the effective date of termination should it be different from the date of the notice and the Contractor shall cease all work on that date and thereafter shall do only such work as may be necessary to preserve and protect the Works, the Temporary Works and materials provided for incorporation in the Works until handing over to the Company is effected.
Upon termination by the Company under clause 57.1, the Contractor shall promptly remove from the Site, all Constructional Plant and Temporary Works supplied by it and in the event of any injury or damage caused by such removal, shall be liable in accordance with clause 26.[106)]

그러나 이와 같이 발주자가 선택적 계약해지(Optional Termination)로 진행하면 이후에는 발주자가 시공자에게 손해배상을 해야 하기 때문에 발주자는 가능하면 이러한 계약 메커니즘(Mechanism) 보다는 시공자의 의무불이행(Contractor's Fault)에 의한 계약해지(Termination) 절차로 진행하려고 하기 때문에 분쟁이 많이 발생한다.

2) 시공자가 실시하는 계약해지(Termination)

시공자가 계약해지(Termination)를 실시하는 상황에 대해서 FIDIC 계약서[107)]는 3가지 (Employer's Default, Prolonged Suspension, Exceptional Event)로 구분해서 설명하고 있다.

Employer's Defaults(Clause 16.2.1)

- the Contractor does not receive the reasonable evidence within 42 days after giving a Notice under Sub-Clause 16.1 [Suspension by Contractor] in respect of a failure to comply with Sub-Clause 2.4 [Employer's Financial Arrangements]
  재정적조정이 유지되고 있다는 합리적인 증거 미제출

- the Contractor does not receive a payment under Sub-Clause 14.7 [Payment] within 42 days after the expiry of the relevant period for payment stated in Sub-Clause 14.7
  대금지급 실패

106) EPC Contract
107) FIDIC Silver Book, 2nd Edition (2017)

• Material Breach(Binding agreement, a decision of DAAB)
발주자가 중요한 의무를 준수하지 않아서 Material Breach로 간주될 수 있는 경우

• the Contractor does not receive a Notice of the Commencement Date under Sub-Clause 8.1 [Commencement of Works] within 84 days after both Parties have signed the Contract Agreement;
계약시작 이후 84일 내에 시작일을 통보받지 못하는 경우

• the Employer:
(i) fails to comply with Sub-Clause 1.6 [Contract Agreement], or
(ii) assigns the Contract without the required agreement under Sub-Clause 1.7 [Assignment];
발주자가 Contract Agreement를 준수하지 못하거나 Assignment를 한 경우

• the Employer becomes bankrupt or insolvent; goes into liquidation, administration, reorganization, winding-up or dissolution; becomes subject to the appointment of a liquidator, receiver, administrator, manager or trustee; enters into a composition or arrangement with the Employer's creditors; or any act is done or any event occurs which is analogous to or has a similar effect to any of these acts or events under applicable Laws; or
파산, 부도 혹은 지급불능

• the Employer is found, based on reasonable evidence, to have engaged in corrupt, fraudulent, collusive or coercive practice at any time in relation to the Works or to the Contract.
부패, 담합, 사기 등과 관련하여 합리적인 증거가 발견되는 상황

Prolonged Suspension(Clause 8.12)

• a prolonged suspension affects the whole of the Works as described in sub-paragraph (b) of Sub-Clause 8.12 [Prolonged Suspension];
공사중단(Suspension)이 84일 이상 지속되고 전체 작업에 영향을 미치는 경우

Exceptional Event : Optional Termination(Clause 18.5)

- a continuous period of 84 days
- multiple periods which total more than 140 days

연속적 기간은 84일, 합계 기간이 140일 이상인 경우 선택적 계약해지

발주자의 기성지급 지연으로 인한 시공자의 계약해지(Termination) 권리와 관련된 EPC Contract를 참고하면 아래와 같다.

> The Contractor may (subject to the final sentence of this sub-Clause) by a final notice to the Company, terminate the Contract if the Company has failed to pay the Contractor any sum greater than or equal to $$$ which has remained due and payable under the Contract for a period greater than or equal to ninety (90) Days including for the avoidance of doubt where such failure to pay results from any wrongful failure by the Company to approve any invoice or take any other administrative step which is a pre-condition to payment to the Contractor. Such right of termination shall only arise where either the Company has agreed in writing or it has been determined pursuant to a Recommendation of the Dispute Review Board that has become final and binding pursuant to Clause 58.22 or a final decision of the court pursuant to Clause 59 that such sum is due and payable.[108)]

발주자가 일정 금액 이상의 기성지급을 실패하면, 시공자가 통지(Notice) 이후에 계약을 해지할 수 있으나, 발주자가 동의하거나 DRB(분쟁조정위원회) 또는 법원에서 결정되는 경우에 적용되는 것으로 설명하고 있다.

3.3 법적인 권리로서의 계약해지(Termination)

법적인 권리로서의 계약해지(Termination)을 실시하기 위해서는 일방 당사자에 의한 심각한, 실제적인 계약 위반 사실이 있어야 하며, 계약적 권리 위에 더해지는 추가적인 권리이다. 그러나 부당한 공사해지(Wrongful Termination)가 되지 않도록 신중한 고려가 필요하다. 이와 관련된 중동의 준거법(Governing Law)을 참고하면 아래와 같다.

108) EPC Contract

Kuwait Civil Code(Article 671)

1) If the execution of work necessitates the employer to make a specific performance and he has not made it in due time, the contractor may request him to make same within a reasonable time he determines.
공사 수행 중에 발주자가 특정 의무(specific performance)를 수행해야 함에도 불구하고 이를 제 시간에 수행하지 못한 경우 시공자는 발주자에게 합리적인 시간 이내에 의무 수행을 요청할 수 있음
2) If the term lapses and the employer has not fulfilled his obligation, the contractor may request dissolution of the contract without prejudice of his right in compensation if necessary.
주어진 시간 내에 발주자가 의무를 완수하지 못했을 경우, 시공자는 보상받을 권리와는 별도로 공사계약의 해지를 요구할 권리가 있음

법적인 권리로서의 계약해지(Termination)와 관련된 판례를 참고하면 아래와 같다. Toba사는 화물에 대한 대금지급을 하지 않았으며, 이메일로 구내사에게 화물 인도가 완료되었을 때까지 지불할 수 없다고 하였다. Newland사는 법적으로 계약 해지를 통지했고, 계약적인 해지라는 명시적인 내용 없이 해지 관련 조항만 복사해서 보냈는데, 법원이 판결한 내용은 아래와 같다.

대금 미지급은 법직 의무 이행을 거부하는 계약 위반은 아니다. 그러나 계약적 타당성이 없는 이메일은 계약위반을 예기하는 행위로 계약적 거절로 해석하기에 충분하며, 이는 Newland사가 법적으로, 계약적으로 계약해지를 할 수 있는 권리를 갖게 한다. 계약에 의한 공사 해지와 법에 의한 공사 해지 방법으로 인한 결과가 동일하므로 해지 통지의 두 가지 방법 모두 유효한 것이다. 계약에 명시된 경우를 제외하고 책임한계(Limit of Liability) 조항은 각 당사자의 책임사항을 포함하지 않기 때문에 법적 이행을 거부하는 계약 위반은 Newland사의 손해배상액을 증가시키지는 않는다. 이는 보통 법의 손해가 책임한계 조항에 명시되어 있지 않기 때문이다.[109]

3.4 실무적 고려사항

계약해지(Termination) 상황에서 실무적으로 고려해야할 내용과 계약해지 전, 계약해지 후에 확인할 내용은 아래와 같다.

109) Newland Shipping v Toba Trading [2014]

[표 6.4] 실무적 고려사항

No	내용
1	계약해지 이외에 다른 해결책은 있는가
2	계약해지를 할 권리는 가지고 있는가
3	계약해지 할 것으로 압박하면서 실행하지 않으면 해지 권리를 잃을 위험성이 있는가
4	계약해지로 인해 상대방이 파산할 우려가 있는가
5	계약해지 통지의 효과는 무엇이고 통지요건을 모두 준수하였는가
6	통지 후, 계약해지는 언제 발효되는가
7	계약해지가 하자보수 기간에 어떤 영향으로 작용하는가
8	계약해지 통지는 지급이 완료된 경우 또는 계약위반사항이 해결된 뒤에 철회될 수 있나

[표 6.5] 계약 해지 전 고려사항

No	내용
1	실행계획(Action Plan) 수립
2	계약해지 과정을 주도하면서 손실만회를 극대화
3	모든 증빙 자료(날짜가 포함된 사진 기록 등) 통해 작업의 진행 현황을 기록함
4	하도급자(Subcontractor), 공급자(Vendor)와의 관계 정리 및 모든 비용에 대한 기록 유지
5	Bond Call을 예상하고 준비함
6	계약해지가 하자, 보증기간, 보험조항 등에 미칠 영향 고려
7	계약상의 Financial Position 명확히 파악하기(클레임 및 기타 책임관계 포함)
8	발주자의 계약불이행 사항 문서화하기

[표 6.6] 계약 해지 후 고려사항

No	내용
1	발주자의 허락이 있으면, 공사 목적물과 공사재료를 현장에서 모두 수거함
2	모든 파일, 도면, Off-site 서류 챙기기
3	하도급업체 계약 해지
4	완료된 작업과 공사재료에 대해 신속한 평가 실시
5	발주자와 Demobilization 비용과 Re-mobilization 비용에 대한 내용 공유
6	완료된 작업을 측정하고 발주자로 하여금 확인하게 함
7	선적 준비 물품 리스트를 정리해서, 발주자에게 처리 방법 결정 협의
8	발생된 지적재산권 및 기타 자산 보호

4. 대응전략

4.1 공사중단(Suspension) 조항의 적용

클레임 문서를 작성할 때 공사중단 상황이라고 해서 무조건 계약서의 공사중단 조항을 적용해야 하는 것은 아니다.

[그림 6.11] 공사중단(Suspension) 조항의 적용

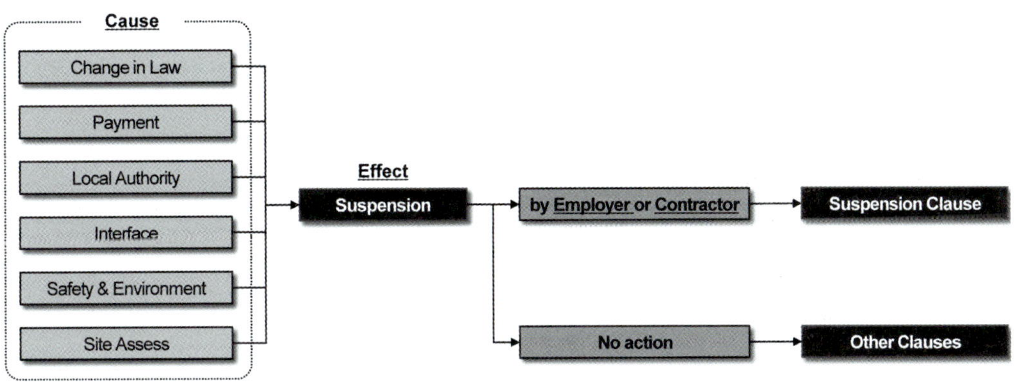

여러 원인들에 의하여 공사중단(Suspension) 현상이 발생하는데, 그 원인에 따라 적절한 계약 조항을 적용해야 한다. 예를 들어서 법령변경으로 인하여 공사중단이 발생한 경우 정부나 공공기관은 시공자와 직접적인 계약관계가 없기 때문에 발주자가 공사중단을 지시했을 때, 진행과정이나 내용에 따라 공사중단 조항을 적용할 수도 있고, 상황에 따라서 Change in Law 조항을 적용할 수도 있다. 반면 안전/환경(Safety & Environment) 상황은 공사중단이 발생해도 시공자의 책임일 가능성이 크기 때문에 공사중단 조항을 적용하기 어려울 수 있다.

공사중단 조항을 적용하기 위해서는 계약서에 설명되어 있는 계약참여자의 계약적 행위가 있어야 한다. 즉 발주자는 계약적인 권리에 의하여 공사중단을 명확하게 지시하거나 또는 시공자가 계약적인 권리에 의하여 공사중단에 대한 의사표현을 명확하게 해야 한다. 공사중단은 계약적인 의사표현이 중요하기 때문에 적절한 계약적인 행위가 뒷받침되어야 공사중단 조항을 적용해서 클레임의 내용으로 활용할 수 있다.

4.2 공사중단(Suspension) 이후 시공자의 합리적인 행위

공사중단이 발생하면 시공자는 해당 작업을 중단하고 관련된 시설물을 보존, 유지한다. 공사중단과 관련 없는 다른 작업은 작업을 계속 해야 할 의무가 있으며, 공사중단으로 인한 손실을 최소화하기 위한 노력을 해야 한다.

> The Contractor shall use its best efforts to mitigate the Costs, in general, of such suspension.[110]

시공자는 주기적으로 손해를 정리해서 발주자와 진행현황 및 대응방안을 협의하거나, 인력 및 장비를 다른 곳에 효율적으로 배치하는 등의 노력이 필요하다.

[그림 6.12] 공사중단(Suspension)의 진행과정

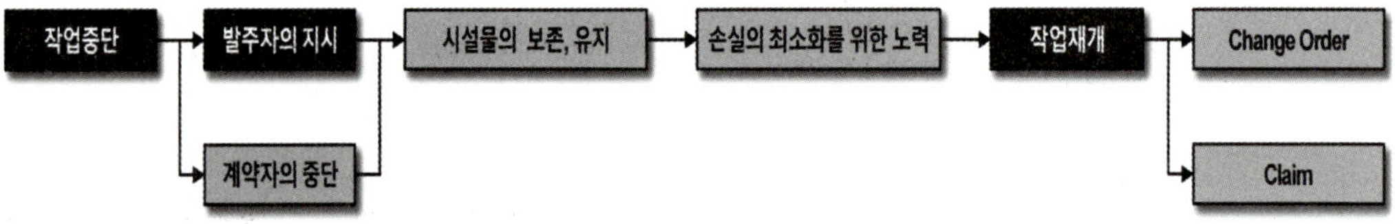

작업이 재개되면 공사중단(Suspension)으로 인한 손해비용, 공기지연을 정리해서 공사변경(Change) 또는 클레임으로 발주자에게 제출한다. 공사중단과 연결된 조항이 공사변경이냐 또는 클레임이냐에 따라 연관된 계약조항을 충분히 숙지해야 한다. 예를 들어서 공사중단의 후속조항이 클레임으로 연결되어 있다면, 클레임 조항에서 설명된 내용에 따라 공사중단 중에 합리적인 행위를 해야 한다.

> if the event or circumstance giving rise to the Claim has a continuing effect:
> (a) this fully detailed claim shall be considered as interim
> (b) the Contractor shall send further interim claims at monthly intervals, giving the accumulated delay and/or amount claimed, and such further particulars as the Superintendent may reasonably require; and
> (c) the Contractor shall send a final claim with all supporting documents within thirty (30) Days after the end of the event or circumstances, or within such other period as may be proposed by the Contractor and approved by the Superintendent.[111]

---

110) EPC Contract

111) EPC Contract

위 조항은 클레임의 상황이 단기간에 종료되지 않고 연속적으로 영향을 발생시키는 경우에는 1달 간격으로 클레임의 내용을 중간 클레임(Interim Claim)으로 제출하고, 상황이 종료되면 1달 이내에 최종 클레임(Final Claim)을 제출하는 것으로 명시하고 있다.

4.3 공사중단(Suspension)의 지연분석

공사중단의 지연을 분석할 때 공사중단과 관련 없는 다른 작업의 지연으로 인하여 문제가 발생하기도 하는데, 아래 상황을 가정해보자.

[그림 6.13] 공사중단(Suspension)의 지연분석

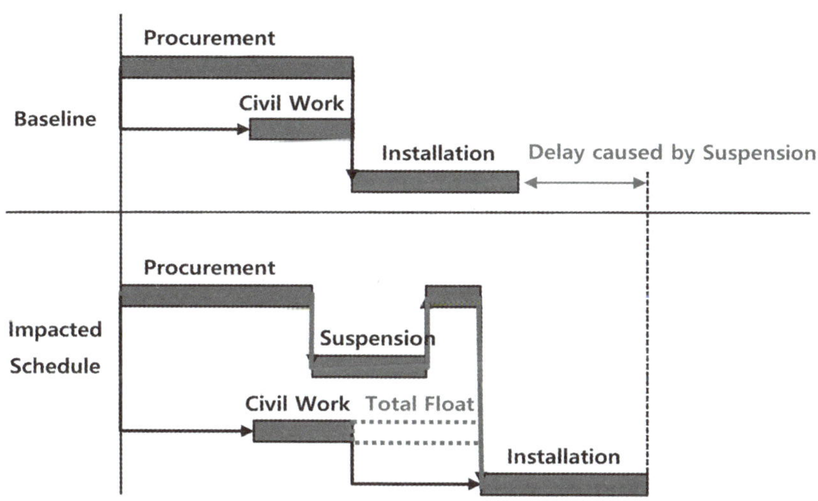

위 상황은 발주자가 공사중단(Suspension)을 지시해서 기자재 반입이 지연된 상황인데, 작업순서를 보면 관련된 굴착작업(Excavation) 및 기초공사(Foundation)가 완료되고 기자재가 반입되어야 설치가 가능하다. 이런 상황에서 발주자는 공사중단으로 인한 기자재의 반입지연도 발생했지만, 시공자가 토목작업(굴착작업 및 기초공사)을 늦게 한 것도 지연의 원인이며 결국 동시지연(Concurrent Delay)이라고 시공자에게 반박했다. 시공자는 이런 상황에서 어떻게 대응해야 할 것인가?

위 그림의 영향공정표(Impacted Schedule)를 보면 전체여유(Total Float)라고 표현한 부분이 있는데, 기자재의 반입이 늦어지면 기자재 반입과 관련된 작업이 주경로(Critical Path)가 되며, 토목작업은 기자재가 설치되기까지 여유(Float)가 발생한다. 쉽게 설명하자면, 기자재 반입지연이 예상되는 상황에서 시공자는 토목작업을 빨리 끝낼 아무런 이유가 없으며, 기자재의 반입 예상일정에

맞춰서 반입 직전에만 토목작업을 끝내면 되는 것이다. 따라서 토목작업은 주경로(Critical Path)가 아니며 결국 동시지연(Concurrent Delay)이라고 볼 수 없다. 이런 상황은 Pacing Delay[112]와도 비슷한 상황으로 해석할 수 있다.

이와 유사한 상황을 가정해보자. 발주자가 어떤 기자재를 시공자에게 제공해야 하는데(공급이 지연되고 있고), 시공자는 관련 작업이 늦어져서 그 기자재를 받아도 설치가 불가능한 상황에서 서로 눈치만 보는 상황이다. 시공자는 이런 상황에서 일단 기자재 공급지연에 따른 시공자의 권리를 주장해 볼 수 있다. 시공자의 작업이 늦었다고 해서 발주자가 시공자에게 기자재를 늦게 공급해도 되는 것은 아니며, 당초 날짜에 제공해야 하는 발주자의 의무가 없어지는 것도 아니기 때문에 시공자의 작업여부와 관계없이 관련 내용에 따라 발주자는 자신의 의무를 수행해야 한다. 정리하자면, 지연기간을 계산할 때, 기자재가 반입되기까지의 기자재 지연은 발주자가 책임지고, 기자재 반입 이후의 설치지연은 시공자가 책임을 져야 하는 것이다.

어떤 의미에서 위에 언급한 2가지 상황이 약간 모순적으로 느껴질 수 있는데, 정리하자면 아래와 같다.

[그림 6.14] 동시지연(Concurrent Delay) 상황

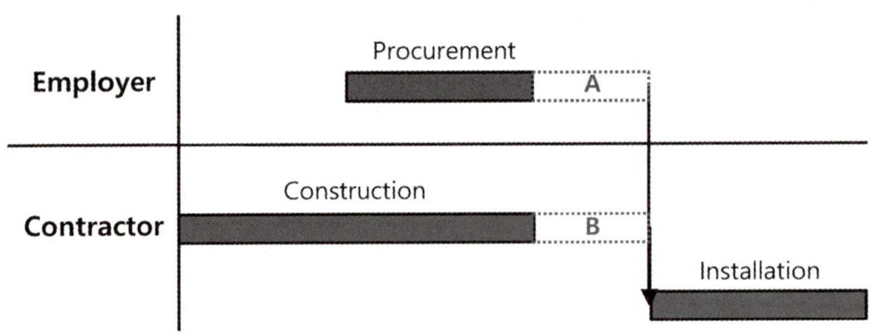

A의 예상기간이 B의 예상기간보다 크다면, 조달(Procurement) 작업이 주경로(Critical Path)이며 그 계약적인 책임은 발주자에게 더 크다고 볼 수 있다. 반대로 B의 예상기간이 A의 예상기간보다 길다면 시공자의 행위가 주경로를 결정하기 때문에 시공자의 책임이 더 크다고 해석될 수 있다. 전략적으로 고려한다면 시공자는 B기간이 A기간보다 짧게 예상되는 시점에(즉 A기간이 길어지면서 조달 작업이 주경로가 되므로), 발주자에게 이슈를 제기할 수 있을 것이다.

---

112) 이미 지연이 발생된 상황에서 자신의 작업속도를 늦추는 행위를 의미하며 자세한 내용은 '7장 공기지연 클레임, 1.2 지연의 종류'에 기술되어 있다.

다른 기준을 살펴보면 이벤트가 발생한 시점의 상황을 정확히 파악해야 한다. 공사중단(Suspension)이 발생한 시점에 시공자의 작업이 이미 늦은 상황이라면 발주자의 기자재 반입지연은 주경로(Critical Path)에 영향을 끼치지 않을 것이다. 그러나 그 시점에 시공자의 작업이 예상대로 진행되었다면 발주자의 공사중단이 주경로를 결정하고 이후에는 시공자가 여유(Float) 내에서 작업을 임의대로 조정할 수 있다. 따라서 이벤트가 발생한 시점의 상황이 중요하며, 동시지연(Concurrent Delay)을 입증, 분석할 때 완료시점에서의 완료공정표(As-Built Schedule)로는 지연기간을 정확하게 분석하기 어렵다. 결과만 분석하면 2개의 작업이 동시에 같이 지연되었기 때문에 어떤 원인이 어느 정도의 영향을 미쳤는지를 확인할 수가 없다. 따라서 이런 동시지연(Concurrent Delay) 상황을 정확히 분석하기 위해서는 실시간(Contemporaneously), 미래적(Prospective)인 분석 방법인 TIA(Time Impact Analysis), Window Analysis, TSWA(Time Sliced Window Analysis)를 사용해야 한다.

4.4 계약해지(Termination) 시 지체상금(Liquidated Damages) 적용

FIDIC 계약서는 Delay Damages에 대해서 아래와 같이 설명하고 있다.

> If the Contractor fails to comply with Sub-Clause 8.2 [Time for Completion], the Employer shall be entitled subject to Sub-Clause 20.2 [Claims For Payment and/or EOT] to payment of Delay Damages by the Contractor for this default. Delay Damages shall be the amount stated in the Contract Data, which shall be paid for every day which shall elapse between the relevant Time for Completion and the relevant Date of Completion of the Works or Section. The total amount due under this Sub-Clause shall not exceed the maximum amount of Delay Damages (if any) stated in the Contract Data.[113)]

지체상금은 Clause 15.2 Termination by Contractor's Default에 의거하여 계약이 해지된 경우를 별도로 하고 시공자의 계약 불이행에 대해 시공자로부터 지급받을 수 있는 유일한 손해배상금으로 볼 수 있다. 하지만 시공자가 이러한 배상금을 지급하였다고 해서 계약에 의거한 시공자의 공사완료에 대한 의무 또는 책임으로부터 시공자를 면제시키지 아니한다.[114)]

FIDIC 계약조건은 비록 손해배상액의 예정이라는 표현을 사용하고 있지는 않지만, 입찰서 부록에 지연일당 지연 손해배상금을 미리 정하도록 하고 있고, 지연으로 인한 손해배상액의 예정의 상한을

113) Clause 8.8, FIDIC Silver Book 2nd Edition (2017)

114) 김승현, 국제건설계약에서 시공자 책임제한법리, FIDIC 계약조건을 중심으로 (2013)

정하도록 규정하고 있다. 하루당 지연 손해배상액의 예정은 FIDIC Contracts Guide[115]에 따라 계약금액에 대한 일정 비율로 정해질 것을 제안하고 있다. 물론 계약서에 명기된 준거법을 고려하여야 하지만, 지연손해 예정 금액은 지연기간 동안 발주자의 감독 인력의 추가 일당, 하루당 해당 금융비용 등을 포함하는 통상손해 뿐만 아니라 예측가능한 영업손실 비용 등을 포함하는 합리적인 예측 비용(Pre-estimated of Loss)으로 산정 될 것을 요구한다.

[표 6.7] 표준계약서의 지체상금 조항

표준계약	관련조항	내용
WORLD BANK (2005)	F.26	If the Contractor fails to attain Completion of the Facilities or any part thereof within the Time for Completion or any extension thereof under GCC Clause 40, the Contractor shall pay to the Employer liquidated damages in the amount specified in the SCC as a percentage rate of the Contract Price, or the relevant part thereof.
NEC3 (2013)	X7.1	The Contractor pays delay damages at the rate stated in the Contract Data from the Completion Date for each day until the earlier of • Completion and • the date on which the Employer takes over the works.
AIA (2017)	4.3.1.C	Liquidated Damages. In the event the Contractor does not achieve Substantial Completion within the Contract Time, as defined in Section 4.3, including approved extensions, the Contractor shall pay Owner as Liquidated Damages and not as a penalty a Stipulated Sum of $ per calendar day until such time that the Contractor has achieved Substantial Completion in accordance with A201, Section 9.8 hereto (as modified).

위와 같은 상황에서 시공자에 의한 사유로 계약 완료 전에 계약해지(Termination)가 발생하면 발주자는 기 발생된 지연에 대한 지체상금 청구가 가능하다 그렇다면 시공자는 지체상금 지급만으로 책임이 제한될 수 있을까? 또한 계약해지 이후에 공사종료 지연에 대한 책임을 시공자에게 물을 수 있을까? 라는 의문이 생길 수 있다.

상기 주제와 관련하여 그간의 영국판례를 참고하면 100여년간 계약해지(Termination) 이후 기 합의된 지체상금 적용 방법에 대한 논쟁이 있었으며, 다양한 판례가 나온 바 있다. 영국법 하에서 동 주제와 관련하여 다수 언급되는 판례는 아래와 같으며 해석이 변화되었음을 알 수 있다.

115) The FIDIC Contracts Guide, 1st Edition (2000)

1) British Glanzstoff v. General Accident, etc, Ltd [1913] AC 143

첫 번째 판례는 빌딩계약(Building Contract)에서 시공자의 재정문제 등에 따른 계약이행 지연이 발생하였고, 계약적 절차에 따라 발주자가 계약해지(Termination) 후 제 3자에게 잔여 역무를 완료하도록 지시하고 시공자에게는 지연관련 지체상금을 청구한 것으로 법원은 시공자가 역무를 완료 하였지만, 동 역무완료에 지연이 있었던 경우에 한하여 지체상금 조항[116]이 적용되는 것으로 판시하였다.

> The court stated that "If the contractor has actually completed the works, but have been late in completing the works, in that case only, the LD clause applies"

[그림 6.15] 계약해지(Termination)이후 지체상금 적용 사례 1

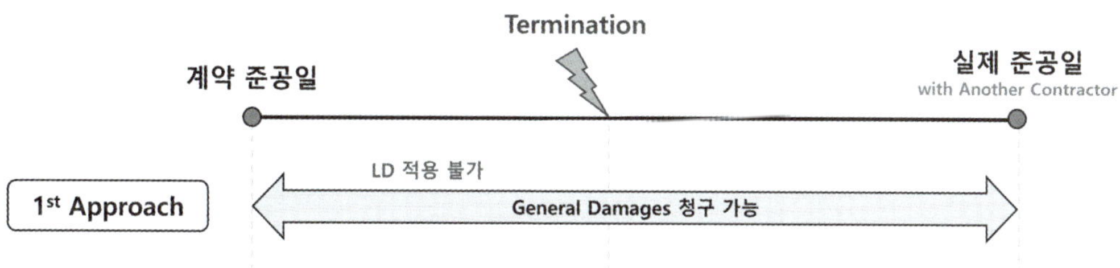

즉, 지체상금 금액에 대한 합의에도 불구하고, 지체상금 조항에 따라 계약자의 역무완료 전에 계약해지시 지체상금 청구는 불가하다는 판결이다. 단, 발주자의 입증책임 부담 하에 일반적 손해(General Damages)는 청구 가능하다는 것이다.

2) Shaw v. MFP Foundations and Pilings Ltd [2010] EWHC 1839(TCC)

앞에서 소개한 British Glanzstoff v. General Accident, etc, Ltd [1913] 판례 이후 수십년 동안 동 판례는 거의 잊혀지고, 영국법원은 분리방식 즉, 계약해지(Termination) 전/후 시점에 따라 지체상금 조항의 적용 여부를 달리하는 '분리방식'을 선호하게 되었다.

이 판례는 관리사무소 증축, 수리 등과 관련된 계약에서 시공자의 계약이행이 지연되었고 이에 대해 발주자는 지체상금 요율(Rate)의 불공정성과 함께 시공자와 계약해지(Termination) 후 손해배상에 대한 중재를 진행하였고,[117] 그 결과에 대한 중재 불복소송(Arbitration Appeal)을

116) "… as liquidated damages for ever week beyond the said date, during which the works shall remain unfinished."

117) The arbitrator decided, amongst other things, that MFP's failure or refusal to replace the defective stone windows amounted to a repudiatory breach of contract which was accepted by the Shaws.

청구하였다. 이에 법원은 계약해지 시점까지는 당사자 간의 합의 사항인 지체상금 조항을 적용하여 손해배상금액을 산정하고, 그 이후부터는 일반손해(General Damages) 배상 청구가 가능함을 다음과 같이 판시 하였다.

> …after the date of termination the parties are no longer required to perform their primary obligations under the contract and so the contractor's obligation to complete by the completion date no longer remains and the provision for liquidated damages therefore becomes irrelevant. In its place arises an obligation to pay damages for the employer's losses resulting from the breach of contract, including damages for any loss resulting from any further delay…

즉, '분리방식'에 따라 계약 해지일까지는 당사자 간에 기 합의된 지체상금 조항을 적용하고, 동 해지시점 이후로는 발주자에게 입증 책임이 있는 일반적 손해(General damages) 배상을 적용한 판결로서, 이는 일반적인 계약조건인 계약해지(Termination) 전 accrued rights and obligations는 동 계약해지에 영향을 받지 않는다는 원칙을 반영한 결과이다.

[그림 6.16] 계약해지(Termination)이후 지체상금 적용 사례 2

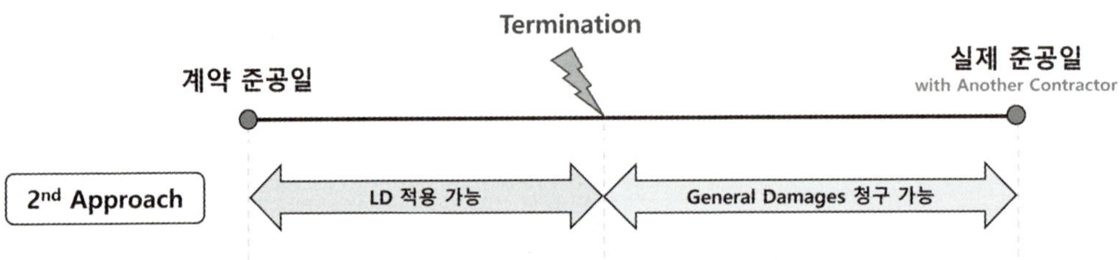

3) Crestdream v. Potter Interior Design [2013] HCCT 32/2013

이번 판례는 건물 리모델링 공사에서 시공자의 계약위반에 따라 발주자가 계약을 해지 하였고, 발주자가 지체상금을 청구한 것과 관련하여 시공자는 계약해지 시점까지만 지체상금이 적용됨을 주장하였고, 이에 대해 법원은 앞서 소개한 2가지 판례와는 달리, 원 시공자는 지체상금 조항은 계약해지 시점까지가 아닌 신규 시공자의 실제 역무완료 시점까지 합의된 지체상금 지급 의무가 있음을 인정하는 판결을 하였다.

> The court held that LD provision applied up to the date of actual completion of the works (even though completion was by another contractor). Another court has also held recently that LDs is an EPC contract for solar plants would continue to apply after the termination of the contract and up to the date of actual commissioning of the plants.

[그림 6.17] 계약해지(Termination)이후 지체상금 적용 사례 3

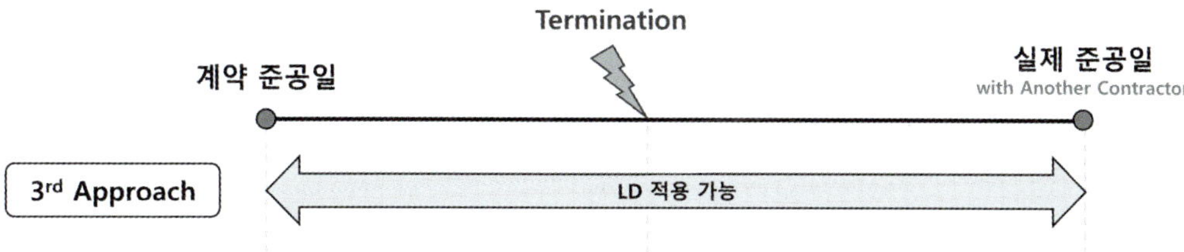

이후에도 상기 3가지 해석방법 중 무엇을 적용해야 하는지에 대해서 많은 혼란이 발생하였다. 하지만 이 판결(3rd Approach)과 관련하여 많은 의문에도 불구하고 최근까지 적용되는 경향이 있었다. Construction Law Update[118] 에서도 Hall v Van Der Heiden 판례를 통해 아래와 같이 설명하고 있다.

> In Hall v Van Der Heiden (No 2),[119] Coulson J (as he then was) held that the employer was entitled to liquidated damages not only up to the date of termination, but up to the date at which practical completion was achieved by the replacement contractor. This decision was regarded as 'questionable' by Hudson,[120] but was followed in Hong Kong in Crestdream v Potter Interior Design and in BPP Big Field LLP v Solar EPC Solutions SL.[121]

4) Tripe Point Technology, Inc v. PTT Public Company Ltd Hall [2019] EWCA Civ 230

최근에 어떤 해석방법이 적용되어야 하는지에 대한 가이드를 명확히 제시한 판례가 'Triple Point Technology' 사례이다. 이 판례는 소프트웨어 구매계약 상 납품지연 및 대금지급 관련 분쟁 후 계약자의 계약이행 거절에 대해 발주자의 지체상금 청구와 관련하여 계약자는 미완료 역무이기 때문에 지체상금 적용 불가를 주장하였다. 이에 대해 법원은 상기 1st Approach의 Glanzstoff 판례와 유사하게 해석하였는데, 계약서의 지체상금 조항을 근거로 미완료 역무에 대해서 지체상금 적용이 불가하고 발주자의 입증을 통한 일반적 손해(General Damage)를 인정하였다. 그리고 2nd Approach와 3rd Approach에 대하여 다음과 같이 재평가 하였다.

---

118) Construction Law Update - A paper presented to the Society of Construction Law Annual Spring Conference in Leeds on 6th March 2020 (September 2020)

119) Hall v Van Der Heiden (No 2) [2010] EWHC 586 (TCC).

120) N Dennys and R Clay, Hudson's Building and Engineering Contracts (13th edition, Sweet & Maxwell 2015), page 733.

121) BPP Big Field LLP v Solar EPC Solutions SL [2018] EWHC 2866 (Comm). 36 Bluewater Energy Services BV v Mercon Steel Structures BV [2014] EWHC 2132 (TCC).

[표 6.8] 계약해지(Termination)시 지체상금 적용에 대한 재평가

구분	주요 내용	재평가
2nd Approach	계약해지 시점까지 지체상금 적용가능	발주자가 인위적으로 계약해지 시점을 조정해서 지체상금 적용기한을 조정하는 것으로 악용할 수 있기 때문에 불합리함.
3rd Approach	실제 역무완료 시점까지 지체상금 적용가능	발주자가 신규 계약자와 지체상금 적용기간을 조정하는 것으로 악용할 수 있기 때문에 불합리 함

결론적으로 2nd Approach와 3rd Approach의 불합리한 면을 고려하여, 지체상금 적용여부는 계약서의 지체상금 조항의 합의 내용에 따라 판단하여야 한다는 취지의 판결을 하였다.

[그림 6.18] 계약해지(Termination)이후 지체상금 적용 사례 4

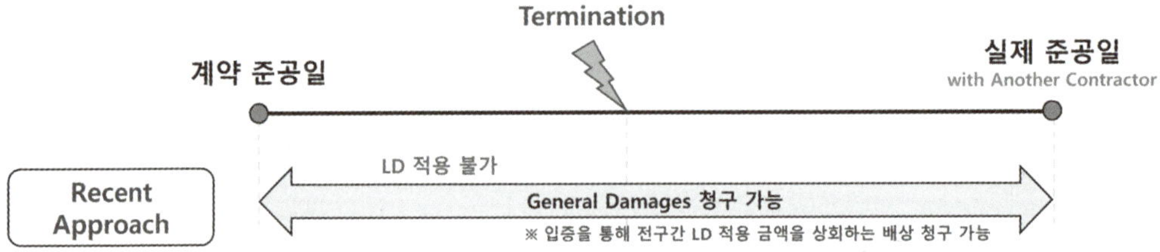

이 판례에 따라, 발주자는 지체상금 미적용에도 불구하고, 일반적 손해(General Damages)의 적용을 통해 지체상금을 적용하는 것보다 더 큰 금액을 보상 받을 수 있는 사례가 마련되었다. 그러나 여전히 해당 판결에 대해 전문가들로부터 많은 논쟁을 불러일으키고 있으며, 현재 영국 대법원(Suptreme Court)의 최종 판결을 기다리고 있는 중이다.

비판적인 측면에서, 영국법상 계약해지의 가장 큰 특징인 해지권을 행사하면 계약의 효력이 장래에 대하여만 상실된다는 점에서 해당 판례의 결론은 계약해지의 장래효와 배치되는 면이 있다고 주장하는 의견이 있다. 즉 시공자가 완공예정일까지 완공을 하지 못하여 LD가 누적되고 있는 상황에서 발주자가 완공일 전에 계약 해지를 한 경우, 기발생한 LD가 소급해서 무효가 되고 발주자는 일반적 손해(General Damages)만 청구 가능하다고 하는 것은 영국 계약법과 배치되는 부분이 있다고 보는 견해이다.[122)]

122) Serena Lee, An employer's (dis)entitlement to liquidated damages for delay where the contractor never completes: defending 'orthodoxy, (2020)

상기 판례를 종합해 보면, 계약조건 및 상황이 상이하긴 하지만, 시간이 흐르면서 지체상금 부과에 대한 접근 방법에 변경이 있었음을 알 수 있다. 따라서 지체상금 조항에 지체상금 부과 및 금액 산정 조건을 명확하게 기재해야 하며, 계약서의 해당 문구에 따라 법원이 어떤 해석을 적용할지 결정한다는 점을 충분히 이해해야 한다.

[그림 6.19] 계약해지(Termination)이후 지체상금 적용 사례 요약

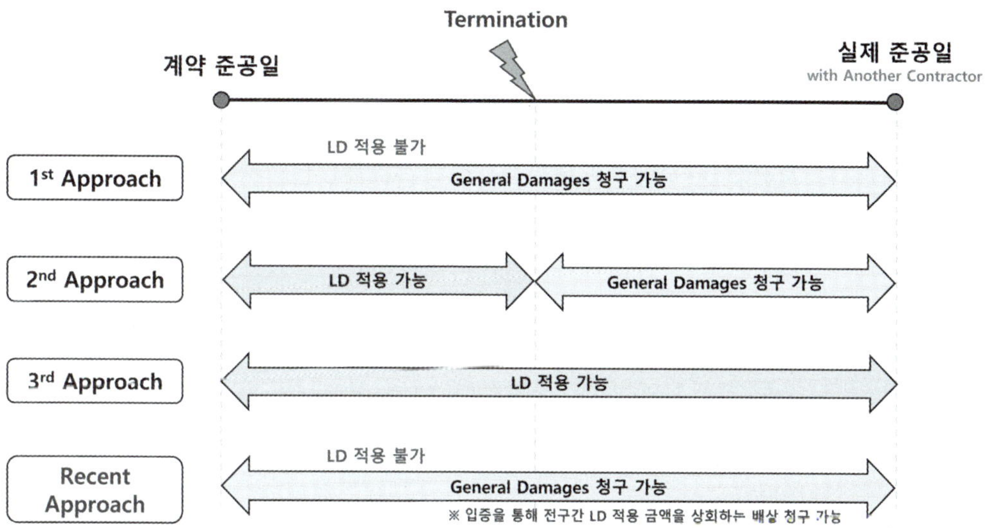

참고로, 대부분의 표준계약서 내 지체상금 조항은 상기 1st approach 및 Recent Approach와 동일하게 예정완료일로부터 실제완료일까지의 지연기간을 기준으로 지체상금을 산정하는 문구들을 규정하고 있다. 특히 준거법이 영국법(English Law)인 경우 역무완료 전 계약해지 (Termination) 시 지체상금 조항 적용이 불가할 수 있으며, 이 경우 원도급 계약 시 발주자 그리고 하도급 계약시 시공자는 일반적 손해(General Damages)를 입증해야만 비로소 손해배상을 받을 수 있는 예측할 수 없는 위험에 놓일 수 있다. 따라서 지체상금 적용 불가에 따른 일반적 손해(General Damages)를 입증해야 하는 리스크를 제거할 필요가 있으며, 필요하다면 역무 완료 전 계약해지(Termination) 시 지체상금 적용 조건을 계약서에 명확히 규정해야 할 필요가 있다.

CHAPTER 07

공기연장 클레임

Extension of Time Claim

공기연장 클레임(EOT Claim)은 클레임 분야에서 자주 발생하는데 반해, 계약적 완료일이 도래하기 전에 발주자가 쉽게 동의하거나 합의하는 경우는 거의 없어서 프로젝트 완료시점까지 문제를 발생시키는 클레임 형태이다. 이 장에서 공기연장 클레임에 대한 기본적인 개념과 구체적인 방법 등을 설명할 예정이다.

7 공기연장 클레임

Extension of Time Claim

1. 개요

1.1 정의

지연(Delay)은 여러 가지로 정의하고 있으나 일반적으로 아래와 같은 상황에 사용되고 있다.

- 예상했던 것보다 늦게 발생한 경우
- 계획했던 것보다 늦게 수행된 경우
- 적절한 시기에 수행되지 않은 경우

건설공사에서 예상시점이나 적절한 시기란 결국 계획시점을 기준으로 판단하는 것이다. 프로젝트가 시작되면 계획공정표를 작성하고 이것을 목표로 프로젝트를 진행하는데, 계획보다 실적이 늦게 진행될 때 지연이 발생했다고 한다.

[그림 7.1] 계획/실적 공정표123)

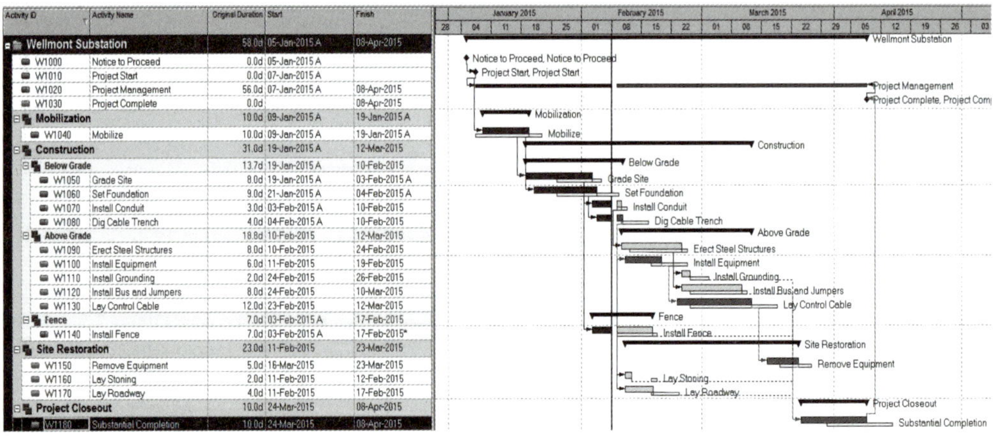

Activity ID	Activity Name	Original Duration	Start	Finish
Wellmont Substation		58.0d	05-Jan-2015 A	08-Apr-2015
W1000	Notice to Proceed	0.0d	05-Jan-2015 A	
W1010	Project Start	0.0d	07-Jan-2015 A	
W1020	Project Management	56.0d	07-Jan-2015 A	08-Apr-2015
W1030	Project Complete	0.0d		08-Apr-2015
Mobilization		10.0d	09-Jan-2015 A	19-Jan-2015 A
W1040	Mobilize	10.0d	09-Jan-2015 A	19-Jan-2015 A
Construction		31.0d	19-Jan-2015 A	12-Mar-2015
Below Grade		13.7d	19-Jan-2015 A	10-Feb-2015
W1050	Grade Site	8.0d	19-Jan-2015 A	03-Feb-2015 A
W1060	Set Foundation	9.0d	21-Jan-2015 A	04-Feb-2015 A
W1070	Install Conduit	3.0d	03-Feb-2015 A	10-Feb-2015
W1080	Dig Cable Trench	4.0d	04-Feb-2015 A	10-Feb-2015
Above Grade		18.8d	10-Feb-2015	12-Mar-2015
W1090	Erect Steel Structures	8.0d	10-Feb-2015	24-Feb-2015
W1100	Install Equipment	6.0d	11-Feb-2015	19-Feb-2015
W1110	Install Grounding	2.0d	24-Feb-2015	26-Feb-2015
W1120	Install Bus and Jumpers	8.0d	24-Feb-2015	10-Mar-2015
W1130	Lay Control Cable	12.0d	23-Feb-2015	12-Mar-2015
Fence		7.0d	03-Feb-2015 A	17-Feb-2015
W1140	Install Fence	7.0d	03-Feb-2015 A	17-Feb-2015*
Site Restoration		23.0d	11-Feb-2015	23-Mar-2015
W1150	Remove Equipment	5.0d	16-Mar-2015	23-Mar-2015
W1160	Lay Stoning	2.0d	11-Feb-2015	12-Feb-2015
W1170	Lay Roadway	4.0d	11-Feb-2015	17-Feb-2015
Project Closeout		10.0d	24-Mar-2015	08-Apr-2015
W1180	Substantial Completion	10.0d	24-Mar-2015	08-Apr-2015

123) Primavera Program으로 작성된 공정표이며, 해외건설 프로젝트에서는 입찰 안내서에 Primavera Program으로 공정표를 작성하라는 요구사항이 대부분 포함되어 있다. 이에 따라 Primavera Program이 가장 많이 사용되고 있으며, 현재는 Oracle사에 합병되어 운영중이다.

공기연장 클레임(EOT Claim)에 있어서 다음 3가지 개념을 고려하여 지연 여부를 결정해야 한다.

1) 실제 지연과 예상 지연
2) 단위공사의 지연과 전체공사의 지연
3) 지연(Delay)과 방해/간섭(Disruption)의 차이

첫 번째로 지연이 실제 발생한 것에 한정되는지의 여부이다. 즉 실제 지연이 발생했을 때에만 지연이라고 볼 수 있는지 또는 지연이 예상되는 것도 지연으로 볼 수 있는지 여부이다. 아래 그림을 참고하면, ① 시점에서는 보통 지연을 예상할 수 있고, ② 시점에는 실제 지연이 발생했다라고 볼 수 있는데, 공기연장 클레임(EOT Claim)의 관점에서 보면 둘 다 지연으로 고려하여 관련된 클레임을 제기할 수 있다. 그러나 ① 시점에서의 지연은 확정단계가 아니기 때문에 정확한 지연기간을 산출하기 어렵고 법적으로도 주장하기가 매우 어렵다고 볼 수 있다. 시간이 경과함에 따라 그러한 지연이 실제로 확정되면, 그에 따라 클레임이 확정될 수 있다. 즉 ① 시점 이후 완료시점까지 어떤 일이 추가로 발생했는지에 대한 분석이 마무리되어야 최종적으로 합의할 수 있을 것이다. 이러한 이유 때문에 프로젝트의 중간시점에서 제출하는 클레임에 대한 합의가 이루어지기 힘들며, 보통 프로젝트의 완료시점에 이르러서 지연기간이 확정된 이후에 비로소 공기연장 클레임(EOT Claim)에 대한 합의가 진행된다.

[그림 7.2] 실제지연과 예상지연

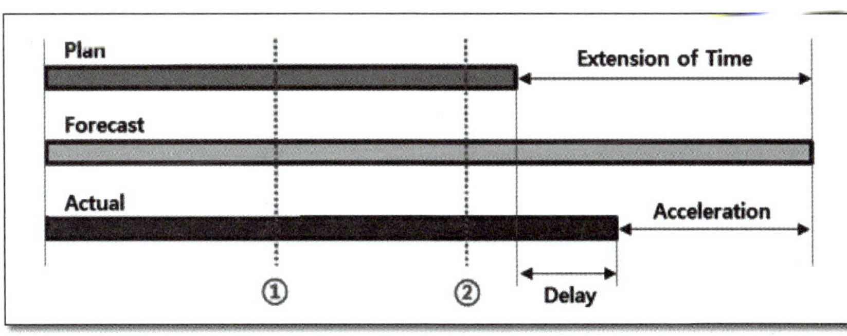

두 번째로 단위공사의 지연과 전체 프로젝트의 지연에 어떤 차이가 있는지의 여부다. 개별적인 공종별로 지연이 발생했는데, 전체 프로젝트에 지연이 발생하지 않았다면, 이러한 상황이 공기연장 클레임(EOT Claim)에 해당되는지에 대한 여부이다.

[그림 7.3] 단위공사의 지연과 전체 프로젝트의 지연

Activity ID	Activity Name	Original Duration	Start	Finish	Total Float
(New Project)		155	2015-10-21	2016-03-23	0
A1000	1 번 Activity	30	2015-10-21	2015-11-19	0
A1010	2 번 Activity	15	2015-11-20	2015-12-04	0
A1020	3 번 Activity	30	2015-12-05	2016-01-03	20
A1030	4 번 Activity	60	2016-01-24	2016-03-23	0
A1040	5 번 Activity	25	2015-11-20	2015-12-14	0
A1050	6 번 Activity	40	2015-12-15	2016-01-23	0

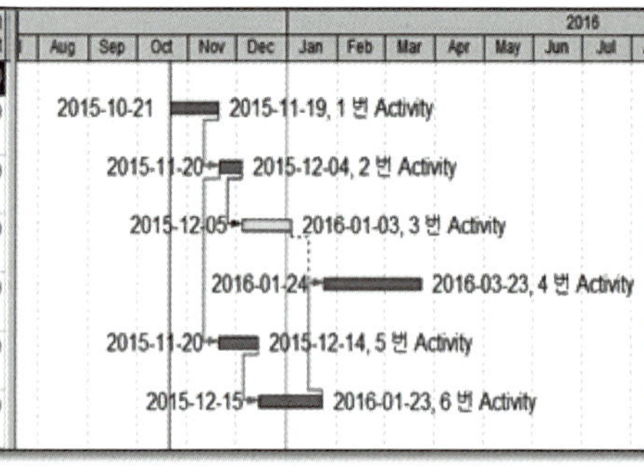

위 그림에서 3번 Activity는 후속작업인 4번 Activity와 약간의 여유가 있는 것을 확인할 수 있다. 즉 3번 Activity는 1월 3일에서 1월 23일까지 20일이 지연되어도 후속 4번 Activity의 시작일인 1월 24일에는 지장을 주지 않는다. 결국 3번 Activity는 20일의 여유(Float)을 가지고 있으며, 이 여유를 다 소진할 때까지는 전체 프로젝트에 지연을 발생시키지 않으므로 공기연장 클레임(EOT Claim)의 대상이 아니며, 여유를 소진한 이후에 전체 프로젝트에 지연을 발생시킬 때 비로소 공기연장 클레임의 대상이 된다. 관련된 내용을 참고하면 아래와 같다.

> …where there is remaining total float in the program at the time of an Employer Risk Event, an EOT should only be granted to the extent that the Employer Delay is predicted to reduce to below zero the total float on the critical path affected by the Employer Delay to Completion.[124)]

공기연장(Extension of Time)은 여유(Float)를 소진한 이후에 허용되는 것으로 설명하고 있다. 이러한 내용을 이해하기 위해서 2가지 개념에 대한 이해가 필요하다. 먼저 여유의 의미인데, 일반적으로 학계에서 여유의 소유권이 발주자, 시공자 어느 일방에 있다고 보지 않기 때문에 어느 계약당사자가 여유의 소유권을 주장하거나 여유 사용에 대하여 상대방에게 클레임을 청구하기는 어렵다. 다음은 공기연장 클레임의 목적은 결국 완료일의 조정에 대한 클레임을 하는 것인데, 여유를 소진할 때까지는 완료일이 변경되지 않기 때문에 공기연장 클레임을 할 수 없는 것이다.

세 번째로 고려해야 할 내용은 지연(Delay)과 방해/간섭(Disruption)의 차이이다. 만약 발주자가 책임져야 하는 행위로 인하여 어느 작업에 지연이 발생하였으나, 여유(Float)때문에 전체 프로젝트에 지연이 발생하지 않았다면 시공자는 아무런 클레임 행위를 할 수 없고 그냥 피해를 감수해야 하는 것일까?

---

124) Core Principles 8, The Society of Construction Law, Delay and Disruption Protocol 2nd Edition (2017)

이런 경우에 방해/간섭(Disruption) 클레임 분석이 필요한데, 지연과 방해/간섭과의 차이에 대해서 Delay & Disruption Protocol을 참고하면 아래와 같다.

> It is possible for work to be disrupted and yet for the works still to be completed by the contract completion date. In this situation, the Contractor will not have a claim for an EOT, but it may have a claim for the cost of the lost productivity.[125)]

작업에 방해를 받아서 문제가 발생했어도 여전히 완료일 이내로 끝날 수 있다면 시공자는 공기연장 클레임(EOT Claim)을 할 수 없고 생산성과 관련된 클레임을 할 수 있다고 설명하고 있다. 아래 그림으로 확인하면, 당초 3일 동안 작업을 진행하려 했으나 실제로는 5일 동안 작업이 진행되었다면, 이는 2일 동안 작업기간이 늘어난 것이고 결국 생산성과 관련된 문제라고 볼 수 있다. 예를 들어서 하루에 100m^3 만큼 Con'c 타설을 계획해서 3일 동안 300m^3을 끝내려고 했으나 어떤 문제가 발생해서 1일 평균 60m^3 밖에 진행하지 못했고 결국 300m^3을 끝내기 위해서 5일이 소요된 것이다. 결국 1일 생산성이 100m^3에서 60m^3으로 저하되었으며, 이런 생산성 저하는 방해/간섭(Disruption)인 것이다.

[그림 7.4] 지연(Delay)과 방해/간섭(Disruption)의 차이

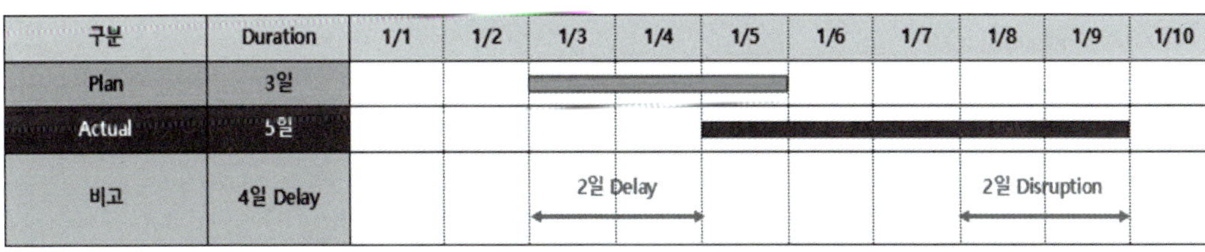

위의 예시를 보면 당초에는 1월 3일에 시작하려고 했으나 실제로는 1월 5일에 시작했기 때문에 시작시점이 2일 지연(Delay)되었다. 또한 생산성 저하로 인하여 작업일수가 2일 증가해서, 결국 전체적으로 4일이 지연되었는데, 그 중 2일은 시작시점의 지연, 나머지 2일은 방해/간섭으로 발생한 것이다. 정리하자면 지연은 시작시점 또는 종료시점을 기준으로 어떤 상황을 분석하는 것이며, 방해/간섭은 생산성과 관련된 특정작업의 작업기간을 분석하는 것이다.

125) Guidance Part A, The Society of Construction Law, Delay and Disruption Protocol 2nd Edition (2017)

1.2 지연(Delay)의 종류

지연은 계약적인 해석에 따라 아래와 같이 구분된다. 첫 번째 기준은 시공자가 통제할 수 있었는지의 여부에 따라 면책 가능한 지연(Excusable Delay) 또는 면책 불가능한 지연(Non-excusable Delay)으로 구분된다. 면책 가능한 지연은 발주자가 통제할 수 있었는지의 여부에 따라 다시 보상 가능한 지연(Compensable Delay) 또는 보상 불가능한 지연(Non-compensable Delay)으로 구분된다.

[그림 7.5] 지연(Delay) 구분

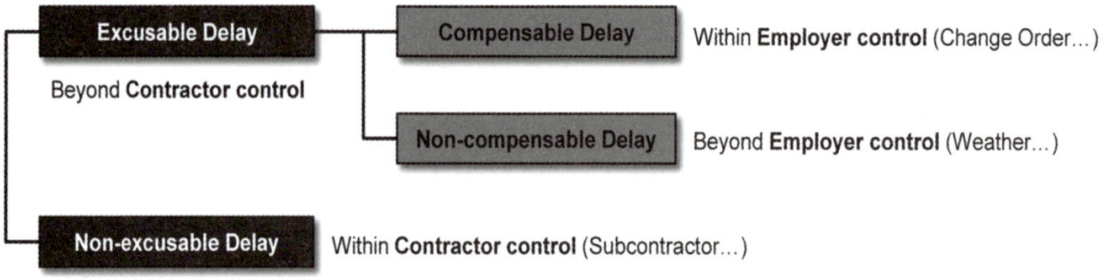

시공자가 통제할 수 있었던 지연은 면책 불가능한 지연(Non-excusable Delay)으로 해석되는데, 주요 사례는 아래와 같다.[126)]

- 계약 체결시 예견 가능했던 현장조건, 설계 또는 시공상의 어려움들
- 시공자 통제하의 하도급자 또는 기자재 공급업자들에 의한 면책 불가한 이행지체
- 시공자가 하도급자와 기자재 공급업자들을 선정하고 관리감독 미비로 인해 발생한 이행지체
- 시공자의 공사착공 지체
- 시공자의 재정적 어려움
- 계약 체결시 예견 가능했던 통상의 기후조건
- 하자 있는 혹은 부적합한 공사수행
- 공사에 필요한 자재 혹은 설비를 적시에 구비하지 못한 사유

이러한 상황에서 발생한 지연은 클레임의 대상이 될 수 없으며, 결국 시공자 스스로가 지연을 만회(Recovery)해야 하며, 어떠한 보상도 기대하기 힘들다.

---

126) 정홍식, 국제건설계약에서의 완공의 지연, 국제건설에너지법 이론과 실무 (2017)

시공자가 통제할 수 없었던 지연은 면책 가능한 지연(Excusable Delay)인데, 발주자도 통제할 수 없었다면 보상 불가능한 지연(Non-compensable Delay)으로 해석되고 발주자가 통제할 수 있었다면 보상 가능한 지연(Compensable Delay)으로 해석된다. 먼저 보상 불가능한 지연의 예를 참고하면 아래와 같다.[127)]

- 비정상적인 가혹한 기후조건
- 계약 체결시 예견할 수 없었던 파업과 그 밖의 노사문제
- 공사지 국가의 주권행위
- 천재지변에 의한 예견 불가능한 자연재해

이러한 지연은 보통 불가항력(Force Majeure) 상황과 거의 비슷한데, 계약참여자 중 어느 누구에게 책임을 묻거나 통제할 수 없는 지연이 이에 해당한다. 보상 불가능한 지연(Non-compensable Delay)은 보통 공기연장은 허용되나, 그에 따른 비용 보상은 허용되지 않는다. 동시지연(Concurrent Delay)도 이와 거의 비슷하게 해석되는데, 지연에 대한 책임을 명확하게 구분해서 상대방에게 묻기 어렵기 때문에 시공자에게 공기연장은 허용되고 비용보상은 하지 않는 것으로 해석된다.

시공자가 통제할 수 없었으나 발주자가 통제할 수 있었던 지연은 보상 가능한 지연(Compensable Delay)로 해석되고 발주자는 이에 따른 공기연장 및 비용을 시공자에게 보상해줘야 하는데, 아래의 사례는 시공(Construction) 계약에서 발주자의 주요한 의무이며 하기 의무를 게을리한 경우 보상 가능한 지연(Compensable Delay)상황이 발생한다.[128)]

- 공사대금, 지급절차, 공사변경절차, 검사 및 승인절차 등의 사안들을 효율적으로 관리
- 시공자가 적시에 현장에 접근할 수 있는 모든 필요한 조치
- 시공자가 공사를 진행하는데 필요한 사전작업 완료
- 완공검사를 실시하고 거절권을 적시에 그리고 합리적으로 행사
- 적절한 설계자료를 제공하고 설계상의 오류를 즉시 교정
- 다른 시공자와의 작업을 잘 조정
- 발주자가 제공하기로 되어있는 자재나 설비를 적시공급
- 발주자만이 제공할 수 있는 정보나 자료를 제때 제공
- 합리적인 기간의 공기연장을 적시에 부여
- 요구된 발주자의 지침 및 통지를 적시에 제공
- 사전 현장조사와는 중대하게 다른 현장 조건의 발견

127) 상동
128) 상동

지연(Delay)의 구분에 따른 공사기간 연장과 비용보상을 요약하면 아래와 같다.

[표 7.1] 지연의 구분에 따른 계약적 적용

Delay		공사기간 연장	비용 보상
Non-excusable		X	X
Excusable	Compensable	O	O
	Non-compensable	O	X

[그림 7.6] 지연(Delay)의 검토순서

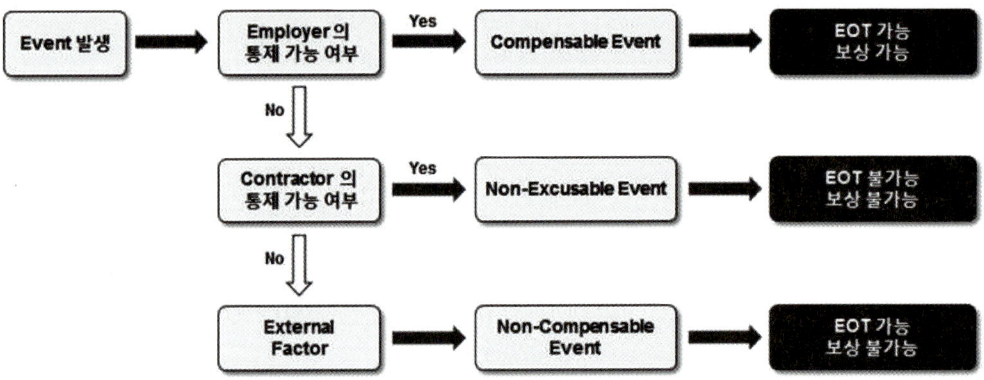

이외에 지연(Delay)을 구분하는 기준으로 Critical Delay/Non-critical Delay 또는 동시지연(Concurrent Delay)이 있는데, 동시지연의 정의를 참고하면 아래와 같다.

> A period of project over-run which is caused by two or more effective causes of delay which are of equal causative potency.[129)]

동시지연(Concurrent Delay)은 Delay and Disruption Protocol을 참고하면 True Concurrency 상황과 그렇지 않은 상황으로 구분될 수 있다.

---

129) P. J. Keane & A. F. Caletka, Delay Analysis in Construction Contracts 2nd Edition (2015)

[그림 7.7] 동시지연의 구분

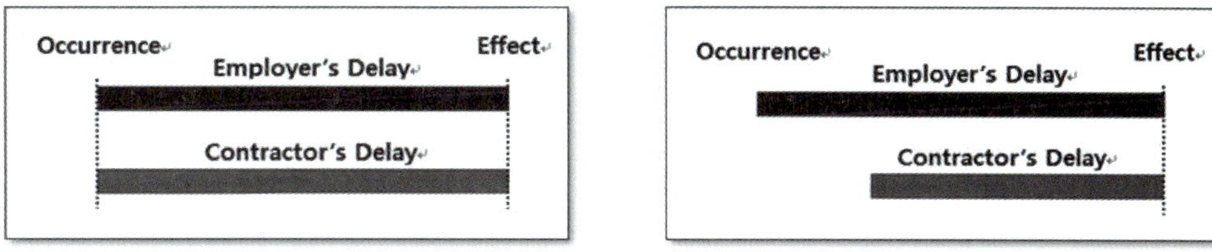

〈True Concurrency〉 〈Concurrency〉

발주자와 시공자의 지연이 동시에 발생해서 동일한 영향을 끼치는 경우에 True Concurrency라고 정의하나, 현실적으로 이런 경우는 거의 발생하지 않는다고 볼 수 있다. 이런 상황에서 관련된 호주 Standard Contract AS4000 조항을 참고하면 아래와 같다.

> Where more than one event causes concurrent delays and the cause of at least one of those events, but not all of them, is not a employer time risk event, then to the extent that the delays are concurrent, Contractor shall not be entitled to an extension of time for practical completion

이 조항을 일반적으로 해석하면 동시지연(Concurrent Delay)이 발생하는 경우에 시공자는 공기연장에 대한 권리가 없는 것으로 볼 수 있는데, 여기에 대한 해석을 참고하면 아래와 같다.

> This clause, therefore, in contrast to the approach of most UK standard forms, serves to deny Contractor an extension of time in circumstances of true concurrency.[130)]

즉 이러한 조항은 True Concurrency 상황에 적용되는 것으로 설명하고 있다. 그런데 이러한 조항이 동시지연(Concurrent Delay) 상황에서 시공자의 권리가 무조건 없어지는 것으로 잘못 해석되어서는 안 되며, True Concurrency라는 제한적 상황에서 적용되는 것으로 해석해야 한다. 최근 동남아의 계약조건을 보면 이와 비슷한 조항이 계약서에 포함되는 경우가 많은데 동시지연 상황에 무조건 시공자의 권리를 제한하는 것으로 악용되고 있다. 따라서 입찰시에 위의 조항이 부득이하게 포함되어도 True Concurrency 경우에 적용되는 것으로 주장할 필요가 있다. 거의 발생하지 않는 True Concurrency 상황을 제외한 일반적인 동시지연이 발생했을 때의 원칙에 대하여 Delay and Disruption Protocol은 아래와 같이 설명하고 있으며 대부분의 학계 의견도 이와 비슷한 입장을 취하고 있다.

130) Keith Pickavance, Delay and disruption in construction contracts, 4th Edition (2016)

> Where Contractor Delay to Completion occurs or has an effect concurrently with Employer Delay to Completion, the Contractor's concurrent delay should not reduce any EOT due.[131)]

동시지연(Concurrent Delay) 상황에서 시공자의 지연은 공기연장기간을 감소시키지는 않는다고 설명하고 있다. 앞서 보상 불가능한 지연(Non-compensable delay)에서 설명했듯이 동시지연은 공기연장은 인정되고 비용보상은 되지 않는 것으로 해석되는 것이 일반적이다. 한편 2017년에 개정된 Delay and Disruption Protocol을 참고하면 최근 판례를 고려하여 동시지연에 대한 해석을 과거에 비해 달리 하고 있다.

[그림 7.8] 동시지연(Concurrent Delay) 예시

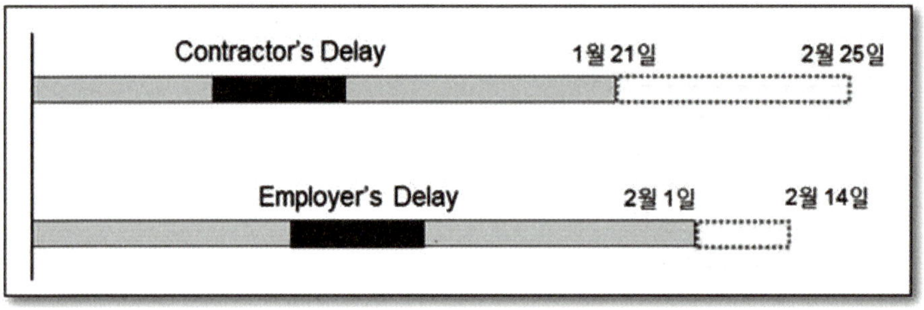

인용된 판례에서는 시공자의 지연이 먼저 발생하였고, 그 영향이 발주자 지연보다 더 큰 상황이었다. 위의 상황에서 과거 판례를 고려한다면 동일한 시기에 영향을 끼친 2월 1일부터 2월 14일까지는 지체상금을 부과하지 않았으며, 그 기간을 제외한 기간에만 지체상금을 부과하였다.

[그림 7.9] 동시지연(Concurrent Delay)시 과거 판례

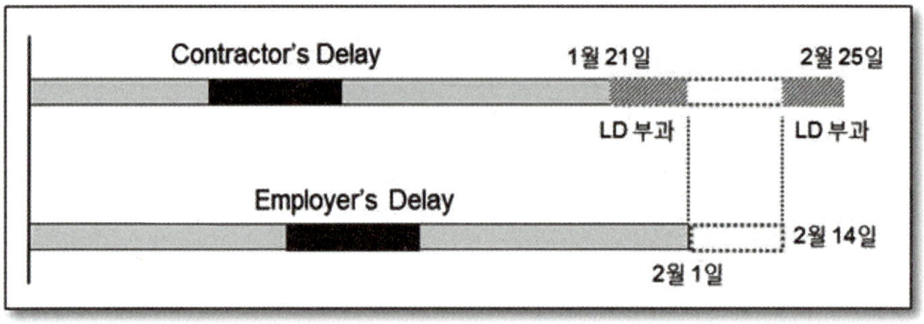

131) Core Principles 10, The Society of Construction Law, Delay and Disruption Protocol 2nd Edition (2017)

그러나 Delay and Disruption Protocol 2nd Edition(2017)은 최근 판례[132]를 참고하여 아래와 같은 해석을 추천하였다. 즉 영향이 동시에 발생된 기간이 있음에도 불구하고 전체 지연에 대한 지체상금을 시공자에게 부과한다고 해석하였는데, 중요한 기준은 시공자의 지연이 먼저 발생했고 이미 지연을 발생시켰기 때문에 발주자의 지연은 관계가 없는 것으로 판단하였다. 만약 발주자의 지연이 먼저 발생했거나 또는 발주자의 지연이 2월 25일 이후로 더 영향을 끼쳤다면 판단이 달라졌을 것이다. 그렇다고 해서 동시지연(Concurrent Delay)이 시공자의 공기연장 권리에 영향을 끼치지 않는다는 원칙이 바뀌는 것은 아니며, Delay and Disruption Protocol은 이러한 상황은 동시지연 상황이 아니라고 설명하고 있다.

[그림 7.10] 동시지연(Concurrent Delay)시 최근 판례

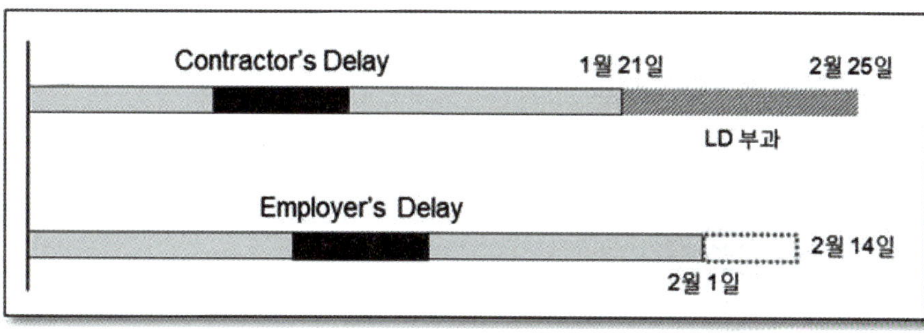

공기지연에 관한 협상을 진행할 때 발주자가 시공자에게 가장 많이 반박하는 포인트는 시공자도 지연을 발생시켰으므로 동시지연(Concurrent Delay)이 있어서 보상을 할 수 없다거나 시공자의 지연을 설명할 것을 요청하며 공기지연을 거부하는 경우가 많다. 이와 같은 상황에 위에 설명한 내용을 기반으로 2가지로 구분해서 반박할 수 있는데, 먼저 지연이 발생한 시기에 따라 구분이 필요하다. 일반적으로 지연이 발생한 시점을 기준으로 구분해서 분석해야 하며 만약 발생시점이 1개월 이상 차이가 난다면, 공정표는 1개월 단위로 실적이 입력되기 때문에 월간공정표별로 나눠서 분석해야 하며, 엄격하게 본다면 동시지연의 상황이 아닌 것이다. 위의 판례도 정상적인 분석방법이 적용된다면(발생시점이 1달 이상 차이가 있다는 전제하에), 시공자의 지연이 먼저 계산되기 때문에 발주자의 지연이 계산되지 않고 이에 따라 시공자의 공기연장 권리는 인정되지 않는다.

132) Delay and Disruption Protocol은 정확한 판례명을 언급하지는 않았다.

두 번째로 고려해야 할 내용은 영향을 끼친 것이 동일한 것인지의 여부이다. 공정표를 구성하는 특정한 동일 작업(Activity) 또는 동일한 지역에 영향을 끼친 상황에서 동시지연(Concurrent Delay)여부를 확인해야 하며, 완료일에 영향을 끼쳤다고 해서 무조건 동시지연이라고 해석해서는 안 된다. 즉 공정표를 구성하는 작업(Activity)의 경로는 다양하기 때문에 다른 경로(Critical Path가 아닌 경로)에 발생한 지연은 동일한 관점에서 해석하면 안 된다. 정리하자면, 동일한 시기에 발생했다고 해서(발생시점 기준으로 1개월 이내) 무조건 동시지연이라고 판단하면 안 되며, 주경로(Critical Path)에 동일한 영향을 끼쳤는지를 같이 확인해야 한다.

동시지연(Concurrent Delay)은 여러 지연이 동시에 발생했기 때문에 구체적으로 분석하기 어렵고 따라서 여러 가지 분석방법이 존재하는 것이다. 그러나 최근 공정표 및 분석방법의 발전으로 이러한 동시지연은 점차 해석되고 있으며, 특히 TIA(Time Impact Analysis) 방법을 사용하면 이론적으로는 동시지연에 대한 해석이 가능하다. 또한 과거에 많이 적용되었던 Malmaison Approach나 Dominant Cause Approach 보다는 Apportionment Approach로 해석하는 방법이 많이 발전하고 있는데 동시지연을 해석하는 방법을 참고하면 아래와 같다.

[그림 7.11] 동시지연(Concurrent Delay)의 해석기법

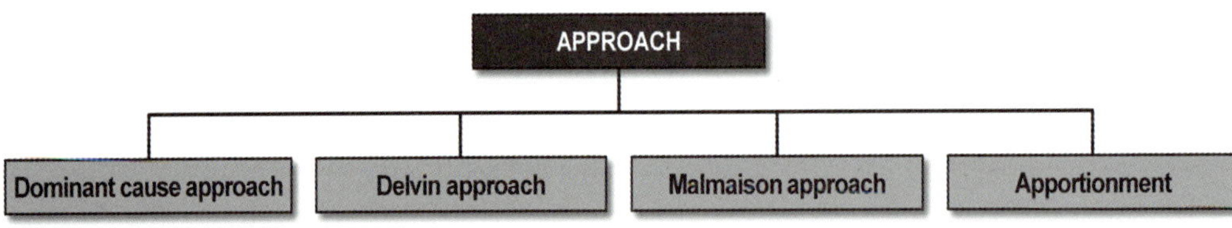

동시지연(Concurrent Delay)은 Pacing Delay를 고려하여 검토할 수 있는데, Pacing Delay의 정의를 참고하면 아래와 같다.

> Deceleration of the work on the Project, by one of the parties to the contract, due to a delay or potential delay to the end date of the project caused by the other party, so as to maintain steady progress with the revised overall project schedule.[133)]

133) James G. Zack Jr. Pacing Delays (1999)

Pacing Delay는 2가지 상황으로 나눠서 고려할 수 있다. 첫 번째는 Direct Pacing인데, 아래와 같이 직접적으로 전, 후 관계가 관련 있는 경우이다. 즉 발주자가 제공하기로 되어 있는 Conduit이 지연된 경우 시공자는 Conduit과 Wire 작업에 지연이 발생하게 되는데, 이러한 상황은 동시지연(Concurrent Delay) 상황이 아니며, 일반적인 지연의 형태로 해석하면 된다.

[그림 7.12] Direct Pacing[134)]

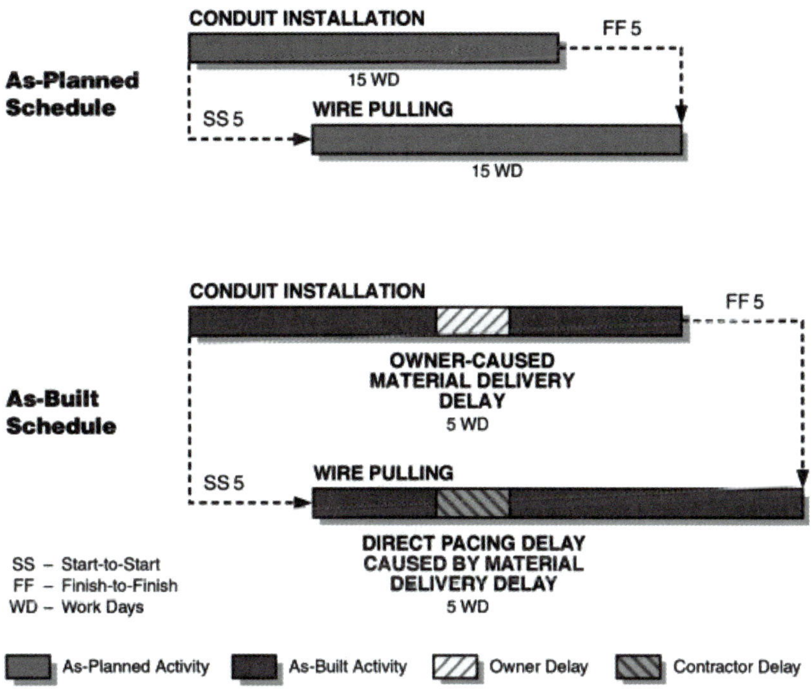

134) Richard J. Long, Analysis of Concurrent Delay on Construction Claims (2014)

두 번째는 Indirect Pacing 상황이며, 발주자가 Unit A의 Equipment 공급을 지연시켰고 시공자는 이에 따라 Unit B의 Piping installation 작업을 천천히 진행한 경우이다.

[그림 7.13] Indirect Pacing[135)]

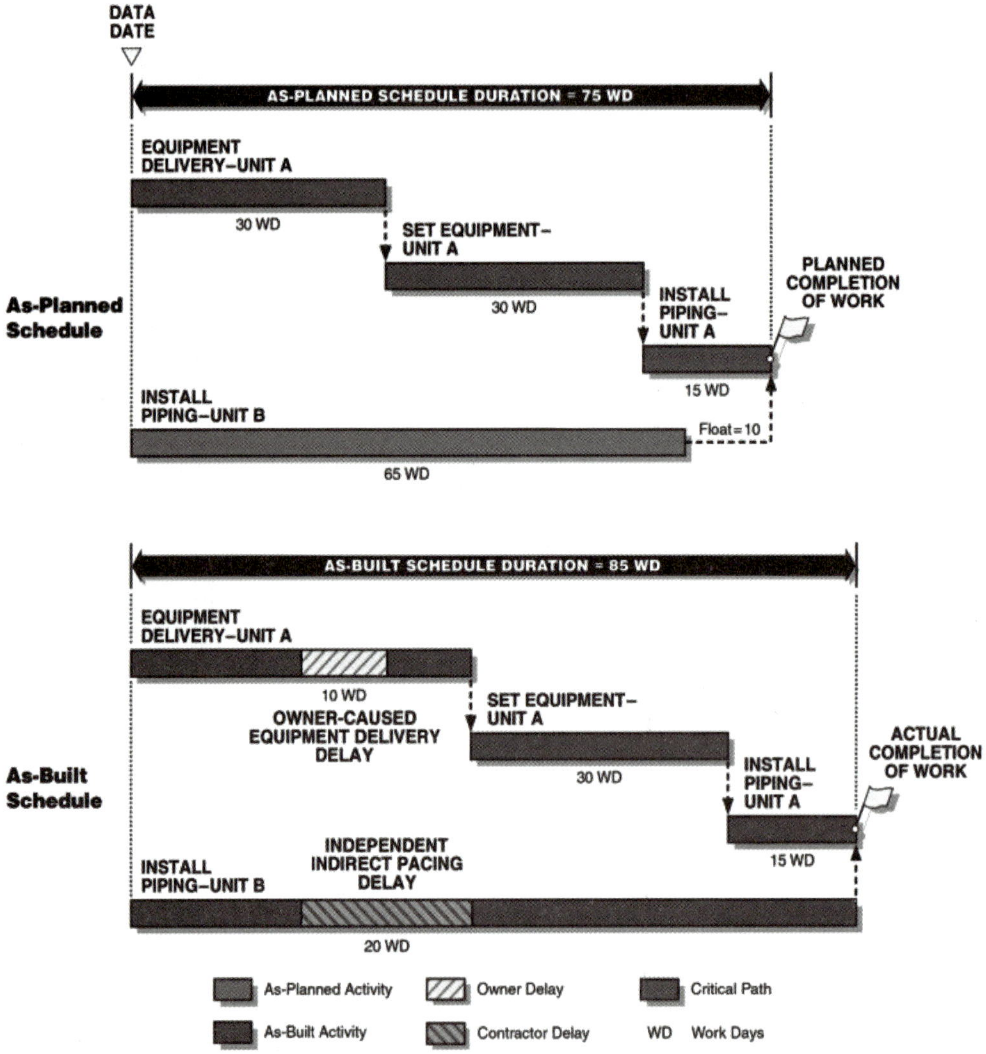

135) 상동

즉 발주자가 발생시킨 지연으로 인하여 전체 프로젝트에 여유(Float)가 발생했고 이에 따라 시공자는 그 여유를 소진시키면서 효율적으로 작업을 진행한 경우이다. 그 여유의 소유권이 따로 명시되어 있지 않다면, 시공자는 그 여유를 유용하게 사용한 것이다. 이러한 상황은 보통 발주자가 시공자를 공격하는 논리인 '시공자도 동시지연(Concurrent Delay)를 발생시켰다' 에 대한 좋은 방어 수단이 될 수 있다. 만약 위의 상황에 대해서 시공자가 효과적으로 입증한다면 공사를 늦춤으로써 지연된 기간에 대해서 시공자에게 보상권리가 주어질 수 있으며, 이와는 반대로 시공자가 먼저 지연을 발생시켜서 발주자가 Pacing Delay를 했다면 지연된 기간에 대하여 시공자가 발주자에게 배상을 해야 할 것이다.

시공자 입장에서 이러한 Pacing Delay를 입증하기 위해서 아래의 3가지 내용을 명확하게 설명할 수 있어야 한다.

1. A predecessor dependent parent delay must precede a pacing delay.
2. Contractor needs to demonstrate that it could resume progress at un-paced rate.
3. Contractor needs to provide evidence that a conscious and deliberate decision was made at the time to pace the work as a result of the other delay.[136)]

즉 Pacing Delay 발생 전에 독립적인 다른 지연이 발생해야 하고 시공자가 정상적인 속도로 작업을 진행할 수 있었음을 증명해야 하며, 다른 지연이 발생한 그 시점에 Pacing Delay를 결정한 증거를 제공해야 한다.

미국 법원은 여러 판결에서 시공자가 직면한 Pacing Delay 상황에 대하여 아래와 같은 의견을 나타내고 있다.

- Where the government causes delays to the critical path, it is permissible for the contractor to relax its performance of its work to the extent that it does not impact project completion.
- Contractors have no duty to hurry up and wait during an owner caused delay.
- Contractors must mitigate the delaying effect of owner caused delay.
- Contractors can be merely pacing the work by utilizing the available float caused by an owner caused delay.
- Float is an available resource to be utilized by all parties in "good faith"

136) 상동

- Once an excusable delay has been encountered by a contractor, the contractor may reschedule its work without fear that it will be held responsible for a concurrent delay.[137)]

Pacing Delay는 동시지연(Concurrent Delay) 상황에서 시공자가 효과적으로 대응할 수 있는 수단이 될 수 있지만 시공자가 책임을 지는 지연이 포함되면 안 되며, 지연의 선후관계, 연관관계 등을 정확하게 설명해야만 유용하게 활용될 수 있다.

137) Philip M. Spinelli, Pacing Delays – The Practical Effect on Construction Projects & Delay Claims (2014)

2. 지연사건

2.1 종류

공기연장 클레임(EOT Claim)에서 다루어지는 지연사건(Delay Event)은 시공자가 클레임을 제출하는 내용을 전제로 하기 때문에, 즉 시공자에게 책임이 있는 지연사건은 시공자 스스로가 만회(Recovery)하거나 지체상금을 지불함으로써 완료되기 때문에 발주자에게 책임이 있거나 또는 불가항력(Force Majeure)과 같이 외부적인 요인을 위주로 설명할 예정이다. 아래의 내용은 프로젝트에서 주로 발생하는 지연사건이다.

- 발주자의 작위 또는 부작위행위
- 대금 미지급
- 시공자의 통제범위를 벗어난 사정변경
- 불가항력
- 발주자가 제공하는 문서의 오류나 불일치
- 가혹한 기후조건
- 예측 불가능한 현장조건
- 현장접근 시연 또는 간섭
- 공사중단
- 3자의행위
- 유물, 화석 등의 발견

2.2 검토 순서 및 Checklist

공기연장 클레임(EOT Claim)에서 활용되는 지연사건(Delay Event)의 검토는 시간이 많이 걸리는 작업인데, 보통 프로젝트팀에서 정리하는 자료는 내용이 미비하거나 관점이 상이하기 때문에 클레임 검토단계에서 재정리되는 경우가 많다. 아래는 지연사건을 검토하는 순서를 정리한 내용이다.

[그림 7.14] 지연사건(Delay Event)의 검토 순서

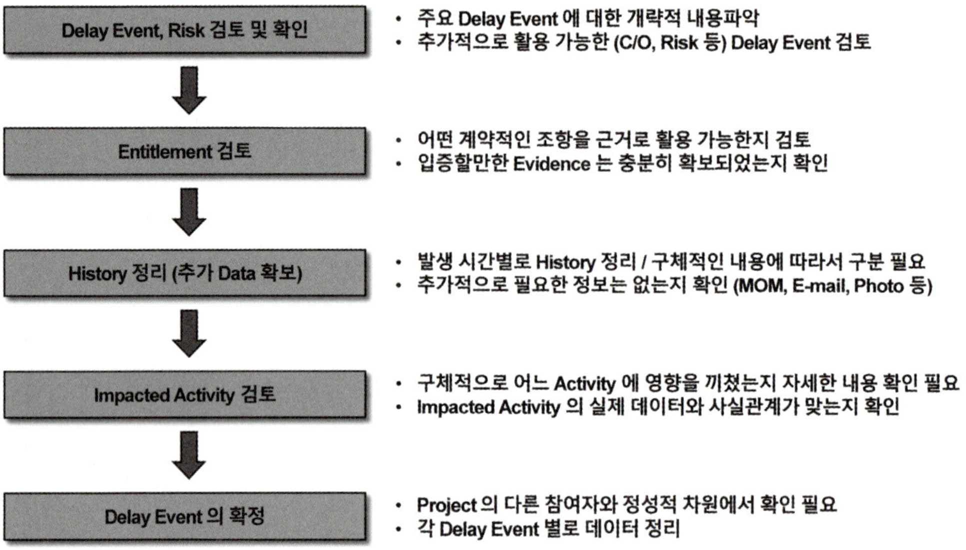

지연사건(Delay Event)을 검토하고 확정하더라도 지연사건의 영향은 계속 변경될 수 있기 때문에 지연사건의 영향이 종료될 때까지 계속 관찰해야 한다. 또한 지연사건을 확정할 때 아래의 Checklist 항목을 고려하여 활용여부를 고려할 수 있다.

[표 7.2] 지연사건(Delay Event)의 Checklist

No	구분	검토사항
1	Evidence	• Document, MOM, e-mail 등 입증할 수 있는 증거자료는 충분히 확보되었는가
2	Entitlement	• 관련된 계약조항(Employer's Obligation, Contractor's Right)이 있는가 • 시공자의 의무를 충분히 수행하였는가
3	Damage의 Substantiation	• 손해가 실제로 발생하였는가 • 손해를 정확히 수량화할 수 있는가 • 수량화를 입증할 수 있는 증거는 확보되었는가
4	Contractor's Fault	• 이벤트의 기록중에 시공자의 잘못은 섞여 있지 않은가 (예를 들어 시공자는 특정 기간(14일) 내에 적절한 행위를 지속적으로 수행 해야 하는데, 발주자의 요청 이후 적절한 회신을 했는지에 대한 사실관계 확인 필요)
5	Program	• 실적 반영시(Level 3, Level 4) 지연사건를 충분히 고려하였는가 • 기성수령을 위하여 실제와 상이하게 데이터를 정리하지는 않았는가
6	Delay & Disruption	• 지연사건으로 고려 가능한가 • Disruption Event의 Quantity / Manpower 의 자료가 확보 가능한가

2.3 특성에 따른 유의사항

아래는 지연사건(Delay Event)으로 활용하기에 어려운 이벤트인데, 보통 공기연장 클레임 문서에서 주경로(Critical Path)를 결정하는 이벤트는 5~10개 내외로 확인되기 때문에 지연사건을 무조건 많이 입력한다고 해서 좋은 것은 아니며, 권리(Entitlement)가 좋은 지연사건을 선별적으로 선택할 필요가 있다.

제출된 공사변경의 Schedule Impact에 'No' 라고 표시되어 있는 지연사건

대부분의 공사변경(Change) 양식은 비용과 공사기간의 영향을 기재하도록 되어 있는데, 제출한 공사변경의 Schedule Impact에 'No'라고 표시해서 제출한 것은 추후에 지연사건(Delay Event)으로 활용하기 어렵다. 이미 영향이 없다고 제출했기 때문에 나중에 클레임을 위해서 영향이 발생했다고 주장하는 것은 합리적이지 않다. 이와 같은 경우에 시공자는 2가지를 고려할 수 있다. 공사 변경은 일반적인 의사소통 간격을 고려하였을 때 시공자는 보통 2~3주 내로 승인이나 검토가 완료될 것이라고 기대했으나, 승인이 지연되는 경우가 많기 때문에 지연되는 기간만큼 추가로 영향이 발생했다라고 주장할 수 있다. 물론 이러한 내용을 포함하여 추가적인 의사소통을 진행했을 경우에 지연사건으로 활용이 가능할 것이다. 또는 공사기간의 영향은 항상 특정한 시점을 기준으로 확인되는 것이기 때문에 제출시점에는 영향이 없다고 판단되었으나, 시간이 지남에 따라 예상하지 못했던 사실, 추가적인 변경 등으로 상황이 바뀌어서 영향이 발생했다는 논리도 가능하다.

통지(Notice)가 없는 지연사건

문서나 도면을 제출한 이후에 승인이나 회신이 지연되었는데도 불구하고 아무런 통지(Notice)가 없다가 클레임 단계에서 지연사건(Delay Event)으로 활용하는 경우가 있다. 위에서 언급했듯이 클레임은 보통 Time Bar 조항과 연결되는 경우가 많기 때문에 적절한 통지가 없다면 추후 이를 클레임으로 연결하기는 쉽지 않다. 또한 통지로 판단할 수 있을 만한 문서가 있어야 하는데, 통지로 적용할만한 내용이 없다면 지연사건으로 활용하기 어렵다. 특히 Time Bar와 관련하여 시공자의 권리가 없어지는 상황이 발생할 수 있기 때문에 지연분석(Delay Analysis)시에 통지 문서를 기준으로 지연기간을 산정하는 경우가 많다. 따라서 통지를 빨리 보낸 만큼 지연기간이 많이 확보될 수 있기 때문에 가능하면 통지 문서는 빨리 보낼 필요가 있다.

완화(Mitigation) 행위가 없거나 부족한 지연사건

통지(Notice) 문서는 존재하는데, 이후에 지연사건(Delay Event)이 종료될 때까지 시공자가 아무런 행위를 하지 않거나 또는 발주자가 특정 내용으로 회신을 했음에도 불구하고 시공자가 회신하지 않은 경우도 있다.

첫 번째 상황을 참고하면, 시공자는 완화(Mitigation) 의무가 있기 때문에 적어도 1달 이내의 간격 또는 의사소통 절차서에서 언급하는 특정 기간 이내에 행위가 필요하다. 예를 들어서 발주자가 회신을 지연하였고 통지 문서를 보낸 이후에 3~4 달 동안 아무 행위가 없다가 갑자기 클레임을 청구하는 것은 합리적이지 않다. 시공자는 그러한 지연이나 영향이 악화되기 전에 충분한 노력을 기울여야 하며, 이러한 노력을 근거로 남겨야만 계약적인 권리를 양호하게 유지할 수 있다.

두 번째 상황은 발주자가 회신으로 어떤 요청을 하였으나, 시공자가 회신하지 않거나 회신이 지연되는 경우이다. 이는 지연분석(Delay Analysis) 관점에서 보면 결국 시공자의 지연과 발주자의 지연이 섞여 있는 것으로 볼 수 있다. 예를 들어 도면 변경의 사유가 발생했고 발주자가 이런 저런 코멘트를 하였으나, 시공자가 코멘트를 반영하여 2~3개월 이후에 회신했다면, 회신 기간인 2~3주를 초과하는 기간인 1~2개월의 지연에 대해서는 시공자가 감수해야 하는 것이다. 따라서 지연사건이 발생하면, 시공자는 특정 간격 이내로 지속적인 완화(Mitigation) 행위를 해야 한다.

위와 같은 내용에 익숙하지 않은 사람이 클레임 문서를 정리할 때 중요한 문서 위주로만 클레임 문서를 정리하는 경우가 있는데, 특히 공기연장 클레임(EOT Claim)을 작성하고 평가할 때에는 특정 기간에서 시공자의 행위가 잘 이루어졌는지, 적절한 행위를 했는지에 대한 내용 확인이 필수적이므로 지연기간으로 산정한 기간 이내에는 최대한 많은 내용의 문서가 정리되고 확보되어야 한다.

Health, Safety, Environment(이하 'HSE') 관련 지연사건

대부분의 계약은 HSE와 관련하여 시공자의 의무를 강조하며, 발주자는 언제든지 HSE 상황을 고려하여 작업을 중지할 수 있는 권한을 기술하고 있다. 관련 계약조항[138]을 참고하면 아래와 같다.

> The Contractor shall be responsible for safety related to and during the performance of the Work and for the protection of the Facilities, workers, the public and all other people, Company's other property and the property of third parties.
>
> The Company shall have the right at any time to require the Contractor to cease any activity or practice which in the Company's opinion is unsafe or would lead to an unsafe or unsanitary condition on either the Temporary Work or the Facilities.

특히 현장를 관리하는 책임은 시공자에 있기 때문에 프로젝트에서 발생하는 HSE 문제에 대해서는 무엇보다도 시공자의 의무가 강조될 수 있다. 또한 발주자의 권리를 고려하였을 때, HSE 문제와 관련된 발주자의 행위에 대해서 클레임을 하기는 쉽지 않다. 달리 표현하자면, 클레임은 계약 상대방이 의무를 준수하지 않는 내용에 초점을 맞춰야 하며, 계약상대방이 권리를 가지고 있는

138) EPC Contract

내용을 활용하기에는 적절치 않다.

Quality 관련 지연사건

계약에서 합의한 좋은 품질(Quality)을 요구하는 것은 발주자의 당연한 권리행사이다. 그러나 흔히 언급되는 Gold Plate[139]처럼 과도한 수준으로 요구하는 것은 문제가 될 수 있다. 다만 그 적절한 수준(어디까지 권리이고, 어느 이상이 과도한 수준인가)을 입증하기 매우 어렵기 때문에 Quality 관련 클레임을 성공적으로 추진하기 쉽지 않다. 예를 들어서 플랜트 프로젝트는 특히 3D Modelling 단계에서 발주자가 과다하게 코멘트를 해서 이를 지연사건(Delay Event)으로 활용하고자 하는 경우가 많은데, 단지 발주자가 코멘트를 많이 했다고 해서 이를 곧바로 활용할 수는 없다. 발주자는 시공자가 잘못 작성한 부분에 대해서 코멘트를 하는 경우도 있고 3D Modelling 단계의 코멘트는 매우 일반적이기 때문에 과도하다는 기준을 찾기란 쉽지 않다. 따라서 이를 활용하기 위해서는 3가지 상황을 고려할 수 있다.

- 발주자의 코멘트가 잘못된 경우
- 발주자가 코멘트를 정정한 경우
- 발주자가 코멘트를 했으나 추가적인 협의를 통해서 시공자 의견으로 진행된 경우

발주자가 코멘트를 잘못 했거나 정정한 경우는 해당 상황이 정상적으루 복귀될 때까지의 특정 기간을 클레임에 활용할 수 있을 것이다. 또한 추가적인 협의를 통해 시공자의 의견으로 진행된 상황은 그 자체로 클레임의 권리가 확보되는 것은 아니니, 정황적으로 발주자의 코멘트가 문제가 있었다는 것으로 활용해 볼 수 있을 것이다.

시공자의 지연이 섞여 있는 지연사건

지연기간에 시공자의 지연과 발주자의 지연이 섞여 있는 경우가 많다. 공사변경(Change)은 시공자가 검토하거나 금액을 정리할 때 회신을 늦게 하는 경우가 많고, 설계오류는 시공자의 디자인 개발과정이 포함되어 있는 경우가 많다. 만약 시공자의 지연이 과도한 경우에는 가능하면 지연사건(Delay Event)에서 제외하는 편이 바람직하다. 시공자의 지연기간이 많이 포함되면 지연기간이 길어져서 주경로(Critical Path)로 식별되는 경우가 많은데, 오히려 시공자의 책임이 부각되어서 해당 기간에 해당하는 만큼 지체상금을 부과 받을 수 있기 때문에 시공자의 지연을 최소화하기 위하여 추가적인 증거자료를 확보해보고 여의치 않으면, 활용여부를 재고할 필요가 있다.

---

139) 금도금으로 매우 과도한 요청을 하는 경우를 비유한 것이다.

공정표에 입력된 실제일정이 사실과 상이한 경우

시공자는 주기적으로 (2주 또는 1달 이내 간격) 공정표를 유지, 관리하면서 이를 발주자에게 제출하는데, 어떤 지연사건(Delay Event)이 공정표에 입력된 정보와 사실관계가 상이한 경우에 이를 지연사건으로 활용하기는 적절하지 않다. 즉 공기연장 클레임에서는 사실관계를 확인한 이후에 공정표를 이용하여 분석하는데, 확인된 사실관계와 공정표가 다른 경우에 지연기간이 확인되지 않을 수도 있으며, 둘 중 하나는 잘못된 정보이기 때문에 중재, 법원에서의 분쟁해결단계를 고려한다면 이를 클레임에 활용하기에는 쉽지 않을 것이다. 실제 어떤 프로젝트에서는 주요한 기자재가 현장에 늦게 도착했음에도 불구하고 기성청구를 위해서 현장에 빨리 도착한 것으로 입력되어서 결국 지연사건(Delay Event)으로 활용하지 못하였다.

미확정된 지연사건(Delay Event)

지연사건을 검토하는 시점에 그 이벤트의 진행방향이 결정되지 않은 경우가 있다. 이러한 경우는 어떻게 결정될지 예상하기 어렵기 때문에 특정 지연기간을 가정해서 활용하기 쉽지 않으나 고려해야 할 점이 있다. 먼저 그 이벤트가 추진할지의 여부를 결정해야 하는 것인지, 또는 어떤 Option (2가지 또는 3가지 중 선택할 수 있는)으로 선택할 수 있는지에 대한 확인이 필요하다. 전자의 경우라면 추진하는 것을 기준으로 지연사건으로 활용할 수 있다. 클레임 문서는 항상 특정 시점을 기준으로 Cutoff[140]를 정하기 때문에 그 Cutoff 시점에 추진하는 것으로 지연기간을 가정해서 분석할 수 있다. 이는 미래적인 성격을 가지기 때문에 Cutoff와 동일하게 맞춰도 되고, Cutoff에서 다음 분석기간까지의 날짜를 고려해서 산정할 수도 있다. 그러나 이 경우에 산출되는 금액은 실제손실이라기보다는 미래의 예상손실을 표현한다고 볼 수 있다. 공기연장 클레임(EOT Claim)은 보통 여러 개의 지연사건을 분석하는 복합적인 과정인데, 경우의 수를 가정하여 분석하면, 다른 지연사건도 영향을 받기 때문에 클레임 문서가 매우 복잡해지거나 이해하기 어려워질 수 있다. 따라서 옵션이 있는 지연사건(Delay Event)은 어느 정도 확정된 이후에 활용하는 것을 추천한다.

프로젝트와 이런 점을 협의하다 보면, 분석결과와 관계없이 전략적인 차원에서 미확정된 이벤트를 활용하는 경우가 있다. 즉 시공자가 어떤 변경이나 지연사건(Delay Event)으로 추진하는 것을 원하지 않는 경우에 전략적으로 지연사건으로 활용해서 발생 가능한 지연기간을 과도하게 보여줌으로써 추진하지 않는 방향으로 분위기를 조성할 수도 있다. 이와 반대로 시공자가 부득이하게 지연사건을 추진할 수밖에 없는 상황이라면, 의도적으로 클레임 문서에서 지연사건을 제외하고 추가비용에 대해서만 협의를 진행할 수도 있다.

---

140) 특정시점을 기준으로 클레임 문서의 기준날짜로 정하는 것이며, 이 시점까지의 내용을 클레임에 포함시킨다는 것을 의미한다. 즉 이 시점 이후의 내용은 클레임 문서에 포함하는 것이 아니라는 것을 의미한다.

2.4 합리적인 지연기간 산정

지연기간을 산정할 때에는 영향을 받은 작업의 계획일정과 통지(Notice) 시점 그리고 이벤트의 발생시점을 동시에 고려해야 하는데, 불가항력 사건을 예로 정리하면 아래와 같다.

관련된 작업의 계획일정이 불가항력 발생과 통지시점 이후인 경우

- 관련된 작업의 시작시점이 도래하기 전까지의 기간은 여유(Float)에 해당하므로 이 기간을 지연기간에 산정하면 안 됨
- 관련된 작업의 시작시점이 경과하면, Time Bar 기간 내에 다시 통지(Notice)를 준비해야 함
- 지연기간은 계획공정표 상의 시작일정 이후로 계산됨

[그림 7.15] 계획일정이 가장 늦은 시점인 경우

관련된 작업의 계획일정이 불가항력 발생과 통지시점 이전인 경우

- 관련된 작업이 단지 공정표에 포함되어 제출되었다고 해서 클레임에 대한 권리가 발생하는 것은 아님
- 계획공정표의 시작일로 지연기간을 무리하게 계산하면 Time Bar에 따라 권리를 상실할 수 있음
- 지연기간은 통지(Notice) 시점 이후부터 계산하는 것이 바람직함

[그림 7.16] 통지시점이 가장 늦고 계획일정이 가장 빠른 경우

관련된 작업의 계획일정이 불가항력 발생과 통지시점 사이인 경우

- 계획공정표 상의 일정과 통지(Notice)시점의 차이가 Time Bar 이내이면 지연기간은 계획공정표의 시작일 이후부터 계산할 수 있음
- 그러나 계획 공정표의 일정 이후에 Time Bar가 경과하였다면 통지(Notice) 시점 이후부터 계산하는 것이 바람직함

[그림 7.17] 통지시점이 가장 늦고 불가항력 발생이 가장 빠른 경우

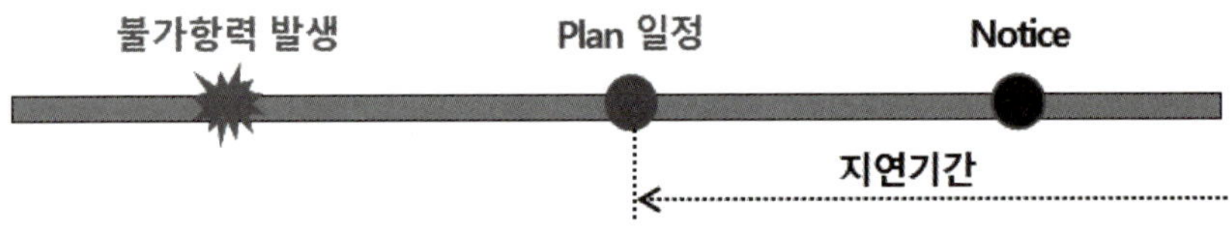

다른 문제가 원인으로 지연이 발생한 상황에서 불가항력이 발생한 경우

- 불가항력으로 인하여 추가적인 지연이 발생한 경우에 추가적인 통지(Notice)가 필요함
- 종료되지 않는 경우에 매월 지연상황을 지속적으로 보고/관리해야 함

[그림 7.18] 불가항력 발생이 가장 늦은 경우

3. 공정표

3.1 Planning & Scheduling 기법

공정관리에 관한 시스템은 과거의 자료나 현장경험이 풍부한 자의 경험에 의존하여 오다가 미국에서 PERT/CPM 네트워크 기법이 개발된 1957~1958년부터 실용화되기 시작하였으며, 한국에서는 70년대부터 해외 발주공사를 중심으로 본격 적용·활용하게 되었고 현재에도 공사관리의 과학적인 관리를 위한 방법으로 네트워크 기법을 통한 전산 공정관리가 활발하게 진행되고 있다.

[그림 7.19] 공정관리기법의 발전과정

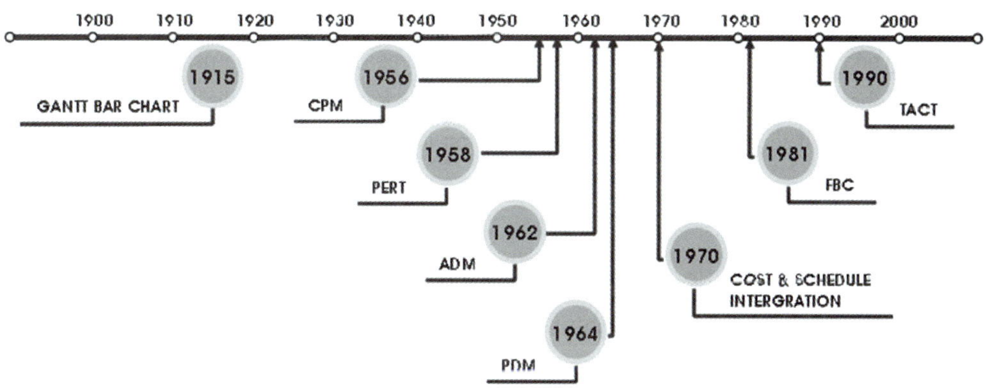

가장 널리 사용되는 방법 3가지를 간략히 소개하면 아래와 같다.

1) Gantt Chart

- 도표상에 횡선식 막대그래프로 공사기간을 표시
- 시각적으로 명료하므로 전체 공사의 일정관리가 용이함
- 각 관련 공종간의 작업 연결 관계가 표시되지 않으므로 주 공정선 파악이 곤란함

[그림 7.20] Gantt Chart의 Example

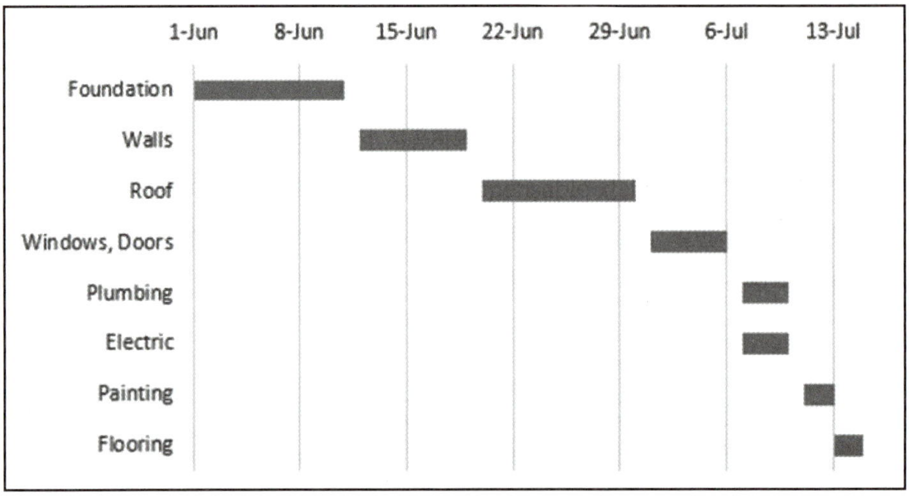

2) PERT(Program Evaluation and Review Technique)

- 1950년대 중반 미군수국 특별 계획부에서 개발하여 함대 탄도탄 개발에 응용하였음
- 신규사업, 비반복적 사업, 경험이 없는 사업 등에 활용함
- 3점 시간(To : 낙관치, Tm : 정상치, Tp : 비관치)을 측정하여 가중평균치(Te)를 활용함 (Te = (To + 4Tm + Tp) × 1/6)

[그림 7.21] PERT 방법의 도해

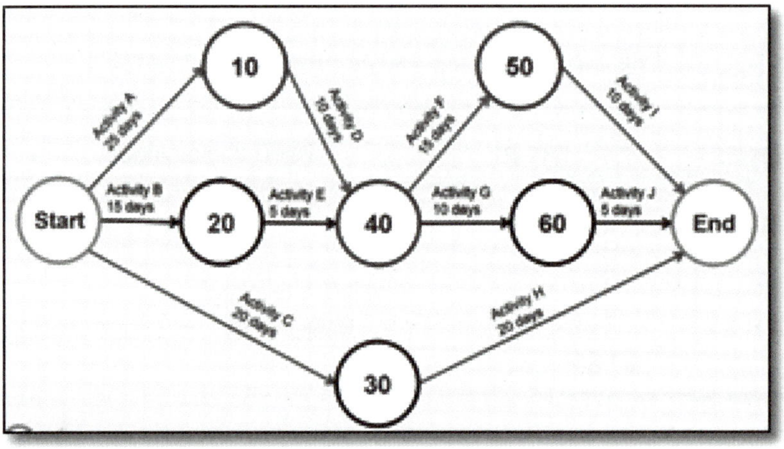

3) CPM(Critical Path Method)

• 미국 Dupont 사에 의하여 개발되어 화학공장의 설계 및 시공진도관리 목적으로 응용
• 주공정은 TF (Total Float) = FF (Free Float) = 0이 되는 선
• 소요공기 및 공사비, 비용구배, 일정단축 용이
• 자원평준화, 자원배당에 의한 실행계획으로 자원의 효율적 사용가능
• 건설과 같은 반복적이거나 경험이 있는 프로젝트 활동의 일정계산에 활용됨

[그림 7.22] CPM의 도해

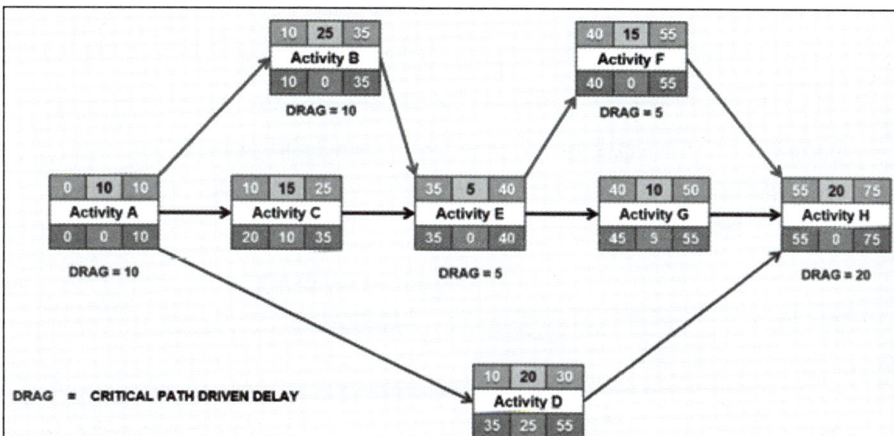

3.2 수경로(Critical Path)

공기연장 클레임(EOT Claim)은 주로 완료일의 변경을 분석하는데, 이러한 완료일의 추정, 조정을 위하여 사용되는 분석기법이 Critical Path Method(이하 'CPM')이다. 건설업에서 활발하게 사용하고 있는 Primavera 제품은 이러한 CPM기법을 기반으로 하는 프로그램으로써 계약서에 프로그램명이 구체적으로 언급될 정도로 널리 인정받고 있으며 대부분의 건설프로젝트에서 사용되어 왔기 때문에 자료의 축적과 활용에 용이하여 범용적으로 사용되고 있다.

> All project schedules shall be developed and maintained utilizing Primavera P6 Enterprise Project Portfolio Management software. The schedule activity detail shall support and be compatible with the WBS and as delineated in Schedule B and H of the contract and within this specification. All schedules shall utilize industry standard methodologies for Critical Path Method (CPM).[141]

141) EPC Contract

Critical Path(이하 'CP')는 다양한 정의가 있기 때문에 프로젝트에 참여하는 이해관계자들이 미리 CP에 대한 정의와 기준을 통일해야 한다.

> The sequence of activities through a project network from start to finish, the sum of whose durations determines the overall project duration. There may be more than one critical path depending on workflow logic. A delay to progress of any activity on the critical path will, without acceleration or re-sequencing, cause the overall project duration to be extended, and is therefore referred to as a critical delay[142)]

CP는 프로젝트가 처음부터 끝까지 순서적으로 연결되는 여러 작업(Activity)들의 흐름이며, 그 작업기간의 합이 프로젝트의 전체 공사기간을 결정한다. 하나 이상의 CP가 있을 수 있으며, CP상의 작업에 지연이 발생했는데 단축이나 순서조정이 없다면 전체공사기간에 지연을 초래해서 "중요한 지연"으로 간주할 수 있다고 설명한다.

3.3 공정표(Program)의 종류

공기연장 클레임(EOT Claim)을 작성하거나 평가하는 경우에 공정표에 대한 용어가 생소해서 이해하기 어려운 경우가 많다. 따라서 이해를 돕기 위하여 공정표의 종류별로 설명할 예정이다.

계획공정표(Baseline)

계약이 완료된 이후에 시공자는 자신의 의도를 반영하여 계획공정표(Baseline)를 제출해야 한다. 제출된 공정표는 승인과정을 거쳐서 지연이나 공사변경의 영향을 측정할 수 있는 예측가능한 도구로 사용된다. 자주 사용하는 계획값은 이러한 계획공정표를 기준으로 한다. CPM 공정표는 WBS[143)](Work Breakdown Structure)와 작업(Activity)으로 구성되는데, 발주자에게 인도해야 하는 공사목적물(Deliverables)을 구분해서 정의한다. WBS 완료 이후에는 중요한 완료일(Milestones)을 확인/정의한 이후에 각 WBS에 포함되는 작업을 구성한다. 마지막으로 작업간의 순서(Logic)를 지정하고 자원과 작업기간을 할당한다.

---

142) Brian J. Furniss, Construction delays, 2nd Edition (2009)

143) 프로젝트의 계약된 인도물을 작은 단위로 분할해서 구성하는 체계이다.

[그림 7.23] Develop Baseline[144)]

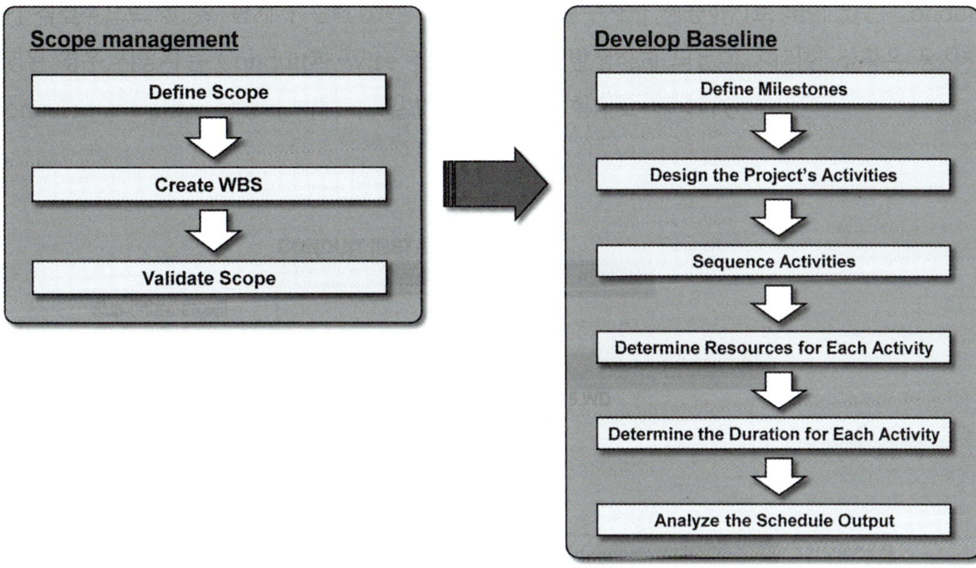

월간공정표(Updated Program)

대부분의 계약서는 제출된 공정표를 특정 기간 내에 주기적으로 관찰(Monitoring)해서 유지해야 하는 의무를 시공자에게 부과하고 있다. 보통 월간 단위로 월간공정표(Updated Program)를 작성해서 제출하는데, 대부분의 프로젝트는 계획공정표(Baseline)가 제출된 이후에 공정표 관리가 부족해서 클레임으로 활용되는 단계에서 공정표가 제대로 활용되지 못하여 시공자의 권리가 확보되지 못하는 상황이 발생한다. 아래 그림에 표현된 Second Step까지 진행되는 업데이트는 시공자의 중요한 의무이며 업데이트 과정 없이 프로젝트가 종료된 이후에 클레임을 위하여 월간공정표를 만드는 행위는 정확성을 확인하기 어렵기 때문에 클레임에 대한 권리를 인정받기 어렵다고 볼 수 있다.

144) A Guide to the Project Management Body of Knowledge Fifth edition, Project Management Institute (2013)

[그림 7.24] 공정표 작성 진행과정

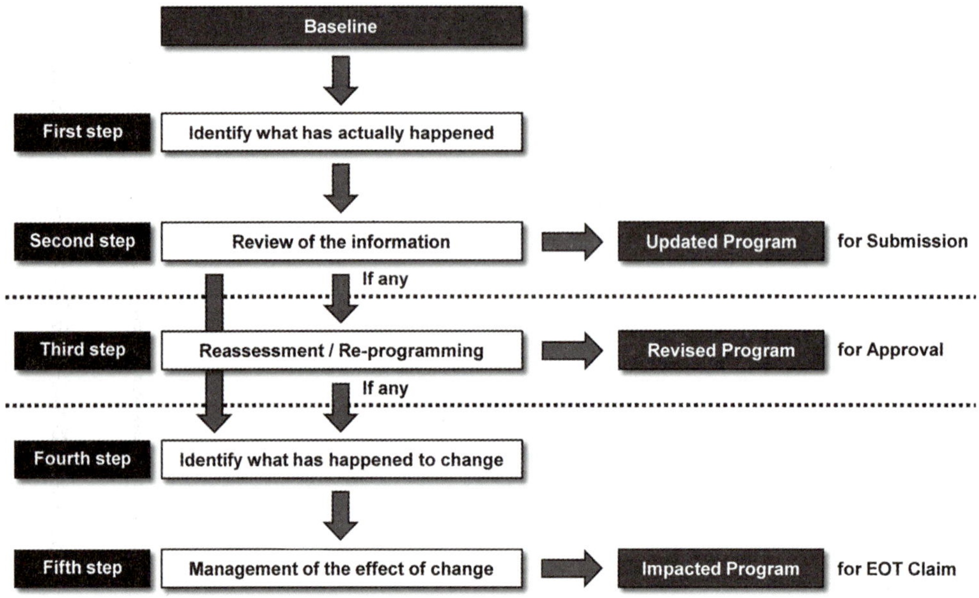

개정공정표(Revised Program)

프로젝트가 진행되면 공사범위에 대하여 재산정이 필요하거나 또는 재작업을 해야 하는데 이 때 작성되는 공정표를 개정공정표라고 한다. 국제적인 표준계약서에도 만회공정표(Recovery Program)와 개정공정표를 혼동해서 쓰는 경우가 있는데, 개정공정표는 수정의 의미가 더해진 공정표로써 새로운 완료일이 정의되거나 또는 공기연장 클레임이 받아들여지는 경우에 새로운 완료일이 합의될 때 만들어진다, 개정공정표가 만들어지고 승인되면 새로운 계획공정표(Baseline)로 활용된다.

만회공정표(Recovery Schedule)

만회공정표(Recovery Schedule)가 개정공정표와 다른 점은 만회공정표의 완료일은 당초 계획 공정표 상의 완료일과 동일하다는 점이다. 개정공정표(Revised Program)는 새로운 완료일이 정의될 때 만들어지며, 만회공정표는 지연이 발생했을 때 당초 완료일을 준수(만회)하기 위하여 제출되는 공정표이다. 대부분의 계약에서는 일정이 늦어지면, 시공자가 만회공정표를 제출하도록 되어있는데, 공기연장 요청이나 공기지연 분석 없이 만회공정표를 작성, 제출하는 것은 시공자의 지연을 인정하는 것이나 다름없다. 따라서 발주자가 시공자에게 만회공정표를 요청할 때는, 완료일의 지연 또는 단위작업의 지연에 대한 원인을 정확하게 분석하는 작업을 먼저 수행해야 한다. 이에 따라 시공자가 책임지는 공기지연은 스스로 만회하고, 발주자가 발생시킨 지연은 분석을 통해서 공기연장을 신청하는 것이 적합한 대응 방법이라고 볼 수 있다.

영향공정표(Impacted Program)

영향공정표(Impacted Program)는 공기지연분석을 수행할 때 지연사건(Delay Event)에 의하여 영향이 계산되는 공정표를 의미한다.

[그림 7.25] 공정표의 분류 및 활용

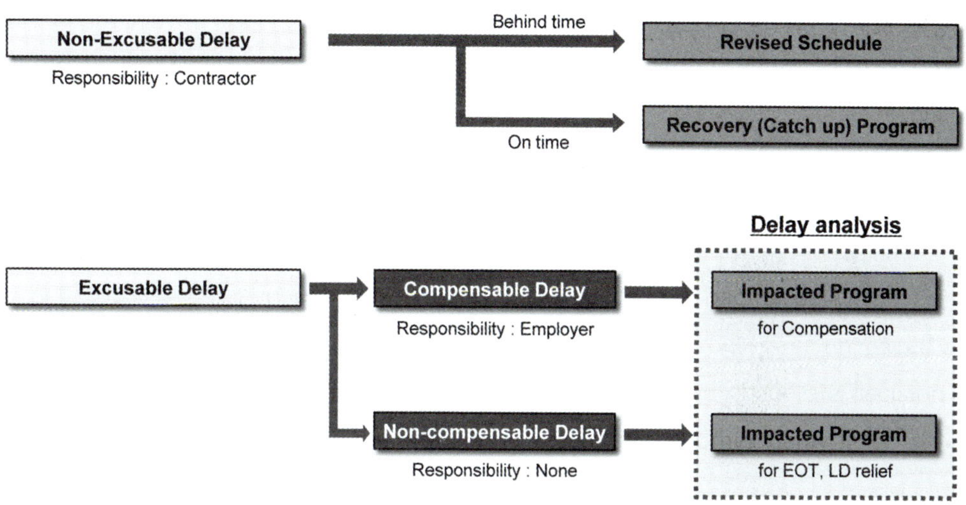

즉 영향공정표(Impacted Program)는 지연분석(Delay Analysis)을 통하여 분석되는 공정표를 의미하며, 공기연장 클레임(EOT Claim)에 많이 사용되는 용어이다.

계획공정표(Baseline) 및 월간공정표(Updated Program)는 클레임에 사용되기 전에 수정작업을 진행해야 하는데 몇 가지 필요한 내용을 정리하면 아래와 같다.

- Constraints
- Open ends activity
- Negative Lags
- Start to Finish relation

먼저 Constraints는 공정표를 작성할 때 특정한 날짜를 지정해주는 기능이다. 예를 들어서 어떤 예정된 날짜를 가진 작업이 있다면, 프로그램이 계산하는 일정과 관계없이 특정한 날짜를 지정해서 프로그램이 변경되어도 그 일정이 변경되지 않도록 하는 기능이다. 이 기능은 일정계산에 방해가 되므로 제거하고 적절한 연관관계(Relation)를 활용해서 다시 셋팅해야 한다. Open ends는 공정표를 구성하는 작업(Activity)은 최소한 하나 이상의 선행관계와 후행관계를 가져야 하는데, 어떤 작업의 선행관계 또는 후행관계가 없는 상황을 의미한다. 이렇게 되면 여유(Float)값이 비정상적으로 커질 수 있고 프로그램이 논리적으로 작성되지 않을 수 있다. 따라서 적절한 연관관계(Relation)를 추가해서 전체적인 로직(Logic)을 연결해야 한다. 또한 Negative Lags과 SF(Start to Finish) Relation은 시간의 흐름과 반대로 진행되는 개념이고 현실에서 발생하는 일이 아닌 비현실적 로직이기 때문에 적절한 로직으로 교체해 준다. 즉 Negative 값은 프로그램 상에서 시간이 과거로 진행되는 것을 의미하고 SF Relation은 후행작업이 선행작업의 종료일을 결정하는 개념이기 때문에 현실적으로는 발생하지 않는다고 할 수 있다.

[그림 7.26] 공정표 검토시 확인내용

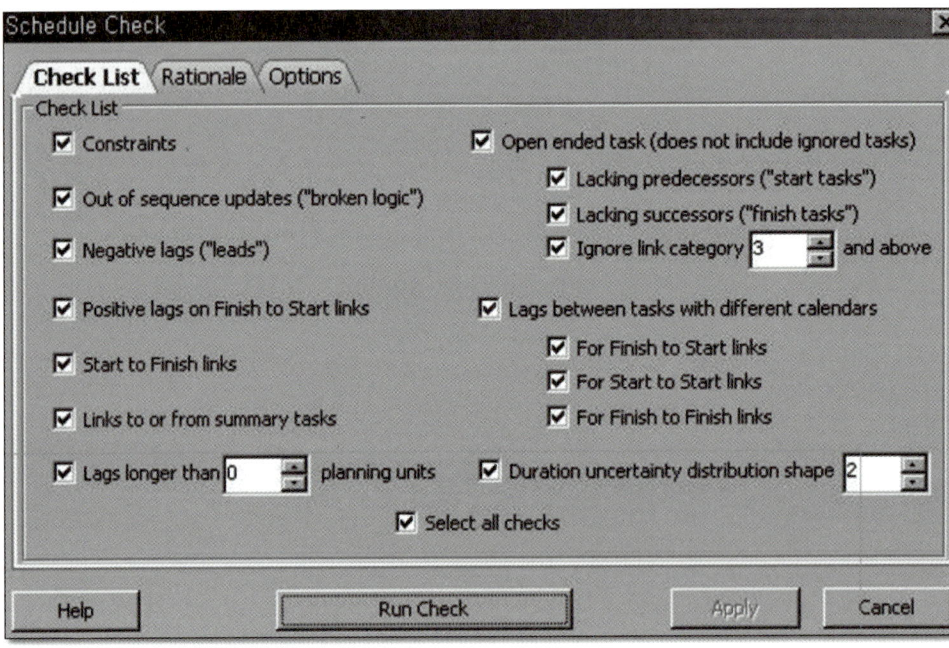

4. 지연분석 방법

4.1 개요

지연분석의 중요한 목적은 지연사건(Delay Event)의 영향을 분석하여 완료일을 조정하고 그 기간에 대한 논리적인 근거확보에 있다고 할 수 있다. 시공자는 공기연장의 권리와 근거를 확보함으로써 연장된 기간을 주장하고, 발주자가 시공자에게 부과할 수 있는 지체상금을 면하게 된다. 공기연장이 진행되면, 발주자는 조정된 완료일로부터 발생하는 추가지연에 대하여 여전히 지체상금을 부과할 수 있게 된다. 공기지연 분석은 많은 기법들이 논의되어 왔으나 가장 많이 사용되는 방법은 아래의 4가지로 정의할 수 있다.

- Impacted As-Planned(이하 'IAP')
- Time Impact Analysis(이하 'TIA')
- As-Planned vs As-Built(이하 'APAB')
- Collapsed As-Built(이하 'CAB')

이외에 많이 사용되는 방식으로 Window Analysis 방법이 있으나 이는 단지 분석되는 기간을 구분하는 것에 불과하며 그 자체는 분석기법이라고 할 수 없다. Window Analysis는 Window[145]를 사용하여 분석기간을 나누고 위의 4가지 방법을 같이 활용하여 분석한다.

[그림 7.27] 분석방법의 구분

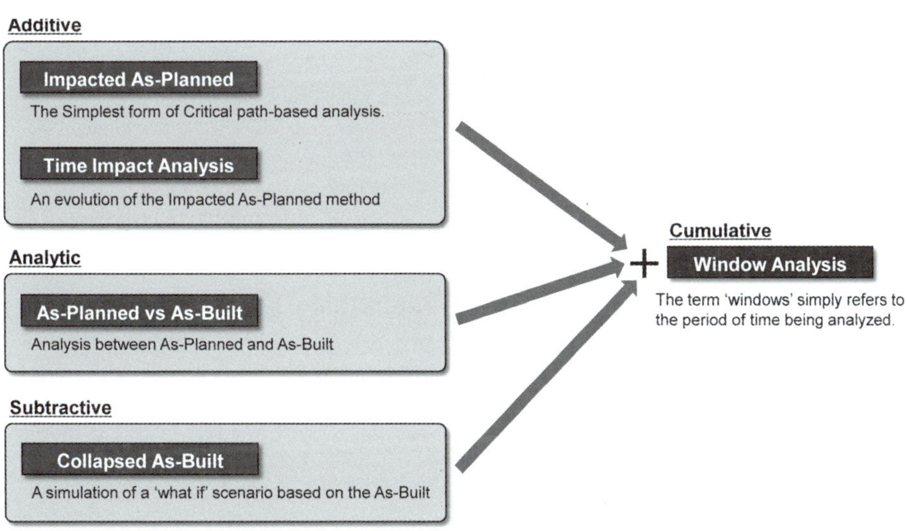

145) Window란 프로젝트 전체 기간을 특정 몇 구간으로 나누고 각 구간에 대해서 세부적으로 분석할 때 각 구간을 의미한다

Additive에 설명된 IAP와 TIA는 어떤 것을 계획공정표(Baseline)에 더한다는 점에서 동일하다. 소위 Fragnet[146]이라고 불리는 작업(Activity)의 집합을 계획공정표에 입력하여 지연의 기간을 분석한다. Analytic은 어떤 것을 더하거나 빼는 것이 아니라 분석적인 작업을 의미한다. 따라서 APAB 방법은 계획과 실적을 비교해서 그 차이를 분석하는 방법이다. Subtractive는 어떤 것을 빼서 그 차이를 분석하는 방법이다. 실제 발생한 사실을 근거로 지연사건(Delay Event)으로 확인되는 것을 제거하여 당초 계획공정표와 차이를 분석한다. 아래 표는 각 분석방법별로 간략한 특징과 장, 단점을 비교한 내용이다.

[표 7.3] 공기지연 분석방법의 특징 및 장단점

구분	특징	장점	단점
Impacted As-Planned	• 1개의 계획공정표를 사용 • 프로젝트 초기에 많이 사용됨	• 작성하기 용이함 • 이해하기 쉽고 실적이 필요 없음	• 개별적인 지연분석이 어려움 • 실적을 고려하지 않음
Time Impact Analysis	• 여러개의 계획공정표를 사용함 • EOT claim에 적합함 • 시간의 경과에 따른 지연의 순영향 분석	• 개별적인 지연의 영향을 정확히 파악 • 누적적인 분석이 정확함	• 시간이 많이 소요됨 • 월간공정표(Updated Program)가 필요함
As-Planned vs As-Built	• 계획과 실적을 단순 비교 • 법원에서 많이 사용됨	• 사용하기 쉬움 • 이해하기 쉽고 실적을 고려함	• 지연의 영향을 정확히 측정하기 어려움 • 논리적인 설명 추가 요구됨
Collapsed As-Built	• “What if” 분석을 통하여 완료공정표(As-built)에서 지연사건을 제외	• 영향의 정도를 파악하기 용이 • 실적을 고려하므로 합리적임	• 가정에 대한 합의가 필요함 • 계획공정표에 대한 설명이 불필요함
Window Analysis	• 특정 구간별로 나눠서 분석 • 다른 분석방법과 같이 사용됨	• 구간별로 영향이 나누어지므로 영향 파악 용이함	• 시간이 많이 소요됨 • Window에 대한 설명 필요함

146) 영향 기간을 확인하기 위하여 계획공정표(Baseline)에 새롭게 입력되는 작업(Activity)의 집합

대부분의 전문서적이나 학계에서 위와 같은 분류를 사용하고 있었으나, 2017년 2월에 발간된 Delay and Disruption Protocol 2nd Edition에 2가지 방법이 추가되었다. As-Planned vs As-Built 방법은 명칭이 약간 변경되었으며, Time Slice Window Analysis와 Retrospective Longest Path Analysis가 새롭게 추가되었다.

- Time Slice Window Analysis
  : 기존의 Window Analysis로 알려진 내용과 비슷하며, 월간공정표를 활용하여 분석
- Retrospective Longest Path Analysis
  : 완료공정표(As-Built program)의 가장 긴 경로를 역으로 추적해서 계획일정과 비교해서 분석

[표 7.4] Delay and Disruption Protocol의 분석방법

1st Edition	2nd Edition	비고
Impacted As-Planned	좌동	변경사항 없음
Time Impact Analysis		
Collapsed As-Built		
As-Planned vs As-Built	As-Planned vs As-Built Windows Analysis	명칭 변경
-	**Time Slice Windows Analysis**	추가
-	**Retrospective Longest Path Analysis**	추가

공기지연 분석방법은 CP를 결정할 때의 관점과 지연의 영향을 결정하는 관점에 따라서 미래적(Prospective), 과거적(Retrospective)으로 구분할 수 있다. 미래적(Prospective)은 아직 일어나지 않은 미래의 상황을 예상하여 분석하는 방식이며, 과거적(Retrospective)은 이미 일어난 상황을 인식한 상태에서 과거로 돌이켜 분석하는 방식이다.

[표 7.5] 시간의 관점에 따른 공기지연 분석방법의 구분

Method	Critical Path Determined	Delay Impact Determined
Impacted As-Planned	Prospectively	Prospectively
Time Impact Analysis	Contemporaneously	Prospectively
Collapsed As-Built	Contemporaneously	Retrospectively
As-Planned vs As-Built	Contemporaneously	Retrospectively
Time Slice Windows Analysis	Retrospectively	Retrospectively
Retrospective Longest Path Analysis	Retrospectively	Retrospectively

미래적(Prospective) 방법에는 IAP와 TIA가 해당하는데, TIA 방법의 경우 월간공정표(Updated Program)별로 실적을 업데이트하는 시점의 특정날짜인 Data date[147] 를 각각 가진다. 이 날짜를 기준으로 미래의 상황을 분석한다. Data date의 시점에 가까울수록 실시간적인 의미로도 볼 수 있다. 과거적(Retrospective) 관점으로는 CAB 방법과 APAB 방법이 있는데, 이미 모든 상황을 알고 있는 상황에서 과거로 시점을 변경하면서 분석하는 개념이다. TIA 방법은 미래적, 과거적 둘 다 사용되기도 하는데, 과거적으로 분석하면 지연기간이 비상식적으로 많이 나오는 경향이 있다.

결국 미래적으로 본다는 의미는 원인을 위주로 분석하고, 실제 발생 여부와 관계없이 미래를 예측하는 개념으로 해석하기 때문에 법적으로 활용되기에는 애매하며(실제 발생되었는지 여부가 불확실하기 때문에) 프로젝트의 중간에 제출하는 클레임으로 활용되거나 또는 진행과정을 추적하는데 활용된다. 과거적인 분석은 결과를 위주로 분석하기 때문에 프로젝트의 진행과정상의 CP의 변동과정을 확인할 수 없다는 단점이 있다. 이러한 방법상의 문제 때문에 분석 방법에 대하여 논쟁이 많이 발생하는데, Delay and Disruption Protocol도 TIA 방법을 권장하고 있고 중동의 대형 발주자들도 계약서에 TIA 방법을 사용할 것을 명시하고 있기 때문에 TIA 방법이 논쟁을 최소화할 수 있을 것이다. 그러나 TIA 방법을 활용하여 특정한 순간에 한정하여 지연기간을 결정하면 안 되고 시간의 흐름에 따라 그 지연이 어떻게 변화하는지를 지속적으로 확인하여 보정해 주는 것이 적절한 검토과정일 것이다.

TIA 방법의 특징은 어떤 이벤트가 발생한 시점에 이벤트의 영향을 예상한다는 점이다. 따라서 시간이 경과할수록 그 영향이 바뀌는 것은 당연하다. 즉 TIA 방법은 미래를 예상하는 방법이기 때문에 영향이 확정되는 것이 아니라 그 영향이 완료될 때 확정될 수 있다. 따라서 TIA 방법을 활용할 때는 위와 같이 Data date를 계속 변경하면서 시간의 흐름에 따라 영향을 측정하는 과정이 필요하다. 이러한 과정은 프로젝트가 완료될 때까지 지속적으로 진행되어야 지연기간을 정확하게 산정할 수 있다.

어떤 분석방법을 선택하느냐의 문제는 뒤에서 더 자세하게 다루어지겠지만, 분석시점에 따라 분석방법을 선택할 수밖에 없는 상황도 있다. 즉 프로젝트 초기에는 거의 진행이 이루어지지 않기 때문에 미래적(Prospective) 방법인 IAP를 적용할 수밖에 없으며, 프로젝트가 완료되어가는 시점에는 예상할 수 있는 미래의 내용이 거의 없기 때문에 APAB, CAB와 같은 과거적(Retrospective) 방법을 적용할 수밖에 없다.

---

147) Data date는 실적을 업데이트하는 시점(특정날짜)을 의미하며, 업데이트를 할 때마다 개별적인 월간공정표(Updated Program)가 만들어진다.

[그림 7.28] 분석방법의 적용

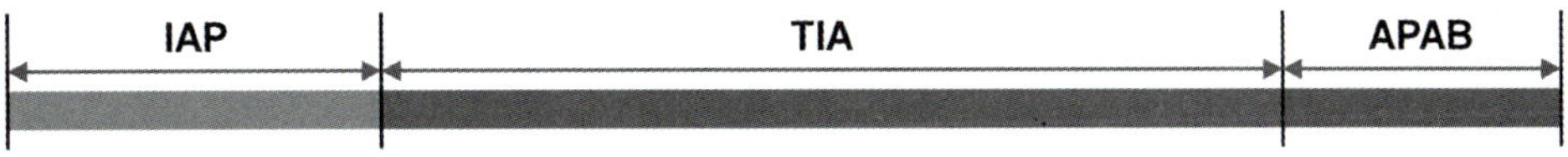

앞서 설명한 바와 같이 여러 가지 분석방법이 있는데, 한 개의 지연사건(Delay event)을 분석할 때에는 그 결과값의 차이는 거의 없으나, 여러 개의 지연사건 또는 누적적인 영향을 계산할 때는 추가적으로 고려해야 할 내용이 있다. 프로젝트에는 다수의 지연사건(Delay event)이 발생하고, 이러한 지연사건은 서로 영향을 미치게 되는데, 지연사건의 기간을 합치는 방법은 2가지가 있다.

[표 7.6] Net 방식과 Gross 방식의 차이

구분	Net	Gross
특징	시간의 흐름에 따라 이전의 프로젝트 상황과 비교하여 순수하게 증가한 지연 사건의 영향만 더하여 계산	각 지연사건의 개별적인 영향을 합쳐서 계산
장점	합리적인 계산방법	빠르게 계산이 가능하고 간단함
단점	시간이 많이 소요됨	법원에서 인정받지 못하며, 비합리적임

Gross 방식은 과거에 많이 사용했던 방식으로 개별적인 각 지연사건(Delay event)의 지연기간이 정해지면 각각의 지연기간을 한 번에 다 합쳐서 누적적인 지연기간으로 결정하는 방식이다. 총 영향 분석기법(Global impact approach)으로 알려지고 사용되었으나, 이러한 방식은 동시지연 (Concurrent delay)을 설명하지 못하고, 누적기간이 비정상적으로 나타나게 된다. 결국 Gross 방식은 여러 판례를 통하여 누적적인 지연기간을 계산하기에는 적절하지 않은 것으로 판단되고 있다.

> The Court confirmed that it was the 'net' method that was appropriate…The starting point for consideration is the completion date currently fixed and such extension of time will be calculated by extending the completion date by the 'net' period of delay caused to completion. The 'gross' method is, as both judge and arbitrator found, wholly inconsistent with the distribution of risk[148)]

148) Balfour Beatty Building Ltd v. Chestermount Properties Ltd (1993)

Net 방식은 위에 설명했던 TIA, CAB등에서 계산되었던 방식과 비슷하다. 즉 각 지연사건(Delay Event)의 영향기간을 계획공정표(Baseline)과 비교하여 계산하는 것이 아니라, 바로 직전의 영향공정표(Impacted Program)와 비교하여 순수하게 증가된 기간만큼만 더해주는 방식이다. 공기지연 클레임문서를 작성할 때에는 이러한 개별적인 분석을 종합적이고 누적적으로 정리해야 하는데, 도해는 아래 그림과 같다.

[그림 7.29] 공기지연 분석방법의 누적적 적용

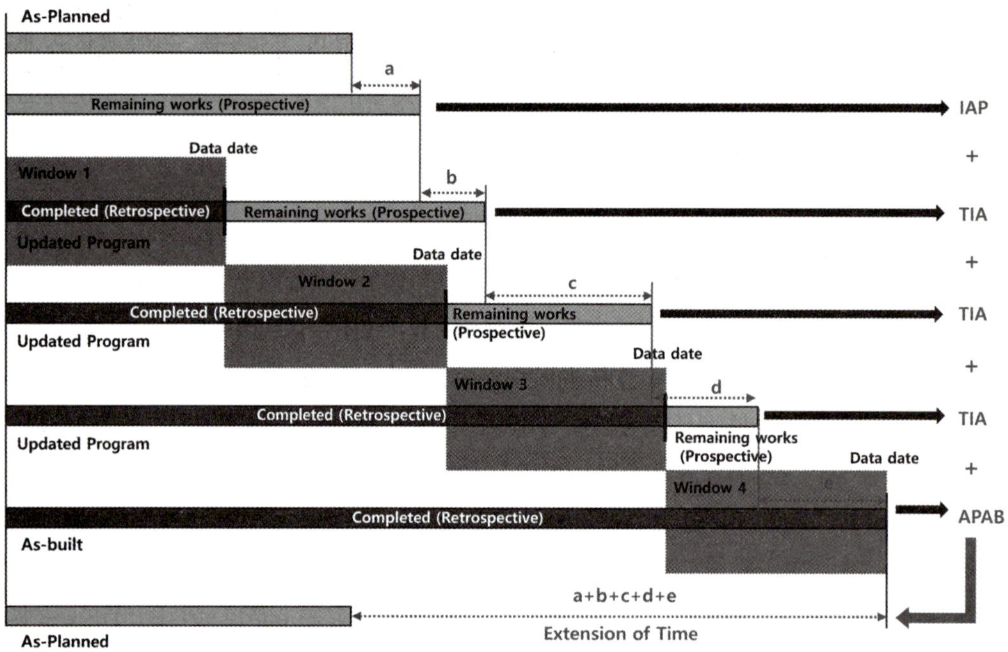

프로젝트가 거의 진행되지 않은 초기에는 IAP가 활용되어서 a기간이 분석되었으며, 프로젝트가 진행됨에 따라 실적자료를 활용하여 TIA 분석방법을 적용해서 b, c, d 기간이 계산되었다. 마지막으로 프로젝트가 완료됨에 따라 APAB 방법이 최종적으로 사용되어서 e기간이 분석되었다. 이러한 과정을 거쳐서 a+b+c+d+e의 지연기간이 계산되며, 이 지연을 어느 계약참여자가 책임지느냐에 따라 공기연장기간과 지체상금을 부과 받는 기간이 정해질 수 있다. 여기에서 계산된 a, b, c, d, e는 계획공정표(Baseline)과 비교하여 계산된 값이 아니고 직전의 영향공정표(Impacted Program)과 비교하여 확인된 Net 값임을 알 수 있다.

한편 초기의 IAP, 중기의 TIA 과정을 사용하지 않고 최종적으로 APAB만을 사용하였다면 a, b, c, d 기간을 확인하기 어렵고, 반면 APAB를 사용하지 않았다면 최종적인 e기간을 확인할 수 없을 것이다. 따라서 분석방법을 가장 올바르게 적용하는 것은 어느 특정한 방법을 선택해서 결과를 확정하는 것이 아니라, 시간의 흐름에 따라서 적절한 분석방법을 활용하고 그러한 결과를 종합적이고 누적적으로 분석하는 것이 지연기간을 정확하게 분석하는 것이라고 볼 수 있다. 1개의 단일한 내용을 분석할 때는 상황에 맞게 특정한 분석방법을 선택할 수 있지만 공기연장 클레임(EOT Claim)을 통하여 전체 프로젝트의 종료일을 변경하는 공기연장 클레임(EOT Claim)을 다룰 때에는 이와 같이 프로젝트의 진행상황에 따라 그 지연기간을 추적해서 정리하는 과정이 필요하다. 각 방법별로 주요 내용을 설명하면 아래와 같다.

4.2 Impacted As-Planned(IAP)

IAP는 지연사건(Delay Event)을 나타내는 Fragnet이 계획공정표(Baseline)에 더해지는 형태이다. 즉 기존의 계획공정표에 추가로 작성된 Fragnet을 관련된 영향받은 작업(Activity)에 연결해서 분석한다. 연결한 이후에 나타나는 변동값이 그 지연사건의 지연기간으로 계산된다. 분석 전에 분석가는 공정표가 합리적인지, 근본적인 오류가 없는지 확인해야 한다. 이 방법은 가장 간단하고 비용이 저렴한 분석방법으로 알려져 있으나, 공사 중에 발생하는 공사변경이나 실제 발생하는 상황을 고려하지 못하는 한계를 가지고 있다. 또한 제한적인 상황에서만 공기연장을 인정받을 수 있는 방법으로 사용될 수 있다. 이러한 한계때문에, IAP 방법으로 공기연장에 대한 권리는 부여받을 수 있을지 몰라도, 추가공사비에 대한 권리획보는 어려울 수 있다.

[그림 7.30] IAP 도해

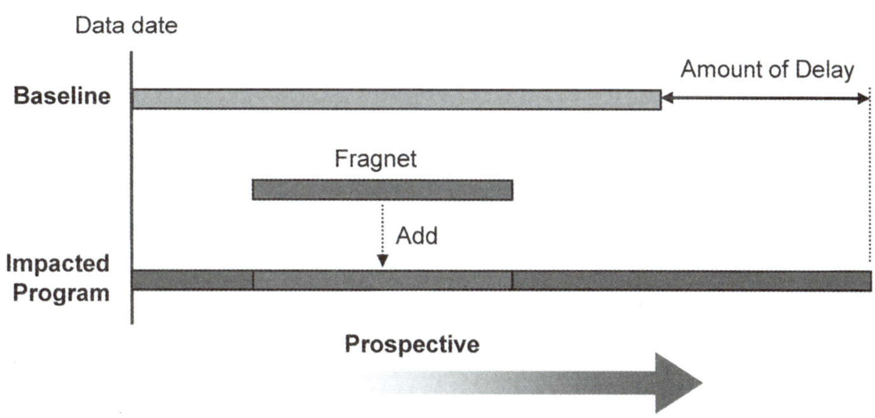

IAP 방법은 실제의 진행상황을 고려하지 않고 초기의 계획공정표(Baseline)를 기준으로 분석하기 때문에 신뢰성이 부족하고 법원과 학계에서 정확한 분석방법으로 인정받고 있지 않다.

IAP 방법에서 동시지연(Concurrent Delay)을 식별하는 방법을 설명하면 아래와 같다. IAP 방법은 Combined Chronological Impacted As-Planned(이하 'CC-IAP')와 Non-Integrated Impacted As-Planned(이하 'NI-IAP')로 구분되는데, CC-IAP는 아래와 같이 시공자와 발주자의 지연이벤트를 시간의 순서에 따라 입력하면서 지연기간을 계산하는 방법이다.

[그림 7.31] Combined Chronological Impacted As-Planned(CC-IAP)

Combined impacted liability table			Cumulative delay	
Event	**Event type**	**Impacted completion date**	**EDE**	**CDE**
Baseline		1-Jan-09		
001	EDE	2-Jan-09	1	
002	EDE	5-Jan-09	3	
003	CDE	8-Jan-09		3
004	EDE	10-Jan-09	2	
005	CDE	15-Jan-09		5
006	CDE	15-Jan-09		0
007	EDE	18-Jan-09	3	

NI-IAP는 아래 그림과 같이 시공자와 발주자의 지연을 각각 분석하는 방법이다.

[그림 7.32] Non-Integrated Impacted As-Planned(NI-IAP)

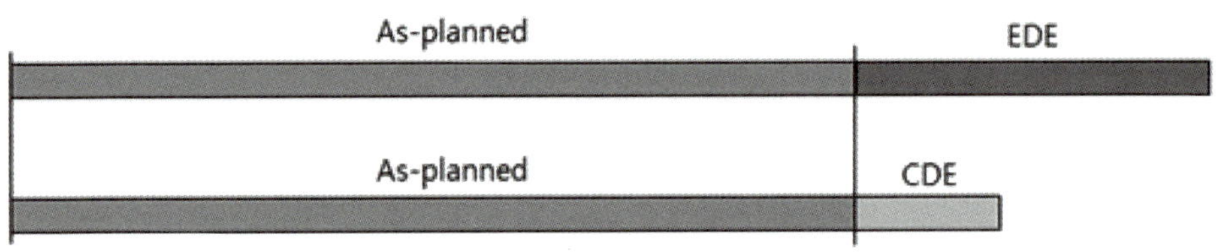

CC-IAP에서 CDE(Contractor Delay Event)를 빼면 순수한 EDE(Employer Delay Event)에 의한 기간 ①이 산출되며, 이 기간은 보상가능한 지연(Compensable Delay)기간에 해당된다. ①기간은 NI-IAP의 EDE(Employer Delay Event)기간보다 짧아지는데, 그 차이가 ②번이며 Approximate Concurrency로 인식할 수 있고 ③기간은 면책 불가능한 지연(Non-Excusable Delay)로 지체상금이 부과되는 기간이다.

[그림 7.33] IAP 방법에서 동시지연(Concurrent Delay)의 식별

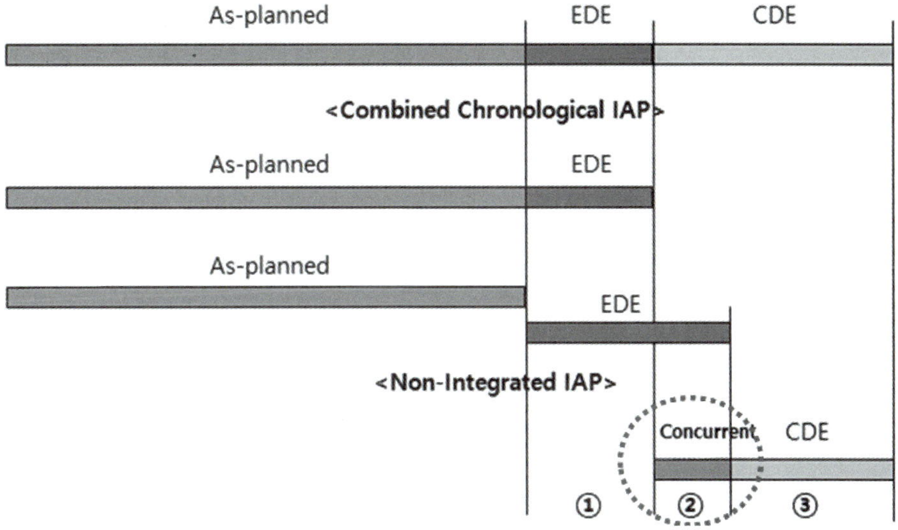

4.3 Time Impact Analysis(TIA)

TIA와 IAP는 계획공정표(Baseline)에 Fragnet을 더한다는 점에서 동일하며 TIA는 IAP가 진화한 형태이다. IAP는 하나의 계획공정표를 사용하여 분석하나 TIA는 여러 개의 월간공정표(Updated Program)를 사용하여 분석한다는 점이 다른 점이다. 아래 그림은 간단한 도해인데 Fragnet을 입력하는 공정표는 계획공정표가 아니고 월간공정표이다.

[그림 7.34] TIA 도해

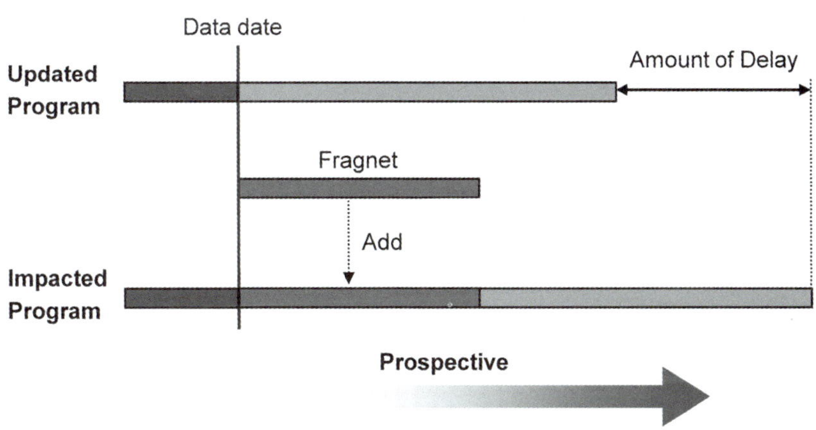

즉 어떤 지연사건(Delay Event)이 발생하기 직전의 모든 상황이 이미 반영된 시점의 월간공정표(Updated Program)를 기준으로 지연기간을 계산한다는 의미이다, 이와 같이 분석하면 지연사건으로 인한 순수한 지연기간을 계산할 수 있다. 지연사건과 관계없는 다른 모든 상황은 이미 월간공정표에 반영되었기 때문이다. 프로젝트에는 지연사건이 많이 발생하기 때문에 TIA는 여러 월간공정표를 계획공정표(Baseline)로 사용한다. 따라서 분석기간을 구분하는 과정이 필요하며, 순서는 아래와 같다.

[그림 7.35] TIA 검토순서

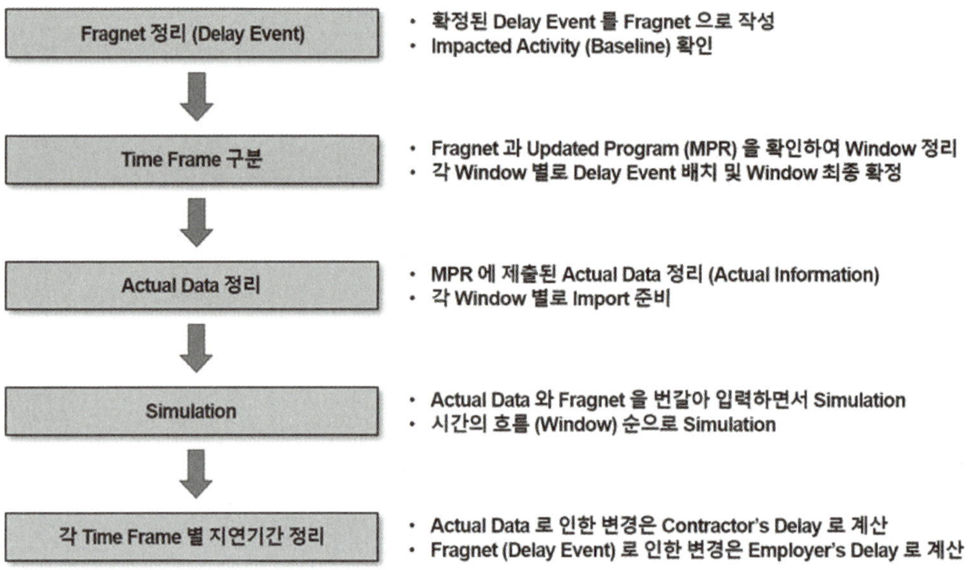

분석기간을 구분하고 거기에 따라 지연사건(Delay Event)을 배치하고 각 분석기간별로 지연기간을 각각 계산한다. TIA 방법에서 동시지연(Concurrent Delay)을 식별하는 내용은 아래와 같다.

[그림 7.36] TIA 방법의 동시지연(Concurrent Delay) 식별

Event (fragnet)	Event type	Event actual start date	Base schedule	Base schedule data date	Projected completion date	Net loss/gain	Cumulative delay		
							EDE	CDE	Concurrent
			Baseline	1-Jun-08	1-Jan-09				
001	EDE	3-Jun-08		1-Jun-08	2-Jan-09	1	1		
002	EDE	5-Jun-08		1-Jun-08	5-Jan-09	3	3		
			UD01	30-Jun-08	5-Jan-09	0			
003	CDE	2-Jul-08		30-Jun-08	8-Jan-09	3			3
004	EDE	2-Jul-08		30-Jun-08	10-Jan-09	2	2		
			UD02	31-Jul-08	6-Jan-09	−4		−4	
			UD02A	*14-Aug-08*	*8-Jan-09*	2		2	
005	CDE	15-Aug-08		31-Jul-08	15-Jan-09	7		7	
			UD03	31-Aug-08	14-Jan-09	−1		−1	
006	CDE	4-Sep-08		31-Aug-08	15-Jan-09	1			1
007	EDE	7-Sep-08		31-Aug-08	18-Jan-09	3	3		
					Totals:	**17**	**9**	**4**	**4**

003 CDE는 동시지연(Concurrent Delay)으로 계산되었는데, 004 EDE와 동시에 시작되고 EDE는 5일의 영향을 발생시켰기 때문에 겹치는 기간인 3일만 동시지연로 계산되었으며, 추가적인 2일은 발주자가 책임지는 기간으로 계산되었다. 006 CDE는 동시지연으로 계산되었는데, 007 EDE가 4일의 영향을 발생시켰기 때문에 겹치는 1일만 동시지연으로 계산되었다. 그러나 이런 계산은 이벤트의 발생시점을 고려하였을 때 적절하지는 않은 것으로 판단되는데, 가능하면 분석 전에 이벤트 성격을 동시지연 이벤트로 규정하고, 이후 분석기간을 계산하는 방법도 고려할 수 있을 것이다.

4.4 Collapsed As-Built(CAB)

CAB는 완료공정표(As-Built program)에 기반하여 분석되는 공기지연 분석방법이다. 시공자의 계획이나 의도와는 관계없이 실제 발생한 순서와 지연기간을 바탕으로 "What if" 시뮬레이션을 통해 계산한다. "What if"란 지연사건이 발생하지 않았다면 어떻게 되었을까" 또는 "그러한 지연사건이 없었다면 프로젝트는 언제 완료되었을까" 와 같은 가정적인 조건에서 시작한다. 따라서 이 방법은 예측기법과 같은 것이 아니라 이론적이고 가정적인 결과를 발생시킬 수 있다.

[그림 7.37] CAB 도해

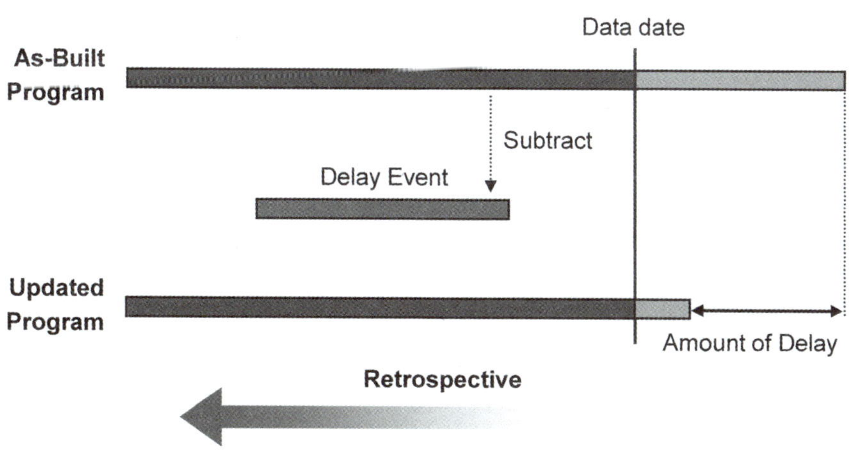

CAB는 계획공정표(Baseline)를 필요로 하지 않으며 완료공정표(As-Built program)를 필요로 한다. 그러나 실제 계획대로 진행되는 프로젝트는 거의 없기 때문에 순서의 재구성이 필요한데 이는 매우 시간이 많이 소요되는 작업이다. CAB 방법에서 동시지연(Concurrent Delay)은 TIA 방법의 개념과 시간의 흐름이 반대로 진행된다는 점을 고려하여 식별하면 된다.

[그림 7.38] CAB 방법의 동시지연(Concurrent Delay) 식별

Event (Fragnet)	Event Type	Event Actual Start Date	Event Actual Finish Date	Event Duration (Days)	CAB Base Schedule	Base Schedule Data Date	Projected Completion Date	Net Loss/ Gain	Cumulative delay		
									EDE	CDE	Con-current
001	EDE	7-Sep-08	11-Sep-08	4	**CAB**	**31-Aug-08**	18-Jan-09				
					CAB	**31-Aug-08**	18-Jan-09	0			
002	CDE	4-Sep-08	5-Sep-08	1	**CAB**	**31-Aug-08**	15-Jan-09	3		3	
					UD03	31-Aug-08	14-Jan-09	1		1	
003	CDE	15-Aug-08	24-Aug-08	9	**CAB**	**14-Aug-08**	9-Jan-09	5		5	
					UD02	31-Jul-08	6-Jan-09	3		3	
004	EDE	2-Jul-08	7-Jul-08	5	**CAB**	**30-Jun-08**	1-Jan-09	5	5		
005	CDE	2-Jul-08	5-Jul-08	3	**CAB**	**30-Jun-08**	1-Jan-09	0			
					UD01	30-Jun-08	5-Jan-09	−4		−4	
006	EDE	5-Jun-08	8-Jun-08	3	**CAB**	**1-Jun-08**	5-Jan-09	0			
007	EDE	31-Jun-08	6-Jun-08	3	**CAB**	**1-Jun-08**	2-Jan-09	3	3		
				Contract Completion Date:			1-Jan-09	1		1	
							Totals	**17**	**8**	**9**	**0**

4.5 As-Planned vs As-Built(APAB)

가장 단순한 형태이며 최초에 세운 계획과 실적을 비교하는 형태이다 이 기법은 주로 각각의 Window로 나뉘어 분석되는데 계획과 실적을 비교한 후 계획이 왜 지연되었는지, 얼마나 지연되었는지를 분석한다. 3가지(시작일, 종료일, 연장된 기간)에 대한 분석이 꼭 필요하다.

[그림 7.39] APAB 도해

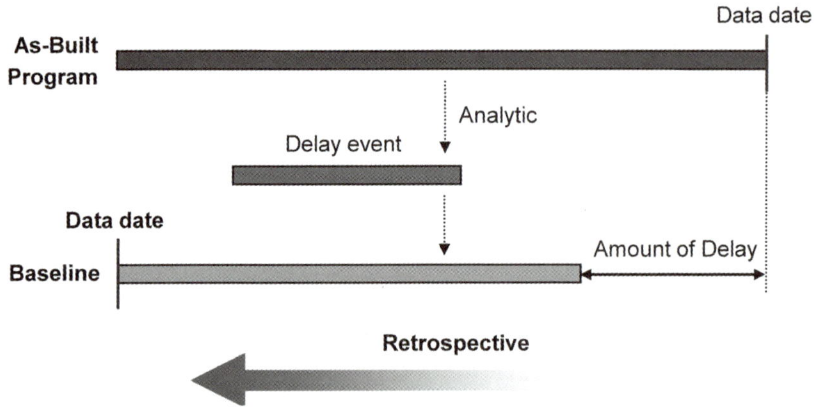

이 3가지에 대해서 설명이 이루어져야 정확한 분석이 이루어졌다고 할 수 있는데 복잡한 프로젝트의 지연을 설명하기에는 현실적으로 매우 어렵다. CP 위주로 분석하면 간단하게 진행할 수 있겠지만 CP는 특정 시점별로 어떻게 바뀔지 예상하기 어렵기 때문에 각 시점 별로 Window를 사용해서 구간을 나누고 각 시점 별로 분석하는 과정이 필요하다. 그렇지 않다면, APAB는 소규모 프로젝트 또는 CP가 명확한 프로젝트에서 제한적으로 사용이 가능하다.

APAB 방법에서의 동시지연(Concurrent Delay)은 1차적으로 Window 구간으로 나눠서 지연을 인식한 이후에 그 지연이 발생한 원인을 분석하는 과정에서 동시지연이 식별될 수 있다.

[그림 7.40] APAB 방법의 동시지연(Concurrent Delay) 식별

Window Ref.	Planned Start	Planned Finish	Actual Start	Actual Finish	Start var. (less prev. WLV)	Finish var. (less prev. WLV)	WLV
CP1-001	1-Jan-06	7-Feb-06	6-Jan-06	12-Feb-06	5	–	5
CP1-002	8-Feb-06	12-Feb-06	13-Feb-06	30-May-06	–	102	102
CP1-003	13-Feb-06	28-Feb-06	31-May-06	28-June-06	–	13	13

Window Ref. CP	Description	WLV	CDE	EDE	Liability Assessment
CP1-001	Install pipe	5		5	Delayed site access (5 days)
CP1-002	Test pipe	102	82	20	Pipe repair (80 days), late instruction (20 d), plant breakdown (2 days)
CP1-003	Handover	13		13	Additional back-fill (10 days), additional manhole (3 days)

4.6 Window Analysis

Window Analysis는 그 자체로는 분석기법은 아니며 단지 주어진 분석기법을 다루는 관점을 의미한다. 즉 전체 프로젝트 기간을 특정한 기간으로 나눠서 분석하는 방법이다. 이 방법은 분석가가 작업의 진행현황을 확인해서 신뢰할 만한 월간공정표(Updated Program)를 확인하고 특정한 구간으로 나눈다. 이후 Window 내에 발생한 CP를 결정하고 프로젝트의 기록을 확인해서 어떤 지연사건이 어떤 영향을 끼쳤는지 결정한다. Window를 나누는 기준은 아래와 같다,

- 중요한 Milestone 또는 중요한 사건
- 시공자의 의도, 방법, 순서가 바뀐 구간
- 진행실적이 계산된 단위구간
- 주요한 변화, 작업중단, 지연이 발생한 구간

[그림 7.41] Window Analysis 도해

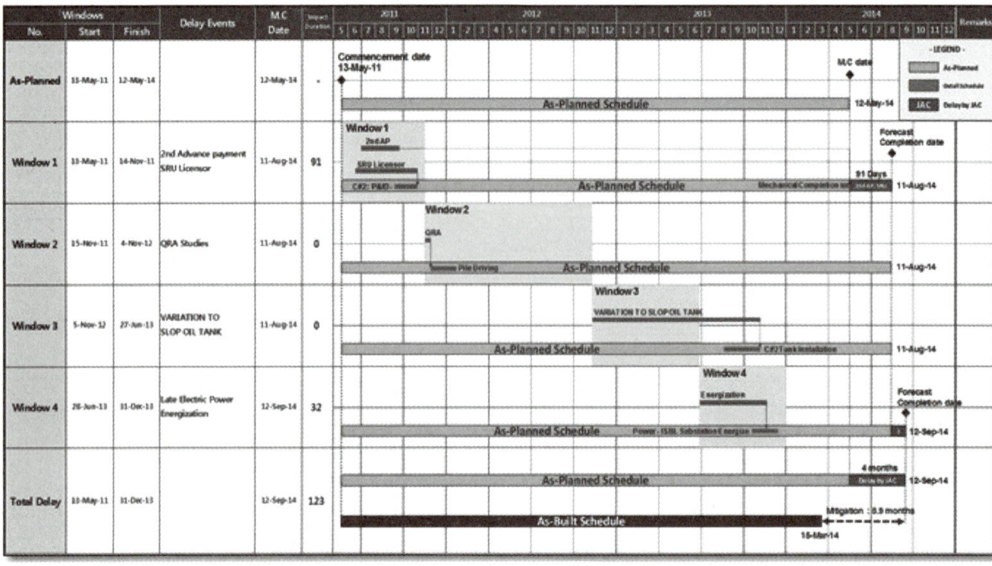

Window Analysis 요지는 분석방법이나 또는 무엇이 분석되느냐의 문제가 아니라 분석하는 특정 기간을 정의하는 데 있다. Window Analysis는 APAB 방법을 같이 사용하기도 하지만 가장 효과적인 방법은 TIA와 같이 일정 시점까지 진행된 월간공정표(Updated Program)를 기준으로 구분한 이후에 각각의 Window에 발생한 지연사건을 정의하고 CP를 분석하는 것이다.

4.7 Retrospective Longest Path Analysis

공기연장 클레임(EOT Claim)에서 CP를 분석한다는 의미는 실질적으로 Longest Path를 분석한다는 개념과 거의 비슷하다. Longest Path는 용어 그대로 프로젝트의 전체기간을 결정하는 가장 긴 경로를 의미하며, 그 Longest Path에 어떤 지연사건이 발생했는지를 분석한다.

[그림 7.42] Longest Path의 CP 선택

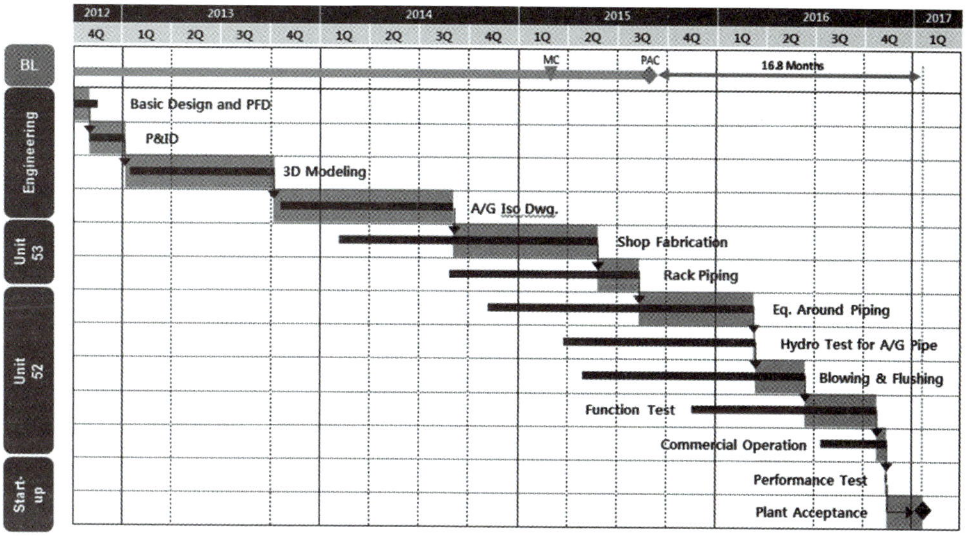

[그림 7.43] Longest Path의 지연기간 계산

	Activity	Delay Inc.	Delay Cum.
Engineering	Basic design and PFD	-	-
	P&ID	-	-
	3D Modeling	49	49
	A/G Iso Dwg.	128	177
Construction	Shop Fabrication	66	243
	Rack Piping	20	263
	Eq. Around Piping Installation	38	301
	Hydro Test for A/G Piping	32	333
Pre-comm.	Blowing & Flushing	12	345
	Reinstatement	7	352
	Loop Test	63	415
Comm'g	Function Test	81	496
	Plant Acceptance	17	513

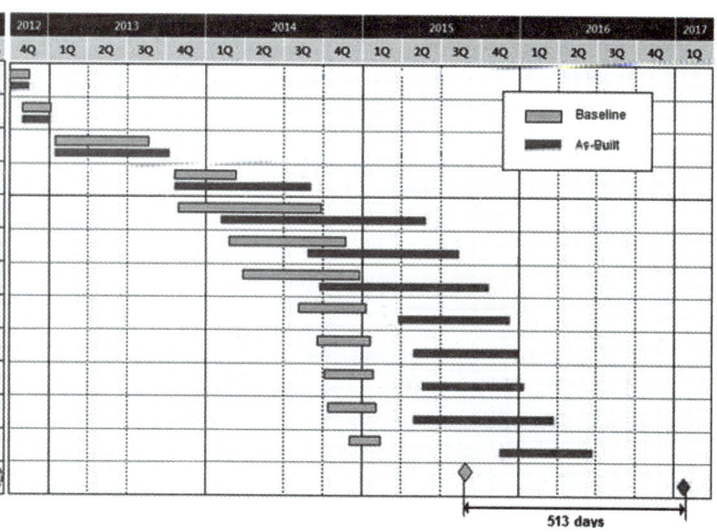

가장 먼저 완료공정표(As-Built program)상의 CP를 확인한다. APAB, CAB도 완료 공정표를 기본으로 분석하는데, 이 과정이 쉽지는 않다. 전문가의 판단에 따라 특정한 작업(Activity)을 선택할 수도 있지만, 공정표를 구성하는 작업이 많은 경우에는 CP를 정확하게 식별하기 위해서 원칙적으로 공정표를 재구성해야 한다.

> The as-built critical path of a project schedule can be determined by developing As-Built Calculation Schedules for each relevant schedule analysis period...The creation of the As-Built Calculation Schedule enables the CPM scheduling software to then calculate the as-built critical path.[149)]

공정표를 재구성하기 위해서는 여러 가지 원칙을 활용하는데, 당초 계획된 방법, 순서가 있더라도 실제 진행된 사실관계에 맞게 순서를 재조정한다. 아래 첫 번째 그림을 예로 든다면, 당초에 FS(Finish to Start)로 계획되었으나 실제로는 선행작업이 완료되기 전에 후행작업이 시작하였다. 따라서 이와 같은 경우에는 FS관계를 SS(Start to Start) + Lag[150)] 로 바꾸어준다. 즉 계획을 기준으로 하지 않고 작업이 실제로 진행된 내용을 기준으로 공정표를 변경하는 것이다.

[그림 7.44] 공정표의 재구성

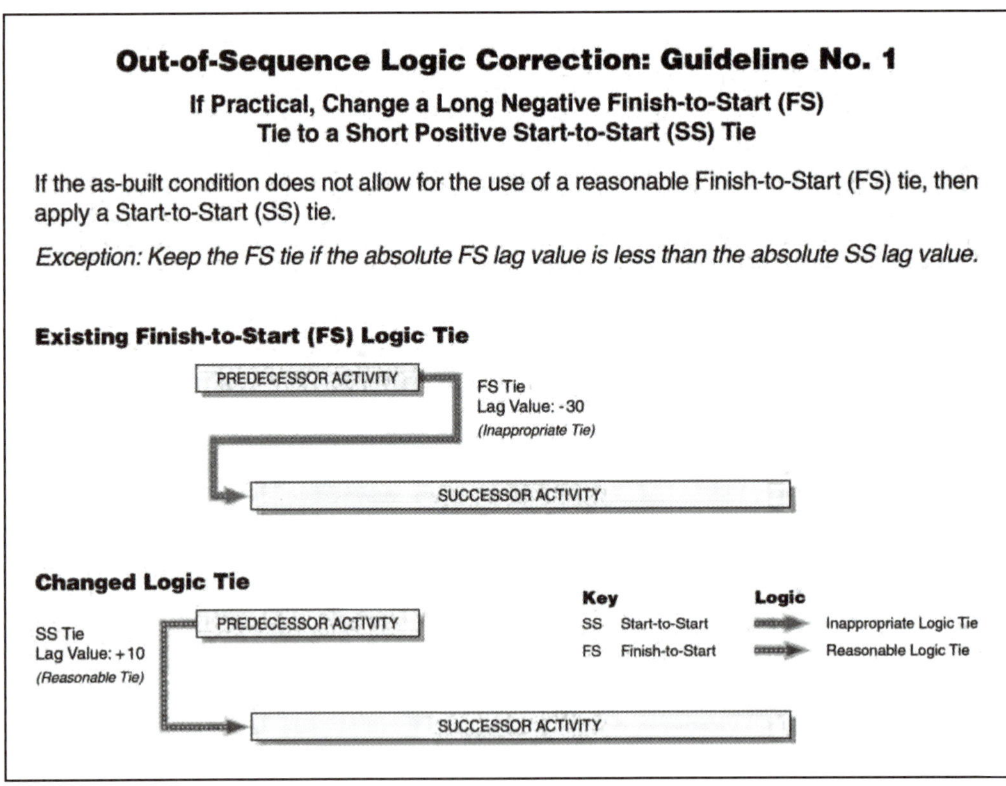

149) Andrew Avalon, Calculating The As-Built Critical Path (2014)

150) 일종의 대기시간으로 볼 수 있으며 몇일 이후에 후행작업이 시작될 수 있다는 특정기간을 표시한다.

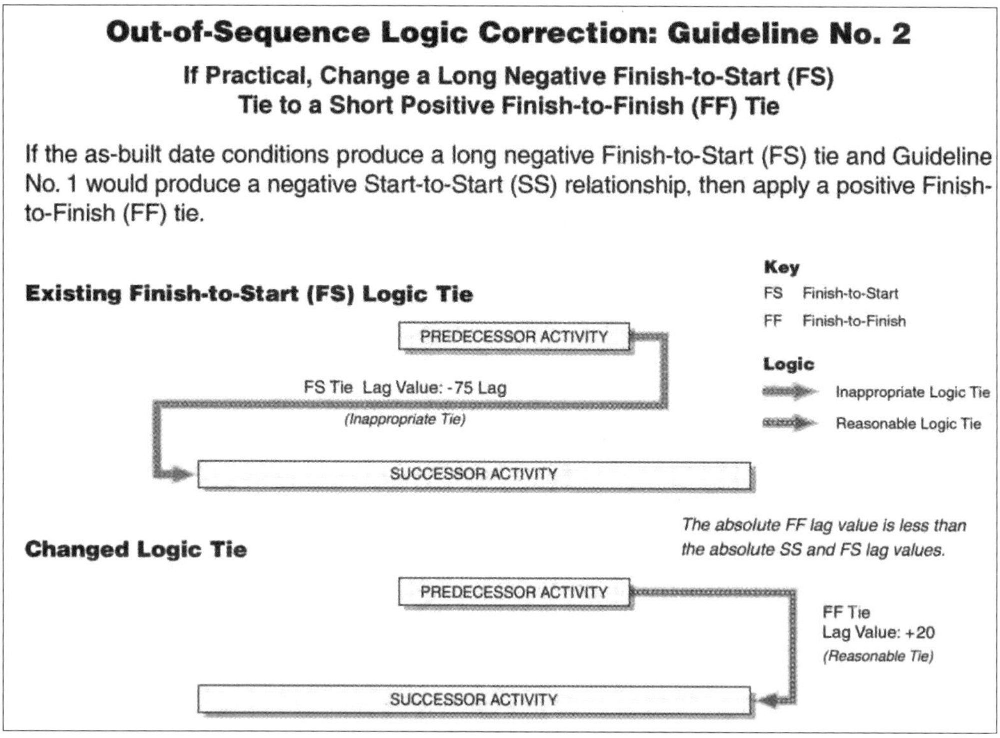

이러한 과정을 거쳐서 공정표를 새구성한 이후에 완료공정표(As-Built program)의 CP를 식별하며, 순서는 아래와 같다.

1) Verifying the accuracy of the as-built schedule dates,
2) Converting as-planned logic to as-built logic,
3) Creating an As-Built Calculation Schedule for each schedule analysis window,
4) Destatusing the actual dates and replacing them with actual activity and lag durations and percent complete values,
5) Determining the driving predecessor relationships,
6) Calculating the as-built critical and near-critical paths,
7) Reviewing the calculated as-built critical path for reasonableness.[151)]

151) Andrew Avalon, Calculating The As-Built Critical Path (2014)

이후에 CP상에 있는 작업(Activity)이 당초 계획과 변경된 내용을 확인해서 그 차이를 설명해주는 것이 Longest Path Analysis의 주요 내용이다. 그러나 이 방법은 CP가 변경되는 과정을 설명할 수 없고 단 하나의 CP만 분석한다는 점이 단점이다.

Retrospective Longest Path Analysis의 동시지연(Concurrent Delay) 식별은 아래 순서를 고려하여 검토할 수 있다.

1) 완료공정표(As-Built program)의 CP를 식별한 이후에 완료시점에서 역으로 CP를 추적하며, Industry Practice 및 여유(Float)를 고려하여 합리적인 경로를 확인함
2) 확인된 완료공정표(As-Built program)의 CP 및 Critical Activity의 계획일정을 같이 비교해서 특정한 구간에 지연이 발생된 것을 인식할 수 있음
3) 그 지연된 구간은 특별한 설명이 있지 않는 한 기본적으로 시공자의 지연임. 따라서 특정한 구간을 지연시킨 발주자의 이벤트가 있는지 확인해서(이벤트는 Critical Activity와 관련이 있어야 함.) 만약 있다면 그 지연 기간은 발주자의 지연임
4) Critical Activity와 관련이 없는 발주자의 이벤트가 발생했다면 동시지연 여부를 확인해야 함

즉 발주자의 이벤트가 영향을 미친 작업(Activity)의 여유(Float) 변화와 완료공정표(As-Built program)의 CP상의 Critical Activity의 여유 변화를 비교하여 동시지연 여부를 확인할 수 있다.

4.8 분석방법의 결정

분석방법은 프로젝트의 시점이나 상황, 계약조건에 따라서 다르게 적용되는데 법원, 중재에서 중요하게 보는 것은 분석기법의 적정성이 아니라 인과관계를 얼마나 효과적으로 설명하였느냐, 얼마나 실제 상황을 정확히 반영하여 분석하였느냐를 위주로 판단한다. 적절한 분석방법을 결정하는데 있어서 고려해야 할 사항은 아래와 같다.

[그림 7.45] 분석방법 결정 절차

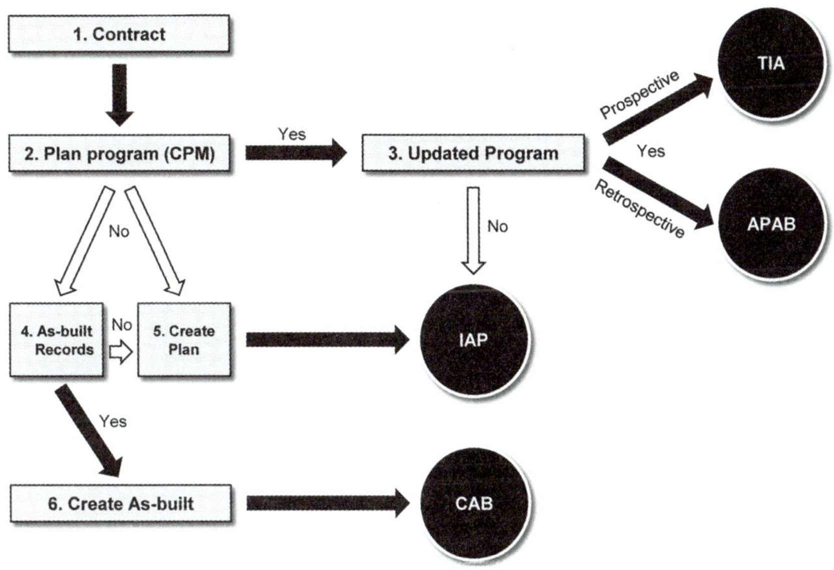

1) 계약서(Contract)

분석방법을 결정하는데 있어서 가장 먼저 확인해야 할 부분은 계약서이다 계약서에 특정한 방법을 따르도록 명시되어 있다면 방법의 유리, 불리 및 적합성과 관계없이 계약적 요구사항을 따라야 한다. 예를 들어 계약서에 아래와 같은 조건이 있다고 가정해보자.

> If and when requested by the Employer in connection With any proposed or instructed contract variation, prepare and submit time impact analysis to demonstrate the effect of proposed or instructed variation on the overall project schedule.[152)]

해당 계약은 공사변경을 요청할 때 Time Impact Analysis를 사용하여 영향을 입증하라는 내용이 포함되어 있기 때문에 Time Impact Analysis 방법을 사용해야 한다. 다른 EPC Contract를 참고하면 아래와 같다.

> The Contractor will not be entitled to an extension of time unless it Is demonstrated to the satisfaction of the Employer, that the delay has affected the Contractor's critical path by reference to the current schedule.[153)]

152) EPC Contract
153) EPC Contract

해당 계약은 현재의 공정표(Current schedule)를 참고해서 지연이 CP에 영향을 끼쳤는지 입증해야 한다고 규정하고 있는데, 여기서 현재의 공정표란 특정시점에 유지되고 있는 월간공정표(Updated Program)를 의미한다. 즉 지연이 발생한 시점을 기준으로 분석이 필요함을 설명하고 있다. Current Program 또는 현재의 공정표를 사용하라는 의미는 일정시점까지 발생한 내용이 반영된 공정표에서 미래시점을 분석하는 방법인 TIA와 의미가 비슷하므로 TIA 방법을 사용하는 것이 계약조건에 적합하다고 볼 수 있다.

2) 계획공정표(Plan Program)

계약적인 요구사항을 확인한 이후에 확인해야 할 사항은 CPM Network으로 구성된 계획공정표(Baseline)가 있는지 여부이다. 규모가 작은 프로젝트는 계획공정표가 없는 경우도 많은데, 이러한 경우는 새로 만들거나 실제 진행된 기록(As-built records)이 있는지 확인해야 한다. 계획공정표를 새로 만들면, 공정표에 대한 적절한 합의, 동의 과정이 필요하기 때문에, 지연분석이 가능한 선에서 최소화하여 작성하는 것이 효율적이다.

3) 월간공정표(Updated Program)

계획공정표(Baseline)가 있다면 다음으로 확인해야 할 사항은 주기적으로 관리된 월간공정표(Updated Program)가 있는지 여부이다. 월간공정표가 없다면 IAP 방법을 사용할 수밖에 없으며, 월간공정표가 있다면 TIA 방법이나 APAB 방법을 사용할 수 있다. 간혹 어떤 프로젝트는 발주자가 월간공정표을 제출할 필요가 없다고 해서 제출하지 않는 경우도 있는데, 대부분의 계약에는 공정표를 주기적으로 관리하고 유지하는 것이 시공자의 중요한 의무 중의 하나로 설명하고 있기 때문에 추후에 문제가 발생하는 경우에는 시공자에게 불리하게 작용할 수 있다. 따라서 프로젝트 진행 중에 주기적으로 공정표를 유지하고 관리하는 것이 필수적이다. 계획공정표와 월간공정표가 있는 상황에서 미래적(Prospective) 관점에서 분석한다면, TIA 방법을 적용할 수 있고, 과거적(Retrospective) 관점에서 분석한다면, APAB 방법을 사용할 수 있다.

4) 실제 진행된 기록(As-built Records)

계획공정표(Baseline)가 없다면 다음에 확인해야 할 내용은 실제기록(As-Built Record)이 있는지 여부이다. 실제기록이 있다면, 완료공정표 생성(Create As-Built) 과정을 거친 후에 CAB(Create As-Built) 방법을 사용할 수 있다. 참고로 어떤 프로젝트는 발주자가 계획공정표를 계속 승인하지 않고 지속적으로 변경을 요청하여, 승인되지 않은 채로 계획공정표가 계속 변경되었는데, 이런 경우에는 실제기록 여부를 확인해서 CAB 방법을 사용할 수밖에 없을 것이다.

5) 계획공정표 작성(Create Plan)

계획공정표(Baseline)가 없다면 새로 만들 수도 있으나 추천하기에는 어려운 방법이다. 계획공정표를 만들고 승인받는 것은 시공자의 작업방법, 순서, 작업기간에 대하여 발주자와 합의하는 과정이고 프로젝트의 참여자들이 그러한 계획이 적절히 진행되고 있는지 관리/유지하는데 중요한 의미가 있다. 그런데 그러한 과정이 생략되고 단순히 클레임만을 위해서 계획공정표를 작성하는 것은 시공자의 일방적인 주장만이 담겨진 것이라고 밖에 볼 수 없다. 만약 CPM은 아니더라도 비슷한 형태의 작업(Activity)으로 구성된 공정표가 있다면 CPM으로 구성하여 계획공정표를 새로 만들 수는 있으나, 대부분의 경우에 인정받기 어렵다고 할 수 있다. 간혹 하도급자(Subcontractor)로부터 제출받은 클레임 문서를 보면, 시공자의 공정표를 하도급자의 공정표로 활용하여 제출하는 경우가 있는데, 시공자의 공정표는 여러 하도급자의 작업이 합쳐져 있고 서로 연결되어 있기 때문에 분석결과가 정확하게 산출되지 못함은 자명한 사실일 것이다. 또한 시공자의 공정표는 시공자의 작업의도가 포함되어 있는 것이지 하도급자의 의도가 포함되지 않기 때문에, 클레임에 공정표를 활용하려면 클레임을 청구하는 자의 의도가 공정표에 포함되어야 한다.

6) 완료공정표 작성(Create As-built)

계획공정표(Baseline)가 없고 실제기록(As-Built Rccords)만 있다면 실제기록을 활용하여 완료공정표(As-Built Program)를 만들 수 있다. 완료공정표를 만들면 CAB 방법으로 활용이 가능한데, 실제기록이 어느 수준까지 있는지에 따라 완료공정표의 작성 여부가 결정된다. 추천하건데, 수행계획(Execution plan)의 내용을 포함하여, Network 구성이 가능한 최소 500개 이상의 작업에 대한 기록이 확보된다면 지연분석을 진행하는데 큰 어려움은 없을 것으로 추정된다.

분석방법을 결정하는데 있어서 위의 내용을 포함하여 다른 여러 가지 내용도 같이 고려해야 하는데 시공자, 컨설턴트를 통하여 조사된 분석방법을 결정하는 요인과 순위를 참고하면 아래와 같다.

[표 7.7] 분석방법을 결정하는 요인과 순위[154)]

Factor	Rank		
	Contractors	Consultants	Overall
Records availability	**1**	**1**	**1**
Baseline program availability	**5**	**2**	**2**
Skills of the analyst	**2**	**6**	**2**
Updated program availability	**3**	**4**	**4**
Size of project	**11**	**3**	**5**
Nature of the delay events	3	9	6
Reason for the delay analysis	7	9	7
Duration of the project	13	4	8
Complexity of the project	8	9	8
The amount in dispute	13	6	10
Type of contract	5	12	11
Nature of baseline program	16	6	12
Time of the delay	8	14	12
The number of delay events	11	15	14
Cost of using the technique	16	12	15
The other party to the claim	8	16	16
Dispute resolution forum	16	17	17
Applicable legislation	15	18	18

활용 가능한 기록, 계획공정표, 분석가의 수준, 월간공정표, 프로젝트의 규모 순으로 가장 중요한 요인들이 확인되었다.

154) Adnan Enshassi & Asmahan Jubeh, Delay Analysis Methods and Factors Affecting their Selection in the Construction Industry in Gaza Strip (2010)

5. 대응전략

5.1 클레임의 목적

클레임을 시작할 때 가장 먼저 고려해야 할 점은 클레임의 목적을 명확하게 설정하는 것이다. 지체상금의 부과를 방지하는 선에서 공기연장 클레임(EOT Claim)만 고려할 것인지 또는 이에 따른 비용보상도 같이 청구할 것인지 또는 생산성 저하에 따른 직접적 손실을 산출하는 방해/간섭 클레임(Disruption Claim)도 포함할지의 여부를 검토해야 한다.

[그림 7.46] 클레임 문서의 작성/검토 순서

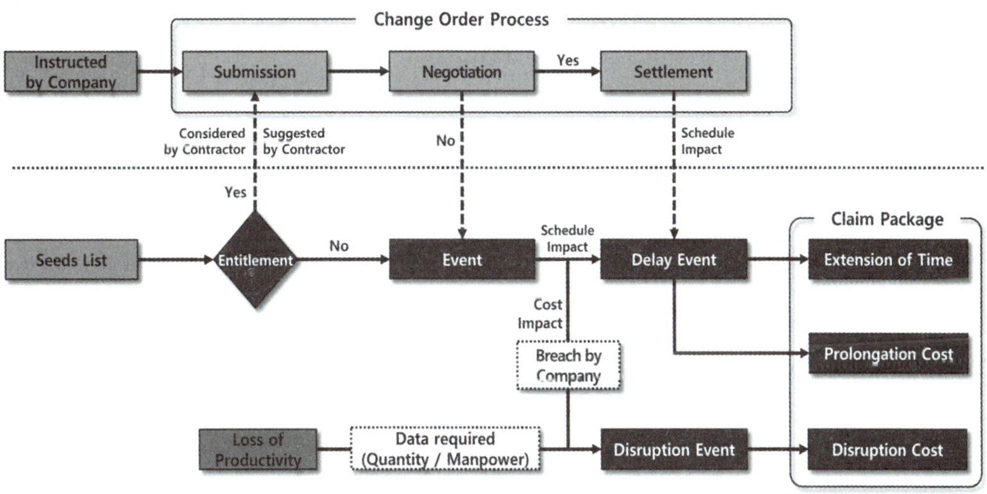

다시 말하면 클레임의 목적이 확정되고 나서 취합해야 할 내용이 정해질 수 있기 때문에 최초의 목적이 명확하게 설정되는 것이 중요하다는 의미이다. 이 과정이 불분명하게 진행되는 경우 자료를 다시 취합하거나 처음부터 다시 시작할 수 있는 상황이 발생할 수도 있다.

5.2 공기연장 클레임(EOT Claim)의 작성순서

개정공정표(Revised Program)와 공기연장 클레임(EOT Claim)의 순서에 대해서 혼동하는 경우가 가끔 있는데, 아래 인용된 계약조항과 같이 일반적인 진행순서는 스케줄에 대한 영향(Schedule Impact)을 검토한 이후에 거기에 맞춰서 개정공정표(Revised Program)를 작성, 제출하는 것이다.

> During CONTRACT execution, if specifically approved by Employer for any changes with regard to Milestones, Extension of time, VARIATION to the CONTRACT with Schedule impact, then CONTRACTOR shall create a Revised Plan…[155)]

지연에 대한 협의 없이 만회공정표(Recovery Schedule)를 작성하는 것은 시공자의 책임을 인정하는 것으로도 볼 수 있기 때문에 지연의 원인을 정확하게 파악할 수 있는 공기연장 클레임(EOT Claim) 작업을 먼저 진행하는 것이 바람직하다.

[그림 7.47] 클레임과 개정공정표(Revised Program)의 진행 순서

5.3 공기연장 클레임(EOT Claim)의 작성시점

공기연장 클레임(EOT Claim)의 작성시점과 관련된 원칙은 당초 계약적 완료일 이전에 공기연장 클레임을 제출해야 한다는 것이다. 완료일이 경과했는데도 클레임을 제출하지 않으면, 시공자는 지체상금을 부과 받을 수도 있고, 또한 발주자도 프로젝트가 언제 끝날지 모르는 매우 불확실한 상황에 놓이게 된다.

프로젝트가 양호하게 진행되면 마무리 시점에서 클레임을 한 번 제출하는 것으로 진행될 수도 있으나, 지연이 길어지는 프로젝트는 최소 2회 이상 클레임을 제출할 필요가 있다. 그 동안의 클레임 경험에 의하면 시공 공정율(Construction Progress)이 3~5% 이상 뒤쳐지면 이를 만회하기 어려운 경우가 많다. 따라서 완료일의 지연이 예상되는 상황이 발생하면 곧바로 1차 클레임을 준비하고 제출 여부는 프로젝트의 진행상황이나 발주자의 상황 등을 고려하여 전략적으로 결정한다. 이후에 추가적으로 지연이 발생하거나 첫 번째 클레임으로 지연이 설명되지 않으면 부득이 하게 2번째

155) EPC Contract

클레임을 준비해야 한다. 대부분의 프로젝트는 하나의 클레임으로 해결되는 경우가 거의 없으며, 2회 이상의 클레임이 작성, 제출되는 것이 일반적이다.

[그림 7.48] 공기연장 클레임(EOT Claim)의 작성시점

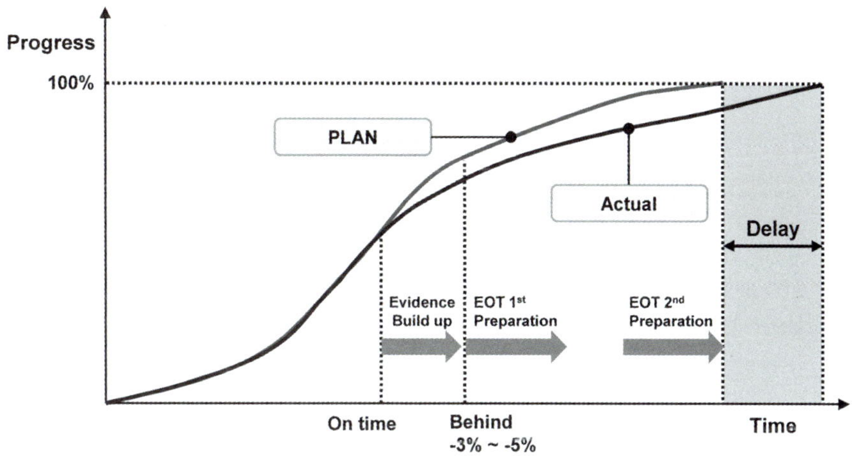

5.4 클레임 문서의 업무구분

클레임 전략이 설정되면, 공정표의 상태, 계약조건 검토, 지연사건(Delay Event) 검토 등의 작업 등을 동시에 진행한다. 보통 공기연장 클레임(EOT Claim)을 작성하는 기간은 대략 3개월 정도로 예상하되, 지연사건(Delay Event)의 수, 공정표상의 작업(Activity)개수, 분석되는 기간 등에 따라 조금씩 달라질 수 있다.

클레임과 관련된 이벤트를 집계해서 관련된 증거자료들을 수집·정리한다. 흔히 Potential Event 또는 Seed Events라고도 하는데, 말 그대로 지연사건(Delay Event)으로 활용되기 전의 씨앗상태의 이벤트를 의미하며, 클레임 전문가와 상의하여 최종적으로 지연사건을 선정한다. 외부의 클레임 전문가는 지연사건의 세부적인 내용을 잘 알 수 없기 때문에 프로젝트는 지속적으로 클레임 전문가와 협조해서 일을 진행해야 한다.

지연분석(Delay Analysis)은 공정표의 상태, 계약조건 등을 확인하는 과정이다. 공정표의 상태, 존재여부에 따라 분석방법 결정, 클레임 진행여부가 결정되기 때문에 초기에 빨리 검토를 진행해야 한다. 이후에 여러 검토과정을 거쳐서 지연사건(Delay Event)을 확정하고 시뮬레이션(Simulation)을 거쳐서 분석작업을 마무리한다.

비용분석가(Quantum Analyst)는 비용과 관련한 계약적인 조건 및 프로젝트의 계약단가, 투입내역 등의 자료를 확인한다. 클레임 금액은 지연분석(Delay Analysis)이 완료된 이후에 확정될 수 있기 때문에 지연분석 작업이 어느 정도 진행된 이후에 비용분석(Quantum Analysis) 작업을 시작하는 것이 바람직하다.

계약전문가(Contract Specialist)는 클레임 문서의 구조를 셋팅하고 주요 계약내용을 요약하여 정리한다. 또한 계약서의 권리관계를 확인해서 필요하면 민법(Civil Code)등의 법적인 내용도 확인해서 지연사건(Delay Event)의 권리(Entitlement)를 설명한다.

[그림 7.49] 클레임 문서의 업무구분

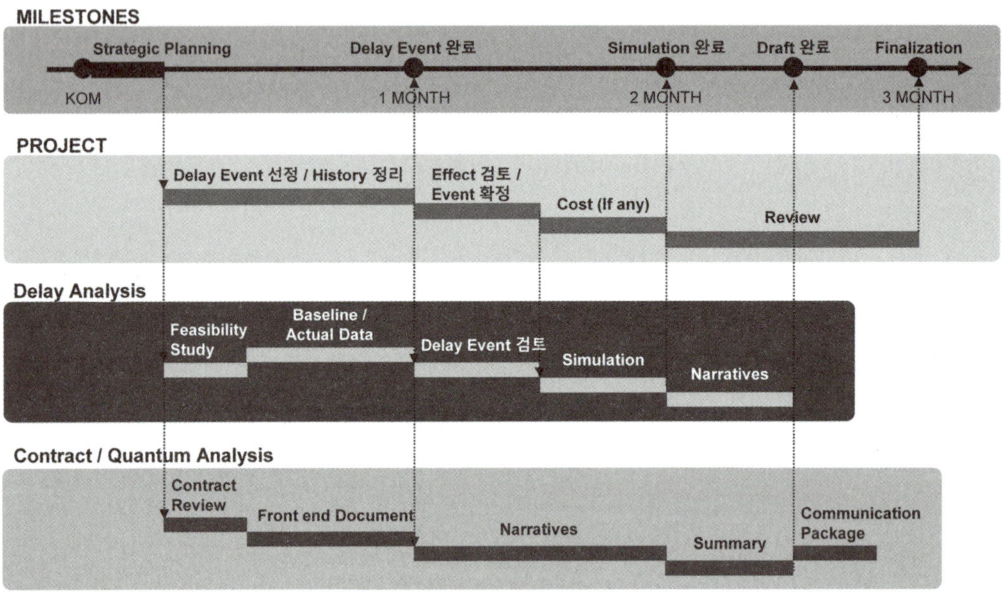

6. 주요 계약조항

6.1 Extension of Time 관련 조항

공기연장 클레임(EOT Claim)을 제출할 때에는 계약서에 명시된 내용을 확인하고 해당 내용을 입증할 수 있도록 클레임 문서를 작성해야 한다. 계약서별로 내용이 약간씩 상이하지만 일반적으로 권장되는 내용은 아래와 같다.

- the material circumstances giving rise to an extension of time;
- the event or cause of entitlement;
- whether the cause is a relevant event under the contract;
- the delay, or likely delay, to the progress of the works;
- the likely effect of the event on the completion date of the contract and any contractual sectional completion dates.[156)]

클레임을 발생시킨 상황, 권리관계, 원인이 계약서의 관련된 이벤트인지, 지연상황, 완료일에 끼치는 영향을 포함시킬 것을 권장하고 있다. 국제적으로 널리 사용되는 표준계약서의 조항을 참고하면 아래와 같다.

[표 7.8] 공기연장 클레임(EOT Claim) 조항

구분		내용
FIDIC (Silver Book)	조항	**8.5 Extension of Time for Completion**
	내용	The Contractor shall be entitled subject to Sub-Clause 20.2 [Claims For Payment and/or EOT] to Extension of Time if and to the extent that completion for the purposes of Sub-Clause 10.1 [Taking Over the Works and Sections] is or will be delayed by any of the following causes: (a) a Variation (except that there shall be no requirement to comply with Sub-Clause 20.2 [Claims For Payment and/or EOT])', (b) a cause of delay giving an entitlement to EOT under a Sub-Clause of these Conditions: or

156) Roger Gibson, Construction Delays(Extension of time and Prolongation Claims) (2008)

구분		내용
FIDIC (Silver Book)	내용	(c) any delay, impediment or prevention caused by or attributable to the Employer, the Employer's Personnel, or the Employer's other contractors on the Site (or any Unforeseeable shortages in the availability of Employer-Supplied Materials, if any, caused by epidemic or governmental actions). When determining each EOT under Sub-Clause 20.2 [Claims For Payment and/ or EOT], the Employer's Representative shall review previous determinations under Sub-Clause 3.5 [Agreement or Determination] and may increase, but shall not decrease, the total EOT. If a delay caused by a matter which is the Employer's responsibility is concurrent with a delay caused by a matter which is the Contractor's responsibility, the Contractor's entitlement to EOT shall be assessed in accordance with the rules and procedures stated in the Special Provisions (if not stated, as appropriate taking due regard of all relevant circumstances).
		변경, 발주자의 행위, 권리가 있는 내용 등은 클레임으로 진행
JCT	조항	**2.28 Fixing Completion Date**
	내용	1. If, in the Architect/Contract Administrator's opinion, on receiving a notice and particulars under clause 2.27: 2. any of the events which are stated to be a cause of delay is a Relevant Event; and 3. completion of the Works or of any Section is likely to be delayed thereby beyond the relevant Completion Date, then, save where these Conditions expressly provide otherwise, the Architect/Contract Administrator shall give an extension of time by fixing such later date as the Completion Date for the Works or Section as he then estimates to be fair and reasonable.
		Relevant Event로 인하여 지연 발생이 예상되는 상황에서 Architect 또는 Contract Administrator가 공기연장 승인 여부를 진행
AIA	조항	**8.3 DELAYS AND EXTENSIONS OF TIME**
	내용	8.3.1 If the Contractor is delayed at any time in the commencement or progress of the Work by an act or neglect of the Owner or Architect, or of an employee of either, or of a separate contractor employed by the Owner; or by changes ordered in the Work as reflected in Change Orders approved by the Owner that provide for the Contract Time to be extended; or by unavoidable delay as defined in Section 8.3.4, then the Contract Time

구분		내용
		shall be extended by Change Order for such reasonable time as is necessary to account for the impact of the delay on the progress of the Work.
		발주자의 행위, Change Order, Unavoidable delay 등에 의하여 지연이 발생하면 공기연장 진행
ENAA	조항	**GC 40. Extension of Time for Completion**
	내용	40.1 The Time for Completion specified in Article 5.2 (Time for Completion) of the Agreement in relation to the Plant or any part thereof shall be extended if the Contractor shall be delayed or impeded in the performance of any of its obligations under the Contract by reason of any of the following: (a) any Change in the Works as provided in CC 39 (Change in the Works); or (b) any occurrence of Force Majeure as provided in CC 37 (Force Majeure), unforeseen conditions as provided in GC 35 (Unforeseen Conditions) or other occurrence of any of the matters specified or referred to in paragraphs (a), (b) and (c) of GC 32.2; or (c) any suspension order given by the Owner under GC 41 (Suspension) or reduction in the rate of progress pursuant to GC 41.3; or (d) any change in laws and regulations as provided in GC 36 (Change in Laws and Regulations); or (e) any act or omission of or any default or breach of the Contract by the Owner or any act or omission of any other contractors employed by the Owner; or (f) any other matter specifically mentioned in the Contract as giving rise to an entitlement to an extension of the Time for Completion
		Change, Force Majeure, Unforeseen conditions, Suspension, Laws, 발주자의 행위 등에 의하여 지연이 발생하면, 공기연장 진행
ICC	조항	**Article 36 Commencement, Time to Taking-Over and Extensions of Time**
	내용	36.4 The Contractor shall be entitled to an extension of the Time to Taking-Over and, where applicable, additional payment subject to Article 36.5 for the whole of the Works or for any Section of them if it is or will be delayed either before or after the Time to Taking-Over by any of the following causes: (a) a cause of delay giving an entitlement to extension of the Time to Taking-Over, including an event of Force Majeure, and, Where applicable, additional Costs under any Article (b) any suspension by the Contractor to which it is entitled under the Contract, or any suspension, delay, impediment, default or breach of the

구분		내용
		Contract by the Employer or its agents or any activity, act or omission of any other contractors employed by the Employer preventing the Contractor from proceeding efficiently with the Works; or (c) any action or inaction of third parties (including, without limitation, public authorities) that the Contractor has not reasonably been able to prevent, which has the effect of delaying the Taking-Over of the Works.
		Force Majeure, Suspension, 발주자의 행위, 제 3자(3rd Party)로 인하여 지연이 발생하면 공기연장을 진행
계약 예규	조항	**제25조 지체상금**
	내용	③ 계약담당공무원은 다음 각호의 어느 하나에 해당되어 공사가 지체되었다고 인정할 때에는 그 해당일수를 제1항의 지체일수에 산입하지 아니한다. 1. 제32조에서 규정한 불가항력의 사유에 의한 경우 2. 계약상대자가 대체 사용할 수 없는 중요 관급자재 등의 공급이 지연되어 공사의 진행이 불가능하였을 경우 3. 발주기관의 책임으로 착공이 지연되거나 시공이 중단되었을 경우 5. 계약상대자의 부도 등으로 보증기관이 보증이행업체를 지정하여 보증시공할 경우 6. 제19조에 의한 설계변경으로 인하여 준공기한내에 계약을 이행할 수 없을 경우 7. 원자재의 수급 불균형으로 인하여 해당 관급자재의 조달지연 또는 사급자재(관급자재에서 전환된 사급자재를 포함한다)의 구입곤란 등 기타 계약상대자의 책임에 속하지 아니하는 사유로 인하여 지체된 경우
		불가항력, 발주기관의 책임 등으로 지연이 발생하면 지체일수에 산입하지 아니하고 공사기간의 연장이 가능하다고 설명하고 있음

6.2 지연분석(Delay Analysis) 조항

국제적인 표준계약이나 대부분의 계약에서는 지연분석(Delay Analysis)과 관련하여 구체적인 분석방법을 기술하지는 않는다. 보통 계약서는 CP나 여유(Float) 정도의 내용만 포함하는데, 중동의 대형발주자는 첨부(Annexure) 또는 시방서(Specification)에 지연분석(Delay Analysis)과 관련된 구체적인 방법을 기술한다. 이런 계약조건하에서는 프로젝트의 상황과 관계없이 그러한 계약조건에 적합한 지연 분석방법(Delay Analysis Method)을 사용해야 한다.

[표 7.9] 지연분석(Delay Analysis) 조항

구분		내용
EPC Contract	조항	**8. WORK SCHEDULE AND PROGRESS REPORTS**
	내용	The Critical Milestone Dates and Scheduled Completion Date shall not be adjusted for delay if the affected activity is not in the critical path and the duration of the delay does not exceed the activity's total float as reflected in the latest reviewed WORK Schedule. **Project Controls Specification** For each change order request, a "Time Impact Analysis" (TIA) shall be prepared and submitted as part of the Change Order Request documentation when additional time is being requested as part of the Change Order.
		Paragraph 8에서 Latest reviewed WORK Schedule을 사용해서 분석을 해야 함을 강조하고 있으며 Specification에는 TIA 방법을 분석방법으로 설명하고 있음
EPC Contract	조항	**41.0 TIME LIMITATION ON CLAIMS BY CONTRACTOR**
	내용	41.2 With regard to any claim for delay or an extension of time, the Contractor shall, in the details provided to the Superintendent pursuant to Clause 13.3.1 and 13.3.2 (Variation or Adjustment Order Required by Terms of Contract), demonstrate by reference to the current Programme of Works (as updated in accordance with Clause 10.0 (Programme, Progress and Sequence of Works)) and the critical path contained therein the effect on the Contractor's regular progress and on any Scheduled Turnover Dates together with the measures taken by the Contractor to avoid or mitigate such delay.
		현재 공정표(Current Program)를 통해서 입증하라고 설명하고 있으며, 결국 TIA 적인 개념을 강조하고 있음

6.3 공정표 관련조항

대부분의 계약조항은 CPM 기법을 적용하여 공정표를 운영하는 것으로 기술하고 있다. 또한 공정표를 주기적으로 업데이트해서 제출해야 하는 시공자의 의무조항이 많이 포함되는데, 이는 공정표 구축, 운용의 목적이 프로젝트의 상황을 즉시 파악하고 이에 대처하기 위함이므로 통지(Notice)의 목적도 포함한다고 볼 수 있다. 따라서 상당 기간 동안 월간공정표(Updated Program)를 제출하면서 프로젝트가 정상대로 진행되었다고 보고된 상황에서 나중에 지연이 발생했다고 클레임 문서를 만드는 것은 모순적인 행동이며, 나중에 법원이나 중재기관을 통해 공기연장 클레임(EOT Claim)을 인정받기에 어려울 수 있다.

[표 7.10] 공정표 관련 조항

구분		내용
FIDIC	조항	**8.3 Programme**
	내용	8.3 The Contractor shall submit an initial programme for the execution of the Works to the Employer within 28 days after receiving the Notice under Sub-Clause 8.1 [Commencement of Works]. This programme shall be prepared using programming software stated in the Employer's Requirements (if not stated, the programming software acceptable to the Employer). The Employer shall Review the initial programme, and each revised programme, submitted by the Contractor and may give a Notice to the Contractor stating the extent to which it does not comply with the Contract or ceases to reflect actual progress or is otherwise inconsistent with the Contractor's obligations. If the Employer gives no such Notice: - within 21 days after receiving the initial programme; or - within 14 days after receiving a revised programme the Employer shall be deemed to have given a Notice of No-objection and the initial programme or revised programme (as the case may be) shall be the Programme.
		시작일 이후 28일 내에 공정표를 제출하여야 하고, 발주자는 이견이 있을 시 이로부터 21일 내에 통지를 해야 함 (별도의 통지가 없는 경우에 제출된 공정표대로 작업 수행)
ENAA	조항	**18.2 Program of Work**
	내용	Within a time mutually agreed upon between the Owner and the Contractor after the date of the Agreement, the Contractor shall prepare and submit to the Owner a program of the Works showing the sequence in which it proposes to carry out the Works and the date by which the Contractor reasonably requires that the Owner shall have fulfilled its obligations under the Contract so as to enable the Contractor to execute the Works in accordance with the program and to achieve Mechanical Completion and Acceptance of the Plant in accordance with the Contract.
		시공자는 상호 합의된 날짜 내에 공정표를 제출하여야 함
AIA	조항	**3.10 Contractor's Construction Schedule**
	내용	3.10.1 The Contractor, promptly after being awarded the Contract, shall prepare and submit for the Owner's and Architect's information a Contractor's construction schedule for the Work. The schedule shall not exceed the current time limits under the Contract Documents, shall be in such detail as required by the Owner, shall be revised at least monthly, or at shorter appropriate intervals as required by the conditions of the Work and Project, shall be related to the entire Project to the extent required by the Contract Documents, and shall provide for expeditious and

구분		내용
		practicable execution of the Work.
		시공자는 계약체결 즉시 공정표를 제출하여야 하며, 최소한 한달 간격으로 월간 공정표를 제출하여야 한다
ICC	조항	**38.4 schedule of Contractual Dates, Time Schedule and Reporting Progress**
	내용	The Contractor shall normally, unless the circumstances do not require it, prepare a detailed programme for performance of the Works and their interrelationship by using the "critical path method" or such other method/ schedule as agreed (the "Time Schedule"). The Contractor shall submit the Time Schedule to the Employer not later than two months after the Start Date. The Time Schedule shall be updated monthly thereafter as part of a monthly progress report to reflect any changes to the Time Schedule.
		시공자는 프로젝트의 시작 이후 2개월 이내 CPM으로 작성된 공정표를 제출해야 하며, 1개월 단위로 월간공정표를 제출하여야 한다
EPC Contract	조항	**Annexure : Project Schedule**
	내용	Contract Variation: If and when requested by COMPANY in connection with any proposal or instructed Contract variation, prepare and submit a time impact analysis to demonstrate the effect of proposed or instructed variation on the overall project schedule.
		Annexure의 Project Schedule에 time impact analysis 사용이 명시되어 있음
EPC Contract	조항	**GC 31.2 General Variations – Notices**
	내용	The Contractor shall, as soon as it is aware (and in any event no later than 14 Days after becoming aware) that any of the events set out at this GC 31.1A have occurred notify the Owner and provide the Owner with as much detail as is available at that time as to the nature of the relevant event and the likely impact on the performance of the Works or a part thereof and the Contract. Where the Contractor's notice is in respect of a Delay Event as referred to in GC 7.3, it shall include an explanation of the event, the circumstances under which the Delay Event took place and the preliminary envisaged consequences of such event on the timing contemplated under the Contract.
		Relevant event와 영향의 내용에 대해서 통지하는 것으로 간략히 설명함
EPC Contract	조항	**51.2.2 Notice by Contractor of Delay to Progress**
	내용	(b) estimate the extent, if any, of the expected delay in the completion of the Works or any Phase or Section thereof beyond the prescribed time resulting therefrom whether or not concurrently with delay resulting from any other Relevant Event
		예상되는 지연 기간에 대하여 통지하는 것으로 간략히 설명하고 있음

7. 손해

7.1 정의 및 구분

건설공사에서 손해(Damages)는 2가지로 구분될 수 있는데, 바로 직접손해(Direct Damages)와 간접손해(Consequential Damages)이다.

> Damage in construction claims, either from the contractor's or the owner's perspective, fall into two categories: direct damages and consequential damages.157)

여기서 말하는 간접손해 또는 결과적 손해의 개념이 처음 도출된 것은 영국의 유명한 Hadley v Baxendale [1854] EWHC J70 판결인데, 이 사건을 통해 영미법계의 손해배상 법리가 정리되었다.158) 사건의 주요 내용을 정리하면 아래와 같다.

> 크랭크 샤프트(Crank shaft)가 고장나서, 공장주는 공장의 가동을 중단할 수밖에 없었으며, 고장 난 것과 똑같은 새 샤프트가 필요했다. 똑같이 만들려면, 고장 난 그 샤프트를 제작자에게 보내줘야 해서 공장주는 운송자와 탁송계약을 맺었다. 이 계약의 요지는, 공장주가 고장 난 샤프트를 12시 이전에 운송자에게 가져가면, 운송자는 그것을 다음날에 제작자에게 도착시켜 준다는 것이었다. 공장주는 그렇게 했지만, 운송자는 부주의하여 그리 하지 못해서 계약을 위반했다. 따라서 공장주는 새 샤프트를 늦게 받았고, 공장 재개도 예정보다 5일 더 지연됐다. 공장주는 이미 지급한 탁송비와 지연된 5일 동안 잃어버린 이익을 보상 받으려고 제소했다. 그리고 하급심에서 승소했다.
>
> 이 판결에 대하여, 운송자는 자기가 탁송을 지연하면, 즉 계약을 위반하면 그 기간 동안 공장주가 공장을 재가동하지 못하게 됨을 미리 몰랐었다고 주장하면서 항소했다. 그런데 상급심은 이 주장을 받아들여 하급심의 판결을 뒤집었다. 이번에는 운송자가 승소하여, 공장주는 잃어버린 이익을 보상 받을 수 없게 됐다.

157) Robert F. Cushman외 3인, Proving and Pricing Construction Claim, 3rd Edition (2001)
158) 김승현, 국제건설계약에서 시공자 책임제한 법리 - FIDIC 계약조건을 중심으로 (2013)

또 다른 판례[159]를 참고하면 아래와 같다.

> 병원 건물을 증축하는 프로젝트에서 시공자는 자신의 사유로 인하여 10개월 지연하여 완료하였다. 발주자는 공기 안에 완공될 것을 전제로 공사 자금을 차입했다. 이자율은 6.25%이었다. 그런데 공기지연 탓으로 자금이 부족하게 됐다. 이를 충당하기 위해 두 번째로 차입했으며 이자율은 6.38%이었다. 처음 차입 때보다 시중 금리가 인상되어서 이자를 추가적으로 더 부담하게 됐다. 그런데 시공자는 계약 때 그리고 시공 중에 위와 같은 발주자의 자금조달 내용에 대해 아는 바가 없었다.
> 시공자가 완공을 지연하고, 따라서 발주자는 차입금을 상환하지 못했다. 그래서 은행이 상환지연 일수에 따라 기존의 이자율에 일정율을 가산했다. 그리고 시중 금리가 지체기간 중, 즉 스케줄 상 완공일과 실제 완공일 사이 10개월 동안에 인상됐다. 은행은 이러한 인상율을 발주자에게 적용했다.
>
> 발주자는 이렇게 증가한 부담, 즉 손해를 보상 받고자 청구했다. 이유 없이 시공자가 지연했으므로 시공자에게 보상책임이 있다고 주장했다. 발주자가 보상을 청구한 비용은 다음과 같다.
>
> ① 공기지연 기간 중 부담한 금융비용
> ② 시중 이자율 인상 탓에 추가 부담한 금융비용
>
> 법원은 시공자에게 시공지체의 책임이 있다고 결정했다. 그리고 발주자가 당한 손해를 직섭손해와 간접손해로 구별하였다. 그리고 위 ①의 금융비용, 즉 지연으로 늘어난 금융비용은 발주자의 직접손해이므로 시공자가 보상해줘야 한다고 판결했다. 그러나 위 ②의 금융비용, 즉 지연기간 중 시중 이자율이 인상된 탓에 추가 부담하게 된 금융비용은 간접손해이며, 계약 때 발주자와 시공자가 그것을 예견하지 못했다면, 시공자는 그것을 보상하지 않아도 된다고 판결했다.

여기서 직접손해(Direct Damages)는 통상손해라고 하여 손해가 발생하면 보상을 해 주어야 하고, 간접손해(Consequential Damages)는 면책을 받을 수 있다. 이익상실(Loss of Profit)의 경우, 계약서에 배상 또는 면책 조항이 있는 경우 판례[160]로 볼 때 계약조항을 우선 따르게 되며, 계약조항이 없는 경우만 준거법(Governing Law)에 따르게 된다. 법률에 따르게 될 경우는 이익상실(Loss of Profit)은 아래와 같이 계약 체결시 충분히 예견 가능하였는지 여부에 따라 배상 여부가 결정될 수 있다.

---

159) Roanoke Hospital Association v. Doyle & Russell, Inc., and Federal Insurance Company. Record No. 740212 April 28 [1975]

160) Victoria laundry(Windsor) Ltd v. Newman Industries Ltd. [1949]

[그림 7.50] 손해(Damages)의 구분

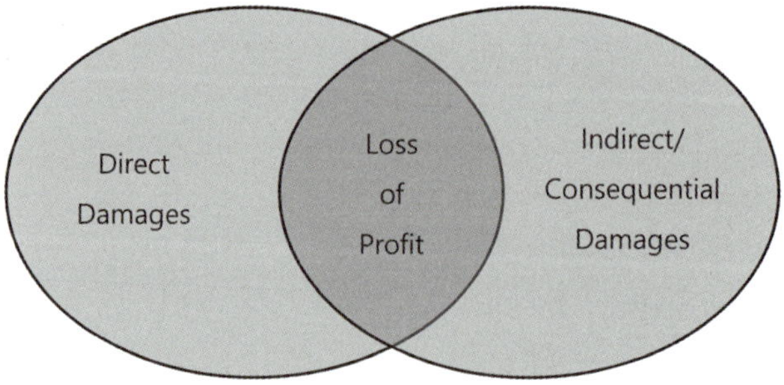

국제건설계약의 법리와 실무[161] 에서도 소개한바 같이 이익상실(Loss of Profit)이 직접적 손해일 수 있고, 간접손해 또는 결과적인 손해가 될 수 있다는 판례는 영국법원에서 여러 차례 나온 바 있다.[162] 한편, 미국 법원은 이익상실을 직접적 손해로 판단한 사례가 있으나[163] 일반적으로 이익상실을 결과적 손해라고 보는 경향이 우세해 보인다. 그런데, 손해의 구분에서 규정한 이익상실의 특성(교집합)을 고려한다면, 계약서에 이익상실을 배제한다는 명확한 문구없이, 간접손해 또는 결과적 손해를 배제한다는 문구만 있을 경우에는 일실이익의 전부가 아니라, 일실이익 중 결과적 손해에 해당하는 것만을 배제하는 것으로 이해하는 것이 바람직해 보인다.[164] 배제조항의 사례를 참고하면 아래와 같다.

CONSEQUENTIAL DAMAGES

Neither the Contractor nor the Company shall in any event be liable to the other in Contract, tort or otherwise for consequential damages resulting from or arising out of the Contract, including, without limitation, loss of use, loss of revenue, loss of anticipated profits, loss of production, business interruption (including downtime and delay to the Company's operation), or for any other form of consequential or indirect loss or for damage to, or destruction of, mineral reservoirs suffered or incurred by the other Party; provided always that this exclusion shall not apply to any obligation of the Contractor under the Contract to pay Liquidated Damages.[165]

161) 김승현, 국제건설계약에서 시공자 책임제한 법리 - FIDIC 계약조건을 중심으로 (2013)

162) Saint Line v. Richardsons Westgarth [1940] 2 KB 99, Hotel Services Ltd, v. Hilton International Hotels (UK) Ltd [2000] BLR 235.

163) Am List corp v. US News and World Report, Inc, 550 NYS 2d 590, 593 (1989)

164) 김승현, 국제건설계약에서 시공자 책임제한 법리 - FIDIC 계약조건을 중심으로 (2013)

165) EPC Contract

통상적으로 직접손해(Direct Damages)는 보상을 해주어야 하고, 간접손해(Consequential Damages)는 면책을 받을 수 있다. 이익상실(Loss of Profit)의 경우, 계약서에 배상 또는 면책 조항이 있는 경우 판례166)로 볼 때 계약조항을 우선 따르게 되며, 계약조항이 없는 경우만 준거법(Governing Law)에 따르게 된다. 법률에 따르게 될 경우는 이익상실은 아래와 같이 계약 체결시 충분히 예견 가능하였는지 여부에 따라 배상 여부가 결정될 수 있다.

[그림 7.51] 결과적 손해(Consequential Damages)의 검토순서

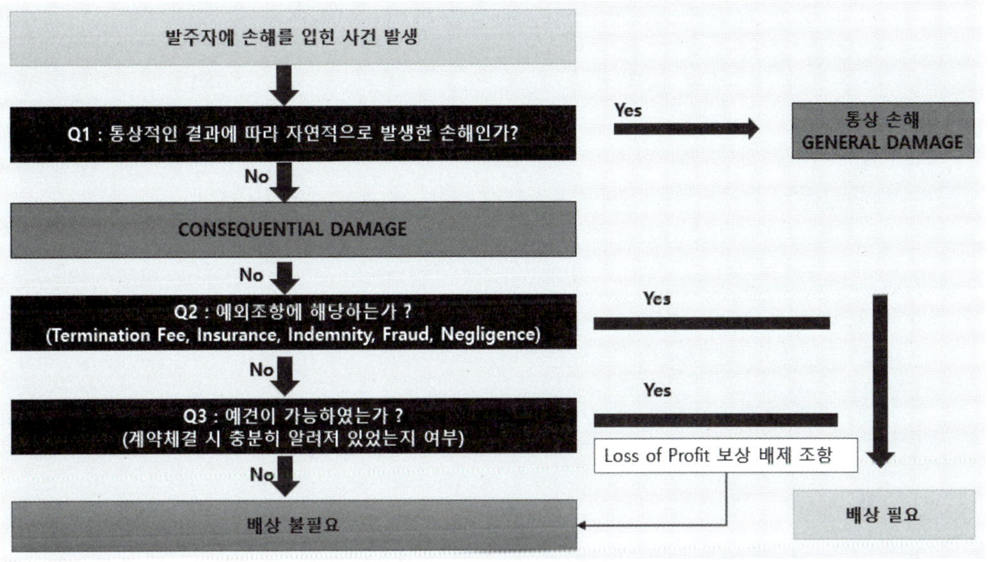

결론적으로 이익상실(Loss of Profit)이 결과적 손해이든 직접적 손해이든 배제하겠다는 의도가 있고 관련 배상 유무의 논쟁을 피하고자 한다면 계약서에 배제조항(Exclusion of Any Consequential Loss and Loss of Profit)을 명확히 해야 한다. 그러나 배제조항이 있음에도 불구하고(즉 손해의 명칭 여부와 관계없이) 그 손해의 특징이 직접적인 손해인지 또는 간접적인 손해인지를 판별함에 따라 상이한 판결이 나올 수도 있다. 이와 관련한 판례167)를 참고하면 아래와 같다.

166) Victoria laundry(Windsor) Ltd v. Newman Industries Ltd. [1949]

167) Neutral Citation Number: [2011] EWHC 66 (TCC)

폐수처리장의 바이오가스에서 황화수소를 제거하는 시스템이 있었다. 발주자는 이 시스템으로 청정 바이오가스를 생산하고, 그것을 열병합 발전소로 보내 열과 전력을 생산하고, 이 중 일부는 자기가 쓰고, 다른 일부는 재생 에너지 증명의 형식으로 판매할 계획을 가지고 있었다. 위 계획에 따라 공급자에게 이 시스템을 구매하고 시공사를 선정하여 설치했다. 그런데 이 시스템이 작동하지 않아서 발주자는 이를 새 시스템으로 교체하기로 결정하고 공급자에게 비용과 수입금의 손해(Loss of revenue)에 대해 다음과 같이 보상을 청구했다.

ⓐ 교체할 새 시스템을 구매할 비용
ⓑ 전력이 생산되지 않아서 외부의 전력을 사용한 비용
ⓒ 시공비용 및 기타 비용
ⓓ 재생 에너지 증명을 판매하지 못해서 상실한 수입금

법원은 공급자가 계약을 위반했으니, 발주자에게 보상해야 한다고 판결했다. 그런데 이 계약에는 간접손해에 대해서는 보상하지 않는다는 면책조항이 있었다. 이를 근거로, 공급자는 ⓐ 새 시스템의 구매 비용만 발주자의 직접손해라고 주장하고, 나머지 ⓑⓒⓓ는 간접손해이므로 보상할 수 없다고 불복했다. 말하자면, 그것이 간접손해인지 여부가 쟁점이 된 것이다. 그런데 법원은 이 상황에서는, 즉 이 위반에서는 비용과 수입금이 모두 직접손해라고 지적하고 이를 보상하도록 판결했다. 법원이 ⓓ 수입금 일실을 직접손해로 구별한 것은, 시스템이 작동했더라면 발주자는 수입을 당연히 얻었을 것이지만, 실제는 그렇지 않았기 때문이다. 말하자면, 그러한 수입의 일실은 공급자의 계약위반이 자연스럽게 혹은 즉각적으로, 그러니까 직접적으로 가져온 것이라고 본 것이다. 법원은 이러한 관점에서 ⓑⓒⓓ 모두를 첫째 범주에 넣은 것이다.

7.2 지체상금(Liquidated Damages)

1) 개요

지체상금(Liquidated Damages, 이하 LD)은 시공자가 책임을 지는 사유로 인하여 공사가 지체되는 경우 발주자에게 발생할 수 있는 손실을 미리 추정하여 계약시 일정금액을 합의하는 것이다. 즉 'pre-estimate loss' 라는 표현을 쓰는데, LD조항이 있다면 계약참여자는 아래와 같이 고려가 가능하다.

발주자는 자신의 손해를 굳이 증명할 필요 없이 계약적인 메커니즘(Mechanism)에 의하여 LD를 부과하면 된다. 또한 시공자는 입찰 전에 완료일의 지연으로 인하여 시공자가 부담해야 하는 리스크에 대하여 미리 추정이 가능하다. 따라서 LD 금액에 따라 시공자는 입찰금액을 높게 쓰거나 또는 입찰을 포기할 수 있다.[168]

168) 임정주, 공기연장 클레임 실무, (2016)

LD는 위에서 언급한 직접손해와 간접손해를 어느 정도 포함하는 개념으로 볼 수 있기 때문에 이론적으로는 간접손해를 배제하는 조항과 어느 정도 충돌이 있다고 볼 수 있다. 관련 자료를 확인하면 아래와 같다.

> 지연 손해배상액의 예정은 공사목적물이 제 때 완공되었더라면 발주자가 얻을 수 있었던 일실이익을 포함하는 경우가 많은데, 이 경우 제17.6조 [책임제한 (Limitation of Liability)]에서 일실이익 등 결과적 손해 또는 간접손해를 시공자의 책임으로부터 배제하는 조항에 비추어 문제가 될 수 있다. 한 계약서 안에 상충하는 내용이 존재하는 것이어서 결국 당사자의 의사표시 해석의 문제가 될 것이다.[169)]

보통 LD 금액은 계약당사자가 계약당시 충분히 인지하고 합의하는 내용이기 때문에 간접손해의 범주(계약서에 기술되어 있는 정의)에서 배제하는 것으로 보는 것이 일반적이다.

LD의 계약적인 메커니즘(Mechanism)에 대한 이해가 필요한데, 지연이 발생해서 계약적 완료일이 경과하면 발주자는 손해를 입증할 필요 없이 LD 부과에 대한 권리가 확보되며, 시공자는 발주자에게 LD를 지불해야 한다. 그러나 대부분의 시공자는 공기지연에 대한 권리를 주장하면서 LD 금액을 지불하지 않기 때문에 보통의 계약서는 발주자가 기성을 공제하거나 또는 발주자가 클레임을 제기하는 계약조항을 포함한다.

[그림 7.52] LD 메커니즘(Mechanism)

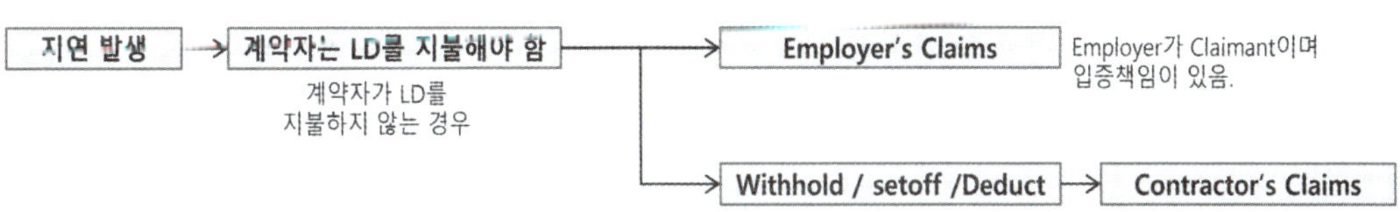

이러한 LD 메커니즘(Mechanism)하에서 몇 가지 유의해야 할 내용이 있다. 먼저 LD 금액을 계약시에 합의하였다면, 발주자는 손해의 발생여부, 입증여부와 관계없이 무조건 LD를 부과할 수 있다는 점이다. 손해의 입증여부에 대하여 의문을 가지는 경우도 있는데, LD를 합의했다는 것은 그 손해에 대하여 'Pre-estimate'를 하고 지연이 발생하면 LD금액을 부과하기로 약속했다는 의미와 동일하다.[170)] 두 번째로 시공자가 LD 금액을 발주자에게 지불하지 않는 상황에서 발주자가 LD 금액에 해당하는 일정 금액을 기성금액에서 Withhold, Setoff, Deduct 할 수 있다는 조항이 기성대금 지급조항(Payment)에 없음에도 불구하고 기성금액을 조정한다면 이는 적절한 계약적인

169) 김승현, 국제건설계약에서 시공자 책임제한법리 (2013.07)

170) 국가별로 LD 금액에 대한 감액 여부는 상이하게 적용된다.

행위는 아닐 것이다. 즉 이런 상황에서 LD 조항과 연결된 기성대금 지급조항(Payment)이 없다면 발주자는 직접 클레임을 작성해서 시공자에게 제출해야 한다. 마지막으로 Employer's Claim 조항이 있다면, 발주자가 클레임을 작성하고 그 클레임의 청구자(Claimant)가 되기 때문에 입증책임(Burden of Proof)은 발주자에게 있다. 물론 이러한 상황은 기성대금 지급조항(Payment)과 연결된 조항이 없어서 발주자가 Employer's Claim 조항을 활용할 수밖에 없는 상황에 한정될 것이다.

2) LD 부과 형태에 따른 쟁점

프로젝트에 적용된 LD부과 형태를 구분하면 아래와 같은데, 각 형태별로 주요한 쟁점과 특징에 대하여 내용을 확인하고 대응방안을 살펴보도록 하겠다.

- 단일한 마일스톤(Milestone)에 LD 지정
- 여러 마일스톤(Milestone)에 LD 지정
- LD 조항이 없는 계약형태

단일한 마일스톤(Milestone)에 지정된 지체상금 조항

단일한 마일스톤에 LD가 지정되는 형태는 계약서상 달성해야 하는 목적물(Deliverables)의 최종 마일스톤에만 LD가 지정되어 있는 형태이다.[171] 이런 형태는 클레임 분석이 용이한 편이지만, 계약서에 명시된 주요한 마일스톤 중 LD가 지정되어 있지 않은 마일스톤과 관련하여 주로 분쟁이 발생한다.

첫 번째로 LD가 지정되어 있지 않은 마일스톤을 준수하지 못했을 때 발생하는 손해의 책임에 대해서 시공자가 자유로울 수 있는지의 여부이다. 먼저 계약서에 명시되어 있는 마일스톤의 수준(Level)이 LD가 지정되어 있는 마일스톤과 동일한 수준인지를 확인할 필요가 있다. 만약 동일한 계약적 수준이 아닌 하위 수준[172]의 마일스톤이라면 이러한 중간 마일스톤 또는 개별적인 마일스톤에 대해서 발주자에게 인수(Handover) 절차가 별도로 있지 않는 한 시공자는 여러 방법과 수단을 활용해서 프로젝트를 수행할 수 있는 권리를 보유하고 있다. 즉 여유(Float)[173] 개념으로 시공자가 여유를 활용하는 것인데, 계약서에 별도로 명시되어 있지 않는 한 여유를 어느 한 쪽이 소진했다고 해서 그 책임을 상대방에게 묻기는 어려울 것이다. 그러나 LD가 지정된 마일스톤과

171) 소위 PLD(Performance LD)로 부과되는 형태는 별도로 고려한다.

172) 계약서에는 많은 날짜들이 포함되어 있기 때문에 날짜만 포함되어 있다고 해서 무조건 동일한 계약적 수준이라고는 보기 어렵고 어떤 형태로 계약서에 명시되어 있는지 구분해서 검토해야 한다.

173) 시간적인 여유의 개념으로 Float에 대한 소유권은 계약서에 별도로 명시되어 있지 않는 한 시공자 또는 발주자 어느 한 쪽이 가지고 있다고 보기 어려우며, 일반적으로 프로젝트가 소유한다고 해석된다.

동일한 수준의 마일스톤이 시공자의 책임으로 인하여 지연되었다면, LD가 지정되지 않았다고 해서 시공자의 책임이 없어지는 것은 아니라고 볼 수 있다. E Turner and Sons Ltd. v. Mathind Ltd (1986) Case에서도 알 수 있듯이 발주자는 LD가 지정되지 않은 Sectional Completion Date에 대하여 여전히 시공자에게 클레임을 청구할 수 있는 권리를 가지며, 합의한 'pre-estimate' 금액이 없기 때문에 발주자는 그 손해를 입증해야 할 의무가 있다.

두 번째는 Section별로 발주자가 인수를 했으나 일부 Section이 지연된 상황에서 시공자는 전체 LD 금액을 발주자에게 지불해야 할 의무가 있는지의 여부이다. 즉 발주자는 일부 Section을 인수해서 혜택을 얻었고 시공자는 부분적으로 완료했기 때문에 해당 비율만큼 전체 LD 금액에 대한 조정이 필요하다는 주장이다. 이러한 주장이 위 Case에서 제기되었으나, 법원은 이를 받아들이지 않았다. 일부 계약서는 Sectional Completion에 따른 LD 금액의 감액을 포함하기도 하지만 이 Case의 계약서는 그러한 조항을 포함하지 않았다.

세번째는 프로젝트의 규모에 따라 공기연장 조항에 지정된 완료일(Completion Date)과 마일스톤의 완료일에 대한 계약적인 용어가 다르게 사용되는 상황이다. 예를 들어서 큰 규모의 프로젝트는 개별 Unit에 LD가 지정되어 있지 않았음에도 불구하고 공기연장 조항에 완료일의 개념을 개별 Unit의 완료일로 명시하기도 하며, 작은 규모의 프로젝트는 개별 Unit 또는 Sectional Completion Date가 명시되어 있지만 공기연장 조항에는 프로젝트 전체 완료일의 연상만 언급되기도 한다. 전자의 경우는 공기연장 클레임 작성시 완료일이 Unit별로 지정되어 있기 때문에 원칙적으로는 Unit별로 공기연장 클레임이 작성되어야 할 것이나. 즉 단일한 마일스톤 (프로젝트 전체 완료일)이 지정된 프로젝트는 보통 프로젝트 전체에 대한 공기연장 클레임 분석을 하는 것이 일반적이나, 만약 완료일이 개별 Unit의 완료일을 의미한다면, 계약적으로는 공기연장이 필요한 Unit은 전체를 다 분석해야 할 필요가 있다는 의미이다. 후자의 상황처럼 중간 마일스톤이 명시되어 있는데, 공기연장 조항에 이러한 중간 마일스톤에 대한 내용이 없다면, 계약적으로 불완전한 상태라고 볼 수 있다. 즉 어떤 상황이 발생해도 중간 마일스톤을 연장시킬 수 있는 계약적 절차가 없기 때문에 시공자는 어떤 행위를 시도할 수 없으며, 중간 마일스톤이 경과하면 Time at Large 상황이 되고 시공자는 Reasonable Time 내에 그 마일스톤을 완료하면 된다.

> … as there are unlikely to be any extension of time provisions which apply to the phased dates, any delays to these dates because of default by the employer or those for whom he is responsible would render time at large. The effect would be to replace an obligation to complete by the phased dates with an obligation on the part of the contractor to finish within a reasonable time.[174)]

이와 같이 계약적 절차가 없는 상황에서 어떤 계약적, 법적인 해석이 적용될 수 있는지에 대해서 추가적인 검토가 필요할 것이다. 고려사항을 정리하면 아래와 같다.

- 여유의 소유권과 관련된 계약조항
- 마일스톤별 인수 절차의 존재여부
- 결과적 손해(Consequential Damages) 조항
- 완료일(Completion Date)과 관련된 공기연장 조항

계약서 상 발주자에게 여유의 소유권이 있다면, LD가 지정되지 않은 하위 마일스톤이더라도 발주자로부터 클레임을 제기 받을 수 있기 때문에 마일스톤을 유의해서 관리해야 하며, 프로그램 작성시 여유를 최소화하여 리스크를 줄여나가야 한다.[175]

마일스톤별로 인수 절차가 없고 프로젝트 전체에 대한 인수 절차만 있다면, LD가 지정되지 않은 마일스톤의 지연으로 인하여 발주자에게 실제적인 손해가 발생했다고 보기는 어렵다. 발주자에게 인수 되지 않는다면, 마일스톤 지연과 관계없이 여전히 시공자의 책임 하에 있는 것이고 인수된 Section이 어떤 용도로 활용될 수는 없는 상황이기 때문이다. 물론 특정한 Section을 완료하고 그 완료가 제 3자의 행위에 간접적으로 영향을 끼친 경우에 손해가 발생할 수는 있으나, 그 손해가 결과적 손해로 해석되지 않기 위해서 발주자는 손실의 예상금액과 연관관계에 대해서 시공자에게 충분히 알리고 그 손실을 입증해야 한다.

여러 마일스톤(Milestone)에 지정된 지체상금 조항

여러 마일스톤에 LD가 부과되어 있는 형태는 클레임 분석이 어렵고 분쟁이 자주 발생하는 편인데, 먼저 연관관계의 유무에 따라 아래와 같이 구분할 수 있다.

- 마일스톤의 연관관계가 거의 없는 경우 (Area 별, Building 별과 같은 상황)
- 마일스톤의 전, 후 관계가 명확한 경우 (MC[176], PAC[177]와 같은 상황)

마일스톤별로 연관관계가 없어서 거의 독립적인 관계라면, LD 부과에 따른 클레임 분석작업은 개별적으로 진행되어야 하고, 마일스톤간의 전, 후 관계가 명확한 경우에는 통합적으로 분석작업이 진행될 수 있다. 예를 들어서 발주자가 책임지는 사건으로 인하여 MC가 지연되고 그 영향으로 후속 마일스톤인 PAC가 지연되었다면, 시공자 입장에서는 하나의 사건에 대한 분석만 진행하면 된다.[178]

---

174) 200 Contractual Problems and their Solutions, Third Edition, Roger Knolwles, 2012

175) 기간을 여유로 남기는 것보다는 작업기간을 늘려서 여유를 줄이는 것을 의미함.

176) 플랜트 프로젝트에서 사용되는 용어로 Mechanical Completion의 약자이다.

177) 플랜트 프로젝트에서 최종적으로 인수 할 때 보통 사용되는 단어로 Provisional Acceptance Certification의 약자이다.

178) 공정표가 이러한 전, 후 관계를 포함하고 있거나 또는 분석작업시에 연관관계에 대해서 표현을 해야 한다.

반대로 시공자가 책임지는 사건으로 인하여 MC가 지연되고 후속 마일스톤인 PAC도 지연되었다면, 시공자는 하나의 사건으로 인하여 2가지 마일스톤 지연에 대한 책임을 가지게 된다. 플랜트 프로젝트는 마일스톤간의 연관관계가 많은 편인데, 프로그램이 이러한 연관관계를 잘 포함하고 있으면 클레임 분석을 용이하게 진행할 수 있으나, 연관관계가 누락된 프로그램은 분석이 용이하지 않고 개별적으로 입증해야 하기 때문에 프로그램 작성시 연관관계를 명확하게 포함해야 할 필요가 있다.

마일스톤별로 연관관계가 거의 없는 경우에 유의해야 할 점이 있는데, 각 마일스톤별로 최대금액(Maximum Weight)이 없는 경우이다. 전형적인 플랜트 공사가 아닌 건축, 인프라 등의 프로젝트는 간혹 특정 공종, 특정 건물의 지연이 과도하게 길어지는 경우가 발생하는데, 이런 상황에 시공자에게 리스크가 과도하게 커질 수 있다. 예를 들어서 10개 마일스톤 중 9개는 완료하였으나 1개의 마일스톤만 과도하게 지연되어서 전체 LD금액을 지불해야 하는 상황이 발생할 수도 있다. 따라서 여러 마일스톤에 LD가 지정되어 있는 계약은 각 마일스톤별로 최대값에 제한을 지정해야 리스크를 줄일 수 있다.

지체상금(Liquidated Damages) 조항이 없는 계약

계약서가 LD 조항을 포함하면, 발주자는 자신의 손해를 입증할 필요 없이 계약적인 메커니즘에 의하여 시공자에게 LD를 부과하면 된다. 그런데 LD 조항이 없는 계약도 있는데, 대표적인 예가 사우디 아라비아의 대형 발주처인 A사이다. 이런 계약조건에서 간혹 공기연장이 필요 없는 상황이라고 이해할 수도 있지만, 위에서 언급했듯이 발주자는 언제든지 일반적 손해(General Damages)를 시공자에게 청구할 수도 있기 때문에 적절한 공기연장과 이에 대한 대비는 필요하다고 볼 수 있다. LD 조항이 없는 계약적인 특성과 이에 따른 대응방안에 대해서 몇 가지를 정리하면 아래와 같다.

첫 번째는 완료일이 경과하면 자동적으로 LD가 부과되는 계약적인 메커니즘이 없기 때문에 발주자가 지연으로 인한 손해를 배상 받기 위해서는 클레임 문서를 작성하고 그 손해를 입증해야 할 책임이 있다. 물론 대금지급과 관련된 계약조항에 어떤 상황에 기성금액을 Setoff, Withhold 한다는 조항이 있다면 해당 조항에 따라 진행될 것이다. 그러나 이런 조항이 없다면, 발주자는 클레임 및 분쟁절차를 거쳐서 시공자에게 클레임을 청구하고 손해를 구체적으로 입증해야 한다.

두 번째는 의제적 공기단축(Constructive Acceleration)과 관련된 논리가 부족한 상황이 발생할 수 있다. 발주자의 지연이 발생한 상황에서 시공자는 돌관작업을 지시 받지 않은 상황에서 LD 부과를 피하기 위하여 돌관작업을 수행하는 경우가 있고 이를 클레임의 논리로 활용하는데,

만약 정해진 LD 금액이 없다면 그러한 시공자의 불가피한 상황(돌관작업을 수행할 수 밖에 없었던)은 인정받기 어려운 것이다. 즉 LD 조항이 포함되지 않는 계약에서 시공자는 자신이 책임지지 않는 이벤트로 인하여 공사가 지연되면, 지연된 기간에 맞추어 공사를 수행하거나 또는 발주자에게 돌관작업에 대한 지시를 받은 이후에(Directed Acceleration) 돌관작업을 수행하면 된다.

세 번째는 시공자 입장에서는 LD 금액이 예정되어 있으면 실제 발생한 손실이 더 크더라도 LD 금액을 한도로 그 손해를 제한받기 때문에 리스크를 확정할 수 있다는 점에서 LD 조항을 선호하기도 한다. 그러나 시간의 지연으로 인하여 입증할 수 있는 손해의 규모가 통상의 LD 금액(계약금액의 10%)과 비교하여 적을 가능성이 많고[179] 그러한 손해는 결과적 손해(Consequential Damages)로 해석될 가능성도 있어서 이를 제외한다면 입증 가능한 직접적인 손해의 규모는 제한적이라고 추정할 수 있다. 따라서 일반적인 조건하에서라면 LD 조항이 포함되지 않는 계약형태가 시공자에게는 더 유리하다고 볼 수 있다.

3) 기타 쟁점

하도급계약의 지체상금과 원도급계약의 지체상금간의 관계

건설계약에서 원도급자와 발주자와의 계약서상의 LD 부과 이슈가 하도급자, 공급자와의 분쟁으로 번지는 경우가 자주 발생한다. 예를 들어서 어떤 공급자의 기자재공급지연으로 인하여 주시공자의 역무가 지연되어 주시공자가 발주자에게 LD를 부과 받았을 때 이에 따른 책임을 공급자에게 전가하면서 발생하는 분쟁의 상황[180]이다. 이런 상황에서 몇 가지를 확인해야 하는데, 아래와 같다.

- 공급자의 LD 조항이 Sole or Exhaustive Remedy 개념을 포함하고 있는지 여부
- 결과적 손해(Consequential Damages) 조항
- 일반적인 법적 의무 관련 조항
- 공급자의 작업이 원도급 계약에 끼친 영향

LD 조항이 Sole (or Exhaustive) Remedy와 같은 개념을 포함하고 있다면, 하도급계약의 LD에 추가로 발주자에게 부과 받은 LD를 하도급자에게 부과하는 것은 쉽지 않을 것이다. 하도급자는 자신의 지연으로 인하여 발생할 수 있는 리스크는 LD 금액을 기준으로 입찰한 것이고, 추가적인 리스크가 있다면 그러한 내용은 입찰, 계약시에 충분히 알려졌어야 했다. 그런데 만약 Sole (or Exhaustive)

179) 특정한 조건을 전제로 맺는 발전계약은 예외적임.

180) 이 상황은 주시공자가 기자재 공급지연에 대한 LD를 주기기공급자에 부과한 이후에 추가로 발주자의 LD를 주기기공급자에게 부과하는 것을 가정한 것이다.

Remedy와 같은 용어가 없는 계약서는 어떻게 해석을 해야 할 것인가? 여러 Case[181]를 참고하면 LD 금액은 지연으로 인하여 발생하는 모든 손해를 포함하는 Exhaustive Remedy 성격으로 판단하고 있다. 특히 Biffa Waste Services Ltd v. Mashinenfabrik Ernst Hese GmbH (2008)에서 판사는 아래와 같이 언급하였다.

> Further I do not consider that the provisions of clause 47.1 can be construed to draw a distinction between a 'simple' failure to complete and a failure to complete caused by the breach of another obligation under the Design and Build Deed. First, I do not consider that it is possible to draw a distinction between a 'simple' failure to complete and a failure to complete caused by breach of another obligation.

다른 계약조항의 위반으로 인하여 발생한 실패(지연을 의미함)와 단순한 완료 실패의 차이를 인식하는 것은 어렵다고 설명하고 있다. 즉 지연에 대한 책임은 그 원인이 법적인 의무위반, 결함, 사고 등 여부와 관계없이 LD 금액이 포괄적으로 포함한다는 의미로 볼 수 있다.

물론 위에 언급한 결과적 손해 조항, 일반적인 법적 의무 조항 등에 명확하게 예외사항이 기술되어 있거나 이러한 사실을 하도급자가 충분히 인지하고 있었는지 여부에 따라 다르게 판단될 수 있을 것이다.

원도급자 입장에서 보면 대부분의 작업을 하도급자가 진행하는 상황에서 각 작업의 지연이 결국 전체 프로젝트의 지연으로 귀결되는 것이기 때문에 발주자로부터 부과 받은 LD가 곧 각 하도급자의 책임으로 나눠지는 것으로 고려할 수 있다. 그러나 하도급자 입장에서 보면 자신의 작업이 전체 프로젝트에 미치는 영향을 쉽게 알 수 없고, 각 하도급자들의 지연의 합이 전체 지연으로 계산되는 것은 아니기 때문에 단순하게 원도급자가 발주자로부터 LD를 부과 받았다고 해서 곧바로 그 책임을 전가 받는 것에 대해서 쉽게 동의하지 않을 것이다. 따라서 분쟁을 최소화하기 위해서는 각 하도급자의 지연과 전체 프로젝트 작업간의 연관관계와 주경로(Critical Path)에 끼친 지연기간에 대한 분석작업이 필요하다.

정리하자면, 원도급자와 하도급자와의 계약에 특별한 예외조항이나 특수조건이 있지 않는 한 원도급자가 발주자로부터 받은 LD를 하도급자에게 추가적으로 전가하는 것은 쉽지 않아 보인다.

---

181) Temloc v. Errill Properties Ltd (1987)
M J Gleeson plc v. Taylor Woodrow Construction Ltd (1989)
Pigott Foundations Ltd v. Shepherd Construction Ltd (1993)
Surrey Heath Borough Council v. Lovell Construction Ltd (1998)
Biffa Waste Services Ltd v. Mashinenfabrik Ernst Hese GmbH (2008)

원도급자는 하도급계약에 따라 하도급자의 작업지연에 따라 계산된 LD금액을 하도급자에게 부과하고, 원도급계약에 따라 발주자로부터 부과 받은 LD금액은 자체적인 Risk Contingency내에서 해결해야 할 것이다. 이와는 반대로 원도급자는 발주자로부터 LD를 부과 받지 않은 상황임에도 불구하고 하도급계약에 따라 특정 하도급자의 작업지연에 대하여 LD를 부과할 수 있을 것이다.

공기연장(Extension of Time)과 지체상금(Liquidated Damages)

일반적으로 공기연장 클레임이 제출되면 협의를 거쳐서 완료일이 조정되고 그에 따라 개정공정표(Revised Schedule)를 제출하여 승인 받은 후 LD 부과시점은 조정된 완료일로 변경된다. 이런 일련의 절차와 관련하여 가끔 분쟁이 발생하는데 대표적인 3가지 사항을 정리하면 아래와 같다.

- 개정공정표(Revised Schedule) 승인
- 애매한 용어를 사용하는 계약변경(Contract Amendment)
- 당초 완료일 이후의 계약변경(Contract Amendment)

첫 번째로 개정공정표와 관련한 문제인데, 보통 프로젝트에서 개정된 공정표를 제출하고 승인되면 공기연장이 완료된 것으로 이해한다. 그러나 공기연장은 완료일 조정에 대한 계약적인 행위가 뒤따라야 하는데, 완료일 조정을 명시한 계약변경(Contract Amendment) 또는 공사변경(Change)이 진행되어야 한다. Society of Construction Law(이하 'SCL')에서 발간한 Delay and Disruption Protocol은 개정공정표와 관련하여 아래와 같이 설명하고 있다.

> 1.64 Acceptance by the CA of such a proposed revised programme does not constitute acceptance or waiver of the Contractor Delay, and requiring the Contractor to propose measures to recover delay is not an instruction or a deemed instruction to accelerate the works at the Employer's cost. Acceptance merely acknowledges that the revised programme reasonably reflects the current situation and the Contractor's current intention to carry out the remainder of the works.[182)]

Delay and Disruption Protocol은 발주자가 개정공정표를 'Acceptance' 했다는 의미가 시공자의 지연책임을 면제하거나 발주자의 어떤 지시를 의미하는 것은 아니며, 단지 개정공정표는 현재의 상황을 반영한 합리적인 공정표라는 점을 확인한 정도라고 설명한다. 따라서 개정공정표의 제출, 승인 행위만으로는 추후 LD를 부과 받을 수 있는 리스크가 있기 때문에 계약적인 절차에 맞는 공기연장 절차를 진행하는 것이 바람직하다.

182) Delay and Disruption Protocol, 2nd Edition, Society of Construction Law, 2017

두 번째로 계약변경 시에 공기연장과 관련하여 애매한 용어를 사용하는 경우이다. Grace Period와 같은 유예, 부분적인 완료 또는 계약서와 다른 용어를 사용해서 계약적으로 혼동을 겪는 상황이다. 완료일에 대한 정의가 있다면 그 완료일의 날짜가 변경되는 것으로 LD 부과도 변경된 완료일에 따라 자동적으로 변경된다. 그러나 기존 계약서의 용어와 다른 용어가 사용되어서 계약서 해석상의 우선순위를 따지는 상황이 발생하면 LD 리스크가 다시 발생할 수도 있다. 따라서 이런 리스크를 줄이기 위해서는 계약서와 동일한 용어를 사용하고 책임관계에 따른 권리사항을 명시적으로 포함해야 한다.

마지막으로 당초의 계약적 완료일이 경과한 이후에 계약변경이 이루어지는 경우이다. 당초의 계약기간 내에 계약변경이 이루어지면 아무런 문제가 없지만, 완료일이 경과하면 아래와 같이 대부분의 계약형태에서 설명하는 것처럼 시공자가 LD금액을 발주자에게 지불해야 하는 의무가 발생한다.

> If the Facilities or any Portion are not completed by the Scheduled Turnover Date in respect thereof, the Contractor shall pay to the Company as Liquidated Damages for each day Turnover is delayed beyond the relevant Scheduled Turnover Date the amount of the Delay liquidated Damages specified in the Particular Conditions.[183)]

물론 이미 제출한 공기연장 클레임이 존재하고 발주자가 우호적으로 검토하거나 협의가 진행중이라면 문제는 없으나, 발주자가 시공자의 공기연장 클레임을 거부하거나 시공자가 공기연장 클레임을 제출하지 않는 상황이라면 시공자는 발주자에게 일종의 빚(Debt)을 지는 것이고 이 지불의무는 새로운 계약변경이 완료되기 전 시점까지의 기간 동안 발생한다. 아마 대부분의 시공자가 LD 금액을 발주자에게 지불하지는 않을 것이고 발주자는 LD를 기성에서 공제하거나 또는 LD 부과를 하지 않은 상태일 것이다. 만약 LD 금액을 공제했다면 계약변경시에 해당 공제금액의 처리에 대한 합의가 이루어져야 한다. 그리고 발주자가 LD 부과를 하지 않은 상태에서 계약변경이 이루어진다고 해서 자동적으로 시공자가 LD 금액을 지불해야 하는 의무가 사라지는 것은 아니기 때문에 당초계약일로부터 계약변경시점까지의 기간에 발생할 수 있는 LD 리스크를 최소화하기 위한 내용이 변경된 계약서에 포함되어야 한다. 보통 계약변경시에 계약당사자는 *"어떤 권리를 포기한다. 면제한다."* 등의 내용을 포함하는데, 이러한 리스크에 유의하여 계약변경을 진행해야 할 것이다.

183) EPC Contract

7.3 No Damages for Delay

시공자가 책임지지 않는 사유로 인하여 공사기간이 연장되고 그에 따라 손해가 발생하면 발주자가 시공자에게 배상해주는 것이 일반적이나, 이 추가 비용을 발주자가 부담하지 않는 조항을 'No Damages for Delay Clause'라고 한다. 아래와 같이 직접적인 형태로 'No Damages for Delay'를 강조하기도 한다.

> The Owner shall not be liable to the Contractor for any damages or additional costs incurred as a result of a delay in the completion of the work.[184)]
>
> In no event will the Owner be liable to the Contractor for any additional costs or damages incurred as a result of any delay, disruption, hindrance, interference (active or passive), suspension, acceleration, or re-sequencing of Contractor's work.[185)]

이러한 직접적인 조항의 형태는 EOT를 단독적인 구제(Sole Remedy)로 규정하거나 다른 구제(Remedy)를 배제하는 형태로 변경되기도 한다.

> Notwithstanding anything to the contrary in the Contract Documents, an extension of the Contract Time, to the extent permitted in the Contract, shall be the sole remedy of the Contractor for any delay, hindrance, obstruction, interference, or other similar claim (collectively 'Delay') in the performance of the work.[186)]
>
> If the work of the Contractor is delayed for reasons that do not involve the fault or negligence of the Contractor, the Contractor shall promptly seek an extension of time, to the exclusion of all other remedies, in accordance with the time extension provisions of the contract.[187)]
>
> To the extent that the Contractor is delayed or disrupted in the performance of its work by acts or omissions for which the Contractor is not responsible, then the Contractor's sole remedy for any additional costs or damages incurred shall be a) an extension of the contract time to the extent of any demonstrable critical path delay and b) Contractor's reasonable, additional, direct site overhead costs attributable solely to the delay.[188)]

---

184) EPC Contract
185) EPC Contract
186) EPC Contract
187) EPC Contract
188) EPC Contract

위와 같은 조항은 시공자에게 매우 불리하게 작용하기 때문에 계약서에 이런 독소조항이 포함되면 시공자는 그러한 조항이 어떻게 해석되고 적용되는지에 대하여 정확히 확인해서 입찰가에 반영해야 할 것이다. 이런 조항이 존재한다고 해서 무조건 모든 상황에 대해서 적용되는 것은 아니고 성립되기 위해서는 예상할 수 있었는지, 예측할 수 있었는지가 여부가 매우 중요하다. 따라서 그 상황의 정도가 예외적이고 예상할 수 없었던 것이었다면 발주자가 배상책임을 부담해야 한다. 아래의 상황은 해당 조항의 효력을 인정하지 않는 상황에 해당한다.

- 예상하지 못한 경우
- 발주자가 적극적으로 방해하는 경우
- 비합리적으로 지연기간이나 손실이 커지는 경우
- 사기 또는 기만에 의한 경우
- 발주자가 계약적 위반을 함으로써 발생한 경우

이런 리스크를 감소시키기 위해서 가장 좋은 방법은 시공자가 계약협상시에 이런 독소조항을 주정하는 것인데, 아래의 여러 방법을 활용하여 대응해야 할 것이다.

- Insist on a standard form agreement
- Negotiate a liquidated damages amount for delay damages
- Negotiate for delay damages protection from lenghy delays
- Attempt to negotiate for unclear & ambiguous No-Damages-for-delay language
- Add a favorable choice of law provision to your contract
- Document your project problem as something other than 'delay'
- Preserve your right to a time extension[189)]

189) Frank E. Riggs, Rules for surviving no damages for delay (2013)

8. 연장비용

8.1 정의

Delay and Disruption Protocol은 연장(Prolongation)을 아래와 같이 정의하고 있다.

> Prolongation is the extended duration of the works during which costs are incurred as a result of a delay.[190]

연장(Prolongation)은 지연의 결과로 인해 비용이 발생한 늘어난 작업기간에 해당한다고 설명하고 있으며, 'Building Law Encyclopaedia'는 연장비용 클레임(Prolongation Claim)에 대해서 아래와 같이 정의하고 있다.

> A claim made by a contractor for financial reimbursement on the ground that the contract period has been extended as a result of some action, or the default of the employer or of someone for whom the employer is responsible.[191]

발주자가 책임지는 어떤 행위에 대한 결과로 계약기간이 늘어나는 경우에 경제적인 보상을 요구하는 클레임이라고 설명하고 있다. Delay and Disruption Protocol은 공기지연 보상의 기본은 발주자의 귀책이 없을 경우 시공자의 재정적 위치로 되돌려 놓는 것이라고 아래와 같이 설명하고 있다.

> the compensation for prolongation caused other than by variations is based on the actual additional cost incurred by the Contractor and that "the objective is to put the Contractor in the same financial position it would have been if the Employer Risk Event had not occurred.[192]

190) The Society of Construction Law, Delay and Disruption Protocol 2nd Edition (2017)
191) David Chappell, Building Law Encyclopaedia, Wiley-Blackwell (2009)
192) The Society of Construction Law, Delay and Disruption Protocol 2nd Edition (2017)

8.2 공기연장과 보상 가능한 지연

공기연장 권리를 확보하면, 연장된 기간 동안 발생한 연장비용(Prolongation Cost)은 자동적으로 보상받을 수 있다고 이해하기도 한다. 그러나 면책 가능한 공기지연(Excusable Delay) 중에 보상 불가능한 지연(Non-Compensable Delay)도 있기 때문에 공기연장이 되었다고 해도 공기연장 비용에 대한 보상을 받지 못하는 경우도 있다. 아래 그림이 이러한 상황을 설명하고 있다.

> 12. Link between EOT and compensation
>
> Entitlement to an EOT does not automatically lead to entitlement to compensation[193]

[그림 7.53] 보상 불가능한 지연과 연장비용

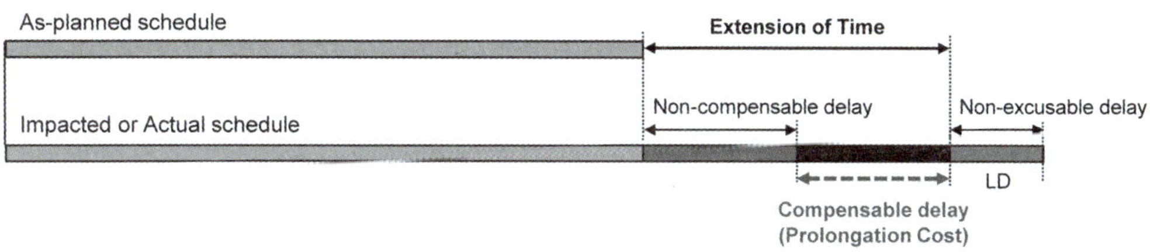

위 그림과 같이 보상불가능한 지연의 기간을 제외한 나머지 보상 가능한 지연에 대해서만 연장비용을 받을 수 있다. 또한 동시지연이나 불가항력의 경우 계약서별로 상이하긴 하지만 일반적으로 공기연장은 인정하더라도 공기연장비용은 보상하지 않기 때문에 공기연장비용 클레임을 제기할 수 없다.

연장비용(Prolongation Cost)과 입찰시 기준단가와는 어떤 관계가 있는 것일까? 어떤 프로젝트에서는 입찰시에 제출했던 단가를 그대로 적용하여 공기연장비용 클레임을 제기하기도 하고, 다른 프로젝트에서는 실제 집행된 비용을 근거로 클레임을 제기한다. 입찰시에 정확한 단가를 제출하지 못했다면 클레임 시 해당 단가를 적용할 권리가 없다는 주장도 있는데, Delay and Disruption Protocol은 아래와 같이 설명한다.

> 21.1 For prolongation or disruption compensation based on actual cost or loss and/or expense, the tender allowances are not relevant because the Contractor is entitled to its actual costs of the prolongation or disruption.[194]

193) The Society of Construction Law, Delay and Disruption Protocol 2nd Edition (2017)
194) 상동

공기연장비용은 실제 발생한 비용에 근거하기 때문에 입찰시 기준단가는 중요하지 않다고 설명하고 있다. 물론 아주 좋은 참고자료로 계획공정표(Baseline)에 활용될 수 있겠으나 그 자체가 유일한 기준으로 적용될 수는 없다고 설명한다.

[표 7.11] 공기연장 및 보상기간(Compensable Period) 산정 Sample

구분	A	B	C	D	E	F	G
	Delay Period	Float available	Delay to Project Completion	Contractor culpable delays	Concurrency	EOT Entitlement (C-D)	L&E Entitlement (F-E)
Event 1	10	10	0	0	0	0	0
Event 2	10	0	10	10	0	0	0
Event 3	42	0	42	12	12	30	18
Event 4	32	0	32	0	0	32	32
합계	**94**	**10**	**84**	**22**	**12**	**62**	**50**

* L&E = Loss & Expense(Compensable)

지연사건(Delay Event)에 대한 공기연장 권리(Entitlement) 산정 시 시공자의 지연(Contractor's Delay), 여유(Float) 및 동시지연(Concurrent Delay)이 있는지 여부를 따져 산정한다.

- Event 1: 10일의 지연이 발생하였으나, 10일의 여유(Float)가 있기 때문에 공기연장 권리는 발생하지 않는다.
- Event 2: 10일의 지연이 준공일에 직접적인 영향을 주고 있으나, 시공자 책임지연일이기 때문에 공기연장 권리가 발생하지 않는다.
- Event 3: 42일의 지연이 발생하였고, 시공자 귀책 12일이 있기 때문에 공기연장은 30일이 가능하다. 하지만 12일의 동시지연(Concurrent Delay)이 발생하였기 때문에 보상 가능한 지연일은 18일로 산정되었다.
- Event 4: 발생한 32일의 지연이 모두 준공일에 영향을 주고, 시공자 귀책일 및 동시지연일이 없기 때문에 32일 모두 공기연장 및 비용보상 권리가 있다.

8.3 연장비용(Prolongation Cost) 구분 및 산정 시점

공기연장비용 산정을 위해서는 먼저 계약서에 약정된 공기연장 손실보상 기준을 확인한다. 계약기준이 있다면 보상 기준에 따라 산정할 수 있으며, 약정된 손실보상 기준이 없다면 합리적인 기준과 방법을 적용하여 산출해야 한다. Delay and Disruption Protocol은 공기연장비용 산정의 기준은 실제 지연시간에 대한 실제 피해금액이라고 설명한다.

> 20. Basis of calculation of compensation for prolongation
>
> Unless expressed provided for otherwise in the contract, compensation for prolongation should not be paid for anything other than work actually done, time actually taken up or loss and/or expense actually suffered.[195)]

1) 연장비용(Prolongation Cost) 구분

대부분의 공기연장클레임의 목적은 지연이 발생하기 전의 시공자의 위치로 되돌려 놓는 것이다. 따라서 이익 또는 손실 산정시 입찰 때 반영된 사항을 고려할 필요가 있으며, 손실 발생 시점에 시공자에 의해 발생한 실제 추가비용을 산정하여야 한다.

공기연장 비용클레임은 용어 그대로 시간의 연장과 관련되어 발생한 비용(Time related costs)을 청구하는 개념이다. 따라서 원칙적으로는 공사에 직접적으로 관여한 직섭비는 포함되지 않고 공기연장과 관련된 간접비와 같은 비용만 포함된다. 단, 직접비는 생산성 저하와 관련된 방해/간섭(Disruption) 클레임 또는 개별적인 공사변경 등으로 계산하여 청구할 수 있다.

공기연장비용 산정시 일반적으로 현장 관리비(On site establishment costs), 본사관리비(Head Office overheads), 금융비용(Financital charge), 이자(Interest), 수익(Profit) 및 기타 비용 등으로 구분하여 산정하고 프로젝트 특성에 따라 본사에서 프로젝트를 직접 관리하는 인력의 추가비용을 공기연장비용에 포함할 수 있다. 자세한 내용은 8.4~8.7에 기술하였다.

2) 연장비용(Prolongation Cost) 산정 시점

공기연장에 따른 비용이 발생함에 따라 보상이 측정되는 시점이 어느 시점인지에 대한 논쟁이 있는데, 지연사건(Delay event)이 발생한 시점인지 또는 계약기간이 연장된 마지막 시점 인지에 대한 문제이다. Delay and Disruption Protocol은 아래와 같이 설명하고 있다.

---

195) The Society of Construction Law, Delay and Disruption Protocol 2nd Edition (2017)

22. Period for evaluation of compensation

Once it is established that compensation for prolongation is due, the evaluation of the sum due is made by reference to the period when the effect of the Employer Risk Event was felt, not by reference to the extended period at the end of the contract[196)]

즉 아래 그림의 기간 중에 공사기간의 종료시점이 늘어난 B기간이 아니라, 지연사건(Delay Event)의 영향이 인식되는 A기간을 연장기간에 대한 보상시점으로 정의하고 있다. 예를 들어서 발주자의 설계변경으로 인하여 철골공사에 지연사건(Delay Event)이 발생했다면 관련된 지연기간에서 발생한 공기연장비용(Prolongation Cost)을 고려해야 한다는 의미이다.

[그림 7.54] 공기연장비용의 산정 시점

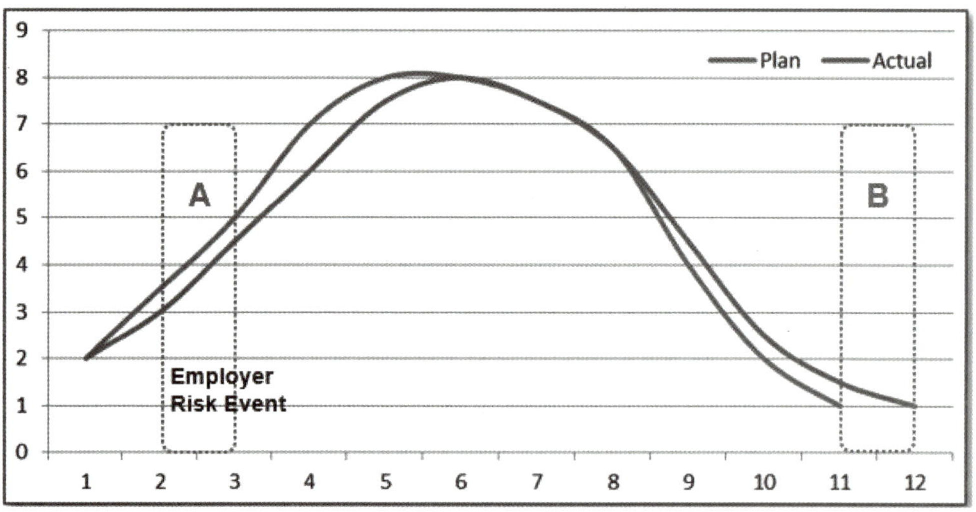

그럼에도 불구하고 해석은 다양할 수 있는데, 철골공사가 지연된 영향은 해당공사가 진행된 구간에서 나타나기도 하지만, 최종적인 결과로 마지막 연장된 구간에서 나타나기도 하기 때문이다. 또한 실제 손실을 파악하는 시점은 어떤 공기지연 분석방법을 사용하느냐에 따라 해석이 달라질 수 있다. 그렇기 때문에 마지막에 언급된 "계약기간의 끝에서 연장된 시점을 고려하는 것이 아닌" 이라는 표현을 그대로 해석을 할 필요는 없을 것이다. 단 연장기간의 보상에 대한 측정시점을 계약기간이 연장된 끝 시점으로만 한정해서 고려해서는 안 되고, 영향이 실제 발생한 기간을 포함하여 종합적으로 고려하는 접근방식이 필요하다.

196) The Society of Construction Law, Delay and Disruption Protocol 2nd Edition (2017)

8.4 현장 간접비(On Site Establishment Costs)

프로젝트 현장 간접비는 보통 BOQ[197]의 간접공사비 또는 예비비(Preliminaries)로 불리는 경우가 많다. 이러한 간접비용은 아래 항목에 대한 추가 비용을 포함하여 시공자의 실제 투입한 비용기록에 근거하여 작성되어야 한다.

- Field Management(administrative staff) and Supervisory
- Site Accommodation and Catering, Including Welfare and Toilets
- Construction Plant, Equipment and Tools, For Example Tower Cranes, Scaffolding Etc.
- Site Services, Telephones, Electricity
- Rental Cost of Temporary Facilities, Security Services
- Subcontractor's Indirect Cost, Etc.

현장 간접비의 실제비용은 시공자의 회계관리 시스템 내역(부대공통비, 직원급여, 사무실/숙소 유지비, 보험비 등)에서 단위기간으로 집계된 지출비용을 기준으로 산정할 수 있으며, 실비정산 영수증과 함께 내부 회계관리 시스템 내역자료는 실제 비용을 입증 할 수 있는 좋은 근거자료로 활용되고 있다.

1) Field Management(Administrative Staff) and Supervisory Cost

현장관리 인력비용은 일반적으로 지연기간 동안 투입된 인력에 대한 비용을 계산하며, Daily Report 상 투입된 인력에 대하여 단가(Unit Rate)를 곱해서 산정하며 아래와 같이 Field Management 비용을 산정할 수 있다.

[표 7.12] Field Management 비용 산정 사례

Description	Rate/일	투입일	Amount	Delay period(9~18 July 2020)										비고
			(USD)	9	10	11	12	13	14	15	16	17	18	
Contractor														
Site Manager	500	10	5,000	1	1	1	1	1	1	1	1	1	1	
Schedule Manager	350	10	3,500	1	1	1	1	1	1	1	1	1	1	
Cost Engineer	350	10	3,500	1	1	1	1	1	1	1	1	1	1	
Safety Manager	500	10	5,000	1	1	1	1	1	1	1	1	1	1	
Civil Manager	500	7	3,500	1	1	1	1	1	1	1				
Electrical Manager	330	5	1,650	1	1	1	1	1						
QC Manager	330	5	1,650	1	1	1	1	1						
Sub Total			**46,680**											

197) Bill of Quantities의 약자로 자재, 부품 등이 항목별로 분류된 수량명세서이다.

2) Site Establishment / Running 비용

Site Accommodation and Catering, Site Temporary Office, Site Service, Fence and Security 비용 등 현장을 운영하기 위해 투입되는 비용은 보통 BOQ에 별도로 구분하여 일반적으로 총액계약(Lump sum)에 산정되어 있다. 하지만 공기지연이 발생하면 현장 운영비도 증가하기 때문에 연장기간에 해당하는 추가 비용을 청구할 수 있다.

총액계약으로 산정된 항목은 전체공사 기간에 대한 총액계약 금액을 일평균 단가로 계산하여, 지연기간 만큼의 금액을 산정하는 방법도 있다. 단, 가설사무실(Temporary Office) 설치비용과 같은 1회성 비용은 공기가 연장되더라도 추가비용이 발생하지 않기 때문에 비용청구를 하지 못하는 경우가 있을 수도 있다.

3) Construction Plant and Equipment Cost

현장 간접비 항목 중 Construction Plant and Equipment에 해당하는 장비는 어느 특정작업을 위한 것이 아닌 공사전반에 대한 다양한 목적을 위해 공통적으로 제공되는 간접 장비를 의미한다. 예를 들어 Tower Crane, Batching Plant, Scaffolding 등이 이에 해당된다. 한편, 직접적인 장비는 특정한 목적을 위하여 활용되는 Back Hoe, Dump Truck 등이며, 이러한 장비는 Prolongation Cost에 포함하면 안된다.

장비를 소유형태에 따라 구분하면, 시공자가 소유하고 있는 장비(Contractor-Owned Equipment)와 외부에서 대여한 장비(Rental Equipment)로 구분 할 수 있으며 다음 사항을 고려하여 공기지연 비용을 산정하여야 한다.

[표 7.13] 장비(Equipment)의 구분

Contractor - Owned Equipment	Rental Equipment
• 시공자가 장비를 소유하고 있기 때문에 장비의 사용여부와 관계없이 공기지연이 발생하면 비용이 발생한다. • 이 비용은 감가상각, 금융비용, 보험, 운영비용 등을 포함 한다. • 감가상각비용과 시설 자본비용을 계산하는 것이 복잡하고 이 부분에서 분쟁이 발생할 여지가 많기 때문에 과거에 반영된 금액을 입증하고 확인할 필요가 있다.	• 대여 장비로서 대여금액이 합리적인 경우 비용 청구가 가능함으로 대여금액이 합리적임을 입증할 필요가 있다. • 대여 비용을 포함하여 장비 운영에 필요한 일반 적인 관리비가 포함되어야 한다. • 회사 내부 대여인 경우 회사 자체 장비의 운영 비용보다 크지 않아야 한다. • 장비의 실제 소유관계 및 실제 손실을 증빙을 통해 입증하여야 한다.

시공자에게 청구권리가 있는 지연기간(Compensable Delay)에 장비가 대기한 경우 장비 대기비용(Equipment Standby Costs)을 청구할 수 있다. 장비의 대기비용을 정당화하기 위해서는 해당 장비가 그 프로젝트에만 사용되었다는 것을 확인해야 한다. 이를 위해 시공자는 대기가 발생하지 않았다면 그 장비가 생산적으로 다른 곳에 활용되었을 것이라는 것을 입증 할 필요가 있다.[198] 시공자가 소유한 장비는 대기하는 동안 노후화 비용, 운영비용, 수리비용이 거의 들지 않기 때문에 일반적으로 발생대기비용의 50% 수준에서 산정한다. 공기지연에 대한 장비비 손실비용 산정 유의 사항은 아래와 같다.

- 해당 장비가 어떤 형태로 계약되었는지 확인
- 전체 계약을 고려하여 장비의 손해와 관련된 시공자의 책임 또는 과실 확인
- 대여장비라면 실제 비용이 어떻게 집행되었는지 증빙 확인
- 계약단가 이외에 추가적인 비용이 청구되었다면 입증을 위한 비교자료 확인

4) 하도급자(Subcontractor)의 Indirect Cost

공기지연이 발생하면, 시공자의 간접비 손실뿐만 아니라, 하도급자의 간접비 손실도 함께 발생하게 되고, 공기지연에 따라 하도급자에게 발생하는 시간과 관련된 비용(Time-Related Costs)을 산정할 수 있으며, 시공자는 하도급자의 손실금액을 집계하여 최종 공기지연금액에 포함한다. 이때 유의할 점은 하도급자의 손실이 실제 발생했는지의 여부이기 때문에 입증가능한 증거자료를 충분히 확인해야 한다.

8.5 본사 관리비(Head Office Overhead) 산정

프로젝트에서 발생하는 현장 간접비 이외에 본사에서 추가적으로 지원하는 업무와 관련된 본사관리비(Head Office Overhead) 보상은 원칙적으로 가능하나, 실질적으로 보상 받기 어려운 항목이기 때문에 시공자는 합리적으로 입증하도록 노력해야 한다.

> In principle, head office overheads are recoverable, however difficult to ascertain in practice. The contractor should make all reasonable efforts to demonstrate through records the head office overheads that it has failed to recover.[199]

---

198) CL. Fairley Construction Co., Inc. ASBCA No. 32581, 90-2 B.C.A. 22,665 (1990)

199) David Chappell, Building Law Encyclopaedia, Wiley-Blackwell (2009)

이러한 본사 관리 비용은 아래 항목에 대한 비용을 포함할 수 있으며 시공자의 실제 투입 비용기록에 근거하여 합리적으로 작성되어야 한다.

- Executive and Administrative Salaries
- Home Office Rent and Expenses
- Legal and Accounting Expenses
- Marketing, Sales and Advertising
- Company Insurance
- Utilities, Telephone, Fax and Computers for the Home Office
- Interest on Company's Borrowings
- Travel for Home Office Staff
- Depreciation of Company Assets
- Professional Fees

그러나 본사관리비(Head Office Overheads, 이하 'HO')를 정확하게 분리해서 항목별로 계산하는 것은 현실적으로는 어렵기 때문에 아래와 같이 3가지 공식을 활용한다.

Hudson Formula[200)]

프로젝트 HO percentage가 사전에 합의된 경우 합의된 요율을 기준으로 지연기간에 발생한 HO 비용은 아래와 같이 산정한다.

$$\frac{\text{HO Percentage}}{100} \times \frac{\text{Contract Price}}{\text{Contract Period}} \times \text{Period of Delay}$$

Emden's Formula[201)]

HO percentage가 사전에 합의되지 않은 경우, 전사 본사관리비 요율을 기준을 적용하여 프로젝트에 할당되는 HO를 산정하는 방식으로, 다음과 같이 먼저 HO Percentage를 계산한 이후에 지연기간에 따른 HO 비용을 산정한다.

$$\text{HO Percentage} = \frac{\text{Company Overhead (전사 본사관리비 총액)}}{\text{Company Revenue (전사 총 매출액)}}$$

---

200) Atkin Chambers, Hudson's Building and Engineering Contracts, 13th Edition (2015)

201) Alfred Charles Richard Emden, Emden's Building Contracts and Practice (1980)

$$\frac{\text{HO Percentage}}{100} \times \frac{\text{Contract Price}}{\text{Contract Period}} \times \text{Period of Delay}$$

Eichleay Formula

이 공식은 해당 프로젝트의 1일당 Overhead를 계산하여 전체 지연에 대한 HO 비용 증가를 산정하는 방식으로 아래와 같이 3 단계로 산정한다.

Stage 1) The Project allocable HO :

$$\frac{\text{Total Value of Project (해당공사 총 매출액)}}{\text{Company Revenue (전사 총 매출액)}} \times \text{Company Overhead (시공자의 본사관리 총액)}$$

Stage 2) The Project daily HO :

$$\frac{\text{The Project allocable overhead}}{\text{Actual Project Period (지연일 포함)}}$$

Stage 3) Extended HO :

Extended HO = The Project Daily HO X 공사지연일수

[표 7.14] Eichleay Example

Contract amount	=	\$ 500,000	
Period of delay	=	30 days	
Contract Priod(Including delay)	=	395 days	
Revenues during contract period	=	\$5,000,000	
Overhead during contract period	=	\$1,000,000	
1. Contract amount / Revenue during contract period			
	=	\$500,000 / \$5,000000	= 10%
2. 10% x overhead during contract period	=	10% x \$1,000,000	= \$100,000
3. Overhead per day	=	\$100,000 / 395 days	= \$253/day
4. 30 days of delay x \$253/day	=	\$7,590	= extended HO

Eichleay Formula가 적용된 판례로, Alfred McAlpine Homes North v Property and Land Contractor(1995) 및 Amec Building Limited v Cadmus Investments(1996)의 경우 법원은 회사의 계정을 참고하여 시공자의 주당 평균 본사관리 비용에 주(Week)를 곱한 방식을 사용하여 지연기간 본사관리비용을 간단히 계산하였다. 반면, Chappell(1998)은 손실이 있었음이 분명하지만 적절한 증거가 부족한 경우 일반적으로 최후의 수단으로 공식이 사용된다는 것을 확인하였다.

> Chappell(1998) identifies that there is a use for formulae in appropriate situations, usually as a last resort, where it is clear there has been a loss, but where there is a complete lack of proper evidence. However, their uncritical use without regard to available facts and without supporting evidence is not recommended.[202)]

Delay and Disruption Protocol은 상기 방법 중에서 아래와 같이 Emden 방법과 Eichleay 방법을 추천하고 있다.

> 2.11 In the limited circumstances where a formula is to be used, the Protocol prefers the use of the Emden and Eichleay formulae. However, in relation to the Eichleay formula, if a significant proportion (more than, say, 10%) of the final contract valuation is made up of the value of variations, then it will be necessary to make an adjustment to the input into the formula, to take account of the fact that the variations themselves are likely to contain a contribution to head office overheads and profit.[203)]

2가지 방법을 사용하면 입력되는 값에 의하여 비정상적인 값이 계산될 수도 있으므로, 가능하다면 3가지 방법을 다 계산해 보고 그 중 최소값으로 결정하거나 또는 실제 손실비용(Actual Cost)을 계산해서 비교한 이후에 합리적 비용을 선택할 필요가 있다. Society of Construction Law Homepage는 아래와 같이 숫자를 입력하면 자동으로 계산되는 파일을 제공하고 있다.

---

202) Keith Potts, Construction Cost Management (2008)

203) The Society of Construction Law, Delay and Disruption Protocol 2nd Edition (2017)

[그림 7.55] Head Office Overheads and Profit의 계산 Sheet[204)]

FACTS

Complete the following blue boxes:

Original contract price	
Original contract period (in days)	
Actual period of performance (including delay)	
Allowance (%) in tender for head office ("HO") overhead and profit	
Period of delay (in days)	
Total annual turnover of claimant (from audited a/cs)	
Total annual HO overhead cost & profit (from audited a/cs)	
Final contract valuation (excluding HO overhead & profit claim)	
Claimant's total turnover for actual period of performance (extrapolated from audited a/cs)	
Total HO overhead and profit for actual period of performance (extrapolated from audited a/cs)	

Note - this facility is intended as a guide only.
The SCL takes no responsibility for its use.
See the SCL protocol as to when it is appropriate to use these formulae.

HUDSON		
FORMULA = H1*H2/H3*H4=H5		
H1	Allowance (%) in tender for head office ("HO") overhead and profit	0.00%
H2	Original contract price	0
H3	Original contract period (in days)	0
H4	Period of delay (in days)	0
H5	Recoverable HO overhead and profit	**0**

EMDEN		
FORMULA (1) EM1/EM2=EM3;(2) EM3*EM4/EM5*EM6=EM7		
EM1	Total annual HO overhead cost & profit (from audited a/cs)	0
EM2	Total annual turnover of claimant (from audited a/cs)	0
EM3	HO Overhead and profit as % of turnover	**0.00%**
EM4	Original contract price	0
EM5	Original contract period (in days)	0
EM6	Period of delay (in days)	0
EM7	Recoverable HO overhead and profit	**0**

CORRECTED HUDSON (TO REMOVE OHP ON OHP)		
FORMULA (1) CH2*(1-CH1)=CH3; (2) CH1*CH3/CH4*CH5=CH6		
CH1	Allowance (%) in tender for head office ("HO") overhead and profit	0.00%
CH2	Original contract price	0
CH3	**Contract price net of HO overhead and profit**	**0**
CH4	Original contract period (in days)	0
CH5	Period of delay (in days)	0
CH6	Recoverable HO overhead and profit	**0**

EICHLEAY		
FORMULA (1) EI1/EI2*EI3=EI4;(2) EI4/EI5*EI6=EI7		
EI1	Final contract valuation (excluding HO overhead & profit claim)	0
EI2	Claimant's total turnover for actual period of performance (extrapolated from audited a/cs)	0
EI3	Total HO overhead and profit for actual period of performance (extrapolated from audited a/cs)	0
EI4	**HO Overhead attributable to contract**	**0**
EI5	Actual period of performance (including delay)	0
EI6	Period of delay (in days)	0
EI7	Recoverable HO overhead and profit	**0**

8.6 금융비용(Financial Charges), 이자(Interest) 등 기타 비용

1) 금융비용

공기가 지연됨에 따라, Performance Bond, Retention Bond, 공사 보험 연장 또는 Financing interest 등의 비용이 발생하거나, 기성지급이 지연됨에 따라 추가 금융비용이 발생할 수 있는데 이 경우 관련 비용을 연장비용(Prolongation cost)에 포함하여 청구할 수 있다. 단 시공자는 실제 발생한 비용을 입증하여야 한다.

Financing 추가 비용은 공기지연이 발생하지 않았으면 발생하지 않은 비용이며, 해당 비용 발생기간은 원칙적으로 4구간으로 나누어 질 수 있으며, 구간마다 다른 이율 및 산정방법이 적용될 수 있다. 아래 그림은 구간을 구별해서 보여주고 있으며, 처음 세 개의 구간에서는 계약조건에 따라 이율 및 추가비용이 산정되지만, 만약 추가 금융비용을 자발적으로 또는 신속히 지급하지 않았다면 마지막 구간은 법원이나 중재재판부의 결정에 따라 비용이 결정된다.

204) www.scl.org.uk

[그림 7.56] Financing Periods of Additional Costs[205]

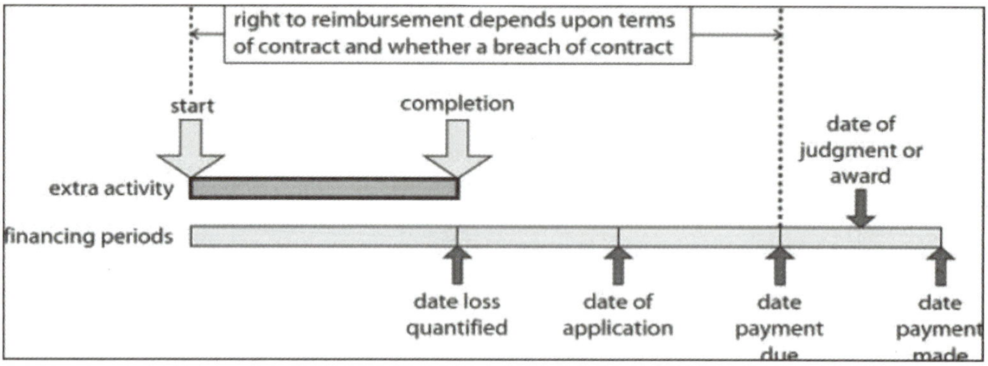

2) 이자(Interest)

계약 불이행의 결과로 이자를 추가로 지급했다거나, 손실이 발생하였다면 이자에 대한 청구권리가 계약적 또는 법적으로 부여된다. 계약 당사자간에 이자 지급 조건이나 이자율을 합의한 경우 계약서를 따르는 것이 일반적이나, 합의가 없더라도 상황에 따라 법적 이자율을 적용하여 청구 할 수 있다. Delay and Disruption Protocol은 아래와 같이 설명하고 있다.

> Some standard form of contract make provision for the way interest, as a component of delay and disruption compensation, is payable. Interest may also be a component of damage if it can be shown as a result of a breach of the contract, and the loss was in the contemplation of the parties at the time of contracting. There are also statutory rights to interest.[206]

이자비용의 기산시점에 대한 논쟁이 있을 수 있는데, 시공자는 이자가 발생한 시점이라고 주장 할 수 있고, 발주자는 비용이 발생하였다는 것을 통지하고 입증한 시점부터라고 주장 할 수 있다. 이처럼 이자비용 기산시점에 대해서 Delay and Disruption Protocol은 아래와 같이 설명하고 있다.

> The appropriate starting date will not be the same in all circumstances, but generally the starting date for the payment of interest should be the earliest date on which the principal sum could have become payable, which will be the date for payment of the certificate issued immediately after the date the Contractor applied for payment of the loss and/or expense.[207]

205) Keith Pickavance, Delay and disruption in construction contracts, 4th Edition (2016)
206) Guidance Part C. 1.1, The Society of Construction Law, Delay and Disruption Protocol 2nd Edition (2017)

즉, 이자비용의 기산시점은 상황에 따라 달라 질 수 있는데, 일반적으로 시공자가 비용보상을 요구하고 그에 대한 확인서(Certificate)가 발급된 가장 빠른 시점이라고 설명하고 있다. 단, 이자에 대한 청구권리는 계약서에서 요구한 통지의무를 준수한 경우에 발생함을 유의하여야 한다.

Delay and Disruption Protocol은 공기연장 비용 산정 시, 융자이자에 대한 법적권리가 있다고 설명하며, 이러한 권리는 Late Payment of Commercial Debts(Interest) Act 1998, Section 35A of Senior Court Act 1981, Section 49 of the Arbitration Act 1996 and the Judgment Act 1838 등에 포함되어 있다.

기성지급이나 유보금 반환 지연으로 불필요한 이자 및 금융비용의 손실이 발생할 경우, 순이자에 대한 실비용 계산시 거래 은행 또는 관련 금융 기간의 복리이자를 기준으로 산정할 수 있다. 이자비용 청구 및 복리이자 적용은 아래 Amec Process & Energy v Stork Engineers & Contractors (2002)의 판례에서 확인할 수 있다.

> Amec put forward a claim for interest on alternative footings. First, compound interest was claimed on the basis that the contract terms allowed for the reimbursement of financing charges. Second, interest was claimed as damages for breach of contract. Finally, as a fall-back position, Amec claimed statutory simple interest pursuant to the court's discretionary powers to award interest on judgement sums. Amec had financed the work from its own resources and from the use of inter-company loans and financing facilities provided by its parent company.
>
> Judge Thornton concluded that, having regard to the valuation provisions of the contract, nothing could be fairer or more reasonable than that the extra cost to Amec of funding the additional work should be recoverable from Stork. Following Rees v Kirby, Amec was also entitled to the calculation of interest on a compounded basis to reflect the manner in which its works were financed.

적절한 이자율은 일반적으로 과도하지 않은 경우 시공자가 지불한 실제 이자율을 기준으로 청구해야 하며, 융자 비용은 시공자의 은행과 동일한 요율 및 방법을 사용하여 계산한다.

207) Guidance Part C. 1.7, The Society of Construction Law, Delay and Disruption Protocol 2nd Edition (2017)

3) 물가상승 비용(Escalation Cost)

공기가 지연됨에 따라 인건비 및 자재비 등의 물가가 상승해서 비용이 증가한 경우 해당 비용을 청구할 수 있다. 단, 계약 체결시 물가상승에 대한 계약조항 여부 확인이 필요하며, 계약시 물가상승(Escalation) 산정방법이 합의 되지 않은 경우 합리적인 입증 근거가 필요하다.

보통, 물가상승(Escalation)은 기준 금액(Base Estimate) 대비 항목별로 변동된 금액에 대한 백분율로 계산되며 국가 또는 다양한 기관에서 월별, 분기별 및 연간 가격 변동을 기반으로 계산된 Cost Index Table을 사용한다. 따라서 이 데이터베이스를 사용하여 향후 비용 증가를 예측할 수 있으며 때로는 가격 변동이 하락하는 움직임이 나타날 때도 있다.

물가상승(Escalation) 산정을 위한 물가 지수(Cost Index)의 형태는 주로 입력기반 지수(Input based Indices)와 산출물 기반 지수(Output based Indices)로 구분된다. 입력기반 지수는 해당 항목에 대한 노무비 및 자재비의 입력 비용의 변화를 기반으로 한다. 국내의 경우 통계청에서 발표하는 건설물가 지수를 활용할 수 있고, 해외의 경우 Engineering News Record(ENR)에서 발행한 Building Cost Index(BCI) 및 Construction Cost Index(CCI)를 활용할 수 있다.

산출물 기반 지수(Output based Indices)는 항목별 입력 비용이 기준이 아니라 건설시장의 입찰 가격 등 산출물의 가격의 변화를 기반으로 한다. 이러한 지표는 시장 상황, 건설 사업 규모, 계약 업체 마진 변동 등을 고려하여 개발되었는데, Turner Construction Company에서 발행한 'TCI (Turner Cost Index)' 가 그 사례이다.

일반적으로 상기 두 가지 물가지수(Cost Indices) 중 입력기반 지수를 많이 쓰는데, 간단한 물가상승(Escalation) 요율 산정 사례는 다음과 같다.

- ENR BCI Index[208] for year 2020 = 5,564
- ENR BCI Index for year 2017 = 5,210
- The percentage change over 3 year = [(5,564-5,2100/5210] × 100 = 6.8% (or 2.3% per year)

상기와 같은 방법으로 연간 백분율을 적용하여 계산할 수 있으며, 여기서 인용된 지수 및 계산 기준을 명확히 하는 것이 중요하다.

208) Engieering News Record - ENR.com

4) 클레임 작성 비용(Claim Preparation Costs)

시공자는 클레임 작성을 위해 소요한 비용을 청구할 수 있으며, 해당 비용이 발생했음을 증명해야 한다. 해당 항목이 현장 간접비/본사관리비와 같이 다른 곳에서 청구되지 않은 경우 시공자의 클레임 작성 비용 또는 외부 컨설턴트의 비용을 청구 할 수 있으며, 이에 대해 Delay and Disruption Protocol은 아래와 같이 설명하고 있다.

> Most construction contracts provide that the Contractor may only recover the cost, loss and/or expense with has actually incurred and that this be demonstrated or proved by documentary evidence.[209)]

반면, 클레임 작성에 있어서 합리적인 행위의 결과에 의한 추가 비용을 입증할 수 없다면 클레임 작성 비용을 청구할 수 없다고 아래와 같이 설명하고 있다.

> The Contractor should not be entitled to additional costs for the preparation of that information, unless it can show that it has been put to additional cost as a result of the unreasonable actions or inactions of the CA in dealing with the Contractor's claim.

Richards and Wallington(Plant Hire) Limited v Devon County Council(1984)의 경우 전문가 역할을 하지 않은 청구인의 직원비용은 회수 가능한 비용으로 허용되지 않았다. 그러나 이 접근법은 Amec Process & Energy v Stork Engineers & Constructors(2002) 사례에서 뒤집혔는데, Amec은 전문가가 사용할 증거를 수집, 분석하는데 자체 직원을 고용하여 클레임을 작성하였고 해당금액을 청구하였다. 이에 대해, 재판부는 민사 소송 규정에 수수료, 청구액, 지출, 비용 및 보수를 포함하여 회수 가능한 비용을 정의하고 있음을 인용하여, Amec이 자체 인력을 고용하는 데 드는 비용이 이러한 비용 범주에 해당하는 것으로 인정하고, 자체 직원의 클레임 작성 비용을 인정하였다.

209) Guidance Part C. 3.1, The Society of Construction Law, Delay and Disruption Protocol 2nd Edition (2017)

8.7 이익(Profit)

일반적으로 시공자의 클레임이 공사변경(Change)의 범주에 속한 경우에는 이익은 보상 가능한 요소가 될 수 있다.[210] 반면에 만약 클레임이 발주자의 귀책으로 인해 발생한 경우 이익상실에 대한 비용청구는 인정하지 않는다.[211]

Delay and Disruption Protocol도 아래와 같이 표준계약서에는 발주자 귀책으로 인해 이익손실이 발생하였을 경우는 일반적으로 비용청구가 어려우며, 청구를 위해서는 수익에 대한 어떤 위험요소도 없음을 보여야 한다고 아래와 같이 설명하고 있다.

> If the contract does in fact allow the recovery of a profit element in addition to any other compensation for delay to the project the subject of the claim, the amount of profit allowed should reflect the fact that there is no risk involved in the earning of that profit.[212]

앞서 손해(Damages)의 구분에서 설명하였듯이, 프로젝트가 지연되지 않았다면 시공자가 벌었을 이익상실(Loss of Profit)은 직접손해가 될 수도 있고 결과적 손해가 될 수 있기 때문에 이익상실에 대한 청구는 계약서에 배제조항 유무를 잘 확인하여야 한다. 대부분의 표준계약서는 이익상실에 대한 배제 조항을 포함하고 있다.[213] 계약서에 배제조항이 없는 경우, 이익상실은 청구 가능하며, 시공자는 해당 손해(Damages)에 대해서 아래 3가지를 충분히 입증해야 한다.[214]

- The loss of profits were foreseeable
- The loss of profits was caused by the breach of contract
- The loss of profits was calculated with reasonable certainty[215]

여기서 3번째 "reasonable certainty"를 입증하기 어려운데, 시공자의 기대수익과 그 손해를 입증하기 위해서는 합리적인 시공자의 총 매출 및 비용, 시장 환경, 시공자의 현재/과거 수행능력 및 경쟁적 수행능력 등을 비교하여 기대수익을 확정하고 그 합리성을 입증해야 한다. 실제로 지연이 발생해서 시공자가 합리적으로 예상 가능한 계약을 체결할 수 없었다거나, 입찰에 제한을 받았다는 등의 내용을 입증하기가 쉽지 않기 때문에 이익상실(Loss of profit)에 대한 보상을 받기는 쉽지 않다.

---

210) Peter Kiewit Sons's Co. v. Summit Constr. Co., 422 F.dd 960(8th Cir.1985)

211) Robert F. Cushman외 3인, Proving and Pricing Construction Claim, 3rd Edition (2001)

212) Guidance Part C, 2.4, Delay and Disruption Protocol 2nd Edition (2017)

213) FIDIC Silver Book 2nd Edition, 2017 Clause 1.14 Limitation of Liabiliy: Neither Party shall be liable to the other Party for loss of use of any Works, loss of profit, loss of any contract or for any indirect or consequential loss or damage which may be suffered by the other Party in connection with the Contract, other than under:

214) Robert F. Cushman외 3인, Proving and Pricing Construction Claim, 3rd Edition (2001)

215) Goodstein Constr. Corp. v. City of N.Y.S.2d 425 (App.Div.1992)

8.8 공기연장 비용(Prolongation Cost) 집계

상기 항목들에 대한 금액이 산정되면 최종적으로 아래와 같이 집계될 수 있다.

[표 7.15] 공기연장 비용(Prolongation Cost) 집계(Sample)

Description	U/R	Delay Period 1 (10일)		Delay Period2 (20일)		Total
	(Daily)	Days	Amount	Days	Amount	
1. Site Indirect Cost						(USD)
1.1) Site Management						
Site Manager	$500	10	5,000	20	10,000	$15,000
Schedule Manager	$350	10	3,500	20	7,000	$10,500
Cost Control Engineer	350	10	3,500	20	7,000	$10,500
Safety Manager	500	8	4,000	15	7,500	$11,500
1.2) Site Establishment						
Temp Offices(Running)	1,700	10	17,000	20	34,000	$51,000
Yard Costs	500	10	5,000	20	10,000	$15,000
Security/ Fencing	1,000	10	10,000	20	20,000	$30,000
1.3) Equipment & Plant						
Tower Crane	1,800	10	18,000	20	36,000	$54,000
Scaffoldings	400	10	4,000	20	8,000	$12,000
1.4) Sub-Contractors Costs			40,000		70,000	
Sub-Total			**110,000**		**209,500**	**$209,500**
2. Head Office Overhead	880	10	8,800	20	17,808	$26,608
3. Financial Charge & Interest			6,000		11,000	$17,000
4. Profit						N/A
5. Escalation						$9,000
6. Claim Preparation Cost						$10,000
Total						**$262,108**

9. Case Study

9.1 지연(Delay) 개념과 분석시점

아래 사례는 이미 완료된 프로젝트를 분석한 결과인데, 공사기간이 늘어나서 공기연장 클레임(EOT Claim)을 한 것이 아니라, 공사기간이 연장되었어야만 하는 기간에 대해서 IAP 방법을 사용하여 가정하고 그 기간을 기준으로 실제 완료한 기간과 비교하여 차이만큼 공기단축비용(Acceleration Cost) 및 인센티브(Incentive)를 청구한 사례이다.

[그림 7.57] 공기단축(Acceleration) 분석

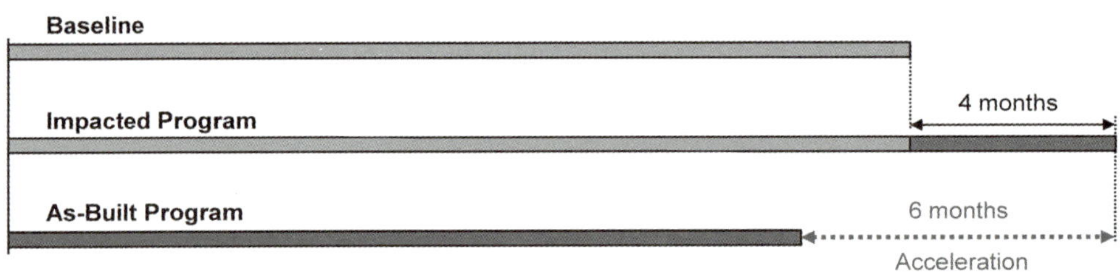

이 사례를 판단하기 위한 중요한 포인트는 공기연장 클레임(EOT Claim)의 분석작업이 프로젝트가 이미 끝난 이후에 이루어졌다는 점이다. 프로젝트의 중간 시점에 이러한 분석작업을 진행하고 그 변동값을 확인해서 최종적으로 완료시점에서 그 단축기간을 산출하는 것이 정상적인 과정이나, 프로젝트가 완료된 이후에 분석된 영향공정표(Impacted Program)는 지극히 가정적이고 이론적인 결과를 보여줄 뿐이다. 따라서 프로젝트가 완료되었거나 거의 완료시점에 이르렀을 때는 과거적(Retrospective) 기법에 가까운 APAB 또는 CAB와 같은 분석방법을 사용해야 한다. 다시 말해서 프로젝트의 초기에 활용되는 미래적(Prospective) 기법인 IAP 방법을 프로젝트의 완료단계에 적용하면 합리적으로 인정받기 어렵다는 것이다.

이 사례에서 판단의 근거로 월간공정표(Updated Program)가 활용되었다. 클레임 문서는 프로젝트 중간에 지연이 발생했다고 분석되었으나, 월간공정표에서는 어떤 지연도 발견되지 않았고, 보고된 실적 또한 지연이 발생하지 않았고 오히려 계획보다 빠른 상태가 지속되었다. 결국 프로젝트의 참여자가 공사기간 동안 프로젝트의 상태에 대해서 지연이 발생했다고 인식하지 않았으며, 클레임을 위해 작성된 문서에만 위와 같은 지연이 분석된 것이다. 이런 상황이라면 분석된 클레임 문서를 신뢰하기 어려울 것이다. 따라서 프로젝트의 중간에 제출되는 월간공정표의 상황을 신뢰성 있고 현실적으로 유지하는 것은 클레임 작업과도 관련이 있다고 볼 수 있다.

9.2 지연(Delay)과 방해/간섭(Disruption)

시공자는 아래와 같은 이벤트가 발생했으므로 발주자가 책임을 져야 한다고 주장했으며, 발주자는 그와 같은 이벤트가 발생했음에도 불구하고 프로젝트는 계약 공사기간 이내에 완료되었으므로 보상의 대상이 아니라고 주장했다.

- Standby of Marine Spread due to Employer's Late Instruction
- Standby due to UXO[216] Incident
- Fishing Activities and Obstacles

이런 상황에는 먼저 이벤트의 성격을 정확히 파악해야 한다. 이벤트의 성격이 시점이 늦어진 지연(Delay) 형태인지 또는 작업효율의 저하(중단 개념 포함)로 인하여 작업기간이 늘어난 방해/간섭(Disruption) 형태인지 확인한 이후에 분석을 해야 한다. 위의 상황은 지연과 방해/간섭이 복합적으로 발생한 형태라고 볼 수 있다. 대기기간(즉 작업이 이루어지지 않은 기간)은 형태적으로 보면 지연에 가까운데, 부분적으로 지연이 발생한 것은 맞지만 프로젝트는 계약 공사기간 이내에 완료되었기 때문에 공기연장 클레임(EOT Claim) 형태로 진행할 수는 없는 상황이며, 발생한 간접비에 대한 보상은 쉽지 않을 것으로 보인다. 그러나 방해/간섭 측면에서 보면, 발주자가 원인을 제공하였고 이에 대하여 책임을 져야 한다면, 발생한 직접적인 손실에 대해서는 보상을 청구할 수 있을 것이다. 예를 들어 배 운임비용, 투입인력의 대기비용 등과 같이 직접적으로 발생한 손실은 프로젝트의 지연 여부와 관계없이 보상받을 수 있다.

이 사례에서는 발주자가 지연과 방해/간섭의 개념을 정확히 이해하지 못하고 프로젝트가 계약 공사기간 이내에 완료되었다는 사실만을 근거로 보상을 거절했으나, 방해/간섭은 프로젝트의 지연과는 관계가 없으며, 인과관계가 분명하다면 그에 근거하여 계약상대방에게 보상을 청구할 수 있다.

9.3 지연분석방법(Delay Analysis Method)의 적용

시공자는 IAP 방법을 사용하여 공기연장 클레임(EOT Claim)을 제출하였으나 발주자로부터 아래와 같은 반박 레터를 접수 받았다.

> … a fair assessment of the Contractor's claim by reference to the "current Schedule" as required by Clause 8.5(b), reveals that the Contractor is not entitled to any EOT as a result of the changes made to the building …

216) Unexploded Ordnance의 약자로 불발탄을 의미함

관련된 계약조항을 참고하면 아래와 같다.

> 8.5 (b) the Contractor will not be entitled to an extension of time unless it is demonstrated to the satisfaction of the Employer, that the delay has affected the Contractor's critical path by reference to the current schedule.[217]

분석방법과 관련한 계약조항에 'Current Schedule'을 사용하지 않으면 권리가 없다고 명시되었으나, 계획공정표(Baseline)를 활용한 IAP 방법을 사용해서 공기연장 클레임을 제출하였고, 발주자에게 이러한 부분을 반박 당했다. 분석방법을 결정할 때 우선적으로 고려해야 할 사항은 계약서인데, 관련조항에 'Current Schedule' or 'Updated Schedule' 이라고 명시되어 있다면, 이는 TIA 방법을 의미하는 것이라고 이해하면 된다. TIA 방법은 최초의 계획공정표 (Baseline)를 활용하는 방법이 아니고 월간공정표(Updated Program)를 사용하는 방법이기 때문이다. 따라서 위의 사례는 TIA 방법을 활용해서 공기연장 클레임(EOT Claim)을 제출해야 계약적인 요구사항을 충족시켰다고 볼 수 있다.

중동의 대표적 발주자도 계약문서 또는 관련 문서에 TIA 또는 월간공정표(Updated Schedule)라고 명시하고 있는데, 항상 TIA 방법을 사용해야 하는 것은 아니고 해당 프로젝트의 특성, PMC[218], 주변 상황에 따라 조금씩 다를 수 있기 때문에 여러 조건들을 종합적으로 고려해서 분석방법을 결정해야 한다.

9.4 공기연장(Extension of Time) 기간

프로젝트는 2차례에 걸쳐 공기연장 클레임을 제출했는데, 첫 번째 클레임은 2013년 8월에 제출했으며 당초 완료일인 2015년 7월 30일에서 34일이 지연된 2015년 9월 2일로 제출하였다. 3개월 이후에 두 번째 클레임을 제출했는데, 최초 완료일인 2015년 7월 30일에서 2015년 8월 20일로 지연기간을 21일로 제출했다.

그런데 두 번째 클레임에서 처음 제출했던 완료일보다 기간이 늘어난 것이 아니라 오히려 13일이 단축된 완료일로 제출한 것이 비합리적이었다. 즉 이미 지연된 완료일보다 더 지연되지 않았는데도 불구하고 두 번째 클레임을 제출한 것이다.

---

217) EPC Contract

218) 발주자가 고용하는 대리인으로 프로젝트를 관리하는 조직으로 불리운다.

[표 7.16] 공기연장 클레임 제출현황

제출일	Completion Date		EOT 기간	
	Baseline	Impacted Schedule	제출기간	Actual Status
2013-08-26	2015-07-30	2015-09-02	34	34
2013-10-14		2015-08-20	21	-13

프로젝트가 이와 같이 진행했던 이유는 첫 번째 클레임이 승인되지 않았다는 점이었는데, 클레임의 승인여부와 지연여부를 직접적으로 연계해서 판단하면 안 된다. 즉 34일이 지연될 것이라고 분석해서 제출했다는 의미는 프로젝트가 34일 지연되는 것이 예상되며 그에 대한 책임이 발주자인 경우에 공기연장 클레임(EOT Claim)을 제출하는 것이다. 이 경우 발주자가 승인하지 않았다고 해서 예상되는 지연기간이 없어지는 것이 아니라 그 지연기간에 대해서 발주자가 책임지지 않겠다는 의미인 것이다. 다시 말해서 클레임을 승인하지 않은 것이 지연기간을 인정하지 않는 것과 동일하게 해석하면 안 된다.

결론적으로 두 번째 클레임은 제출할 필요가 없었으며, 첫 번째 클레임의 예상완료일인 2015년 9월 2일보다 프로젝트가 더 늦어질 것으로 예상되는 시점에 두 번째 클레임을 제출했어야 했다. 그럼 첫 번째 클레임을 제출했는데, 발주자가 그 중 20일만 발주자의 책임으로 인정하고 나머지 14일은 시공사의 책임으로 판단해서 이에 대하여 시공자가 합의했다면 어떻게 해석해야 하는가?

[그림 7.58] 공기지연 클레임의 부분적 승인

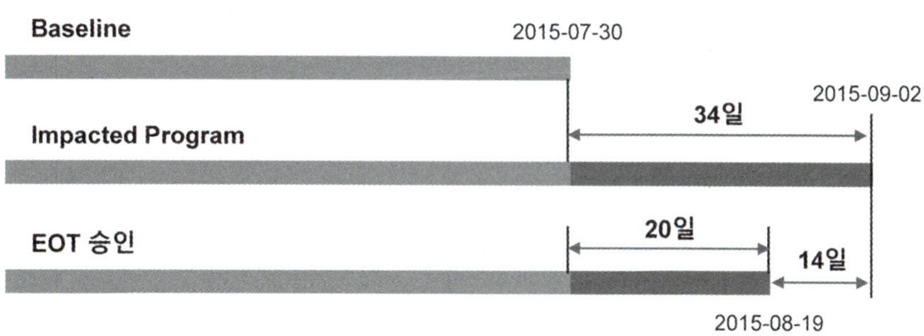

공기지연 클레임이 승인됨에 따라 2015년 8월 19일을 기준으로 새로운 계약기간이 설정되고 시공자는 이 기간까지 프로젝트를 완료해야 한다. 인정받지 못한 14일은 시공자의 책임이기 때문에 시공자는 이 14일을 단축해야 하며, 단축하지 못하는 경우는 지체상금을 지불해야 한다. 물론 승인받은 연장기간인 20일에 해당하는 간접비 보상을 청구할 수 있다.

CHAPTER 08

방해/간섭 클레임

Disruption Claim

방해/간섭 클레임(Disruption Claim)은 국내에서 아직 활발하게 논의되고 있지는 않지만 해외에서는 많은 판례와 이론을 바탕으로 연구되어 왔다. 방해/간섭을 입증하기 위해서는 충분한 증거와 논리가 필요한데, 이를 확보하기가 쉽지 않기 때문에 보통 클레임의 규모를 키우거나 협상수단으로 활용되는 선에 그치고 있다. 이 장에서는 방해/간섭에 대한 개념, 배경, 청구 논리 등을 설명한다.

8 방해/간섭 클레임

Disruption Claim

1. 개요

건설업의 생산성은 다른 산업과 비교했을 때 생산성의 증가가 낮은 편이다. 아래의 그래프219)를 참고해 보면 영국과 독일의 경우 산업전체의 생산성 증가율은 지난 20년간 30%에 달하는데, 건설업의 생산성은 과거 20년과 비교하였을 때 불과 10% 이내로 증가하였음을 확인할 수 있다.

[그림 8.1] 생산성의 변화

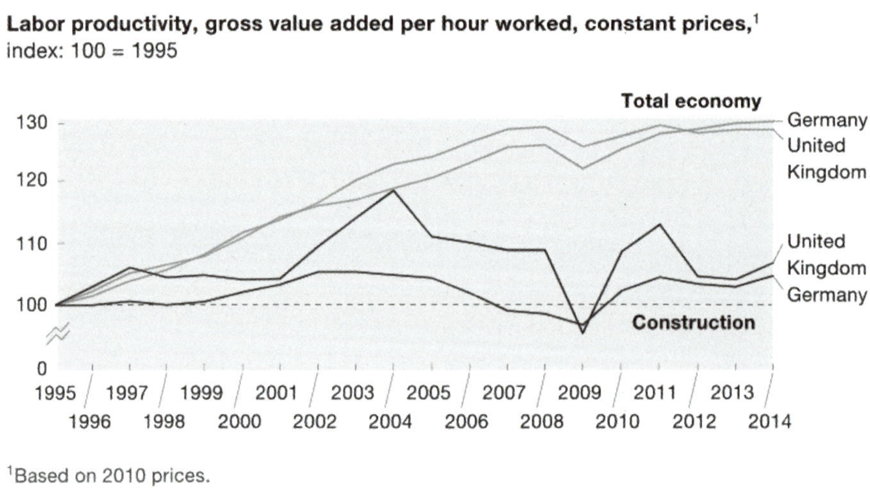

설계단계에서는 여러 프로그램이 개발되어 비약적으로 발전되어 왔으나, 구매나 시공단계의 작업은 과거와 거의 비슷하게 진행되고 있는 것이 현실이다. 생산성을 높이기 위한 노력들이 다양하게 진행되고 있으나 아직까지 주목할만한 결과로 실현되지는 못한 것으로 보인다. 따라서 생산성, 방해/간섭(Disruption), 생산성 저하(Loss of Productivity) 등의 주요 개념을 정확히 이해하여 건설업의 생산성 향상에 힘을 기울여야 할 필요가 있다.

---

219) Mckinsey & Company, Organization for Economic Co-operation and Development

지연(Delay)과 방해/간섭(Disruption)을 혼동해서 사용하는 경우가 있으나 두 개의 단어는 다르게 해석되어야 하며 정의를 참고하면 아래와 같다.

> 18.1 Disruption (as distinct from delay) is a disturbance, hindrance or interruption to a Contractor's normal working methods, resulting in lower efficiency. Disruption claims relate to loss of productivity in the execution of particular work activities. Because of the disruption, these work activities are not able to be carried out as efficiently as reasonably planned (or as possible). The loss and expense resulting from that loss of productivity may be compensable where it was caused by disruption events for which the other party is contractually responsible.[220)]

방해/간섭(Disruption)은 시공자의 일반적인 작업방법에 방해, 장애, 간섭을 일으키는 행위로 계약상대방이 책임져야 하는 방해/간섭 이벤트는 보상 받을 수 있다고 설명한다.

지연(Delay)과 방해/간섭(Disruption)의 가장 큰 차이점은 방해/간섭이 항상 완료일의 지연을 발생시키지는 않는다는 점인데, Delay and Disruption Protocol의 Guidance Part A를 참고하면 아래와 같다.

> 7…It is possible for work to be disrupted and yet for the works still to be completed by the contract completion date. In this situation, the Contractor will not have a claim for an EOT, but it may have a claim for the cost of the lost productivity.[221)]

방해/간섭(Disruption)이 발생한 상황에서 여전히 완공일 이내에 준공이 가능하다면 시공자는 공기지연 클레임을 할 수 없고, 감소된 효율에 대한 보상 클레임을 제기할 수 있다. 즉 완료일의 지연을 발생시키지는 않더라도, 발주자에 의하여 생산성 감소 현상이 발생했다면 이에 대한 보상을 청구할 수 있다는 의미이다. 한 가지 확인해야 할 것은 단순하게 시작시점이나 종료시점에 발생한 지연은 여유(Float)의 소모로만 간주될 수 있기 때문에 방해/간섭 대상이 아니며, 생산성 감소(일시적 중지를 포함하는 개념)로 인한 작업기간의 증가가 확인되어야 한다. 또한 방해/간섭과 관련된 인과관계가 같이 분석되어야 하며, 방해/간섭은 단지 실제로 일어난 것과 계획에 의도했던 것의 차이만을 의미하는 것은 아니다. 이러한 방해/간섭을 발생시키는 원인을 보면 크게 3가지로 구분할 수 있다.

- 외적인 요인(불가항력 등의 원인)
- 발주자의 판단/대응
- 시공자의 판단/대응

---

220) The Society of Construction Law, Delay and Disruption Protocol 2nd Edition (2017)
221) 상동

이 3가지 원인들 간에 상호작용이 생기면서 방해/간섭(Disruption)이 발생한다.

[그림 8.2] Expanded Disruption Model[222)]

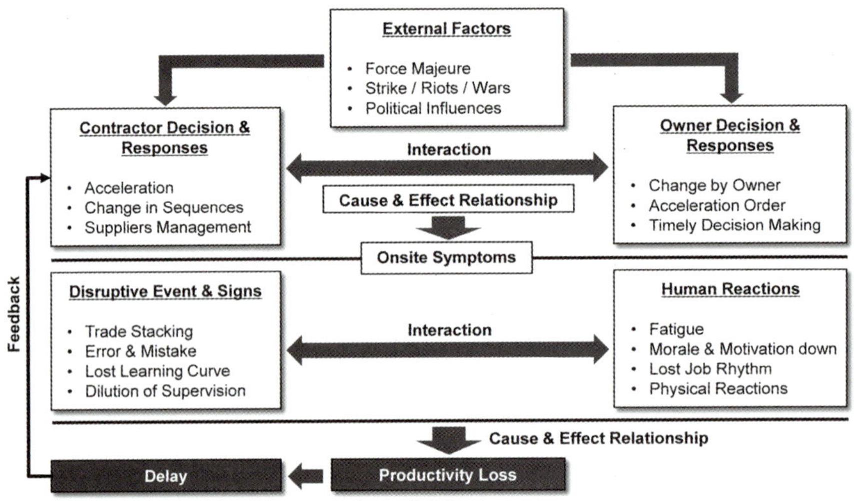

방해/간섭 클레임(Disruption Claim)을 성공적으로 제시하기 위해서는 아래의 내용을 고려하여 클레임 문서에 포함해야 한다.

- Establishing cause and effect
- Allocation of losses to causes
- The keeping of records
- Multiple causes particularly where also involving mixed liability
- Contracting and particularly its effects upon:
  - The extent of records available
  - The effect on the level of sophistication of the records
  - The question of whether sums have been paid reasonably
  - The relative ease with which contractors can sometimes obtain money for disruption through the use of adjudication[223)]

방해/간섭 클레임(Disruption Claim)은 인과관계(Causation)을 명확히 표현해야 하며, 손실의 분배, 증거유지, 책임관계를 포함한 여러 원인을 포함해서 제출하고, 영향에 대하여 여러 가지 기준으로 평가해야 함을 강조하고 있다.

222) Willian Ibbs, Change and the Loss of Productivity in Construction (2012)

223) R. Peter Davison & John Mullen, Evaluating Contract Claims Second Edition (2009)

2. 생산성 손실

생산성(Productivity)은 투입인력을 기준으로 작업량(Product)을 생산하는 비율인데, 예를 들어서 $100m^2$의 경량벽체를 하루에 5명이 작업한다고 가정하면 생산성은 아래와 같이 계산된다.

$$\text{Productivity} = 100/5 = 20m^2/\text{labor-day}$$

경량벽체 작업의 생산성은 $20m^2$/labor-day이며 이 비율을 계획생산성이라고 가정하고 실적 생산성을 확인했더니 $15m^2$/labor-day가 확인되었다면 생산효율은 아래와 같다.

$$\text{Efficiency} = 15m^2/20m^2 = 75\%$$

생산효율은 75%가 계산되고 이에 따라 생산성 손실(Loss of Productivity, 이하 'LOP')은 25%가 계산된다. 전제조건은 계획생산성을 100% 효율이라고 가정하였으나, LOP를 계산하는 여러 가지 방법에 의하여 계획생산성을 다르게 선택할 수 있다. LOP에 대한 보상을 받기 위하여, 아래 내용을 효과적으로 입증해야 한다.

- 책임관계(Liability)
- 인과관계(Causation)
- 발생한 손실 또는 비용

즉 LOP에 대한 책임관계를 정확히 확인하고 인과관계를 분석해서 발생한 손실을 효과적으로 입증해야 한다. 종종 비용을 산출하기 위해서 계산방법 위주로만 검토하는데, 이것만으로는 발주자에 의해 발생한 책임(Liability), 인과관계(Causation)를 정확히 설명하지 못하기 때문에 부족하다. 아무리 좋은 방법을 사용해도 발주자가 발생시킨 사건이 LOP에 어떤 영향을 끼쳤는지를 정확히 설명하지 않으면 좋은 결과를 얻기 힘들다. 생산성은 여러 가지의 방해 원인들에 의하여 영향을 받는데, 아래와 같이 7개의 원인으로 구분할 수 있다.

1. Project and Contract Factors
2. Location and Environment Factors
3. Project Team Factors
4. Managerial Actions and Decisions
5. Disruptive Events and Signs
6. Human Reactions Factors
7. External Factors

Project and Contract Factors는 프로젝트가 시작되기 전에 결정이 되는 요인으로 프로젝트의 규모, 예산, 복잡성, 형태, 관련법규 등의 내용에 해당한다. Location and Environmental Factors는 프로젝트가 시작되기 전에 결정되지만, 주변 상황에 대한 분석은 예상치 못하게 변화할 수 있다. 예를 들면 날씨 또는 그 지역의 경제환경 변화 등이 대표적이다. Project Team Factors는 시스템과 구성원이 속해 있는 작업팀에서의 팀웍에 의해서 결정된다. 이 요인들은 생산성을 측정하거나 공사변경(Change)을 관리하는데 영향을 준다. Managerial Actions and Decision는 공사변경이 발생했을 때, 관리적 노력으로 인해서 발생되는 영향이다. 적절한 행위는 영향을 최소화 시킬 수 있지만, 때때로 생산성을 감소시키기도 한다. Disruptive Events and Signs는 작업이 방해/간섭(Disruption) 되었을 경우에 나타나는 징후이다. 이러한 요인들은 직접적으로 생산성에 영향을 준다. Human Reaction Factors는 방해/간섭 상황에서 나타나는 근로자의 반응이며, 피로현상 집중력 저하 등이 이에 해당한다. External Factors는 위에서 언급한 내용들을 제외한 외부요인을 의미하는데, 불가항력(Force Majeure), 파업 등이 해당한다.

[그림 8.3] 생산성 손실을 발생시키는 원인

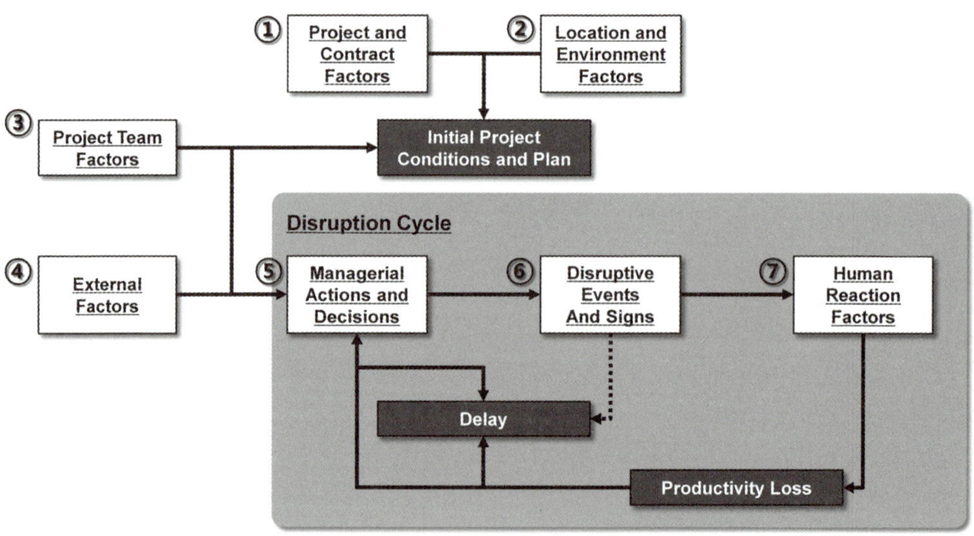

3. 주요 요인

Delay and Disruption in Construction Contracts[224]는 LOP를 발생시키는 주요 요인을 아래와 같이 설명하고 있다.

- 공사변경(Change)
- 공기단축(Acceleration)
- 오류 및 생략(Error and Omissions)
- 부분적인 점유(Partial Possession)
- 재동원(Re-Mobilization)
- 불리한 기후(Adverse Weather)
- 동시작업(Concurrent Operations)
- 인력 재배치(Reassignment of Manpower)
- 비효율적 규모(Size Inefficiency)
- 학습곡선(Learning Curve)
- 파급효과(Ripple Effect)
- 누적효과(Cumulative Impact)

이러한 요인들은 개별적으로 발생하기도 하지만 대부분의 경우 다른 요인들과 같이 발생한다. 특히 공기단축(Acceleration)은 2차적으로 Trade Stacking, Fatigue, Overtime과 같은 다른 요인들을 발생시킨다. 따라서 보상을 청구할 때에는 LOP를 발생시킨 1차 요인뿐만 아니라 2차 요인에 대한 관계도 함께 고려해야 한다.

3.1 공사변경(Change)

공사변경은 방해/간섭(Disruption)을 가장 빈번하게 발생시키는 요인인데, 시공자는 최대한 빨리 공사변경의 전체 영향에 대해 판단하는 것이 매우 중요하다. 공사변경이 합의되지 못해서 프로젝트가 지연되는 경우가 많기 때문이다. 공사변경의 직접 비용은 명백한 반면에, 간접 비용은 불분명하기 때문에 가능하면 사전에 공사변경에 대하여 추정할 수 있는 공기연장비용, 공기 연장기간, 공정표의 수정을 동의하고 수행하는 것이 바람직하다.

---

224) Keith Pickavance, Delay and disruption in construction contracts, 4th Edition (2016)

공사변경(Change)을 수행하기에 앞서서 가장 먼저 해야 할 일은 영향을 받는 작업을 확인하고, 이 작업이 완료되기 위해 필요한 자원의 생산성을 식별하는 일이다. 다음으로는 변경된 작업에 필요한 자원의 생산성을 확인하고, 마지막으로 전, 후 비교를 통해 자원의 효율성에 미치는 영향과 LOP를 포함하여 공사변경에 대한 영향을 정리한다. 그러나 진행과정에서는 항상 추정했던 것 이상으로 영향이 발생하는데, 1차적인 영향을 포함해서 파급효과(Ripple Effect), 누적효과(Knock-on Effect)와 같은 2차적인 영향이 발생하기 때문이다.

3.2 공기단축(Acceleration)

공기단축이 비용을 증가시킨다는 가정이 일반적으로 알려져 있는데 이는 항상 맞는 말이라고는 할 수 없다. 공기단축을 통해 공사기간이 단축되면 그 기간만큼의 고정비가 절감되는데, 이 금액이 추가로 투입되는 공기단축 비용보다 크다면 비용이 증가하지 않을 수도 있기 때문이다. 그러나 대부분의 경우 공기단축이 진행되면 비용이 증가하는 것이 일반적인 현상인데, 공기단축을 수행하는 방법은 대표적으로 아래 3가지 방법을 주로 사용한다.

- 연장근무(Overtime)
- 초과인원 투입(Overmanning)
- 교대작업(Shift Work)

1) 연장근무(Overtime)

연장근무는 투입시간의 증가를 통하여 생산량을 높일 수 있는 가장 쉬운 방법이다. 연장근무는 인원을 추가적으로 고용할 필요가 없고, 현재인원의 작업시간만 늘리면 되기 때문이다.

- 연장근무는 공기단축의 가장 흔한 형태이다
- 초과수당 때문에 비용이 증가한다
- 추가적인 관리비용과 작업을 지속적으로 유지하기 위한 지원이 필요하다

그러나 연장근무는 필연적으로 생산성의 저하를 발생시키는데, 아래 그림과 같이 주당 작업시간이 40시간인 경우에 100%의 효율이면, 30시간이 늘어난 주당 작업시간이 70시간인 경우에는 70%의 효율만 발생하여 30%의 손실이 발생한다.

[그림 8.4] 주당 근무시간에 따른 작업효율225)

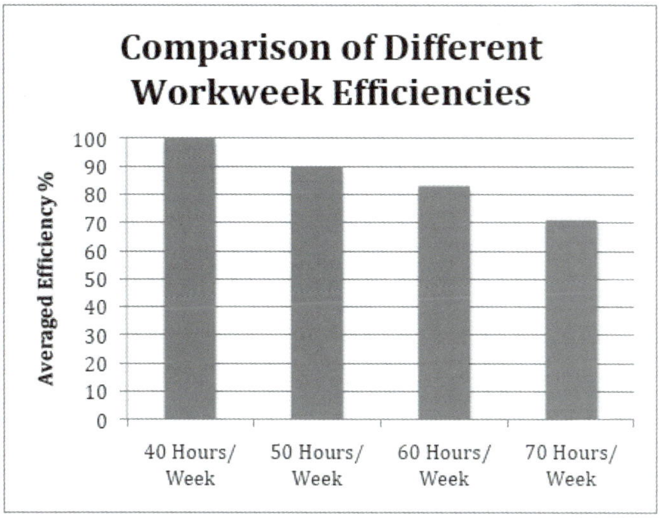

2) 초과인원 투입(Overmanning)

초과인원 투입도 공기단축의 흔한 형태이다. 이 방법은 연장근무(Overtime)보다 유리한데, 초과수당이나 물리적 피로가 수반되지 않기 때문이며, 같은 시간, 공간 안에 일을 더 많이 할 수 있다는 이점이 있다.

[그림 8.5] 작업공간에 따른 작업효율226)

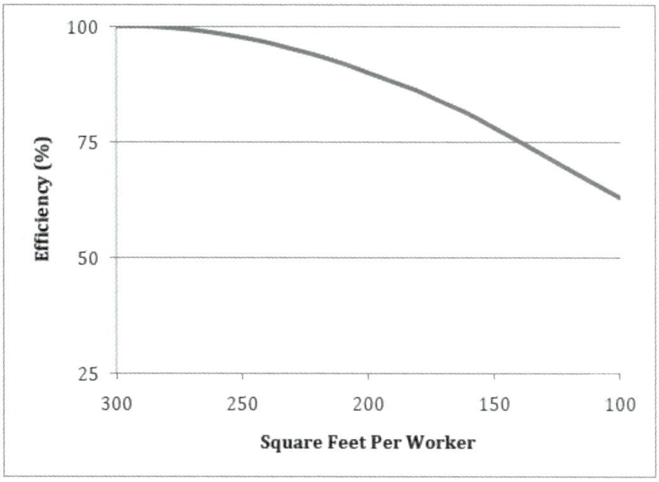

225) Willam Ibbs, Change and the Loss of Productivity in Construction (2012)

226) 상동

위 그림은 한 명의 근로자에게 제공되는 작업면적이 300ft^{2}일 때 100%의 작업 효율을 나타내며, 100ft^{2}일 때는 약 63%정도로 낮은 효율이 나타나서 약 37%의 LOP가 발생함을 보여주고 있다. 즉 특정한 공간에 근로자가 과투입되면 간섭, 혼잡 등으로 인하여 작업 효율이 감소하는 것이다.

3) 교대작업(Shift Work)

교대작업도 공기단축을 위해서 사용되는 방법이다. 아래는 교대작업의 주요한 특징이다.

- 교대작업은 사용빈도가 적은 공기단축의 형태이다
- 일반적으로 작업시간에 규칙이 적용되지 않는다
- 추가적인 관리가 필요하다

아래의 그림은 전체 작업량 대비 교대작업(Shift work)이 차지하는 비율에 따른 생산성 손실을 보여준다. 아주 작은 비율로(5%보다 낮은) 교대작업을 사용하면 생산성이 증가하나, 5% 이상의 교대작업을 사용하면 생산성이 감소한다. 교대작업이 전체 작업비율의 50%일 때 최대 17%의 LOP가 나타난 것을 알 수 있다.

[그림 8.6] 교대작업과 관련한 작업효율[227]

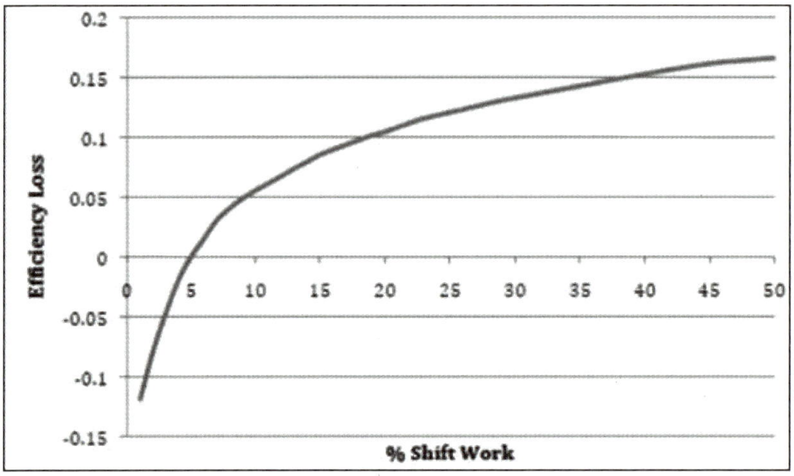

227) 상동

3.3 오류 및 누락(Errors and Omissions)

설계작업에 갑자기 발견된 오류(Error), 누락(Omission) 및 불일치(Discrepancy)는 그에 따른 설계변경을 발생시키며, 계획 당시에는 고려되지 않은 사항이다. 이런 사항이 증가하면 감독 소홀(Dilution of Supervision) 현상도 추가로 발생한다. 이런 변경은 관리자의 업무집중을 분산시킴으로써 추가적인 LOP를 발생시킨다.

3.4 부분적인 점유(Partial Possession)

발주자가 프로젝트의 특정지역을 부분적으로 점유하면 프로젝트의 완료일에 부정적인 영향을 초래할 수 있다. 이러한 문제는 추가적인 안전시설, 어느 지역의 제한, 작업시간이나 소음의 제한을 발생시키게 되어 작업효율을 감소시킨다. 또한 예상하지 못한 방문자의 발생에 따라 접근 및 통제를 위한 시간이 발생할 수 있는데, 이는 계획 시에 고려하지 않은 예기치 못한 상황이며, 시공자가 통제할 수 없는 상황으로 볼 수 있다.

3.5 재동원(Remobilization)

작업중단 후 작업재개를 위하여 인력, 장비 등을 재동원하는 상황에서 LOP가 발생한다. 이러한 상황에서는 근로자가 교체되어 새로운 근로자가 투입되어 발생하는 학습곡선(Learning Curve)과 같은 2차적인 LOP가 발생하기 때문에 관련된 작업에 적응할 때까지 추가시간이 필요하다.

3.6 불리한 기후(Adverse Weather)

일반적인 계약조건하에서 예외적인 기후조건(Exceptionally Weather Condition)으로 인해 발생하는 공기지연은 인정되나 손실은 보상되지 않는다. 그러나 발주자의 지연사건으로 인하여 불리한 기후조건으로 작업 일정이 이동되면, 그에 따라 발생한 LOP와 관련된 보상은 가능하다고 볼 수 있다. 예를 들어서 혹한, 혹서와 같은 극도의 불리한 기후조건으로 작업 일정이 이동됨으로 인해 발생하는 추가적인 손실에 대한 보상이다. 아래 그림과 같이 온도의 변화에 따라 작업효율이 다른데, 보통 화씨 60도(섭씨 15.5도)에서 100%의 작업효율이 나타나며, 60도를 기준으로 온도가 높아지거나 낮아지면 이에 따라 생산성이 저하된다. 화씨 0도(섭씨 -17.7도)에서는 60%의 작업 효율만 나타난다.

[그림 8.7] 온도와 관련한 작업효율[228)]

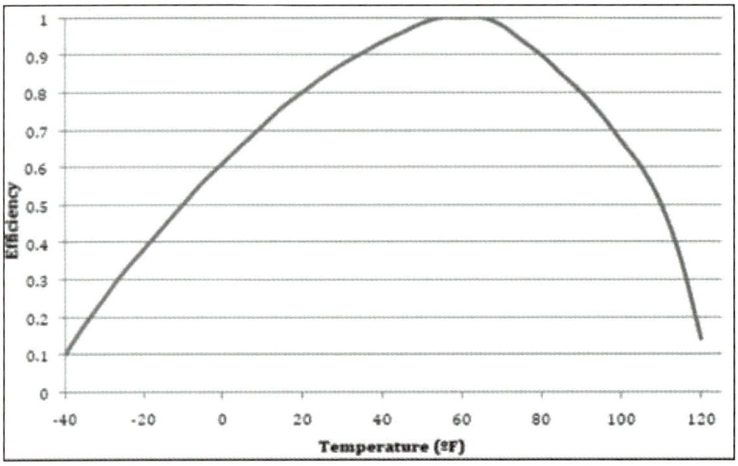

불리한 기후(Adverse Weather)는 예외적 기후조건(Exceptionally Weather Conditions)과 혼동하여 사용되기도 하는데, 불리한 기후(Adverse Weather)는 '불리한 기상조건으로의 작업 기간 이동'에 해당하고 예외적 기후조건(Exceptionally Weather Conditions) 또는 악천후(Inclement Weather)는 일반적으로 '10년 평균 기상데이터보다 높거나 낮은' 상황에 해당한다고 보는 견해가 많다.

3.7 동시작업(Concurrent Operations)

당초에는 연속적인 작업 순서로 계획했으나 동시작업으로 변경되면, 추가적인 운영 및 추가적인 작업관리를 발생시킨다. 또한 동시에 발생하는 작업은 상호간의 간섭과 혼잡 같은 상황을 발생시킬 수 있기 때문에 LOP상황이 발생하기 쉽다.

3.8 인력 재배치(Reassignment of Manpower)

인력의 재배치 상황이 발생했을 때 작업을 원활하고 효율적으로 진행하기 위한 충분한 시간이 주어지지 않으면, LOP가 발생하기 쉽다. 주로 공사변경(Change)이 발생하면 나타나는 경향이 있는데, 적절한 대응을 하기 위한 준비과정, 순차적인 계획 수립 등의 과정을 거쳐야 작업효율을 최대한 높일 수 있을 것이다

228) 상동

3.9 비효율적 규모(Size Inefficiency)

장비나 인원은 효율적인 운영을 고려하면, 특정작업을 수행하기 위한 어떤 적절한 규모가 필요하다. 예를 들어서 특정작업을 하기 위해서 숙련공 5명, 비숙련공 10명, 굴삭기 2대의 조합과 규모가 적절한데, 숙련공이 모자라면 비숙련공이 효율적으로 작업을 진행하지 못하거나 또는 장비가 부족하면 숙련공이 효율적으로 작업을 진행하지 못하는 상황이 발생할 수 있다. 즉 어떤 원인으로 인하여 인원이 부족하거나 초과하는 경우 또는 장비가 부족한 경우 장비조합과 규모가 비효율적으로 구성되면서 발생하는 생산성 저하현상이다.

3.10 학습곡선(Learning Curve)

생산성을 분석하면 작업 초기에 학습곡선과 같은 현상을 확인할 수 있다. 즉 적응이 필요한 초기에는 생산성이 낮게 나타나며, 일정 이상의 경험이 쌓이게 되면 생산성이 향상되는 현상을 학습곡선이라고 한다. 아래 그림과 같이 1개의 Unit을 만들기 위한 소요시간이 처음에는 100시간이나, 반복적으로 100개의 Unit을 만들면, 소요시간은 약 40시간으로 감소한다. 이러한 비율은 작업인원의 비율, 작업의 복잡성, 장비 등의 여러 요소를 같이 고려해야 한다. 간단한 작업은 학습곡선을 확인하기 어려우며, 복잡한 작업에서 초기에 비하여 생산성의 향상을 기대할 수 있다.

[그림 8.8] 학습곡선과 관련한 작업효율[229]

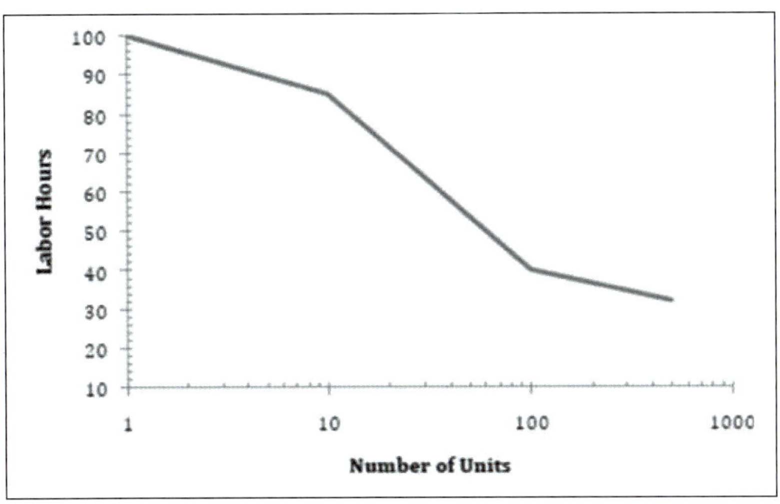

229) 상동

3.11 파급효과(Ripple Effect)

하나의 작업에 발생한 공사변경(Change)은 연관된 다른 작업에 영향을 일으키기 쉽다. 또는 초과인원 투입(Overmanning)은 그 자체로도 LOP 상황을 발생시키지만, 시간이 지나면 비효율적 규모(Size Inefficiency)나 학습곡선(Learning Curve)과 같은 2차적인 LOP 현상이 발생할 수 있다. 이와 같은 현상이 파급효과(Ripple Effect)로 설명될 수 있으며, 처음에는 예상하지 못했으나 시간이 지날수록 발생하는 추가적인 현상을 의미한다. 다음 항목인 누적효과(Cumulative Impact)와도 유사하다.

3.12 누적효과(Cumulative Impact)

위에서 언급한 요인들은 독립적으로 발생하기보다는 거의 중복해서 또는 연속적으로 발생한다. 특히 공사변경(Change)은 여러 가지 요인들이 동시에 발생하거나 상호간에 연속적으로 영향을 미치게 된다. 따라서 이러한 상황에서 발생하는 영향은 독립적으로 계산 할 수 없으며 다른 방식이 적용되어야 한다. 이와 관련하여 많은 연구가 있었는데 Leonard's Curve를 참고할 수 있다. Leonard's Curve는 Civil/Arch 공사와 Mechanical/Electrical공사로 나누어지며, 각각의 공사는 3개의 유형으로 나뉜다.

- Type 1 : Change Orders
- Type 2 : Change Orders + One major cause of delay
- Type 3 : Change Orders + Two or more major cause of delay

[그림 8.9] 누적효과와 관련한 작업효율(Civil / Arch projects)[230)]

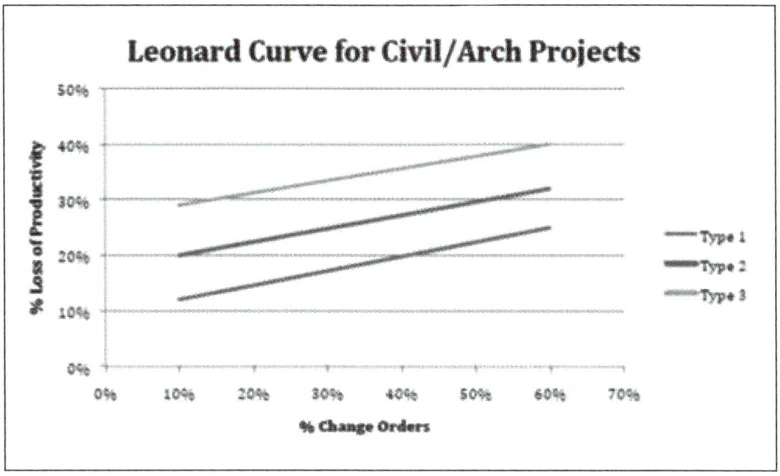

[그림 8.10] 누적효과와 관련한 작업효율(Elec / Mech work)[231)]

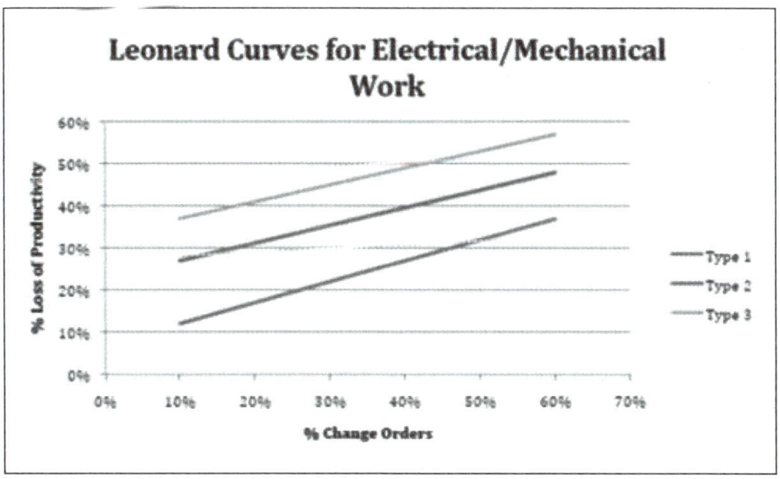

"% change order"는 전체계약의 투입인원 대비 공사변경(Change)의 투입인원 비율을 의미한다. 공사변경이 많을수록 Elec/Mech 작업의 작업효율이 Civil/Arch 작업보다 더 크게 저하되는 것으로 조사되었다. (Elec/Mech 작업효율의 기울기가 더 급격하게 감소하기 때문이다.) 또한 Type 3과 같이 복합적인 요인이 동시에 많이 발생할수록 작업 효율은 더욱 많이 저하되었다.

---

230) 상동

231) 상동

공사변경(Change)의 발생시점과 생산성의 관계에 대해서도 조사되었는데, 아래 그림과 같이 공사변경이 늦게 발생할 수록 생산성이 크게 감소해서 공사변경의 양이 50%일 때 최대 60%까지 생산성이 감소함을 알 수 있다.

[그림 8.11] 공사변경(Change)의 발생시점과 생산성 관계[232)]

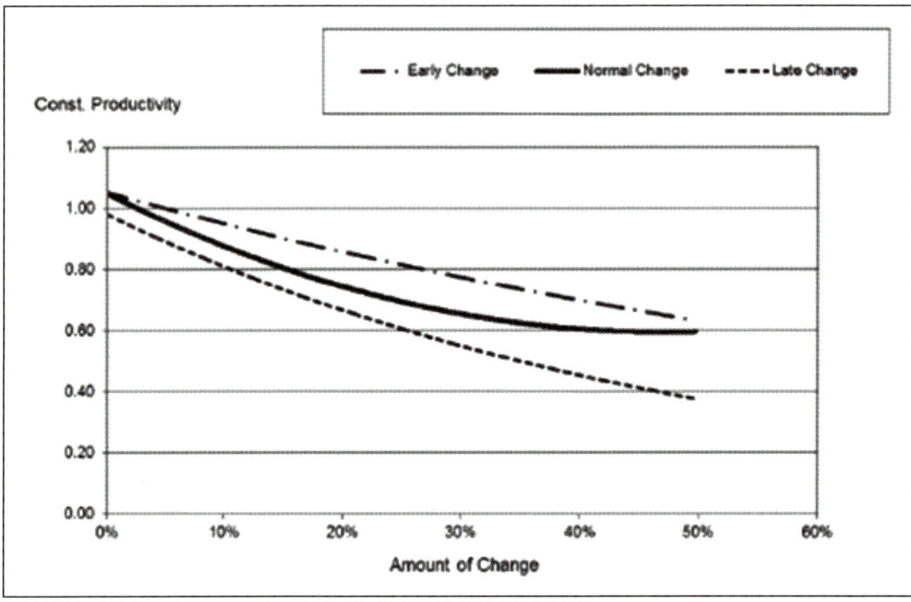

232) 상동

4. 방해/간섭 분석방법

방해/간섭(Disruption)으로 인하여 발생한 LOP를 증명하는데 있어서 가장 중요한 점은 방해/간섭으로 인한 자원의 변경을 보여주고, 방해/간섭이 없었으면 그 자원이 어떻게 사용될 수 있는지를 보여주는 것이 필요하다. 생산성은 상대적인 개념이기 때문에 방해/간섭의 결과로써 생산성을 계산하기 위해서는 두 가지 측정 기준이 필요하다. 하나는 방해/간섭이 없었다면 어떤 생산성을 나타냈을 것인가, 다른 하나는 방해/간섭으로 어떤 생산성이 나타났는가이며 이 2가지를 확인해서 비교해야 한다. 아래 생산성 중 하나를 계획생산성으로 고려 할 수 있다.

- 계획 생산성
- 방해/간섭이 없었을 때 실제로 달성된 생산성
- 다른 프로젝트의 자료를 참고하여 달성할 수 있을 것이라고 기대하는 생산성

시공자와 컨설턴트를 대상으로 한 설문결과를 정리한 논문[233]을 참고하면 방해/간섭 분석방법(Disruption Analysis Method)의 사용빈도와 신뢰성을 추정할 수 있는데, 가장 많이 사용하는 방법은 Modified Global Method이며 Global Method, Industry Study의 순서로 많이 사용하고 있다.

[그림 8.12] 방해/간섭 분석방법(Disruption Analysis Method) 사용빈도에 대한 설문결과

Methodology	Contractors		Consultants		Overall	
	Usage index	Rank	Usage index	Rank	Usage index	Rank
Modified Global Method	62.3	2	56.8	1	58.8	1
Global Method	65.3	1	54.5	2	50.9	2
Industry Studies and Guidelines	46.7	3	52.3	3	49.5	3
Measured Mile Technique	45.5	4	48.0	4	46.8	4
Earned Value Management	36.4	5	39.0	5	37.7	5
Time and Motion Studies	32.6	6	35.5	6	34.0	6
Systems Dynamics	23.9	7	28.4	7	26.1	7

233) Nuhu Braimah, An investigation into the use of construction delay and disruption analysis methodologies (2008)

성공경험과 관련된 응답은 Measured Mile이 순위가 가장 높았으며, 다음은 Modified Global Method, Industry Studies의 순서이다. 해당 자료는 2008년도 자료로 현재 추이와는 약간 상이하며 System Dynamics는 그 사용빈도나 활용도가 증가하고 있는 추세이다.

[그림 8.13] 방해/간섭 분석방법(Disruption Analysis Method)의 성공경험에 대한 설문결과

Methodology	Contractors		Consultants		Overall	
	Success index	Rank	Success index	Rank	Success index	Rank
Measured Mile Technique	51.9	2	56.0	1	54.8	1
Modified Global Method	54.6	1	42.0	5	48.0	2
Industry Studies and Guidelines	46.5	3	49.2	3	47.8	3
Earned Value Management	39.2	5	51.7	2	45.7	4
Global Method	41.0	4	37.7	7	40.0	5
Systems Dynamics	27.0	7	46.0	4	36.6	6
Time and Motion Studies	33.7	6	39.0	6	36.4	7

비교하는 기준생산성을 어떻게 정의하느냐에 따라 아래와 같은 방법으로 분석이 가능하다.

- Plan vs Actual(Disrupted)
- Actual(Undisrupted) vs Actual(Disrupted)
- Historic(on other Project) vs Actual(Disrupted)
- Industry norms vs Actual(Disrupted)

4.1 Plan vs Actual

생산성을 정리할 때 가장 많이 사용되는 방법이며, 가장 간단한 분석방법이다. 계획이 a로 산정되어 있고 실적이 b로 진행되었다면 단순히 b-a 값이 방해/간섭(Disruption)의 영향으로 계산된다. 그러나 이렇게 계산하기 위해서는 2가지를 확인해야 하는데, 계획 수립시에 계산된 생산성이 합리적이고 현실적인지의 여부와, 실적기간이 방해/간섭(Disruption)으로 영향 받은 순수한 기간만이 포함되었는지 여부이다. 따라서 이러한 사실을 확인하기 위해서 아래의 내용을 입증해야 한다.

- 입찰 시에 포함된 비용과 작업기간이 정상적인 상황과 비슷하다.
- 그 당시 상황을 기본으로 적절히 계산되었다.
- 제시할 수 있는 객관적인 자료가 있다.

대부분의 시공자는 내부 생산성과 관련된 자료를 외부에 공개하는 것을 선호하지 않으며, 따라서 이러한 내용을 객관적으로 입증하기는 쉽지 않다. 발주자 입장에서는 입찰 시에 언급된 작업기간과 정상적인 상황에서의 작업기간, 누적적인 실적자료를 비교하고 그 차이를 통하여 계획의 합리성을 검토할 수 있다. 아래 그림은 당초 계획과 실적의 차이를 나타내며, 특정 시점부터 방해/간섭(Disruption)이 발생했음을 나타내고 있다.

[그림 8.14] 계획과 실적 비교를 통한 방해/간섭(Disruption) 분석

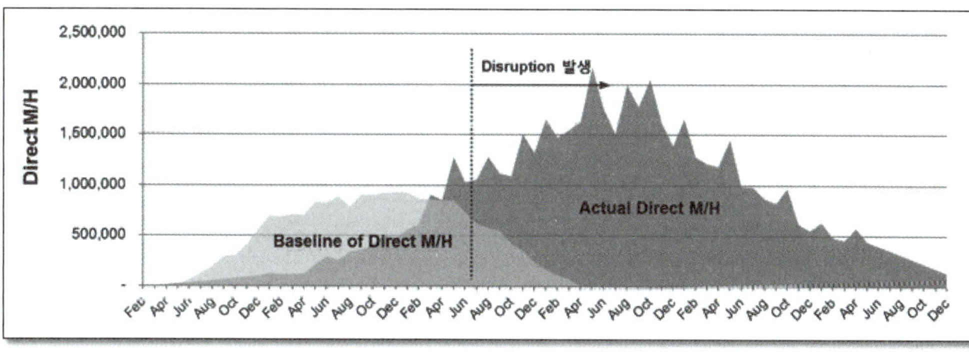

4.2 Actual vs Actual('Measured Mile')

계획과 실적을 비교하는 것이 가장 쉬운 방법이나, 가장 정확한 분석방법으로 알려져 있는 방법은 Actual vs Actual('Measured mile')이다. Delay and Disruption Protocol을 참고하면 아래와 같다.

> 18.25…The most reliable and accurate are project-specific studies, particularly a properly implemented measured mile analysis.[234)]

Delay and Disruption Protocol은 방해/간섭(Disruption)을 설명할 수 있는 가장 적합한 방법으로 Measured Mile을 소개하고 있으며, 이 방법은 방해/간섭을 받은 기간과 방해/간섭을 받지 않은 기간을 비교하는 것이다. Measured Mile은 반복적이거나 주기적인 작업에 적용하기 좋다.

234) The Society of Construction Law, Delay and Disruption Protocol 2nd Edition (2017)

Measured Mile 방법의 특징은 계획값을 기준값으로 사용하지 않고, 실적값을 기준으로 한다는 점이다. 아래 그림은 시간의 경과에 따라 누적 투입인원의 변화를 보여주는 그래프인데, 투입인원이 증가한다는 의미는 생산성이 떨어진다는 의미이기 때문에, 그래프의 기울기가 완만할수록 생산성이 좋다는 의미이다.

[그림 8.15] Measured Mile의 Sample graph

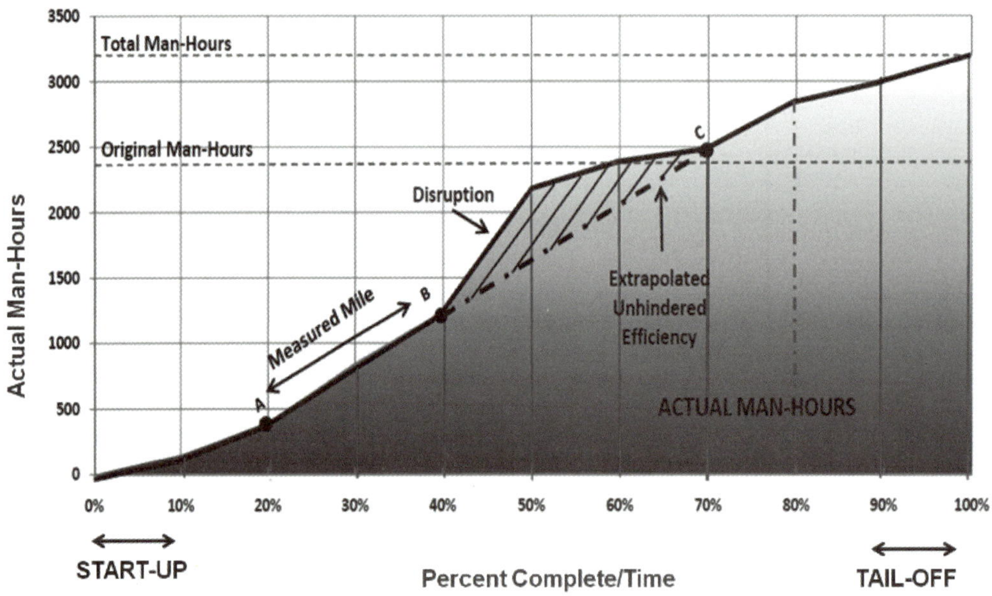

Measured Mile이라고 표현된 구간은 기울기가 가장 완만하기 때문에 생산성이 좋은 구간이며, 이 구간을 제외한 다른 구간은 기울기가 급격하게 증가하기 때문에 생산성이 좋지 않은 구간이다. 따라서 영향을 받지 않은 구간(Measured Mile)과 영향을 받은 구간을 비교하여 과투입된 인력을 계산한다. Measured Mile 방식을 적용하기 위한 가정은 아래와 같다.

- 방해/간섭을 받지 않은 구간이 있어야 한다.
- 방해/간섭을 지속적으로 받은 구간이 있어야 한다.
- 방해/간섭 구간은 단일한 원인에 의하여 결정된 구간이다.

Measured Mile은 이러한 가정들을 전제로 하지만, 여러 요인들이 복합적으로 발생하기 때문에 실제로 이러한 조건들을 완벽하게 충족하는 상황은 존재하지 않는다. 따라서 이런 경우에 "Modified Measured Mile" 또는 "Baseline Productivity"와 같은 방법을 사용하기도 하는데, 기준값인 Measured Mile을 결정하기 위해서 주로 활용되는 몇 가지 방법을 참고하면 아래와 같다.

Zink Measured Mile

이 방법은 Measured Mile을 계산하기 위해서 초기 10%를 달성하기까지의 기간과 마지막 10%를 달성하기까지의 기간은 제외하고 나머지 80%기간을 분석한다. 보통 작업초기에는 작업이 익숙해 지거나 장비를 셋팅하는데 시간이 많이 걸리기 때문에 제외하는 것이며, 완료시점에도 마무리 작업에는 시간이 많이 소요되기 때문에 이러한 구간을 제외한다.

[그림 8.16] Zink Measured Mile

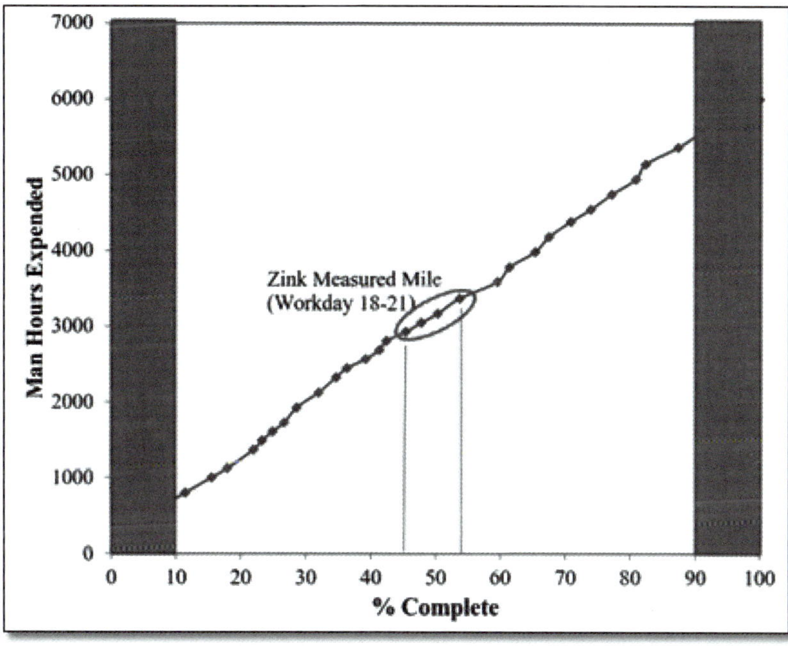

나머지 중간의 80% 구간에서 연속적인 기간(약 10%) 중 생산성이 양호하게 나타난 연속적인 기간을 Measured Mile로 산정한다.

Thomas Baseline Method

이 방법은 Measured Mile을 결정할 때 생산성이 양호한 구간을 선택하는데, 이 구간이 연속적일 필요는 없으며 전체 기간의 약 10% 정도를 선택한다. 이 값을 기준으로 생산성의 차이를 분석하는 방법이다.

[그림 8.17] Thomas Baseline

Work Day	Labor Hours	Output (lf)	Calculated Productivity (hr/lf)	Notes in Daily Reports
22	220	86	2.56	
31	220	73	3.01	
5	200	60	3.33	Utility conflict
7	245	59	4.15	Muddy site
24	200	58	3.45	
	Average Productivity		3.23	
	Median Productivity		3.33	

Gulezian and Samelian's Control Chart Based Method

이 방법은 통계적인 개념을 적용하여 Measured Mile을 결정하는 방법이다.

[그림 8.18] Gulezian and Samelian's Control Chart

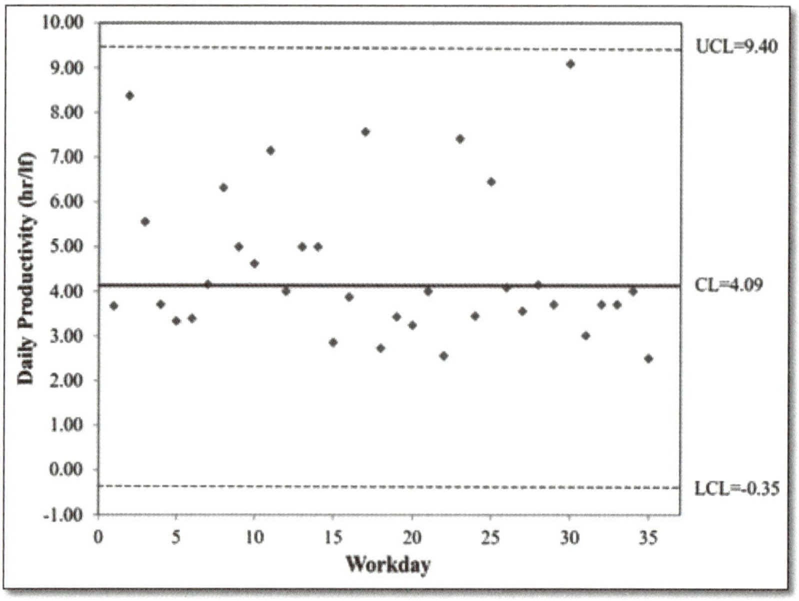

먼저 날짜에 맞춰서 생산량 또는 생산성을 배치하고 평균값을 확인한다. 이후 편차를 고려하여 상한선과 하한선을 표시한다. 관리상한선 또는 관리하한선을 벗어나는 값은 제거하고 다시 평균을 구한다. 이런 과정을 반복하여 확인된 평균값을 Measured Mile로 결정하게 된다.

<u>Ibbs and Liu's K-Means Clustering Technique Based Procedure</u>

이 방법도 통계적인 개념이 적용되며, 생산성 데이터를 높은 생산성 Cluster과 낮은 생산성 Cluster로 나눈 이후에 각 Cluster의 평균값을 확인하고 관리상한선, 관리하한선 개념을 적용하면서 분석하는 방법이다.

[그림 8.19] Ibbs and Liu's K-Means Clustering Technique

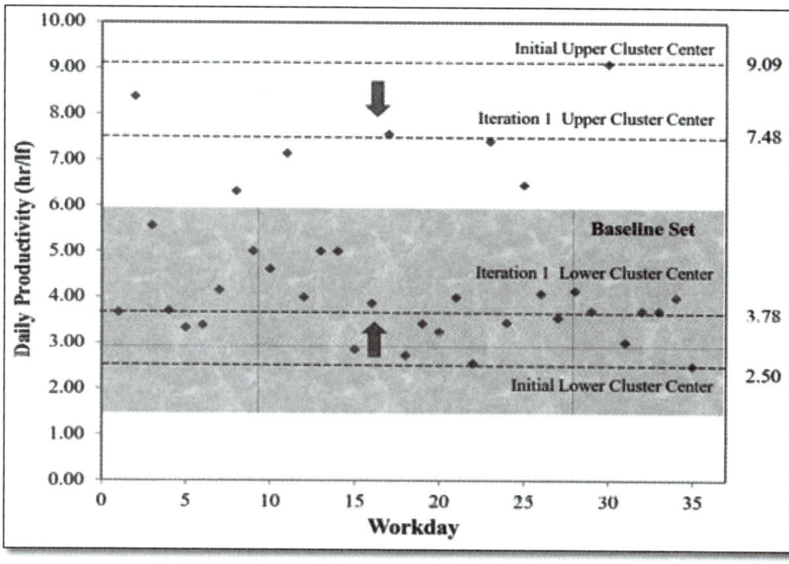

Measured Mile은 합리적인 분석방법으로 인정받고 있으나, 아래와 같이 이론적인 약점이 있다.

1. The measured mile period chosen is not long enough, could be an anomaly, and was "cherry-picked" to show a productivity that could not be sustained.
2. The period reflects simplified work or work that was materially different from work outside the measured mile period.
3. The actual man-hours and costs in the analysis include work that was not impacted by the alleged owner-caused problems, some of which may not show a cost overrun in the contractor's cost report.[235)]

235) Richard J. Long, Cumulative Impact Claims, Long International (2013)

Measured Mile 구간이 'Cherry-picking'236)처럼 유리한 구간만 선택될 수 있으며, 지속적으로 유지될 수 없는 가정적 생산성을 선정할 수도 있다. 또한 Measured Mile 구간의 작업이 다른 구간의 작업과 전혀 다르거나 단순한 작업을 나타낼 수도 있다. 분석에 포함된 인원, 손실이 발주자가 원인을 제공하지 않은 작업이 포함되기도 하며, 시공자의 보고서상에 손실이 나타나지 않을 수도 있다고 지적하고 있다.

4.3 Industry Productivity Norms vs Actual

생산성에 영향을 끼치는 요인들에 대해서 많은 연구가 이루어졌는데, 'The Mechanical Contractors Association of America(MCAA)'에서 아래와 같은 가이드를 정리하였다. 이 가이드는 공사변경(Change)의 영향을 측정하기 위해서 유용하게 사용되는데, LOP의 계산을 위해서 사용될 때는 단지 참고용으로만 사용되는 것이 좋다.

[표 8.1] MCAA의 생산성 저하(Loss of Productivity) 비율

Factor	Percent of Loss if Condition		
	Minor	Average	Severe
Stacking of Trades	10%	20%	30%
Morale And Attitude	5%	15%	30%
Reassignment of Manpower	5%	10%	15%
Crew Size Inefficiency	10%	20%	30%
Concurrent Operations	5%	15%	25%
Dilution of Supervision	10%	15%	25%
Learning Curve	5%	15%	30%
Errors and Omissions	1%	3%	6%
Benificial Occupancy	15%	25%	40%
Joint Occupancy	5%	12%	20%
Site Access	5%	12%	30%
Logistics	10%	25%	50%
Fatigue	8%	10%	12%
Ripple	10%	15%	20%
Overtime	10%	15%	20%
Season and Weather Change	10%	20%	30%

236) '케이크 위에 얹어져 있는 체리만 집어먹는 행위'라는 뜻으로, 유리한 특정 요소만을 선택하는 행위를 의미한다.

판례를 참고하면, Industry Standard만 계산해서 클레임을 제기하는 것은 인정받지 못하며, LOP를 구체적으로 설명할 수 있는 생산성 기록과 수치가 함께 주장되어야 한다.

4.4 Historic vs Actual

프로젝트가 대규모일수록 작업이 많고, 단일한 사건이 여러 작업에 영향을 주기 때문에 독립적인 사건의 영향을 분석하기가 쉽지 않은 편이다. 따라서 계획값으로 사용될 영향 받지 않은 기간을 독립적으로 산정하기 어려운 경우에는 유사한 프로젝트의 데이터를 비교하는 방법을 사용할 수 있다.

- 방해/간섭 작업과 비슷한 형태의 작업
- 기상조건이 유사한 작업 기간
- 비교할만한 지역적인 장소, 작업자의 조직, 상태

위와 같은 조건들이 비슷하다면, 다른 프로젝트의 과거자료와 해당 프로젝트에서 실제적으로 발생한 자료를 비교할 수 있을 것이다.

4.5 Delay and Disruption Protocol 2nd Edition의 방해/간섭 분석방법의 분류

2017년 2월에 발간된 Delay and Disruption Protocol 2nd Edition은 아래와 같이 방해/간섭 분석방법(Disruption Analysis Method)을 구분한다.

[표 8.2] 방해/간섭 분석방법(Disruption Analysis Method) 분류

Based	Studies	Method
Productivity-based Methods	Project-specific studies	**Measured mile analysis**
		Earned value analysis
		Programme analysis
		Work or trade sampling
		System dynamics modelling
	Project-comparison studies	
	Industry studies	
Cost-based Methods	Estimated v incurred labour	
	Estimated v used cost	

위에서 이미 설명된 Measured Mile을 제외한 나머지 방법은 아래와 같으며 System Dynamics Modeling은 4.6에서 별도로 설명할 예정이다.

Earned Value Analysis

계산의 기준값은 입찰서류에 있는 인원이다. 제출한 인원을 기준으로 실제 소요된 인원을 비교하는 방법이다. 인원이 없는 경우에는 이에 상응하는 비용을 기준으로 계산할 수도 있다. 그러나 이 방법은 계획이 합리적이라는 산출근거 또는 실제로 그와 같은 계획을 달성했는지가 불분명하기 때문에 정확하지 않다.

Programme Analysis

이 방법은 공정표에 할당된 자원이 있는 경우에 자원을 기준으로 계산한다.

Work or Trade Sampling

실제 달성된 생산성의 기록 중 특별히 관찰된 샘플구간의 생산성을 기준으로 계산한다.

Cost-Based Methods

Productivity-Based 분석방법이 적용되기 어려울 때 사용되는 방법으로 적절한 방법은 아니다. 추정노동력과 투입된 노동력을 비교하거나 추정비용과 손실비용을 비교하기도 한다. 만약 입찰시의 가정과 실제 발생한 손실이 시공자가 책임지지 않는 합리적인 손실이라면 도움이 될 수 있다

4.6 System Dynamics Modeling

System Dynamics(시스템 역학)은 컴퓨터 시뮬레이션 방법이며 1960년대 MIT에 의하여 개발되었다. 시스템 내의 Feedback Process에 초점을 두고 각 구성요소들 사이의 순환적 인과관계와 피드백을 강조하는 학문이다. 주로 산업공학에 많이 사용되지만 기계, 건축, 도시공학 등 다양한 분야에 적용이 가능하며 최근 방해/간섭 클레임(Disruption Claim)에 있어서 많이 사용되고 있다. 2009년 ECRI(Engineering Construction Risk Institute)는 System Dynamics에 기반한 Tool을 Industry Best Practice로 인정했으며, 2017년에 SCL(Society of Construction Law)도 방해/간섭(Disruption)을 분석하는 방법으로 인정하였다.

[그림 8.20] Vensim을 활용한 System Dynamics Modeling

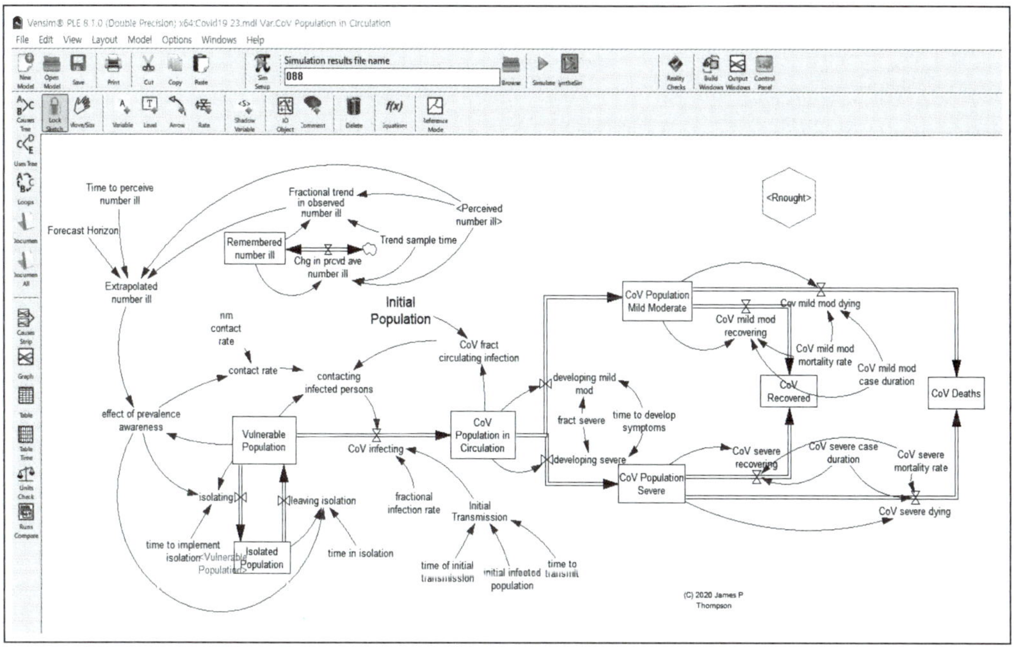

System Dynamics의 중요한 개념은 Casual Loop Diagram과 Stock and Flow Diagram인데 먼저 Casual Loop Diagram은 2개 또는 2개 이상의 어떤 이벤트간의 관계를 나타내는 Diagram이며, 동일한 방향으로(증가 또는 감소) 영향을 끼치면 Positive 관계이고 반대 방향으로 영향을 끼치면 Negative 관계이다.

[그림 8.21] Casual Loop Diagram

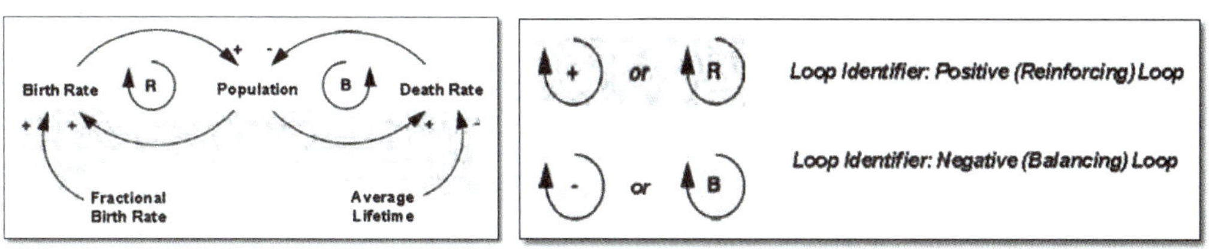

Stock and Flow Diagram은 초기 설정값과 Flow 비율을 정함에 따라 값이 계산되는 Diagram을 의미한다.

[그림 8.22] Stock and Flow Diagram

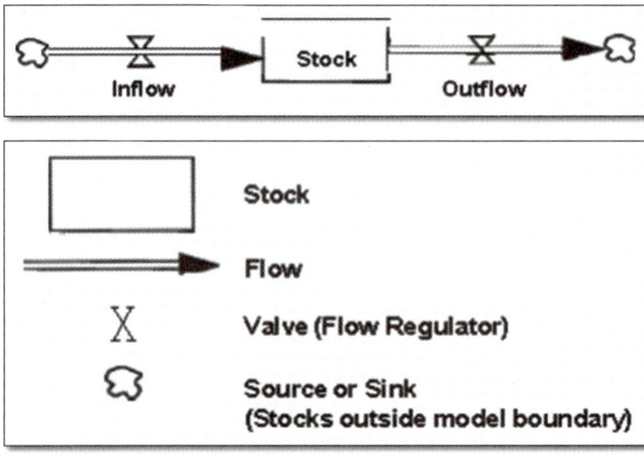

2018년 9월에 Ralph Goodchild가 Society of Construction Law를 통하여 발표한 논문[237]의 주요 내용을 참고하면 아래와 같다.

- System Dynamics는 프로젝트의 기록에 기반한 'But for' Simulation에 해당한다.
- System Dynamics는 2가지 문제점이 있는데, 하나는 프로젝트의 기록에 근거한 Parameter 값이 잘못 설정될 수 있다는 점이며 또한 Stocks and Flows에 결점이 있을 수 있다는 것이다.
- 영국법원에서는 비용이 합리적으로 설명된다면 방해/간섭 클레임을 결정하는데 있어서 System Dynamics Model이 충분히 유용하다고 판단하고 있다.
- 판례[238]에서 TCC(Technology and Construction Court)는 방해/간섭 클레임을 다른 방법으로 분석할 수 없을 때 System Dynamics Model에 대해서 사용될 수밖에 없는 불가피성을 이해하였다. (즉 개별적인 분석이 어려울 때 누적적인 영향을 분석하는 것이 더 설득력이 있는 상황)
- ICC Arbitration에서 System Dynamics Model은 적합한 방법으로 인정하였다.
- System Dynamics Model은 Re-work cycle에 기반하는데, 공정표는 어느 정도의 Re-work은 이미 고려하여 반영된다.
- System Dynamics Model은 개별적인 이벤트의 시뮬레이션을 포함하여 여러 시뮬레이션을 같이 제시하는 편이 바람직하다.
- System Dynamics Model은 아직까지는 법원에서 자주 적용되는 편은 아니지만, 중재에서 증거자료로 많이 활용되고 있다.

237) Ralph Goodchild, Proven by Computer? System Dynamics and Disruption Claims (2018.09)
238) Amey LG Ltd v Cumbria County Council [2016] EWHC 2856 (TCC)

[그림 8.23] 'But for' 개념의 도해

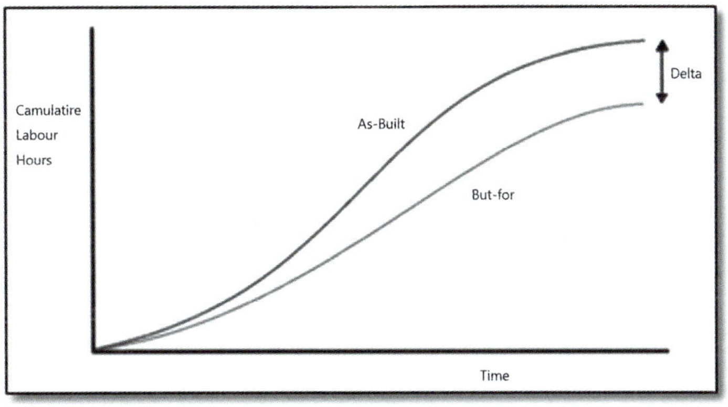

System Dynamics Model은 중재에서는 방해/간섭(Disruption) 분석을 위한 적절한 방법으로 활용되고 있으나, 영국법원에서는 자주 인용되는 편은 아닌 것으로 설명하고 있다. System Dynamics Model을 구성하기 위하여 많은 프로그램이 개발되었는데, 주요 프로그램을 소개하면 아래와 같다.

[표 8.3] System Dynamics Modelling을 구현하기 위한 프로그램

Package name	Website	Licensing	Last update
Analytica	https://analytica.com	Proprietary, commercial, free limited version	2018
AnyLogic	https://www.anylogic.com	Proprietary, commercial, free Personal Learning Edition (PLE) for education, formal or not	2020
GoldSim	https://www.goldsim.com	Proprietary, commercial	2019
Insight Maker	https://insightmaker.com	Free, Insight Maker Public License (GPL adjusted)	2017
ISSE Player (Stella)	https://www.iseesystems.com	Proprietary, commercial	2018
LOOPY	https://ncase.me/loopy	Free, CC Zero license	2019
Powersim Studio	https://www.powersim.com	Proprietary, commercial, free limited version	2018
Simantics System Dynamics	http://sysdyn.simantics.org	Free, Eclipse Public License (EPL)	2018
Vensim	http://vensim.com	Proprietary, commercial, free Personal Learning Edition (PLE) for education and personal use	2020

이 중 Stella와 Vensim이 범용적으로 널리 사용되고 있는 프로그램에 해당하며, Vensim 프로그램의 대략적인 검토순서를 정리하면 아래와 같다.

1. Become acquainted with the problem
2. Dynamic problem definition
3. Draw the causal loop diagram
4. Construct the stock-and-flow diagram
5. Estimate the parameters
6. Run the model to get the reference mode
7. Model validity and sensitivity analysis
8. Testing the impact of policies

적합한 방법으로의 활용가능성

중재단계에서 활용이 증가하고 있으며, 향후 활용이 점차적으로 증가할 것으로 예상된다. 건설산업의 특성상(복잡성, 상호 관련성) System Dynamics의 개념은 논리적으로 상황을 잘 설명할 수 있기 때문에 정확하게 적용된다면 적절한 방법으로 사용이 가능할 것으로 보인다.

검토순서

- 1단계 : 개별적으로 분석이 가능한 상황은 먼저 개별적으로 분석
- 2단계 : 개별적인 분석이 어려운 상황에 대하여 종합적이고 누적적인 피해분석을 위하여 System Dynamics 적용 가능성 검토
- 3단계 : Measured Mile과 같은 방법과 병행하여 System Dynamics modeling 검토
- 4단계 : 여러 분석결과를 비교하여 합리적인 손해(Damages) 산출

Data

System Dynamics는 2가지 Data의 Parameter와 Value를 결정해야 하는데, 이러한 Data 값들이 인위적으로 결정되면 안 되며, 충분하고 합리적인 근거가 확보되어야 한다.

1. 실적자료 : 현장에서 실제 투입한 인력과 물량
2. 각 원인에 대한 생산성 저하 값, 발생 조건, 결과 등

5. 방해/간섭 비용

5.1 개요

건설공사비는 일반적으로 시간 관련 비용(Time-Related Costs)과 작업 관련 비용(Activity-Related Costs)으로 크게 구분할 수 있는데, 시간 관련 비용이 종종 공기지연과 연관된 비용이라면, 방해/간섭 비용(Disruption Cost)은 작업 관련 비용(Activity-Related Costs) 즉, 직접 노무비, 자재비, 장비비 등 방해 행위와 관련하여 추가된 직접 비용이 해당된다. 여기서 작업 관련 비용(Activity-Related Costs)은 방해 받은 일을 수행하기 위해 증가된 직접공사비와 방해에 의해 생산성 저하로 인한 손실비용으로 나눌 수 있다.

예를 들어, 미터당 단가 계약을 맺고 파일공사를 수행 중에 예상치 못한 지하 지장물을 발견하게 되어, 계획대로 파일공사를 수행하지 못하고 특수 장비 및 추가 인력을 추가 투입하고, 작업 순서 등을 바꾸어 작업하면서 공휴일 작업까지 수행한 경우, 계약단가대로 기성을 지급하는 것은 적절하지 않다. 이런 사례에서 방해/간섭 비용(Disruption Cost)은 아래의 비용을 포함한다.

1) 증가된 직접비

- 추가 노무비, 장비비 및 자재비
- 공휴일에 지급된 추가임금(Premium Wage)
- 변경된 작업을 위해 추가 투입된 Site Engineer or Supervisor 비용
- 추가된 Home Office 지원인력 비용, 등

2) 당초와 달라진 수행방법 및 환경으로 인한 생산성 저하 비용

- 공사 중지 및 작업 변경으로 인한 생선성 저하
- 새로운 인력동원 및 학습으로 위한 생산성 저하, 등

보통 사용되는 건설공사 회계시스템이 단순하지는 않지만, 방해/간섭 비용(Disruption Cost)을 산정하기에 충분하지 않은 것이 현실이다. 따라서 방해/간섭 비용(Disruption Cost)을 합리적으로 산정하고 입증하기 위해서는 다음의 사항을 잘 준비해야 한다.[239]

239) Robert F. Cushman외 3인, Proving and Pricing Construction Claim, 3rd Edition (2001)

- Link the specific cause to the effect
- Obtain contemporaneous documentation
- Include all costs of the impact
- Support the claimed amounts with sufficient evidence
- Be reasonable and keep the presentation simple

생산성 저하 클레임은 노무비(Labor Cost)와 밀접한 연관이 있고 앞에서 설명한 생산성 저하량은 곧 추가인력 투입 비용으로 쉽게 변환될 수 있다. 비용 산정 방식에는 여러 가지 방식이 있지만, 클레임 비용을 산출하는 일반적인 방법과 비슷하게 구분할 수 있다.

- Preliminary Analyses
- Total Cost Method
- Modified Total Cost Method
- Specific Damages Analysis Method
- Earned Valued Method
- Sampling Method
- Jury Verdict Method
- Industry Studies

아래 그림의 첫 번째 기준은 청구하기 위한 권리가 있느냐 여부이며, 두 번째 기준은 프로젝트의 자료가 충분한지 여부이다. 충분하다면 프로젝트의 자료를 기반으로 하는 분석방법을 진행하고, 그렇지 않다면 Industry Practice에 의존하거나 Total Cost 방법을 선택할 수밖에 없다.

[그림 8.24] 방해/간섭 비용(Disruption Cost) 산출방법240)

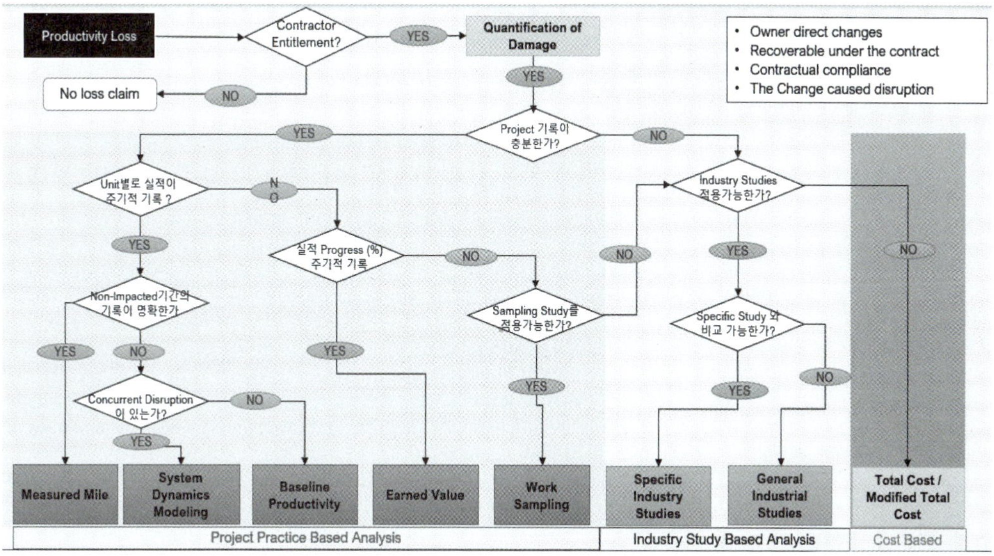

이러한 여러 가지 분석방법을 신뢰성(불확실성)과 자료 활용성을 기준으로 구분하면 아래와 같다.

[그림 8.25] 분석방법과 신뢰성 관계241)

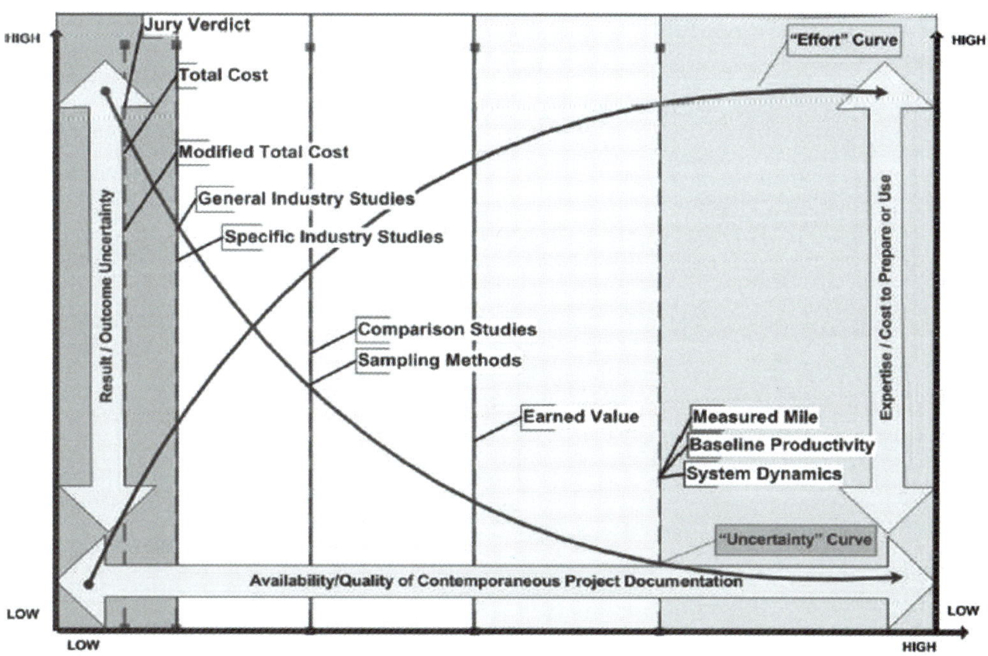

240) Hill International, The Analysis and Valuation of Disruption (2011)

241) 상동

Measured Mile 및 Baseline Productivity는 신뢰성이 가장 좋은 방법이나, 활용 가능한 자료수준이 많아야 하는 것으로 확인되었다. 반대로 Total Cost 또는 Modified Total Cost 방법은 신뢰성이 부족한 것으로 설명하고 있다.

아래 표는 방해/간섭 비용(Disruption Cost) 산정 방법의 적용 및 인정받은 정도를 보여 주는 것으로 Measured Mile 및 Baseline Productivity를 활용한 방법이 가장 많이 사용되었으며, 그 중 Measured Mile에 대한 법원의 인정율이 가장 높다는 것을 알 수 있다.

[표 8.4] 방해/간섭 비용(Disruption cost) 산정 방법 적용 및 인정 사례[242)]

Method	Case Refrerring	Accepted	Not Accepted	Acceptance Percentage
Measured Mile	30	16	14	53%
Earned Value	7	3	4	43%
Comparison Similar Projects	1	0	1	0%
Modified Total Cost	23	6	17	26%
Total Cost	24	5	19	21%
Baseline Productivity	36	9	27	25%
Visual Observation/Judgement	17	5	12	29%
Total	**138**	**44**	**94**	**32%**

5.2 Preliminary Analysis

Cost Variance Analysis(CVA)와 Man-Hour Variance Analysis(MVA)를 먼저 준비한다. Variance는 최초의 예산으로부터 계산되는데, 각 부서별 또는 주요한 작업별로 세부적으로 작성될 수 있다. 상위레벨의 합은 아래와 같이 표시될 수 있다.

242) W. Stephen Date and Rober M. D'Onofrio. Construction Schedule Delay (2016)

[표 8.5] Preliminary Analysis(example)

	Man-Hours	Labor Costs	Total Costs
Base Contract	120,000	$ 4,800,000	$ 10,000,000
Approved COs	30,000	$ 1,300,000	$ 2,000,000
Revised Contract	150,000	$ 6,100,000	$ 12,000,000
Actual MHs/Costs	200,000	$ 8,500,000	$ 15,000,000
Variance	50,000	$ 2,400,000	$ 3,000,000

5.3 Total Cost Method

초과비용의 모든 원인이 발주자에게 있다는 가정하에 계산되는 간단한 방법이다. 시공자는 지출한 비용과 발주자로부터 받은 돈의 차액에 대해서 청구하는데, 관리비(Overhead)와 이익(Profit)을 더하기도 한다. 이 방법은 법원으로부터 거의 인정받지 못하고 있으며, 시공자는 아래의 4가지 사항을 입증해야 한다.243)

- 직접적으로 실손실을 입증하기 어려움
- 입찰금액이 합리적임
- 합리적인 실손실 금액
- 추가비용에 대한 책임관계 입증의 어려움

[표 8.6] Total Cost Claim 산정(example)

Acutual cost incurred $ 1,245,000	
Plus bid profit rate of 10%	+ 1,245,00
Total cost plus rate of 10%	1,369,500
Less bid price	- 950,000
Equals	$ 419,500

243) WRB Corp. v. United States, 183 Ct. Cl.409 (1968). See also Battesast Constr. Co., ASBCA No.35818, 92-1 B.C.A (CCH)_1991 : total cost method not appropriated basis for calculating increased labor costs because contractor did not prove that is was "impossible or highly impractical" to determine costs using other methods; instead, board relied on testimony of projects's superintendent to approximate labor loss caused by the disruptive event.

5.4 Modified Total Cost Method

초과비용에서 시공자의 입찰 오류 또는 시공 오류 비용을 제하여 계산하는 방법이다. 즉 시공자가 원인이 된 금액을 제외하고, 나머지 부분에 대해서는 발주자가 책임져야 한다고 가정한다. 그러나 시공자는 실제 발생한 손실의 비현실성에 대해서 여전히 입증해야 할 의무가 있다. 이 방법은 시공자의 책임을 부분적으로 인정하기 때문에 Total Cost Method 보다는 합리적인 방법이다. 이론적인 측면에서 Modified Total Cost Method는 아래와 같이 산정될 수 있다.

[표 8.7] Modified Total Cost Claim 산정(example)

Costs:	
Actul costs incurred	$ 1,245,500
Less cost of incorrectly placed piles	- 47,500
Actual cost of claimed	1,975,500
Plus bid profit rate of 10%	+ 119,750
Total costs claimed plus profit	1,317,250
Bid:	
Original bid	950,000
Plus error in labor rate of $2.75 per hour	+ 27,500
Bid as revised for bid errors	- 977,500
Claim:	$ 339,750

상기 예시에서 보듯이 입찰 오류 및 시공오류 등에 의한 초과비용(Cost overrun)의 책임을 일부 인정하여 비용 산정의 합리성을 향상시켰다고 할 수 있다.[244] 하지만 비록 Total Cost 방법의 단점을 보완하기는 하였지만, 여전히 방해/간섭(Disruption) 이벤트와 비용발생의 인과관계 입증에는 한계가 있다.

244) Thalle Constr. Co., Inc. v. The Whiting-Turner Contracting Co. 945 F. Supp. 652 (S.D.N.Y.1996) : although the court stated that the contractor was entitled to use total cos method. "the actual calculation used was a modified total cost calculation).

5.5 Measured Mile Method

앞서 설명한 바와 같이 생산성 저하(Productivity Loss)를 산정하는데 있어서 가장 선호하는 방법으로, 방해 행위에 대한 인과 관계 및 실제 피해 입증에도 가장 널리 사용되고 법원에서 인정하는 경우도 가장 많다.[245] Measured Mile 비용 산정 절차를 간략히 설명하면 다음과 같다.

[그림 8.26] Measured Mile 구간 설정

Measured Mile 구간 설정 후 정상 생산성 산정

↓

정상 생산성 투입인원 산정

↓

정상투입인원 기준 Disruption 으로 인한 과투입 인원 산정

↓

손실금액 = 투입인원 x Unit Rate

예를 들어서 지하 지장물 발견에 의해 방해가 발생한 경우, 노무비 및 장비비 비용이 증가하고 정상 구간의 합리적인 생산성을 기준으로 방해구간 즉 생산성 저하에 대한 비용을 산정한다. 이 경우 실 비용 증가를 합리적으로 입증하기 위해 노무비 지급 대장 및 추가 장비/ 자재 구매 비용 자료 등 자세한 입증자료를 활용하여야 한다. 이론적 측면에서 Measured Mile 분석은 아래 표와 같이 간략히 설명 될 수 있다.

---

245) Time Contractors, J.V., DOT BAC No. 1669, 87-1 B.C.A. (CCH) (1987) : involving contractor who compared the effort of disurpted construction of a bridge span with a parallel, unaffected bridge span constructed during the same time period

[표 8.8] Measured Mile Cost 산정(example)

Measured Mile Performance (Area 1) _ non impacted benchmark	
Total Work hours for pile driving operation	5,750 work hours (w.h.)
Total linear feet(l.f) of piles driven (Area 1)	25,000 linear feets
Work hours per l.f measured mile	0.23 w.h/l.f.
Impacted Performance (Area 2)	
Total Work hours for pile driving operation, Area 2	16,500 work hours (w.h.)
Total l.f. of piles driven in Area 2, after impacts	45,000 linear feet (l.f.)
Work hours per l.f., impacted	0.367 w.h/l.f
Work hour cost per hour (including all burdens)	$22

[표 8.9] 전체 Disruption Cost 산정(Impacted 구간 비용 - Measured Mile 구간 비용)

	Productivity (w.h/l.f.)	Quantity (l.f.)		Labour Cost / hr ($)		Total
Actual, Area 2	0.367	45,000	x	22	=	363,330
Measured Mile (Area 1)	0.230	45,000	x	22	=	227,700
Claim						$135,630

같은 방법으로 거푸집 작업 또는 콘크리트 작업 등 특정 작업의 생산성 저하 및 비용을 산정할 수 있다. Measured Mile Method의 가장 큰 장점은 전적으로 특정 작업의 실제 수행 생산성을 기준으로 작성된다는 것이다. 시공자의 계획 생산성에 의존하지 않기 때문에 입찰 시 계획 오류 등의 문제에 제한을 받지 않는다는 것이다. 하지만, Measured Mile 산정 및 적용 생산성에 대한 논쟁이 있기 때문에 적절한 비교 구간 설정 및 방해로 인한 영향을 합리적으로 설명할 수 있어야 한다.

5.6 Specific Damages Analysis Method

청구자(Claimant)는 전체 비용을 Original Bid, Any Bid Error, Approved Changes, Pending Changes, Compensable Problems, Non-Compensable Costs 등의 세부적인 항목으로 나눠서 분석한다. 각각의 항목과 관련하여 Cause / Effect Relationship을 사용해서 개별적인 금액이 계산되기 때문에 청구금액은 확인하기에 용이한 편이다. 그러나 수많은 공사변경(Change)이 영향을 끼치는 복잡한 프로젝트에는 사용하기 어렵다.

5.7 Industry Study

방해를 받지 않은 정상구간(non-impacted benchmark)을 설정하여 Measured Mile 방법을 사용해서 프로젝트의 실제 생산성과 비교하여 방해/간섭 비용(Disruption Cost)을 산정하기는 쉽지 않다. 이런 경우 관련업계에서 연구한 결과를 활용하여 산정할 수 있는데, Industry Study는 Mechanical Contractors Association of America(MCAA), National Electrical Contractors's Association(NECA), Business Roundtable, R.S. Means, 등에서 참고할 수 있다.[246]

Industry Study를 적용한 여러 사례가 있는데[247], 시공자의 관리자 능력 부족(Poor Supervision) 및 조정/협조 부족으로 인해 공기가 지연되고, 적절한 생산성을 얻지 못하자 하도급자가 Industry Productivity Rate를 적용하여 클레임을 제기하여 성공한 사례가 포함된다.[248] 다음은 일반적으로 많이 알려진 Industry Study에 대하여 간략히 소개한다.

1) MCAA Factors

The Mechanical Contractors Association of America(MCAA)는 1976년에 'Factors Affecting Productivity'를 발표했는데, 16가지 요인에 대한 생산성 손실율[249]을 제공하였다. Stacking of Trades, Morale and Attitude 등의 내용으로 'intended to serve as a reference only'를 강조하며 단지 참고용으로 고려할 수 있다고 설명하였다. 그러나 일부 법원에서는 다른 Industry Studies보다는 MCAA Factors를 더 선호하는 편이며, 실제루 'Clark Construction Group(2000)' 판례를 참고하면, Jury Verdict Method 상황에서 시공자의 손해를 계산할 때 MCAA Factors를 적용하였다.

2) Leonard Study Models

앞서 Chapter 8장 3.12 누적효과(Cumulative Impact)에서 소개한 바와 같이 이 모델은 'The effects of change orders on Productivity' 로 자주 인용되는 방법으로 1988년에 Charles A. Leonard 가 제시하였다. 생산성과 관련하여 공사변경(Change)의 영향을 분석하였는데, 90가지 Case를 분석하였다.

---

246) Robert F. Cushman외 3인, Proving and Pricing Construction Claim, 3rd Edition (2001)

247) Nelson v. Commonwealth, 235 Va. 228, 368 S.E.2d 239 (1988)

248) Pebble Building Co. v. G.J. Hopkins, Inc. 223 Va. 188, 288 S.E.2d 437 (1982)

249) 표 9.1 참고

- 공사변경의 발생빈도
- 공사변경 평균금액
- 당초 인원에 대한 공사변경 인원의 비율(%)

누적 효과의 영향에 대한 생산성 저하 및 비용 산정시 유용하게 사용될 수 있다.

[그림 8.27] Leonard Study Models[250)]

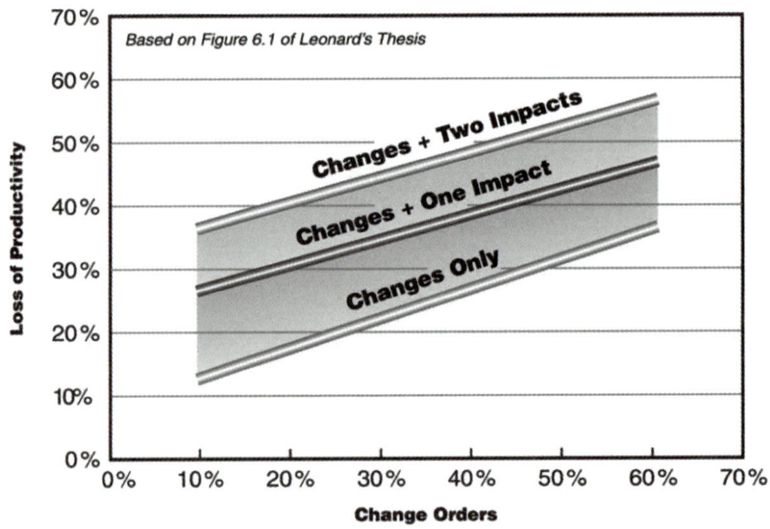

공사변경(Change)의 인원 비율이 당초계획보다 10% 이상 추가되면 생산성 저하가 발생되고 공사변경과 여러 영향이 합쳐지면 생산성이 급격하게 저하됨을 확인할 수 있다.

한편, 유사한 연구가 Ibbs에 진행 되었고, 그 결과를 비교하면 아래와 같이 차이가 있는 바, 그 연구 결과 및 요인 적용에 있어서 적절한 설명이 필요하다.

250) Charles A. Leonard, The Effects of Change Orders on Productivity (1988)

[그림 8.28] Comparison of the Leonard and Ibbs Data[251)]

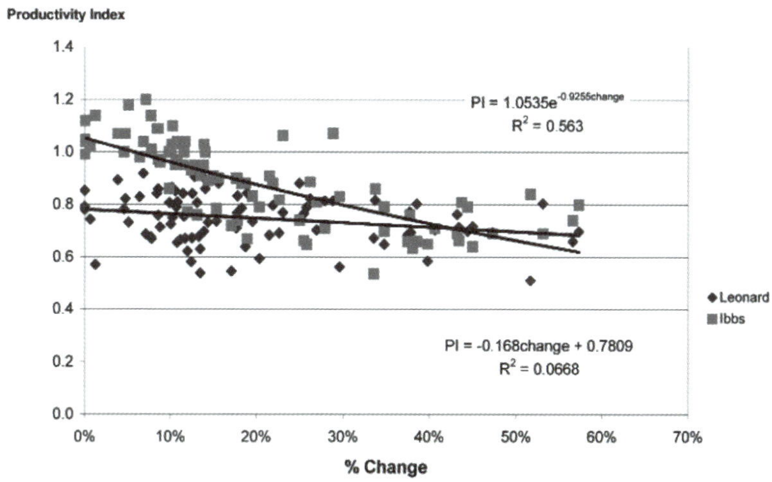

3) CII Study Models

1995년에 The Construction Industry Institute(CII)가 104개의 프로젝트를 통계적으로 분석한 결과인데, Engineering과 Construction의 공사변경(Change)을 독립적으로 분석하였다.

[그림 8.29] CII Study[252)]

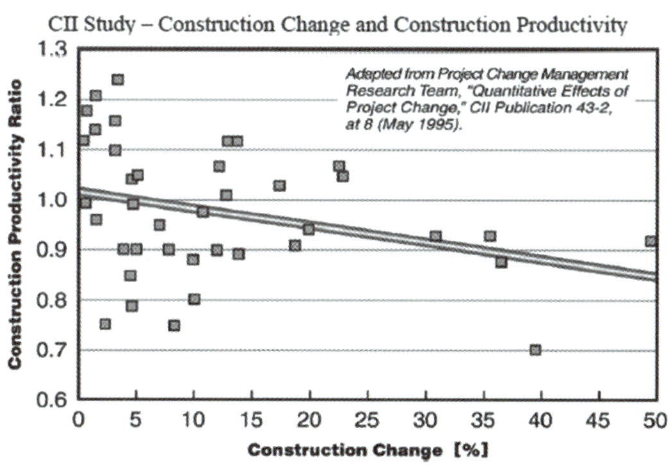

251) William Ibbs and Gerald McEniry, Evaluating the Cumulative Impact of Changes on Labor Productivity (2008)
252) Richard J. Long, Cumulative Impact Claims, Long International (2012)

그러나 이 방법은 법원에서 많이 활용되지는 않은 편이다. 이러한 Industry Studies는 각각 독립적으로 계산해서 아래와 같이 서로 비교하여 평균값을 참고할 수 있고 실제 계산된 손실과도 비교해서 고려할 수 있을 것이다

[그림 8.30] Industry study의 비교

Industry Study	Lost Man-Hours		
	Due to Changes	Due to Acceleration	Total
Leonard Study	27,200	17,600	44,800
CII 43-2	7,895	N/A	7,895
CII 158-11	25,140	N/A	25,140
MCAA Factors	20,000	12,000	32,000
Average	**20,059**	**14,800**	**27,459**

5.8 Sampling Method

Sampling Method는 작업의 일부 또는 sample을 관찰하고 방해 받은 생산성과 비교하여 방해/간섭 비용(Disruption Cost)을 산정하는 방법이다. Productivity 또는 Non-Productivity를 결정하는데 수학적 확률이 이용되는데, 결정된 생산성을 기반으로 Work Sampling 작업조의 규모 및 효율적인 작업조를 결정하게 된다. 또한 작업 활동의 연구에 무작위 샘플링 기법을 적용하여 주어진 통계적 타당성으로 작업의 다른 요소에 할당된 시간의 비율을 추정 할 수 있는 방법이라고 설명하고 있다.

> An application of random sampling techniques to the study of work activities so that the proportion of time devoted to different elements of work can be estimated with a given degree of statistical validity.[253]

예를 들어, 콘크리트 마감작업을 100회 관찰했는데, 100회 중 20회는 작업장비의 청소를 하는 것이 관찰되었다면, 콘크리트 마감자의 20%의 시간을 장비를 청소하는데 사용하고 있다고 결론낼 수 있다. 하지만 아무리 많은 샘플링을 한다고 해도 우리의 추론이 틀릴 가능성이 있다. 그래서 확실성(Certainty)의 정도를 표현하기 위해서 다음 3가지 통계적 개념이 사용된다.

253) The American Institute of Industrial Engineers, American National Standard Z-94.11, Industrial Eng'g Terminology. 11-20 (1989).

1) Confidence Limit
2) Limit of Error
3) Category Proportion

Confidence Limit는 우리의 결과가 얼마나 믿을 만한지 가늠할 수 있게 해 준다. 만약 Confidence Limit가 90%라고 한다면, 이는 즉 우리의 대답 혹은 추론이 90%의 경우에 신뢰할 수 있고 10%의 경우에 틀릴 수 있다는 의미이다.

Limit of Error는 측정된 결과 또는 추론의 정확도(Accuracy)를 나타내는 것이다. 실제 결과 값이 나타날 수 있는 범위로 추론값의 +와 -의 변경 폭을 %로 나타낸 값이다. 예를 들어 만약 어떤 인부의 Non-Productive가 30%, Limit of Error가 3%인 경우, 여기서 의미하는 것은 인부가 Non-Productive한 상태일 경우가 27~33% 범위에 들어올 것이라고 확신한다는 의미이다.

Category Proportion은 물리적 측정법으로 우리가 타겟으로 정한 Confidence Limit와 Limit of Error를 충족시키기 위해 필요한 Sample이 얼마나 되어야 하는지를 결정하는 것이다. 예를 들어 100개 Sample 중 38개가 Non-Productive라고 가정하면 Category Proportion은 0.38이다. 여기서, Category Proportion이 0.5(50%)에 접근할수록, Confidence Limit와 Limit of Error를 충족시키기 위한 Samplc의 숫자는 더욱 늘어난다.

[표 8.10] Confidence-level tales[254)]

Category proportion percent	Sample sizes required for 95% confidence limits					Sample sizes required for 90% confidence limits				
	Limits of error (%)					Limits of error (%)				
	1	3	5	7	10	1	3	5	7	10
50	9,600	1,067	384	196	96	6,763	751	270	138	68
40,60	9,216	1,024	369	188	92	6,492	721	260	132	65
30,70	8,064	896	323	165	81	5,681	631	227	116	57
20,80	6,144	683	246	125	61	4,328	461	173	88	43
10,90	3,456	384	138	71	35	2,435	271	97	50	24
1,99	380	42	15	8	4	268	30	11	5	3

254) James J Adrian, Construction Claims_ A Quantitative Approach (1993)

위 표는 90%와 95% Confidence Limits의 경우 Confidence Limit, Limit of Error and Category Proportion에 대해 통계 및 확률을 기반으로 나타낸 표이다. 상기 표를 활용하여, 만약 우리가 작업조의 500개 Samples 중 100개 Samples이 "Non-Productive"인 경우 Productive와 Non-Productive를 설명하고, Confidence Limit 90%의 결론을 도출하려고 할 때 아래와 같이 설명할 수 있다.

먼저 Category Proportion이 20%(100/500)이므로, 이를 통해 Category Proportion 20:80을 정하고, 90%의 Confidence Level의 표에서 500개 Sample과 근접한 숫자를 찾으면 481인데, 481 Sample 보다 500 Sample이 크기 때문에 Limit of Error은 3% 내외로 볼 수 있다. 따라서 Work Sampling Technique와 90% Confidence Limit Table을 통해서 추론할 수 있는 것은 우리의 작업조가 작업 중 17~23% Non-Productive 할 것이 90% 확실하다고 할 수 있다. 반대로 77~83%는 Productive 할 것이 90% 확실하다고 할 수 있다.

5.9 Jury Verdict Method

주로 미국에서 사용되는 방식으로 시공자가 손해(Damages)를 계산할 수 없다면 배심원의 재량, 판단에 의하여 의존하는 방법이다. 이 방법은 손해를 정확히 결정할 수 있는 신뢰할 만한 방법이 없고 시공자가 손실을 입은 명백한 증거가 있을 때 적용된다. 법원이 배심원 판결(Jury Verdict Method) 접근 방식을 적용하기 전에 시공자는 아래 내용을 미리 확인해야 한다.

(1) 시공자가 피해에 대한 명백한 증거가 있고,
(2) 손해를 계산할 수 있는 더 이상 신뢰할 수 있는 방법이 없으며,
(3) 법원이 손해에 대해 공정하고 합리적으로 추정하기에 충분한 증거가 있어야 한다.

참고로 이 방법은 배심원에게 재량이 있기 때문에 예측할 수 없는 결과가 나올 수 있고, 위에 명시된 조건으로 인해 시공자가 법원으로 하여금 Jury Verdict Method를 사용하도록 설득하기에는 리스크가 크다고 할 수 있다.

6. 대응전략

6.1 협상을 위한 클레임

공기연장 클레임(EOT Claim)은 보통 작업기간이 증가해서 발생한 추가비용을 보상 받는 개념이며, 방해/간섭 클레임(Disruption Claim)은 해당 기간에 발생한 직접비(인건비, 장비비 등)를 보상받는 개념이다. 즉 아래 그림과 같이 공기연장 클레임은 연장비용(Prolongation Cost)을 산정하는데 검토되고, 방해/간섭 분석 클레임은 방해/간섭 비용을 계산해서 전체적인 클레임 금액이 계산되는 것이다.

[그림 8.31] 클레임 청구금액의 구성

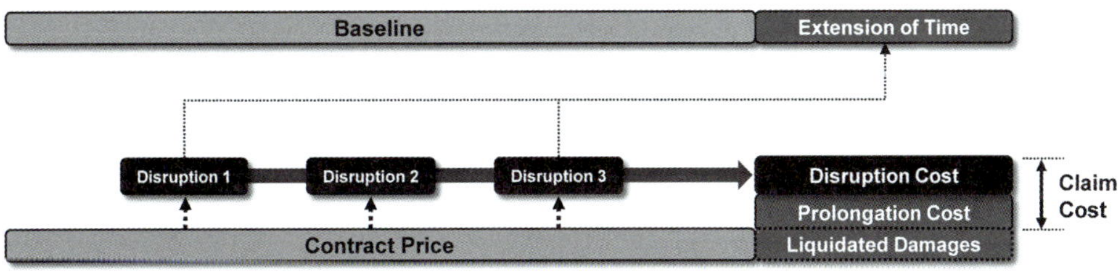

그러나 지연과 방해/간섭이 정확하게 분리되는 것은 아니며, 이벤트의 특성상 지연과 방해/간섭이 동시에 발생하기도 한다. 방해/간섭 클레임도 합의까지 상당한 시간이 소요되는데, 보통 제출한 금액의 10% 내외만 보상받는 경향이 있기 때문에 소기의 성과를 기대하기는 어렵고, 다른 클레임과 같이 타결하기 위한 협상용 카드로 준비하는 경우가 많다.

6.2 공기지연이 일어나지 않은 상황

이벤트가 발생했으나 CP에 영향을 미치지 않아서 공기연장 클레임(EOT Claim)이 가능하지 않은 상황에서 생산성 저하로 인한 손실을 청구하는 방해/간섭 클레임(Disruption Claim)이 가능하다. 이 때 방해/간섭(Disruption)이 누구에게 기인했으며 계약적 책임관계는 어떻게 되는지 분석하는 것이 가장 중요하며, 계약적 / 법적인 한도 내에서 보상 청구가 가능하다.

[그림 8.32] 방해/간섭(Disruption)이 발생했음에도 공기지연이 일어나지 않은 상황

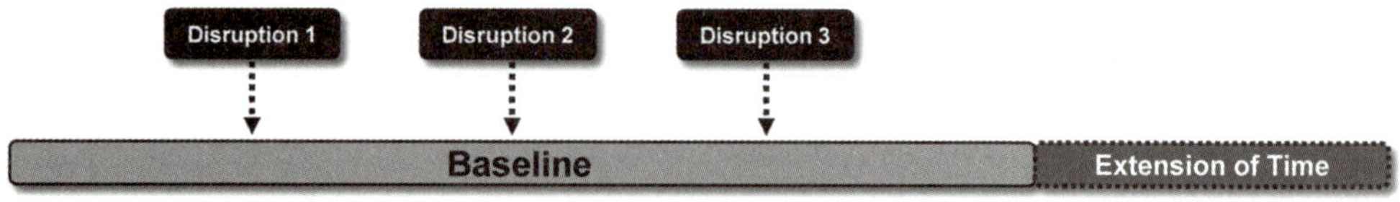

6.3 방해/간섭 클레임(Disruption Claim) 검토 절차

먼저 방해/간섭 이벤트에 대하여 정량화가 가능한지, 기본적인 데이터 확보가 가능한지의 여부를 확인한다. 즉 데이터의 활용여부를 중요하게 확인하는 것이다. 다음으로는 클레임의 청구근거가 되는 계약조항을 확인해야 한다. 발주자가 어떤 계약적인 내용을 위반했는지, 어떤 의무를 준수하지 않았는지에 대하여 활용할 수 있는 계약조항 여부를 확인한다. 다음으로는 생산성 자료를 검토하고 활용할 수 있는 방해/간섭 분석방법(Disruption Analysis Method)을 결정하는 단계이다. 아무리 좋은 분석방법이더라도 활용할 수 있는 자료가 확보되어야 적용할 수 있기 때문에 관련된 기초자료를 확보하는 것이 중요하다. 마지막으로는 적용단가 등을 검토하여 청구금액을 확정하게 된다.

[그림 8.33] 방해/간섭 클레임(Disruption Claim) 검토 절차

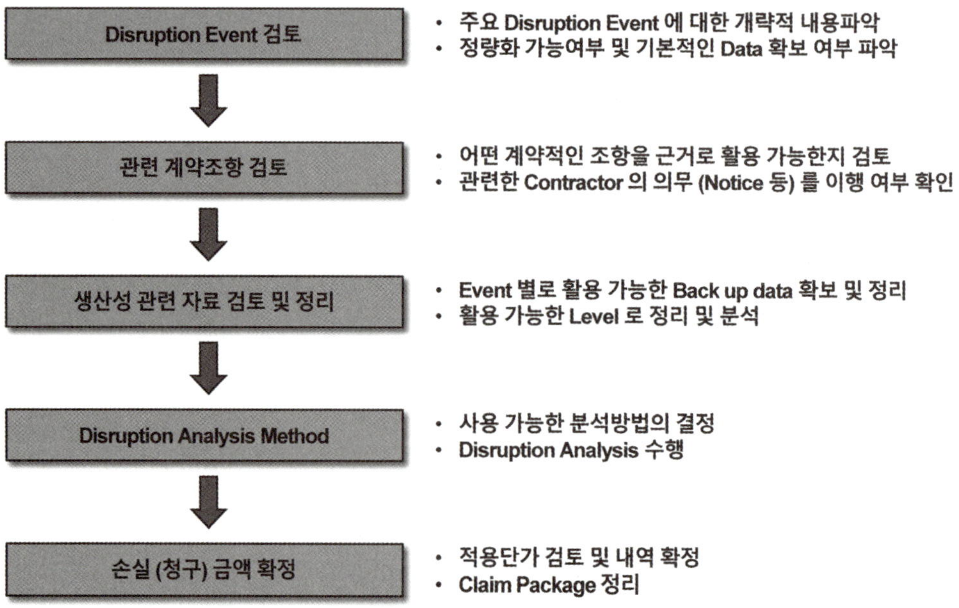

7. 주요 계약조항

방해/간섭(Disruption)에 직접적으로 적용하기 위한 별도의 계약조항은 거의 없는 편이다. 따라서 이벤트와 관련된 개별적인 계약조항을 검토해서 각 상황에 적합한 계약조항을 적용한다. 아래는 주로 발생하는 방해/간섭 이벤트에 대하여 활용할 수 있는 계약조항이다.

[표 8.11] 방해/간섭(Disruption) 주요 계약조항

구분		내용
FIDIC (Silver Book)	조항	**8.6 Delays Caused by Authorities**
	내용	If: (a) the Contractor has diligently followed the procedures laid down by the relevant legally constituted public authorities or private utility entities in the Country, (b) these authorities or entities delay or disrupt the Contractor's work, and (c) the delay or disruption was Unforeseeable, then this delay or disruption will be considered as a cause of delay under sub-paragraph (b) of Sub-Clause 8.5 [Extension of Time for Completion].
		직접적으로 언급된 조항은 8.6 이며, 8.5 (EOT 조항)도 Impediment, Prevention by Employer 등으로 관련내용을 언급하고 있음
EJCDC	조항	**7.03 Legal Relationships**
	내용	B. Each other direct contract of Owner under Paragraph 7.01.A shall provide that the other contractor is liable to Owner and Contractor for the reasonable direct delay and disruption costs incurred by Contractor as a result of the other contractor's wrongful actions or inactions.
	조항	**12.03 Delays**
	내용	If Owner, Engineer, or other contractors or utility owners performing other work for Owner as contemplated by Article 7, or anyone for whom Owner is responsible, delays, disrupts, or interferes with the performance or progress of the Work, then Contractor shall be entitled to an equitable adjustment in the Contract Price or the Contract Times
		지연과 마찬가지로 방해/간섭도 동일한 권리를 부여하고 있음

구분		내용
CMAA	조항	**7.2 Mutual Responsibility**
	내용	7.2.1 The Contractor shall provide each other party who has a separate contract with the Owner and all the Owner's employees and representatives proper and safe access to the site, and reasonable opportunity for the delivery and storage of materialsand equipment to the site. The Contractor shall properly coordinate the Work with that of such other party and shall ensure that the Contractor's performance of the Work does not disrupt or in any way inhibit the performance of any other such party or contractor on the Project site.
		CMAA는 다른 시공자와의 작업관계에 있어서 방해/간섭을 강조하고 있음
SCL Protocol	조항	**GUIDANCE PART A: DELAY, DISRUPTION AND ACCELERATION CONCEPTS**
	내용	That lost productivity will result in financial loss in carrying out the impacted work activities. However, not all lost productivity is subject to compensation. The Contractor may recover compensation for disruption (whether under the contract or for breach of contract) only to the extent that the contract permits or there is an available cause of action at law.
		모든 생산성 저하가 보상의 대상은 아니며, 계약적으로 허용하거나 법적으로 행위의 원인이 명확한 경우에 한해 보상을 요청할 수 있음

8. Case Study

생산성을 분석할 때 필수적으로 필요한 것은 투입인원과 생산량이다. 이 중에 일부가 누락된 상황에서 이론적인 수치 등으로 방해/간섭(Disruption)을 분석하는 것은 클레임의 신뢰성을 확보하기 어렵다. 따라서 일일보고서, 주간보고서, 월간보고서, 월간공정표에 포함된 생산성 자료를 활용해서 분석하고, 이 자료들은 프로젝트 진행 중에 공식적인 경로를 통해서 발주자에게 제출되어야 한다.

8.1 Example 1

아래 사례는 Subdrill과 관련되어 방해/간섭(Disruption)이 발생한 지역과 그렇지 않은 지역의 평균생산성을 비교하여 LOP를 계산한 사례이다. 사건이 발생한 'Relocated Railroad Cut to Route 29 Business Fill' 지역의 10'*10' Drill의 평균생산성은 671.6 Cu.M 이고, 12'*12' Drill의 평균생산성은 641.1 Cu.M 으로 계산되었다. 비교를 위한 표준 생산성은 'Wideville Bypass Cut to Disposal Site 'D'' 지역의 740.9 Cu.M 이다.

[그림 8.34] Subdrill과 관련한 생산성 분석

Haulpak 210M (50 Ton Dump Truck)					
Hauling Location	Total Hauled	Production Rate Per Drill Pattern (Per Day)			Average Production Rate
		7' x 7'	10' x 10'	12' x 12'	
Hauling from Subdrill Issue Areas					
Relocated Railroad Cut to Disposal Site 'D'	36,919 Cu. M.	N/A	604.2 Cu. M.	680.2 Cu. M.	677.2 Cu. M.
	(Quantity Represented):		(8,733.6 Cu. M.)	(28,185.6 Cu. M.)	(Represents 36,919 Cu. M.)
Relocated Railroad Cut to Route 29 Business Fill	105,504 Cu. M.	887.2 Cu. M.	671.6 Cu. M.	641.1 Cu. M.	680.9 Cu. M.
	(Quantity Represented):	(21,292.8 Cu. M.)	(41,721.6 Cu. M.)	(42,489.6 Cu. M.)	(Represents 105,504 Cu. M.)
Hauling from Non-Subdrill Issue Areas					
Wideville Bypass Cut to Disposal Site 'D'	32,122 Cu. M.				740.9 Cu. M.
Ramp B/Loop B Cut to Route 29 Bus./Disp Site D	26,278 Cu. M.				688.1 Cu. M.

	10' x 10' pattern	12' x 12' pattern	
Decreased Production:	9.36%	13.48%	10'x10' Pattern: (740.9 - 671.6)/740.9 = 9.36% 12'x12' Pattern: (740.9 - 641.1)/740.9 = 13.48%

10'*10' Drill의 생산성은 Average Production Rate보다 9.36%가 저하된 것으로 계산되었고 12'*12' Drill의 생산성은 13.48%가 저하된 것으로 계산되었다. 10'*10' Drill을 분석하면 전체 작업량이 41,721 Cu.M 이기 때문에 약 62일 동안 작업이 진행된 것으로 추정할 수 있다. 그런데 표준생산성인 740.9 Cu.M으로 진행되었다면 56일에 작업이 끝났을 것이다. 따라서 10'*10' Drill은 6일이 초과 투입되었고 6일에 해당하는 보상을 청구하였다. 같은 논리로 12'*12'는 9일이 초과

투입되었다. 이 사례는 동일한 프로젝트에서 영향을 받은 지역과 영향을 받지 않은 지역을 비교했는데, 비교된 표준생산성이 해당 프로젝트에서 실제로 발생한 것이기 때문에 Plan/Actual 생산성 방법이나 Industry Practice를 활용한 방법보다 훨씬 합리적이라고 볼 수 있다.

8.2 Example 2

이 사례도 영향을 받은 지역과 그렇지 않은 지역의 생산성을 비교한 것이다. 영향을 받지 않는 North Cross의 생산성이 표준 생산성으로 제시되었다. 영향을 받은 South Cross는 51,969 Manhour가 투입되고 281,746m^{2}의 포장작업이 진행되어서 1m^{2}당 투입 Manhour는 0.184로 계산되었다. 영향을 받지 않은 North Cross는 10,116 Manhour가 투입되고 102,256m^{2}의 포장작업이 진행되어서 1m^{2}당 투입 Manhour는 0.099이다. 따라서 생산성의 감소는 0.086 Manhour/m^{2}으로 계산되고, 이 비율에 South Cross의 작업량을 곱하면 손실 Manhour는 24,096이다. 계약단가인 $22.79를 곱하면 손실비용은 $549,155가 계산된다.

[그림 8.35] 포장작업과 관련된 생산성 분석

	Actual North Cross Taxiway Production	Actual South Cross Taxiway Production
Hours	10,116.00	51,969.00
Square Metres Produced	102,256.00	281,746.60
Hours/Square Metre	.099	.184
Increase in Unit Labour Rate		0.086
Quantity Affected by Blockout and Light Change		281,746.60
Increased Rate		0.086
Manhour Increase Due to Change		24,096.32
Labour Cost per Manhour		$22.79
Total Additional Labour Cost		$549,155.17

8.3 Example 3

TBM 굴착작업 중 장비의 결함 등으로 인한 굴착속도의 저하를 분석하였다. 분석된 방법은 Zinc Measured Mile이 사용되었다. 각 구간별로 아래와 같이 굴착속도가 확인되었다.

[표 8.12] 실제 TBM의 굴착속도

Distance	Duration(Day)		Advance Speed (m/day)
	Inc.	Cum.	
0~ 0.05 km	16	16	3.13
~ 0.1 km	11	27	4.55
~ 0.15 km	17	44	2.94
~ 0.2 km	13	57	3.85
~ 0.25 km	12	69	4.17
~ 0.3 km	18	87	2.78
~ 0.35 km	15	102	3.33
~ 0.4 km	16	118	3.13
~ 0.45 km	17	135	2.94
~0.454 km	8	143	0.53
Total		**143**	**3.18**

연속적인 특정구간의 속도를 확인하기 위하여 각 구간별로 평균적인 굴착속도를 확인하고 Measured Mile을 확정하였다.

[표 8.13] Measured Mile의 계산

	S1	S2	S3	S4
Advance Speed	1.94	1.94	2.80	4.20
	4.85	4.74	4.09	3.34
	3.34	2.58	3.34	4.31
	4.20	3.77	3.88	3.55
	3.02	4.52	3.55	2.26
	3.45	3.12	2.80	3.55
	2.80	3.28	3.48	3.65
	4.20	2.62	3.92	3.08
	2.62	3.23	2.85	3.15
	3.15	3.08		
Measured Mile = 4.85				

아래 그림 중 점선은 Measured Mile로 작업이 진행되었을 경우에 가정된 소요일수를 의미하며 약 100일 정도이다. 위쪽에 실선은 실제 진행된 작업기간인데, 143일이 소요되었으며 결국 42일은 생산성 저하로 인한 손실일수라는 추정이 가능하다.

[그림 8.36] 방해/간섭 분석(Disruption Analysis) 결과

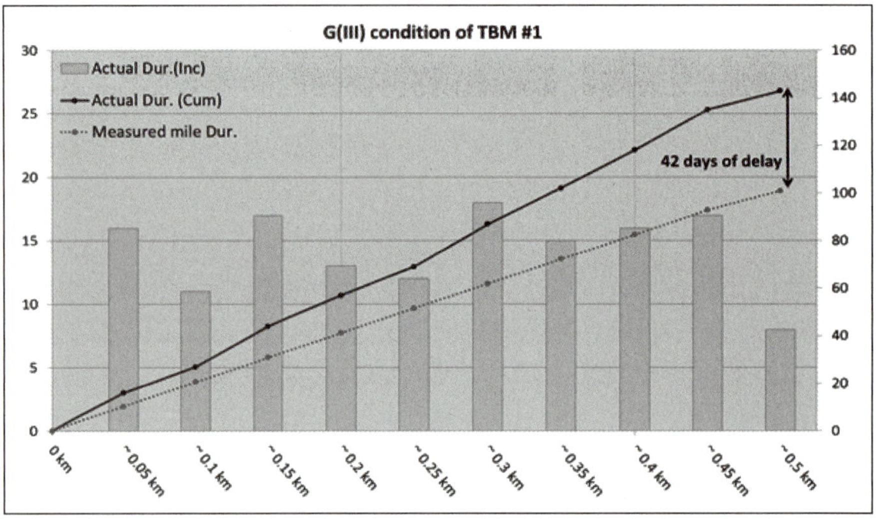

[표 8.14] 손실일수의 계산

Distance (a)	Actual		Measured Mile		Lost Days (e=c-b)
	Duration (b)	Advance Speed	Duration (c=a/d)	Advance Speed(d)	
~ 0.05 km	16	3.13	10.32	4.85	-5.7
~ 0.1 km	11	4.55	10.32	4.85	-0.7
~ 0.15 km	17	2.94	10.32	4.85	-6.7
~ 0.2 km	13	3.85	10.32	4.85	-2.7
~ 0.25 km	12	4.17	10.32	4.85	-1.7
~ 0.3 km	18	2.78	10.32	4.85	-7.7
~ 0.35 km	15	3.33	10.32	4.85	-4.7
~ 0.4 km	16	3.13	10.32	4.85	-5.7
~ 0.45 km	17	2.94	10.32	4.85	-6.7
~ 0.454 km	8	0.53	8.00	N/A	N/A
Total	**143**		**100.9**		**-42.1**

이와 같은 분석과 아울러 어느 위치에서 어떤 문제점으로 인하여 굴착속도가 지연되었는지에 대해서 인과관계(Causation)를 같이 설명해야 한다.

8.4 Maryland Sanitary Manufacturing v US 119 Ct Cl 100(1951)

개요

원고는 특정기간에 주 7일, 하루 12 시간 근무에 따른 생산성 손실을 정상적인 주 6일, 하루 10 시간 근무의 생산성과 비교하여 손실금액을 청구하였다.

진행경과

법원은 정부기관의 연구결과를 참고하였는데, 이 결과는 이와 같은 상황에 약 20%의 생산성이 떨어지는 것으로 조사되었다. 원고의 증거가 약간 부족한 상황이었으나, 법원은 원고의 주장이 합리적이라고 보았다.

결과

법원은 원고의 계산방법이 불확실함에도 불구하고 원고가 주장한 금액의 절반을 인정하였다. 원고는 생산성 저하에 따른 권리가 있음을 성공적으로 입증하였다.

시사점

이 Case는 합리적인 참고사례를 활용하여 원고의 주장을 뒷받침하였다. 작업시간이 증가한 원인에 대해서는 명확하게 설명하지 않았으나, 그러한 상황을 발생시킨 원인이 명확하게 발주자에게 있다는 내용을 같이 입증해야 필요가 있다.

8.5 EC Ernst Inc. v Koppers Inc. 626 F2d 324(1980)

개요 및 진행경과

원고는 도면변경 숫자와 최종도면 숫자를 비교해서 초과하는 숫자에 대해서 생산성을 분석하였다. 법원은 모든 도면이 작업과 직접적으로 관련되지는 않았기 때문에 전문가의 분석은 부적합하다고 언급했다.

결과

법원은 전문가의 분석이 이론적이고 가설적이라고 판단하고, 도면 변경숫자가 동일한 작업량을 발생시키지는 않기 때문에 원고의 주장을 인정하지 않았다.

시사점

이론적인 방법은 생산성 분석방법으로 적합하지 않으며, 실제적인 생산성을 기초로 한 분석작업이 필요하다.

8.6 Re Lamb Engineering & Construction 97-2 BCA P 29207(1997)

개요 및 진행경과

원고는 부지의 상태에 따라 Scraper 작업에 영향을 준 구간과 그렇지 않은 구간의 생산성을 비교하여 Measured Mile 방법을 사용하였다. 손실금액에 대한 계산은 'But for' 개념을 적용해서 그러한 영향이 없었다면 끝낼 수 있었던 금액을 계산해서 실제 손실과 비교하였다.

결과

법원은 활용된 데이터가 합리적이고, 적용된 Measured Mile 방법이 적절하다고 판단하였다.

시사점

Scraper Operator가 유지했던 데이터가 유용하게 활용되었는데, 부지의 상태에 따라 Scraper의 작업시간을 정확히 분석한 것이 중요했다.

8.7 Clark Concrete Contractors Inc. v General Services Administration 99-1 BCA P 30280(1999)

개요 및 진행경과

원고는 피고의 방해로 인하여 콘크리트 작업에 방해/간섭(Disruption)이 발생했다고 주장했다. 피고는 원고가 계산한 영향을 받은 기간과 그렇지 않은 기간의 작업내용이 다르기 때문에 원고의 주장을 인정할 수 없다고 하였다.

결과

법원은 건설프로젝트에서 비교되는 작업내용이 꼭 동일할 필요는 없기 때문에 원고의 분석방법을 인정했다. 그러나 원고가 사용한 계산방법이 충분히 확실하지는 않기 때문에 원고의 계산결과는 인정하지 않았다.

시사점

분석가는 소성된 생산성(Adjusted Unimpacted Productivity)을 정확히 설명해야 하며, 생산성을 분석하기 위해서 비교하는 작업내용이 성격이 꼭 동일할 필요는 없다.

8.8 Appeal of Clark Construction Group Inc. 00-1 BCA P 30870(2000)

개요 및 진행경과

원고는 Measured Mile, MCAA 방법, Modified Total Cost의 3가지 방법을 사용해서 기전공사의 생산성을 분석하였고, 피고는 비교한 작업내용이 다르기 때문에 기준생산성이 정확하지 않다고 반박하였다.

결과

법원은 Measured Mile을 활용한 Total Cost Approach 대신 MCAA 방법이 더 적합하다고 판단하였다.

시사점

원고는 법원을 설득할 만한 충분한 데이터가 있었으며, 불완전한 Total Cost Method 대신에 생산성 요인이 고려된 MCAA의 내용을 더 선호하였다.

8.9 Appeal of JA Jones Construction 00-2 BCA P 31000(2000)

개요 및 진행경과

원고는 방해/간섭(Disruption)을 발생시킨 공사변경(Change)에 의해서 인건비가 증가했음을 주장 하였다. 계약적 권리를 더 좋게 하기 위해서 Measured Mile이 적용된 프로그램을 사용하였으며, 누적적인 영향(Cumulative Impact)으로 인하여 인건비 증가분(28~29%)에 따른 손실비용을 청구하였다.

결과

법원은 원고가 인과관계(Causation)를 통하여 분석을 정확하게 실시하지 않았고, 이론적인 결과를 만들었다고 판단하고 원고의 주장을 인정하지 않았다.

시사점

특정프로그램을 사용한다고 해서 신뢰성 있는 자료로 인정받는 건 아니며, 세부 내용에 따라 원인에 따른 결과를 정확하게 분석하는 과정이 필요하다. 또한 원고가 책임져야 하는 기간에 대한 분석도 같이 이루어져야 한다.

9.10 Southern Comfort Builders Inc v US 67 Fed CL 124(2005)

개요 및 진행 경과

원고는 프로젝트 전체기간이 방해/간섭(Disruption)되었기 때문에, 비교할 수 있는 기준생산성이 없어서, 다른 시공자의 생산성을 기준생산성으로 참고해서 Measured Mile로 분석하였다.

결과

법원은 다른 시공자의 생산성을 비교한 건 잘못된 분석방법이라고 판단하였고, 일반적으로 Total Cost 방법으로 계산되는 손실금액이 최대치임에도 불구하고, 원고가 Measured Mile로 계산한 금액이 오히려 더 크기 때문에 비정상적인 값이라고 보았다.

시사점

다른 시공자의 생산성을 기준생산성으로 사용한 건 잘못된 방법이며, Measured Mile을 사용하더라도 다른 값(Total Cost Method)과 비교해서 적정한지 여부를 확인해야 한다.

CHAPTER 09

공기단축 클레임

Acceleration Claim

공기단축(Acceleration)을 효과적으로 입증하기 위해서는 공정표와의 연관관계를 설명해야 하기 때문에 인과관계를 입증하는데 어려움이 있는 클레임이다. 이 장은 공기단축 클레임에 대한 이론적인 설명과 입증해야 할 내용이 기술되었다.

1. 개요
2. 공기단축의 유형
3. 공기단축 비용
4. 대응전략
5. 주요 계약조항
6. Case Study

9 공기단축 클레임

Acceleration Claim

1. 개요

클레임을 협의하는 과정에서 많이 고민하는 항목 중의 하나로 공기단축(Acceleration)을 클레임 문서에 포함시켜야 하는지의 여부이다. 이런 의사결정을 하기 위해서는 공기단축의 계약적인 정의를 정확하게 해석하고 프로젝트의 상황이 그러한 조건에 부합하는지를 확인해야 하는데 Delay and Disruption Protocol의 정의를 참고하면 아래와 같다.

> **Acceleration**
>
> The application of additional resources or alternative construction sequences or methodologies seeking to achieve the planned scope of work in a shorter time than planned or execution of additional scope of work within the original planned duration.[255)]

Delay and Disruption Protocol은 2가지 개념으로 공기단축(Acceleration)을 설명하고 있다. 첫 번째는 당초 계획된 공사범위를 단축된 기간 내에 수행하는 것이며, 두 번째는 추가적인 공사범위가 있음에도 불구하고 당초 공사기간 내에 완료하는 개념이다. 공기단축은 만회(Recovery)와 개념이 혼동되어 사용되기도 하는데, 계약적 책임관계 측면에서 다르다고 볼 수 있다.

[표 9.1] 공기단축(Acceleration)과 만회(Recovery)의 차이

구분	Description
만회 (Recovery)	Recovery is used to describe the act of Contractor, in overcoming the effect of events at its own risk, for which it is not entitled to compensation
공기단축 (Acceleration)	Acceleration is used to describe the act of Contractor, in overcoming the effect of events at Employer's risk, for which it is entitled to compensation.

255) Appendix A Definitions and glossary, Delay and Disruption Protocol 2nd Edition (2017)

만회(Recovery)는 보통 공정표와 관련된 조항에 많이 기술되며 시공자의 과실로 인한 지연을 만회하기 위한 행위로 해석되는 경우가 많다. 따라서 만회로 인한 추가적인 자원의 투입 등은 클레임의 대상이 아니며, 시공자의 의무를 수행하기 위한 행위에 가깝다. 반면 공기단축(Acceleration)은 발주자의 책임 또는 시공자가 책임지지 않는 사건에 대한 지연을 만회하기 위한 행위로서 보상의 대상이 될 수 있다. 공기단축의 이러한 의미를 고려할 때, 중요하게 입증해야 할 2가지 내용이 있다.

- 물리적인 단축여부(Physical Acceleration)
- 공기단축(Acceleration)의 발생 원인 규명(보상에 대한 권리를 확보하기 위해서)

먼저 공기단축(Acceleration)이라는 용어를 고려하였을 때 물리적인 단축이 꼭 입증되어야 한다. 특정 완료일(Milestone)만 비교하였을 경우에 공기단축을 입증하기 어려운 경우가 많은데, 불가피한 경우 중간 과정에서 확인된 실적 검토도 보완적으로 활용할 수 있을 것이다.

[그림 9.1] 공기단축(Acceleration)의 도해

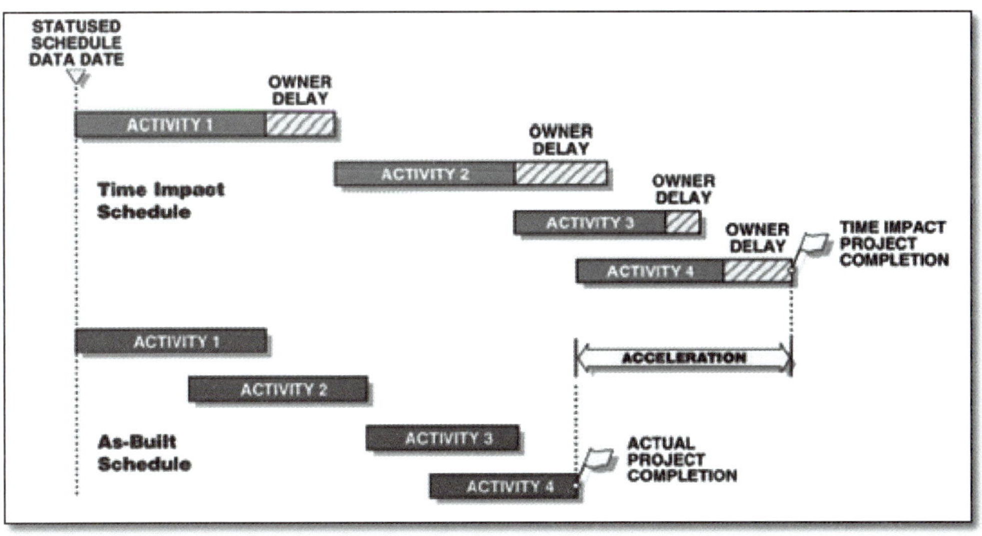

공사기간이 단축되었다는 것은 당초 기간과 비교하여 단축한 것도 포함하지만, 위의 예와 같이 어떤 이벤트로 인하여 늘어난 기간 또는 공사범위가 증가한 내용들을 고려하여 단축된 것을 비교해서 보여줄 수 있다.

두 번째로 입증해야 할 내용은 공기단축(Acceleration)의 발생 원인이다. 발주자가 공기단축을 지시하였다면, 보상의 근거가 명확하게 존재하지만, 발주자가 명확하게 지시하지 않은 상태에서 지연의 원인을 명확히 설명하지 않았다면, 이는 클레임의 보상대상이 되기 어렵다. 따라서 공기단축 클레임(Acceleration Claim)을 성공적으로 입증하기 위해서는 공기단축의 발생 원인을 명확하게 설명해야 한다.

발주자가 지시하는 공기단축 상황에서 JCT 계약서는 아래와 같은 절차를 제공하고 있다.

> If the Employer wishes to investigate the possibility of achieving practical completion before the Completion Date for the Works or a Section the Architect/Contract Administrator shall invite proposals from the Contractor in that regard (an 'Acceleration Quotation'). The Contractor on receiving such an invitation shall either:
>
> 1. provide an Acceleration Quotation to the Architect/Contract Administrator accordingly, identifying the time that can be saved, the amount of the adjustment to the Contract Sum (inclusive of such amounts as are referred to in paragraphs 1.2.3 and 1.2.4) and any other conditions attached; or
> 2. explain why it would be impracticable to achieve practical completion earlier than the Completion Date. The Employer may on or before receipt of the quotation seek revised proposals.
> 3. Without affecting his obligations under clauses 2.1 and 2.4, the Contractor shall be under no obligation to accelerate, or take any steps for that purpose, until he receives a Confirmed Acceptance of his Acceleration Quotation under paragraph 4.[256]

JCT 계약에 따르면, 발주자가 계약적 완료일보다 빠른 일정 내에 완료를 원하면 시공자에게 공기단축을 요청할 수 있는데, 시공자는 2가지 중 하나로 회신할 수 있다. 첫 번째는 단축할 수 있는 시간과 그에 따른 추가비용을 제시할 수 있고, 두 번째는 단축할 수 없는 이유에 대해서 설명할 수 있다. 단 시공자의 단축비용(Acceleration Quotation)에 대하여 확인된 동의(Confirmed Acceptance)를 받을 때까지 시공자는 공기단축(Acceleration)을 해야 할 의무는 없다. 즉 공기단축은 시공자의 동의를 필요로 하는 것으로 설명하고 있는데, 이러한 개념은 다른 표준계약도 비슷하게 설명하고 있다.

시공자는 특정한 공사기간을 예상하고 입찰하기 때문에, 해당기간에 맞추어 입찰금액을 결정하는 것이고 이러한 내용은 계약 성립의 매우 중요한 조건이다. 따라서 어느 한 계약참여자가 일방적으로

256) Schedule 2 Variation and Acceleration Quotation Procedure, JCT Contract (2009)

공사기간을 변경할 수는 없으며, 공기단축(Acceleration)과 관련된 명시적인 계약조건이 별도로 있지 않는 한 시공자가 당초 계약기간보다 앞당겨서 프로젝트를 완료할 의무는 없다.

1장 클레임 관리(Claim Management)에서 설명한 바와 같이 공기단축(Acceleration)은 완화(Mitigation)와 그 의미가 상이한데, Delay and Disruption Protocol의 내용을 참고하면 아래와 같다.

> **15. Mitigation of delay and mitigation of loss**
>
> The Contractor has a general duty to mitigate the effect on its works of Employer Risk Events. Subject to express contract wording or agreement to the contrary, the duty to mitigate does not extend to requiring the Contractor to add extra resources or to work outside its planned working hours.257)

즉 시공자가 발주자의 행위로 인한 영향을 완화하기 위한 의무를 가지고 있으나 이러한 의무가 시공자로 하여금 계약적인 시간 이외로 추가적인 자원을 투입하는 것까지 확대하는 것을 의미하는 것은 아니다 라고 설명하고 있다. 어떤 상황이더라도 당초 계획 범위 이내에서 진행하는 것을 완화(Mitigation)의 범주라고 설명하며, 그 범위를 벗어나는 것은 별도의 협의가 필요한 것으로 설명한다. 추가로 Core Principles 15.5를 참고하면 아래와 같다.

> The limitations on the Contractor's obligations to mitigate Employer Delay are set out in this guidance to Core Principle 15. The Contractor does not have a duty to carry out any change in scope any more efficiently than the original scope. Neither is the Contractor obliged to expend money in order to attempt to mitigate the effect of an Employer Risk Event. If the Employer wishes the Contractor to take measures to mitigate the Employer Delay (whether by adding extra resources, by working outside its planned working hours or otherwise), the Employer should agree to pay the Contractor for the costs of those efforts.258)

시공자가 당초 계약범위를 더 효율적으로 수행하기 위해서 어떤 변경을 가하거나, 비용이 증가하는 것에 대해서 발주자가 그러한 노력에 대하여 시공자에게 보상을 해야 한다 라고 설명하고 있으며, 이러한 상황은 공기단축(Acceleration)의 개념으로 해석할 수 있을 것이다.

---

257) Core Principles 15, Guidance Part B, Delay and Disruption Protocol 2nd Edition (2017)
258) 상동

[표 9.2] 완화(Mitigation)와 공기단축(Acceleration)의 차이

구분	완화(Mitigation)	공기단축(Acceleration)
발생	시공자의 계약적 의무에 해당	발주자의 지시 필요
목적	지연의 영향을 최소화	계약 공기보다 일찍 끝내기 위함
보상	시공자가 완화비용 부담	시공자는 발주자로부터 단축비용 보상 받음
보상 Scope	합리적인, 보통 최소의 비용	보통 상당한 추가 비용발생
조건	공기연장 권리를 위한 선행 조건	계약서에 공기단축 조항이 없을 시, 시공자가 공기 단축 요청을 무시 또는 거부

아래의 내용은 공기단축(Acceleration)을 수행하기 위한 여러 가지 방법이다.

- Omissions
- Changing the Sequence of Activities
- Other Logic Changes
- Using a Different Method of Working
- Increasing Motivation
- Increasing Resources
- Increasing the Working Time

작업시간을 증가시키는 방법은 가장 비용이 많이 발생하는 방법이나, 가장 쉬운 방법이기 때문에 시공자에게 우선적으로 요구되는 방법이다. 그러나 이 방법은 필연적으로 작업효율의 손실을 발생시키며, 그에 따라 증가하는 비용은 초기에 예측했던 비용의 범위를 초과하게 되는 경우가 많다.

작업의 순서를 바꾸는 것은 공정표의 조정을 통하여 빈번하게 이루어지는데, 순서를 바꾸면 각 작업 간의 간섭이 발생하고 이로 인하여 생산성이 떨어지게 된다. 또한 인력이 투입되는 기간이 겹쳐서 인력의 비효율적 운영, 간접비 상승 등의 손실이 발생한다. 따라서 이와 같이 최초에 계획했던 작업방법, 인원투입, 순서 등의 변경은 결국 공사변경(Change)과 비슷한 개념으로 시공자에게 보상권리를 부여하게 된다.

[그림 9.2] 공기단축(Acceleration) 중 작업순서의 변경

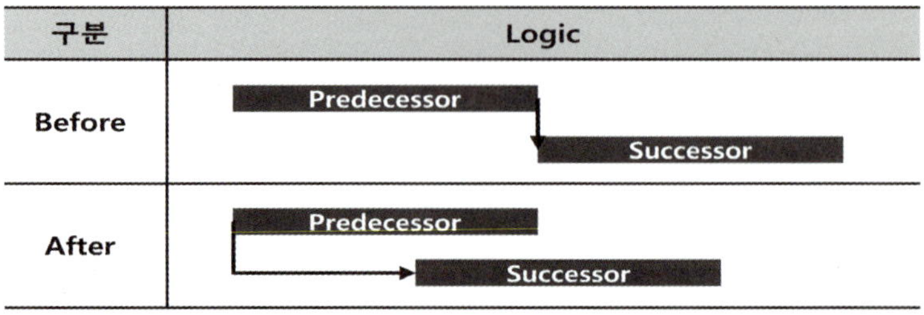

2. 공기단축의 유형

공기단축(Acceleration)은 발생원인 및 속성을 고려하여, 유형을 명확하게 구분해야 보상권리를 판단할 수 있다.

[그림 9.3] 공기단축(Acceleration)의 유형

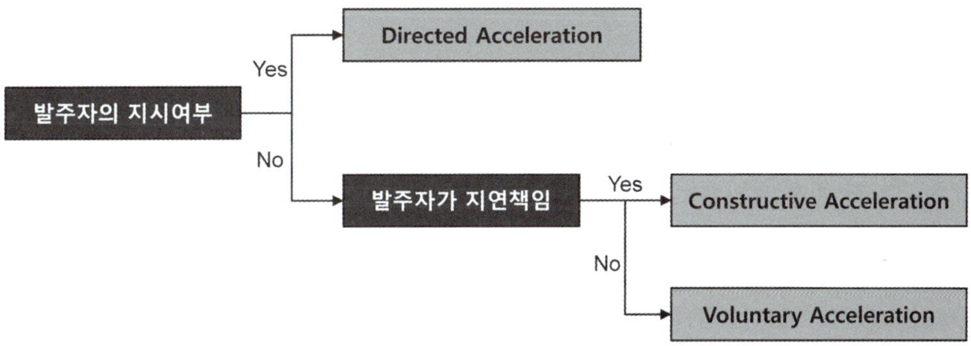

먼저 발주자의 지시여부를 확인한다. 발주자가 시공자에게 단축을 지시했다면 이는 지시에 의한 공기단축(Directed Acceleration or Instructed Acceleration)으로 볼 수 있으며 지연의 책임이 시공자에게 있지 않는 한 시공자에게 보상의 권리가 주어진다. 여기서 지시는 공식적인 문서를 통한 지시로 한정해야 하며, 구두지시나 묵시적인 지시(Implied Instruction)는 분쟁으로 진행 될 소지가 있기 때문에 유의해야 한다. 한편 발주자의 책임 있는 사건으로 지연이 발생했고 발주자가 지시하지 않았는데도 불구하고, 시공자가 불가피하게 공기단축을 진행할 수밖에 없는 상황은 의제된 공기단축(Constructive Acceleration)에 해당한다. 이 경우 필요한 조건이 충족될 때 시공자에게 보상권리가 발생할 수 있다. 마지막으로 발주자가 지시하지도 않았고 발주자에게 지연책임이 없는 경우에 시공자가 자신의 판단 하에 자발적으로 공기단축을 진행하는 경우 자발적 공기단축(Voluntary Acceleration)에 해당한다. 이 상황에서는 시공자에게 보상권리가 주어지지 않으며, 상황에 따라 촉진(Expedition), 만회(Recovery)작업과 비슷한 것으로 이해할 수 있다.

2.1 지시에 의한 공기단축(Directed Acceleration)

지시에 의한 공기단축이 발생할 수 있는 상황은 3가지가 있는데 먼저 발주자가 당초의 계약적 완료일보다 빨리 프로젝트를 완료할 것을 시공자에게 지시하는 상황이다. 이런 상황은 시공자에게 보상권리가 주어질 수 있으며, 시공자는 공기단축(Acceleration) 진행 여부에 대하여 합리적으로

판단해서 예상비용을 제출하거나 또는 공기단축을 할 수 없는 상황이라면 진행할 수 없는 이유에 대하여 발주자에게 설명해야 한다.

[그림 9.4] Early Completion 지시에 의한 공기단축(Directed Acceleration) 상황

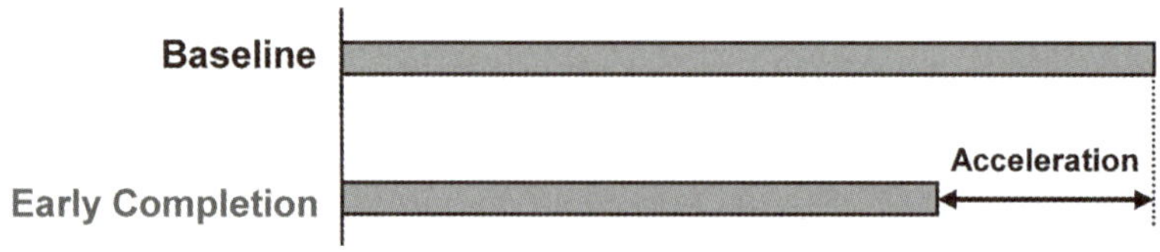

두 번째로 시공자의 지연으로 인하여 공사기간에 지연이 발생한 상황에서 발주자는 당초 공사기간대로 작업을 완료하거나 또는 그러한 지연을 만회하라고 시공자에게 지시할 수 있다. 이런 상황은 지시에 의한 공기단축(Directed Acceleration) 상황이더라도 시공자의 잘못을 만회(Recovery)하는 것에 가깝기 때문에 시공자에게 보상의 권리가 주어지지 않는다.

[그림 9.5] 시공자의 지연에 따른 지시에 의한 공기단축(Directed Acceleration) 상황

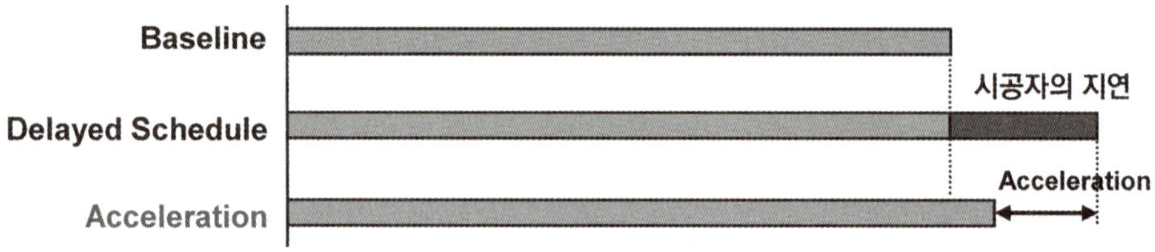

세 번째로 발주자의 책임 있는 사유 또는 시공자가 책임지지 않는 사유로 인하여 지연이 발생한 상황에서 발주자는 당초 공기대로 작업을 완료하도록 하거나 또는 그러한 지연을 단축하라고 시공자에게 지시할 수 있다. 이런 상황은 뒤에서 설명할 예정인 의제된 공기단축(Constructive Acceleration) 상황과 매우 비슷한데, 발주자가 지시를 했느냐 안 했느냐에 따라 계약적인 해석이 틀려질 수 있다. 아래의 상황은 발주자가 그러한 지연에 대해서 책임이 없다고 판단하는 경우에 자주 발생하기 때문에 먼저 지연분석(Delay Analysis)을 통하여 지연이 발생한 상황에 대하여 발주자와 의사소통을 진행하고 그 결과에 따라 후속작업을 진행해야 한다. 무엇보다도 유의해야 할 점은 지연에 대한 책임관계를 확인하는 것이다. 왜냐하면 지연의 책임이 발주자에게 있다면, 시공자에게 보상의 권리가 주어지지만, 만약 지연에 대한 책임이 계약참여자간에 확인되지 않은 상황에서 시공자는 공기단축(Acceleration)을 하기 위한 비용을 지출하고 지체상금을 부과 받을 수도 있는 리스크에 노출되는 이중고를 겪을 수 있기 때문이다.

[그림 9.6] 발주자의 지연으로 인한 지시에 의한 공기단축(Directed Acceleration) 상황

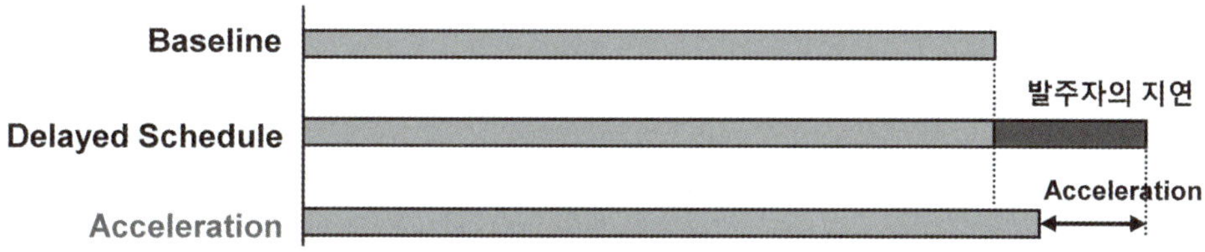

2.2 의제된 공기단축(Constructive Acceleration)

의제된 공기단축(Constructive Acceleration)은 발주자에게 지연의 책임이 있는 상황 또는 시공자에게 지연의 책임이 없는 상황에서 발주자가 명확하게 공기단축을 지시하지 않았음에도 불구하고 시공자가 지체상금 부과의 위험을 피하기 위하여 불가피하게 공기단축(Acceleration)을 수행하고 그에 따른 보상을 청구하는 것을 의미한다. US 공병단은 아래와 같이 의제된 공기단축을 정의한다.

> An act or failure to act by Employer which does not recognize that Contractor has encountered excusable delay for which he is entitled to an extension of time which required Contractor to accelerate his program in order to complete the contract requirements by the existing contract completion date. This situation may be brought about by Employer's denial of a valid request for a contract time extension or by Employer's untimely granting of a time extension.[259]

즉 의제된 공기단축(Constructive Acceleration)은 시공자의 적절한 공기연장 요청에 대해 발주자가 거부하였거나 또는 늦게 승인하는 경우 발생할 수 있다. 다시 말해서 발주자가 면책 가능한 지연(Excusable Delay)의 상황을 적시에 인식하지 못하고, 시공자가 계약적 완료일을 준수하도록 공기단축(Acceleration)을 요청하는 발주자의 행위를 의미한다. 의제된 공기단축과 관련하여 우선적으로 검토할 사항은 아래와 같다.

- 계약적 완료일이 있어야 한다. 만약 완료일이 없다면 공기단축을 측정할 수 있는 기준이 없다.
- 발주자의 귀책으로 인하여 발생한 지연기간을 확인해야 한다. 시공자가 공기연장에 대한 권리를 부여받지 못한다면, 발주자의 귀책으로 인해 발생한 지연기간에 대하여 측정할 수 있는 기준이 없다.

259) Office of the chief of Engineers, Department of the Army, Modification and Claim Guide (1987)

- 시공자가 완료일을 지키지 못함으로써 발주자가 제기할 수 있는 손해와 관련된 리스크가 있어야 한다. 즉 지체상금이 없거나 아주 적다면, 시공자는 공기단축에 의해서 감소되는 리스크를 제시할 수 없다.

위의 내용은 의제된 공기단축(Constructive Acceleration)을 입증하기 위한 논리의 근거가 되며, 그러한 상황 하에서 청구자(Claimant)의 주장을 합리적으로 뒷받침한다. 아래의 의제된 공기단축을 구성하는 6가지 요소는 발주자의 지연사건(Delay Event)에 관하여 보상이 가능한지의 여부를 식별하기 위한 것으로 US Courts[260)]가 설명한 내용이다.

- 공기단축이 없었다면 완료일의 지연을 초래할 가능성이 있는 또는 지연의 원인이 된 지연사건(Delay Event)이 있어야 하며
- 면책가능한 지연이벤트(Excusable delay event)가 발생해야 하며
- 공기연장 요청이 거절되거나 합리적인 기간 안에 적절한 회신이 주어지지 않았어야 하며
- 연장되지 않은 계약기간 내에서 당초 계약기간 이내로 완료할 것을 지시하는 발주자의 강요지시와 같은 행위가 있어야하며
- 공사를 수행함에 있어서 실제적인 단축행위가 있어야하며
- 공기단축의 결과로써 실제적으로 발생한 손실이 있어야 한다.

위와 같은 모든 사항이 충족된다면 시공자는 발생한 손실에 대하여 보상이 가능할 것이다. US Court[261)]는 다른 판례에서 이와 비슷한 개념으로 중요한 내용 5가지를 설명하였다.

(1) 면책 가능한 지연(Excusable Delay)

The contractor has encountered delays determined to be unforeseeable and beyond its control for which it is entitled to a time extension.

(2) 공기연장 요청(Request for Time Extension)

The contractor specifically requested a time extension from the owner or construction manager according to the contract provisions and in a timely manner.

(3) 공기연장 요청에 대한 거절(Denial of Time Extension)

The owner or construction manager issued an order denying the contractor's request.

---

260) McNutt Construction Co., EBCA No 4724, 85-3 BCA (CCH) Para. 18,397

261) M.S.I Corp., GSBCA 2429, 68-2 BCA 7377

(4) 공기단축 지시(Acceleration Order)

The owner's or construction manager's expressed or implied actions directed the contractor to overcome the delay and complete the work within the original performance period.

(5) 손실의 발생(Incurred Costs)

The contractor must demonstrate that it attempted to accelerate performance and, in doing so, incurred increased costs or damages due to the accelerated performance effort.

공기연장이 가능한 면책 가능한 지연(Excusable Delay)이 있어야 하고, 시공자가 그에 따른 공기연장을 신청한 이후에, 발주자가 공기연장을 거부하면서 당초 계약적 완료일의 준수를(Acceleration Order) 시공자에게 요청하고, 시공자가 공기단축(Acceleration)을 수행하는 과정에서 손실이 발생하였다면 의제된 공기단축(Constructive Acceleration)의 권리확보가 가능하다고 설명하고 있다.

[그림 9.7] 의제된 공기단축(Construction Acceleration) 순서

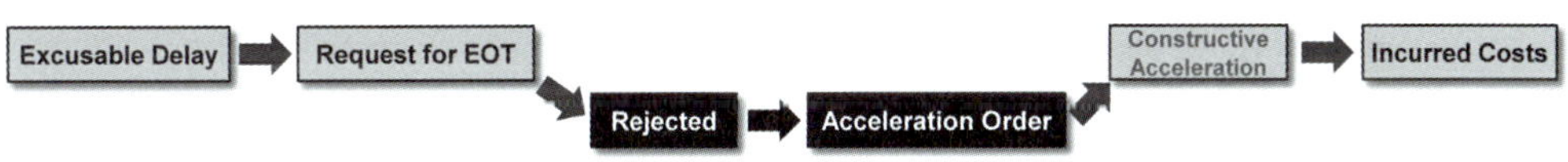

의제된 공기단축(Constructive Acceleration)은 미국에서 발전한 논리이기 때문에 Delay and Disruption Protocol은 1st Edition에서 의제된 공기단축을 권장하지는 않았으며, 2nd Edition에서 아래와 같이 설명하였다.

> Where the Contractor is considering implementing acceleration measures to avoid the risk of liquidated damages as a result of not receiving an EOT that it considers is due, and then pursuing a constructive acceleration claim, the Contractor should first take steps to have the dispute or difference about entitlement to an EOT resolved in accordance with the contract dispute resolution provisions.[262)]

262) Core Principles 16. Acceleration, Delay and Disruption Protocol 2nd Edition (2017)

Delay and Disruption Protocol은 의제된 공기단축(Constructive Acceleration)을 수행할 수밖에 없는 상황에서 가장 먼저 공기연장의 권리 해결을 위한 절차를 진행해야 한다고 설명하고 있다. 공기연장을 제출하였으나 발주자가 거절하는 경우 벡텔(Bechtel)사의 내부지침을 참고하면, 시공자는 다음 2가지 통지를 할 수 있다고 설명하고 있다.

Bechtel is faced with two courses of action.

1. Notification of Schedule Extension

   Wrongful refusal to grant an EOT will result in the project being completed later than original schedule

2. Notice of Constructive Acceleration

   Refusal to grant EOT will be considered as a direction to accelerate the work (Constructive Acceleration)

Schedule Impacts should not be absorbed by acceleration unless acceleration is directed or authorized in writing by the Employer. However, a refusal by the Employer to acknowledge time extensions can constructively cause acceleration and written notice to that effect must be provided by Contractor to the Employer prior to acceleration."

첫 번째 통지는 프로젝트가 늦어질 것이고 공기연장 요청에 대하여 발주자가 거절하는 것은 잘못된 행위라는 것을 발주자에게 통지하는 것이다. 두 번째는 이러한 발주자의 거절행위는 의제된 공기단축(Constructive Acceleration)을 지시하는 행위로 간주된다고 통지하는 것이다. 벡텔(Bechtel)사는 지연이 발생하면 시공사가 일정을 무리하게 단축하면 안 되고, 공기단축 전에 이와 같은 통지를 함으로써 계약적인 입장을 보완할 것을 제안하고 있다. 한국건설사들이 중동에서 무리한 공기단축으로 인하여 천문학적인 손실을 입는 경우가 있는데, 준비되지 않은 공기단축, 무리한 공기단축은 손실이 기하급수적으로 증가할 수 있기 때문에 최상위관리자(Top Management)의 신중한 의사결정이 필요하다.

2.3 자발적인 공기단축(Voluntary Acceleration)

시공자의 자발적인 공기단축(Acceleration)은 일반적으로 보상의 대상이 되지 않는다. 발주자가 지시하지 않은 상황 또는 발주자가 지시했다고 입증하기 어려운 상황에서 시공자가 자발적으로 공기단축을 했다고 해서 무조건 보상을 청구하는 것은 합리적이라고 볼 수 없다. 위에서 설명한 바와 같이 발주자의 지시여부, 지연책임의 여부에 따라 보상의 청구가능 여부가 결정된다.

3. 공기단축 비용

3.1 개요

공기단축(Acceleration) 비용은 일반적으로 시공자에 의해 계획보다 일찍 역무를 수행함에 따라 발생한 비용으로 아래 그림과 같이 공기연장 비용(Prolongation Costs)이 지연기간에 발생한 비용을 산정한다면, 공기단축 비용은 공기단축을 수행하는 전 기간에 거쳐 투입된 비용을 산정한다.

[그림 9.8] Typical Acceleration Cost Curve

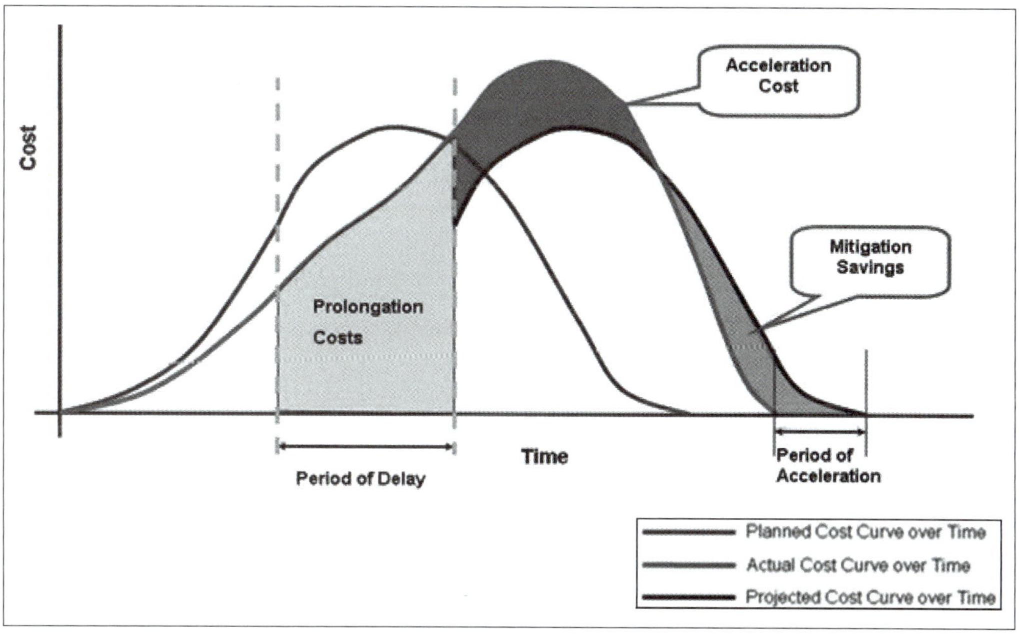

공기단축 클레임(Acceleration Claim)은 시공자가 특정기간 동안 추가 리소스를 동원하여 계획된 공사를 보다 짧은 기간에 수행하는 것으로써 당초와 동일한 작업량을 수행한다는 전제이므로 추가 물량과 관련된 원가요소는 배제되어야 한다. 한편 연장비용(Prolongation Cost) 산정과는 달리 기본적으로 당초 대비 공기가 짧아지므로 추가 시간에 관련된 시간과 관련된 원가요소도 배제되어야 한다. 즉, 공기단축(Acceleration) 비용은 추가로 투입된 인력, 장비 등의 자원과 관련된 원가요소가 반영되어야 하는 것이다.263)

263) James J Adrian, Construction Claims_ A Quantitative Approach (1993)

앞서 설명한 지시에 의한 공기단축(Directed Acceleration) 클레임의 가장 중요한 요소는 시공자의 책임이 아닌 상황에서 공사기간을 단축하기 위한 목적하에 금액이 추가되었다는 것을 입증하는 것으로 다양한 비용 산정방법이 있다.[264] 하지만 어떤 비용 산정방법을 적용하는 것 보다 더욱 중요한 것은 시공자가 공기단축을 하는데 투입된 공사비 자료를 얼마나 효과적으로 입증하느냐이다.

공기단축(Acceleration) 비용의 보상 근거를 찾기 위해서 아래의 순서에 따라 공기단축 상황을 확인해서 보상이 가능한지 여부에 대하여 결정할 수 있다.

[그림 9.9] 공기단축(Acceleration) 비용 보상근거[265]

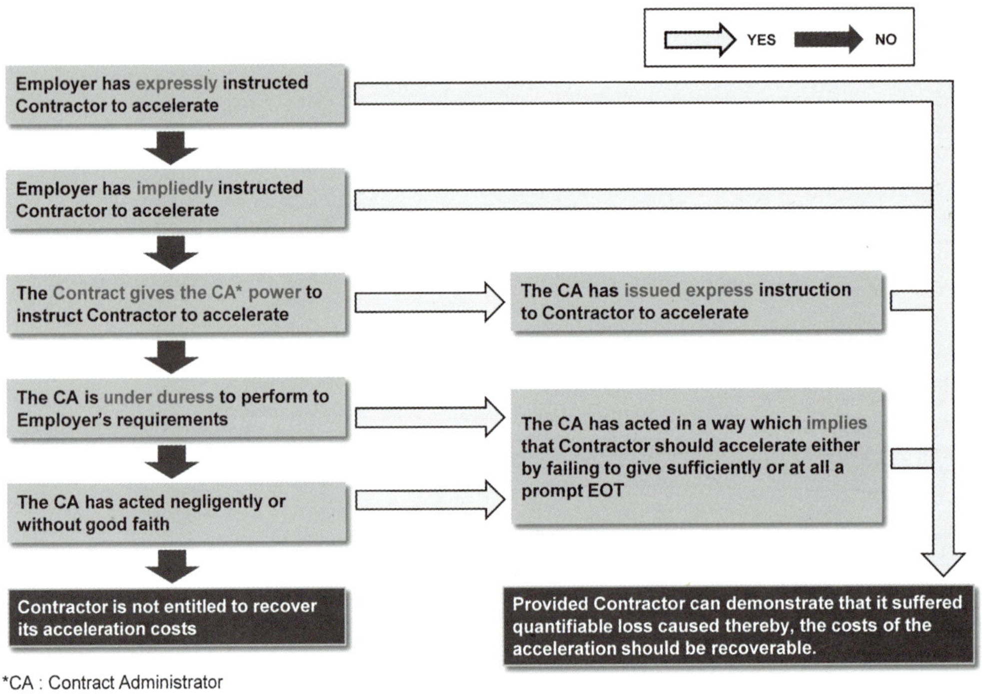

먼저 발주자가 공기단축(Acceleration)을 명확히 또는 암묵적으로 지시했다면 계약적인 내용에 따라 보상을 청구할 수 있을 것이다. 그러나 발주자 대신 CA(Contract Administrator)가 지시한 경우에는 계약적으로 CA에게 그러한 권한이 주어졌는지 여부를 확인해야 한다. 또한 암묵적으로 공기단축을 강요하는 상황이었거나, 신의성실에 어긋나는 행위를 통하여 지시한 정황이 명확하다면 공기단축 비용 청구를 고려할 수 있다.

264) Contracting & Material Co. v. City of Chicago, 20 III, App. 2d 684, 692 (acceleration costs are cost incurred by virtue of acceleration)

265) Keith Pickavance, Delay and Disruption in Construction Contracts, 4th Edition, (2016)

공기단축(Acceleration) 비용을 산정하는 것과 관련해서 개념적으로 혼동하는 경우가 있는데, 특정한 기간에 인원을 투입했다고 해서 무조건 공기단축으로 계산하면 안 되고 단축 기간을 고려하여 공기단축 비용의 구성 항목을 확인할 필요가 있다.

[그림 9.10] 공기단축(Acceleration)의 도해

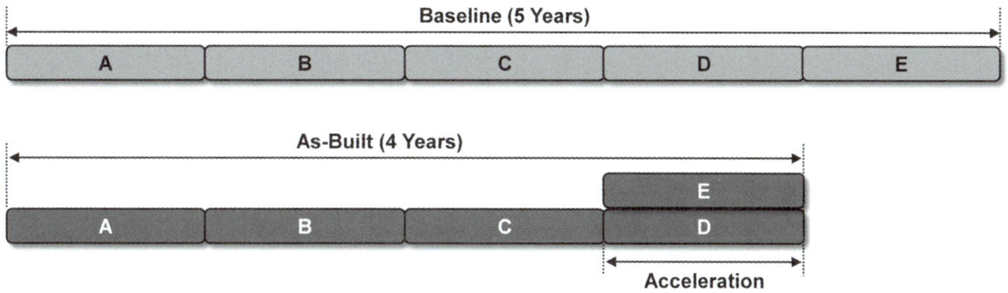

위 그림은 당초 5년에 끝내기로 한 공사를 4년에 끝낸 공기단축(Acceleration) 사례이다. 그런데 5년차에 할 일을 4년차에 완료했다는 사실만으로 해당 기간에 투입된 비용 전체를 청구할 수는 없다. 즉 당초의 공사범위가 변경되지 않은 상태에서 이와 같이 진행했다면, 4년차에 과투입된 인원을 관리하기 위한 추가적인 간접비 정도는 고려될 수는 있으나, 이 역시 5년차에는 절감되었기 때문에 절감분을 고려한 공기단축 비용을 청구해야 한다.

3.2 공기단축(Acceleration) 비용 구성

공기단축 비용은 특정 기간에 인원 장비 등 자원이 과투입되어 발생하는 제반 경비 등의 비용을 포함하며 구성 항목266)을 참고하면 아래와 같다.

1) Increased Labour Costs(증가된 노무비)

공사범위의 변경이나 물량증감이 없다면, 직접비 투입비용은 원칙적으로 청구가 불가능하나, 공기단축(Acceleration)으로 인한 생산성 저하때문에 과투입한 인원과 연장근무(Overtime), 교대근무(Shift) 등에 따른 추가수당(Premium Wage) 고려가 가능하다. 예를 들면, 하루 8시간, 주당 40시간 이상 연장근무(Overtime)로 1.5배 또는 2배의 노무비 단가가 상승하는 경우 또는 추가 인력 투입시에 증가한 노무비 비용이 포함될 수 있다.

266) Richard J. Long, Acceleration Claims on Engineering and Construction Projects (2013)

2) Loss of Inefficiency and Productivity(생산성 저하로 인한 직접 노동 시간 증가)

공기단축(Acceleration)을 위해, 작업조 규모(Crew Size)가 계획보다 커지거나, 동일한 작업조로 연장근무(Overtime)를 한 경우 최적의 생산성에 불리한 영향을 받게 된다. 또한 발주자의 의사결정 지연 또는 발주자 지급자재 조달 지연으로 작업 순서가 바뀌어서 후속공사를 무리하게 단축하는 경우에도 생산성 저하가 발생 할 수 있으며, 공기단축 비용의 가장 큰 요소가 될 수 있다.

3) Increased Material Costs(증가된 자재비)

단축 작업을 위해 추가 투입된 자재비 또는 추가운송비용 등이 포함된다.

4) Increase/Exccess Equipment Costs(초과 장비비)

공기단축을 위해 더 많은 장비 투입이 필요하며, 초과 장비비는 아래와 같이 구분되어 산정 될 수 있으며, 장비 유지관리비도 포함한다.

- Equipment Rental Cost: 공기단축 수행을 위해 추가로 빌린 장비 임대료를 산정한다.
- Cost for Owned-Equipment Use: 단축작업의 생산성 향상을 위해 자사장비가 추가 투입되었다면, 자사장비의 시간당 단가를 적용하여 비용을 산정한다. 단 자사장비 원가에 대한 상세 회계자료가 부족하면, 시간당/일당 단가 산정에 어려움이 있다.

5) Field Supervision Costs(증가된 감독인력비)

공기단축을 위해 인력/장비 등이 추가로 투입되면 공사관리 인력도 추가로 투입될 필요가 있으며 관련비용이 포함된다. 단, 줄어드는 공사기간에 예정되었던 공사관리인력의 비용은 제외해야 할 필요가 있다.

6) Subcontractor Costs(하도급자 비용)

공기단축을 위해 계획대비 비용이 높은 하도급자를 사용 할 수 있는데, 이 때 발생한 비용도 포함될 수 있다.

7) Site Overehead Costs(현장관리비)

공기단축(Acceleration) 기간에 추가로 투입되는 간접인원 및 증가된 고정비 등 현장관리비에 대한 비용 산정이 가능하나, 단축되는 기간을 고려해서 산정해야 한다. 참고로 본사관리비(Head Office Overehead Costs)는 현장 생산성 향상 및 작업과 크게 연관이 없기 때문에 포함할 근거가 부족하다.

8) Finance and Interest Costs(금융 및 이자 비용)

공기단축을 위한 추가 자금 조달에 따른 이자 손실비용을 포함 할 수 있는데, 당초 계획공정의 왜곡 또는 생산 프로세스 촉진으로 인해 추가자금조달 증명이 필요하다.

9) Profit(이익)

공기단축 클레임(Acceleration Claim)은 추가 작업을 수행한 것이 아니기 때문에 추가 이윤 요구에 대한 정당성이 부족하며 따라서 공기단축 비용에 이익(Profit)을 포함하는 것에는 논쟁의 여지가 많다.

10) Incentive(보상금액)

목표 달성에 따른 조건부 형태의 합의된 금액 또는 공기단축(Acceleration) 시에 별도의 인센티브(Incentive)를 협의하여 진행하면 청구 가능한 항목에 해당한다.

> In the event the Contractor achieves completion date earlier than the Scheduled completion date by more than ten (10) days, the incentive for early completion payable by the Company to the Contractor shall be accrued in accordance with Appendix hereof.[267]

3.3 공기단축(Acceleration) 비용 산정방법

공기단축 비용 산정방법도 방해/간섭(Disruption) 비용 산정방법과 유사하며, 일반적으로 활용되고 있는 방법을 소개하면 아래와 같다.

1) Total Cost Approach

이 접근법은 시공자가 프로젝트를 수행하면서 발생한 전체 비용을 기준으로 당초계획 비용 또는 비교대상 비용(Benchmark Cost)과 대비하여 손해(Damages)를 산정하는 방법이다.[268]

즉, 공기단축을 수행하기 위해 추가된 비용을 포함한 전체 비용에서 당초계획금액을 제외하여 산정한다.

---

267) EPC Contract

268) E.C Ernst, Inc. v. Koppers Co., 626 F.2d 324, 327

[표 9.3] Total Cost Approach 계산식

Damages (Cost)	=	계약이행을 위해 지출된 총금액 (Total Actual Cost of Performance)	-	당초 계획/입찰 금액 (Original Estimated Cost)

상기식과 같이 당초 대비 초과된 비용을 피해금액으로 산정되는데, 이 접근법은 다음과 같은 가정이 수반된다.269)

- 시공자가 공기단축 비용 이외에 어떤 초과 비용을 야기하지 않았다.
- 시공자의 전체 비용 산정이 정확하다.
- 당초계획 비용 또는 비교대상 비용(Benchmark Cost)이 합리적으로 산정되었다.
- 이 방법 외에 다른 산정법을 적용하기 어렵다.

대부분의 경우에 상기 가정을 다 만족하기 어렵기 때문에 Total Cost Approach는 일반적으로 재판부에서 선호하지 않는 방식이며, 상대방에게 쉽게 반박 받을 수 있기 때문에 신중하게 적용해야 한다.

2) Modified Total Cost Approach

이 접근법은 상기 Total Cost Approach를 보완한 대안적인 방법으로 공기단축 비용을 포함한 시공자의 전체공사비에서 시공자 귀책에 대한 초과비용을 제외하여 금액을 산정하는 방법으로 건설공사에서 불가피하게 발생하는 시공자 귀책에 대한 비용을 인정하기 때문에 비용의 정당성을 주장할 수 있다.

3) Discrete Cost Approache

이 접근법은 특정사건이나 시공자 귀책이 아닌 이벤트에 대한 비용을 분리해서 각각 산정하는 방법이다. 예를 들어 공기 지연사건, 공기단축 지시, 발주자의 도면변경 등과 같은 사건들을 구분하여 비용을 산정하는 방법으로 사건 및 비용에 대한 정보가 정확할 경우 산정금액의 정확도가 상당히 높은 방법이다.

상기 3.2 공기단축(Acceleration) 비용 구성에서 설명한 바와 같이 각각의 금액이 이벤트 별로 구분되어 산정되어야 하기 때문에 피해금액 산정이 어렵고 복잡하지만, 합리적으로 작성된 경우 상대방의 반박에 적절히 대응할 수 있다.

269) Robert F. Cushman외 3인, Proving and Pricing Construction Claim, 3rd Edition (2001)

4) Industry Study/Standard

이 방법은 업계 연구결과(Industry Study)를 공기단축(Acceleration) 비용 산정에 활용하는 방법이다.[270] Industry Standard가 어떤 작업에 대한 생산성(Productivity Rate)을 제공하는데, 이 자료를 시공자가 수행한 공기단축과 비교하여 초과비용을 산정하는 방법이다. 이 방법은 영향을 받는 작업이 반복적이고, 전형적이고, 일반적으로 다른 유사 작업과 비교하기 쉬운 경우에 적용하기 좋다. 생산성에 대한 연구결과는 앞서 방해/간섭(Disruption) 비용 산정에 소개한 자료를 참고할 수 있다.

5) Measured Mile Approach

방해/간섭(Disruption) 클레임 산정 시와 마찬가지로 공기단축(Acceleration) 비용 산정에도 비교 구간/점(Benchmark)을 설정하여 피해금액을 산정하는 Measured Mile 접근법이 적용될 수 있다. 이 접근법은 실제 수행 프로젝트 자료를 기준으로 비용을 산정할 수 있다는 장점이 있는 반면, 관련 기록이 없다면 사용하기 어렵다. 이 방법은 Industry Study 방법의 단점을 보완해 줄 수 있기 때문에 Measured Mile과 Industry Standard Approach를 병합하여 사용할 수도 있다.

6) Quantum Meruit Recovery

공기단축(Acceleration)의 결과로 당초 계획 대비 비용초과가 현저할 경우 이 방법을 적용할 수 있다.

> When a project has changed so significantly as a result of acceleration that the original cost estimate and plan are no longer appropriate, the contractor may be entitled to a quantum meruit recovery.[271]

이 방법은 공사변경(Change)이 많아서 예상 프로젝트와 전혀 다른 프로젝트를 수행하였다는 가정을 기준으로 한다. 이러한 경우가 많지는 않겠지만 이 방법을 적용할 때는 적절한 본사관리비(Home Office Overhead) 및 이익(Profit)을 산정 할 수 있다.

---

270) Pebble Building Co. v. G.J Hopkins, Inc., 233 Va. 188, 228 (1982)

271) Robert F. Cushman외 3인, Proving and Pricing Construction Claim, 3rd Edition (2001)

3.4 공기단축(Acceleration)에 따른 생산성 저하 요인 및 비용 산정

앞서 설명한 바와 같이 연장근무(Overtime), 초과인원투입(Overmanning), 교대작업(Shit Work) 등을 통해 공기단축(Acceleration)을 수행하는데, 이 경우 생산성 저하가 발생하여 비용증가를 야기하게 된다. 이렇게 생산성 저하에 따른 비용은 불가피하게 발생함에도 불구하고, 공기단축(Acceleration) 비용 산정 시 누락하는 경우가 많으므로 유의하여야 한다.

연장근무(Overtime) 수행에 의한 초과비용 산정

연장근무를 수행할 경우, 피로, 의욕저하 및 관리감독 소홀 등의 이유로 주당 Working 시간 및 Overtime 기간에 따라 생산성 저하가 발생 하고, 일/주당 Working 시간에 따른 생산성 저하가 발생될 수 있다. 이런 경우, 다음의 연구결과(Lee, 2007)를 활용하여 추가금액을 산정할 수 있다.

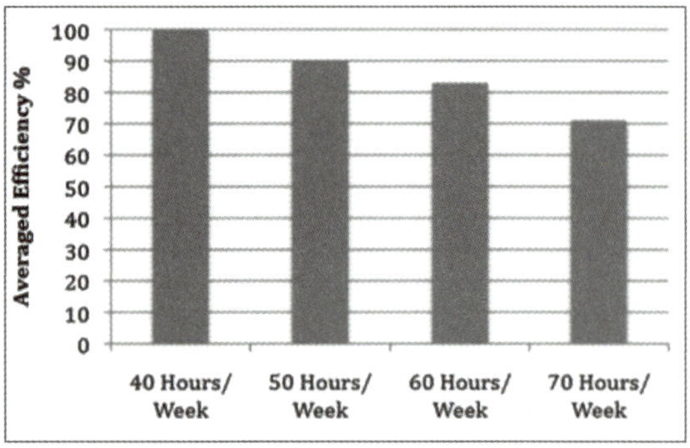

예를 들면, 주당 40시간에서 50시간으로 증가된 경우, 10%의 생산성이 감소됨에 따라 노무비의 10%가 증가된 금액을 산정할 수 있다. 1,000 manhours($20/manhour)가 당초 주당 40시간 작업을 하다가 주당 50시간 작업을 하게 될 경우, 생산성 저하에 따른 Manhour Loss = 1,000 manhours × 0.1 = 100 manhours가 되고, 이를 비용으로 환산하면, 100 manhours × $20 = $2,000의 비용손실로 산정된다.

초과인원투입(Overmanning)으로 인한 초과비용

초과인원투입을 통해 돌관 작업을 하는 경우, 작업공간 부족, 관리자 부족, 추가 교육 필요 등으로, 최적의 단위 인력(Crew)의 생산성저하가 발생할 수 있고 이런 경우, 다음의 연구결과(Lee, 2007)를 적용하여 증가 비용을 산정할 수 있다.

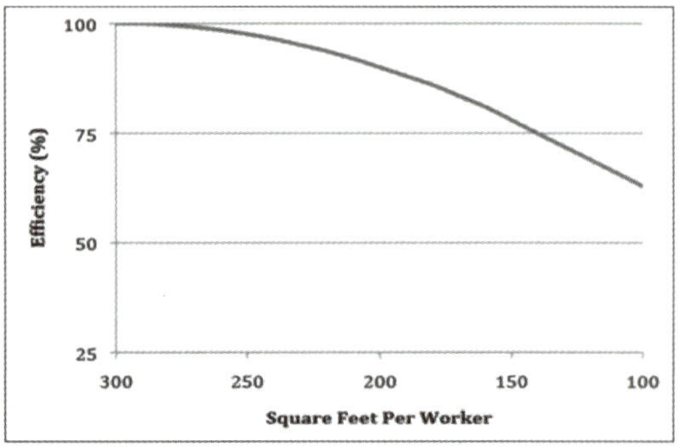

예를 들면, 인당 300 Square Feet의 공간이 150 Square Feet로 줄어들게 되면 약 25% 생산성저하가 발생하고, 그만큼 비용이 증가한다. 1,000 manhours, $20/manhour가 투입되었을 때, Manhour Loss = 1,000 manhours × 0.25 = 250 manhours가 되고, 이를 비용으로 환산하면, 250 manhours × $20 = $5,000의 비용 손실로 산정된다.

교대작업(Shift Work)으로 인한 초과비용

사용 빈도는 적은 편이나, 교대작업 등으로 돌관작업을 할 경우, 다음의 연구결과(Hanna, 2008)를 적용할 수 있다.

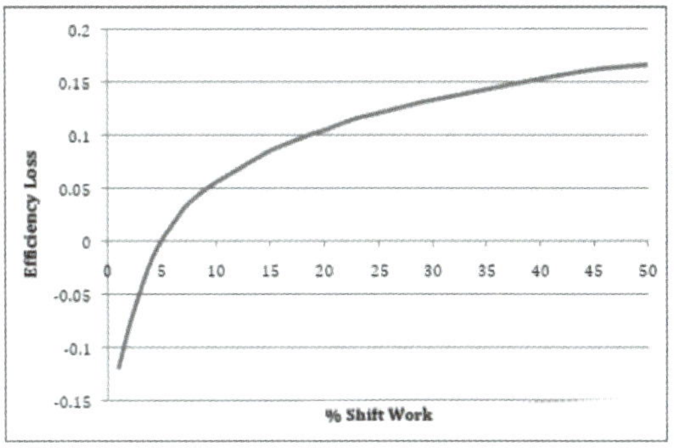

예를 들면, 20%가 교대작업을 하는 경우 약 10%의 생산성 저하가 발생하여 그만큼의 비용이 증가한다.

3.5 Mitigation and Cost Saving

공기단축(Acceleration)을 수행할 경우, 시공자는 손실을 최소화 할 책임이 있으며, 손실을 최소화하려는 노력에도 불구하고 발생된 손실은 보상이 가능할 수도 있다. 하지만 피할 수 있었던 손실과 노력에 의해 이미 완화된 손실(Avoidable Loss)은 보상되지 않는다. 예를 들면, 적절한 장비를 사용하여 인력을 최소화하거나, 단가가 비싼 야간작업 대신 주간에 추가 인력을 투입하는 것 또한 현장관리비(Site Overhead)를 최소화하기 위한 방법을 강구하는 등 시공자는 실질적으로 가능한 모든 노력을 할 필요가 있다. 한편, 공기단축을 통해 간접비가 절감되거나, 작업능률이 향상되어 비용이 절감되었다면, 이를 공기단축 비용 산정 시 절감금액으로 반영하여야 한다.

4. 대응전략

4.1 지시에 의한 공기단축(Directed Acceleration) 상황시 유의사항

아래는 발주자와 시공자의 지연이 동시에 발생한 상태에서 발주자가 시공자에게 공기단축(Acceleration)을 지시한 상황이다.

[그림 9.11] 발주자/시공자 지연시, 지시에 의한 공기단축(Directed Acceleration) 상황

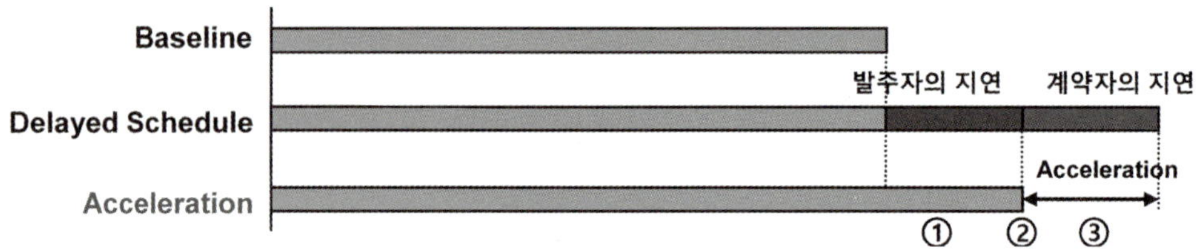

시공자가 ①시점에 프로젝트를 완료하였다면 ②-① 기간을 공기단축(Acceleration) 한 것이고 이에 대하여 보상받을 권리가 있다. 그러나 ②시점에 프로젝트를 완료하였다면, 공기단축 행위가 발생했다고 보기 어렵다. 왜냐하면 시공자의 지연기간보다 단축시켰을 때 보상권리가 발생하기 때문이다. 한편 ③시점에 프로젝트를 완료하였다면, ②시점을 초과하는 기간만큼 지체상금을 부과받는다. 이러한 상황에서 중요한 시점은 ②번이다. ②시점이 발주자와 시공자 사이에 정확히 확인되지 않으면, 공기단축을 측정하는 기준값이 틀려지기 때문에 분쟁으로 발전할 가능성이 매우 높다. 따라서 이러한 상황에서는 공기단축을 수행하기 전에 ②시점에 대하여 양 계약참여자가 특정한 시점을 확인하고 ①시점에 끝내는 경우를 가정하여 공기단축 계획서(Acceleration Plan)를 제출하고 협의해야 한다.

지시에 의한 공기단축(Directed Acceleration) 상황이더라도 공기단축 비용을 사전에 합의하는 것이 필요하다. 보상권리가 명확하더라도 나중에 발주자가 이런 저런 이유로 공기단축 비용에 대하여 시공자의 기대만큼 제시할 수 없는 경우가 많기 때문에 공기단축 수행 전에 공기단축 비용을 미리 결정해야 한다. 또한 공기단축 합의시에 특정한 완료일(Milestone)을 정하게 되는데, 단일한 완료일로 합의하면, 발주자가 완료일을 고의로 지연시킬 수도 있기 때문에 가능하면 복수의 완료일을 지정하거나 중간 단계의 완료일을 지정해서 부분적으로라도 공기단축 비용을 확보할 수 있도록 공기단축 계획서 (Acceleration Plan)를 작성하고 협의할 필요가 있다.

한편 공기단축(Acceleration)이 합의되면 공기연장 비용(Prolongation Cost)에 대한 권리가 부분적으로 상실될 수도 있는데 관련 내용을 참고하면 아래와 같다.

> Where acceleration is instructed and/or agreed, the Contractor is not entitled to claim prolongation compensation for the period of Employer Delay avoided by the acceleration measures.272)

발주자의 지연기간에 대하여 그만큼의 연장 비용(Prolongation Cost)을 청구할 권리가 있는 경우에 그 기간을 공기단축(Acceleration)에 의하여 단축시켰거나 단축할 수 있었던 기간에 대해서는 연장 비용에 대한 보상권리가 없다는 의미이다. 즉 최초 계획공정표 대비 실제 증가한 기간에 대해서만 연장 비용 권리가 발생하는 것이며, 단축한 기간은 이론적인 기간이므로 연장 비용의 보상 대상으로 볼 수 없다.

4.2 공기단축(Acceleration) 기간의 의미

계약적 완료일을 단축하는 행위는 정확히 몇 개월을 단축하였다고 설명될 수 있으나, 대부분의 경우는 이미 지연이 발생한 상황에서 그 지연을 단축하는 행위로서 공기단축(Acceleration)이 진행된다. 여기서 예상되는 지연기간은 확정적인 기간이 아니기 때문에 공기 단축 기간은 일종의 가정적인 개념이 포함된다고 볼 수 있다.

[그림 9.12] 공기단축(Acceleration) 기간

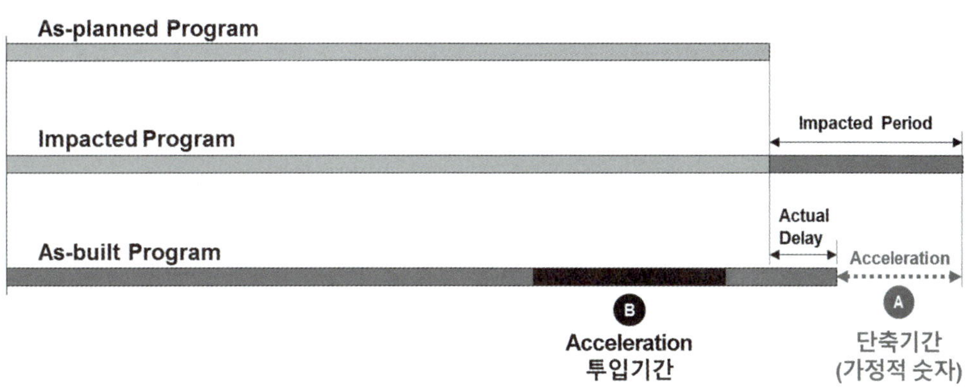

272) Core Principles 16.4, Delay and Disruption Protocol 2nd Edition (2017)

공기단축(Acceleration) 비용을 계산할 때 단축한 A기간을 기준으로 비용을 계산하기도 하는데, 이는 잘못된 방법이다. 공기단축이 진행된 시점은 인력, 장비 등이 추가적으로 투입된 B기간에서 이루어졌기 때문이다. 따라서 공기단축 비용을 계산할 때는 B기간에 투입된 자원을 기준으로 해야 한다. 보통 A기간보다 B기간이 더 길게 확인되는데, B기간에 비하여 A기간이 터무니없이 적다면, 공기단축 비용의 근거가 약해질 수 있다.

공기단축 클레임(Acceleration Claim)의 중요한 원칙은 공사기간을 얼마나 물리적으로 단축시켰는지의 여부가 매우 중요하다. 이러한 논리를 제공하기 위해서 영향공정표(Impacted Program)에 계산되는 끝점을 기준으로 공기단축 기간을 산정하는데, 공기단축 수행 전에 분석 작업을 진행해서 프로젝트의 예상 완료일을 확인하는 것이 매우 중요하다.

4.3 공기단축(Acceleration) 분석절차

공기단축 클레임(Acceleration Claim)에서 유의해야 할 점은 공사가 거의 완료된 시점에서 과거에 공기단축을 했다고 주장하는 경우이다. 이런 상황은 공기단축을 입증하기가 매우 어렵고 과거의 상황을 가정적으로 제시할 수밖에 없기 때문에 설득력이 매우 떨어진다. 아래의 공기단축 분석절차를 참고하면 먼저 적절한 타임라인을 나누고 계획공정표(Baseline)를 수정해서 기 발생한 이벤트의 영향을 확인하는 것이 중요하다는 것을 알 수 있다. 이는 공기단축을 수행하기 직전의 프로젝트의 상황(이미 지연이 발생한 것인지, 일정을 준수하고 있는지를 확인)을 확인하는 과정이다. 이 단계에서 실제 작업진도(Actual Progress)도 같이 포함해서 발생한 영향의 정도를 같이 확인할 수 있다.

이후에 공기단축(Acceleration)을 합의하고 수행하면, 그 수행한 실적(Actual Progress)을 입력하면서 완료일의 변동을 정리한다. 이 과정에서 공기단축이 투입된 작업에 중요한 변동이 발생했다면, 이는 공기단축을 입증하는 중요한 내용이 될 수 있다.

[그림 9.13] 공기단축(Acceleration) 분석절차

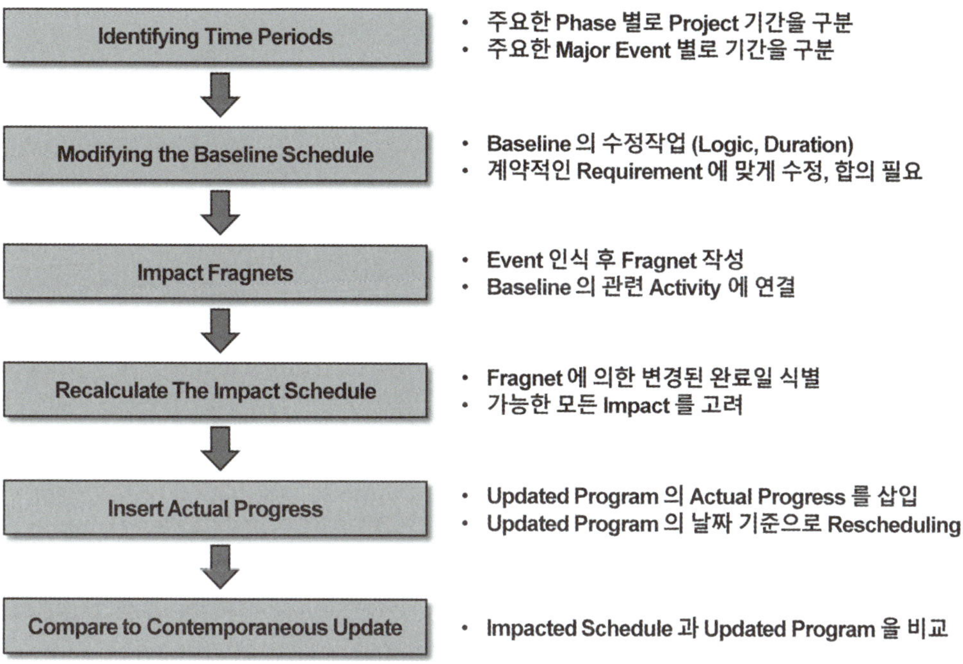

4.4 의제된 공기단축(Constructive Acceleration)

공기단축(Acceleration)의 통계자료를 참고하면, 발주자의 지연이 있음에도 불구하고 적절한 공기연장 없이 공기단축을 하는 경우가 73%이며, 추가 작업이 발생했음에도 불구하고 공기연장 없이 진행하는 경우가 15%로 확인되었다. 즉 공기단축의 88%가 적절한 공기연장 없이 무리하게 진행되고 있으며, 결국 시공자는 적절한 보상을 받지 못한다. 만약 적절한 공기연장 과정을 거치고 필요한 여러 가지 조건을 충족시키면, 의제된 공기단축(Constructive Acceleration)을 주장하고 그에 따른 보상을 청구할 수 있을 것이다.

[그림 9.14] 의제된 공기단축(Construction Acceleration)의 개념

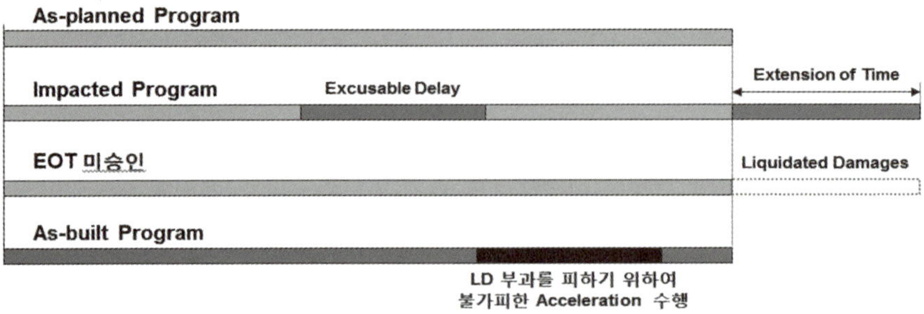

4.5 공기단축(Acceleration) 계획서 작성시 주요내용

정상적인 공기단축 절차는 시공자가 공기단축 계획서를 제출하고 발주자가 이를 검토해서 승인 후 공기단축을 진행한다. 공기단축 계획서 작성시 주요 내용 및 유의해야 할 점을 아래와 같이 정리하였다.

1) 계약공기와 단축공기

어떤 공정을 어떤 방법으로 단축할 것인지가 가장 중요하다. 적절한 세부공정, 중간 완료일(Milestone) 비교를 통하여 구체적인 단축일정을 표현해야 한다.

[그림 9.15] 공기단축(Acceleration) 공정표

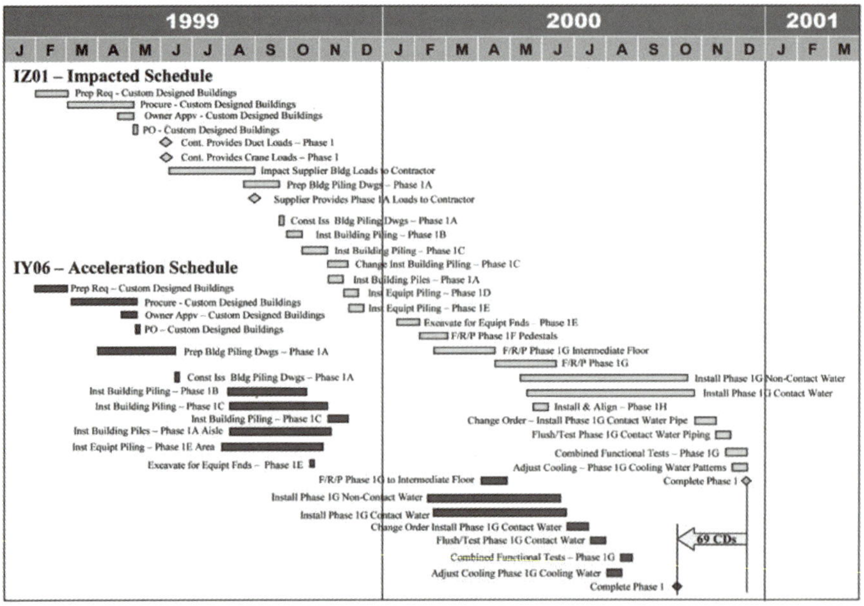

이를 위하여 각 공종별 또는 Unit별로 적정 공기에 대한 내용을 추가해서 합리적인 기간산출에 대한 논리를 표현해야 한다.

2) 단축으로 인한 발주자의 이익

보통 공기단축(Acceleration)을 하면 추가비용이 들어가기 때문에 발주자는 과연 그러한 추가비용을 지불하면서 공기단축을 진행해야 하는지에 대해서 여러 가지 상황을 고려한다. 즉 공사기간이 단축됨으로서 발주자가 금융비용을 절감한다든지 또는 어떤 제품을 생산하여 조기 판매함으로서 발주자가 이익을 빨리 얻을 수 있을지에 대한 목표를 명확히 제시해야 한다. VE(Value Engineering)와 관련된 계약조건도 이러한 내용을 설명한다.

Clause 13.2 Value Engineering

The Contractor may, at any time, submit to the Employer a written proposal which (in the Contractor's opinion) will, if adopted:

(a) accelerate completion;
(b) reduce the cost to the Employer of executing, maintaining or operating the Works;
(c) improve the efficiency or value to the Employer of the completed Works; or
(d) otherwise be of benefit to the Employer.[273)]

시공자는 어떤 내용이 적용되면, 완료일을 단축하거나, 비용을 절감하거나, 효율을 개선시키는 등의 이익을 발주자에게 제시할 수 있을 때 제안서를 제출할 수 있다고 설명한다. 여기서 발생하는 이익은 발주자뿐만 아니라 시공자도 공유하는 개념으로 협의를 진행할 수 있을 것이다.

[그림 9.16] VE(Value Engineering)를 통한 이익 공유

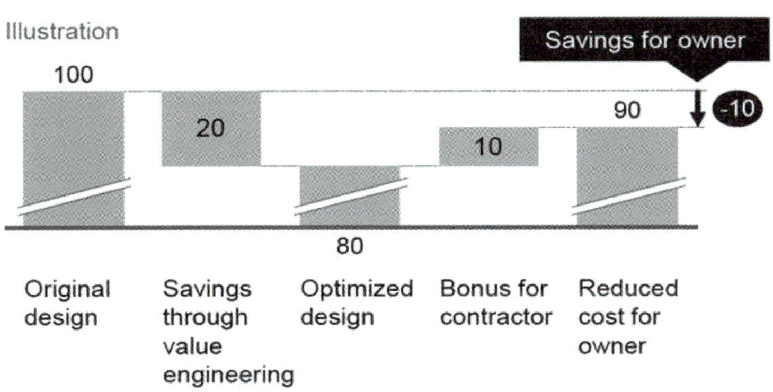

273) Clause 13.2, FIDIC Silver Book Second Edition (2017)

발주자와 시공자가 이익을 공유하는 개념에서 조금 더 발전된 형태로 손실도 공유하는 계약구조인 Gain & Pain Share 형태도 최근 발전하고 있다.

[그림 9.17] Gain & Pain share 도해

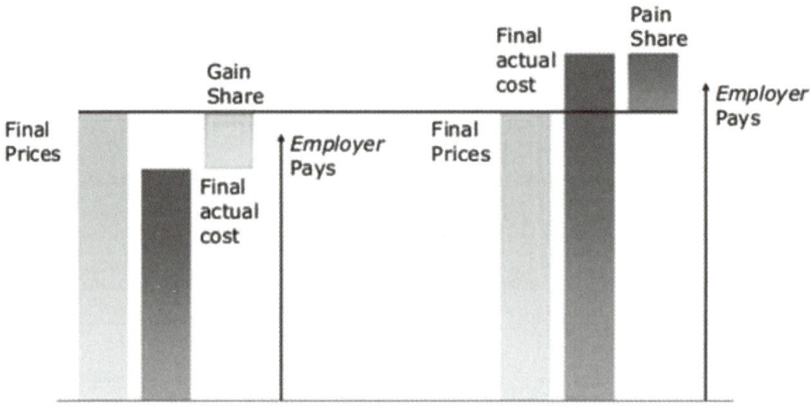

보통 시공자의 입장에서 유리한 내용 위주로 공기단축(Acceleration) 계획서를 작성하게 되는데, 승인의 권한은 발주자에게 있으므로 발주자의 관점에서 흥미를 끌 수 있는 발주자의 이익에 대하여 충분히 설명할 필요가 있다.

3) 수행 계획(Execution Plan)

건설 프로젝트에서 HSE(보건/안전/환경)는 중요한 관리포인트이다. 아무리 빨리 프로젝트를 완료해도 안전문제 또는 환경문제가 발생해서 프로젝트의 환경이 안 좋아진다면 발주자는 굳이 공기단축(Acceleration)을 진행할 아무런 이유가 없을 것이다. 공기단축을 진행하면 동시작업, 야간작업 등이 발생할 수밖에 없고 이에 따라 작업환경이 안 좋아지면서 안전에 위협을 받게 되고 주변의 민원이 증가하는 등 부정적인 영향이 발생한다. 따라서 수행계획(Execution Plan)에 이러한 리스크를 낮출 수 있는 방법과 수단을 포함해서 작성해야 한다.

4) 공기단축(Acceleration) 비용

국내공사는 표준품셈이 있기 때문에 연장근무나 또는 휴일근무의 할증을 적용하기에 용이하고 정부노임단가를 적용하면 노무비 단가도 확인하기가 쉬운 편이다. 이런 자료와 실비를 비교하여 공기단축(Acceleration) 비용을 청구하는 논리는 합리적인 편이라고 할 수 있다.

[표 9.4] 휴일 및 연장근무에 따른 할증계수

구 분		할증계수(공수) 산정식 및 적용	적용 근거
평일	연장	MD × 1.5	현행 근로기준법 제56조, 표준품셈 1-15. 노임할증 및 1-16. 품의 할증
	야간(철야)	MD×1.5×1.25 = 1.875	
휴일	기본	MD × 1.5	상동
	연장	MD×1.5+0.5 = 2.0	
	야간(철야)	MD×[(1.5+0.5)×1.25] = 2.5	
노무비단가		정부노임단가 기준	공사계약 일반조건 제28조, 회계예규 정부입찰, 집행기준 제14장 제73조 등

그러나 해외공사는 비교대상을 적용하기 어려운 편이어서 계약서의 단가를 적용하거나 또는 실손실의 개념으로 공기단축(Acceleration) 비용을 정리한다. 이전에 언급한 것과 같이 공기단축은 항상 생산성 저하를 발생시키기 때문에 공기단축 비용을 정리할 때는 이러한 생산성 저하를 고려한 내용도 포함시킬 필요가 있다. 또한 간접비를 계산할 때에는 절감되는 비용(공사기간이 단축됨으로 인하여 줄어드는 간접인원)도 같이 계산해서 공기단축 비용이 합리적으로 계산되었다는 점을 강조할 필요가 있다.

5) 발주자와 협의사항

시공자는 공기단축(Acceleration) 수행 전에 공정변경을 포함하여 다음과 같은 사항을 반드시 확인하여 공사를 계획대로 원활히 수행하고 발주자와 다툼없이 그에 대한 정당한 보상을 받을 수 있도록 준비해야 한다.

[그림 9.18] Acceleration 시 발주자 협의사항

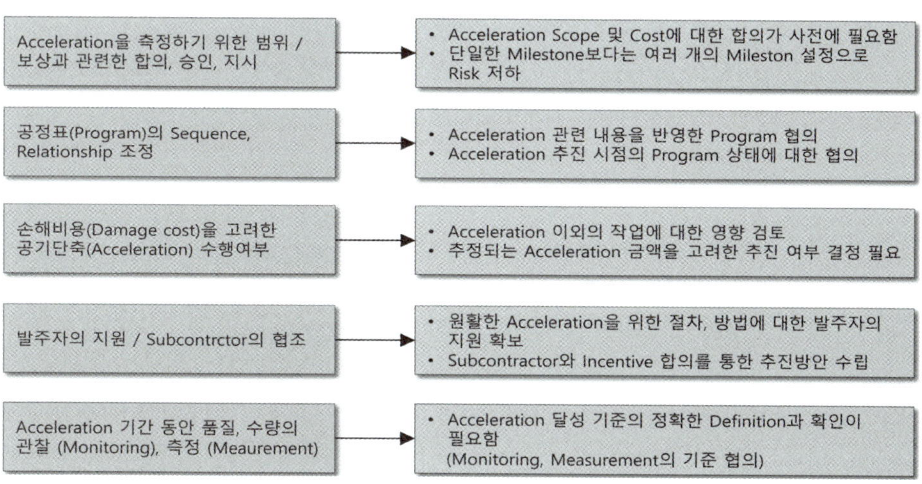

5. 주요 계약조항

공기단축(Acceleration)과 관련된 직접적인 조항은 많지 않은 편이며, 공기단축으로 인하여 공사변경(Change) 성격의 이벤트가 발생한 것으로 볼 수 있다. 따라서 공사변경의 정의를 확인해서 이러한 논리를 적용해야 한다.

[표 9.5] 공기단축(Acceleration) 계약조항

<table>
<tr><th colspan="2">구분</th><th>내용</th></tr>
<tr><td rowspan="3">NEC3</td><td>조항</td><td>Clause 36 Acceleration</td></tr>
<tr><td rowspan="2">내용</td><td>"36.1 The Project Manager may instruct the Contractor to submit a quotation for an acceleration to achieve Completion before the Completion Date. The Project Manager states changes to the key Dates to be included in the quotation. A quotation for acceleration comprises proposed changes to the Prices and a revised programme showing the earlier Completion Date and the changed Key Dates. The Contractor submits details of his assessment with each quotation.
36.2 The Contractor submits a quotation or gives his reasons for not doing so within the period for reply."</td></tr>
<tr><td>PM이 공기단축을 지시할 수 있으며, 시공자는 이와 관련한 조사/평가를 제출하도록 설명하고 있다.</td></tr>
<tr><td rowspan="3">SCL Protocol</td><td>조항</td><td>Core Principles 16. Acceleration</td></tr>
<tr><td rowspan="2">내용</td><td>Where the contract provides for acceleration, payment for the acceleration should be based on the terms of the contract. Where the contract does not provide for acceleration, but the Contractor and the Employer agree that accelerative measures should be undertaken, the basis of payment should be agreed before the acceleration is commenced. Contracting parties should seek to agree on the records to be kept when acceleration measures are employed.</td></tr>
<tr><td>계약에 공기단축 조항이 없다면 계약참여자는 공기단축에 대해서 상호 동의해야 한다.</td></tr>
<tr><td rowspan="3">EPC Contract</td><td>조항</td><td>Variations</td></tr>
<tr><td rowspan="2">내용</td><td>"The term "Variation in the Authority's Requirements" or "Variation" shall also include an instruction by the Engineer that the Works or any part or parts thereof, be completed earlier or later than required by the Contract, or by any extension or further extension of the time for completion allowed under Clause."</td></tr>
<tr><td>이 계약은 특히 "be completed earlier" 가 Variation의 조항으로 명시되어 있어서 시공자에게 불리하게 작용할 수 있다.</td></tr>
</table>

구분		내용
	조항	**Schedule Recovery**
	내용	If the Work is proceeding at such a rate of progress that could in the opinion of the Company result in delay to Provisional Turnover of any Portion beyond or further beyond the Scheduled Provisional Turnover Date, or to any delay to date of Turnover which is attributable to the Contractor, the Contractor shall at the request of the Company provide the Company with a recovery schedule. Such recovery schedule shall indicate the additional methods and resources which the Contractor plans to deploy in order to recover the delay. The development and implementation of said recovery schedule shall be solely at the Contractor's cost. if required by the recovery schedule and approved by the Company, the Contractor shall provide additional manpower, construction equipment or take any and all such other recovery measures as may be approved or directed by the Company to ensure completion of the Work in accordance with the Contract at no additional cost to the Company.
		이런 내용들은 만회 즉 시공자의 책임으로 지연되는 상황에 대한 조항이다. 따라서 이 조항은 보상청구의 근거로 활용될 수 없다.

국내공사에서 공기단축 클레임(Acceleration Claim)과 관련된 조항 및 판례는 아래와 같다. 특히 공사계약 일반조건 제 18조 휴일 및 야간작업은 발주기관의 부득이한 사유나 공무원의 단축지시에 근거하여 추가비용을 청구할 수 있다.

[표 9.6] 공기단축(Acceleration) 관련 국내 계약조항

구분		내용
법령	국가계약법	**제19조(물가변동 등에 따른 계약금액 조정)** 계약체결 후 그 밖에 계약내용의 변경으로 인하여 계약금액을 조정할 필요가 있을 때에는 그 계약금액을 조정
	동법 시행령	**제66조(기타 계약내용의 변경으로 인한 계약금액의 조정)** 실비를 초과하지 아니하는 범위 안에서 이를 조정
	동법 시행 규칙	**제74조의3(기타 계약내용의 변경으로 인한 계약금액의 조정)** 계약상대자로부터 계약금액의 조정을 청구 받은 날부터 30일 이내에 계약 금액을 조정하는 것으로 규정
규정	공사계약 일반조건	**계약예규 공사계약일반조건 제 18조(휴일 및 야간작업)** "제18조(휴일 및 야간작업) ①계약상대자는 계약담당공무원의 공기단축지시 및 발주기관의 부득이한 사유로 인하여 휴일 또는 야간작업을 지시받았을 때에는 계약담당공무원에게 추가비용을 청구할 수 있다. ② 제1항의 경우에는 제23조를 준용한다."
정부 입찰·계약 집행 기준		**제72조(실비산정기준)** 기타 계약내용의 변경으로 계약금액을 조정함에 있어서는 실제 사용된 비용 등 객관적으로 인정될 수 있는 자료를 활용하여 실비를 산출하여야하되, 노무비는 급여연말정산서류, 임금지급대장 등 객관적인 자료를 활용하여 산출하는 것으로 규정
근로 기준법		**제50조(근로시간)** 1일의 근로시간은 휴게시간을 제외하고 8시간을 초과할 수 없음 **제54조(휴게)** 사용자는 근로시간이 4시간인 경우에는 30분 이상, 8시간인 경우에는 1시간 이상의 휴게시간을 근로시간 도중에 주어야 함 **제56조(연장·야간 및 휴일 근로)** 사용자는 연장근로와 야간근로 또는 휴일근로에 대하여는 통상임금의 100분의 50 이상을 가산하여 지급하여야 함
표준 품셈		**1-15 노임의 할증** 근로시간을 벗어난 시간외, 야간 및 휴일의 근무가 불가피한 경우에는 근로기준법 제 50조, 제 56조에 정하는 바에 따름 **1-16 품의 할증(4. 야간작업)** 야간작업을 하여야 할 경우에는 품을 25%까지 가산
대법원 판례		**1991.3.22. 대법90다6545 기준** 연장근로·야간근로·휴일근로 등이 서로 중복되는 경우에는 각 사유에 해당하는 가산임금을 각각 합산하여 지급

6. Case Study

6.1 돌관공사비 인정받을 근거 생겼다[274)]

최근 법원은 돌관공사에 대하여 판결을 합리적으로 하는 추세인데, 아래 사례에서 발주자가 무리하게 공사를 진행하는 상황에서 시공자의 주장을 받아들였다.

"...최근 법원이 "시공사 책임없는 사유로 돌관공사가 진행됐다면 이에 따른 비용을 지급해야한다"며 돌관공사 개념과 그 비용을 인정하기 시작해 앞으로 건설현장 관행에 큰 변화가 예상된다.

...이 사건에서 O사는 도급인 탓에 착공이 늦어진 상황에서 공기를 맞추려 돌관공사를 했지만 추가비용을 받지 못한 바 있다. 지난해 8월에도 돌관공사비 관련 소송에서 같은 취지의 판결을 내렸다. 당시 재판부는 "선행공정이 늦어져 착공이 지연되고, 타워크레인 노조가 파업하는 등 원고책임 없는 사유로 공사가 지연돼 돌관공사를 했다면 그 비용을 도급인이 부담해야한다"고 판단했다.

이 사례에서는 최초 착공이 지연되었고 이후 투입된 시공자가 이미 늦은 공기를 만회하기 위하여 돌관공사를 진행한 상황이다. 이 사례에서 돌관공사를 지시받은 과정은 명확하지 않으나, 당초 공기를 단축하라는 취지의 지시는 아니었을 것으로 보이며, 예상되는 지연을 만회하여 당초 공기대로 끝낼 것을 지시한 것으로 보인다. 따라서 이와 같은 경우는 의제된 공기단축(Constructive Acceleration)과 비슷한 개념으로 보이며, 이러한 개념이 국내에서는 널리 사용되지는 않았으나, 보편적인 논리로 설명이 가능했기 때문에 법원에서 이를 받아들인 것으로 볼 수 있다.

274) 2016.03.25 건설경제신문

6.2 돌관공사, 생산성, 간접노무비 등 건설업계 '부당한 관행' 바로잡혀 간다.[275]

아래 사례는 그 동안 이론적으로만 검토되었던 생산성 저하를 포함하여 돌관공사에 대한 법원의 판결내용인데, 다소 생소한 개념들을 법원에서 받아들이기 시작했다.

> ...서울중앙지법은 지난 2월에도 조정을 통해 선행공종 지연에 따른 하도급업체의 돌관공사 비용을 원도급업체가 지급하라는 조정결과를 내놓는 등 '돌관공사' 개념이 법원에서 인정되는 추세를 보이고 있다. 이와 함께 작년 10월에는 서울고법에서 처음으로 '작업시간 단축으로 인한 생산성 저하' 개념을 인정하고 이에 따른 손실을 설계변경에 따른 계약금액 조정사유라고 판결해 눈길을 끌었다...

공기단축을 하면 생산성의 저하가 항상 발생하는데, 이런 개념을 고려하여 특정한 할증률을 적용하여 계산하였으며, 이러한 손실을 설계변경에 따른 계약금액 조정사유로 인정하면서 하도급자의 주장을 인정하였다.

6.3 돌관공사의 추가비용소송

아래 사례도 위와 비슷한데, 시공자의 책임 없는 사유로 인하여 지연이 발생했고, 그 지연을 만회하기 위하여 진행한 공기단축에 대하여 계약금액의 조정대상이 되는 것으로 법원이 판결하였다.[276]

> 계약상대자의 책임 없는 사유로 인하여, 또는 발주기관의 지시로 인하여 공사가 중단되고 이로써 공사기간의 연장사유가 발생하였음에도 불구하고 공사기간의 변경이 이루어지지 않았으며, 계약상대자가 공사기간준수를 위하여 인력이나 장비를 추가적, 집중적으로 투입하여 공사기간 내 공사를 완공하고 이로 인한 추가비용이 발생하였다면, 이는 사실상 공사기간의 변경에 준하는 것으로 보아 계약금액 조정 대상이 된다고 봄이 상당하다.

법원은 2012년에도 이와 비슷하게 판결하였다.[277]

> 계약상대자의 책임 없는 사유로 인해 공기연장사유가 발생하였고, 이에 대한 공사기간연장요청을 하였으나 이를 거절하였다면 명시적인 돌관공사지시가 없더라도 공사기간 준수를 위하여 인력이나 장비를 추가적, 집중적으로 투입한 결과 추가 비용이 발생한 경우에는 돌관공사비(추가비용)를 지급할 의무가 있음.

---

275) 2016.11.16 대한전문건설신문

276) 서울서부지방법원 2013. 1. 18. 선고 2011가합1774 판결

277) 2012 가합 512429 판결

6.4 불가능한 정도의 공기단축 요구와 이에 따른 지체상금 부과[278)]

개요

대전엑스포에 대비하여 발주하는 대전 유성온천 공영개발사업 2단계 공사는 착공일로부터 300일이 되는 1993년 10월 25일에 완료하는 것으로 체결되었다. 한편 발주자는 대전엑스포 준비에 차질이 없도록 하기 위하여 이 사건 공사의 준공기한을 1993년 6월 30일까지 단축, 변경하는 조치를 취하였는데, 이에 대하여 시공자는 공기부족을 이유로 준공기한 연기를 요청하자, 예정 준공일을 1993년 7월 31일로 연기하여 준공기한을 확정하였다. 시공자는 그 후 1993년 10월 11일에 준공검사를 마쳤는데, 발주자는 준공기한 일자인 1993년 7월 31일을 59일 초과하여 공사를 완료하였으므로 이에 대한 지체상금을 부과하였다.

판결내용

발주자가 당초의 입찰이나 계약 체결시에 약정한 공사기간을 그 후 행정상의 이유로 일방적으로, 시공자가 당초 전혀 예상하지 못했을 정도로 상당한 기간의 단축을 요구하여 시공자로 하여금 이에 부득이 응하게 한 경우에, 그 공사의 완공에 필요한 총 기간 및 남은 공사기간 등을 참작하여 그 단축된 기간 내에 공사를 준공하는 것이 물리적으로 불가능하거나 총체적으로 부실공사를 강요하는 것이 될 수밖에 없는 사정이라면, 당초의 지체상금에 관한 약정을 그대로 적용하여 위와 같이 준공이 불가능할 정도로 단축된 준공기한을 기준으로 일률적으로 계산한 지체일수 전부에 대하여 당초의 약정에 의한 지체상금의 배상을 그대로 물게 하는 것은 선량한 풍속 기타 사회질서에 비추어 허용할 수 없는 것이라고 할 것이고, 따라서 준공기한을 앞당기기로 하는 위 합의는 준공에 절대적으로 필요한 최소한의 기간에 해당하는 지체상금 부분에 한하여 무효라고 할 것이다.

검토내용

당초 계약상 준공일에 대한 발주자의 공기단축(Acceleration) 요청은 기본적으로 시공자의 동의를 필요로 하는 사항이나 계약상 구체적인 내용에 따라 다르게 해석되기도 한다. 위의 경우는 공사기간 단축(총 공사기간의 40% 단축 요구)을 비합리적으로 과다하게 요청하였기 때문에 지체상금 부과의 정당성을 인정받지 못하였다.

---

278) 대법원, 97 다 2221 판결

6.5 Motherwell Bridge Construction Ltd v. Micafil Vacuumtechnik(2002) 81 Con LR[279)]

Micafil사는 많은 양의 공사변경(Change)을 지시하면서도 프로젝트가 최초 완료일대로 끝나는 것을 원하였다. Motherwell사는 공기연장을 신청했으나 거절당하고, 공기단축(Acceleration) 작업에 착수하였다. 이후 Motherwell사는 공기단축 비용을 청구하였으나 Micafil사는 거절하였고 법원에서 분쟁을 해결하게 되었다.

법원은 Motherwell사의 주장에 동의하며, 아래 5가지 내용을 판결의 주요 근거로 하였다.

(i) There had been excusable delays;

(ii) Micafil had refused to grant extensions of time to which Motherwell would have been entitled under its sub-contract;

(iii) Motherwell had accelerated to complete by the required date and had proved that, but for the delay mitigation measures, the works would have been completed on a later date than they were actually completed;

(iv) Motherwell had written and told Micafil of the actual and projected costs of implementing delay mitigation measures, either prior to, or at the time of implementing the necessary measures; and

(v) Motherwell was entitled to reimbursement of its additional costs incurred in mitigating the delays notified to Micafil.

이 5가지 논리는 의제된 공기단축(Constructive Acceleration)에서 설명된 내용과 거의 비슷한데, 법원은 시공자가 비합리적으로 공기연장을 거절당하고 지체상금을 피하기 위하여 불가피하게 공기단축(Acceleration)을 할 수 밖에 없는 상황이었다면, 비록 발주자와 공기단축 합의가 없었다고 하더라도 공기단축 비용에 대하여 보상권리가 있다고 판결하였다.

279) 의제된 공기단축(Construction Acceleration)을 인정하는 판결로 제한적으로 해석되어야 할 필요가 있음.

6.6 지시에 의한 공기단축(Directed Acceleration) 상황에서의 분쟁사례

발주자가 공식적인 문서로 공기단축(Acceleration)을 지시하였고, 시공자는 지시문서를 받았기 때문에 공기단축 비용을 합의하기 전에 공기단축에 착수하였다. 이후 발주자는 공기단축 비용에 대하여 계속 이의를 제기하였고 시공자는 기투입한 공기단축 인원, 장비 등을 중간에 빼거나 중단할 수는 없었기 때문에 공기단축 작업이 끝날 때까지 그러한 문제는 해결되지 않았으며, 주요 쟁점은 아래와 같다.

[표 9.7] 공기단축(Acceleration)의 주요 쟁점

주요쟁점	발주자의 입장	시공자의 입장	검토사항
Acceleration 달성 여부	실제 Acceleration을 달성하지 못했으며, 시공자의 지연으로 인한 완화와 Acceleration 기간을 분리해야 한다.	각 Room 별로 발주자 에게 인수인계 하였으며, 제출한 공기연장 공정표를 고려하면, 실제로 Acceleration을 수행했다.	공정표를 통한 Acceleration 달성여부는 확인하기 어려우며, 지연이 발생한 중간 Milestone에 대한 구분이 필요하다.
Critical Path	청구한 Acceleration Cost 중 CP를 앞당긴 비용만 인정 하겠다.	Acceleration 작업 전에 여유이 10일 이하인 작업의 비율이 20%가 넘었으며, Acceleration을 수행했기 때문에 전체 일정을 단축할 수 있었다.	여유의 변화를 정확히 보여주면 더욱 효과적이다.
Manpower	Acceleration 작업에 투입된 순수한 인원의 분개가 어렵다.	신청한 인력은 현장에서 확인된 인원으로 Acceleration 작업을 위해 투입되었다.	계획공정표와 비교하는 방식의 인원 산출은 현실적으로 매우 어려우며, 부득이한 경우 Overtime, Shift 등의 인원정리가 가능하다.

발주자가 이의를 제기한 내용이 비합리적이진 않으며 정상적인 상황이라면 공기단축(Acceleration) 투입 전에 이러한 내용들이 서로 확인되고 합의되어야 하기 때문에 이미 완료된 이후에는 발주자의 이러한 반박에 적절히 대응하기 쉽지 않다. 쟁점의 내용을 확인하기에는 이미 시간이 경과하였고 투입하는 자원, 내용에 대해서 사전에 서로 협의되지 않았기 때문이다. 따라서 공기단축 투입 전에 범위, 비용, 시간 등에 대한 합의가 필요하다.

6.7 유권해석 사례

돌관공사와 관련하여 법무부에서 유권해석한 내용을 참고하면 아래와 같다.

공기단축(돌관) 공사비 산정시 노임단가 적용[280)]

국가기관이 체결한 공사계약에 있어서 계약상대자는 계약담당공무원의 공기단축 지시 및 발주기관의 부득이한 사유로 인하여 휴일 또는 야간작업을 지시하였을 때에는 회계예규「공사계약 일반조건」제 18조에 따라 실비를 초과하지 아니하는 범위 내에서 추가비용의 청구가 가능함. 이 경우 실비를 초과하지 아니하는 범위란 근로 기준법에서 정한 할증율을 초과할 수 없음을 의미하는 것이며 그 할증율은 산출내역서에 계상된 노무비를 기준으로 산정하는 것임.

공기단축에 따른 원가계산서 상의 간접노무비 정산여부[281)]

국가기관이 체결한 공사 계약에 있어서 발주기관의 요구에 의한 설계변경으로 증가되는 공사량 및 신규비목 단가는 회계예규 공사계약 일반조건 제 20조 제 2항의 규정에 따라 산정하는 것인 바, 이 때 설계변경 당시의 관련 기준 등에 따라 정당하게 산정된 단가를 기준으로 하여 발주기관과 계약상대자가 성실하게 협의한 가격으로 결정하여 계약금액을 조정/확정하고, 그에 따라 계약을 이행한 후에는 단지 공기가 단축되었다는 사유만으로는 그 단가를 다시 조정할 수 없을 것으로 봄.

공기단축 관련 단가적용 여부[282)]

국가기관이 체결한 공사계약에서 계약담당공무원의 공기단축 지시 및 발주기간의 부득이한 사유로 인하여 휴일 또는 야간작업을 지시하였을 때에는 회계예규「공사계약 일반조건」제 18조 제 3항 및 제 23조에 의거하여 그 변경된 내용에 따라 실비를 초과하지 아니하는 범위 안에서 계약금액을 조정하는 것임.

구체적인 경우 휴일 또는 야간작업에 따른 노임 할증율 적용은 계약담당 공무원이 동 규정, 계약조건, 작업지시 내용 및 관련법령 등을 검토하여 판단, 결정할 사안임. 참고로 실비산정은 회계예규「정부 입찰, 계약 집행 기준」제 75조 등을 참조하여 적용하는 것임.

---

280) 법무부 유권해석 2010.07.07, 법무지원팀-71035
281) 법무부 유권해석 2007.02.23, 법무지원팀-34012
282) 법무부 유권해석 2008.06.24, 법무지원팀-48477

CHAPTER 10

발주자 클레임

Employer's Claim

위에서 언급했던 클레임들은 대부분 시공자의 입장에서 기술되었다. 그러나 그 시공자는 하도급자(Subcontractor) 또는 공급자(Vendor)를 관리해야 하는 발주자의 입장일 수도 있기 때문에, 발주자의 관점에서 주요한 내용을 정리하였다. 클레임은 결국 계약상대방의 입장을 확인하는 것이 매우 중요하기 때문에 상대방의 전략을 확인해서 이에 대응하는 과정이 매우 중요하다.

1. 발주자 클레임
2. 발주자의 대응전략
3. 클레임 대응전략
4. 하도급자 관리

10 발주자 클레임

Employer's Claim

1. 발주자 클레임

1.1 주요 원인

발주자가 클레임을 제기하는 주요 원인으로는 시공자가 프로젝트를 늦게 완료하거나 품질의 차이 및 하자로 인하여 발주자에게 손해가 발생하는 경우이다. 이와 같은 경우에 발주자는 지체상금 조항에 의하여 지체상금을 부과하거나 계약조항에 의거하여 시공자에게 클레임을 제기할 수 있다.

[그림 10.1] 발주자에게 손실이 발생하는 상황

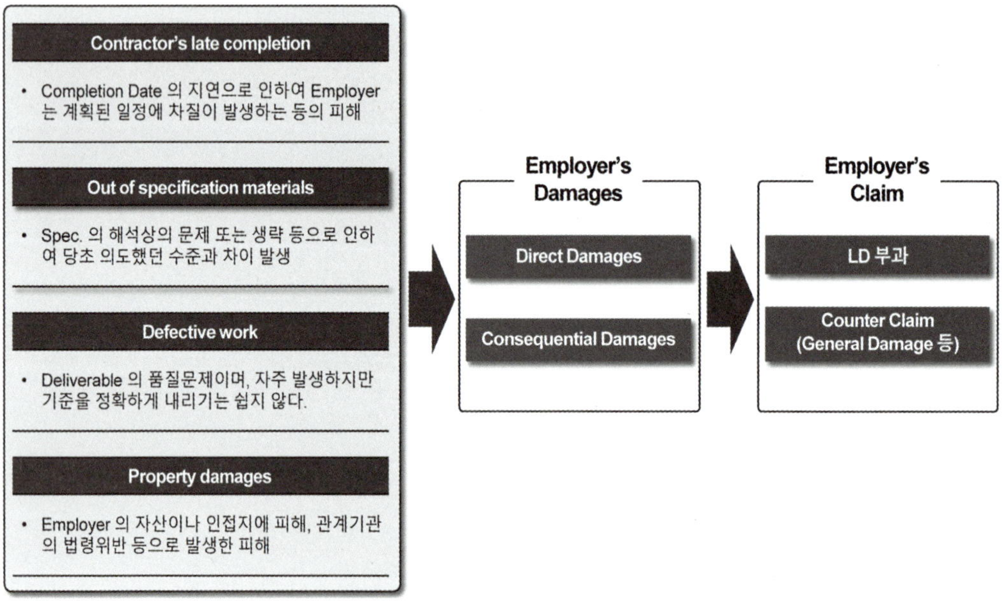

1.2 절차

발주자에 손해가 발생하면 어떤 과정을 거치게 되는가? 먼저 그 영향이 개별적, 직접적이라면 관련된 계약조항에 의거하여 Employer's Claim을 제출할 수 있다. 그러나 그 영향이 종합적, 간접적이라면 결과적 손해(Consequential Damages) 조항이나 지체상금 조항을 참고하여 계약적인 절차를 고려할 수 있을 것이다. 계약별로 Employer's Claim Clause, LD Clause, Consequential Damages Clause 등이 없을 수도 있기 때문에, 어떤 절차를 거쳐야 하는지에 대한 검토가 필요하다.

[그림 10.2] 발주자의 손실에 대한 절차

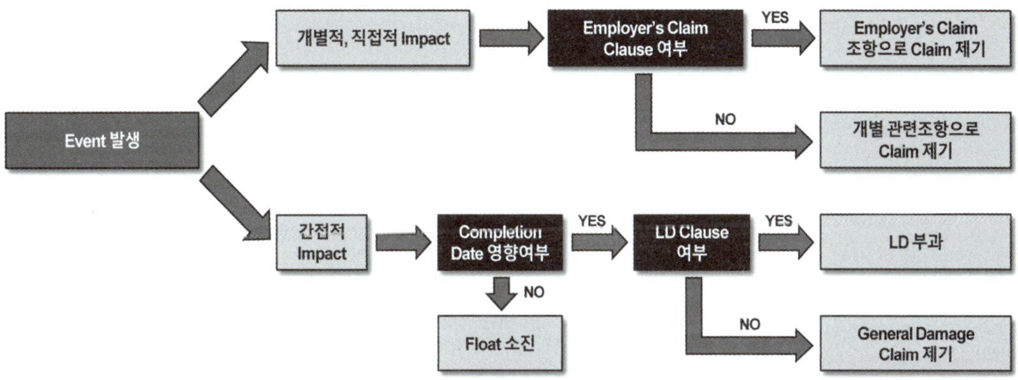

1.3 계약조항

보통 Employer's Claim과 관련된 조항이 없는 경우가 많은데, 합리적인 계약관계의 성립이라는 관점에서 보면 양 계약 당사자의 클레임 절차에 대해서 동일하게 기술되어 있는 편이 바람직한 계약형태라고 볼 수 있다. FIDIC(Silver Book)도 기존에 발주자와 시공자로 구분되어 있던 클레임 절차를 2017년 Second Edition에서 Clause 20 Employer's and Contractor's Claims으로 합쳐서 기술하고 있다.

[표 10.1] Claim 조항(FIDIC Silver Book)

<table>
<tr><th colspan="2">구분</th><th>내용</th></tr>
<tr><td rowspan="2">FIDIC (Silver Book)</td><td>조항</td><td>Clause 20.1 Claims</td></tr>
<tr><td>내용</td><td>A Claim may arise:
(a) if the Employer considers that the Employer is entitled to any additional payment from the Contractor (or reduction in the Contract Price) and/ or to an extension of the DNP;
(b) if the Contractor considers that the Contractor is entitled to any additional payment from the Employer and/or to EOT; or
(c) if either Party considers that he/she is entitled to another entitlement or relief against the other Party. Such other entitlement or relief may be of any kind whatsoever (including in connection with any certificate, determination, instruction, Notice, opinion or valuation of the Employer) except to the extent that it involves any entitlement referred to in sub-paragraphs (a) and/or (b) above.
In the case of a Claim under sub-paragraph (a) or (b) above, Sub-Clause 20.2 [Claims For Payment and/or EOT] shall apply.
In the case of a Claim under sub-paragraph (c) above, where the other Party has disagreed with the requested entitlement or relief (or is deemed to have disagreed if he/she does not respond within a reasonable time), a Dispute shall not be deemed to have arisen but the claiming Party may, by giving a Notice refer the Claim to the Employer's Representative and Sub-Clause 3.5 [Agreement or Determination] shall apply. This Notice shall be given as soon as practicable after the claiming Party becomes aware of the disagreement (or deemed disagreement) and shall include details of the claiming Party's case and the other Party's disagreement (or deemed disagreement).</td></tr>
</table>

발주자가 클레임으로 진행할 수 있는 조항을 정리하면 아래와 같다.

[표 10.2] Employer's Claim으로 진행할 수 있는 FIDIC(Silver Book)[283] 조항

Clause	Description	내용
1.12	Compliance with Laws	시공자가 관련 법령 등을 준수하지 않아서 발주자에게 발생한 손실
5.2	Contractor's Documents	시공자가 제출한 문서가 잘못되어서 발주자가 재검토함으로써 발생한 손실
7.4	Testing by the Contractor	시공자가 테스트를 늦게 해서 발주자에게 손실이 발생한 경우
7.5	Defects and Rejection	하자때문에 발주자가 거부한 설비, 자재 등으로 인한 재시험으로 인하여 발생한 손실
7.6	Remedial Works	발주자가 재시공을 지시하였으나 시공자가 이행하지 않음으로써 발생한 손실
8.6	Rate of Progress	공정지연을 만회하고자 제안된 방법으로 인하여 발생한 손실
8.8	Delay Damages	발주자의 지체상금에 대한 권리
9.2	Delayed Tests	시공자가 완공시험을 지연하여 발주자에게 발생한 손실
9.4	Failure to Pass Tests on Completion	완공 데스트를 통과하지 못한 경우에 빌생한 손실
11.3	Extension of Defects Notification Period	하자통지기간 연장으로 인하여 발생한 손실
11.4	Failure to Remedy Defects	시공자가 하자를 보수하지 않음으로써 발생한 손실
11.11	Clearance of Site	시공자가 프로젝트 완료이후에 현장정리(가시설, 폐기물 등의 제거)가 미흡해서 발주자에게 발생한 손실
12.3	Retesting	재시험으로 인하여 발생한 손실
12.4	Failure to Pass Tests after Completion	완공후 테스트를 통과하지 못한 경우에 발생한 손실
13.6	Adjustments for Changes in Legislation	법규변경에 따른 발주자의 보상권리(공사금액의 감소)
15.4	Payment after Termination for Contractor's Default	시공자의 책임으로 인하여 계약이 해지되는 경우 발주자의 보상권리

위에 언급한 조항은 아래의 내용을 통해서 클레임 절차로 진행된다.

> The Employer shall be entitled subject to Sub-Clause 20.2 [Claims For Payment and/or EOT] to payment by the Contractor of the costs reasonably incurred in connection with...[284]

283) FIDIC Silver Book 2nd Edition (2017)

284) 상동

2. 발주자의 대응전략

2.1 주요 요인(Key Factor)

발주자 입장에서 시공자의 클레임을 방어하기 위하여 여러 가지 전략을 고려할 필요가 있다. 먼저 시공자의 클레임에 대한 원인, 요지가 어떤 것인지 정확히 확인하는 과정이 중요하다. 시공자가 발주자의 어떤 의무에 대해서 클레임을 제기하는 것인지 어떤 포인트가 클레임의 중요한 내용인지에 대하여 분석하는 작업이 우선적으로 필요하다.

[표 10.3] 전략수립을 위한 주요 요인(Key Factor)

Key Factors	내용
Understanding the key drivers of claims	실제 원인이 입찰 오류인지, 시공자의 입찰전략인지, 계역범위 차이인지에 대한 분석
Building the strongest fact base possible	계획된 작업과 실제 진행된 작업, 오류에 대한 증거를 개발
Always winning	성공적으로 클레임을 진행하기 위해서 공사변경/클레임에 대한 정확한 계약적 순서 적용
Building momentum in the first round	추후 클레임에 대한 지렛대효과를 기대하기 위해서 첫 번째 클레임에서 효과적이고 성공적인 분석 실시
Managing the lien process	발주자에 대한 영향을 최소화하기 위해서 시공자의 권리에 대한 효율적 관리

또한 해당 클레임에 대하여 어떤 오류가 있는지 상대적으로 발주자에게 어떤 강점이 있는지 강점과 약점을 효과적으로 확인하는 과정이 필요하다. 이러한 내용은 결국 발주자의 입장을 확인하는 과정이며, 이 입장에 따라 어떻게 대응할지를 결정하는 과정이라고 볼 수 있다. 또한 시공자는 클레임과 관련된 계약적 절차를 준수하지 못하는 경우도 있는데, 발주자는 정확한 계약적 절차를 확인해서 Time Bar를 포함한 계약적 절차의 미준수 내용을 시공자에게 강조할 필요가 있다.

보통 클레임은 한 번에 해결되는 경우는 거의 없으며, 장기간에 걸쳐서 협상이 진행된다. 각 계약참여자가 향후 방향을 결정하기 위해서 첫 번째 협상단계는 매우 중요하며, 그 결과에 따라 클레임이 어떤 방향으로 진행될지 결정된다고 볼 수 있다. 따라서 첫 번째 협상에서의 준비과정이 매우 중요하다고 볼 수 있다. 마지막으로 프로젝트의 진행단계에서 시공자의 권리를 충분히 숙지하여 추후 발주자에게 피해가 발생하지 않도록 발주자의 계약적 의무를 성실히 수행하는 과정이 필요하다.

2.2 클레임 평가(Claim Evaluation)

시공자가 클레임을 제출하면 발주자는 그 클레임에 대한 평가를 진행하는데, 아래는 구체적인 검토 내용을 설명하고 있다.

[표 10.4] 클레임의 검토 내용

구분	내용
Review Project	계약서의 범위(Scope) 변경, 개정 절차, 권리에 대한 관련내용 분석
Record External Factors	기상상황 등 외부적 요인에 대한 기록관리
Track Revisions	시공자와의 의사소통 기록, 개정에 대한 추적관리
Track Relevant Indices	시공자의 클레임에 영향을 미치는 비용 관련 지수 추적관리
Through Documentation	모든 의사소통에 대한 문서기록
Counter Claim Strategy	시공자가 계약서의 내용을 미준수한 행위에 근거하여 반박 클레임(Counter Claim) 준비

발주자는 클레임 문서를 검토해서 강점과 약점을 확인해서 계약적인 입장을 결정한다. 먼저 클레임의 적합성에 대해서 증거가 명확하지 않다거나 논쟁을 발생시킬 수 있다면, 약한 상황(Weak case)으로 판단할 수 있으며, 논쟁이 없거나 증거가 명확하다면 강한 상황(Robust case)으로 판단할 것이다. 또한 클레임 이벤트의 계약적 책임관계, 산정된 비용의 합리적인 수준에 따라 클레임을 평가하게 된다.

[그림 10.3] 클레임 평가에 따른 구분

	Weak Case	Moderate Case	Robust Case
Validity of claim	• 명확하지 않은 증거 • 중요한 정보의 부족	• 다른 정보와 일치하지 않는 정보 • 논쟁을 발생시킬 수 있는 정보	• 3rd Party 나 Internal QA/QC 가 확인한 증거 • 논쟁이 없는 정보
Clear Responsibility	• 책임을 결정하기에는 불명확하고 결정적이지 않은 내용	• 법정에서 책임이 결정되기에는 부족한 내용	• 명확하고 논쟁이 되지 않는 내용
Robust Cost Estimate	• 추정비용이 Backup 서류와 연결되지 않거나 세부내용이 없음	• 추정비용이 초기비용과 관련 있거나 지출에 대한 증거가 없음	• 추정비용이 실제 집행한 비용에 근거하였으며 세부 입증자료 제공

컨설팅사의 클레임 평가를 참고하면 권리(Entitlement), 비용(Quantum), 공기연장(Extension of Time)으로 구분하여 등급을 부여하였다.

[표 10.5] 권리(Entitlement)와 제안된 방법에 대한 등급

Grade	구분
A	High chance of success. The justification is convincing and credible. Strong legal or contractual grounds.
B	Good chance of success
C	An average chance of success
D	Very serious challenges to success
E	The chance of success is insignificant

[표 10.6] 비용(Quantum)의 제안된 방법에 대한 등급

Grade	구분
A	The quantum methodology is appropriate and robust. There are sufficient supporting documents and clarifications.
B	The quantum methodology is appropriate, however additional supporting documentation and clarifications are necessary
C	The quantum methodology is questionable and/or the supporting documentation and clarifications provided are not sufficient.
D	Some information was disclosed, but key elements of the claim are not quantified, or quantified based on an approach rejected by the Company.
E	No detail of the valuation an no supporting documents were disclosed.

[표 10.7] 비용(Quantum)의 금액에 대한 등급

Grade	구분
A	A significant increase is expected
B	A modest increase is expected
C	The net impact of suggested changes could not be determined
D	No material change to the claim value are expected
E	A modest decrease is expected
F	A significant decrease is expected

공기연장 클레임(EOT Claim)에 대한 평가는 아래의 항목을 기준으로 평가하였다.

- Methodology(활용된 방법에 대한 적정성 평가)
- Entitlement(위에서 언급된 Grade로 구분하여 평가)
- Baseline(선정된 Program의 적정성)
- Chronology and Event Description(누락된 기간에 대한 확인)
- Fragnet Definition(시작시점, 종료시점, 기간에 대한 확인)
- Logic(Baseline과 연결된 로직에 대한 검증)
- Mitigation Measures(예상지연과 비교하여 조정이 가능한 기간의 확인)

2.3 클레임 방지를 위한 전략(Claim Avoidance)

1) Pre-tender Phase

적정수준 이상의 시공자가 참여해야 클레임을 최소화할 수 있으므로 우선협상 할 수 있는 Short-listing 작성이 필요하다. 금액만을 기준으로 시공자를 선택하면 추후 클레임을 접수받거나 공사가 원활하게 진행되지 않을 가능성이 많다.

[표 10.8] Pre-tender phase에서 유의사항

구분	내용
Plans and Specifications	• 모호한 표현은 클레임을 발생시킬 수 있으므로 명확한 표현을 사용해야 함 • 시공자의 관점에서 시공이 가능한 것인지 검토해야 함 • 시방서는 요구사항, 품질수준, 설치방법 등 모든 구체적인 내용을 포함해야 함 • 누가 설계에 대해서 책임을 지는지에 대한 분쟁은 아주 많이 발생하므로 책임관계를 명확히 표시해야 함
Contract Clauses	• 모호하거나 각 계약문서 사이에 충돌이 발생하는 계약조항은 분쟁을 발생시키므로 유의해야 함 • 따라서 입찰서류를 구성하는 일반조건, 시방서, 도면 등의 관계를 명확히 해야 함
Geotechnical Report	• 지질보고서의 목적은 입찰자에게 직면하는 상황에 대해서 예측 가능하게 하고 예비비를 반영하게 하는데 있음 • 일반적으로 현장을 조사하는 책임은 시공자에게 있으므로 제공되는 지질보고서와 관련한 책임관계를 명확히 표현
Constructability Review	• 시공이 가능하지 않은 입찰문서는 추후 클레임을 발생시키기 때문에, 전문가를 고용해서 시공 가능여부에 대한 기술적인 검토를 해야 함
Employer Coordination	• 인근의 다른 발주자나 존재하는 시설물과의 간섭이 발생하기 쉬우므로 초기 설계 시 고려해야 함 • 법령, 허가와 관련된 사항에 지연이 발생하지 않도록 설계를 고려해야 함

2) Tender Phase

입찰시에는 가능한 모든 정보를 입찰자에게 공개하고, 입찰자가 입찰문서를 정확히 확인한 이후에 입찰했는지를 확인하는 것이 필요하다. 만약 금액이 비합리적으로 차이가 난다면, 공사 수행 중에 문제가 발생할 수 있고 추후 클레임이 발생할 수도 있다.

[표 10.9] Tender phase에서 유의사항

구분	내용
Response to Inquiries	• 계약서의 잘못된 해석은 예비비가 많이 반영될 수 있으므로, 전문가에 의한 명확한 해석이 필요함 • 회신에 대한 시간이 부족하다면 입찰일을 미룰 필요도 있음 • 비공식적인 의사소통은 피해야함
Pre-Tender Conference	• 입찰일 이전에 Pre-tender conference를 할 수도 있음 • 특별한 요구사항을 설명하거나 정확하게 시방서를 설명하는 기회가 될 수 있음
Tender Evaluation	• 입찰자의 입찰내역에 대해서 정확한 분석이 필요함 • 차이가 크다면, 이는 입찰자가 해석을 틀리게 해서 입찰을 잘못 했을 가능성이 크며 추후 클레임으로 진행될 수 있음
Disclosure of Available Data	• 가능한 정보를 모두 공개해서 최적화된 입찰이 되도록 해야 함 • 그러나 그러한 정보가 입찰자의 책임을 면제하는 방향이 되어서는 안 됨

3) Construction Phase

시공단계에서는 무엇보다도 시공자의 작업수행과 관련된 기록을 잘 확보해서 관리하는 것이 중요하다. 또한 시공자와의 업무진행에 있어서 의사소통 기록을 유지해서 추후 클레임 발생에 대비하는 과정이 필요하다.

[표 10.10] Construction phase에서 유의사항

구분	내용
Constructability Review	• Project Management team(발주자측)이 시공성 검토를 수행할 것
Procedure	• 시공자가 자주 요청하는 형태의 내용에 대해서 효율적으로 관리할 수 있는 절차를 만들 것(RFI, Technical Submittal, Variation, Program, Test, Payment, Request for Time Extension, Claim Procedure)
Manpower Productivity	• 시공자의 각 작업 지역별 인력, 생산성의 계획과 실적 기록 유지

구분	내용
Deficiencies and Omissions	• 결함이 있는 작업에 대해서 프로젝트가 끝날 때까지 기다리지 말고 즉시 관련 작업에 대한 수정지시를 할 것
Contract Review	• 계약적인 행위와 관련된 통지 요구사항을 이해할 것 • 제출물에 포함되어야 할 내용에 대한 검토 • 계약참여자(Employer, Engineer, Contractor)의 책임과 의무 검토 • 발주자가 제공해야 하는 내용에 대한 검토 • 계약참여자가 분담하는 리스크와 그에 따른 계약적인 관계 검토
The Importance of Scheduling	• 시공자가 작성해서 제출하는 공정표를 검토하고 승인할 것 • 적어도 1달 이내의 단위별로 공정표를 관리할 것 • 공기연장의 요청, 승인, 거절 등의 기록을 유지할 것

4) 공기지연 클레임에 대한 방어

공기지연은 프로젝트에서 가장 빈번히게 발생하는 상황이기 때문에 미리 대응전략을 준비해야 한다. 특히 동시지연(Concurrent Delay)에 대한 계약적인 해석 및 계약적인 절차에 대한 시공자와의 의사소통이 중요하다고 볼 수 있다.

[표 10.11] 공기시연 클레임에 대한 방어

구분	내용
Contractor has not proven delay	• 정당화(Justification)가 충분하지 않다. • 클레임은 원인과 책임을 충분히 입증하지 못했다.
Contractor was delayed, but not damaged	• 지연은 여유(Float)에 의하여 흡수되었다. • 동시지연(Concurrent Delay)이다. • 그럼에도 불구하고 추가적인 손실은 발생하지 않았다.
Contractor was damaged, but cannot recover any cost	• 지연은 충분히 예상되었다. • 통지(Notice)와 관련한 Time Bar를 준수하지 않았으므로 시공자의 권리는 상실된다. • 보상 불가능한 지연(Non-compensable delay)에 해당된다. • 완화(Mitigation)의 의무를 수행하지 않았다.
Contractor was damaged, but compensated	• 총액금액에 간접비(Overhead)는 포함된 금액이다. • 예비비(Contingency)에 반영된 금액이다.
Contractor was delayed, but there are offsets	• 기성금액에 공제할 금액이 있다. • 수당 등의 기타금액에 포함되었다.
Contractor was damaged, but others are responsible	• 공급자(Vendor), 하도급자(Subcontractor)가 책임져야 한다.

5) 클레임을 방지하기 위한 내용

위의 유의사항을 고려하여 클레임을 피하기 위한 몇 가지 내용을 정리하면 아래와 같다.

[표 10.12] 클레임을 피하기 위한 권장 내용

구분	내용
Do not rush design	• 설계를 위한 충분한, 적합한 시간을 제공해야 추후에 발생할 수 있는 문제를 최소화할 수 있음
Do not rush preparation of the plans and specifications	• 완벽한 도면과 시방서는 작업범위를 정확히 정의하고 공사변경을 최소화할 수 있음
Create a set of plans and specifications detailed to the particular project	• 프로젝트의 특성에 적합한 도면과 시방서를 작성해야 함
Perform sufficient subsurface exploration	• 충분한 지하 조사결과를 입찰자에게 통지해야 USC를 최소화할 수 있음
The Field Engineer must know the requirement of the contract	• 현장의 기술자는 계약 요구조건을 정확히 알아야 재작업이나 실패 비용을 최소화할 수 있음
Communicate	• 시공자와 대립관계에 있지 말고 협력관계를 유지할 것
Be timely	• 시공자가 정보를 요청하면 적시에 회신할 것
Be event oriented	• 문제가 발생하면, 잘못을 지적하기보다 해결에 초점을 둘 것
Assist the Contractor	• 시공자를 지시하지 말고 지원할 것
Document the job	• 프로젝트에 어떤 일이 발생하고 진행했는지 문서화 작업을 진행할 것

3. 클레임 대응전략

계약참여자는 클레임이 발생하는 주요한 상황(Change, Value Engineering 등)에 대해서 대응전략을 미리 수립하여 추후 클레임으로 발생할 수 있는 손실을 최소화해야 할 것이다.

[그림 10.4] 주요 클레임 상황

구분	내용
Change (Quantity)	• Unit Price 계약구조에서 수량변화로 인한 Change • 계약상의 추정 BOQ 보다 많거나 작은 경우
Change (Scope)	• 계약상의 Scope 변경과 관련된 Change • 일반적으로 계약에는 포함되지 않는 비용
Value Engineering	• Contractor 가 Scope, Method, Schedule 등을 변경해서 Contractor 와 Employer 둘 다 Benefit 을 부여하는 행위
Claim	• Employer 또는 Employer 가 고용한 3자에 의하여 피해가 발생하는 상황 • Change 로 합의해서 진행하지 못하고 분쟁이 발생하는 상황

먼저 공사변경(Change)은 공사범위나 물량이 변경됨에 따라 클레임으로 진행되는데, 이러한 상황이 미리 발생하지 않도록 프로젝트가 시작되기 이전 또는 초기단계에서 고려할 내용을 아래와 같이 정리하였다.

[표 10.13] 공사변경(Change) 상황에서 계약참여자의 대응전략

구분	발주자	시공자
Quantity	• 불완전한 설계자료를 이용할 것 • 공사변경에 대해서 최대한의 권리를 스스로에게 부여 • 품질에 대한 애매한 정의를 부여할 것 • 추가적인 지출을 최소화하기위해서 증가된 수량에 대해서 반박할 것	• 추가/감소되는 수량에 대하여 제한을 둘 것 • 실제 수량과 관련된 증빙을 확인하기 위한 발주자와의 절차를 계약에 포함 • 수량 측정에 대한 명확한 정의를 할 것 • 발주자에 의하여 변경되는 내용에 기한을 둘 것
Scope	• 공사범위 전체를 정확히 정의하지 말 것 • 계약서명 후에 발주자의 기술자를 참여시키고 운영을 위해서 공사범위를 변경할 것	• 공사기간과 비용에 대한 변경이 가능하도록 할 것 • 공사변경 금액 산정에 대해서 명확한 절차를 포함할 것

구분	발주자	시공자
	• 프로젝트 중간에 어느 때이건 공사범위를 추가할 수 있게 최대한으로 유연하게 계약서를 작성할 것 • 추가적인 작업에 대한 비용만 동의하고 공기연장 클레임에 대해서는 인정하지 말 것	• 발주자가 지시하는 공사변경의 절차를 명확히 표현할 것 • 발주자가 지시하는 공사변경은 계약금액의 일정비율을 초과하지 않도록 할 것

VE(Value Engineering)로 인하여 발생하는 이익에 대한 클레임도 자주 발생하는데, 미리 관련된 원칙을 계약서에 포함시켜서 계약참여자가 VE로 인한 이익을 정확하게 구분해서 공유하도록 해야 한다.

[표 10.14] VE(Value Engineering) 관련 대응전략

구분	발주자	시공자
내용	• 시공자의 제안에 대해서 주의 깊게 고려할 것 • 발주자의 기술자가 시공자의 제안을 더 개발시킬 것 • 시공자의 제안을 적절히 평가하지 말 것 • VE 금액을 계약금액에 포함시킬 것	• 시공자가 VE를 제안하는 것이 가능하도록 계약에 포함시킬 것 • VE로 인하여 보상받는 내용에 대해서 구체 적인 정의를 할 것 • VE의 제안/승인/평가에 관련한 절차를 포함할 것

아무리 양호한 프로젝트라고 하더라도 클레임은 발생할 수밖에 없을 것이다. 이러한 클레임이 추후 계약참여자의 권리를 보호하는데 활용하기 위해서 각 계약참여자가 클레임 과정에서 대응해야 할 내용을 정리하면 아래와 같다.

[표 10.15] 클레임 관련 대응전략

구분	발주자	시공자
내용	• 강력히 클레임을 거부할 것 • 발주자의 책임과 관계없이 시공자의 책임에 대해서 비난할 것 • 외부 컨설팅을 고용해서 클레임을 대응할 것	• 발주자가 책임져야 하는 내용에 대해서 시공자가 피해를 입을 수 있고 클레임을 발생시킬 수 있다는 통지를 할 것 • 클레임 절차에 대해서 명확히 언급할 것 • 시공자가 클레임을 피하기 위해서 얼마나 노력했는지 적극적으로 보여줄 것 • 발주자의 의무를 수행할 수 있도록 추가적인 지원과 아이디어를 제공할 것 • 발주자가 제공해야 하는 내용에 대해서 스케줄에 포함하고 미리 통지할 것

4. 하도급자 관리

시공자는 발주자 입장에서의 하도급자(Subcontractor) 관리가 전반적인 클레임 관리에 있어서 중요하다. 예를 들어 시공자는 발주자를 상대로 클레임을 진행할 때 하도급자가 관리하는 증거 확보가 중요하고 하도급자와 협업을 하는 것이 효과적인 방법이 될 것이다. 한편 다른 측면에서 보면 어떤 이벤트가 발생하였는데, 하도급자는 시공자에게 보상권리를 가지고 시공자는 발주자에게 보상을 청구하지 못한다면, 시공자만 중간에서 피해를 입게 되는데, 이러한 상황을 방지하기 위해서 입찰단계, 계약단계, 시공단계에서의 대응방안이 필요하다.

4.1 입찰단계

입찰가(Bid Price)

단순하게 최저가로 하도급자(Subcontractor)를 선정하는 것은 바람직하지 않다. 하도급자가 입찰과정에서 어떤 내용을 누락하거나 잘못 해석했을 수도 있기 때문에 입찰가에 대한 확인이 필요하다. 어떤 하도급자는 선정 후에 공사변경(Change)을 통해서 낮은 입찰가를 만회하려는 시도를 할 수도 있기 때문에 무엇보다도 적절한 입찰가를 제시한 하도급자를 선정하는 것이 중요하다. 따라서 하도급자를 선정하는데 있어서 여러 가지를 종합적으로 고려할 필요가 있다.

평판(Reputation)

특히 해외공사를 하는데 있어서 지역업체를 선정하더라도 어느 정도의 실적이 있는지, 업계에서의 평판이 어떤지를 확인해야 한다. 경험이 없거나 역량이 부족한 하도급자(Subcontractor)는 추후 프로젝트에 문제가 발생했을 때 이에 대한 대처가 부족할 수 밖에 없다.

자본(Financial Resources)

분쟁이 발생하거나 프로젝트가 지연되는 경우에 불가피하게 손실이 발생할 수도 있는데, 이러한 상황에 유연하게 대처할 수 있는 하도급자(Subcontractor)의 자본능력이 중요하다. 충분한 작업공간이 있는데도 적절한 인원과 장비를 투입하지 못한다면 프로젝트에 더 큰 손실이 발생할 수도 있다.

경험/자격(Experience and Qualifications)

해외의 대형 발주자는 프로젝트를 수행하는데 있어서 여러 가지 자격이나 조건을 까다롭게 제시하는 경우가 많다. 이런 상황에 적절한 자격(Qualification)과 경험(Experience)을 보유하고 있는 하도급자(Subcontractor)가 필요하며, 만약 보유하지 않은 경우에는 작업을 제 때 진행하지 못해서 지연이 발생하거나 하도급자를 추가적으로 선정하는 경우도 발생한다.

노조(Union)

미주지역, 유럽, 남미지역은 근로자의 노조가 결성되어 있는데, 제공하는 인력이나 하도급자(Subcontractor)가 그러한 노조와 어떻게 연관되어 있는지 확인이 필요하다. 물론 해당 국가의 관련 법령을 우선적으로 확인해야 하지만 해당 내용을 계약서에 어떻게 포함해야 하는지를 고려해야 할 것이다.

4.2 계약단계

계약단계에 있어서 일반적으로 고려해야 할 내용을 보면 아래와 같다.

(1) Define the exact undertakings of the subcontractor so that there can be no dispute about the scope of work the subcontractor is to perform, including standard of quality and performance time.
(2) Detail the terms and conditions of payment, including the method of computing progress payments, terms of payment for stored material, due dates for pay requests, handling of interim retainage, and final payment.
(3) Anticipate areas of trouble or dispute, and define the consequences if work is not properly or timely performed.
(4) Specify the relief that the innocent party is entitled to receive.
(5) Avoid favoring one party to such an extent that the other party will decline to sign the proffered form or refuse to perform under its terms. A subcontract should be tailored to fit the needs of a particular project.[285)]

먼저 하도급자(Subcontractor)가 착수할 업무의 계약범위에 대해서 명확하게 정의하고, 작업 방법, 지불조건 등과 관련된 계약조건을 최대한 구체적으로 명시해야 한다. 그리고 작업이 정상적으로 수행되지 않을 때의 분쟁에 대한 절차를 명확히 기술하고 피해에 대한 구제책(양 계약당사자 포함)도 잘 기술되어야 한다.

285) Smith, Currie & Hancock, Common Sense Construction Law 4th Edition (2009)

Flow-down

Flow-down은 시공자가 발주자와 맺은 계약의 기본 구조를 하도급계약(Subcontract)에 그대로 연결하는 개념이다. 시공자가 발주자와의 계약에서 부담하는 리스크 분배(Risk Allocation) 개념을 하도급계약으로 연결해서 시공자가 발주자와 하도급자(Subcontractor) 사이에 노출 될 수 있는 리스크를 최소화하는 것이다. Flow-down은 일반적인 문구를 활용하면 의무뿐만 아니라 권리도 동일하게 Flow-down된다고 볼 수 있는데, 일반적인 문구 작성시에 내용을 잘 확인할 필요가 있다.

Scope of Work

계약범위가 명확하게 정의되어 있지 않아서 분쟁이 발생하는 경우가 매우 많은데, 특히 하도급계약(Subcontract)은 원도급계약(Prime Contract)286)과의 불일치, 누락 등으로 인하여 분쟁을 해결하는데 시간이 많이 걸리고 공사가 지연되는 경우가 많다. 따라서 원도급계약을 확인해서 하도급계약의 계약범위(Scope)를 명확하게 기술할 필요가 있다. 또한 작업방법, 수량, 시방서도 구체적으로 기술해서 분쟁을 예방해야 한다.

Payment Obligation

대금지급과 관련하여 최종 기성금(Final Payment) 또는 클레임 대금 지급에 대해서 발주자에게 지급받는 경우에 한하여 하도급자(Subcontractor)에게 지급하는 이른바 조건부 지급조항이 포함되기도 한다. AIA 계약을 참고하면 아래와 같다.

> 11.3.1 Final payment, constituting the entire unpaid balance of the Subcontract Sum, shall be made by the Contractor to the Subcontractor when the Subcontractor's Work is fully performed in accordance with the requirements of the Subcontract Documents, the Architect has issued a Certificate for Payment covering the Subcontractor's completed Work and the Contractor has received payment from the Owner.287)

이런 조건부 지급조항은 국가별로 효력이 다르게 적용되는데, 영국은 이 조항을 부정하는 입법례가 있기도 하지만 중동에서는 일반적으로 그 효력이 인정되고 있는 편이다. 중동의 관련 판례를 참고하면 아래와 같다.

---

286) 시공자와 발주자간의 계약

287) Standard Form of Agreement between Contractor and Subcontractor, AIA Document A401-2017

> 공사 완공 후 하도급자가 시공자(원수급인)에게 공사대금을 청구한 사안에서, 시공자(원수급인)는 Pay-when-paid 조항에 따라 발주자로부터 공사대금을 지급받을 것을 선행조건으로 공사대금채무를 부담하며, 조건의 성취(충족) 여부는 공사대금을 청구하는 원고(하도급자)가 부담한다는 취지에서, 하도급자의 공사대금청구를 인용한 1심 판결을 파기한 두바이 항소법원의 판결을 확인할 수 있다.
>
> 두바이 대법원은 시공자(원수급인)가 하도급자에게 대금지급을 하기 전에 발주자(원도급인)로부터 대금지급을 받을 것을 조건으로 하는 back-to-back 조항이 체결된 사안에서, 발주자(원도급인)의 대금 지급이 이루어지지 않은 부분에 대해서까지 시공자(원수급인)의 대금지급의무를 인정한 1, 2심 판결을 뒤집으면서, back-to-back 조항에 따른 조건 성취 여부는 하도급자가 입증해야 한다는 점을 분명히 한 바 있다.[288]

Pay-when-paid 조항은 Pay-if-paid 조항과 약간 구별되는데, 보통 Pay-when-paid는 시공자의 대금지급의무를 시공자가 발주자로부터 대금을 받을 때까지의 합리적인 기간 동안 유예해주는 것이고 하도급자(Subcontractor)의 대금수령의무 자체를 박탈하는 것은 아니다. 한편 Pay-if-paid 조항은 일종의 선결조건(condition precedent)으로 볼 수 있는데, 시공자가 발주자로부터 대금지급 받는 것을 전제로 시공자가 하도급자에게 지급하는 것으로 볼 수 있다.

기성지급과 관련하여 자주 발생하는 문제 중 하나로 하도급자(Subcontractor)가 발주자에게 대금의 직접지급 청구권을 갖는지의 여부이다. 계약에 따른 법적 효과는 계약을 체결한 당사자에게만 미치기 때문에 발주자는 하도급자에 대하여 일반적으로는 법적 의무를 부담하지 않는다고 볼 수 있다. 그러나 여러 나라에서 상대적으로 영세한 하도급자를 보호하기 위하여 특정한 사유가 있는 경우에 하도급자의 직접지급청구권을 인정하기도 한다. 예로 국내는 하도급법 제 14조, 프랑스는 1975년 하도급법에서 직접지급청구권을 인정하고 있으며, 쿠웨이트와 카타르도 아래와 같이 직접지급청구권을 인정하고 있다.

> 하도급자와 시공자(원수급인)가 고용한 노무자는 청구 당시 시공자(원수급인)가 발주자(원도급인)에 대하여 부담하는 채무액에 관하여 발주자(원도급인)에게 직접 대금 지급을 청구할 수 있다[289]

그러나 UAE, 오만의 경우는 민법을 통하여 하도급계약(Subcontract)이 발주자로부터 권리를 양수받지 않는 한 하도급자(Subcontractor)가 발주자에 대하여 대금지급 청구권을 갖지 아니한다고 설명한다. 이와 같이 국가별로 발주자에 대한 하도급자의 직접지급청구권이 상이하기 때문에 국가별로 판례와 관련 법령을 미리 확인하는 것이 매우 중요하다.

288) 윤덕근, 중동건설현장에서의 하도급계약 관련 쟁점, K-Build (2019.09)
289) 상동

계약해지(Termination)

하도급자(Subcontractor)가 작업을 적절하게 수행하지 않는 경우에 대비할 수 있는 조항을 계약서에 포함해야 하는데 일반적인 계약해지(Termination) 조항을 포함하여 유의해야 할 내용을 정리하면 아래와 같다.

- Express and Implied Termination Rights
- Alternatives to Termination
- Consequences of Improper Termination
- Obligation to proceed
- Requirements for Notice
- Contractor's Options
- Payment Rights
- Good faith defense to wrongful termination
- Proof of termination costs
- Default-triggering events
- Use of Subcontractor resources
- Flow-down limitations[290)]

공사변경(Change)

시공자와 하도급자(Subcontractor)간에 발생하는 클레임 문제는 공사변경(Change)과 관련된 문제가 가장 많은 편이다. 주로 추가적인 작업, 물량변경, 수정작업들로 인하여 공사변경이 합의되지 못하고 클레임으로 진행되는데, 유의해야 할 조항들을 참고하면 아래와 같다.

- The right to order changes
- Notice requirements
- Specific timetable for change order resolution
- Pricing limitations
- Pricing proof
- Binding effect of the change order
- Emergency changes
- Oral change orders

290) Smith, Currie & Hancock, Common Sense Construction Law 4th Edition (2009)

- Working under protest
- Change order authority
- Alternative methods for fixing change order amounts
- Time extensions[291)]

하도급자(Subcontractor)와 계약시에 자세한 내용을 포함시키지 않고 애매모호하게 계약서를 작성하는 경우도 있는데, 이러한 내용은 오히려 계약조항을 해석하는데 이견을 발생시켜서 좋지 않은 결과를 발생시킬 수 있다.

4.3 수행단계

Coordination

건설프로젝트는 발주자, 시공자, 하도급자 등 여러 이해관계자들이 포함되기 때문에 각 이해관계자들을 조율하고 의사소통하는 과정이 중요하다. 따라서 협동/조정(Coordination)에 대한 시공자의 의무와 권리, 하도급자의 의무와 권리 내용을 계약서에 포함해서 분쟁을 사전에 방지하고 최소화해야 한다.

Co-operation

협조에 대한 내용은 계약서에 포함되어 있지 않다고 해도 각 계약참여자가 암묵적으로 가지고 있는 의무라고 볼 수 있다. 어떤 상황이 발생했을 때 이에 대하여 신의성실(Good faith)로 합리적인 절차를 진행해야하며, 계약서에 없다고 해서 시공자가 하도급자(Subcontractor)를 적대적으로 대응하는 것은 분쟁해결에 도움이 되지 않는다.

Nominated Subcontractor

발주자가 하도급자(Subcontractor)를 직접 지명하고, 그 지명된 하도급자로 인하여 문제가 발생하는 경우 그 책임 관계에 대한 클레임도 자주 발생한다. 일반적으로는 발주자가 하도급자를 지명하더라도 직접적인 계약관계를 맺는 것은 아니기 때문에 시공자가 책임을 지는 것이 원칙이다. 그러나 시공자가 관여할 수 없었던 또는 통제할 수 없었던 영역에서 발생한 문제까지 시공자가 책임지는 것은 너무 지나치기 때문에 아래와 같이 일부 국가에서는 부분적으로 발주자의 책임을 인정한 사례도 있다.

291) 상동

UAE 법원은 일찍이 발주자(원도급인)가 하도급자들을 지정하였고, 하도급자들 사이의 업무 분장 문제로 인해 공사가 지연된 사안에서 시공자(원수급인)에게 공기 지연의 책임을 전가시킬 수 없다고 판시한 바 있으며, 발주자나 발주자의 컨설턴트가 하도급자를 선정한 경우 해당 하도급자의 역무에 따른 하자와 공기지연은 시공자보다는 하도급자를 지정한 당사자의 책임 범위에 속한다고 판시하기도 하였다.[292)]

그러나 이런 사례가 일반적으로 통용된다고는 보기 어렵고, 구체적인 사실관계와 계약서의 내용을 종합적으로 고려하여 판단해야 한다.

4.4 하도급자(Subcontractor) 클레임에 대한 회신

하도급자가 클레임을 제출하면 해당 클레임에 대하여 적절한 회신을 해야 한다. 합리적인 이유 없이 무조건 거절하거나 회신하지 않는다면 시공자로써 적절한 행위를 하지 않은 것이고 분쟁으로 진행될 가능성이 많기 때문에 계약적인 회신기간 내에 합리적인 사유를 들어서 클레임을 평가하고 회신하는 것이 바람직할 것이다. 하도급자에게 회신해야 할 내용과 항목을 정리하면 아래와 같다.

[표 10.16] 클레임 평가(Claim Evaluation)의 항목구분과 검토내용

No	구분	내용
1	Description	• 이벤트의 주요내용을 요약하여 제 3자가 확인하더라도 이해하기 쉽게 설명
2	Contractual Evaluation	• 관련된 계약조항 인용 • 해당 조항에 맞는지의 여부 확인 • 권리(Entitlement) 여부 결정
3	Technical Evaluation	• 클레임에 사용된 방법론에 대한 확인 • Industry Standard 확인 및 설명 • 방법론의 적합성 여부 판단
4	Evidence Level	• 증거의 신뢰수준 검토 • Industry Standard 설명 • 추가로 제출되어야 하는 증거정리
5	Conclusion	• 위에서 확인된 내용에 따른 결론 • 추가 요청 자료 제시

292) 윤덕근, 중동건설현장에서의 하도급계약 관련 쟁점, K-Build (2019.09)

CHAPTER 11

기타 클레임

Other Claims

이 장에서는 주요한 클레임 이외에 자주 사용되는 여러 가지 클레임의 내용을 정리하였다. 이러한 클레임은 계약의 특성에 따라 시공자에게 유리하게 적용되기도 하고, 불리하게 적용될 수도 있기 때문에 해당 계약의 특성과 분쟁국의 준거법(Governing Law)을 구체적으로 검토해야 한다.

11 기타 클레임

Other Claims

1. Change in Law Claim

입찰 이후에 발생하는 관계법령 등의 변경으로 인하여 시공자에게 공기지연이나 손실이 발생했을 경우에 진행하는 클레임이다. 건설계약은 통상적으로 장기간에 걸쳐 이행되므로 사정변경(Change in Circumstance)이 자주 발생하는데, 사정변경의 원칙 요건을 보면 아래와 같다.

- 계약 입찰 당시 기초가 되었던 사정 변경
- 계약 당시 예견 불가능
- 당사자 일방에게 불공평 또는 부당한 결과를 초래

법령변경과 관련된 클레임을 검토할 때는 아래의 내용에 유의하여 검토를 진행해야 한다.

1.1 법령변경의 기준일

FIDIC 계약은 Base date[293]를 법정변경의 기준일로 하고, 어떤 계약은 서명의 유효일자(Effective Date)를 기준일로 한다. 국내는 법령을 공포하는 시점과 시행되는 시점이 다른데, 공포하는 시점이 시공자가 알 수 있었던 시점으로 볼 수 있기 때문에 공포시점과 계약서의 법령변경 기준일과 비교하여 시공자에게 권리가 있는지 여부를 확인해야 한다.

1.2 법령의 정의

법(Law)의 정의가 어떤 것을 포함하고 있는지를 검토하는 것도 중요한 포인트이다. FIDIC Silver Book은 아래와 같이 법(Law)을 정의하고 있다.

---

293) FIDIC 계약서에서 Base date는 입찰서를 제출한 날짜로부터 28일 전을 의미하며, Base date 시점까지 알려진 모든 상황을 인지하고 입찰서를 제출한 것으로 가정한다.

"Laws" means all national (or state or provincial) legislation, statutes, acts, decrees, rules, ordinances, orders, treaties, international law and other laws, and regulations and by-laws of any legally constituted public authority.[294)]

아래 EPC Contract는 법(Law)에 대하여 포괄적으로 정의하고 있다.

"LAW" means all applicable national and international laws including, but not limited to, treaties, statutes, decrees, edicts, codes, orders, judgements, rules, ordinances and regulations of any local, municipal, territorial, provincial, federated, national or any other duly constituted GOVERNMENTAL AUTHORITY or agency of any GOVERNMENTAL AUTHORITY.[295)]

법이 포함하는 내용이 일반적인 법(Law), 규정(Regulation) 이외에 어떤 내용들이 있는지 예를 들어서 지역공공기관(Local Authority)의 명령 등도 포함하는지 확인할 필요가 있다.

국가적인 특성으로 인하여 몇몇 EPC Contract는 일반적인 법령은 인정하되 특별한 법(Tax Law, Foreign Investment Law, Labor Law 등)에 대해서는 클레임의 권리를 부여하지 않거나 시공자의 권리를 제한하는 경우가 있다. 예를 들어서 세법(Tax Law)이 자주 변경되는 국가는 세법(Tax Law)에 대한 예외적 조항을 포함시켜서 발주자의 리스크를 감소시킨다. 아래는 일부 조항에 대하여 클레임에 대한 권리를 부여하지 않는 사례다.

The following shall not be considered changes in law and the Contractor shall have no entitlement to make a variation claim under Article X.X in relation to:

(a) changes in taxation levied against a corporate entity;
(b) change in personal income tax;
(c) changes to AED-USD peg; and
(d) change in utility prices, fuel prices, visa fees, immigration fees or sponsorfees.[296)]

294) Clause 1.1.43, FIDIC Silver book 2nd Edition (2017)
295) EPC Contract
296) EPC Contract

1.3 국가

적용되는 국가에 대한 정의에 따라 법이 다르게 해석될 수 있기 때문에, 계약서에 명시되어 있는 국가의 정의를 확인해야 한다. FIDIC 및 ENAA 계약서에서 정의하는 내용을 참고하면 아래와 같다.

> "Country" means the country in which the Site (or most of it) is located, where the Permanent Works are to be executed.[297]
>
> …in any country where the Plant or any part thereof is to be manufactured or in the country where the Site is located[298]

ENAA 계약서는 제작이 진행되는 국가를 포함하여 정의하고 있다. EPC Contract의 특성상 주요 기자재는 다양한 국가에서 제작되기 때문에 국가의 범위가 제작을 고려한 개념으로 정의되었는지, 그렇다면 해당 국가의 법령변경을 클레임으로 활용할 수 있을지에 대해서 검토해야 한다.

1.4 보상범위

대부분의 EPC Contract는 법령변경의 경우 공사변경(Change)으로 진행할 수 있는 것으로 명시하고 있다. 공사변경으로 진행하면 관련된 공기연장 조항 또는 공사변경 조항에 의하여 공기연장 또는 비용 보상을 받을 수 있는 절차가 적용된다. 그러나 어떤 EPC Contract는 법령변경의 리스크까지 시공자에게 비합리적으로 전가하는 경우도 있는데, 이러한 상황에서는 다른 계약적인 논리를 검토하거나 해당 국가의 민법(Civil Code)을 검토해야 할 필요가 있다.

1.5 Deemed Variations

JCT 계약서는 발주자의 지시와 관계없이 법령변경은 공사변경(Change)으로 간주하고 있다. 일반적으로 시공자는 해당국가의 법률을 준수해야 하기 때문에 발주자의 지시와 관계없이 법률변경에 따른 내용을 수행해야 한다. 따라서 발주자의 지시 유무를 떠나서 변경으로 간주하는 개념으로 해석하기도 한다.

---

297) Clause 1.1.18, FIDIC Silver book 2nd Edition (2017)

298) ENAA Model form

> …there is a change in the Statutory Requirements which necessitates an alteration or modification to the Contractor's Designed Portion, in which event such alteration or modification shall be treated as an instruction requiring a Variation of the Employer's Requirements.[299)]

또한 법률변경은 국가에서 공포를 통하여 알려지고 계약참여자가 이러한 내용을 충분히 알 수 있었기 때문에 아래와 같이 법률변경에 대하여 통지가 없어도 클레임의 권리가 유효하다는 의견도 있다.

> Even though the employer has not instructed the change, the contract requires the contractor to instigate a suitable alternation to the design in order to ensure that the works comply with the statutory change.[300)]

그러나 계약조건에 따라서 법률변경과 관련된 통지의 의무를 수행하지 않았을 때 권리가 상실되는 내용도 같이 확인할 필요가 있다.

1.6 관련조항

FIDIC Silver Book에서 Change in Law에 근거한 클레임 진행시 계약적 메커니즘 (Mechanism)은 다음과 같다.

[그림 11.1] Change in Law 클레임 계약적 Mechanism

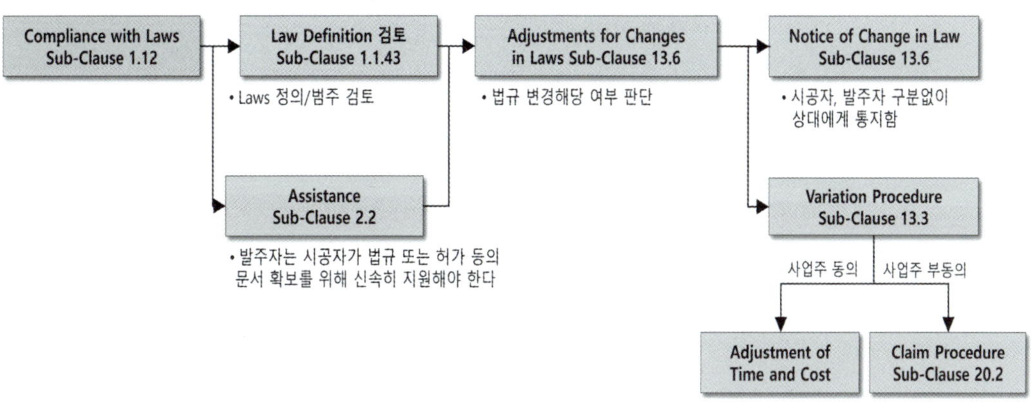

299) Clause 2.17.2 of JCT Revision 2 2009 (SBC/Q)

300) Michael Sergeant, Max Wieliczko, Construction Contract Variations (2014)

대부분의 표준계약은 법령변경의 기준일을 Base Date로 설명하고 있다.

[표 11.1] 법령변경 계약조항

Contract	Description
FIDIC (Silver book)	**13.7 Adjustments for changes in Laws** Subject to the following provisions of this Sub-Clause, the Contract Price shall be adjusted to take account of any increase or decrease in Cost resulting from a change in: (a) the Laws of the Country (including the introduction of new Laws and the repeal or modification of existing Laws); (b) the judicial or official governmental interpretation or implementation of the Laws referred to in sub-paragraph (a) above; (c) any permit, permission, license or approval obtained by the Employer or the Contractor under sub-paragraph (a) or (b), respectively, of Sub-Clause 1.12 [Compliance with Laws]-, or (d)the requirements for any permit, permission, licence and/or approval to be obtained by the Contractor under sub-paragraph (b) of Sub-Clause 1.12 [Compliance with Laws], made and/or officially published after the Base Date, which affect the Contractor in the performance of obligations under the Contract. In this Sub-Clause "change in Laws" means any of the changes under sub-paragraphs (a), (b), (c) and/or (d) above.
JTC 2009 (SBC/Q)	**2.17 Divergences from Statutory Requirements** 1. in the case of a divergence between the Statutory Requirements and any of the CDP Documents, the Contractor shall comply at no cost to the Employer **unless after the Base Date** there is a change in the Statutory Requirements which necessitates an alteration or modification to the Contractor's Designed Portion, in which event such alteration or modification shall be treated as an instruction requiring a Variation of the Employer's Requirements; and 2. in any other case, if and insofar as those instructions require the Works to be varied, they shall be treated as instructions requiring a Variation.

1.7 Case study

노동부(Ministry of Labour)는 2012년 11월 15일에 IQAMA[301] 비용을 기존에 SR100에서 SR2,500으로 2400% 인상하였다. 이 금액은 20년간 변동이 없었으며, 시공자는 예상할 수 없었다. 계약서의 내용은 아래와 같은데, 정부가 원인으로 발생한 비용증가는 계약 금액에 포함되는 것으로 설명하고 있기 때문에 시공자에게 매우 불리한 계약조항이라고 볼 수 있다.

> Except as otherwise provided herein below, the Contract Price constitutes the entire compensation due CONTRACTOR for the WORK and all of CONTRACTOR's obligations hereunder and includes, but is not limited to, compensation for any Government-caused cost increases imposed at any time.[302]

중동지역의 프로젝트는 Shariah[303] 원칙을 인용해서 시공자의 권리를 보완하기도 하는데, 신의 성실(Good Faith)과 공정한 대우(Fair dealing)와 관련된 내용은 아래와 같다.

> **[The Holy Quran 2:283]** "And if one of you deposits a thing on trust, with another, let the trustee- (faithfully) discharge his trust and let him fear his Lord. Conceal not evidence; for whoever conceals it his heart is tainted with sin. And Allah knoweth all that ye do."
> **[The Holy Quran 4:29]** "O you who believe! Eat not up your property among yourselves unjustly except it be a trade amongst you, by mutual consent."
> **[The Holy Quran 4:58]** "Allah doth command you to render back your Trusts to those to whom they are due; and when ye judge between people that ye judge with justice: verily how excellent is the teaching which He giveth you! for Allah is He who heareth and seeth all things."
> **[The Holy Quran 8:27]** "O ye that believe! Betray not the trust of Allah and the Messenger nor misappropriate knowingly things entrusted to you."

또한 법령변경으로 인하여 발생한 급격한 비용인상은 시공자가 예상할 수 없었고 이러한 리스크를 상대방에게 전가하는 것은 아래 Shariah 원칙과 위배된다는 주장을 할 수 있다.

---

301) 해당 국가에 거주 및 생산활동을 하기 위하여 발급받아야 하는 서류

302) EPC Contract

303) Shariah는 이슬람교의 규범체계이며, 특히 사우디아라비아가 종교적인 동시에 세속적인 국가법률로 Shariah를 유지하고 있다.

[The Holy Quran 4:112] "And whoso commits a fault or a sin, then throws the blame thereof on an innocent person, certainly bears the burden of calumny and a manifest sin.
[The Holy Quran 6:164] "…..And no soul earns evil but only against itself; nor does any bearer of burden bear the burden of another……"
[The Holy Quran 17:15] "He who follows the right way follows it only for the good of his own soul; and he who goes astray, goes astray only to his own loss. And no bearer of burden shall bear the burden of another. …..."
[The Holy Quran 53:39] "That no bearer of burden shall bear the burden of another,"
[The Holy Quran 2:286] "Allah burdens not any soul beyond its capacity."

해당 국가는 한국과 BIT(Bi-lateral Investment Treaty)가 체결되어 있는데, 이러한 발주자의 행위는 외국인 투자자의 이익을 몰수하는 결과를 초래하였고, "Fair and Equitable Treatment" 조항을 준수하지 않았으며, 외국인 투자자로써 "Full Protection and Security"의 권리가 있음을 강조하여 대응논리를 세울 수 있을 것이다. 또한 이러한 상황은 법률변경 여부와 관계없이 예측할 수 없었고 피할 수 없었던 특별하게 발생한 손실임을 강조해 볼 수 있을 것이다.

2. Interface Claim

2.1 개요

다른 시공자나 제 3자에 의하여 공사 진행이 간섭 받고 그에 따라 공사가 지연되고 손실이 발생할 때 제기하는 클레임이다. 그러나 EPC Contract의 Interface 조항은 대부분 시공자의 책임으로 규정하기 때문에 권리(Entitlement) 확보가 쉽지 않은 편이다

표준계약은 발주자가 고용한 시공자에 의하여 발생한 지연은 발주자가 책임을 지는 것으로 기술되어 있다. 즉 발주자가 이를 통제할 수 있는 주체이고 시공자가 통제할 수 없는 상황이기 때문에 이에 대한 보상과 공기연장에 대한 내용을 포함하고 있다. 그렇다고 해서 시공자의 협력 의무가 없어지는 것은 아니다. 대부분의 계약은 시공자가 다른 시공자와 협력할 것을 기술하고 있기 때문에 통제할 수 없는 상황이 도래하면 이를 극복하기 위해서 노력하고, 관련된 증거를 유지하는 것이 중요하다.

> The Contractor agrees that it shall at all times co-operate with the EPC Contractors and other contractors employed by the Company… that it shall use reasonable endeavors to protect the Work from delay, disruption or damage caused by such other EPC Contractors and/or other contractors.[304)]

다른 시공자와의 협력과 관련된 증거자료를 유지할 때 발주자를 포함해서 의사소통하는 것은 매우 중요하다. 만약 발주자와 아무런 의사소통을 하지 않고 다른 시공자와의 의사소통만 유지한다면 어떤 상황이 벌어질까? 오랜 기간 동안 다른 시공자로 인하여 공사가 지연되었음에도 불구하고 발주자가 이를 모르는 상황에서 시공자가 뒤늦게 클레임을 제기한다면 발주자는 아래와 같이 이의를 제기할 것이다.

> 만약 시공자가 적절한 시점에 발주자에게 통지했다면 발주자가 적절한 조치를 취했을 것이고 그와 같은 지연과 손해는 발생하지 않았을 것이다.

304) EPC Contract

이러한 상황은 왜 적절한 시점에 통지가 이뤄져야 하는지를 보여주고 있으며, 통지를 늦게 하는 것은 결국 발주자가 적절한 행위를 적시에 하지 못하게 하는 '발주자에 대한 시공자의 방해 행위'와 같은 것이다. 따라서 시공자는 다른 시공자와의 상호 행위에 대하여 발주자를 포함하여 의사소통을 유지하는 것이 매우 중요하다.

Interface를 발생시킨 대상이 발주자의 통제 하에 있지 않는 독립적인 기관 또는 정부기관인 경우에는 어떻게 적용해야 할 것인가? 물론 각 계약에서 정의하고 있는 내용에 따라 적용범위가 결정될 것이나, FIDIC Silver Book을 참고하면 아래와 같다.

> If:
> (a) the Contractor has diligently followed the procedures laid down by the relevant legally constituted public authorities or private utility entities in the Country;
> (b) these authorities or entities delay or disrupt the Contractor's work; and
> (c) the delay or disruption was Unforeseeable,
> then this delay or disruption will be considered as a cause of delay under sub-paragraph (b) of Sub-Clause 8.5 [Extension of Time for Completion].[305)]

시공자가 관련절차를 성실히 수행했음에도 불구하고 Authority가 시공자의 작업을 지연시키고 입찰 시점에 경험 있는 시공자가 합리적으로 예상할 수 없는 지연인 경우에는 공기연장의 원인으로 간주한다고 설명하고 있다. 이런 조항이 없는 경우에는 불가항력(Force Majeure) 조항을 통하여 어느 계약참여자도 통제할 수 없었던 점을 강조하여 계약적 논리를 확보하는 것도 가능한데, 아래는 관련된 불가항력(Force Majeure) 조항이다.

> The following events or circumstances shall not be, or be deemed to be, Force Majeure: ...(e) failure to obtain or maintain any Consent, where such failure is due to the act or omission of the affected Party...[306)]

위 내용은 어떤 영향을 받은 계약참여자의 행위, 생략으로 인하여 문제가 발생하는 경우에는 불가항력(Force Majeure)으로 인정받을 수 없다고 설명하고 있다. 즉 시공자의 행위나 생략이 없었거나 또는 원인이 아니라면 이러한 상황을 불가항력(Force Majeure)으로 주장할 수도 있을 것이다.

---

305) Clause 8.6, FIDIC Silver Book 2nd Edition (2017)
306) EPC Contract

2.2 관련조항

FIDIC에 언급된 Interface와 관련된 조항은 아래와 같다.

[표 11.2] Interface 계약조항

Contract	Description
FIDIC (Silver book)	**2.3 Employer's Personnel and Other Contractors** The Employer shall be responsible for ensuring that the Employer's Personnel and the Employer's other contractors on the Site: (a) co-operate with the Contractor's efforts under sub-Clause 4.6 [Co-operation], and (b) comply with the same obligations which the Contractor is required to comply with under sub-paragraphs (a) to (e) of Sub-Clause 4.8 [Health and Safety Obligations] and under Sub-Clause 4.18 [Protection of the Environment].
	4.6 Co-operation The Contractor shall, as specified in the Employer's Requirements or as instructed by the Employer, co-operate with and allow appropriate opportunities for carrying out work by: (a) the Employer's Personnel, (b) any other contractors employed by the Employer, and (c) the personnel of any legally constituted public authorities and private utility companies who may be employed in the carrying out, on or near the Site, of any work not included in the Contract. Such appropriate opportunities may include the use of Contractor's Equipment, Temporary Works, access arrangements which are the responsibility of the Contractor, and/or other Contractor's facilities or services on the Site.
	8.5 Extension of Time for Completion (c) any delay, impediment or prevention caused by or attributable to the Employer, the Employer's Personnel, or the Employer's other contractors on the Site (or any Unforeseeable shortages in the availability of Employer-Supplied Materials, if any, caused by epidemic or governmental actions).

2.3 대응방안

직접적인 계약관계가 없는 제3자에 의한 간섭(Interface)으로 인해 피해가 발생하여 클레임을 제기하고자 할 때, 피해의 입증을 위한 근거자료 확보에 어려움을 겪는 경우가 많다. 다음은 근거자료 준비를 위한 문제점 및 관련 대응방안으로 사안에 따라 적절히 대처하여 클레임 입증자료를 확보해야 한다.

[그림 11.2] Interface 상황의 문제점 및 대응방안

문제점	대응방안
다른 시공자와의 Written Evidence가 부족함	• Mitigation을 입증하기 위해서라도 Written Evidence 필요 • 상대방이 충분히 인식했다는 증거 확보 (Letter, MOM, e-mail)
발주자가 Interface Communication에 누락되어 있음	• 발주자가 사실관계를 충분히 알고 역할을 수행할 기회 부여 • 계약적 의무 미수행시 이러한 Communication 증거 활용
합의한 일정, 가정의 근거가 명확하지 않음	• 통합 Schedule 검토 및 협의를 통하여 구체적인 일정 합의 • 계약적인 책임이 부여된 권한에 따라 절차 진행
피해사실에 대한 증거 정리가 부족함	• 비정기적으로 발생하기 때문에 평소 Evidence 관리 체계가 수립되어야 함 • Subcontractor로부터 발생시 즉각적으로 Evidence 확보
시공자의 지연이 동시에 발생한 경우 대처가 미흡함	• 시공자 지연과 관계없이 다른 시공자는 당초의 합의일정을 준수해야 할 필요가 있음 • Pacing Delay와 같이 지연 분석이 필요함

2.4 Case Study

시공자는 Pipe rack을 시공 중이었으나, 발주자가 고용한 다른 시공자가 설치한 Sheet Pile의 간섭으로 인하여 지연이 발생했다. 아래는 해당 프로젝트의 Interface Procedure 중 일부 내용이다.

> Clause in Interface Management procedure
>
> Company will participate in the interface management process to the extent that it deems appropriate, determining conflict resolution between interfacing Contractors, where required.[307)]

307) Interface Procedure, EPC Contract

해당 프로젝트의 계약조건은 시공자간의 협조를 강조하는 조항만 있었기 때문에 이 조항을 활용해서 발주자에게 책임을 묻기에 쉽지 않았으나, Interface Procedure의 관련 조항을 인용하여 발주자가 했어야만 하는 의무를 시공자 클레임의 근거로 활용하였다.

위에서 언급하였듯이 다른 시공자와의 기록을 유지하는 것은 매우 중요하다. 관련 작업에 대한 상호간의 약속(언제까지 누가 작업을 하고 상대방에게 넘겨주는 일정의 협의)이 확인되어야 하고 그러한 내용이 준수되지 않았다는 결과를 확인할 수 있는 증거를 유지해야 한다. 아울러 이러한 내용이 Interface Meeting, Documentation System, MOM, Letter, e-mail 등으로 발주자와도 충분히 공유되어야 추후 클레임으로 진행하기에 용이할 것이다. 또한 이러한 상황이 발생했음에도 불구하고 시공자는 이를 만회하기 위한 완화행위(Mitigation Action)를 해야 하기 때문에 작업순서 변경, 근로자의 재배치 등을 진행하고 관련 기록을 유지해야 한다. 마지막으로 실제 어떤 피해가 발생했는지에 대한 기술이 필요한데, 이를 유지하기 위해서는 언제 이러한 상황이 완료되었는지를 포함하여 기록을 유지하는 것이 필요하다.

3. Weather Claim

3.1 개요

Weather Claim은 기상조건과 관련된 클레임인데, 각 계약서 별로 Inclement Weather, Exceptionally Adverse Weather, Adverse Weather 등 다양한 용어가 사용되고 있다. 먼저 악천후(Inclement Weather)와 관련한 클레임의 원칙을 참고하면 아래와 같다.

- 통상적으로 발생하는 악천후로 인한 피해보상은 불가함
- 예외적 상황에만 클레임 제기 가능
- 보통 10년 평균의 기상데이터와 비교해서 범위에서 벗어남을 입증해야 함
- 일반적으로 공기연장만 인정받음

홍콩 계약서인 HKBC05는 아래와 같이 2가지 조항을 통하여 설명하고 있다.

(b) inclement weather conditions, being rainfall in excess of twenty millimeters in a twenty-four hour period (midnight to midnight) as recorded by the Hong Kong observatory station nearest the site, and/or its consequences adversely affecting the progress of the works

(c) the hosting of tropical cyclone warning No.8 or above or the announcement of a black rainstorm warning.

위와 같이 기상조건과 관련된 내용이 계약서에 있는 경우도 있으나, 그렇지 않은 경우에는 불가항력(Force Majeure) 조항에 Acts of God 형태로 포함되기도 한다.

Adverse Weather라는 용어는 악천후라는 단어로 사용되기도 하지만, 클레임에서는 Inclement Weather와 약간 다르게 사용되며, 어떤 사건이 발생하여 기상조건이 악화되는 시기로 프로젝트가 지연되었을 때 시공자가 불리한 기상조건을 예상할 수 없었고 그로 인하여 손실이 발생되는 경우에 사용된다. 예를 들어서 동절기 시작 전에 프로젝트가 완료되는 것으로 계획을 잡았으나, 발주자의 잘못으로 인하여 동절기에 공사가 진행되었고 동절기에는 추운 날씨로 인하여 일반적인 생산성이나 공사기간과 비교하여 그 차이만큼 시공자는 클레임을 제기하게 된다.

3.2 관련 조항

표준계약서에 언급된 기상조건과 관련된 조항을 참고하면 아래와 같다.

[표 11.3] 기상조건 조항

Contract	Description
JCT (SBC/Q)	**2.29 Relevant Events** The following are the Relevant Events referred to in clauses 2.27 and 2.28: 8. **exceptionally adverse weather conditions;** 9. loss or damage occasioned by any of the **Specified Perils;**
	6.8 Specified Perils fire, lightning, explosion, storm, flood, escape of water from any water tank, apparatus or pipe, earthquake, aircraft and other aerial devices or articles dropped therefrom, riot and civil commotion, but excluding Excepted Risks.
EPC Contract	**19.1 Definition of Force Majeure** An onshore Extreme Weather Event is an event which arises due to wind in excess of 47.2 metres per second (equivalent to 170 km per hour) as recorded over a 10 minute interval period, based on measurements taken at an elevation of 10m above local grade, and where the event or events give rise to 90 whole days (accumulated not continuous) in which substantial onshore Works at the Site are suspended. An offshore Extreme Weather Event is an event which arises due to the significant wave height exceeding 4.0m at the Single Point Mooring, and where the event gives rise to 15 continuous days in which offshore Works at the Site that fall on the Contractor's critical path are suspended.

3.3 Case Study

프로젝트 수행중에 비와 눈이 많이 오고 바람이 심하게 불어서 공기지연 및 손실이 발생하였으며, 시공자는 계약서에 첨부된 기상자료를 근거로 10년 평균을 초과하는 기간에 대해서 클레임을 제기하였다. 아래 조항은 불가항력의 예외조항을 설명하고 있는데, 일반적인 악천후(Inclement Weather)는 불가항력으로 인정될 수 없다는 내용을 설명하고 있다.

> Following shall not constitute Force Majeure and the provisions of this clause 19 Shall not excuse a delay in performance by the Contractor or result in an increase of the Contract Price in respect of:
> (b) inclement weather, save as specified in Clause 19.1[308)]

308) EPC Contract

그러나 악천후(Inclement Weather)가 예외적이었다면 이는 시공자의 예상을 벗어나는 것이고 이에 대비할 수 없었다면 불가항력(Force Majeure)을 적용할 수 있을 것이다.

이 경우 어떤 특정한 시기의 기후조건에 대해서 클레임을 작성한 것이 아니라 프로젝트 기간 동안 발생한 전반적인 상황을 분석하여 그 차이만큼을 계산했다. 이와 같은 경우에 불가항력(Force Majeure) 조항을 적용하기 위해서는 통지(Notice) 요구사항을 준수해야 하기 때문에 프로젝트 진행 중에 월별로 이러한 기록을 유지하는 과정이 필요하다고 볼 수 있다. 특히 중동지역은 기상자료를 확보하기가 쉽지 않은 편인데, 프로젝트가 위치한 주변 지역의 기상 자료를 확인해서 클레임 자료로 활용할 수 있을지 여부를 검토해야 한다.

클레임으로 활용하기 위하여 기상 자료를 분석하는 것은 어찌 보면 단순한 계산과 이론적인 분석에 그칠 수 있다. 즉 인과관계를 정확히 설명해주는 과정이 필요한데, 이러한 과정이 누락되면 클레임 문서로 부족한 것이다. 따라서 기상상황에 대한 분석을 포함해서 현장에 실제로 발생한 작업중단의 구체적인 내용, 증거 및 현장에서 운영되는 안전 절차서(Safety Procedure)도 같이 활용하는 것이 바람직하다.

일회성이 아닌 장기간에 걸쳐서 발생한 악천후를 클레임으로 활용하는 경우 유의사항은 다음과 같다.

[그림 11.3] 악천후 클레임 작성시 유의사항

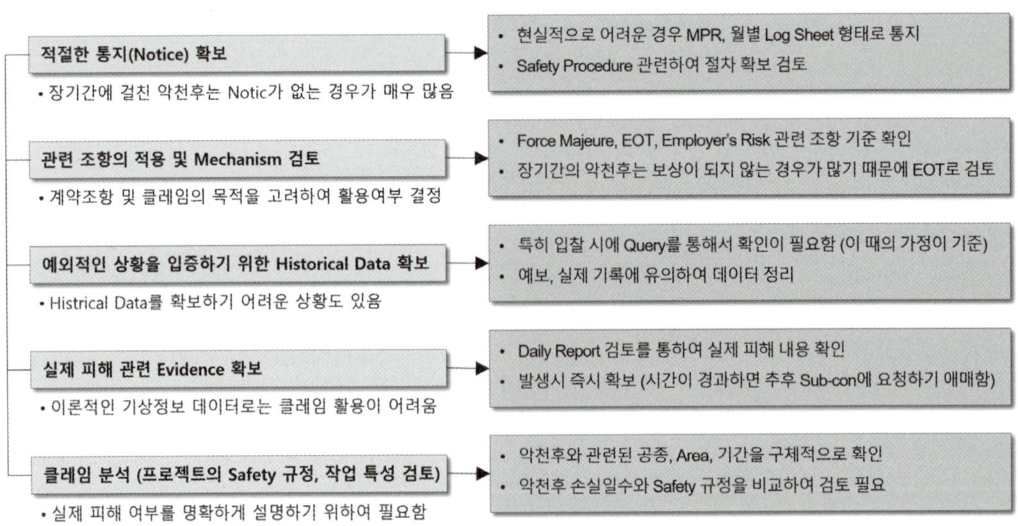

4. Escalation & Fluctuation Claim

4.1 Escalation Claim

물가변동 등으로 인하여 시공자에게 과다한 손실이 발생하는 경우 계약금액의 조정과 관련하여 제기하는 클레임이다. 국가계약법과 FIDIC 계약서는 관련 규정이 있으나 미국, 영국 등은 해당 내용을 규정하고 있지 않다.

[표 11.4] Escalation Claim 내용

Contract	Description
FIDIC (Silver book)	**Particular Conditions Sub-Clause 13.7 Adjustments for Changes in Cost** The provision for adjustments under this Sub-Clause may be required if it would be unreasonable for the Contractor to bear the risk of escalating costs due to inflation. If the amounts payable to the Contractor are to be adjusted for rises or falls in the cost of labour, Goods and other inputs to the Works, for this Sub-Clause to apply it is important that a Schedule(or Schedule) of cost indexation is(are) included in the Contract and that such Schedule(s) include a formula or formulae for calculation of the applicable adjustment under this Sub-Clause.

FIDIC 계약서는 시공자가 인플레이션으로 인한 비용 상승의 위험을 부담하는 것이 불합리할 경우 하위조항에 따른 조정이 필요할 수 있다고 설명하고 있으며, 또한 시공자에게 지불해야 할 금액이 노동력, 물품 및 기타 투입물의 상승 또는 하락에 대해 조정되어야 하는 경우, 비용지표(cost indexation)가 계산을 위한 공식이나 공식을 포함하여 계약에 포함되는 것이 중요하다고 기술한다. 한국은 2008년에 환율변동으로 인한 계약금액 조정도 가능하도록 국가계약법 시행령을 개정하였다. 국가를 당사자로 하는 계약에 관한 법률 시행규칙을 참고하면 아래와 같다.

기획재정부령 제751호 일부개정 2019. 09. 17.

제74조(물가변동으로 인한 계약금액의 조정)
①영 제64조 제1항 제1호의 규정에 의한 품목조정률과 이에 관련된 등락폭 및 등락률 산정은 다음 각 호의 산식에 의한다. 이 경우 품목 또는 비목 및 계약금액등은 조정기준일 이후에 이행될 부분을 그 대상으로 하며, "계약단가"라 함은 영 제65조 제3항 제1호에 규정한 각 품목 또는 비목의 계약단가를, "물가변동당시가격"이라 함은 물가변동당시 산정한 각 품목 또는 비목의 가격을, "입찰당시가격"이라 함은 입찰서 제출마감일 당시 산정한 각 품목 또는 비목의 가격을 말한다.

$$1.\ 품목조정률 = \frac{각\ 품목\ 또는\ 비목의\ 수량에\ 등락폭을\ 곱하여\ 산출한\ 금액의\ 합계액}{계약금액}$$

$$2.\ 등락폭 = 계약단가 \times 등락률$$

$$3.\ 등락률 = \frac{물가변동당시가격 - 입찰당시가격}{입찰당시가}$$

4.2 Fluctuation Claim

Fluctuation Claim은 명확하게 Escalation Claim과 구분되지는 않으나 보통 환율변동(용어상 환율은 Escalation 보다는 Fluctuation에 가깝기 때문에)을 포함한 물가변동과 관련된 클레임에 해당한다. JCT 계약서는 내용과 상황에 따라 3가지 Option을 제시하고 있으며, EPC Contract는 Current Fluctuation등을 고려하여 공사변경(Change)으로 진행할 수 있다고 설명한다.

[표 11.5] Fluctuation Claim 조항

Contract	Description
JCT (SBC/Q) Fluctuation Option	**Option A : Contribution, Levy and Tax Fluctuation** Deemed calculation of contract sum - Labour, Materials
	Option B : Labour and Materials cost and Tax Fluctuations Deemed calculation of contract sum - Labour rates, Labour levies, taxes, Materials, goods, electricity, fuels
	Option C : Formula Adjustment Adjustment of Contract Sum - Formula Rules
EPC Contract	The Contract Price shall be adjusted at the appropriate time and in the manner prescribed in Appendix A (Contract Price and Payment) by means of an Adjustment Order issued pursuant to Clause 13.0 (Variations), to **reflect currency fluctuations after the Date of Bid in the currencies…**

국제계약에서는 아래 공식을 활용하여 공식적으로 발표되는 지수를 참고하여 Fluctuation을 계산하기도 한다.

[그림 11.4] Fluctuation 계산[309]

$$\text{INFLATION} = \sum\left(\frac{AMV \times MI}{BI}\right) - \sum\left(\frac{PMV \times MI}{BI}\right)$$

AMV	=	ACTUAL MONTHLY VALUE (OR COST)	NOTE: IF MONTHLY VALUE
MI	=	INDEX FOR RELEVANT MONTH	IS USED, RESULT MAY HAVE
PMV	=	PLANNED MONTHLY VALUE (OR COST)	TO BE ADJUSTED FOR PROFIT
BI	=	BASE INDEX (AT TENDER)	ELEMENT

4.3 Case Study

계약서에 각 통화별로 일정비율이 명시되어 있었고, 발주자는 통화별로 현재 환율을 고려하여 계약금액에서 일정금액을 감액하였다. 그러나 시공자는 실제 집행된 금액을 기준으로 현재 환율을 적용하여 계산했을 때 실제 감액된 금액은 너무 크다고 주장하였다. 아래는 계약서의 관련 조항이다.

> The Contract Price shall be adjusted at the appropriate time and in the manner prescribed in Appendix A (Contract Pricc and Payment) by means of an Adjustment Order issued pursuant to Clause 13.0 (Variations), to reflect currency fluctuations after the Date of Bid in the currencies…[310]

환율이 안정적인 선진국과 계약을 체결하여 진행할 때에는 리스크가 크지 않으나, 개발도상국과의 계약 체결시에는 급격한 환율변동을 대비한 리스크를 줄이기 위한 조항이 필요하다. 추후 클레임을 제기할 때에는 계약서에 명기된 비율과 실제 발생한 비율을 고려해서 Fluctuation Claim을 검토해야 한다. 또한 환율변동과 관련된 세부조항이 있다면, 이에 따른 금융비용의 청구도 고려할 수 있을 것이다.

309) Reg Thomas, Mark Wright, Construction Contract Claims 4th Edition (2016)
310) EPC Contract

5. Global Claim

5.1 개요

Global Claim은 개별적인 사건의 인과관계를 정확히 설명하지 못하고 여러 개의 원인에 대한 클레임을 통합적으로 청구하는 개념이다.

> A global claim is one in which the Contractor seeks compensation for a group of Employer Risk Events but does not or cannot demonstrate a direct link between the loss incurred and the individual Employer Risk Events.[311)]

과거에는 가능하면 권장하지 않는 클레임의 형태였으나, 최근 영국법원 판결의 영향으로 관대한 방향으로 변하고 있는 추세이다. Delay and Disruption Protocol 2nd Edition을 참고하면 아래와 같다.

> The not uncommon practice of contractors making composite or global claims without attempting to substantiate cause and effect is discouraged by the Protocol, despite an apparent trend for the courts to take a more lenient approach when considering global claims.[312)]

Delay and Disruption Protocol은 Global Clam을 권장하지는 않지만, 관대한 최근 법원의 경향을 강조하고 있다. Delay and Disruption Protocol은 Global Claim의 입증단계와 세부순서에 대해서 아래와 같이 설명하고 있다.

입증단계

- Stage 1: 발주자가 책임을 지는 사건과 손실에 대한 연관관계를 독립적으로 수량화할 것
- Stage 2: 잔여 부분에 대한 보상을 종합적으로(Composite whole) 청구할 것

세부순서

- Step 1: 발주자가 책임을 지는 사건과 클레임의 내용에 대한 연관관계를 가능한 구체화
- Step 2: 구체화가 불가능하고 어려운 이유에 대한 설명
- Step 3: 시공자는 어떤 경우에도 청구에 포함된 비용을 초래하지 않았음을 입증

311) Appendix A, Definitions and Glossary, Delay and Disruption Protocol 2nd Edition (2017)
312) 17. Global claims, Delay and Disruption Protocol 2nd Edition (2017)

5.2 Case Study

1) John Doyle Construction Limited v Laing Management(Scotland) Limited(2004)

개요 및 진행현황

하도급자(Subcontractor)가 시공자에게 Global Claim을 제기하였으나, 시공자는 Global Claim 내용 중에 시공자의 책임이 아닌 내용들이 섞여 있기 때문에 Global Claim을 인정할 수 없다고 하였다. 법원은 Global Claim을 평가하기 위해서 3가지 원칙을 아래와 같이 설명하였다.

(1) …it may be possible to identify a casual link between particular events for which the employer is responsible and individual items of loss
(2) The question of causation should be treated by the application of common sense to the logical principles of causation…
(3) Event if it cannot be said that the events for which the employer is responsible are the dominant cause of the loss, it may be possible to apportion the loss between the causes for which the employer is responsible and other causes.[313)]

결과 및 시사점

법원은 시공자의 책임이 아닌 내용이 일부 포함되어 있다고 해서 전체 클레임을 부정할 수는 없다고 판단하였으며 Global Claim을 방어하기 위해서는 중요한 내용에 대한 책임이 없다는 것을 증명할 필요가 있다고 판시하였다.

2) Walter Lilly v Mackay(2012)

개요 및 진행현황

주택을 건설하는 프로젝트에서 공사기간이 지연되었고, 시공자는 공사지연에 따른 손실을 청구하였다. 법원은 세 가지 중요한 내용을 언급하였다.

1. 시공자가 개별적 이벤트의 결과를 분리하는 것이 불가능하다는 것을 입증할 필요는 없다.
2. 발주자가 책임지지 않는 내용이 포함되어도 Global Claim 전체가 실패하는 것은 아니다.
3. 시공자는 개별적인 이벤트가 손실을 발생시키지 않았다는 것을 입증해야 할 필요가 있다.

---

313) Keith Pickavance, Construction Law and Management (2007)

결과 및 시사점

이 판례는 Global Claim의 중요한 원칙을 정리한 유명한 판례이며, 주요한 5가지 내용을 요약하면 아래와 같다.

[그림 11.5] Global Claim의 주요 내용

1. Contractual requirements for a valid claim must have been complied with

: 유효한 클레임이 되기 위하여 준수해야 할 계약적 요구사항

2. The claim must be proved as a matter of fact

: 클레임은 '사실'로 입증되어야 함

3. Proof must be provided that the contractor would not have incurred the loss in any event

: 어떤 개별적인 원인으로 인하여 손실을 입지 않았다는 증거가 제공되어야 함

4. Any significant matters for which the employer is not responsible should be eliminated

: 발주자가 책임지지 않는 내용은 제거되어야 함

5. All parts of the claim where a causal link can be demonstrated should be pleaded separately

: 인과관계가 증명될 수 있는 클레임은 별도로 구분해야 함

6. Tort Claim

6.1 개요

Tort Claim은 계약위반(Breach of Contract)이라기보다는 계약상대방의 과실, 사기 등의 불법행위로 인하여 손해를 입었을 경우에 이를 보전하기 위하여 제기하는 클레임이다. 즉 계약적인 테두리에서 벗어나서 민법(Civil Code)과 같은 일반 법률의 적용을 검토하는 클레임이다.

> A wrongful act or omission for which damages can be obtained in a civil court by the person wronged, other than a wrong that is only a breach of contract. The law of tort is mainly concerned with providing compensation for personal injury and property damage caused by negligence.[314)]

이러한 차원에서 불법행위(Tort)는 계약위반(Breach of Contract)과는 개념이 약간 상이한데, 관련 내용을 참고하면 아래와 같다.

> If builder violates only a contractual duty, builder's liability is contractual only; but if builder violates legal duty, builder may be liable in tort.[315)]

만약 시공자가 계약적 의무를 위반한다면 시공자의 책임은 계약적인 것에 국한할 것이나, 법적인 의무를 위반한다면 불법행위에 대한 책임이 있다. 즉 계약위반은 계약상의 의무위반을 말하여, 불법행위(Tort)는 민사법상의 의무위반이라고 할 수 있다. 불법행위와 비슷한 개념으로 사용되는 단어들의 차이점을 참고하면 아래와 같다.

1) Intentional Torts

Misrepresentation

잘못된 정보를 전달해서 의도적으로 상대방이 그 정보를 사용함으로 인하여 발생한 피해이다. Sherman R. Smoot Co. v. Ohio Department of Administrative Services 판례의 경우 발주자가 제공한 Soil Boring 데이터가 잘못되어서 시공자는 기초형태를 변경해야 했다. 발주자는 Soil

314) A Dictionary of Law 5th Edition, Oxford University Press (2003)
315) Kennedy vs Columbia Mfg. & Lumber, 1989

Boring 데이터는 단지 정보제공용이라고 주장했으나, 법원은 발주자가 시공자로 하여금 그 정보를 사용하도록 의도했다고 판단하였다.

Conversion

권리가 있는 상대방의 자산이나 소유권을 뺏거나 피해를 입히는 행위이다. 대표적인 행위로 불법파업이 이에 해당한다.

2) Negligence

태만(Negligence)은 Intentional Torts와 달리 의도적임을 증명할 필요는 없으며, 주요한 구성요소는 아래와 같다.

- A duty, or obligation, recognized by the law, requiring the actor to conform to a certain standard of conduct, for the protection of others against unreasonable risks.
- A failure on its part to conform to the standard required.
- A reasonably close causal connection between the conduct and the resulting injury. This is what is commonly known as legal cause or proximate cause.
- Actual loss or damage resulting to the interests of another. Typically, these would be the Claimant's economic or monetary damages.

3) Strict Liability

비정상적으로 위험한 상황(폭파, 해체 공사)에 참여하는 경우 합리적인 노력을 기울이고 태만(Negligence)하지 않았음에도 불구하고 발생한 손실에 대해서는 엄격하게 책임져야 한다.

6.2 Case Study

터널굴착공사 중 TBM(Tunnel Boring Machine) 기계의 잦은 고장으로 인하여 지연이 발생했다. TBM 제작사는 고장수리를 지연하였고 부품교체 등의 업무를 게을리하였다. 이에 따라 공사지연이 발생하였고 시공자는 제작사에게 Tort Claim을 제기하였다. 계약서에는 아래의 내용이 포함되어 있었다.

> Supplier shall be responsible for repair and replacement by its own expenses, and this condition shall not be limited by other Clause in this P.O. / Contract.

계약서는 공급자가 수리, 교체에 대하여 스스로의 비용으로 모든 책임을 지도록 되어있으며, 계약서 상의 다른 계약조항 이내로 한정되지 않는다고 설명하고 있다. 준거법은 싱가폴 법이었으며, 싱가폴 법 기준으로는 아래와 같은 상황을 계약위반 행위로 간주하고 있다.

Breach of the duty of care under the Singaporean law

- The Supplier owed a duty to the Purchaser(Duty of Care)
- The Supplier breached that duty(Breach of Duty)
- The Supplier's breach of duty caused the Purchaser's damages

이를 입증하기 위해서는 공급자가 자신의 의무를 수행하지 않았다는 것을 설명해 줄 수 있는 증거확보가 필요하다. 예를 들어서 구매자가 공급자에게 요청한 수정 요청, 제작사의 지연행위를 입증할 수 있는 문서, 제작사의 과실이 명확하다는 것을 입증할 수 있는 전문가의 리포트 등이 필요하다. 특히 법원에서의 활용을 위하여 제 3자, 외부 전문가의 객관적이고 중립적인 리포트 작성을 검도할 수 있을 것이다.

Tort Claim에서 특히 중요한 부분은 계약상대방의 태만(Negligence), 즉 고의, 과실의 내용을 입증해야 하는데 있다. 계약적인 의무 미준수의 범위를 벗어나서 준거법을 적용해야 하기 때문에 계약적 위반을 포함하여 준거법 위반과 관련된 내용분석이 필요하다.

7. Gratia Claim(Mercy Claim)

7.1 개요

Gratia Claim은 발주자가 응해야 할 의무는 없으나 호의적으로 이에 응해줘서 적정금액으로 타협점을 찾는 클레임의 종류이며, Sympathy Claim 또는 Mercy Claim으로도 불린다.

> An ex gratia claim (strictly 'as a matter of favour') is a claim which has no legal basis. Consequently, an employer has no legal obligation to consider, let alone pay, it. A contractor will sometimes make such a claim when it is losing money, but has no basis for a legal claim. Hence it is often referred to as a 'hardship claim'.[316]

[그림 11.6] Gratia Claim의 주요용어

✓ Goodwill Payment ?

: Good Relationship 를 유지하기 위해서 호의적으로 지불하는 금액

✓ Compensation Payment ?

: 위반, 미준수 등의 행위에 대한 보상 성격이 포함되어 있는 금액

✓ Concession Payment ?

: 양보, 용인과 같은 일시적 행위와 관련된 금액

이 때 발주자가 지급하는 금액을 호의적인 지급(Gratia Payment)이라고 하며, 발주자의 입장에서는 시공자가 소송을 할 수 있는 가능성도 있고 이 경우 발주자의 대응노력이나 경비를 고려하여 특정 금액을 제시하여 타협할 수 있다.

아래 인용된 계약조항은 이러한 Gratia Claim과 비슷한 개념으로 설명될 수 있는데, 계약해지(Termination) 상황에서 ① 시공자가 합리적인 조치를 취했다면 ② 보험에 의하여 보상되는 금액을 제외하고 ③ 나머지 피할 수 없었던 비용(Unavoidable Cost)에 대해서 발주자가 보상해야 하는 것으로 설명하고 있다.

---

316) David Chappell, Building Contract Claims Fifth edition (2011)

[표 11.6] Gratia Claim 조항

Contract	Description
Standard Model Terms and Conditions for Services Contracts	**H4 Consequences of Expiry or Termination** Subject to clause H4.3, where the Authority terminates the Contract under clause H3 (Break), the Authority shall indemnify the Contractor against any commitments, liabilities or expenditure which would otherwise represent an unavoidable loss by the Contractor by reason of the termination of the Contract, provided that the Contractor takes all reasonable steps to mitigate such loss. Where the Contractor holds insurance, the Contractor shall reduce its unavoidable costs by any insurance sums available.

시공자가 손실의 원인을 정확하게 입증할 수는 없으나 손실의 규모, 내용을 제시할 수 있다면 발주자의 예산 범위 이내에서 시도해 볼 수 있을 것이다. 이는 Global Claim 또는 Total Cost Method Approach에 가깝다고도 할 수 있는데, 실제 손실을 정확히 입증할 수만 있다면 발주자 입장에서 관계(Rclationships)를 고려하여 호의적으로 응할 수도 있을 것이다.

7.2 Case Study

개요

공급자의 부도로 인하여 공기지연이 발생하였다. 공급자에 대한 관리 책임은 순수하게 시공자에게 있지만, 이를 만회하기 위해서 시공자는 많은 완화(Mitigation) 노력을 하였고, 피해를 최소화할 수 있었다. 이에 따라 발주자는 완화에 대한 부분적인 보상을 했으며, 지연에 대한 책임도 묻지 않았다.

시사점

시공자는 긴급하게 완화(Mitigation) 노력을 수행하였으며, 이러한 과정에 대하여 관련된 증거자료를 확보하였다. 즉 시공자가 수행한 노력에 대하여 발주자에 문서를 보내서 진행과정을 충분히 공유하였고, 발생한 손실에 대해서 세부내역을 정리하였다. 결국 계약적 의무를 다하기 위해서 성실히 노력한 시공자의 행위를 잘 보여주었으며, 이러한 완화비용(Mitigation Cost)은 계약적인 청구 권리는 희박하나 불가피하게 발생한 최소한의 금액이라는 점에서 청구근거를 찾을 수 있을 것이다.

8. ISD Claim

8.1 개요

ISD(Investor-State Dispute Settlement)는 투자 유치국 정부의 투자협정상 의무 위반 등으로 손해를 입은 투자자가 투자유치국 정부를 상대로 국제중재를 요청할 수 있는 제도이며, 투자유치국 정부가 분쟁의 당사자가 아니라 하더라도 '투자유치국'을 상대로 제소할 수 있는 제도이다. 147개국이 참여하고 있는 세계은행 산하 국제투자분쟁해결센터(ICSID: International Centre for Settlement of Investment Disputes) 등 전문성과 중립성을 가진 국제기구가 중재절차를 수행한다. ISD는 외국에 투자하는 기업을 보호하기 위한 최소한의 안전장치로서 전세계 2,676개 투자협정에 대부분 포함되어 있다.

ISD 클레임을 진행하기 위해서는 3가지(투자협정, 투자, 투자협정에 대한 위반행위)가 필요하다. 먼저 상대국 정부와의 투자협정(Investment Treaty)이 존재해야 하는데, 한국은 전 세계 100 여개 국가와 투자협정이 체결되어 있다. 이 중 사우디아라비아와의 BIT(Bilateral Investment Treaty)를 참고하면 아래와 같다.

[표 11.7] 사우디아라비아와의 BIT 중 주요내용

조항	내용	비고
Article 1	투자의 정의	투자와 관련하여 경제적 가치를 갖는 의무의 이행에 대한 보상권리를 포함
Article 2	Umbrella	영토 내에서 자의적, 차별적인 수단을 통하여 투자자의 권리를 침해하는 행위에 대한 포괄적 해석
Article 4(2)	손실보상	투자 유치국이 자국민 또는 제3국 투자자에게 부여하는 대우보다 불리하지 아니한 대우

조항	내용	비고
Article 10(2)	냉각기간	ISD 제소에 앞서 6개월의 사전협의기간(Cooling Period)을 거쳐야 함
Article 11(2)	기준조약	협정의 기준조약은 ICSID 협약을 기본으로 하고 있음
Article 11(3)	Fork-in-the-Road	소송 제기 시 ISD 제소 불가

ICSID의 2018년 Annual Repot를 참고하면 제소의 근거로 활용된 BIT 비율은 약 60%이며, Investment Contact between the Investor and the Host-state가 활용된 비율은 14%이다.

[그림 11.7] 제소의 근거로 활용된 조약

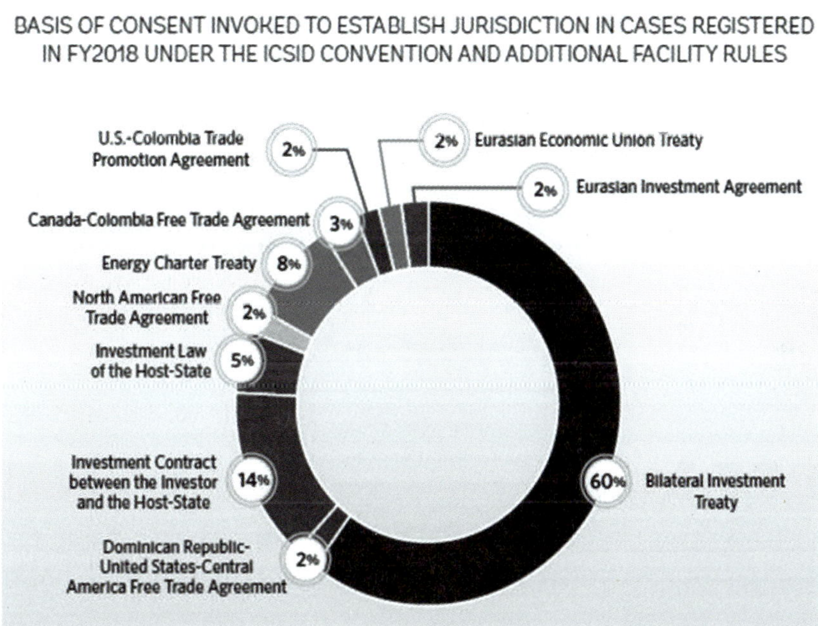

또한 ISD 제소를 하기 위해서는 투자가 존재해야 하는데, 양허계약, 건설계약, 운영계약 등을 통해 취득한 권리 및 기타 계약이행을 위해 취득한 인허가 등은 투자협정상 '투자'에 해당하며, 계약을 이행하기 위해 현지에 설립된 법인의 지분, 현지에 건설한 설비 및 기타 시설, 현물출자, 기타 라이선스 방식으로 지원한 지식재산권 등도 '투자'에 해당한다.

마지막으로 ISD 제소를 하기 위해서는 투자협정 위반행위가 존재해야 하는데, 투자유치국의 부당한 정책 변경, 수용, 송금제한, 기타 '부당하거나', '비합리적이거나', '차별적이거나', '자의적인' 조치에 대해 ISD 제소가 가능하다. 단 투자협정에 '우산협정(Umbrella Clause)'이 있는 경우 건설계약 위반에 대해서도 ISD 제소가 가능하다.

ICSID(International Centre for Settlement of Investment Disputes)는 BIT와 관련하여 발생하는 투자 분쟁 해결을 위해 설립된 자율적 국제기구이며, 판결까지 평균 2~5년 소요된다. 아래와 같이 매년 등록되는 건수가 갈수록 증가하고 있다.

[그림 11.8] ISCID의 연도별 사건 등록건수

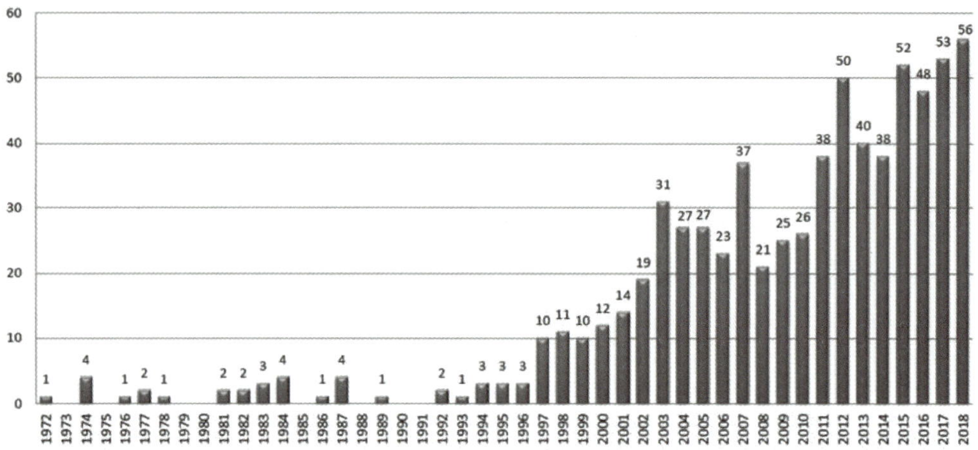

2018년에 해결된 사건 중 65%는 최종판정까지 진행되었으며, 35%는 합의 또는 취하로 해결되었다. 즉 1/3 정도는 최종판정까지 진행되지 않고 중간에 합의하는 방식으로 해결되었다고 볼 수 있다. 최종판정까지 진행된 65%를 세부적으로 보면 클레임의 일부 또는 전부 승소비율은 40.5%이며, Award declining jurisdiction(16.2%) Award dismissing all claims(8.1%)이다. 합의 또는 취하 35%를 세부적으로 보면 양측의 요청에 의하여 중단된 사례가 19%로 가장 많았다.

[그림 11.9] 사건의 승소, 패소 내용

ARBITRATION PROCEEDINGS UNDER THE ICSID CONVENTION AND ADDITIONAL FACILITY RULES IN FY2018 — TRIBUNAL RULINGS, SETTLEMENT & DISCONTINUANCES

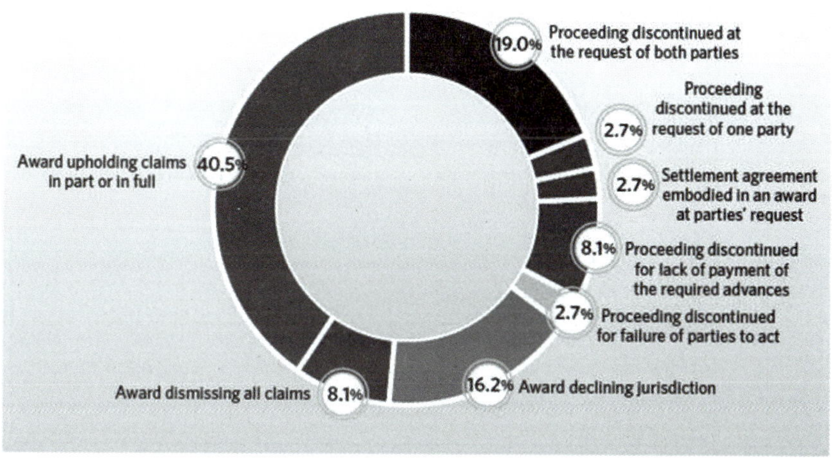

사건이 제기된 산업군을 분석해 보면, Oil, Gas & Mining(21%), Energy(16%), Construction (11%)로 건설관련 산업이 약 절반 정도를 차지하며, Finance도 12%로 높은 비율을 나타내고 있다.

[그림 11 10] 산업별 사건 현황

DISTRIBUTION OF CASES REGISTERED IN FY2018 UNDER THE ICSID CONVENTION AND ADDITIONAL FACILITY RULES, BY ECONOMIC SECTOR

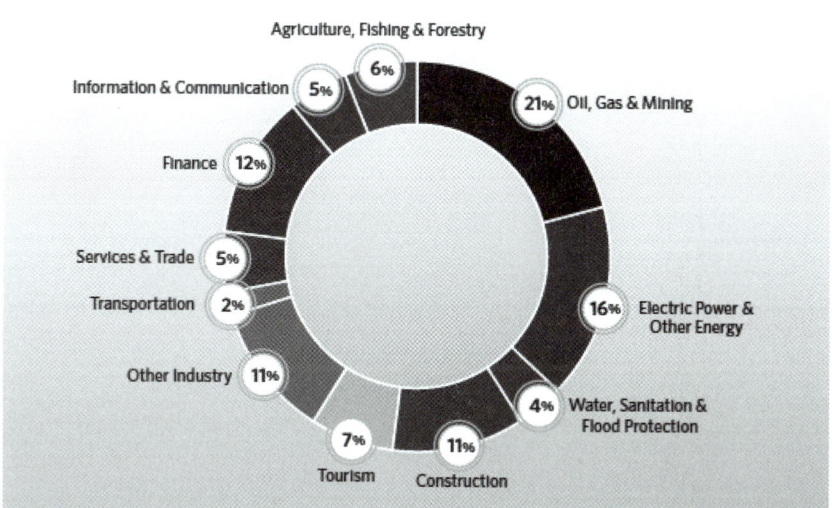

ICSID의 절차는 아래와 같으며, 특히 중재 제기 전에 6개월간의 냉각기간(Cooling Period)을 가질 것을 권고하고 있다. 먼저 협의/협상을 진행하고 중재방법이나 장소를 선택한 이후에 중재의사를 통지하고 중재제기를 하기까지의 기간을 의미한다.

[그림 11.11] ICSID 절차

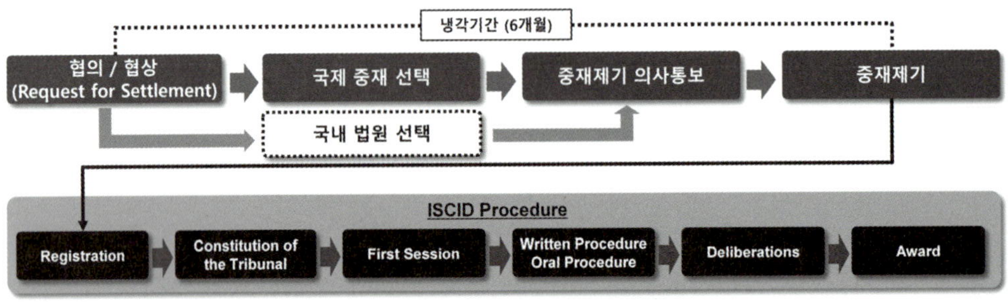

8.2 ISD 제소 사유

외국인 투자에 대하여 투자유치국은 아래와 같은 의무를 가지고 있으며, 해당 의무를 수행하지 않거나 위반할 경우 ISD 제소 사유로 활용될 수 있다.

- 공정하고 공평하게 대우(Fair and Equitable Treatment, 이하 'F&ET')할 의무
- 자의적이거나 차별적으로 대우(arbitrary and discriminatory treatment) 하지 않을 의무
- 적절한 보호와 안전(protection and security)을 제공할 의무
- 송금의 자유(free transfer) 를 보장할 의무
- 투자유치국과 투자자 간에 투자와 관련하여 체결된 계약을 준수할 의무 또는 국내법상 준수 의무
- 불법적으로 수용(expropriation) 하지 않을 의무

8.3. Case Study

1) 페시피케이션(Pesification)

개요

아르헨티나는 2000년대 초반 페소화의 가치가 급격히 평가절상되자 페시피케이션 정책을 통해 페소화의 가치를 절하했다.

진행경과

1980~1990년대 아르헨티나는 달러-페소화의 1대1 고정환율을 기반으로 한 외국인 투자유인책을 적극 시행하였는데, 고정환율제 폐기로 인해 다수의 외국인 투자자가 투자 손실을 입었다. 특히 아르헨티나는 가스 산업부문에서 관세를 달러화로 계산한 뒤 페소화로 환전하여 지급한다는 점을 외국인 투자자에게 확약했었다.

결과 및 시사점

투자자들이 다수의 ISD 중재를 제기하여 승소하였는데, 투자 당시의 환율제도 등을 일방적으로 변경하여 게임의 법칙을 변경하고, 외국인 투자자와 투자조건 재협상 등 손해완화 조치를 취하지 않아 투자보호의무를 위반한 것으로 볼 수 있다.

2) Jan de Nul v. Egypt

개요 및 진행경과

신청인은 피신청국의 국영기관인 수에즈운하당국(이하 'SCA)과 수에즈운하의 준설작업을 수행하기 위한 계약에 참여하였다. 그러나 신청인들은 피신청국 정부가 계약 관련정보를 악의적으로, 그리고 허위로 제공함으로써 손해를 발생시켜서 투자자 보호원칙을 위반하였다고 주장하였다. 신청인은 SCA가 법상 국가 조직이고 정부권한을 행사하는 기관에 해당한다고 주장하였고 피신청국은 SCA가 독립된 법인격을 가진 기관이므로 국가기관이 아니라고 반박하였다.

결과

중재판정부는 이집트의 법률을 참고하였으며, SCA는 국가기관으로 분류되지 않은 것으로 확인했으나, 국가기관은 아니지만 정부권한을 부여 받은 기관인지 그러한 권한범위 내에서 행한 행위인지를 중요하게 고려하였다. 계약체결과 관련해서 그러한 정부권한을 행사하였다고 볼 수 없었고, 피신청국이 어떠한 지시를 했다는 증거를 찾을 수 없어서 해당 사건은 기각되었다.

시사점

국영기업의 행위가 ISD 제소대상이 되는지 여부는 문제의 행위와 관련해서 해당국가의 권한을 부여 받았는지 어떠한 지시가 있었는지 등의 내용을 명확하게 입증해야 한다.

3) LG&E v. Argentina

개요 및 진행경과

피신청국 정부는 석유산업에 대한 외국인 투자를 유치하기 위하여 석유가격의 반기별 가격조정 등의 약속을 했는데, 2000년대 초 경제위기의 여파로 약속을 파기하는 조치를 취하였다. 아르헨티나 정부의 약속을 믿고 현지 3개 석유회사의 주식을 매입했던 신청인은 피신청국 정부가 정책을 보증하였고 이는 정부의 법적 의무임에도 불구하고 이를 파기함으로써 외국인투자자에 대한 본질적인 의무를 위반했다고 주장했다. BIT 제 2조 2항은 '각 체약국은 투자와 관련하여 체결한 여하한 의무를 준수해야 한다.' 라고 설명하고 있다.

결과 및 시사점

중재판정부는 이 규정은 일반적 의미의 법적의무를 부과한 것이 아니라 경제위기를 극복하기 위하여 외국인투자를 유치할 목적으로 제정된 것이므로 계약상의 의무를 구성하고, 이 법의 폐지는 계약상 의무를 위반한 것이기 때문에 포괄적 보호조항을 위반한 것으로 판단하였다. 중재판정부는 포괄적 보호조항의 적용여부를 판단하기 위해서 법의 제정목적까지 같이 고려하였다.

4) Metalclad v. Mexico

개요 및 진행경과

신청인이 폐기물 보관시설의 용도를 확장하고자 동 사업의 적절성에 대한 평가를 받았으며, 공사가 완료되었으나 허가되지 않아 사업장 활용이 불가능한 상태가 되어 NAFTA에 제소하였다. 신청인은 멕시코 정부가 '국제법에 따른 공정하고 형평한 대우 원칙을 위반하였고 적절한 보상이 수반되지 않은 간접수용을 구성한다'고 주장하였다. 멕시코 정부는 특별히 지정된 환경보호지역이기에 폐기물 처리시설의 설립을 허가할 수 없다고 하였다.

결과 및 시사점

중재판정부는 멕시코 정부가 허가에 대한 긍정적인 기대를 하게 유도하였고 외국인 투자자에 대해서 '투명하고 명확하며 예측 가능한 상황'을 조성하지 못했다고 지적하면서 간접수용으로 결정하였다. 멕시코는 재심을 요청했고 중재지인 캐나다 연방 대법원은 결정이 정당하다고 판시하였으며, 1600만 달러의 배상금 지급을 명령하였다. 동 사건은 간접수용을 다룬 최초의 사건이며, 간접수용의 의미까지 명확하게 제시하였다. 중재판정부는 환경정책에 대한 판단은 고려하지 않았고, 수용에 대한 기준 충족여부만 심리하였다.

CHAPTER 12

기록 관리

Record Keeping

Delay and Disruption Protocol 2nd Edition은 기록 관리(Record Keeping)에 대하여 많은 페이지를 할애하여 설명하고 있는데, Protocol의 목적은 클레임에 대한 기준과 방법을 제시하여 분쟁을 최소화하는데 있기 때문에 기록을 어떻게 관리하고 유지해야 하는지에 대해서 설명하고 있다. 분쟁이 발생하면 큰 손해가 발생할 수도 있기 때문에 선제적으로 대응하기 위해서 초기에 기록을 유지하고 관리하는 방법에 대하여 투자를 아끼지 않아야 할 것이다.

12 기록 관리

Record Keeping

1. 개요

클레임을 작성하면 그 클레임을 입증해야 하는 입증책임은 청구자(Claimant)에게 있기 때문에, 청구자가 주장을 하기 위해서는 입증할 수 있는 기록을 충분히 제시해야 한다. 좋은 기록을 유지하기 위해서는 추가적인 자원투입이 불가피하나, 잘 정리된 기록은 분쟁을 최소화 할 수 있기 때문에 전체적으로는 프로젝트에 도움이 될 수 있다. 아래는 기록 유지와 관련된 조항인데, 대부분의 계약서는 기록유지에 대한 시공자의 책임을 강조하고 있다.

[표 12.1] 기록유지 조항

Contract	Description
FIDIC (Silver book)	**1.8 Care and Supply of Document** The Contractor shall keep at all times, on the Site, a copy of: (a) the Contract; (b) the records under Sub-Clause 6.10 [Contractor's Records] and Sub-Clause 20.2.3 [Contemporary records], (c) the publications (if any) named in the Employer's Requirements; (d) the Contractor's Documents; and (e) Variations, Notices and other communications given under the Contract.
	20.3 Contemporary Records In this Sub-Clause 20.2, "contemporary records" means records that are prepared or generated at the same time, or immediately after, the event or circumstance giving rise to the Claim. The claiming Party shall keep such contemporary records as may be necessary to substantiate the Claim. Without admitting the Employer's liability, the Employer may monitor the Contractor's contemporary records and/or instruct the Contractor to keep additional contemporary records.

Delay and Disruption Protocol 2nd Edition은 기록관리와 관련해서 15 페이지 분량을 할애하고 있는데, 분쟁을 최소화하기 위해 준비해야 할 기록에 대해서 구체적으로 설명하고 있다. 계약 시에 이러한 준비사항들을 계약당사자가 미리 합의해서, 나중에 발생할 수 있는 분쟁에 효과적으로 대비하는데 목적이 있다고 볼 수 있다.

[표 12.2] Delay and Disruption Protocol 2nd Edition의 기록 분류

Contents		Core Principles
Categories of Records	Programme records	1.18 ~ 1.19
	Progress records	1.20 ~ 1.21
	Resource records	1.22 ~ 1.24
	Costs records	1.25 ~ 1.30
	Correspondence and administration records	1.31 ~ 1.35
	Contract and tender documents	1.36 ~ 1.38

프로젝트가 개설되면, 발주자와 의사소통을 위한 절차서를 작성하고 협의한다. 어떤 수단을 사용하여 어느 담당자에게 전달하는지의 내용을 포함하는데, 이러한 의사소통 절차서에 맞게 정보들을 기록하고 배포하는 순서, 방법들을 미리 결정해야 하며, 주요하게 고려해야 할 내용은 아래와 같다.

[그림 12.1] 기록과 관련된 주요 고려사항

- ✓ the types of records to be produced and the information to be contained therein
  : 어떤 형태의 기록이 생산되고 어떤 정보가 포함되어야 하는지
- ✓ who is responsible for both producing and checking those records
  : 누가 그러한 기록을 생산하고 확인하는지의 책임 여부
- ✓ the frequency with which those records are to be updated or produced
  : 기록이 생산되고 유지되는 빈도
- ✓ the distribution list for those records
  : 기록과 관련된 배포리스트
- ✓ the format of those records (for example, to ensure compatibility with any project-wide database)
  : 기록의 형태 (프로젝트의 기존 DB 와 연계될 수 있는지 여부)
- ✓ the ownership and storage of, and access to, those records.
  : 기록의 저장, 접근과 관련된 권한 부여

2. 기록의 분류

Delay and Disruption Protocol 2nd Edition은 아래와 같이 6가지로 기록을 분류하여 설명하고 있다.

[그림 12.2] 기록의 분류

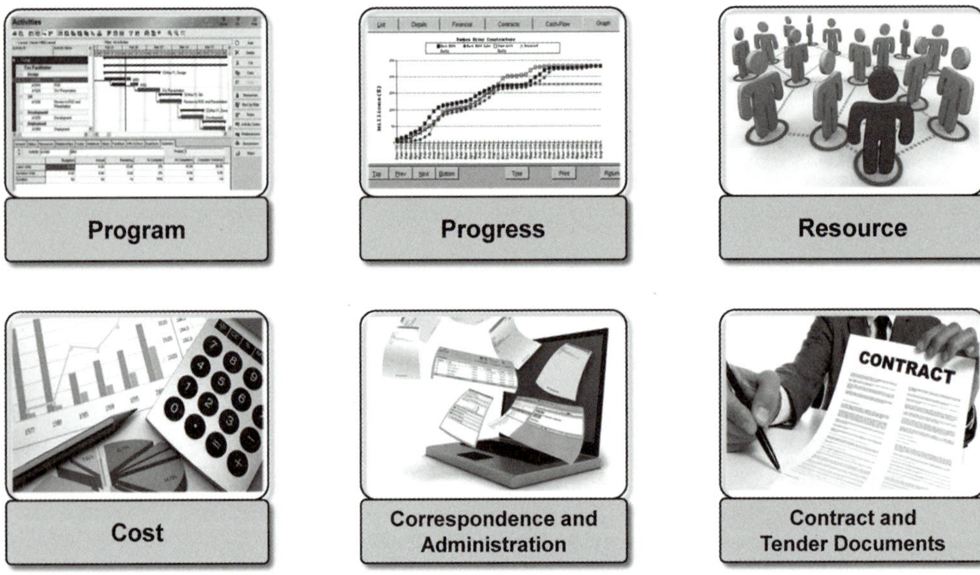

2.1 공정표의 기록(Program Records)

공정표는 시공자의 계획을 설명해주는 자료이며, 시공자는 합의된 특정한 기간에 대하여 주기적으로 관찰(Monitoring)해서 관리해야 한다. 잘 관리된 공정표는 계약참여자가 효과적으로 프로젝트를 관리하기 위한 좋은 도구로 활용될 수 있으며, 특히 분쟁이 많이 발생하는 Delay, Disruption, Acceleration Claim을 측정하기 위한 기록으로 유용하게 활용될 수 있기 때문에 매우 중요하다. 예를 들어 대부분의 계약서는 공정표를 작성, 유지하는 시공자의 의무를 포함하고 있기 때문에 이러한 의무를 수행하지 않으면 나중에 공기연장 클레임(EOT Claim)을 추진하기 어렵다. 어떤 사례를 보면 공정표를 작성, 유지하지 않다가 나중에 클레임만을 위한 공정표를 작성해서 활용하는 경우가 있는데, 공정표의 정확성과 사실관계를 확인할 수 없을 뿐만 아니라 공정표 유지의 본래 목적(프로젝트를 효율적으로 잘 관리하기 위한 목적)에 활용되지도 않았기 때문에 시공자의 권리를 확보하기 어려운 상황이 발생할 수도 있다. 따라서 공정표를 적절하게 유지하는 것은 클레임을 성공적으로 진행하기 위한 기본적인 조건이라고 할 수 있다.

공정표의 기록(Program Records)의 구분과 주요 내용을 참고하면 아래와 같다.

[그림 12.3] 공정표 기록의 구분과 주요 내용

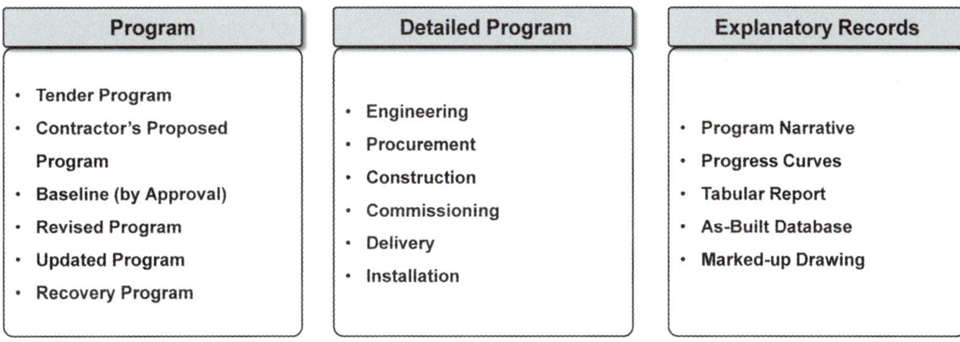

2.2 실적의 기록(Progress Records)

실적기록은 프로젝트에 진행된 모든 작업과 관련된 최종 데이터를 포함하여 정리하는 것을 의미한다. 자원이 배분되어 있다면 관련된 비용기록(Cost Records)도 동시에 포함할 수 있다. 실적기록은 요약된 형태로 리포트 또는 공정표에 기록되는데, 이러한 기록을 증명, 입증하기 위한 기초 자료의 확보, 정리도 중요하다. 특히 공정표와 관련된 실적은 사전에 PMS[317](Progress Measurement System)를 통해 발주자와 합의되어야 추후 상호간에 신뢰할 수 있는 증거로 활용될 수 있을 것이다. 기자재와 관련된 기록도 매우 중요하다. 프로젝트는 현지에서 이루어지는 시공 작업에 대한 기록위주로 진행되는 경우가 많은데, 프로젝트의 원가, 공기에 영향을 미치는 주요 기자재의 발주, 제작, 반입에 대한 기록도 잘 유지되어야 한다.

---

317) PMS를 통해서 단위 작업별로 Progress를 측정할 수 있는 세부기준을 정하고, 그 기준을 양 계약당사자가 합의해서 Progress를 인식해서 기성지급이나 현장운영에 활용함.

실적 기록(Progress Records)의 구분과 주요 내용을 참고하면 아래와 같다.

[그림 12.4] 실적 기록의 구분과 주요 내용

Raw Data

- Reports for Major Work
- Obstruction Data
- Inspection Report
- Site Test Records
- Progress Photographs
- Testing and Commissioning Records

Compiled Records

- Monthly Progress Reports
- Weekly Progress Reports
- Daily Reports

Procurement Records

- Quotations
- Supplier Contracts
- Shipment Records
- Delivery Records

2.3 자원의 기록(Resource Records)

자원기록은 프로젝트를 수행하기 위하여 사용된 모든 자원을 확인할 수 있는 기록이다. 자원에 대한 기록은 Work / Unit / 하도급자 / Area 등으로 가능하면 세분화해서 자료를 유지하는 편이 좋다. 상위레벨로 자원의 기록이 합쳐져서 정리되면 추후 분석, 활용에 어려움을 겪을 수 있다. 특히 클레임이 발생할 가능성이 많은 주요한 작업에 대해서는 자원과 관련된 생산성 데이터를 유지해서 방해/간섭 클레임(Disruption Claim)에 활용될 수 있도록 한다.

[그림 12.5] 자원 관련 그래프

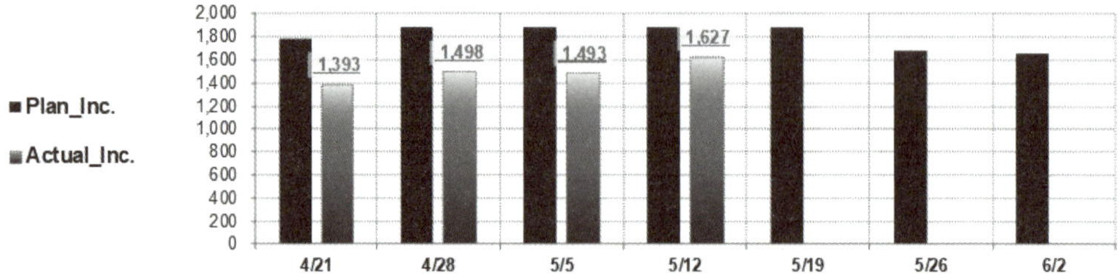

플랜트 프로젝트는 인력에 관한 데이터를 잘 유지해야 하는데, 설계단계에서는 계획, 투입인력에 대한 기록을 유지하여 어떤 특정한 이벤트로 인하여 얼마나 영향을 받았는지, 승인이 지연되어서 인력이 얼마나 비효율적으로 운영되었는지를 입증할 수 있는지가 중요하다. 시공단계에서 주요 작업인 Piping, Structure, Concrete work은 계획 수립시에 인력을 기준으로 작업기준을 셋팅하기도 한다. 클레임을 발생시키는 대부분의 이벤트가 이러한 주요작업과 관련이 있기 때문에 각 작업의 물량, 인원, 생산성 등의 자료를 기록하고 분석하는 과정이 매우 중요하며, 추후 클레임 단계에서 효과적으로 시공자의 권리를 설명할 수 있는 자료로 활용될 수 있다.

2.4 비용의 기록(Cost Records)

비용기록은 지연사건(Delay Event) 또는 방해/간섭 사건(Disruption Event)과 연계될 수 있도록 일정레벨 이하로 정리되어야 하며 실제 손실을 입증할 수 있는 자료를 확보해야 한다. 비용을 구분하는 상위레벨은 아래와 같다.

[그림 12.6] 비용 비목의 구분

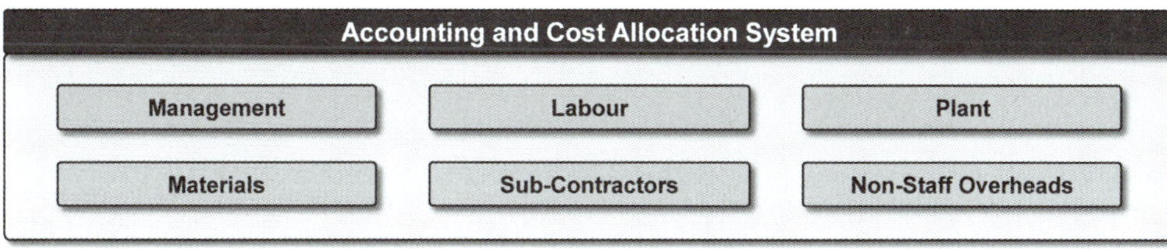

비용기록에 포함되는 내용은 아래와 같으며, 각 회사, 프로젝트의 특성에 따라 조금씩 달라질 수 있다.

- Internal Cost Reports
- Payroll Records
- Time Sheets
- Labour Agreements
- Monthly Payment
- Subcontractor Records
- Supplier Records
- Head office Records

클레임에 있어서 보상의 권리유무 및 금액을 확정짓는 가장 중요한 요소는 실제 손실(Actual Loss)이다. 실제 발생한 손실을 기준으로 클레임 보상금액을 확정하는 것이며, 예상 손실 또는 기대이익의 손실을 기준으로 클레임 금액을 확정할 수는 없다. 따라서 어느 정도 권리관계가 합의된 이후에 보상 여부를 합의하면, 활용할 수 있는 비용기록(Cost Records)을 참고하여 보상금액을 결정한다. 중동지역의 대형 발주자는 이러한 단계에서 SAP[318]과 같은 전사적 자원관리 프로그램을 통해서 입증할 것을 요구하기도 한다. 많이 사용되는 SAP System을 참고하면, 어떤 내용으로 자금이 집행되었는지 확인 할 수 있다. 그러나 해당 이벤트와 손실간의 인과관계를 설명하기에는 부족할 수도 있다. 왜냐하면 이러한 자금집행은 많은 작업들을 포함하여 진행되기 때문에 어떤 손실이 문제를 발생시킨 이벤트로 인한 것인지 분류하기 어렵기 때문이다. 그러나 이러한 SAP 자료는

318) 독일의 소프트웨어 기업에서 만든 전사적 자원관리 프로그램이다.

전체적인 규모나 추정이 가능한 기준금액을 제공할 수 있기 때문에 클레임 금액을 최종적으로 확정하기 위해서 포함되어야 하는 중요한 자료 중 하나이다.

2.5 서신 및 관리(Correspondence and Administration)

1장 클레임 관리(Claim Management)에서 설명한 바와 같이 클레임에 있어서 가장 중요한 점은 문서(Document)이기 때문에 이러한 문서들을 체계적으로 관리하는 것은 매우 중요하다. 특히 대부분의 계약서는 통지(Notice)나 의사소통을 위한 조건으로 레터형태로 작성되어야 할 것을 강조하며 특정 수신인, 주소까지 구체적으로 명시하는 경우가 많기 때문에 이러한 요구사항을 준수해야 한다.

Correspondence and Administration 기록의 구분과 포함 내용은 아래와 같다.

[그림 12.7] Correspondence and Administration의 분류

Letters / emails	• letters and material emails between parties involved in the works • other emails (including internal emails)
Contract Management	• CA instructions and confirmation of instructions • early warning notices • variations/change requests or proposals • bonds, insurance documents or guarantees
Technical Documents	• submission logs / approvals by the CA • agendas for and minutes of meetings • deficiency/non-compliance notices • as-built drawings/documents • operations and maintenance manuals
Milestones	• the Contractor's request for a certificate that the works are complete • the CA's certificate that the works are complete.
Claims	• EOT claims/responses • claims for additional payment/responses • notices of dissatisfaction with determinations • documents for the further stages of the dispute resolution procedure.

정식레터가 아닌 이메일이나 MOM 자료가 계약적, 법적으로 활용될 수 있는지의 여부에 대해서 의문을 가지는 경우가 많다. 증거(Evidence)는 정황 증거와 계약적인 증거로 구분할 수 있는데, 이메일은 수신 여부가 불확실할 수도 있고 계약적인 책임을 따지기에는 약할 수 있지만, 사실관계를 명확히 설명하기에 충분하다면 정황 증거로는 활용이 가능하다고 볼 수 있다. 즉 그러한 사실이 발생했다는 것이 사실이라는 점에 의미가 있는 것이다. 최근에 많이 사용되고 있는 카카오톡 메신저나 기타 의사소통을 위한 증거는 사실관계를 입증하는 차원이라면 수단의 형태와 관계없이

활용이 가능하다. 그러나 이러한 자료가 과연 상대방에게 책임을 물을 수 있는 계약적인 증거로 활용이 가능한지의 여부는 계약서에서 정의하고 있는 요구사항을 준수해야 한다. 예를 들어서 14일 이내에 발주자가 승인을 해야 하는 사안인 경우에 이메일로 의사소통을 하고 14일 이내에 승인하지 않았다고 해서 그러한 책임을 발주자에게 묻기는 어려울 것이다. 계약서에 정의된 수단, 방법을 확인하고 그 내용을 준수한 이후에 클레임으로 활용할 수 있는지 여부를 결정해야 할 필요가 있다.

2.6 계약문서와 입찰문서(Contract and Tender Documents)

계약문서와 입찰문서는 클레임의 보상권리를 결정하는데 있어서 기준이 되는 중요한 문서이며, 프로젝트를 수행하는데 있어서 공사기간과 공사금액의 기준을 제공한다. 계약문서를 구성하는 문서는 종류가 많기 때문에 어떤 내용을 결정하는데 있어서 계약문서의 우선순위는 Agreement 또는 General Terms and Conditions에 기술되어 있다. 또한 입찰시에 진행되었던 확인(Clarification) 내용 중 유리하거나 중요한 내용은 프로젝트가 진행되기 전에 미리 그 내용을 확인해서 프로젝트 진행중에 반영해야 한다.

Contract and Tender Documents 기록의 구분과 포함되는 내용은 아래와 같다.

[그림 12.8] Contract and Tender Documents

Contract Documents

- Contract Agreement
- Correspondences relating to the Contract Negotiations
- General Conditions / Particular Conditions
- Specifications / Employer's Requirements
- Drawings
- Schedule of Prices or BOQ
- Tender Submission and Clarifications

Tender Documents

- Instructions issued by the Employer to tenderers
- Any clarification issued by the Employer regarding those instructions or the draft contract
- submissions from all tenderers
- the Contractor's tender build-up
- the Employer's tender evaluation

판례 또는 계약조항을 보면 '입찰시', '계약 체결시' 등의 기준시점이 언급되는 경우가 많다. 즉 어떤 계약에 있어서 시공자가 예상할 수 없었던 또는 예상한 범위를 벗어나는 경우에 시공자에게 손해가 발생하고 이에 대해서 시공자가 클레임을 제기하게 되는데, 그 예상수준을 결정하는 기준이 될 수 있는 문서가 입찰문서(Tender Document)이다. 따라서 대부분의 클레임에서 효과적인 수단으로 입찰문서와 그 당시의 Clarification(발주자의 답변)이 활용되는 경우가 많으며, 이러한 내용에 대해서 미리 숙지하여 활용여부를 결정해야 한다.

3. 증거자료의 확보

클레임에 활용되는 주요 증거자료는 아래와 같으며 각 증거자료별로 유의해야 할 점이 있다. 먼저 레터를 클레임에 활용하기 위해서는 사실관계를 구체적으로 표현해야 할 필요가 있다. 어떤 프로젝트는 발주자와의 관계를 고려하여 애매모호하게 레터를 작성하기도 하는데, 클레임에 활용하기 위해서는 부족할 수 있다. 특히 레터가 Time Bar와 관련된 통지(Notice) 문서로 활용되기 위해서는 필수적으로 포함해야 하는 내용(Effect의 구체적인 내용, 책임관계, 요청사항 등)이 있는데, 이를 준수하지 못한다면, 통지 레터로 활용될 수 없을 것이다. 따라서 어떤 이벤트와 관련되어 통지를 고려하여 레터를 작성한다면 계약서에 명시되어 있는 요구사항(Requirement)을 고려하여 해당 내용이 포함될 수 있도록 레터를 작성하는 것이 필요하다.

[그림 12.9] 증거자료(Evidence)의 종류 및 유의사항

증거자료	유의사항
Letter	• 작업의 시작, 중단시점, 작업효율의 저하가 언제 발생되었는지에 대한 실시간 기록 • Notice 가 포함해야 할 내용을 고려 (원인에 대한 설명, 요청사항 등) • Effect 에 대한 정확한 내용을 포함
MOM	• 한쪽에서만 작성되므로 정확성이 문제가 될 수 있음 • Delay 의 통지수단으로 활용되기에는 애매함 • 서명을 받아서 공유하고 Notice 로 활용이 가능하도록 구체적으로 기술
Photo Video	• 좋은 기록이 될 수 있으나, 날짜/시간/장소 등 정확한 정보가 없는 경우가 대부분임 • 관리가 잘못되었을 경우 의미 없는 자료가 될 가능성이 많음 • 정확한 위치와 특정날짜 등을 같이 기재
Program	• 실제 있었던 사항을 잘못 적거나, 불완전한 정보를 기록하는 등의 잠재적인 위험이 있음 • Updated Program 작성시 Project 의 정확한 상황을 반영해야 함 • Change 또는 Impact 상황에 대한 반영필요
E-mail	• 이메일 체인이 위험할 수 있으므로 체인 내용에 유의 • 일정간격으로 Letter 화하여 정리 필요 • 이메일 수신여부에 대한 확인이 필요함
Cost Records	• 실제 손실을 입증하는 것이 필수적임 (SAP 내역, Daily report, 사진 등...) • 적용단가, 수량 등에 대한 사전 확인 필요

MOM은 보통 한 쪽에서 작성하는 경우가 많기 때문에, 어느 한 쪽의 입장만 강조되기도 하고 다른 쪽의 입장이 누락되는 경우가 많다. 또한 미팅에 참석하는 인원이 권한이 있는지의 여부가 불분명할 수 있기 때문에 MOM의 구속력, 계약적 증거로의 활용여부가 애매한 경우가 많이 발생할 수 있다. 따라서 이러한 점을 보완하기 위해서는 MOM 작성시 참석자의 서명을 확보하거나 주기적 단위로 MOM을 레터화하여 계약상대방에게 송부하는 것이 필요하다. MOM이 법정에서 적합한 통지(Notice)로 활용될 수 있는지에 대해서 다른 자료를 참고하면 아래와 같다.

Whether site meetings minutes constitute a good delay notice will depend upon the precise wording of the contract. It would seem, however, following the Scottish decision of John L. Haley Ltd v. Dumfries & Galloway Regional Council (1988) that in the case of the majority of the standard forms of contract, **the site meeting minutes will not constitute good notice, unless the parties specifically amend the contract in this respect.**[319)]

계약서에 어떻게 명시되어 있는지가 가장 중요하고 만약 관련된 내용이 없다면 계약서가 개정되지 않는 한 MOM은 통지(Notice)로 활용되기는 어렵다고 설명하고 있다. 또한 다른 판례도 이와 비슷한 입장을 취하고 있다.

The decision in the case of Steria Ltd v. Sigma Wireless Communications Ltd (2007) held that the notice must emanate from the Claimant, and therefore minutes of a meeting which were not written by Steria did not constitute good notice. It left unanswered whether minutes written by the Claimant would qualify.[320)]

사진(Photo)이나 비디오(Video)는 클레임을 입증하기 위하여 매우 좋은 자료가 될 수 있으나, 불완전한 정보를 포함하는 경우에는 활용에 어려움이 있을 수 있다. 예를 들어서 날짜나 부위가 명확하지 않은 경우에 관련된 내용인지 여부가 불확실 할 수 있다. 따라서 정확한 위치와 날짜를 포함하여 파일을 관리해야 할 필요가 있다. 아무리 많은 내용의 레터보다 단 한 장의 사진이 사실관계를 입증하기에는 더욱 효과적일 수 있기 때문에 중요한 클레임 상황은 사진이나 비디오를 포함하여 증거를 관리하는 것이 효과적인 방법이라고 볼 수 있다.

공정표는 특히 공기연장 클레임(EOT Claim), 방해/간섭 클레임(Disruption Claim)에는 반드시 필요한 증거에 해당된다. 프로젝트 수행 중에 공정표 관리(작성/유지/통지) 없이 클레임만을 위한 공정표를 작성한다면 그 신뢰성과 정확성을 장담할 수 없으며, 증거로 인정받을 수 없을 것이다. 따라서 프로젝트 수행 중에 공정표를 작성하고 진행상황을 정기적으로 발주자에게 통지하여 공정표 본연의 목적에 맞게 유지하는 것이 곧 시공자의 권리를 보호하는 것이다. 클레임을 작성하다 보면 공정표와 실제 상황이 상이한 경우가 있는데, 기성을 빨리 받기 위해서 도착하지도 않은 기자재가 도착한 것처럼 공정표를 유지한다던지 또는 작업이 완료되지 않았는데, 완료되었다고 유지된 경우에는 클레임의 이벤트로 활용하기 어렵다. 즉 영향을 받은 작업(Activity)이 이벤트와 관련은

319) Roger Knowles, 200 Contractual Problems and their Solutions (2012)
320) 상동

있었으나, 이벤트 발생 이전에 이미 작업이 완료된 것으로 공정표에 입력이 되어있다면, 분석이 어려운 것이다. 이러한 상황은 발주자 입장에서 보면 프로젝트 진행 중에 아무런 문제가 없는 것으로 관리되다가 나중에 지연되어서 문제가 있다고 하는 것과 같기 때문에 정상적으로 공정표를 유지했다고 볼 수 없다. 이러한 점을 고려하였을 때 공정표는 사실관계 그대로 유지하는 것이 클레임에 있어서 시공자의 권리를 보호할 수 있는 방법이라고 볼 수 있다.

대부분의 계약문서에는 통지(Notice), 의사소통과 관련한 내용을 담고 있는데, 한정적인 경우로 언급하는 경우가 많다. 예를 들어서 특정 주소와 특정 수신인, 특정 방법을 통해서 진행할 것을 명시하고 있기 때문에 이메일의 수단이 과연 유효한 증거로 활용될 수 있느냐 여부가 쟁점이 될 수 있다. 증거능력과 증명력에 관하여 참고하면, 증거능력이란 증거가 엄격한 증명의 자료로 사용될 수 있는 법률상의 자격을 가지고 있는 것이며, 증명력이란 증거의 실질적 가치를 의미하는 것이다. 따라서 증거능력이란 법률에 의하여 형식적으로 결정되어 있기 때문에 법관의 자유판단이 불허되며, 증명력이란 법관의 자유심증에 따라 결정될 수 있으며, 논리법칙이나 경험법칙에 제약을 받는다. 이러한 일반적인 원칙을 고려하였을 때 증거능력은 계약서에 부여된 조건들을 충족시켰을 때 의미가 있다고 볼 수 있을 것이다. 즉 계약상대방에게 책임을 물을 수 있는 유효한 증거로 활용될 수 있는 관점에서 고려한다면, 계약서에 이메일과 관련된 의사소통이 별도로 언급되어 있지 않는 한 이메일이 유효한 증거능력을 가지고 있느냐의 여부는 불확실하다. 왜냐하면 이메일은 상대방이 그 메일을 수신했는지 여부가 확실하지 않고 그 메일에 꼭 회신하거나 준수해야 할 어떤 의무가 부여되었다고는 보기 어렵기 때문이다. 그러나 증명력의 관점에서 본다면, 이메일은 어떤 사실이 발생했고 진행되어 왔다는 사실관계를 입증하기에는 이메일의 내용에 따라 충분히 의미가 있을 수 있다. 현대사회에서 의사소통으로써의 이메일은 워낙 많이 활용되기 때문에 실질적인 의사소통을 고려하였을 때 사실관계를 입증하는 수단으로는 충분히 가능하다고 할 수 있다.

이메일을 클레임 문서에 활용하다 보면, 이메일 체인이 연결되어(이전 이메일들이 포함되는 형태) 길어지는 경우가 있는데, 청구자(Claimant)에게 불리한 내용이 포함되어 있는 경우도 있다. 이런 경우에는 클레임 문서로 활용하기에 곤란한데, 이러한 점을 미리 고려하여 의사소통시에 불리한 내용은 삭제한 이후에 이메일을 다시 보내는 방법을 활용할 수 있을 것이다. 위에서 언급했듯이 이메일은 계약상대방에게 책임을 묻기에 어려울 수 있기 때문에 중요한 이메일은 특정 기간 또는 특정 사안이 완료되면 문서화하여 계약상대방에게 송부함으로써 계약적인 의미를 부여할 수 있을 것이다. 또한 중요한 이메일을 보낼 때에는 '읽음 확인 요청', '배달 확인 요청' 등의 옵션을 포함해서 상대방이 그 메일을 수신하였음을 확인하는 것도 좋은 방법이 될 수 있다.

비용기록(Cost Records)은 위에서 강조했듯이 가장 중요한 증거자료라고 볼 수 있다. 어떤 시공자는 이론적인 또는 액셀에 기반한 숫자만을 제시하면서 보상을 요청하기도 하는데, 첫 번째 단계로써 이와 같이 요청을 할 수 있지만 실제 보상단계로 진행하면 손해를 입증하기 위한 증거는 필수적이다. 중동지역의 한 프로젝트에서는 시공자가 손해금액을 입증하기 위하여 비용이 집행된 SAP 내역서 수십 박스를 준비하였고, 발주자의 담당자가 데이터를 확인하고 보상금액을 지불하였다. 이 대형 발주자는 이와 같은 절차를 필수적인 내부 절차로 규정하고 있다. 또한 클레임 단계에서 중재나 법원의 절차로 진행할 때에는 허위사실이나 신뢰성이 떨어지는 자료는 시공자에게 불리한 결과가 발생할 수 있기 때문에 실제적인 사실관계를 입증할 수 있는 자료가 필요하다. 국내의 대형건설사가 미국법원에서 진행했던 한 사례를 참고하면, 판사는 대형건설사가 제시한 자료나 증거들이 거의 사기에 가까운 내용이거나 이론적인 숫자에 그쳤다고 판단해서 클레임 청구자에게 안 좋은 결과가 나오기도 했다. 이러한 점을 고려하였을 때 클레임 금액을 산정할 때에는 입증 가능한 수준에 맞춰서 결정하는 과정이 필요하다.

4. 기타

Report

리포트는 사진과 도면을 통하여 이해하기 쉽게 작성되는 것이 바람직하다. 그리고 약속된 일정이 있다면, 그 일정에 대한 합의내용을 같이 기술해서 객관성을 확보해야 한다. 또한 주기적으로 리포트를 정리해서 월간리포트(Monthly Report)에 포함하여 발주자에 제출된다면 적절한 통지(Notice)로써의 의미도 부여할 수 있을 것이다.

리포트는 일회성으로 끝나지 말고 주간단위로 진행상황을 지속적으로 유지하는 것이 진행상황을 파악하는데 용이할 것이다. 또한 부분적인 단위공정 파악과 더불어 전체공정 또는 CP에 영향을 미치는 점도 같이 분석되어야 할 필요가 있다.

비용 영향(Cost Effect)

클레임 문서를 관리하는 과정에 있어서 각 상황별로 세부적인 금액까지 산출하여 포함시키는 것은 현실적으로 매우 어렵다. 프로젝트에는 하루에도 수많은 사건이 발생하기 때문에 일일이 비용을 확인하여 클레임 문서화를 하는 것은 시간이 낭비될 뿐만 아니라 효율적이지도 않다. 그러나 비용(Cost)은 매우 중요한 요소임에 분명하다. 계약상대방은 어떠한 상황이 어느 정도 추가비용을 발생시키는지 인지하고 있어야 대응방안을 결정할 수 있기 때문이다. 비용이 많이 든다면 그 상황을 취소할 것이고, 비용이 적게 소요된다면 비용 이외의 요인들을 더 고려할 것이다. 따라서 클레임의 초기단계에서 세부적인 비용을 포함시킬 수 없는 상황이라면 대략적인 추정이 가능하도록 아래 그림과 같이 인력의 규모, 장비대수, 소요시간 등 가능한 숫자를 기록에 포함하는 것이 바람직하다.

[그림 12.10] 비용 영향(Cost Effect) 사례

Daily Report for Piping A[illegible]

Area	Respond	26/5/2014 Man FT	Man Team		Man WD	Fit-Up Today	Fit-Up Tomorrow	Weld Today	Weld Rep'	Weld Tomorrow	Problem/ Note E	Problem/ Note P	Problem/ Note C	Problem/ Note Note	Equip Tomorrow Crane	Equip Tomorrow Tailor	Gen 25 KVA	Gen 45 KVA	Gen 90 KVA	Gen 150 KVA	Fire Whatch Man Req' Tomorrow
TF-1_2/ DCC	Ampol	7	[illegible]	9	2	48	36	18	30	36			[illegible]		Yes	Yes	2 Ea				2 Man

* Outstanding Activities

No.	Equipment	Capacity (ton)	Q'ty (ea)	No working (day)
1	Hydraulic Crane	80	3	2
2	Normal Flat Bed Trailer	30	35	1

시공자 입장에서 보면 클레임의 후반시점에 구체적인 자료를 준비하기 위해서는 하도급자(Subcontractor)의 도움을 받아야만 하는 경우가 발생하는데, 시공자가 선뜻 하도급자에게 자료를 요청했다가는 오히려 하도급자에게 클레임을 받을 수 있기 때문에 곤란한 상황에 빠지기도 한다. 따라서 이러한 상황을 방지하기 위해서는 어떤 상황이 발생하면 피해 규모, 세부 내용을 하도급자로부터 확인/접수 받아서 기록을 유지하고 발주자와 의사소통을 유지하는 과정이 필요하다.

협력(Cooperation)과 완화(Mitigation) 의무

시공자는 협력(Cooperation)과 완화(Mitigation) 의무가 있기 때문에 어떤 상황이 발생하면 지속적으로 협력하고 완화의 의무를 다하여야 한다. 단순하게 상황을 지켜만 보는 것은 시공자의 의무를 소홀히 한 것으로 해석될 수 있다. 예를 들어서 어떤 문서를 보낸 이후에 특정 기간 내에 발주자로부터 회신이 오지 않았다고 해서 아무런 행위를 하지 않다가 6개월이 지난 이후에 발주자에게 회신이 늦은 점에 대해서 클레임을 갑자기 제기하는 것은 합리적인 상황이라고 볼 수 없다. 발주자가 고의적으로 회신하지 않는 이상 실수로 회신을 못 할 수도 있고, 다른 상황을 고려했을 수도 있다. 그럼에도 불구하고 시공자가 아무런 노력이나 행위를 하지 않고 뒤늦게 클레임을 제기한다면 신의성실의 원칙에 어긋난다고 볼 수 있다. 시공자는 프로젝트를 달성하기 위해서 어떤 특정한 상황의 영향을 최소화해야 하고 발주자에게 적절한 시점에 그러한 사실을 알려서 프로젝트를 주어진 공기와 예산 내에서 완료해야 할 의무를 가지고 있는 것이다.

시공자는 일정 기간 이내로 협력과 완화의 증거자료를 지속적으로 유지해야 한다. 특히 발주자가 시공자에게 어떤 자료를 요청하거나 어떤 지시를 했는데, 특정 기한 내에 시공자가 회신하지 않고 기간이 길어진다면 이는 시공자가 본연의 의무를 제대로 수행하지 못한 것이라고 볼 수 있다. 설령 이벤트의 책임이 발주자에게 있어서 시공자에게 권리(Entitlement)가 좋은 이벤트이더라도, 전체 지연기간 중 일부의 지연기간은 인정받지 못하는 상황이 발생할 수도 있다. 이러한 상황을 검토하다 보면, 공식적인 문서는 부족하더라도 미팅이 진행되었거나 담당자간에 이메일이 오고간 기록이 확인되기도 한다. 따라서 추가적인 증거자료를 최대한 확보해서 시공자의 권리를 보완해야 한다.

Sample sheet 및 필요문서

아래는 프로젝트에서 발생하는 이벤트를 정리할 수 있는 샘플이며, 모든 것을 다 포함하기보다는 요약(Summary Level) 개념으로 정리한 파일이다. 이벤트별로 별도의 정리가 가능하지만 이 샘플은 프로젝트 전체의 현황과 상황을 빨리 확인할 수 있도록 정리한 파일이다.

[표 12.3] 이벤트의 Summary sheet

No.	Title	Description	Effect의 구체적 내용	Priority	Area	Contract Category	Impacted Activity	Discipline	담당자
1	제목	인과관계에 대한 내용	Damage에 대한 구체적 내용	상/중/하		Change Unforeseen	공정표 상의 Activity		
2									

아래는 개별적인 이벤트의 내용을 정리하는 표이며, 시간의 순서대로 정리하는 편이 추후 제 3자 또는 클레임 컨설턴트가 상황을 파악할 때 이해하기에 좋다. 공식적인 레터 이외에도 이메일과 같은 활용할 수 있는 증거는 가능하면 많이 정리해서 시공자의 행위를 입증하기에 충분한 증거자료가 확보되어야 한다.

[표 12.4] 1개의 이벤트별 내용 정리

No.	Date	Document Type	Document No.	From		Description
				Company	Contractor	
1		Letter / e-mail		O		
2					O	

이하는 클레임을 진행하기 위하여 필요한 문서를 정리한 표이다.

[표 12.5] Pre-contract document

No.	Documents	No.	Documents
1	Pre-tender minutes of meetings	11	Manpower resource analyses and leveling curves
2	Invitation to tender	12	Tender estimate and worksheets, calculations and quantity takeoffs
3	Instructions to Tenderers	13	Subcontractor tenders
4	Tender drawings	14	Subcontractor quotations
5	Tender specifications	15	Supplier quotations
6	Tender schedules	16	Site photographs
7	Bills of quantities	17	Method statements
8	Tender addenda	18	Tender programme for the Works
9	The submitted tender or quotation	19	Any program showing works by others
10	Cash flow forecast curves		

[표 12.6] Contract Document

No.	Documents	No.	Documents
1	Contract Agreement	8	Subcontract documents
2	Conditions of Contract	9	Pre-contract minutes of meetings
3	Contract drawings	10	Telephone conversation records
4	Contract Specification	11	Instructions to commence work
5	Schedules incorporated in the Contract	12	Site Investigation & Geotechnical Report
6	Contract Bills of Quantities	13	Letter of Intent
7	Pre-Contract Correspondence	14	Letter of Acceptance

[표 12.7] Contemporary Records

No.	Documents	No.	Documents
1	Correspondence	16	General progress record photos and video
2	Minutes of Meetings	17	Schedule of defects and snagging lists
3	Conversation Memoranda	18	Certificates of Completion
4	All Daily reports	19	Local Site Weather Data
5	Internal office correspondence and e-mail	20	Written instructions
6	Inspection notices	21	Confirmation of verbal instructions
7	Drawing revisions	22	Defects and snagging lists
8	Specification revisions	23	Equipment use reports
9	Submission and approval of proposed design changes	24	Rejection of requests for variations
10	Fabrication/shop drawing submission and approval records	25	Variations Log
11	Drawing submission log	26	Claims
12	Plant and tool program	27	Progress reports
13	Labour and plant daily allocation	28	Baseline Programme(soft copy)
14	Meteorological Office records	29	Baseline Programme approval
15	Progress photos and videos of problem activities	30	Method Statements

No.	Documents	No.	Documents
31	Programme Narratives	38	Programme progress updates (soft copies)
32	Planned and actual manpower planning histograms	39	Revised as planned programm
33	Planned and actual plant planning histograms	40	As built of the Baseline programme
34	Variation Proposals	41	As built of the Construction programme
35	Requests for information	42	As Planned and actual resource loading
36	Requests for variation orders	43	Programming meeting minutes
37	Notices of delay		

CHAPTER 13

클레임 문서의 작성

Claim Documentation

클레임 문서를 작성해서 발주자에 제출하면, 프로젝트의 관련 업무를 담당하는 사람들이 일차적으로 그 문서를 검토하지만, 프로젝트와 직접적으로 관련이 없는 발주자의 본사 또는 외부에서 클레임 문서를 검토하기도 한다. 클레임 문서에 법률적·전문적인 내용이 포함되면 프로젝트 인원보다는 외부에서 클레임 문서를 검토할 확률이 더 높다고도 볼 수 있다. 따라서 클레임 문서를 작성할 때는 검토하는 사람이 프로젝트의 배경과 진행상황을 알고 있다고 전제하면 안 되고, 프로젝트를 처음 접하는 사람이 검토했을 때에도 이해하기 쉽게 작성되어야 한다.

13 클레임 문서의 작성

Claim Documentation

1. 개요

1.1 목적

클레임 문서는 클레임에 대한 시공자의 정당한 권리를 체계적인 문서로서 작성하는 것이며, 발주자에 제출해서 시공자의 권리를 행사할 수 있도록 하는 목적으로 작성된다.

클레임 문서는 결국 스토리텔링이라고 할 수 있는데, 시공자의 정당한 권리가 어떤 사유로 인하여 침해받거나 추가적으로 확보되어야 하는지에 대하여 분명한 근거와 배경, 진행경과 등이 논리적으로 정리되어야 한다. 클레임 문서를 작성하기 위해서는 추가적인 자원을 투입해야 하는 경우가 많은데, 추가적인 자원을 투입해서 긍정적인 결과를 얻을 수 있을 것인가에 대한 고려가 매우 중요하다. 즉 클레임을 작성하기 전에 클레임의 강점, 약점, 성공확률을 미리 검토해서 추후 자원이 낭비되는 일이 없도록 해야 할 것이다. 이와 같은 과정을 위해서 타당성 조사(Feasibility Study)를 미리 실시하는 것도 좋은 방법이 될 수 있다.

1.2 참여주체

클레임 문서를 작성하기 위해서는 여러 이해관계자들이 참여하는데, 아래 그림과 같이 프로젝트, 본사 유관부서, 컨설턴트, 로펌 등이 이에 해당한다.

[그림 13.1] 클레임의 참여주체

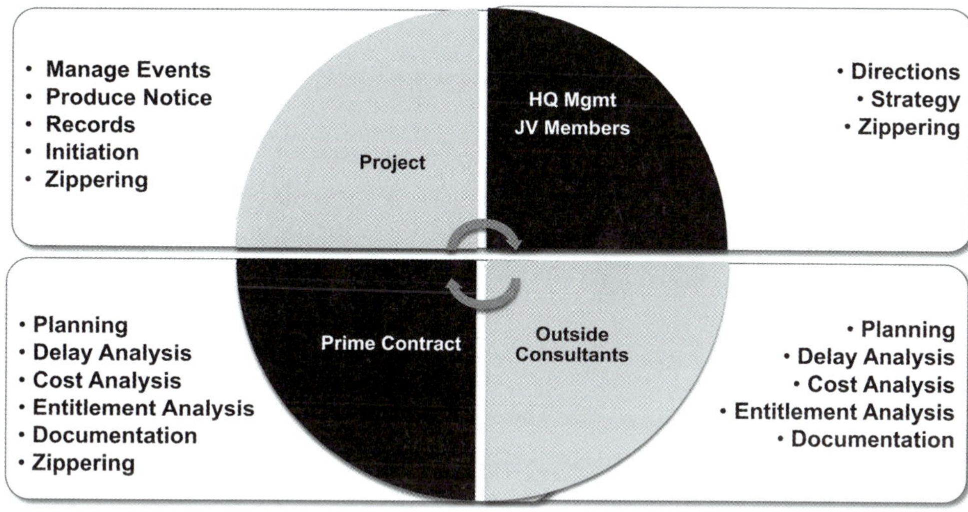

각 참여주체별로 관련 업무를 담당하지만 가장 중요한 역할은 프로젝트이다. 프로젝트는 클레임과 관련된 내용을 가장 잘 이해하고, 발주자와의 의사소통을 직접 수행하는 참여주체이기 때문에 프로젝트 이외의 이해관계자들이 클레임 작업에 참여했을 때 그들에게 필요한 정보를 제공하고, 업무를 수행하기 위한 정보를 적시에 제공해야 한다. 아무리 뛰어난 외부진문가들이 참여해도 정보가 부족 하거나 의사소통이 제한적이라면 좋은 성과를 기대하기 힘들 것이다. 따라서 전체 이해관계자 간의 소통과 정보공유를 위해서 프로젝트의 역할이 가장 중요하다.

1.3 클레임 문서 작성 전 고려사항

큰 규모의 프로젝트에서 클레임 문서를 작성하기 위해서는 많은 자원과 인력이 투입되어야 한다. 따라서 클레임 문서 작성 전에는 신중한 의사판단이 필요하며, 여러 내용들을 고려해야 할 필요가 있다.

1. The likely outcome and seriousness of the event.
2. The value of the claim.
3. The strength of the claim and its chances of success.
4. The strategy should also consider how the claim is to be pitched.
5. Some claims are complicated in their very nature and if this is the case, they require a certain amount of knowledge and experience to prepare.

6. Client relationships should be considered.
7. The parties who are likely to make the determination should also be considered.[321)]

먼저 클레임을 구성하는 이벤트가 영향을 발생시켰는지의 여부를 확인해야 하는데, 이러한 과정이 곧 클레임을 정당화하기 위하여 필요한 내용이다.

두 번째로 고려해야 할 내용은 클레임의 가치이다. 즉 클레임을 통하여 예상 가능한 회수금액이 너무 미미하다면 많은 자원을 투입할 이유가 없을 것이며, 보상금액이 많이 예상된다면, 충분한 자원을 투입하여 이익을 극대화해야 할 것이다.

세 번째는 클레임의 성공 가능성 및 강점을 확인해야 하는데, 여기에 중점을 맞추어 전략을 수립할 필요가 있다.

네 번째는 클레임 금액의 형태를 고려한 전략을 수립해야 하는데, 예를 들어서 시공자의 권리를 최대화한 금액으로 만들어질 수도 있고, 합리적인 수준에서 클레임 금액이 정리될 수도 있다. 보통은 협상을 고려하여 어느 정도 부풀려진 금액으로 정리되는 편인데, 이런 점 때문에 전체 클레임 문서의 신뢰성이 떨어지면 오히려 좋지 않을 수도 있기 때문에 적정한 범위의 금액으로 결정해야 한다.

다섯 번째는 복잡한 클레임의 경우 전문지식을 보유한 전문가가 필요한데, 사내 전문인력으로 작성주체를 한정할 것인지 외부인력을 포함하여 진행할 것인지를 고려해야 할 것이다.

여섯 번째는 발주자와의 관계를 고려해야 하는데, 해당 프로젝트뿐만 아니라 발주자와 예상되는 향후 프로젝트 또는 현재의 다른 프로젝트를 고려한 의사결정이 필요하다. 그러나 시공자로써 정당한 권리를 확보하기 위함이라면 계약의 범위 내에서 시공자가 행할 수 있는 절차를 밟는 건 당연한 계약적 행위라고 볼 수 있다. 마지막으로 클레임과 관련하여 누가 의사결정을 하는지 확인이 필요하다. 최근 중동지역의 대형 발주자는 클레임을 평가하는데 있어서 외부 컨설팅사에 의뢰하기도 하는데, 만약 그러하다면, 클레임 작성시에 전문적인 컨설팅을 포함하는 것도 고려할 수 있을 것이다.

321) Andy Hewitt,, Construction Claims & Response 2nd Edition (2016)

2. 작성원칙

2.1 검토자를 배려한 문서 작성

<u>One Document: Narrative & Attachments</u>

한 권의 책 형태로 편집하고 내용을 스토리 형태로 서술하여 검토자가 관련 문서들을 일일이 찾아보지 않아도 이해할 수 있도록 작성하는 것이 바람직하다. 대부분의 클레임 서류는 다른 문서들을 참조하도록 구성되어 있다. 참조 문서들은 클레임 서류와 함께 제출해야 하지만, 검토자가 모든 서류들을 대조해 가며 검토하지 않아도 이해가 될 수 있도록 구성해야 한다. '00월 00일자 서신이 본 공사 지연에 대한 정황을 설명하고 있다'로 끝나는 것이 아니라, 해당 서신의 관련 문단 등을 클레임 문서에서 직접 인용하는 것이 신뢰도를 높이고, 검토자의 편의를 높이게 된다. 또한 부록(Appendix)에 사본을 첨부하여 검토자가 교차로 확인 할 수 있도록 한다. 이와 관련하여 예를 든다면 아래와 같다.

- 서술형: 20 July 2015: Contractor notified the Employer that suspension of piling works by the Employer's engineer caused additional cost, idle times and schedule impact on the Project.(각주표현)
- 단순 참조형: Please refer to Contractor's 20 July 2015 Letter.

단순 참조형과 같이 아무런 설명 없이 어떤 레터를 참고하라고 기술하면, 검토자가 검토하는데 시간이 매우 많이 걸리고 작성자의 의도와 관계없이 검토자가 이해하고자 하는 임의적인 방향으로 해석될 수도 있다. 따라서 서술형으로 기술함으로서 검토자가 일일이 참고문서를 찾아서 읽지 않아도 내용을 충분히 이해할 수 있게 정리해야 한다.

<u>Citation</u>

클레임 문서를 검토하다보면, 많은 내용들이 설명되었음에도 불구하고 해당 내용을 입증할 수 있는 관련 문서가 없다거나, 관련문서는 있지만 해당 문서의 내용이 맞는지 재차 확인해야 할 필요가 있는 경우가 있다. 클레임 문서는 사실관계에 입각하여 계약당사자의 권리를 주장하는 문서인데, 사실관계를 입증하는 단계에서 신뢰를 주지 못하면, 클레임 문서의 작성 목적에 부합하지 못한다고 볼 수 있다. 따라서 어떤 내용을 기술할 때에는 입증할 수 있는 문서(레터, 이메일, 리포트, 회의록 등)에 기초하는 것이 중요하고, 관련 문서에 각주를 표현해서 검토자가 필요한 경우 입증문서를 직접 확인할 수 있도록 한다.

특히 중요한 내용은 간접인용을 하는데 그치지 않고, 직접인용을 하는 것도 좋은 방법이 될 수 있다. 예를 들어서 중요한 승인, 회의록, 발주자의 코멘트 등 클레임 이슈를 판단하는데 중요한 내용이 있다면 캡쳐(Capture) 형태로 클레임 문서에 포함하는 것도 좋은 방법이 될 수 있다.

Attachments

클레임 문서를 제출할 때에는 근거자료를 함께 제출해야 한다. 공식적인 레터, 제출물 등은 발주자가 이미 가지고 있다고 생각해서 제출하지 않거나, 공기연장 클레임에 사용되는 공정표 파일(Softcopy)은 원본파일을 공개하기 꺼려하는 경향이 있어서 제출하지 않는 상황이 가끔 발생한다.

클레임 문서는 프로젝트에 직접적으로 관여하는 사람 이외에도 프로젝트 외부, 본사, 제3의 컨설턴트가 검토할 수 있기 때문에 관련 문서를 쉽고 빠르게 확인할 수 있도록 하나의 클레임 문서에 모두 포함시켜서 제출하는 것이 바람직하다.

특히 공사기간의 연장을 검토할 때는 분석된 공정표 전자파일(Softcopy)이 필요하다. 공정표 전자파일을 제출하지 않는 상태에서 공기연장의 검토, 승인을 기대하는 것은 해외공사에서는 가능하지 않다. 클레임 문서를 제출할 때 분석된 공정표의 원본을 포함하지 않는 것은 오히려 발주자에게 시간을 끌 수 있는 좋은 빌미를 제공하는 것이다. 따라서 공정표를 전자파일(Softcopy) 형태로 레터에 포함하고, 담당자(수령인)를 명시해 놓는 과정이 필요하다. 실제로 클레임을 제출한 지 시간이 한참 경과한 이후에 분석된 공정표를 요청한다던지 등과 같은 일이 빈번하게 발생했으며, 이런 과정은 결국 발주자가 클레임 협상에 시간을 끄는 것으로 악용되고 있다. 따라서 클레임 서류를 제출할 때는 아래의 첨부서류를 포함하여 제출해야 한다.

- Letter, Transmittal, MOM, e-mail
- Monthly Progress Reports(MPR), Daily Reports
- 공정표
- 설계 도면
- 추가비용 산정 근거자료

2.2 객관적인 문서작성

계약참여자간에 클레임에 대한 승인 또는 합의가 이루어지지 않을 경우, 소송이나 중재로 이어지며, 판사, 변호인, 중재자, 전문가의 검토가 이루어지게 되는데, 이들은 해당 프로젝트에 대한 지식이 없다. 따라서 제 3자의 검토가 용이하도록 프로젝트 및 진행경과에 대한 객관적인 정보를 모두 포함하고 있어야 한다. 또한 감정적인 표현은 절제하고 사실관계와 진행경과를 중심으로 기술하되, 시공자가 원하는 방향으로 검토자가 결론을 내리도록 주요 이벤트 및 쟁점을 논리적으로 연결해야 한다.

2.3 근거에 기반을 둔 문서 작성

어떤 주장을 할 때에는 그 주장을 뒷받침할 만한 근거가 있어야 한다. 따라서 논리적인 순서에 의거하여 기술하고 적당한 사실관계, 예시 등이 포함되어야 한다. 검토자 역시 자신의 책임을 제대로 다하기 위해서는 정확한 사실에 입각하여 작성된 서류인지 검증해야 하기 때문에 근거가 명확하게 갖추어져야 한다. 흔히 관계(Relationship)를 통하여 클레임에 대한 해결책을 찾기도 하지만, 관계로 풀더라도 이를 뒷받침 할 수 있는 문서가 있어야만 상대방을 설득하기에 더욱 용이할 것이다.

[그림 13.2] 첨부된 문서의 목록

[132] Company letter ref #: 6089 "[U/G Identification and Action Plan] U61 (4) Dead Pipes - Demolition (P103, P109, P112, P113)" dated27 November 2015
[133] Contractor letter ref #: 8109 "[Approval Request] Working Extended Hours & Fridays for Tank Foundations in U61 (4)" dated 11 December 2015
[134] Contractor letter ref #: 9475 "[Approval Request] Demolition of Underground Existing Tank in Unit 61 (4)" dated 9 February 2016
[135] Contractor letter ref #: 9703 "[COR-132] Identification & Trial Excavation in U144/107/125/137 /138/146/61 (4)" dated 23 February 2016

2.4 일관성 있는 문서작성

클레임 문서는 Delay Analyst, Quantum Analyst, Contract Manager, Consultant, Engineer 등 여러 분야의 전문가들의 공동작업을 하기 때문에 일관성이 결여되거나 논리적인 흐름이 원활하지 않을 수 있다. 따라서 내용, 스타일, 형식에 있어서 전체적으로 일관성 있는 문서의 형태로 작성해야 검토 과정상에 혼선을 방지하고 효율성과 신뢰도가 증진될 수 있다. 이에 따라 중요한 정보는 클레임 문서 서두에서 요약하여 정리하거나 함께 제출한 근거자료와 대조할 수 있도록 하되, 다른 문서에 의지하지 않더라도 독립적으로 스토리텔링을 할 수 있는 완성도 높은, 논리적이고 일관성 있는 문서 작성이 필요하다.

어떤 프로젝트에 투입되었던 모 컨설턴트 회사는 각 분야의 전문가가 투입되어 작업이 진행되었으나, 완성된 클레임 문서는 논리적인 일관성이 전혀 없었다. 즉 계약적인 내용, 지연분석, 비용분석이 각각 다른 내용을 설명하고 있었기 때문에 검토자가 클레임 문서를 이해하기가 매우 어려웠다. 어떤 이벤트의 진행경과, 계약적인 권리는 지연 분석의 논리를 제공하고 잘 설명된 지연분석은 비용분석의 논리를 제공해야만 전체적인 논리의 흐름이 자연스럽게 전개될 수 있는 것이다. 이렇게 하기 위해서는 클레임 문서 작성에 참여하는 주요 구성원인 Contract/Legal Manager, Delay Analyst, Quantum Analyst가 끊임없이 상호 검토된 내용을 협의하고 보완하면서 작성을 진행하거나 또는 클레임 리더가 전체 구조를 확인하면서 조율하는 역할을 해야 하는데, 이런 점이 미비했던 것으로 추정된다.

날짜를 표기할 때는 일관성 및 정확한 날짜 표기법에 주의해야 한다. 영문인 경우에는 나라마다 표기 순서나 형식이 다르므로, 발주자와의 의사소통에서 사용하던 표기에 따라 작성하는 것이 바람직하다. 따라서 클레임 문서 참여자간에 표기법을 통일할 필요가 있다. 이외에도 줄 간격, 여백 통일, 마침표, 쉼표 & 띄어쓰기, 색깔, 용어, 레터 인용 형태 등을 통일시켜서 전체문서가 일관된 흐름을 가질 수 있게 하고 검토자가 효율적으로 검토할 수 있게 해야 한다.

2.5 프로젝트의 배경을 알고 있는 것으로 전제하지 말 것

"이미 서로가 다 알고 있는 이야기"라는 전제에서 출발하지 말고 기본적인 사항도 클레임의 서두에서 소개하고 시작하는 것이 바람직하다. 위에서 설명했듯이 프로젝트의 배경을 모르는 사람이 클레임 문서를 검토할 수도 있기 때문에 프로젝트 개요 등 기본적인 사항도 클레임 문서에 포함해야 한다. 클레임 문서는 이런 내용을 포함하고 이슈에 대한 모든 정보를 포함해야 독립적인 형태의 문서가 될 수 있다.

3. 성공적 클레임의 요소/원칙

3.1 CEES(Cause, Effect, Entitlement, Substantiation)

성공적인 클레임 문서를 만들기 위해서 아래 4가지가 중요한데, 먼저 원인(Cause)은 클레임을 발생시킨 상황을 설명하는 것이고 이런 내용은 뒤쪽에서 설명하는 결과(Effect), 권리(Entitlement), 입증(Substantiation)과 논리적으로 잘 연결되어야 한다.

결과는 원인에 의하여 발생한 결과(시간 and/or 돈)를 구체적으로 입증할 수 있는 내용을 포함해야 한다. 프로젝트에서 흔히 발생하는 상황으로, 어떤 이벤트가 종료되면 담당자는 해결되었다고 생각하기 때문에 그 시점까지 발생한 결과를 정리하지 않는 경우가 많다. 따라서 나중에 클레임 문서를 작성하는 사람이 프로젝트에 가면 결과를 구체적으로 확인할 수 없는 상황이 가끔 발생한다. 따라서 이벤트가 종료되더라도 발생한 결과를 끝까지 확인해서 기록에 남겨야 한다.

[그림 13.3] 각 요인에 대한 개략적인 내용

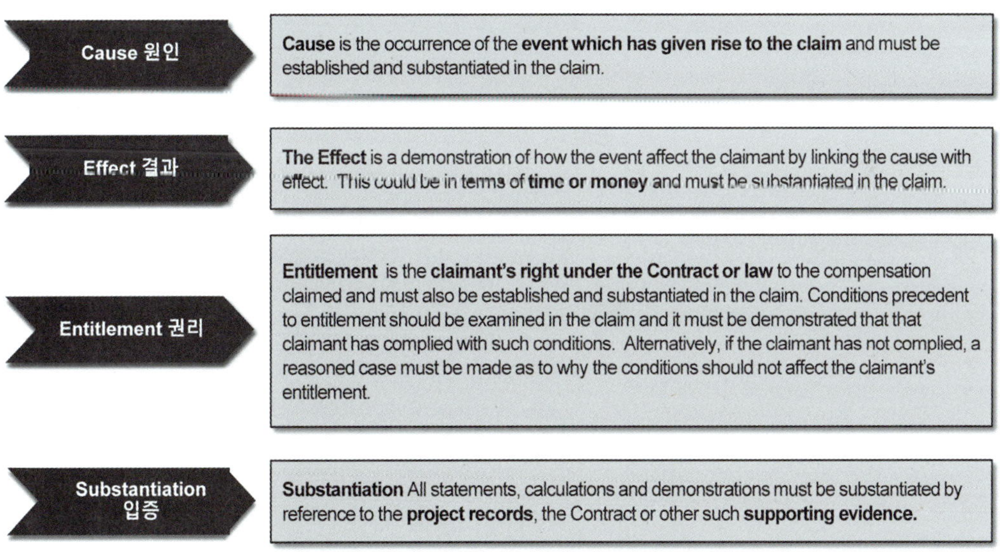

원인(Cause)은 클레임을 발생시킨 이벤트(Event)를 중심으로 클레임 문서에서 설명되어야 한다. 결과(Effect)는 원인과 연결하여 이벤트가 청구자(Claimant)에게 미치는 영향을 보여 주어야 하고, 이는 비용, 시간의 관점에서 설명 될 수 있다. 권리(Entitlement)는 청구 된 보상에 대한 계약 또는 법률에 따른 청구자의 권리이며 클레임 문서에서 입증되어야 한다.

발생한 사건에 대한 권리(Entitlement)를 확보할 수 있는 계약서의 조항을 잘 연결하여 설명하는 것도 중요하다. 동일한 사건이더라도 적용할 수 있는 계약조항이 여러 가지가 있다면 계약자에게 유리한 조항을 선택할 수는 있으나, 보완적으로 설명이 가능하다면 여러 조항을 적용하여 설명하는 것도 고려할 수 있을 것이다. 이러한 계약조항은 청구자(Claimant)가 해야만 하는 절차 또는 완화조치, 전제조건을 포함하고 있는데, 이러한 조건들을 잘 수행했음을 입증할 수 있는 내용도 충분한 설명이 이루어져야 청구자의 권리가 확보될 수 있을 것이다. 아래와 같이 권리를 설명하는 내용을 참고하면, 계약조항의 문구를 그대로 살려서 사실관계에 적용하면서 그 문장을 뒷받침해주는 사실관계를 기술하고, 다시 계약서의 조항을 비슷하게 정리하면서 그 사실관계에 적용하는 것으로 구성되었다.

클레임 권리(Entitlement)에 대한 선행 조건을 충족하는 것도 중요하다. 기한 내 사건의 통지가 있어야 하고, 청구인이 선행 조건을 준수했음을 입증해야 한다. 또는 청구자(Claimant)가 선행조건을 준수하지 않은 경우에는 정당한 사유를 설명할 수 있어야 한다.

[그림 13.4] 권리(Entitlement) 적용 사례

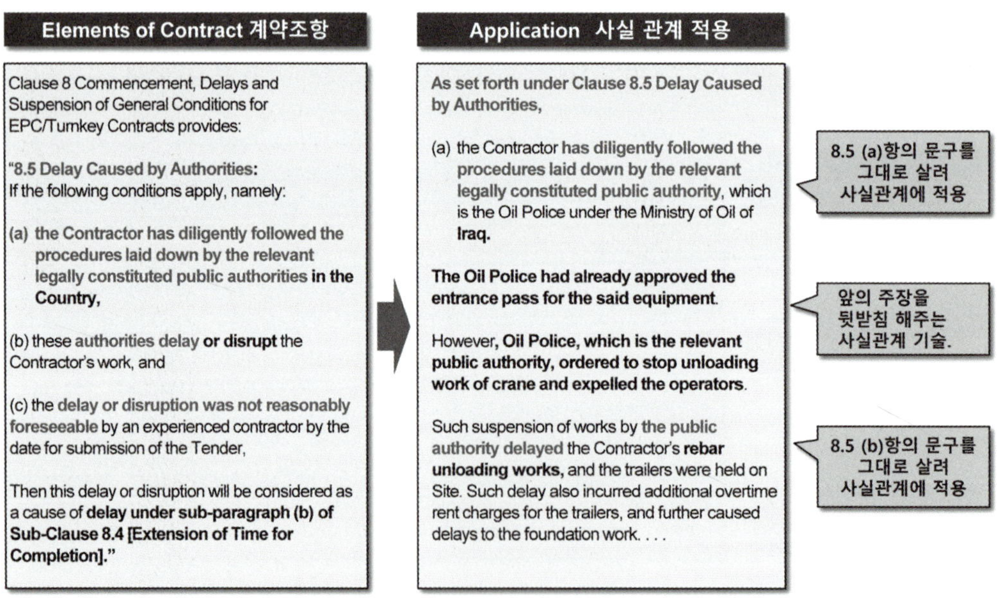

입증(Substantiation)은 분석작업을 통하여 진행될 수 있으며, 이러한 분석작업을 뒷받침할 수 있는 프로젝트의 각종 기록(리포트, 사진, 계산서 등)도 충분히 갖춰져야 한다.

3.2 성공적인 클레임의 원칙

성공적인 클레임의 주요 원칙을 정리하면 아래와 같다.322)

1) The object of a claim is to demonstrate that the Claimant has entitlement to compensation and also to substantiate the amount of such compensation.
클레임의 목적은 청구자(Claimant)가 보상에 대한 권리를 가지고 있고 보상금액을 입증하는 것이다.
2) The object of a response document is to set out the findings of the determination of the claim.
회신문서의 목적은 클레임 문서를 평가(의사결정)하는데 있어서 확인한 내용을 설명하는 것이다.
3) The Cause is the event which has given rise to the claim and must be established and substantiated in the claim.
원인은 클레임을 발생시킨 사건이고 클레임 문서에서 입증, 설명되어야 한다.

[Cause] Sample Writing

1. On 1 May 2010, the Contractor wrote to the Employer to advise him that the Employer's subcontractor had excavated a trench across the road leading to house number 10 and 12. These houses may only be accessed by way of the road that was affected by the Employer's subcontractor's work. Photographs taken on the same day are included herein under Appendix A and show the extent of the Employer's subcontractor's work and the restricted access.
2. It was recorded in the site meeting held on 10 May 2010 that the Employer's Subcontractor's work was completed and access to the six affected house was re-established on 9 May 2010.

상기 예제는 프로젝트 기록을 참조하여 원인(Cause)의 진술내용을 잘 입증하였다. 프로젝트 기록으로는 서신(Correspondence), 사진(Photographs), 회의록(MOM), 주간보고자료(Weekly Reports) 등 다양하게 사용될 수 있고, 각주를 통해 클레임문서에 참고자료를 설명 할 수 있다.

322) Andy Hewitt, Construction Claims & Response 2nd Edition (2016)

4) The Effect is a demonstration of how the event affected the Claimant by linking the cause with the effect. This could be in terms of time or money and must be substantiated in the claim.
결과(Effect)는 청구자(Claimant)가 원인과 결과를 연결하여 사건이 어떻게 영향을 끼쳤는지를 증명하는 것이다. 이는 클레임 문서에서 시간과 돈과 관련하여 입증되어야 한다.

[Effect] Sample Writing

1. Appendix B contained a site plan which has been marked up to show the location of the road crossing. The plan also shows that alternative access to the dwellings in question was not possible, due to the location of existing boundary walls and other completed works. The Photographs contained in Appendix A also demonstrate that the works shown on the site plan had already been constructed at the time in question. Thus, the road crossing restricted the Contractor's access to the two dwellings by preventing vehicles from reaching the houses to delivery the construction materials necessary for progress to be maintained.
2. The Employer's subcontractor commenced excavation of the road crossing on 1 May 2010, which effectively restricted access from this day. The Daily Site Report of 1 May 2010 and the photographs included in Appendix A hrerein recorded that the progress of the individual dwellings was as follows:
   a) House No. 10 - reinforcement to the raft foundation was in progress and due to be completed on 2 May 2010.
   b) House No. 12 - blockwork to ground-floor external walls and partitions was in progress and due to be completed on 3 May 2010.
3. Progress to the affected dwellings was dependent on the delivery of ready-mixed concrete, concrete blocks, cement and other materials to the working area. No other access route for such vehicles was available due to other activities and completed construction works in this area of the site. The effect of the excavation of the road crossing by the Employer's subcontractor was to prevented deliveries from being made between the dates of 1 and 9 May 2010 and effectively suspended the construction activities until 10 May 2010 the day after the access was reinstated. The Daily Site Report of 9 May 2010 4) and the photographs included in Appendix C herein record the progress of the affected dwellings at the time when the road crossing was reinstated and the works were able to recommence as normal.

상기 예제는 원인(Cause)의 영향(Effect)을 설명하기 위해 접근로가 막힌 것 뿐 만아니라 해당 접근로 이외에 다른 접근로가 없어 피해가 불가피하였다는 것을 잘 설명하여 클레임의 정당성을 확보하였다. 또한 도면, 회의록 사진 등의 프로젝트 자료를 통해 관련 진술을 입증하였다. 단 손실에 대해서는 언급을 하지 않았으며, 이는 추후 클레임 제출 시 별도로 산정하여 제출 할 수 있다.

5) Entitlement is the Claimant's right under the Contract or at law to the compensation claimed and must also be established and substantiated in the claim.
권리(Entitlement)는 청구자(Claimant)가 보상과 관련하여 계약 또는 법 하에서의 권리를 의미하며 클레임 문서에서 입증, 설명되어야 한다.

[Entitlement] Sample Writing

1. Extension to the Time for Completion
   a. The Contractor's entitlement to an extension to the Time for Completion is contained within the provision of Sub-Clause 8.4 (Extension of Time for Completion) which provided that:

   "The Contractor shall be entitled subject to Sub-Clause 20.1 [Contractor's Claims] to an extension of the Time for Completion if and to the extent that completion for the purposes of Sub-Clause 10.1 [Taking Over of the Works and Sections] is or will be delayed by any of the following causes:
   ... (e) any delay, impediment or prevention caused by or attributable to the Employer, the Employer's Personnel, or the Employer's other contractor on the Site."

   b. The event of the road closure by the Employer's subcontractor, as described herein, clearly falls under the provision of "delay, impediment or prevention caused by or attributable to the ... Employer's other contractors on the Site". Consequently, the Contract provides that the Contractor shall be entitled to "an extension of the Time for Completion if and to the extent that completion... is or will be delayed". The claim submitted herein contains the Contractor's request for an extension of Time for Completion for the nine (9) days of delay demonstrated.

상기 예제에서는 권리(Entitlement)를 설명하기 위해서 계약 조항을 인용하였고, 해당 계약내용을 그대로 명기하여 클레임을 검토하는 사람이 쉽게 이해하고 확인 할 수 있도록 했다.

6) Conditions precedent to entitlement should be examined in the claim and it must be demonstrated that the Claimant has complied with such conditions. Alternatively, if the Claimant has not complied, a reasoned case must be made as to why the conditions should not affect the Claimant's entitlement.
권리부여에 대한 전제조건을 수행했는지 여부가 클레임 문서에서 확인되어야 한다. 청구자(Claimant)는 그러한 조건을 준수했는지를 입증해야 하며, 지키지 못한 경우에는 그 조건이 청구자의 권리에 영향을 끼치지 않는다는 것을 설명해야 한다.

[Condition precedent] Sample Writing

1. Sub-Clause 20.1 (Contractor's Claims) to provide the precondition of claim entitlement. (insert relevant provision of a contract)
2. The requirement to give notice of entitlement to an extension of time and to describe the event giving rise to the claim within 28 days of the event is a condition precedent to the Contractor's entitlement. The Contractor is also obliged to submit a fully detailed claim of the extension of time claimed within 42 days of the event.
3. The Contractor submitted a notice of claim on 15 May 2010 which is within the 28 day period prescribed in the Contract. The submission contained herein comprises the detailed claim and supporting particulars thereby satisfying the provisions of the sub-clause.
4. The Contractor has therefore complied with the conditions of this sub-clause and is consequently entitled to an extension of the Time for Completion until 6 September 2010.

7) All statements, calculations and demonstrations must be substantiated by reference to the project records, the Contract or other such supporting evidence.
모든 설명, 계산, 입증은 프로젝트 기록과 보조증거 등에 의하여 구체화되어야 한다.

8) It is essential to establish robust contract administration systems to protect the Claimant's contractual rights and to provide adequate substantiation of cause, effect and entitlement.
청구자(Claimant)의 계약적인 권리를 보호하고 원인, 결과, 권리 등을 정확히 구체화하기 위하여 계약관리 시스템을 구축하는 것이 필수적이다.

9) The essential elements to include in any claim or determination are Cause, Effect, Entitlement and Substantiation.
원인(Cause), 결과(Effect), 권리(Entitlement), 입증(Substantiation)은 클레임 문서 또는 의사결정에 있어서 매우 중요한 요소이다.

4. 클레임 문서의 구성

클레임 문서는 내용에 따라 그 구성이 상이하지만 앞에서 설명한 필수요인을 포함하여 작성하며, 보통 아래의 항목을 포함하여 클레임 문서를 작성한다.

- Executive Summary
- Contract Overview
- Detailed Particulars of delay and/or disruption events
- Delay Analysis
- Disruption Analysis
- Quantum Analysis

[그림 13.5] 클레임 문서 목차 Sample

서론 & 결론

A. Executive Summary
1. Brief Summary of the Contract
2. Background
3. Summary of Claim
4. Reservation

B. Contractor's Case
1. Statement of Claim
2. Contractor's Claim for Extension of Time
3. The Parties
4. The Contract between the Parties
5. Location & Scope of the Project
6. Contract Price
7. Contract Effective Date
8. Time for Completion
9. Liquidated Damages
10. Material Terms and Conditions of Contract
11. Governing Law
12. Contractor's Mitigation Measures

본론

C. Detailed Particulars of Delay Events
1. Delay Event No. 1
   1) Cause
   2) Effect
   3) Chronology
   4) Entitlement
2. Delay Events No. 2
3. Delay Event No. 3......

D. Delay Analysis
1. Method of Delay Analysis
2. Delay Events
3. Analysis by Windows
4. Summary of Delay Analysis

E. Quantitative Analysis (if submitting together)

Attachments
List of Documents, Programmes

4.1 Executive Summary

맨 앞에 기술되는 Executive Summary는 두괄식의 의미로 볼 수 있는데, 전체 내용을 요약해서 보여주고 본문을 기술하기 전에 전체 구조를 쉽게 이해할 수 있도록 설명하는 부분이다. 특히 상위 매니저 레벨에서 Executive Summary만 읽어도 충분히 전체 내용을 이해할 수 있도록 클레임 내용을 요약해서 작성해야 한다. Executive Summary는 클레임의 전체내용을 요약하기 때문에 다른 파트의 문서가 완성되어야 마무리 될 수 있다. 또한 Executive Summary는 추후 협의 및 협상을 위한 기본 자료로 활용될 수 있다.

4.2 Contract Overview

Contract Overview는 본문을 기술하기 전에 프로젝트의 주요한 기본 정보를 설명하는 섹션이다. 계약적으로 중요한 내용은 꼭 포함시켜야 하며, 검토자가 클레임 문서를 이해하기 위하여 다른 계약문서를 확인할 필요 없이 독립적인 문서의 형태가 될 수 있도록 중요한 내용은 가능한 많이 포함하도록 한다. Contract Overview에서는 소개, 클레임 문서의 약어 설명, 계약 용어의 정의, 계약조건(Contract Particulars) 등을 포함한다. 기본적인 내용을 정리하면 아래와 같다.

- 계약당사자(Parties)
- 프로젝트 개요(The Project)
- 계약금액(Contract Price)
- 계약 착수일 및 종료일(Commencement and Completion Dates)
- 주요 완료일(Milestones)
- 시공자 및 발주자의 주요 계약적 의무(Contactual Obligations)
- 지체상금(Liquidated Damages)
- 준거법(Governing Law)

4.3 Detailed Particulars of Delay Events

이 섹션은 이벤트에 대해 설명이 구체적으로 이루어지는 부분이다. 이벤트가 지연과 관련된 것인지 방해/간섭과 관련이 있는지에 따라 지연사건(Delay Event)과 방해/간섭 사건(Disruption Event)으로 나눌 수도 있다. 이벤트 개수가 많으면, 검토자의 검토를 위해서 또는 작성자의 편의를 위해서 전체 구조에 대한 고민을 할 필요가 있다. 이는 뒤쪽에 설명되는 지연분석(Delay Analysis),

비용분석(Quantum Analysis)과도 밀접하게 관련되었기 때문이다. 예를 들어서 지연분석(Delay Analysis)에 사용되는 이벤트의 넘버와 상세 클레임 문서(Detail Particulars)에서 설명되는 넘버가 일치해야 검토자가 효율적으로 문서를 검토할 수 있는 것이다. 따라서 이벤트를 개별적으로 정리하되 클레임 문서를 작성할 때에는 전체 구조를 고려하여 이벤트를 구분해야 한다.

계약적인 권리(Entitlement)를 고려하여 레벨1의 구조를 나누고 지역 또는 유닛(Unit)을 고려하여 레벨2의 구조를 셋팅하는 형태가 바람직하다. 이와 같이 구조를 결정하면, 계약적인 권리를 중복하여 설명할 필요가 없고, 지연분석(Delay Analysis)과도 일관성 있게 논리가 연결될 수 있다.

각각의 이벤트는 클레임의 필수요소인 CEES[323]에 따라 기술하며, 주로 Introduction(Cause & Effect), 연대기(Chronology), 권리(Entitlement)로 구분하여 기술되는데, 이벤트의 개수가 많으면 결과(Effect)에 따라 지연분석(Delay Analysis)과 비용분석(Quantum Analysis)을 별개로 나눠주기도 하고 이벤트 설명 내에 포함시키기도 한다.

- Introduction(Cause, Effect)
- Chronology
- Entitlement

소개(Introduction)는 가능하면 원인(Cause)과 결과(Effect)로 구분해주는 편이 좋다. 보통 EPC 프로젝트에서 발생하는 이벤트는 내용이 복잡한 경우가 많기 때문에 이와 같이 구분해줌으로써 이벤트를 단순하화여 이해도를 높이는데 도움을 줄 수 있다. 여기서 원인은 권리(Entitlement)를 고려하여 정리해야 논리적으로 풀어나가기 쉬우며, 결과는 공정표 및 회계시스템 등에 실제 발생한 영향을 입증할 수 있는 데이터에 근거하여 정리가 필요하다. 결과는 지연(Delay) 또는 방해/간섭(Disruption)에 따른 비용발생의 형태로 나타나기 때문에 결과에 대한 설명이 결국 분석과 연결되어 있는 셈이다.

연대기(Chronology)는 이벤트의 발생 시점에서부터 통지(Notice), 대응(Actions), 완화(Mitigation) 및 이벤트의 종료에 대하여 발생 순서대로 기술하는 것으로 서신(Correspondence), 각종 보고서 및 회의록 등의 내용을 근거로 이벤트에 대한 원인(Cause) 및 결과(Effect)를 입증하는 역할을 한다. 클레임의 특성에 따라 정리의 기준을 검토해야 하는데, 순수하게 비용증가를 다루는 클레임은 비용이 변동된 원인, 적용기준 등만 설명하면 되므로 연대기를 많이 정리 할 필요는 없으나, 방해/간섭 클레임(Disruption Claim)은 생산성 분석이 진행된 구간(Disruption을 받은 기간)과 관련한 연대기는 최대한 많이 정리해야 한다. 공기연장 클레임(EOT Claim)은 지연기간 내에

323) Cause, Effect, Entitlement, Substantiation

완화(Mitigation)의 의무를 수행했다는 점을 입증해야 하기 때문에 완화조치 내용을 충실히 기술해야 하며, 가능한 이슈가 발생한 시점부터 이슈가 종료된 기간까지의 연대기(Chronology)는 최대한 자세히 정리해야 한다. 즉, 이벤트의 내용만 고려한다면, 굳이 많은 연대기를 정리할 필요는 없고 요약하여 정리하면 되지만, 공기연장 클레임(EOT Claim)은 특정 기간을 지연기간으로 인정받기 위해서는 그 기간 내에 열심히 노력했던 시공자의 행위를 입증해 줄 수 있는 증거가 필요하다. 예를 들어서 발주자가 설계변경을 지시했고, 그에 따라 철골의 제작이 늦어진 상황에서 중간 과정에 있었던 시공자의 설계과정이 포함되지 않는다면 전체 지연기간을 인정받기 어려울 것이다.

연대기(Chronology)를 정리하는 것은 단순히 과거에 있었던 사실을 정리하는 차원에 그쳐서는 안 되며, 가능하면 작성자에 유리하게 정리하는 것을 염두에 두어야 한다. 몇 가지 중요한 점을 정리하면 아래와 같다.

- 청구자(Claimant)의 주장을 뒷받침 해줄 수 있는 내용을 최대한 많이 정리함
- 발주자 또는 제3자의 의견을 포함하여 중립적으로 보일 수 있도록 정리함
- 발주자의 의견을 정리할 때에는 청구사의 반박내용을 같이 표현함
- 대부분 사실을 설명하는 형태를 취하되, 중간에 청구자의 주장을 삽입함
- 이벤트의 현재 상태를 충분히 파악한 이후에 사실관계를 정리해야 함
- 주어, 시제에 유의하여 작성 필요함
- 연대기도 결국 인과관계의 설명을 보완하는 것임을 고려해야 함

4.4 Delay Analysis

Delay Analysis 섹션은 다음과 같이 6가지로 구분할 수 있다.

- Introduction
- Baseline & Updated Program
- Delay Analysis Method
- Delay Event
- Delay Analysis
- Summary of delay analysis

먼저 소개(Introduction) 부분은 이벤트의 개요와 설명이 포함된다. 검토자가 본문을 읽기 전에 전체적인 구조와 청구자(Claimant)의 작성의도를 이해하게 한다.

두 번째는 공정표에 대한 설명이다. 지연분석(Delay Analysis)을 정확하게 진행하기 위해서는 어떤 공정표를 계획공정표(Baseline)로 결정해서 사용했는지가 매우 중요한데, 선정한 계획공정표와 사유, 승인과정 등을 자세히 기술한다. 또한 TIA 방법과 같이 월간공정표(Updated Program)를 사용하는 분석방법은 언제, 어떤 경로로 월간공정표를 제출했는지에 대한 내용을 포함해서 검토자가 공정표에 대한 확인을 쉽게 할 수 있도록 한다.

세 번째는 분석방법에 대한 설명인데, 여러 분석방법에 대한 개략적인 설명과 함께, 왜 해당 분석방법을 사용했는지에 대한 사유(계약적인 조항을 근거로 했는지 또는 업계에서 가장 합리적으로 인정받는 방법인지 등)를 포함해야 한다.

네 번째는 지연사건(Delay Event)인데 분석방법에 따라 어떤 순서로 나누어지는지, 어떻게 구분했는지에 대한 설명이 포함된다.

다섯 번째는 Delay Analysis 섹션인데, 분석방법에 의거하여 기술하되, 가능하면 시간의 흐름대로(지연기간을 합리적으로 계산하는 관점) 정리하는 편이 바람직하다. 이 섹션에서 구분을 할 때 고려해야 할 점은 지체상금이 부여되어 있는 완료일이다. 즉 하나의 완료일에 지체상금이 부여되어 있다면 (2개더라도 연속적인 개념이면 1개라고 가정) 시간의 흐름대로 분석을 진행하면 되지만, 각 Unit별로 지체상금이 부여되어 있는 형태라면, 상위 카테고리는 Unit으로 먼저 구분해주고 이후 Unit 내에서 시간의 흐름대로 분석과정을 기술한다. 만약 하나의 완료일에 지체상금이 부여되어 있는 계약조건인데도 불구하고 상위 카테고리를 Unit으로 구분한다면 여유(Float)의 개념을 고려했을 때 의미 없는 구분이며, Unit별로 진행과정을 확인해야 할 필요가 있는 경우에는 먼저 시간의 흐름대로 진행하고 각 시간(Window) 내에서 Unit별 완료일을 추적하여 정리하는 방법으로 진행한다.

이벤트를 설명할 때에는 상세 클레임 문서(Detail Particulars)의 번호체계와 통일시키고 주요한 내용은 곧바로 확인이 가능하도록 연결내용을 표현하는 편이 바람직하다. 특히 지연분석(Delay Analysis)의 분석기준이 되는 시작시점과 종료시점에 대해서는 상세 클레임 문서에 그 내용이 충분히 기술되어 있어야 한다. 지연분석에 사용되는 날짜들에 대한 설명이 상세 클레임 문서에 없다면 일관성이 부족한 것이다. 마지막으로 검토를 용이하게 하기 위해서, 지연분석 중 완료일의 변경이 발생한 주요내용만 요약하여 작성한다.

4.5 방해/간섭 분석(Disruption Analysis)

방해/간섭 분석의 포함내용은 위의 지연분석(Delay Analysis)과 비슷한 순서대로 작성하는데, 방해/간섭 분석의 특성상 각 이벤트 또는 각 공종별로 구분하여 정리한다. 주요 목차는 아래와 같다.

- Introduction
- Methodology
- Loss of Productivity Due to Disruption Events
- Summary of Disruption Cost

4.6 Quantum Analysis

Quantum Analysis은 아래와 같이 구분하여 설명한다.

- Introduction
- Basis of Calculation of Prolongation Costs
- Contractor Prolongation Costs
- Subcontractor Prolongation Costs
- Head Office Overhead and Profit
- Summary of Prolongation Cost

먼저 Delay Analysis에서 설명한 바와 같이 소개(Introduction)는 이벤트의 개요와 설명을 포함하고, 검토자가 본문을 읽기 전에 전체적인 구조와 작성의도를 이해하게 한다. 또 보상 청구의 배경, 근거, 항목의 구분 등에 대하여 개괄적으로 설명하는 내용을 포함한다.

두 번째로 설명되는 Basis of Calculation of Prolongation Costs는 지연분석(Delay Analysis)에서 계산된 지연날짜에 맞춰서 연장비용(Prolongation Cost)이 계산되는 내용을 포함하여 전체적으로 일관성 있는 구조를 표현한다.

세 번째로 기술되는 Contractor Prolongation Costs는 시공자의 보상비 산출 근거를 설명하는 부분인데, 지연 또는 생산성저하에 의한 손해(Damages) 내역을 포함한다.

네 번째는 Subcontractor Prolongation Costs인데, 연장비용(Prolongation Cost)에 포함하여 설명할 수 있으나 금액이 클 경우 별도로 설명하는 것이 좋다. 계약서에 포함되어 있는 Indirect Ratio를 고려하여 실제적으로 집행된 금액을 곱하여 산출한다. 그러나 이 금액은 실제 발생한 손실인지, 하도급자(Subcontractor)에게 접수된 클레임과 비교해 볼 필요가 있다. 또한 이벤트와 전혀 관계가 없는 공종이라던지 시기적으로 투입시기가 맞지 않는 하도급자의 클레임 금액은 제외해야 한다.

다섯 번째는 Head Office Overhead and Profit인데 공기지연비용(Prolongation Cost) 산정에서 설명한 바와 같이 3가지 공식으로 계산 할 수 있다.

마지막으로 Summary of Cost에서는 연장비용(Prolongation Cost) 또는 방해/간섭 비용(Disruption Cost) 합계를 요약하여 정리한다. 클레임 문서의 작성이 끝난 이후에는 계약상대방과의 원활한 의사소통을 위하여 요약본을 작성하는데, 상위레벨의 매니저가 이해하기 쉽도록 중요한 부분에 대해서 쉽고 간략히 내용을 정리한다.

5. 기타

5.1 Uncontested Letter

클레임은 해결되는데 시간이 많이 소요되기 때문에 사실관계를 확인하거나 합의하는 시점에는 관련된 담당자가 없거나 협의당사자들이 내용을 모르는 경우가 많다. 그래서 확인할 수 있는 기록에 의존하여 사실관계를 결정하는데, 만약 사실관계에 맞지 않는 문서가 아무런 반박 없이 존재한다면, 이는 사실로 성립될 수도 있다. 다시 말해서 사실관계를 모르는 사람이 어떤 레터를 봤을 때는 사실 여부와 관계없이 사실로 이해할 수 있는 상황이 발생할 수도 있다는 의미이다.

어떤 이벤트의 히스토리를 검토할 때, 특정한 주장에 대하여 청구자(Claimant)가 반박한 내용이 없다면 청구자의 입장에서는 불리한 상황이 될 수 있다. 프로젝트에 근무하는 담당자의 입장에서 보면 발주자의 레터에 대해서 일일이 대응하거나 반박하는 것은 쉽지 않은 일이다. 발주자가 다른 트집을 잡을 수도 있고 가능하면 우호적인 관계를 형성하면서 프로젝트를 진행해야 하기 때문에 현실적인 환경이 녹록치는 않을 것이다. 그러나 위에서 설명했듯이 시간이 많이 경과하면 사실여부와 관계없이, 다툼이 없는 레터는 사실로 굳어질 가능성이 많다. 따라서 불리하게 작용할 가능성이 있거나 사실과 다른 내용이 기재된 레터에 대해서는 사실관계에 의거해서 반박이 필요하다.

5.2 독립형의 레터

레터를 검토하다 보면 여러 가지 이슈가 섞여 있는 경우가 많다. 만약 그러한 이슈들이 연관관계가 있다면 당연히 하나의 레터에 포함하는 것이 합리적이나, 연관관계가 없는 병렬적인 이슈들이라면 가능하면 레터를 분리해서 정리하는 편이 바람직하다. 레터는 하나로 그치는 것이 아니라 반복적으로 오고 가는 경우가 많기 때문에 문서정리에 헷갈리거나 중복되지 않도록 독립적인 이슈로 구분해서 정리가 필요하다.

5.3 상세 클레임 문서(Detail particulars)

이벤트의 상세 클레임 문서는 잘 정리되지 않는 경우가 많다. 구체적인 결과가 확인되는 시점이 늦고 정확히 산출되기 어렵기 때문에 의사소통 과정에서 늦거나 누락되기도 한다. 그러나 어떤 상황에서 상세 클레임 문서를 제출할 수 없는 입장이라면, 현재 그러한 상황을 설명하고 추후에 구체적인 사항을 보낼 것이라는 내용으로 레터를 보내는 것이 바람직하다. 대부분의 계약서는 상세 클레임 문서를 며칠 이내에 제출하라는 내용을 포함하고 있기 때문에 이러한 계약적인 요구사항을 준수하는 것이 필요하다.

5.4 영문 문서 작성과 관련한 Tip

1) 목적은 메세지를 전달하는 것이므로 쉽게, 뜻이 분명히 전달 되도록 함

2) 모두 이해하기 쉬운 단어를 선택

3) 육하원칙(주어/목적어)에 의거하여 기술

5) 짧고 간단한 문장으로 요약("and"/쉼표 사용 자제, 마침표 애용하기)

6) 수동태보다는 능동태로 쓰기

7) 문법을 정확하게 사용

8) 약어 쓰지 않기(처음 등장 시 반드시 설명추가)

9) 주제별/이슈별 포인트 소제목 달기

10) 따옴표를 이용한 직접인용 강화

11) 실제 문서에서 직접/간접 인용한 경우, 반드시 각주를 달아 문서의 신뢰도 향상

CHAPTER 14

클레임 전략과 협상

Claim Strategy & Negotiation

클레임은 계약적 권리, 사실관계, 분석 중요하지만 그에 못지않게 전체적인 클레임의 전략을 수립하는 것과 계약상대방과 협상하는 것도 매우 중요하다. 클레임의 전략이 잘못되면, 클레임 업무를 위한 자원이 낭비되거나 시간이 지연될 수 있기 때문이다. 또한 어떤 전략으로 협상을 진행하느냐도 클레임의 성패를 결정하는 중요한 내용이다.

1. Claim Strategy
2. Claim Negotiation

14 클레임 전략과 협상

Claim Strategy & Negotiation

1. Claim Strategy

1.1 개요

계약적으로 명확한 내용에 대하여 계약참여자의 정당한 권리를 주장하는 것이 합리적인 클레임 과정이 되겠으나, 보다 효과적으로 계약참여자가 원하는 소기의 목적을 달성하기 위해서는 클레임 추진과 관련된 전략을 잘 수립해야 한다. 클레임 전략을 결정하는데 있어서 중요한 요인은 아래 2가지로 요약될 수 있을 것이다.

- 시공자의 입장(Position)
- 발주자와의 관계

클레임의 계약적인 권리(Entitlement)가 충분한지, 시공자의 책임은 없는지, 어느 정도까지 시공자의 주장을 유지할 수 있는지, 비용환경(보증(Bond), 유보금, 지체상금)은 어떤지, 계약해지(Termination)의 가능성은 있는지 등과 같은 프로젝트를 둘러싼 여러 가지 환경을 고려하여 시공자의 입장(Position)을 객관적으로 파악하는 것이 중요하다. 만약 시공자의 권리가 약하고 전반적인 환경이 좋지 않다면, 시공자의 권리를 무리하게 고집하는 것은 합리적이지 않을 것이다.

클레임 문서를 아무리 잘 만들고 전략을 잘 세워도 발주자와의 관계가 좋지 않다면 원하는 수준의 목적을 달성하기 어렵거나 시간이 매우 오래 걸릴 수 있다. 시공자 입장에서는 실무진부터 상위 매니저까지 발주자와 의사소통을 자주 하고 평소에 신뢰관계를 쌓는 것이 매우 중요하다. 또한 당장의 이익 보다는 장기적인 발주자와의 관계를 고려하는 것도 중요한데, 해당 발주자뿐만 아니라 업계의 평판 등 전반적인 업계의 환경도 같이 고려하는 것이 필요하다. 클레임 업무를 다루는 실무자 입장에서는 아래 3가지가 주요한 업무에 해당한다.

[그림 14.1] 주요한 클레임 업무

Feasibility Study	Claim Documentation	Claim Evaluation

Feasibility Study

- 클레임 전략을 결정할 때 우선적으로 확인해야 할 내용은 프로젝트의 정확한 상황임(클레임의 권리, 지연 현황, 대안, 예상 등)
- 상황을 정확히 인식하고 그에 따른 대응전략을 셋팅해야 함

Claim Documentation

- 클레임 문서를 작성할 때 어느 내용을 포함시킬지, 어떤 전략으로 진행할지에 대한 의사결정이 미리 이루어져야 함
- 클레임 문서를 만드는 주체를 결정해야 하고 각 참여주체간 역할과 책임이 정리되어야 함

Claim Evaluation

- 클레임 평가는 발주자에 대한 클레임과 하도급자 클레임으로 나누어 고려할 수 있는데, 클레임을 정확히 평가한 이후에 거기에 맞추어 입장(Position)을 정하고 협상을 진행해야 함
- 정확한 평가를 통한 입장(Position) 파악이 이루어지지 않으면, 과도한 욕심으로 협상이 실패하거나, 지나치게 낮은 수준으로 합의하게 되는 결과가 생길 수 있음

이러한 3가지 업무를 효율적으로 추진하기 위해서 전체적인 전략에 맞춰서 방향성을 설정하여 추진하는 것이 중요하다.

1.2 프로젝트의 상황과 권리(Entitlement)에 따른 전략 수립

클레임 전략은 프로젝트의 상황에 맞추어 수립해야 하는데, 전략을 결정하기 위하여 여러 가지 요인들이 있다. 그 중에서 클레임의 권리(Entitlement)는 전략을 결정하는데 있어서 가장 중요한 요인이다. 즉 권리가 좋다면 적극적인, 강한 전략으로 중재까지 염두에 두고 전략을 수립할 수 있지만, 권리가 좋지 않다면 우회적인 전략을 수립해야 할 것이다. 프로젝트의 상황도 중요한 요인인데, 당장 손해를 만회해야 하는 급박한 상황이라면 빠른 대처와 준비가 필요하고 단순하게 리스크를 대비하는 차원이라면 상황을 예의주시하면서 맞춤형 전략을 세울 수도 있다.

[그림 14.2] 프로젝트의 상황과 클레임의 권리(Entitlement)에 따른 분류

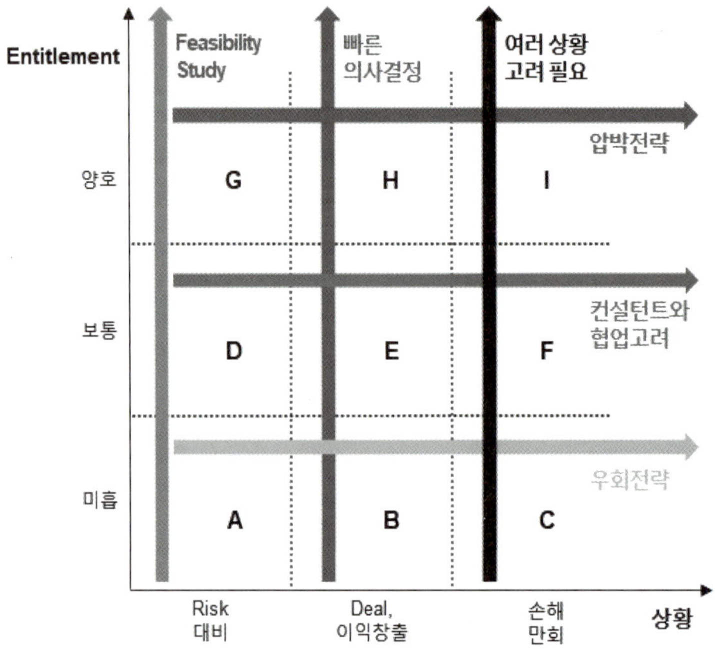

먼저 A상황을 보면 클레임의 권리(Entitlement)는 미흡하고 향후 발생 가능한 리스크를 대비해야 하는 상황이다. 이런 상황은 발주자를 강하게 압박할 수 있는 상황이 아니고, 시공자도 긴급한 상황은 아니기 때문에 어느 정도 시간여유는 있을 것으로 보인다. 따라서 증거자료의 확보(Evidence Build up), 만회대책 수립, 대안 협의를 통하여 권리를 우선적으로 높이는 것에 중점을 두어야 할 것이다. 따라서 이와 같은 상황에서는 당장 클레임을 작성/제출하기보다는 전체적인 전략 하에서 클레임을 준비하는 상황으로 전략을 수립해야 할 것이다.

B상황은 클레임의 권리(Entitlement)가 미흡하고 클레임을 공사변경(Change) 항목과 더불어 거래를 하기 위하여 활용하거나 또는 순수하게 이익을 창출하기 위한 용도로 고려하고 있는 상황이다. 이런 상황은 추가 클레임 내용, 보완방향을 찾아야 하기 때문에 본격적인 클레임 작업 전에 타당성 검토(Feasibility Study)를 통해서 현재의 상황이 클레임을 제기할 수 있는 상황인지, 더 좋게 할 수 있는 방법은 없는지를 위주로 전략을 수립해야 할 것이다.

C상황은 클레임의 권리(Entitlement)가 미흡하고 자금상황을 고려하여 손실을 빨리 만회해야 하는 상황이다. 이런 상황은 시공자에게 시간적인 여유가 없고 권리가 약하기 때문에 일반적인 클레임 절차를 통해서 협상을 진전시키기는 어려운 것으로 보인다. 따라서 상위레벨 매니저와 협상, 관계를 활용한 해결 등과 같은 우회적인 방법을 시도하는 것이 필요할 것이다. A, B, C 상황은

클레임의 권리가 약하기 때문에 시공자가 적극적인 전략을 추진하기는 쉽지 않은 상황이기 때문에 논리를 개발하거나 보완방향을 찾아야 한다. 시간여유가 있다면 권리를 높이는데 중점을 두고, 그렇지 않다면 일반적인 클레임 절차보다는 우회적인 전략으로 풀어나가야 할 것이다.

D상황은 클레임의 권리(Entitlement)는 보통이고 향후 발생할 수 있는 리스크를 대비하는 차원의 단계이다. 이런 상황은 H 방향으로 가기 위하여 권리를 높이고 이익을 창출하기 위한 논리를 개발해야 한다. 권리가 보통이기 때문에 클레임 절차를 밟는 것을 염두에 두고 증거자료의 확보(Evidence Build up) 과정이 필요하다. 즉 개별적인 이벤트가 발생할 때마다 관련 절차를 진행해서 이슈를 제기해서 추후에 본격적인 클레임 단계시에 소요되는 시간을 줄일 수 있을 것이다. 또한 시간 여유가 어느 정도 있는 상황이기 때문에 타당성 검토(Feasibility Study)를 통하여 프로젝트의 상황을 정확하게 확인하는 과정이 필요하다.

E상황은 클레임의 권리(Entitlement)가 보통이고 프로젝트의 상황도 보통인 단계이다. 보통 프로젝트는 상황이 매우 긴급해지거나 환경의 변화 등으로 인하여 클레임 문서를 급작스럽게 준비하는 경우가 많다. 그러나 그와 같이 클레임을 준비하면 시간이 부족하여 높은 수준의 클레임 문서를 작성하지 못한다. 따라서 상황이 급박해지기 전에 클레임 문서를 작성하는 편이 좋다. 또한 권리가 보통이고 추후에 프로젝트의 환경이 바뀔 수 있기 때문에 클레임 문서의 작성을 적극적으로 고려할 필요가 있다. 권리가 양호한 경우에는 외부 컨설턴트의 도움이 필요 없을 수도 있으나, 권리가 보통이라면 더 좋은 논리의 개발을 위하여 외부 컨설턴트의 도움을 활용할 수도 있을 것이다.

F상황은 클레임의 권리(Entitlement)가 보통이고 손실을 만회해야 하는 급박한 상황에 해당한다. 이런 상황은 최대한 빨리 외부 컨설턴트의 도움을 받아서 단기간 내에 클레임을 준비하고 더 좋은 논리를 개발해야 한다. 권리가 보통인 D, E, F는 논리를 더 개발하기 위하여 외부 컨설턴트와의 협업을 고려할 수도 있을 것이다.

G상황은 권리(Entitlement)가 양호하고 향후 발생 가능한 리스크를 대비하는 차원이다. 이런 상황은 시공자에게 유리한 다른 옵션을 검토해서 예상되는 클레임 상황을 전략적으로 활용할 수 있다. 클레임으로 진행하기보다는 공사변경(Change) 협상을 먼저 추진하고 적극적인 전략으로 협상에 임할 수 있을 것이다.

H상황은 권리(Entitlement)가 양호하고 프로젝트의 상황은 보통인 상황이다. 이런 상황은 클레임 절차 대신 공사변경(Change)으로 협의하되, 시간이 흘러감에 따라 시공자의 상황이 안 좋아질 수도 있기 때문에 후속절차(Claim, Dispute Resolution) 진행을 검토해야 한다. 시공자 입장에서는 상황이 긴급해지기전에 강한 자세로 발주자를 압박해서 빠른 시간 내에 타결을 목표로 해야 할 것이다.

I상황은 권리(Entitlement)가 양호하고 손실을 긴급하게 만회해야 하는 상황이다. 이런 상황이 프로젝트에 많이 발생하는데, 발주자가 시간을 계속 끌면서 협의가 지연되고 결국은 시공자가 시간적으로 몰려서 안 좋은 조건으로 클레임을 타결하는 상황이다. 이런 상황을 방지하기 위해서 권리가 좋다면 최대한 빨리 분쟁해결(Dispute Resolution) 절차를 거쳐서 발주자를 압박하는 과정이 필요하다. 물론 발주자와의 관계를 고려해서 전체적인 전략 하에 의사결정이 필요할 것이다. G, H, I 상황은 권리가 좋기 때문에 클레임 절차는 최소화하여 시간을 단축해야 한다. 즉 공사변경(Change)으로 빨리 협의를 시도하고 원만하게 진행되지 않는 경우에 발주자의 의도에 이끌려 시간을 낭비하는 것보다는 분쟁해결 절차를 거치면서 발주자를 최대한 압박하는 방법을 고려할 수 있을 것이다.

A, D, G 상황은 시간적인 여유가 있는 상황이기 때문에 타당성 검토(Feasibility Study)를 통해서 논리를 보완하거나 개발하는 방향으로 검토할 수 있을 것이며, B, E, H 상황은 클레임의 결과가 수익으로 연결될 수 있는 보통의 상태인데, 상황이 긴급해지기 전에 절차를 미리 검토해서 빠른 의사결정이 필요한 상황이라고 볼 수 있다. C, E, I 상황은 빨리 손실을 만회해야 하는 상황이므로 시공자에게는 좋지 않은 상황으로 여러 상황을 고려하여 의사결정이 필요하다.

1.3 프로젝트 진행단계와 협상력에 따른 전략 수립

시간이 진행됨에 따라 계약참여자의 협상력이 바뀐다고 볼 수 있다. 계약이 체결되고 프로젝트가 시작되면 시공자가 발주자보다는 약간 우위에 있는 편이며 주요한 마일스톤이 달성되기 전까지 시공자의 협상력은 좋은 편이다. 즉 발주자는 원하는 목적물을 얻기 위하여 어느 정도 목적물이 만들어지는 가시적인 상황까지, 가능하면 시공자를 격려하여 프로젝트를 진행시키려 하기 때문이다. 그러나 주요한 마일스톤이 완료되고 완료시점으로 진행될수록 시공자의 협상력은 급격하게 낮아지는 편인데, 완료시점에 다다를수록 시공자가 선택할 수 있는 옵션은 거의 없어지는 반면에, 발주자는 프로젝트가 거의 다 완료되어가므로 아쉬운 입장은 아닐 것이다. 결국 프로젝트가 거의 완료되어갈수록 협상력에 따른 입장의 변화가 발생하기 때문에 시공자는 가능하면 Golden Time 전에 협상을 완료하는 것을 목표로 해야 할 것이다.

[그림 14.3] 진행단계에 따른 클레임의 협상력

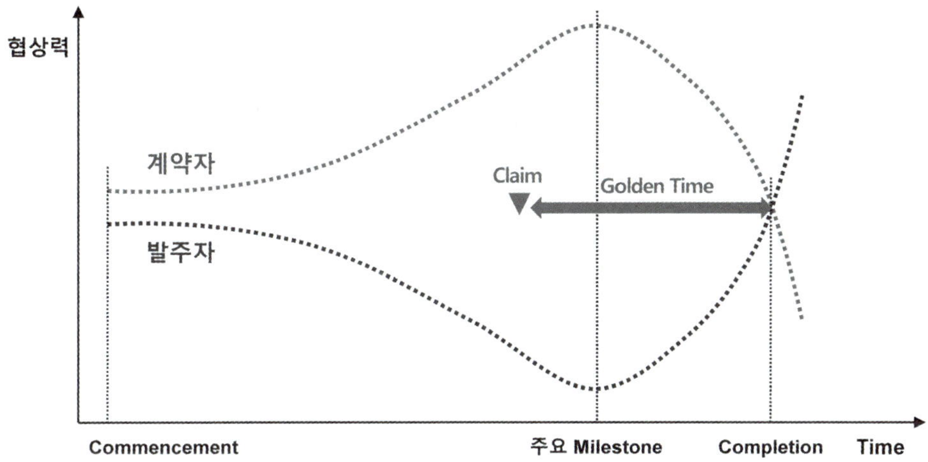

그러나 대부분의 발주자는 프로젝트 완료시점에 클레임을 타결하려는 경향이 있는데, 시공자는 특정시점을 Cutoff로 하여 협의하거나 또는 아래의 계약조항과 같이 분쟁이 없는 금액에 대해서는 지급을 요청하는 등의 협의를 진행하는 것도 필요할 것이다.

> The Company and the Contractor shall then immediately consult each other to resolve such disputes in accordance with sub-Clause 42.3; provided however that the undisputed amount of the invoice value shall be paid by the Company in accordance with the payment terms set out in this Clause 3.0.[324)]

1.4 관계와 결과에 따른 전략수립

클레임 전략을 수립할 때 계약상대방과의 관계 그리고 클레임 금액(Outcome)을 고려해야 한다. 즉 계약상대방과 앞으로 좋은 관계를 유지할 필요가 없다면 어떤 방법을 사용하더라도 클레임 타결금액을 높이는데 중점을 두어야 하며, 계약상대방과 좋은 관계를 유지해야 한다면 클레임 금액을 낮춰서 협상을 할 수도 있을 것이다.

324) EPC Contract

[그림 14.4] 관계와 결과에 따른 전략

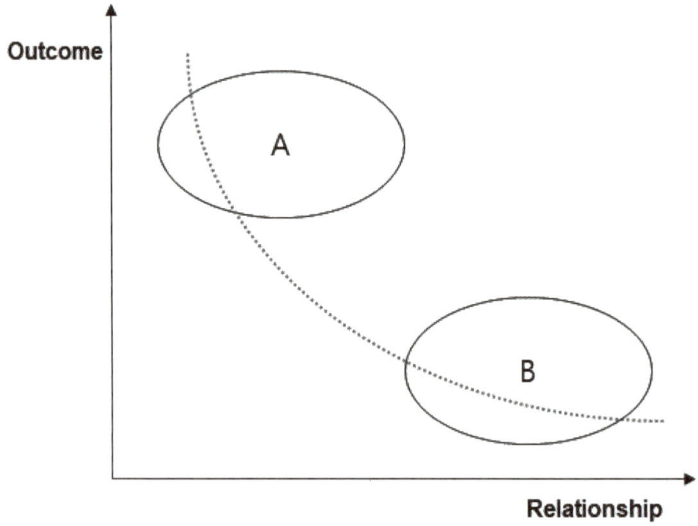

A상황은 관계보다는 클레임 결과를 중요하게 결정해야 하는 전략이며, 앞으로의 관계를 좋게 유지할 필요가 없는 상황으로 클레임 금액을 높게 받기 위한 방향으로 전략을 수립해야 한다. 따라서 최대한 상대방을 압박하고 분쟁해결을 위하여 소송까지 염두에 두고 방향을 추진해야 할 것이다. B상황은 클레임 결과보다는 관계를 더 중요하게 보는 전략이며, 계약상대방과 관련된 다른 프로젝트나 시장에서의 평판 등을 중요하게 고려하기 때문에 클레임 협상금액은 낮추는 상황이다. 클레임 금액을 낮추기 때문에 상위레벨 매니저간의 미팅을 통하여 외부 조건 등을 같이 협의하는 것이 필요하다.

1.5 참여주체별 전략수립

어떤 이벤트가 진행됨에 따라 클레임과 관련된 참여 주체가 바뀌게 되는데, 처음에는 공사변경(Change)으로 프로젝트의 담당자가 협의를 진행한다. 그러나 원만하게 해결되지 못하는 경우 클레임 과정을 거쳐서 분쟁해결의 절차로 진행하는데 이 과정에서 클레임을 제기하는 자의 본사조직의 담당자, 클레임 컨설턴트, 로펌 등이 참여하게 된다.

[그림 14.5] 클레임의 단계에 따른 참여주체

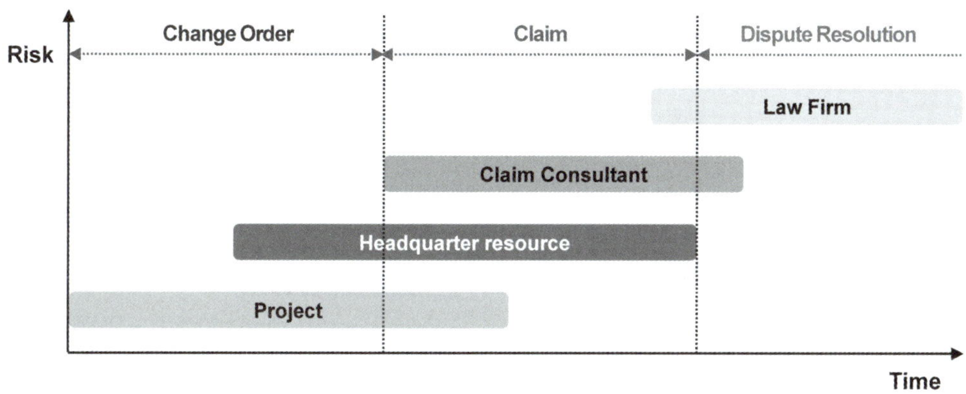

1) 프로젝트

클레임 이슈와 관련해서 프로젝트가 단독으로 업무를 진행하는 경우도 있는데, 이슈들이 잘 처리되면 문제가 없겠으나, 너무 늦은 시기에 본사의 유관부서와 공유하면 대응하기가 매우 어려워 진다. 관련된 증거도 부족하고, 진행했어야 할 계약적 절차를 준수하지 못해서 계약적 권리가 약해져서 손실이 발생하는 경우가 생기기도 한다. 따라서 프로젝트는 이슈가 발생하면 초기부터 본사의 유관부서와 협의를 진행해서 필요한 절차, 자료 등을 준비해 나가야 할 것이다.

클레임 이슈가 복잡해지면, 위 그림과 같이 여러 관계자들이 참여하는데 클레임을 처리하는 주체는 프로젝트라는 점을 인식해야 한다. 즉 모든 자료와 모든 진행현황은 프로젝트가 가장 잘 알고 있기 때문에 클레임을 진행하는 주체는 프로젝트이며, 클레임을 추진하는 과정에 있어서 프로젝트의 역할과 책임을 숙지해야 한다.

2) 본사 유관부서

각 회사별로 클레임 또는 법무업무를 담당하는 본사 유관부서에서 업무를 지원하는데, 각 회사별 특성에 따라 본사 유관부서가 클레임 업무를 직접 처리하기도 하고 클레임 컨설턴트 또는 로펌과의 업무를 조율하는 역할을 수행하기도 한다. 본사 유관부서의 업무역량, 투입인원 가능여부에 따라 상황이 달라지겠지만, 먼저 클레임 업무의 특성을 중요하게 고려해야 한다. 클레임 업무의 양이 매우 많다면, 본사의 조직이 짧은 기간 내에 많은 업무를 처리하기에는 어려울 수도 있다. 또한 기술적으로 매우 복잡하거나 논리를 개발해야 할 필요가 있는 상황은 가능하면 외부의 컨설턴트, 로펌과의 협업을 고려할 수 있을 것이다. 본사의 조직이 외부 컨설턴트, 로펌과의 협업경험이 많기 때문에 외부조직을 조율하고 관리하는 업무에 있어서는 본사 유관부서의 역할이 매우 중요하다.

만약 프로젝트 단독적으로 클레임을 처리한다면, 외부조직의 특성이 수익을 최대화하는 것이기 때문에 클레임 업무를 해결하기 위한 목적을 효율적으로 달성하기는 어려울 것이다. 본사의 조직도 그들의 경험에만 의존해서는 안 된다. 무엇보다도 프로젝트의 문제점에 대해서 프로젝트가 가장 잘 알고 있기 때문에 프로젝트와 본사 조직간의 원활한 의사소통이 필요하다.

3) Claim Consultant

2010년대 초반 중동건설시장에서 무리한 저가수주로 인하여 이후 손실이 많이 발생하였고, 이에 따라 국내의 대형건설사는 클레임 협상, 소송 등의 과정을 거치면서 계약, 클레임에 대한 중요성을 인지하게 되었으며, 클레임 컨설턴트, 로펌과의 협업을 통해서 경험도 많이 쌓이게 되었다. 따라서 최근에는 꼭 굳이 컨설턴트를 고용해야 하는지, 만약 고용한다면 어느 시점에, 어느 경우에 고용해야 할지에 대하여 고민을 해봐야 할 필요가 있다. 몇 가지 고려사항을 정리하자면 아래와 같다.

- 복잡한 프로젝트 또는 대규모 프로젝트 여부
- 실제 손실이 발생했는지의 여부
- 계약적, 법적인 논리개발 가능성 여부
- 클레임 이슈의 진행상황
- 클레임 이슈와 관련된 자료 준비

먼저 프로젝트의 규모가 그렇게 크지 않고 복잡하지 않다면 클레임 컨설턴트를 고용할 이유가 크지 않을 것이다. 클레임 컨설턴트는 분석을 위주로 하기 때문에 간단한 형태의 프로젝트는 그 프로젝트의 담당자가 오히려 더 전문적일 수 있다. 따라서 이런 프로젝트는 본사 관련 조직의 도움을 받거나 타당성 검토(Feasibility Study) 수준의 검토만 진행하는 것도 고려할 수 있겠다. 다음은 실제 손실이 발생했는지의 여부이다. 클레임은 중재나 소송을 고려하는 것인데, 실제 입증단계에 가면 손실금액이 작아지거나 입증하기 어려운 손실이라면 컨설턴트를 고용하더라도 원하는 소기의 목적을 달성하기 어려울 수 있다. 실제 손실이 많이 발생하지 않는 상황에서 시공자의 이익을 최대화하기 위하여 컨설턴트를 무리하게 고용하는 상황은 지양해야 할 것이다. 다음으로 고려해야 할 내용은 계약적인, 법적인 논리개발 가능성 여부이다. 예상되는 권리(Entitlement)가 보통의 수준이 아니라 매우 비관적인 상황이라면(프로젝트 및 본사 유관부서의 전문가가 판단하기에) 컨설턴트를 고용한다고 해도 획기적인 반전을 만들어내기란 쉽지 않다. 컨설턴트는 마법사가 아니기 때문에 기존의 판단에서 크게 벗어나기 어렵고, 따라서 본격적인 클레임 작업을 위한 컨설턴트의 고용형태보다는 클레임의 전반적인 상황을 검토하는 초기 검토 수준의 고용형태가 바람직하다.

다음은 클레임 이슈의 진행상황이다. 클레임은 실제 손실에 대한 구제방법을 모색하는 것인데, 만약 클레임 이슈가 완료되지 않았다면, 최종적인 손실금액을 확정할 수 없고 발주자도 확정하지 않은 금액에 대하여 선뜻 합의하지는 않을 것이다. 또한 클레임 이슈가 예상된다는 사실만으로 컨설턴트를 고용해서 클레임 문서를 작성한다면, 추후 이슈의 결과가 틀려지면 분석된 내용의 정확성은 떨어질 수밖에 없다. 따라서 컨설턴트를 고용한다면 완료된 클레임 이슈에 대하여 정리하는 것이고 종료되지 않은 이슈나 예상되는 이슈에 대해서는 컨설턴트의 투입시점을 늦출 필요가 있다.

마지막으로 클레임 이슈와 관련된 자료가 잘 준비되었는지의 여부이다. 컨설턴트가 투입되는 시점이 너무 이르면, 자료 준비가 덜 되어서 클레임 작업이 원활하게 진행되지 않고 컨설턴트의 인건비만 증가할 수도 있다. 어떤 프로젝트는 클레임 이슈도 확정되지 않은 상황에서 컨설턴트와 계약을 추진하기도 하는데, 12장 기록관리(Record Keeping)에서 설명했듯이 클레임 이슈와 관련된 증거자료를 취합해서 정리한 이후에 컨설턴트의 투입시점을 결정하는 것이 바람직하다.

해외의 클레임 컨설턴트를 고용하고 업무를 진행해가는 과정에서 매끄럽지 못하게 진행되는 경우도 가끔 발생하는데 컨설턴트의 입장은 아래와 같다.

- 계약적으로 가능성이 없는 무리한 논리를 컨설턴트에게 요구한다.
- 업무량을 고려했을 때 무리한 일정을 컨설턴트에게 요구한다.
- 단기간에 빠른 결과가 나오기 어려운데, 컨설턴트에게 자주 리포트를 요구한다.
- 활용할 수 있는 자료가 없음에도 불구하고 컨설턴트에게 어려운 결과물을 요구한다.
- 중요한 의사결정을 컨설턴트에게 미룬다.

해외의 컨설턴트는 아무래도 한국의 업무스타일이나 정서와는 차이가 있기 때문에, 이런 문제점들로 인하여 전체 클레임 작업이 매끄럽게 진행되지 못하기도 한다. 일례로 어떤 클레임 컨설턴트는 본인들에 유리한 스타일로 작업을 시작한 이후에, 다시 다른 방법을 시도하고, 또 다른 방법을 시도하여 결국 시공자는 많은 시간을 낭비하고 예산도 턱없이 증가한 사례가 있다. 클레임 컨설턴트를 효율적으로 활용하기 위해서 시공자가 기본적으로 준비하거나 고려해야 할 내용은 아래와 같다.

- 정확한 업무 범위와 일정
- 투입 자원의 예상 인원
- 시공자가 제공해야 하는 자료 파악 및 제공일정 확인
- 컨설턴트와 전체 방향성에 대한 충분한 공유

간혹 어떤 프로젝트는 클레임 컨설턴트가 새로운 것을 만들어낸다던가 또는 권리(Entitlement)가 불가능한 내용을 가능하게 할 수 있는 것으로 오해하는 경우도 있다. 그러나 아무리 역량 있는 클레임 컨설턴트가 투입되어도 프로젝트 자료가 미비하다면, 소기의 목적을 달성하기가 매우 어려울 것이다. 클레임 컨설턴트는 논리를 보완, 개발하거나 적절한 가이드를 제공하는 수준이며, 무엇을 창조하는 참여주체가 아니라는 점을 이해해야 한다.

클레임 컨설턴트도 영리를 추구하는 회사이기 때문에 시공자의 입장에서는 몇 가지 유의해야 할 내용이 있다. 먼저 클레임 컨설턴트가 수행하는 업무의 양에 대한 이해가 필요하다. 많은 양의 업무를 단기간에 끝내달라고 요청하면 결국 리포트의 수준은 떨어질 수밖에 없고 적은 양의 업무를 오랜 기간에 걸쳐서 진행하면 시공자는 시간과 돈을 낭비하게 된다. 따라서 업무의 양을 고려하여 컨설턴트의 투입기간, 금액에 대해서 본사의 유관부서와 협의를 통하여 진행하는 것이 바람직하다.

다음으로는 클레임 업무의 변동성을 미리 이해하고 그에 맞는 일정, 방법들을 고려해야 한다. 보통 클레임 업무 초기에는 클레임 컨설턴트에 많은 정보가 주어지지 않기 때문에 초기에 계획한 방법, 일정, 금액 등이 그대로 유지되기는 어렵다. 클레임 컨설턴트 입장에서는 업무 중간에 확인된 내용에 따라 방향을 바꿔야 할 경우가 발생함에도 불구하고 시공자와의 이런 저런 계약관계를 고려했을 때 가능하면 초기 계획대로 진행하게 되고, 이런 경우에 만족스러운 결과물을 얻기 어려울 수 있다. 따라서 시공자는 업무의 변동성을 고려하여 업무의 범위를 정하는 것이 더 좋은 결과를 기대할 수 있을 것이다.

마지막으로 시공자가 컨설턴트와 용역계약을 체결하면 컨설턴트가 다 알아서 하는 것으로 간주해서 컨설턴트를 방치해서는 안 된다. 컨설턴트는 외부회사이기 때문에 시공자의 내부정보를 얻기 위해서는 시공자와 긴밀히 협조해야 하고, 업무가 진행될수록 필요한 정보들이 수시로 발생하기 때문에 의사소통을 빠르게 진행해야 한다. 그렇지 않은 경우 투입기간이 길어지고 투입금액도 커지기 때문에 자칫 시공자에게 예상하지 못한 손실이 추가로 발생할 수도 있다.

4) Law Firm

클레임 이슈를 협의하다 보면 로펌의 참여시점, 참여형태에 대한 논의가 진행된다. 보통 프로젝트의 입장은 로펌이 참여하는 순간 법적인 행위에 가깝게 보기 때문에 로펌의 투입에 대해서 매우 조심스럽다. 만약 발주자가 이러한 과정을 알게 될 경우에는 프로젝트 운영에 민감한 영향을 끼칠 수도 있기 때문이다. 로펌의 투입시점, 투입여부에 대하여 고려할 내용은 아래와 같다.

- 클레임 이슈의 계약적인 논리가 부족한 경우
- 발주자를 압박할 필요가 있는 경우

- 프로젝트의 완료에 가까운 시점
- 클레임의 규모가 일정 이상인 경우

최근에는 발주자의 계약조건이 갈수록 까다로워지는 경향이 있다. 이에 따라 클레임 이슈를 계약적인 테두리 내에서 해결하기가 어려운 상황이 많이 발생하는데, 이런 경우에는 준거법에 의거한 법적근거를 찾아서 논리를 개발하는 것이 대안이 될 수 있다. 따라서 각 나라의 준거법에 능통한 Local Law Firm 또는 International Law Firm을 선임하는 것을 고려해야 한다. 다음으로는 발주자를 압박할 필요가 있는 경우에 로펌의 선임을 고려할 수 있다. 어떤 발주자는 매우 긍정적이고 우호적인 분위기로 시간을 끌다가 결국 시공자에게 피해를 발생시키는 경우가 있는데, 이런 상황은 판단하기가 매우 어렵다고 볼 수 있다. 또는 클레임을 제출했는데, 발주자가 아무런 협의나 반응이 없거나 적대적인 입장을 표명하는 경우에는 압박의 카드로 로펌 선임을 고려할 수 있을 것이다. 또는 시공자의 권리(Entitlement)가 매우 좋아서 법적인 행위로 진행해도 승산이 있다고 판단되는 경우가 해당된다고 볼 수 있다. 다음으로는 프로젝트의 시점을 고려해야 할 필요가 있다. 프로젝트가 중간단계에 진행중이라면, 남은 기간 동안 발주자의 도움도 받아야 되고 어떤 결론이 나기에는 쉽지 않은 상황이기 때문에 선뜻 법적인 행위를 취하기 쉽지 않으나, 프로젝트가 완료시점에 도달하면 발주자는 아쉬울 것이 별로 없는 상황이고 가능하면 시간을 계속 끄는 경향이 있기 때문에 법적인 행위를 통한 압박이 필요할 것이다. 마지막으로는 클레임의 전체 금액 또는 예상되는 기대금액을 고려해야 한다. 그 금액은 프로젝트의 전체규모를 고려해야 하기 때문에 얼마라고 확정할 수는 없으나, 일정 금액 이상이어야 로펌을 고용하는 비용을 제외한 차액을 기대할 수 있을 것이다. 승소는 했으나 로펌의 비용을 제외하고 남는 것이 없다면 로펌을 고용할 이유는 없을 것이다. 이 과정에서 클레임의 전체금액만 보고 판단해서는 안 되고 현실적인 회수금액을 예상하여 결정해야 한다.

1.6 단계별 전략수립

프로젝트의 진행단계에 따라 전략을 각각 다르게 적용해야 할 필요가 있다. 초기단계에는 타당성 검토(Feasibility Study)를 통한 방향성 결정과 주요 이벤트에 대한 권리(Entitlement) 검토가 진행될 수 있다. 중간단계에는 권리 검토결과가 양호하다면 클레임을 진행할 수 있고 검토결과가 좋지 않다면 다른 우회적인 방법을 고려해야 할 것이다. 마지막 단계는 지체상금이 부과되어 있는 주요 완료일(Milestone)이 경과하기 전에 클레임 문서를 작성하고 최종적으로 프로젝트의 완료시점이 예상되면, 거기에 맞춰서 클레임의 최종금액 및 공기연장기간을 확정해서 클레임 문서를 정리한다.

[그림 14.6] 클레임 단계별 전략 수립 일정

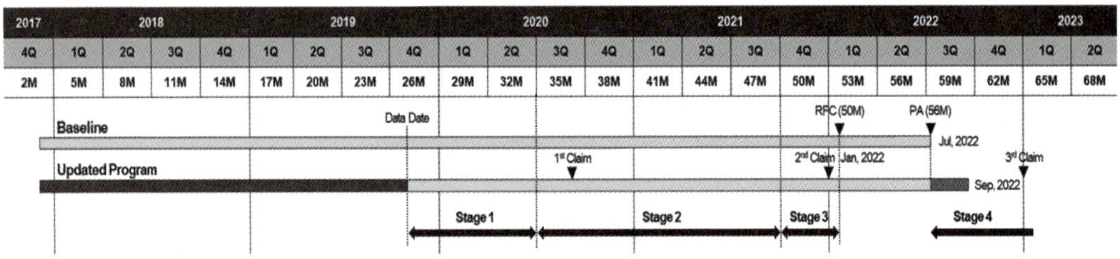

[표 14.1] 클레임 단계별 전략 수립 내용

구분	Stage 1
Stage 1	• 타당성 검토(Feasibility Study) • 주요 계약적 이슈에 대한 권리 확인에 따른 추후 전략 수립
Stage 2	• 지연이 예상되고 권리(Entitlement)가 양호하면 클레임 추진 • 권리가 좋지 않으면, 다른 대안을 검토
Stage 3	• LD Milestone 이전에 공기연장 클레임 작성 추진 • 협상전략 수립
Stage 4	• 완료일 예상 시점 확인 후 최종 클레임 작성 검토 • 분쟁해결(Dispute Resolution) 검토

1.7 상황별 계획(Scenario Planning)

클레임 전략을 수립하면 상대방의 대응에 따라 여러 시나리오가 발생할 수 있고 협상 진행 중에 클레임 전략이 수정되어야 하는 경우도 발생한다. 이런 상황에 미리 대비하고 여러 가능성을 검토하는 차원에서 클레임 전략 수립시 상황별 계획(Scenario Planning)을 작성해서 그에 맞는 다양한 대응방안을 미리 수립하는 것이 필요하다.

[그림 14.7] 상황별 계획(Scenario Planning) 사례1

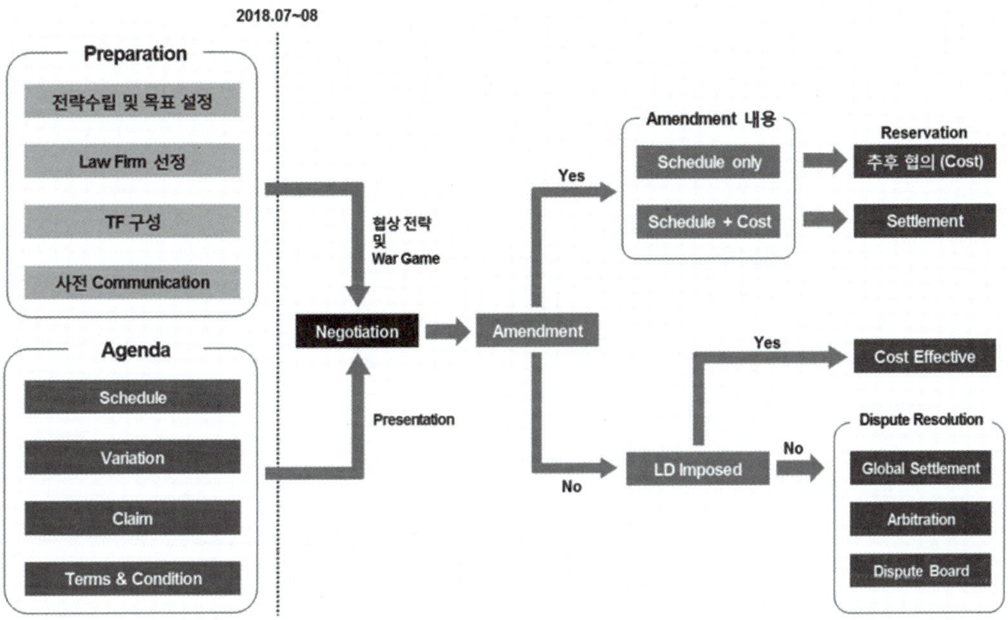

클레임은 협상을 진행하면 상위레벨 매니저의 빠른 의사결정이 필요한데, 이와 같은 상황별 계획(Scenario Planning)을 활용하여 미리 의사결정을 하고 변동되는 환경에 대하여 적시에 대응할 수 있는 체계를 수립해야 할 것이다.

[그림 14.8] 상황별 계획(Scenario Planning) 사례2

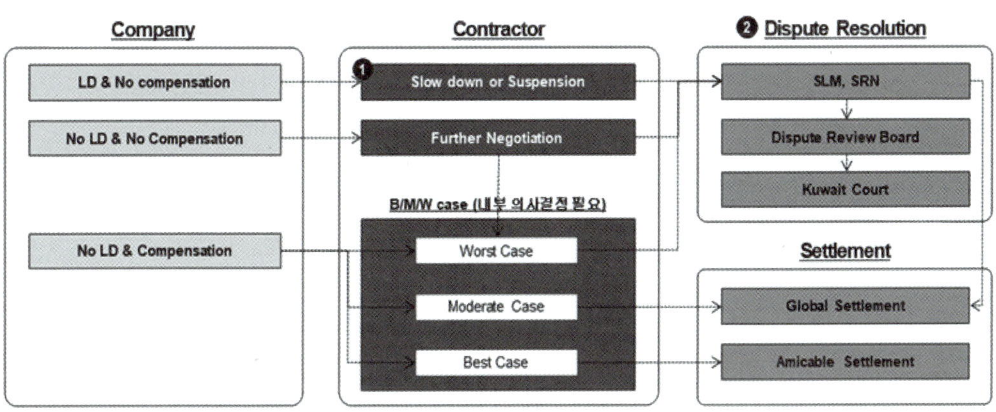

1.8 타당성 검토(Feasibility Study)

타당성 검토는 2가지로 구분할 수 있는데, 하나는 클레임 작업의 투입 여부와 관계없이 프로젝트의 리스크를 파악하는 관점이다. 계약, 클레임 관점에서 파악하되 클레임 진행여부를 위한 것은 아니며, 향후 리스크를 줄이기 위한 선제적 작업에 해당한다. 다른 하나는 클레임 작업을 위한 관점에서 검토하는 작업이다. 즉 본격적인 클레임 작업을 진행하기 전에 가능성 여부를 미리 확인해서 향후 클레임 작업의 진행여부를 결정하는 것이다.

리스크를 낮추는 차원에서의 선제적인 검토작업은 업무의 성격상 본사의 유관부서가 담당하는 것이 바람직하다. 클레임 작업의 추진여부도 결정되지 않는 상황이기 때문에 내부 조직이 사전검토 차원에서 추진하며, 주요하게 확인할 내용은 아래와 같다.

- 클레임 전략
- 계약 분석(Contract Analysis)
- 이벤트의 권리분석(Event Entitlement)
- 공정표 검토
- 지연 분석(Delay Analysis)
- 리스크 분석(Risk Analysis)
- 증거자료의 확보(Evidence Build up)

앞서 설명한 바와 같이 프로젝트의 전체적인 상황을 고려하여 클레임 전략의 수립이 필요하다. 계약분석(Contract Analysis)은 프로젝트의 전반적인 계약조건들을 분석하고 장점, 단점들을 확인하여 그에 맞는 대응방안을 수립한다. 이벤트의 권리(Entitlement)는 사실관계를 확인한 이후에 계약조건과 비교하여 권리가 어느 정도 있는지 확인하고 그에 따른 대응방안을 수립한다. 공정표는 프로젝트의 상태를 가장 잘 나타내는 자료이고 추후 클레임 문서에 중요하게 활용되기 때문에 공정표의 관리상태, 승인, 기술적 문제 등에 대하여 검토가 필요하다. 지연분석(Delay Analysis)은 구체적인 분석까지 진행되기는 어려운 시점이기 때문에 특정시점까지의 주요 지연(Critical Activity, Critical Path) 위주로 검토가 진행된다. 리스크 분석(Risk Analysis)은 이미 발생한 사건이 아니라 특정 시점 이후로 예상되는 이벤트를 분석하는 것이며, 식별된 리스크는 지속적으로 관리되어야 한다.

[그림 14.9] Risk Analysis sample

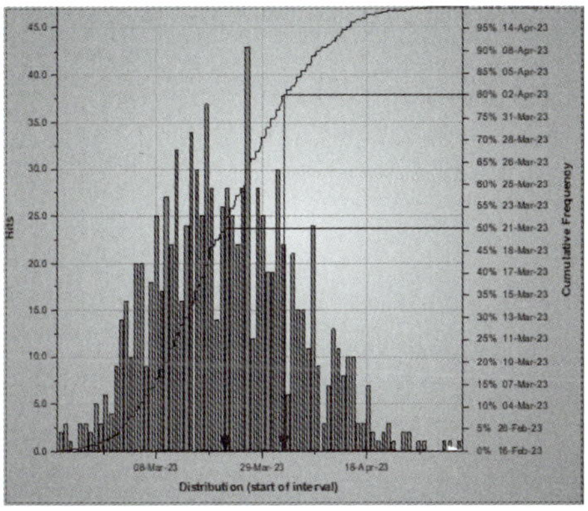

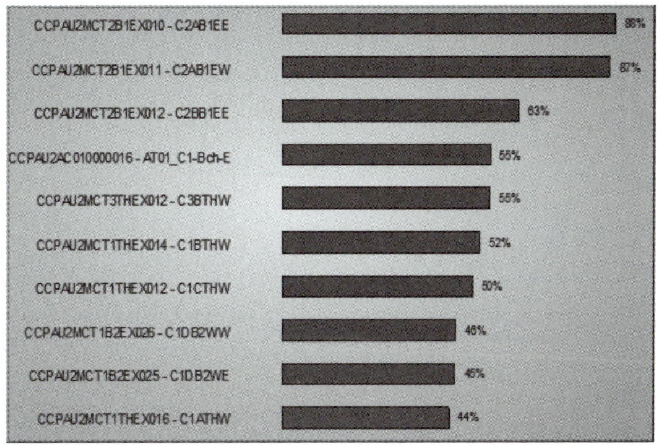

마지막으로 타당성 검토(Feasibility Study) 단계에서 가장 중요한 증거자료의 확보(Evidence Build up)이다. 대부분의 프로젝트는 문제가 매우 심각해진 이후에 본사의 유관부서에게 지원을 요청한다던지 또는 외부 컨설딘드를 고용하는데, 상황이 매우 안 좋아진 시점에는 적절한 증거자료가 없거나 적절한 계약적 절차를 거치지 않아서 클레임 작업을 추진하기 매우 어렵다. 따라서 가능하면 이른 시점에 적절한 증거자료의 확보를 위한 가이드를 공유하고 프로젝트의 상태를 점검할 필요가 있다. 아래 표는 컨설턴트가 프로젝트의 문서를 확인한 내용인데, 공정표, 진행상태의 기록, 공사변경(Change), 레터의 내용을 확인한다.

[그림 14.10] Confidence Level sample

Area	**Confidence Level**	
	Current	Target
Baseline programme methodology	4	10
Baseline programme	6	10
Contemporary progressed programmes	2	10
Progress Records	2	10
Change Records (31 Sampled – no time impact)	7	10
Design issue and TQs	7	10
Contractual obligations fulfilled (Programme)	2	10
	30	**70**
Confidence Level	**43%**	

두 번째의 타당성 검토(Feasibility Study)는 클레임 진행여부를 결정하거나 클레임을 진행하기 위하여 사전적으로 검토하는 과정이다. 규모가 큰 프로젝트는 클레임 작업이 시작되면 많은 인원과 시간이 소요되기 때문에 초기에 전체적인 전략과 방향을 셋팅해야 추후에 발생할 수 있는 시행착오를 줄일 수 있을 것이다. 전반적인 내용은 위에서 설명했던 내용과 비슷하지만 주로 구체적인 방향과 인원, 일정, 내용 등을 검토하는데, 컨설턴트가 제공한 타당성 검토 문서를 참고하면 아래와 같다.

1. Introduction
2. Executive Summary
3. Outline of Proposed Delay Analysis Procedure
4. Findings From Pilot Delay Analysis Investigation
5. Factual Evidence Observations
6. Outline Timetable of Delay Analysis Exercise
7. Appendices

이런 작업은 컨설턴트에게 제공하는 정보의 양에 따라 달라지기 때문에, 클레임 작업을 추진하는 것을 전제로 한다면, 가능하면 많은 양의 정보를 전달해서 클레임 컨설턴트간의 차이를 정확히 식별해서 적합한 컨설턴트를 선택할 수 있는데 도움이 되는 것이 바람직하다.

1.9 기타

1) Time and/or Money

건설프로젝트에서 발생하는 분쟁을 간략히 표현하면, 발주자는 시간, 품질로 시공자를 압박하고 시공자는 돈으로 발주자를 압박하는 형태라고 볼 수 있다. 반대로 얘기한다면, 시공자는 시간, 품질에 대한 방어논리를 만들어야 하고 발주자는 돈에 대한 방어논리를 만들어야 하는 셈이다. 따라서 지연이 발생하면 시공자는 지연을 잘 설명하기 위한 방어논리를 구축하거나 또는 공사기간의 연장을 요청하고 추가로 공사변경(Change)을 통하여 추가비용을 청구한다. 이와 같이 시공자는 시간을 방어논리로 활용하고 돈을 공격논리로 활용하는 셈이다. 클레임 전략을 협의하다보면, 클레임 문서를 작성할 때 발주자에게 시간과 돈을 같이 요청해야 하는지 또는 분리해서 요청해야 하는지에 대한 논의를 하는데, 장, 단점을 정리하면 아래와 같다.

[표 14.2] Time/Cost의 분리제출과 통합제출

구분	장점	단점
Time/Cost 분리 제출	• 일차적으로 공기연장 승인을 기대할 수 있음 • 비용에 대한 권리 발생시점은 완료일 이후이기 때문에 계약적인 절차상 순서에 맞음	• 비용 협의까지 시간이 많이 소요됨 • 문서 작성시간이 많이 소요됨
Time/Cost 통합 제출	• 한 번에 통합적으로 타결을 기대할 수 있음 • 일괄적, 통합적인 클레임 문서 작업	• 발주자가 부담을 느낄 수가 있어서 승인이 어려울 수 있음. 결국 공기연장 승인도 같이 지연됨 • 비용 권리 발생시점은 완료일 이후이기 때문에 제출한다고 해도 곧바로 보상 권리가 발생하지는 않음

위의 장, 단점을 고려하되, 지체상금 금액과 프로젝트의 시점을 같이 고려해야 한다. 프로젝트 잔여기간이 많이 남은 상태라면 Time/Cost 분리제출이 적절한 절차로 보여지며, 지체상금 리스크가 크고 프로젝트가 완료시점에 가깝다면 Time/Cost 통합제출을 고려할 필요가 있다.

2) Delay Analysis Method

대부분의 컨설턴트는 지연분석을 수행하는데 있어서 1가지 방법만 사용하는 경우가 많다. 물론 원가를 절감하는 차원에서 의미가 있으나 공기지연에 대한 명확한 권리(Entitlement)를 확보하고 더 나은 방법을 고려한다는 점에서 최소한 2가지 이상의 방법을 검토해 볼 필요가 있다. 어떤 컨설턴트는 이런 저런 이유를 들어서 가장 간단하고 시간이 적게 드는 IAP(Impacted As-Planned) 방법을 사용하기도 하나 이 방법은 시공자에게 충분한 권리를 부여하기 어렵기 때문에 가능하면 TIA(Time Impact Analysis) 또는 APAB(As-Planned vs As-Built) 방법을 같이 고려하여 더 나은 방법을 선택해야 할 것이다. 보통 컨설턴트가 제안서를 제출하는 초기단계에 지연분석방법이 정해지는 편이나, 2가지 이상의 옵션을 포함해서 시공자가 판단할 수 있는 형태의 클레임 작업이 진행되는 편이 바람직하다.

3) 클레임 문서의 포함 항목

전형적으로 진행되는 공기연장클레임은 공사기간 지연 분석과 이에 따른 간접비(Prolongation Cost)가 포함되는 것이 일반적이다. 그러나 프로젝트의 완료시점에 도달하면, 클레임 문서에 포함되는 여러 항목을 고려해야 하는데. 주요한 항목은 아래와 같다.

- 방해/간섭 분석(Disruption Analysis)
- 공기단축(Acceleration) 비용
- 미해결된 공사변경(Unsettled Change)
- 하도급자(Subcontractor)의 클레임

방해/간섭 분석(Disruption Analysis)은 입증하기가 매우 어렵기 때문에 보상은 10% 이내만 예상할 수 있어서 분석, 제출 여부에 대하여 의사결정이 필요한 항목이다. 결국 프로젝트의 증거자료가 얼마나 효과적으로 상황을 설명할 수 있는지 여부가 가장 중요하며, 전체적인 전략 차원에서 협상을 위한 항목으로 활용할 가능성을 고려하여 포함여부를 결정해야 할 것이다.

공기단축(Acceleration) 비용은 청구의 근거인 발주자의 지시나 또는 의제된 공기단축(Construction Acceleration) 과정을 입증할 수 있는 증거자료가 있다면 포함하는 것이 가능할 것이다. 그러나 계약적인 권리(Entitlement)가 부족한 완화비용(Mitigation Cost)으로 판단되면 전체 클레임 문서의 신뢰성을 생각해서 포함시키지 않는 것이 좋을 것이다.

미해결된 공사변경(Unsettled Change) 포함여부는 클레임의 제출시기를 중요하게 고려해야 하는데, 프로젝트가 진행되는 중간 시점의 경우 가능하면 미해결된 공사변경은 클레임에 포함하지 않고 끝까지 공사변경(Change)으로 주장하는 것이 유리할 것이다. 미해결된 공사변경이 클레임에 포함되어서 권리(Entitlement)가 같이 훼손되어 전체적인 금액이 조정되는 상황은 피해야 하기 때문이다. 만약 프로젝트의 완료시점에 가깝다면 미해결된 공사변경도 타결을 빨리 해야 하기 때문에 클레임 문서에 포함하는 것을 고려해 볼 수 있을 것이다. 간혹 미해결된 공사변경을 개별 이벤트로 분리해서 클레임 절차를 밟는 것이 유리한지 또는 통합해서 클레임 절차를 밟는 것이 유리한지에 대한 논의도 하는데, 개별적인 이벤트로 절차를 진행하면 시간이 많이 걸리기 때문에 발주자가 따로 요청하지 않는 한 가능하면 통합해서 클레임 절차를 진행하는 것이 바람직하다.

하도급자(Subcontractor)의 클레임은 시공자 입장에서는 애매한 항목이다. 발주자와의 계약에 맞춰서 Back-to-back으로 연결되어 있다면 하도급자와의 협의에 문제가 없겠으나, 자칫 발주자에게는 보상받지 못하고 하도급자에게 보상한다면 그대로 손실로 연결될 수 있기 때문이다. 시공자가 하도급자에게 보상책임을 져야 하는 항목은 논외로 하더라도 시공자가 발주자에게 클레임을 할 때 이론적으로는 시공자의 손실과 하도급자의 손실을 합친 금액을 청구하게 되는데, 하도급자가 시공자에게 청구한 클레임 금액과 시공자가 발주자에게 청구한 금액이 다른 경우도 발생한다.

2. Claim Negotiation

2.1 개요

협상이란 원하는 것의 차이를 해결하는 방법 중의 하나로 서로 이견을 좁혀가며 쌍방이 만족할 수 있는 합의를 도출해 나가는 과정이라고 볼 수 있다. 클레임 협상은 청구자(Claimant)가 제시한 클레임에 대해서 응답/대응자(Respondent)가 클레임을 평가하고 이 내용을 서로 협의해서 타결까지 이르는 과정이다.

[그림 14.11] 클레임 협상의 진행과정

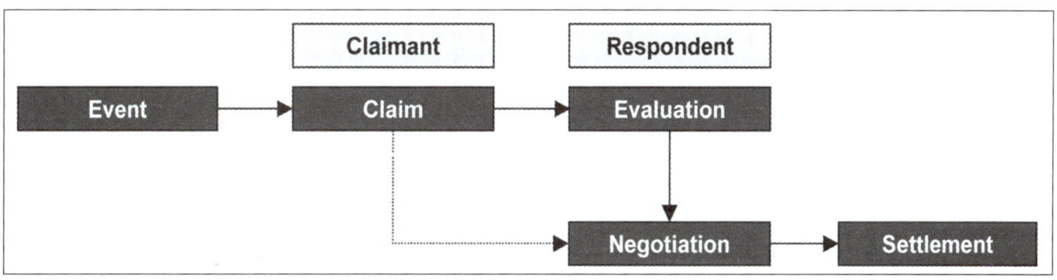

클레임 협상상황에서 가장 중요하게 고려해야 할 것은 아래 2가지이다.

- 협상으로부터 얻어낼 것으로 기대되는 성과(Outcome)의 크기
- 협상 상대와의 기대되는 관계(Relationship)의 중요성

즉 당장 눈앞의 이익도 고려해야 하지만, 협상상대와의 관계에 대한 중요성도 복합적으로 고려하여 협상에 임해야 한다. 클레임 협상에 성공하려면 내용 못지않게 협상과정에서의 기술과 전략도 매우 중요하다. 클레임은 그 내용을 이해하고 동의하는 상대방이 존재하는 게임이며 결국 상대방을 설득해서 청구자(Claimant)가 주장하는 바를 달성하는 것이 최종적인 목표이기 때문이다.

2.2 협상 과정

협상은 크게 협상준비단계, 협상단계, 협상 후 단계로 나눌 수 있다. 협상 전의 과정으로는 목적을 명확히 설정하고 협상을 준비하는 작업이 중요하며, 협상 단계에서는 협상기술과 원칙에 대하여 충분히 이해하고 진행하는 것이 필요하다. 협상 후에는 결과를 정리하고 다음 협상을 준비하는 과정이 필요하다.

[그림 14.12] 협상의 과정

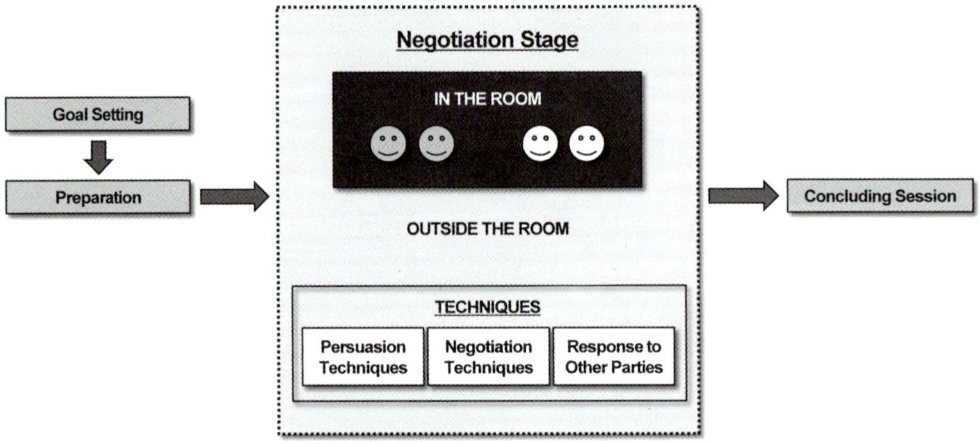

1) 목표 수립

협상과정에서 첫 번째로 준비해야 할 것은 'Goal Setting'이다. 청구자(Claimant) 뿐만 아니라 협상 상대방인 응답/대응자(Respondent) 입장도 충분히 고려하여 전체적인 협상 목표와 전략을 결정하는 것이 필요하다.

성공의 정의

협상을 시작하기 전에 협상의 성공과 목표를 정확히 정의하는 것이 필요하며, 협상을 이겼다고 하는 것이 그 협상의 성공을 의미하지는 않는다. 예를 들어 협상 실무자가 생각하는 성공의 의미는 5백만불이었으나, 매니저는 1천만불로 생각하였다면, 그 협상이 5백만불로 타결되었다고 하더라도 매니저는 그 협상이 성공적이었다고 판단하지 않을 것이다. 따라서 협상을 시작하기 전에 협상과 관련된 이해관계자들이 생각하는 성공을 정확히 정의하고 동의를 구해야 한다.

장기적, 단기적인 관계 고려

협상에 참여하는 인원은 협상 상대방과의 단기적 또는 장기적으로 고려해야 할 내용을 균형감 있게 이해해야 한다. 이미 언급했듯이 당장의 이익을 위주로 협상을 진행한다면, 그 협상은 성공할 수 있을지 몰라도 장기적으로 많은 것을 잃을 수도 있기 때문이다. 따라서 협상의 내용을 포함하여 외적으로 협상할 수 있는 내용을 충분히 고려하여 협상에 임해야 한다.

협상이 불가능한 수준의 마지노선 고려

협상을 시작하기 전에 실제적으로 협상이 불가능한(중요한 내용의 마지노선) 수준을 결정해야 하는데, 청구자(Claimant) 입장에서는 양보할 수 있는 가능한 수준을 확인하고 응답/대응자(Respondent) 입장에서 수용 가능한 수준을 확인할 필요가 있다. 이러한 내용은 협상의 전체 가능영역을 확인할 수 있다는데 의미가 있으며, ZOPA(Zone of Possible Agreement) 개념으로 볼 수 있다. 즉 청구자, 응답/대응자가 각각 제시할 수 있는 BATNA(Best Alternative to a Negotiated Agreement)를 기준으로 겹치는 기간을 ZOPA로 확인하고 그 범위를 중심으로 협상을 진행하는 것이다. BATNA는 협상참여자뿐만 아니라 협상과 관련된 이해관계자와도 충분한 동의와 이해가 이루어져야 한다. 이러한 과정이 없다면, BATNA로 협상이 타결되어도 그 협상은 실패한 것으로 간주될 수도 있기 때문이다. 따라서 다양한 Scenario Planning을 통하여 여러 가지 대안을 미리 준비해야 한다.

[그림 14.13] BATNA & ZOPA Diagram

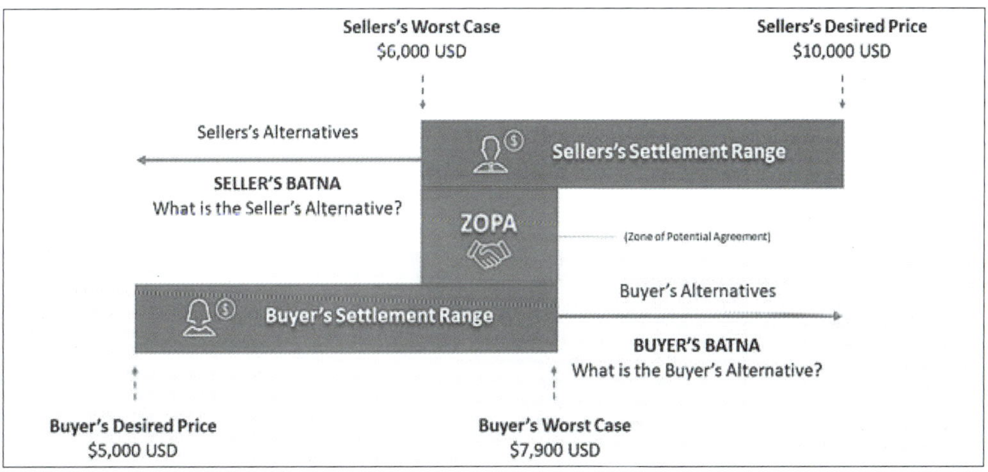

협상 상대방의 목표 확인

협상 상대방의 목표가 어떤 것인지 미리 파악하는 것도 매우 중요한데, 때로는 비공식적인 루트를 통하여 상대방이 원하는 목표를 파악하고 그 목표와 관련되어 반박, 대응할 수 있는 청구자(Claimant)의 논리를 수립하여 협상에 임하는 것이 바람직하다.

2) 협상 준비

협상을 진행하는데 있어서 실무적인 부분을 준비하는 것도 중요하다. 협상의 목적에 맞추어 구체적인 전술을 미리 준비하는 것이 필요하다.

협상 시간, 장소, 참여자 등

협상의 전략, 목표를 결정하는 것도 중요하지만 이에 못지않게, 협상시간, 협상방법, 협상장소, 협상 참여자, 역할 분담 등을 결정하는 것도 협상의 중요한 내용이다. 협상을 유리하게 이끌기 위해서는 협상과 관련된 이러한 내용을 청구자(Claimant)에게 보다 유리하게 활용하기 위한 검토가 필요하다. 예를 들어서 협상 장소를 청구자에게 유리하게 선정하면 적시에 인력을 지원할 수 있고, 협상의 상황에 유연하게 대처할 수도 있다. 또한 역할 분담 등을 미리 결정해서 각 담당자가 충분히 협상에 대응할 수 있도록 준비하는 것이 바람직하다.

협상 분위기

클레임의 내용, 목적에 따라 협상 내용, 협상 분위기를 어떤 식으로 리드할지 미리 준비해야 한다. 협상 상대방을 설득해야 하는 상황이라면 부드러운 분위기에서 진행할 필요가 있고, 클레임의 권리가 양호하다는 판단하에 중재를 고려한다면 상대방을 강하게 압박할 필요가 있을 것이다.

전문가의 참여

클레임의 내용과 관련된 담당자 또는 전문가가 협상에 참여해야 한다. 클레임을 성공적으로 타결하기 위해서는 클레임의 내용을 충분히 숙지하는 것이 필요하나 클레임에 대한 이해도가 협상참여자간에 상이하거나 모르는 내용이 있다면 클레임 협상은 원만하게 진행되지 않을 것이다.

3) In the Room

클레임 협상을 효율적이고 원만하게 진행하기 위해서 협상장소 내에서 준수해야 할 기본적인 내용을 확인하면 아래와 같다.

신뢰감 조성

해외건설 프로젝트에서 협상에 참여하는 자가 외국인이라면, 익숙하지 않은 장소와 국가에 대해서 불편한 느낌을 가질 수 있는데, 협상 전에 캐주얼한 느낌과 친절하고 편안한 느낌을 주도록 하는 것이 필요하다.

의사결정구조

협상의 의사결정권자가 누구인지, 협상 상대방의 의사결정구조는 어떻게 되는지를 확인해서 각 협상 당사자별로 동등한 협상 상대방에 맞추어 대응해야 한다. 또한 협상에 참여하는 인원의 책임, 권한이 어느 정도 되는지를 확인하는 것도 중요할 것이다.

협상원칙 수립

협상이 시작되면 협상참여자의 배경이 다르기 때문에 기본적인 규칙에 대한 이해가 다를 수 있다. 따라서 협상 전에 협상의 규칙과 주제, 시간배분 등을 미리 결정하고 협상을 시작하는 것이 바람직하다고 볼 수 있다.

문화의 이해

협상 상대방의 문화와 배경을 이해해서 친숙한 분위기를 만들도록 노력해야 한다. 협상 참여자가 외국인이라면 문화가 틀릴 수 있기 때문에 상대방의 문화를 미리 숙지해서 의도하지 않게 발생할 수 있는 오해를 사전에 방지해야 한다.

보안, 기밀의 유지

클레임 협상을 진행하다 보면, 보안과 관련된 내용이 노출되거나, 법적으로 문제가 발생할 수 있는 논의가 진행되기도 하는데, 보안과 관련된 내용은 언제든지 공개될 수 있으므로 유의해야 하고 사적인 대화 분위기로 흐르면 안 된다. 또한 중요한 내용은 'Without Prejudice[325]'를 전제로 협의하고 공개여부를 미리 사전에 결정할 필요가 있다.

4) Outside the Room

협상 장소, 협상 진행상황, 협상 상대자가 협상의 직접적인 구성요소라면 협상을 둘러싼 간접적인 환경(외부기관, 최종의사결정권자 등)에 대한 고려도 필요하다.

3자의 활용

협상과 관련되어 항상 양쪽 당사자만 협상에 관련된 것은 아니므로 도움이 될 수 있는 제 3자나 외부기관 등의 참여도 고려가 필요하다. 어떤 이벤트에 대하여 객관적인, 3자적 입장에서 유리한 진술을 해줄 수 있는 사람이 있다면 참여 여부를 고려하여 진행할 수도 있을 것이다.

Top Management

협상에 참여하는 인원은 어느 정도의 선까지만 권한이 주어지는 경우가 많은데, 결국 최종적인 의사결정을 하는 Top Management 간의 채널도 충분히 고려해야 한다. 따라서 협상에 직접 참여하지는 않지만 영향력을 가지고 있는 다른 채널에 대한 의사소통도 필요하다.

325) 협상에서 어느 일방이 분쟁을 해결하기 위한 목적으로 Without Prejudice를 전제로 구두 또는 서면으로 제시한 자료, 합의안 등에 대해서 그 당사자에게 불리한 방향으로 법원에서 증거로 사용될 수 없다. 또한 그 당사자는 without prejudice를 전제로 한 협상 과정에서 그의 권리, 주장, 특권 등 여하한 권리를 포기한 것으로 간주되지 않고 책임을 인정하거나 부담하기로 한 것으로 간주되지 않는다.

5) Persuasion Techniques

본인에 대한 설득

협상을 진행하다보면 무의식적으로 본인의 생각이 표정으로 표현되는 경우가 있다. 즉 불리하거나 본인이 동의하지 않는 상황에서 소극적이거나 부정적인 표현을 하는 경우인데, 이러한 상황에 대응하기 위하여 무엇보다도 본인 스스로가 믿어야 한다. 'Brain washing'이라는 표현과 같이 클레임의 내용에 대해서 스스로가 동의하고 신뢰하는 과정을 거쳐야 협상장에서 상대방에게 신뢰를 줄 수 있고, 표정에서 드러나는 불리한 상황을 최소화할 수 있다.

질문의 기술

대화를 전개하는 과정에서 'Yes or No' 형태의 답변을 요구하는 질문은 상대방에게 압박감이나 부담감을 줄 수 있다. 따라서 개방형 질문을 던져서 상대방의 부담을 덜어주고 보다 열려있는 대화가 전개되도록 한다.

감정전달의 수단

협상장에서는 대화 또는 글과 같은 공식적인 의사소통 수단뿐만 아니라 Body Language, 톤(Tone), 얼굴표정 등을 사용해서 감정을 전달할 수 있는 수단도 고려할 수 있다. 느낌과 입장을 표명하기 위해서 때로는 언어보다 표정 등이 훨씬 효과적인 경우도 많이 있다.

공감의 표현

협상은 협상참여자의 입장, 의견을 주장하는 자리이기 때문에 대부분의 내용에 있어서 상대방과 대립각을 세우게 되는 것이 일반적인 상황이다. 이러한 대립적인 상황에서 아주 사소한 내용이더라도 협상 상대방과 동의하거나 공감하는 계기를 만드는 것이 필요하다. 전체적으로 동의하지는 않더라도 부분적인 내용에 대하여 동의하는 제스쳐, 공감의 표현은 협상을 전개하는데 있어서 성공적인 타결을 달성하기 위한 시작점이 될 수 있다.

6) Negotiation Techniques

문서의 활용

청구자(Claimant)의 주장을 입증하기 위해서는 구두로 설득하는 것보다는 객관적으로 주장을 뒷받침하기 위한 문서가 필요하다. 따라서 문서를 최대한 많이 활용해야 하는데, 협상내용에 적합한 수치, 금액, 기간 등을 설명하기 위한 준비가 필요하다.

효율적인 시간의 활용

비합리적인 발주자는 갑자기 클레임 문서를 언제까지 제출하라던지, 언제 협상을 갖자고 시공자에게 일방적으로 통지하는 경우가 있다. 이런 상황에서 시공자는 자료를 긴급하게 준비하다가 협상을 그르치거나 시공자의 입장을 충분히 전달하지 못하는 상황이 발생하는데, 협상의 기술적인 차원에서 본다면 협상 상대방에게 시간제약을 부여함으로써 협상을 유리하게 이끌고자 하는 것이라고 볼 수 있다. 따라서 이와 같은 상황에서 무리하게 협상을 준비해서 협상을 망치는 것보다는 발주자와 합리적인 기간을 협의해서 협상을 충실하게 준비하는 것이 필요하다.

주제전환

협상의 주제에 따라 때로는 청구자(Claimant)에게 유리한 이벤트를 논의할 수도 있고, 청구자가 책임을 져야 하는 불리한 이벤트에 대한 논의를 진행할 수도 있다. 불리한 이벤트가 계속 논의된다면 다른 주제로 전환해서 분위기를 반전시킬 수 있다. 또한 협상 참여자가 감정적으로 격앙되어 분위기가 안 좋아지는 상황이 발생하기도 하는데, 이런 경우에도 주제를 전환해서 분위기를 바꾸는 것이 필요하다.

휴식시간의 활용

협상경험이 많은 협상가는 협상분위기가 좋지 않아도, 중간 중간 발생하는 휴식시간을 활용하여 분위기를 전환하거나 유리하게 협상분위기를 조성한다. 공식적인 협상시간 내에는 각각의 집단을 대표하는 담당자로써 발언에 조심하게 되나, 휴식시간은 더 편하게 효과적인 대화를 할 수 있기 때문에 휴식시간에도 적극적인 의사소통이 필요하다.

7) Response to Other Parties

경험이 부족한 상대방에 대한 대응

때로는 협상 상대방이 경험이 거의 없거나 부족하면, 협상분위기가 비합리적이거나 답답한 상황으로 전개되기도 하는데, 이와 같은 상황에 청구자(Claimant)는 협상의 주제, 가이드 제공을 통하여 상대방을 리드하고, 인내심을 가지고 상대방에게 설명해줘야 한다. 똑같이 비합리적으로 대응하거나 감정적으로 대응하면 협상을 그르칠 수도 있다.

완고한 상대방에 대한 대응

상대방이 어떤 이벤트에 대하여 고집을 피우거나 완고하게 반응을 보이는 상황도 발생하는데, 어떤 내용이 협상상대방을 완고하게 하는지 분석하고 그러한 고집은 협상을 망칠 수도 있다는 확신을 주어서 협상의 분위기를 전환해야 할 필요가 있다.

인신공격

협상이 답보상태로 계속 진행된다던지, 상대방의 입장이 계속 변하지 않는다면 협상 도중에 휴식을 가지거나 최후통첩을 활용할 수 있다. 또한 개인적인 인신공격이 발생하기도 하는데, 특정한 개인에 대한 공격은 대응하지 않는 것이 바람직하다. 협상은 특정 주제에 대한 논의이지 개인적인 감정의 대립으로 분위기가 격앙된다면, 결코 협상의 타결을 위하여 바람직하지 않을 것이다.

권한의 활용

협상 상대방의 반응에 따라 때로는 강하게 대응해야 할 경우도 있는데, 이런 상황에는 협상의 리더가 어느 정도 권한이 있는지 확인하고 그 권한을 최대한 이용하는 것도 고려할 수 있다. 즉 협상을 종료하거나 중단하면서 상대방을 압박하는 방법을 사용할 수도 있다.

8) Concluding Session

협상을 잘 진행하는 것도 중요하지만 협상을 마무리하는 과정도 매우 중요하다. 협상을 완료하는 시점에 중요한 내용을 정리하면 아래와 같다.

합의문 요약

합의한 내용에 대하여 명확하게 정리하는 것이 중요한데, 때로는 상대방이 협상과정에서 합의한 내용에 대해서 입장을 바꾸거나 동의하지 않는 상황도 발생한다. 따라서 협상 중에 상대방의 정확한 의중과 결론을 파악하는 것이 중요하고 협상이 완료되면 신중하게 결론에 대해서 정리하는 과정이 필요하다.

추가협상에 대한 계획

협상은 한 번으로 끝나는 경우는 거의 없기 때문에 2차, 3차 연속적으로 협상이 진행되는 것이 일반적이다. 따라서 현재 합의된 사항을 기본으로 다음 협상의 내용과 시기에 대한 계획을 논의하는 과정이 필요하다.

Action Item

협상 이후에 진행할 Action Item에 대해서 명확히 정의하고, 오역이나 잘못 이해하는 일이 없도록 협상합의문을 작성해야 한다.

협상결과에 대한 격려

협상 이후에 상대방과 논의를 언제든지 다시 할 수 있기 때문에 협상의 결과와 관계없이 상대방에게 긍정정적인 인상을 주는 것이 필요하다. 협상의 참여자는 개인의 이익과는 관계없이 개인이 속한 집단의 이익을 대변하는 것이기 때문에 협상의 타결 여부와 관계없이 그런 상대방의 입장을 충분히 이해해야 한다.

2.3 협상전술[326)]

1) High Ball / Low Ball

협상 상대방에게 지나치게 높거나 낮은 제안을 하여 상대방으로 하여금 협상의 목표를 재검토하도록 강요하는 전술이다. 이미 언급한 ZOPA, BATNA와도 관련이 있는데, 협상에 참여하기 전에 어느 정도 협상의 영역을 설정하고 전략을 결정하는데, 이 영역을 벗어나면 협상참여자는 혼란에 빠지기 쉽고 어떤 부분에서 잘못되었는지 원인을 분석하게 된다. 이러한 전술을 통해서 ZOPA를 유리하게 재설정할 수 있는 기회가 생길 수 있다.

2) Bogey

어떤 특정한 이슈를 마치 중요한 이슈처럼 포장해서 상대방에게 혼란을 주는 전술이다. 즉 협상결과와는 관련도 없고 중요하지 않은 이슈인데, 과다하게 강조하여 논지를 벗어나게 되고 협상을 부정적인 결과로 유도하는 상황이다. 따라서 어떤 이슈에 대한 중요성을 정확히 확인하는 과정이 필요하다.

---

326) AMA(America Marketing Association) Research

3) Snow Job(정보의 홍수)

어떤 이슈에 대하여 자료와 수치를 과다하게 제공하여 상대방에게 혼란을 주는 전술이다. 많은 자료를 접수하면 자료를 검토하는데 불필요한 시간이 소모될 수밖에 없고 그만큼 협상에 대한 대응력이 떨어질 수밖에 없다. 과다한 자료에 대한 의사결정, 신속한 판단이 요구된다고 볼 수 있다.

4) The Nibble(한입만)

협상마무리 단계에서 소소한 부분에 대해서 추가적인 동의를 요구하는 전술이다. 협상은 진행단계에서 대부분의 내용을 협의하는데, 진행단계에서는 아무런 언급이 없다가 막상 마지막 단계에서 추가적인 요구사항을 제시하여 협상타결이 어려워지는 상황이다.

5) Lack of Authority(꼭두각시)

어떤 협상은 실제로는 협상타결 의지가 없음에도 불구하고 형식적 또는 절차적으로 진행하는 경우도 있다. 이런 상황은 의사결정권한이 없는 리더를 내세워 협상을 진행해서 상대방의 시간과 자원을 낭비하게 하고 결국 양보를 유도한다.

6) Deadline(마감시한)

협상의 마감일 또는 클레임 제출일정을 정해놓고 그에 따라 협상 상대방의 의사결정을 재촉하는 전술이다. 상대방의 전술에 휘말리면 제대로 된 준비를 하지 못하고 협상을 성공적으로 진행하지 못할 가능성이 크다.

7) The Brink(최후통첩)

상대방의 태도가 강경해서 협상이 잘 진전되지 않는 경우에 강경한 태도로 제안을 수용하게 하거나 또는 협상결렬을 선택하도록 요구하는 전술이다. 마지막 단계에서 활용할 수는 있으나, 이러한 전술을 사용하기 전에 충분히 설득하는 과정과 노력이 있어야만 추후 적절한 명분이 확보될 수 있을 것이다.

2.4 성공적인 협상을 위한 주요 요인

위에서 설명한 일반적인 내용과 아울러 클레임 협상을 진행할 때 주요한 요인을 정리하면 아래와 같다.

1) 협상시점

협상의 무기를 가지고 있을 때 성공적인 협상이 가능하다. 아무런 무기가 없다면 상대방은 협상에 비협조적일 수밖에 없다. 따라서 협상의 무기를 가지고 있는 적절한 시점에 협상을 시도해야 한다. 건설프로젝트의 경우는 중간에 발생하는 주요한 완료일(Milestone)을 기준으로 협상시점에 대한 검토가 필요한데, 시공자는 골조작업의 완료, 주요 자재, 특정 Unit의 완료시점에 시공자의 입장을 강하게 주장할 수 있는 시점으로 고려할 수 있다. 이에 반해 발주자는 가능하면 협상시점을 늦춰서 주요 작업의 완료시점 이후가 바람직할 것이다.

2) 합리적인 입장(Position)

협상에 참여하면 아무래도 협상자가 속한 집단의 주장에 치우치게 되는데, 협상의 내용에 대하여 주관적인 판단과 감정에 휘둘리지 말고 객관적이고 합리적인 입장(Position)을 유지해야 할 필요가 있다. 만약 객관적인 입장을 유지할 수 없는 상황이더라도 클레임의 내용을 정확히 파악하여 클레임의 내용이 얼마나 합리적인지, 근거가 있는지를 파악해서 협상에 임해야 한다. 이를 위해 제3자 또는 외부기관의 의견을 받을 수도 있다.

3) 구체적인 대안 제시

막연한 내용을 가지고 협상에 임하면, 적절한 해결책이 도출되기 어렵다. 구체적인 숫자나 일정을 결정해서 세부적인 수행계획이 도출될 수 있도록 대안을 준비해야 한다. BATNA를 준비해서 협상참여자가 제시할 수 있는 다른 대안들을 준비한다.

4) 협상자료

협상자료는 상대방으로 하여금 대응수위를 결정하게 할 수 있다. 클레임을 평가할 때 상대방이 제출한 클레임 문서를 검토하는 과정에서 그 클레임 문서가 잘 준비되었다면, 검토자는 상황을 불리하게 인식하여 타결을 고려한 협상전략을 수립할 것이고 클레임 문서의 수준이 낮거나 증거가 부족하다면 고압적인 자세로 협상에 대응할 것이다. 따라서 잘 준비된 클레임 문서와 협상자료는 협상 상대방에게 법정공방으로 갈 수 있다는 가능성을 심어 줄 수도 있고 그에 따라서 적극적인 상대방의 협조를 이끌어낼 수 있다.

5) 이성적 대처

협상의 진행상황에 따라 주관적인 기분이나 감정적인 태도를 나타내기 쉽다. 개인별로 차이가 있을 수 있으나, 항상 냉정하게 상황에 대처해야 하며, 침착한 판단을 해야 한다. 감정적인 상황으로 유도하는 상대방의 전략에 휘말리면 협상을 그르치기 쉬우며, 개인이 아닌 팀워을 중심으로 한 의사결정과 대응이 필요하다.

6) 협상 외부환경의 활용

협상 진행중에 어려움에 부딪히면 협상에 직접적으로 참여하는 인원 이외의 외부환경을 활용하여 도움을 받을 수 있다. Top Management 지원, 외부 전문가 참여, 전략의 수정, 협상환경의 변화 등 외부의 다양한 방법을 활용하여 대처해야 한다. 협상의 리더는 협상타결의 목직을 달성하기 위해서 주어진 권한을 최대한 활용하고 가용할 수 있는 모든 자원을 고려해야 한다. 또한 협상을 둘러싼 외부환경(협상 장소, 협상 대상자, 협상 일정, 협상 시간, 협상 순서)을 유리하게 조성하는 것도 중요하다.

부록

Appendix

Appendix

Appendix #1

코로나 사태에 대한 실무적 대응방안(시공자의 관점)

국제건설에너지법 연구회 제42회 정기세미나 발표자료(2020.06), 임정주

1. 들어가는 말

최근 코로나(COVID-19) 사태로 인하여 국경통제, 사회적 거리 두기 등이 진행되고 있고 특히 많은 인력과 기자재의 투입이 필요한 건설 프로젝트의 특성상 그 피해는 더욱 가중되어가고 있는 상황이다. 이러한 상황에 대하여 시공자로써 실무적으로 어떻게 대응해야 피해를 최소화 할 수 있고, 코로나 사태 종료 이후에 프로젝트를 정상적으로 진행할 수 있는지를 미리 준비해야 할 것이다. 다행히 여러 로펌에서 계약적인, 법적인 쟁점과 대응방안 등을 발 빠르게 공유하고 있기 때문에 본 자료는 코로나 사태로 인한 피해를 정확히 분석하기 위해서 실무적으로 어떻게 준비하고 대응해야 하는지를 중심으로 설명할 예정이다.

2. 피해의 인과관계(Causation)에 따른 대응방안

2.1 프로젝트의 단계별 피해 유형

프로젝트의 진행단계에 따라 나타나는 피해의 형태가 다양하며, 프로젝트의 참여자 또는 프로젝트가 수행되는 국가의 행위에 따라 피해의 유형이 약간씩 상이하다. 이와 같이 피해의 유형을 구분하는 것에 따라 계약적인, 법적인 해결방안을 다르게 적용해야 하기 때문에 피해의 인과관계를 명확히 구분해서 검토해야 할 필요가 있다.

〈프로젝트의 단계별 피해 유형〉

<table>
<tr><th>구분</th><th>Project Management</th><th>Engineering</th><th>Procurement</th><th>Construction</th></tr>
<tr><td>Force Majeure (공통)</td><td></td><td>주요 미팅 (3D Modelling) 지연</td><td>Vendor Shop에서 제작지연
선적 불가 또는 Delivery 지연 발생
제작 공장의 Shutdown</td><td>Technical Advisor 투입 지연
감염자 발생으로 일시적 작업중단
14일 또는 21일 이후 진입 가능
Supervisor 출장 불가 또는 지연</td></tr>
<tr><td rowspan="2">정부의 조치</td><td colspan="2">인허가 승인 및 설계 심의 지연
국가기관의 근무시간 제한</td><td></td><td>3국인 추방 및 비자갱신 제한
신규인력의 투입 제한</td></tr>
<tr><td colspan="4">입, 출국 금지 조치 / 통행금지 조치 / 특정 국가에 대한 제한 조치 / 비자 발급조치 중단</td></tr>
<tr><td>발주자 지시 또는 행위</td><td>PMC 직원 업무 지연 및 불가
발주자 직원 업무 지연 및 불가</td><td></td><td></td><td>Site Shutdown으로 진입불가
작업 및 이동시 거리 유지
Site 출입강화로 인한 출입 지연</td></tr>
<tr><td>계약자의 피해</td><td>계약자 직원 업무 지연 및 불가</td><td>근무시간 제한으로 인한 업무 지연
제출물의 승인 지연</td><td>근무시간 제한으로 인한 제작 지연
주요 기자재 발주 지연
후속 Construction 착수 지연</td><td>이동을 제한하기 위한 캠프 신설
위생, 안전관리를 위한 추가 비용
비효율적인 작업조 편성</td></tr>
</table>

EPC327)계약에서 단계별로 나타나는 피해를 참고하면, 설계단계에서는 설계를 확정하기 위한 주요한 미팅이 지연되거나 작성되는 제출물의 승인이 지연되어 시공자에게 피해가 발생한다. 이러한 피해는 프로젝트의 초기에 발생하고 후속 단계에서 완화될 수도 있기 때문에 프로젝트의 완료일을 지연시키는 것에 대해서 입증하거나 승인 받기 위해서는 Critical Path328)의 분석이 필수적이다. 구매단계에서 발생하는 피해는 발주, 제작, 운송 등의 단계에서 발생하는 지연 또는 생산성 저하(Loss of Productivity)인데, 해당 단계에서 발생하는 피해에 대한 분석도 중요하지만 아울러 후속단계인 시공단계에 어떤 영향을 발생시키는지를 중심으로 분석하는 것이 중요하다. 시공단계에서 발생하는 피해는 현장 진입 불가, 격리, 인원투입 제한 등으로 인하여 시공이 원활하게 진행되지 않는 상황이다. 이러한 상황에 대해서 구체적인 사실관계(언제, 어떤 작업에 어느 정도의 피해가 발생했는지에 대한 기록)를 정확히 유지하고 발주자와 의사소통을 적시에 진행하는 것이 중요하다고 볼 수 있다.

2.2 피해의 발생 양상

코로나의 발생으로 인한 피해를 정확하게 분석하기 위해서는 발생한 피해의 내용을 시간에 따라 구분해서 확인해야한다. 최초에는 중국을 중심으로 코로나가 발병하고 확산되었기 때문에 대부분의 프로젝트는 중국과 관련한 특정 기자재, 인원에 대한 문제가 발생하였고 이에 따라 프로젝트

327) 보통 플랜트 사업에서 설계(Engineering), 구매(Procurement), 시공(Construction) 및 시운전 업무 지원을 포함하여 전체 프로젝트를 수행하는 계약형태를 의미한다.

328) CPM(Critical Path Method) 기법으로 계산되는 가장 긴 경로를 의미하며, Critical Path의 지연은 곧 전체 프로젝트의 지연을 의미한다.

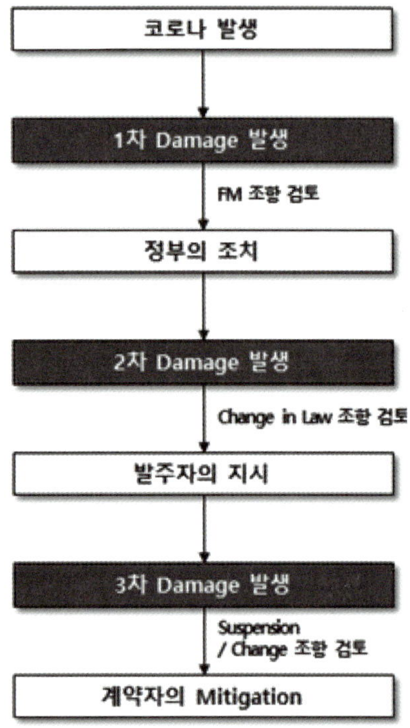

자체적으로 간단한 수준의 통제와 예방책을 실시하였다. 이 시점에서는 사실 그 피해가 크진 않았으며, 불가항력(Force Majeure) 조항을 활용하여 발주자에 통지(Notice)가 진행되었다. 그러나 2월말을 기준으로 코로나가 확산되면서 각 국에서 입국을 제한하거나 통행을 제한하는 조치가 실시되었는데, 이러한 국가의 행위에 의거하여 법령변경(Change in Law) 조항을 활용한 검토가 진행되었다. 이후 프로젝트 단위에서 그 심각성을 인지함에 따라 발주자가 현장을 폐쇄(Shutdown)하거나 작업시에 작업자의 거리를 유지하게 하는 등의 추가조치를 실시하게 되었으며, 이러한 발주자의 행위를 작업중단(Suspension), 공사변경(Change) 조항을 활용하여 검토가 진행되었다. 최근에는 이러한 피해를 최소화하기 위하여 시공자의 완화(Mitigation) 조치가 진행되고 있는데, 이 과정에서 시공자가 예상하지 못한 피해(위생관리, 안전관리 등을 위한 추가시설 및 장비 구입, 운영 등)도 추가로 발생하고 있는 상황이다. 이러한 피해가 발주자로부터 보상을 받기 어려운 완화(Mitigation)로 해석해야 하는 것인지 또는 발주자로부터 보상을 받을 수 있는 공기단축(Acceleration)으로 해석해야 하는지에 대한 검토도 진행되고 있다.

2.3 피해에 대한 관점의 차이

위와 같이 시간이 경과함에 따라 피해의 양상이 변해가는 과정을 먼저 정확히 이해해야 추후 클레임으로 상황이 진행되는 경우에 적절히 대응할 수 있다. 아래 그림은 발생시점에 따라 피해가 증가하는 상황을 그림으로 표현한 것인데, 결국 피해의 양은 불가항력(Force Majeure), 법령변경(Change in Law), 작업중단(Suspension) 또는 공사변경(Change)의 원인이 각각 합쳐진 것이며, 특정 시점과 피해의 특성에 따라 나눠서 인식해야 한다. 즉 어느 하나의 계약조항만을 적용해서 주장하거나, 그 피해의 결과만을 주장하는 것은 적절하지 않으며, 올바른 해석이라고 볼 수 없다.

〈피해에 대한 발주자, 시공자의 관점의 차이〉

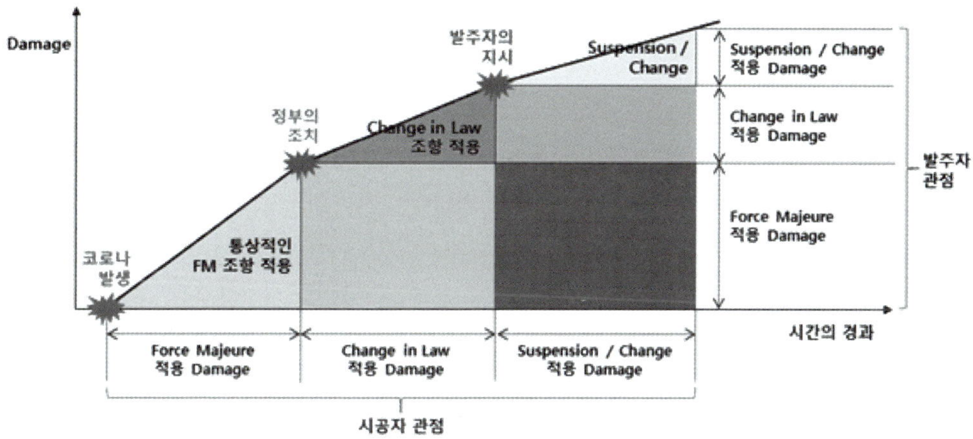

시공자는 시간을 기준으로 기간을 구분하여 그 피해를 산출하고 주장하는 것이 유리하다. 그러나 엄격하게 본다면, 추가적인 조치 여부와 관계없이 이미 발생한 피해는 어느 정도 유지되기 때문에 각 원인(불가항력, 정부, 발주자 지시)을 구분하여 고려하는 것이 합리적이라고 볼 수 있다. 이러한 관점은 결과(피해)를 중심으로 해석하는 방법이라고 볼 수 있다.

이에 반해 발주자는 각 원인에 따라 구분하여 피해를 산출하는 방향으로 주장하는 것이 유리한 편이다. 즉 정부의 조치로 인하여 추가적으로 발생한 피해 또는 발주자의 지시로 인하여 추가적으로 발생한 피해에 대해서 그 추가분만 각각 피해를 계산하여 적용하는 것이다. 그러나 실질적으로 피해의 유형을 예상해 보면, 특정한 작업에 피해가 합쳐져서 발생할 가능성이 많기 때문에 피해를 원인별로 구분하는 것은 매우 어렵다고 볼 수 있다. 이러한 관점은 원인을 중심으로 해석하는 방법이라고 볼 수 있다.

〈피해의 구분〉

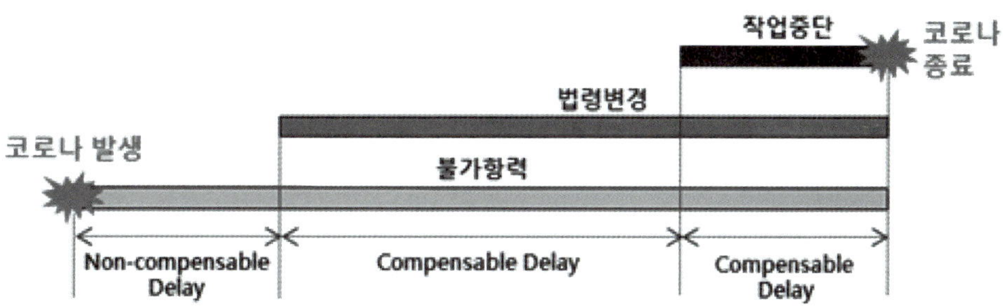

지연분석방법(Delay Analysis Method)는 분석형태(Analysis Type)를 2가지로 구분하는데, Cause & Effect 그리고 Effect & Cause이다. 즉 분석하는 순서를 Cause를 먼저 보느냐, Effect를 먼저 보느냐가 중요한 기준인데, 이 구분에 따라 그 해석의 결과값이 다르게 나타날 수 있다. 계약참여자가 의도하던, 의도하지 않던 시공자와 발주자의 관점이 약간 다를 수 있기 때문에 추후 그 피해에 대한 구제가 원만하게 합의되지 못하고 클레임으로 진행될 가능성이 높은데, 양 계약 당사자는 피해의 인과관계를 합리적으로 구분해서 협의해야 한다. 즉 발주자는 시간의 경과에 따른 피해의 차이를 인식해야 하며, 시공자는 원인에 따른 피해의 차이를 충분히 이해해야 한다.

3. 계약절차에 따른 대응방안

3.1 공사변경(Change)과 클레임(Claim)

최근 각종 협회나 언론에 기고되는 내용을 참고하면 "코로나로 인한 클레임……" 과 같은 제목을 쉽게 찾아 볼 수 있다. 그러나 무턱대고 이러한 상황을 클레임 조항을 활용하여 대응하는 것은 바람직하지 않다. 아무리 Lump sum[329]계약이더라도 시공자는 입찰시점을 기준으로 예상할 수 있는 범위 내에서 책임지며, 이와 같이 예상할 수 없는 상황은 공사변경(Change) 조항을 활용하여 대응하는 것을 우선적으로 검토해야 한다. 클레임은 보통 분쟁처리를 위한 사전 단계로 인식되는 경향이 있기 때문에 시공자가 정당한 공사변경이라는 분석이 확인되었다면 공사변경(Change) 내에서 해결을 도모해야 한다.

코로나로 인하여 발생한 일차적인 피해는 불가항력적인 상황일 가능성이 매우 높은데, 이와 같이 수행이 불가능한 기간은 공사변경(Change)과 연관관계는 많지 않다. 그러나 이러한 피해로 인하여 후속작업을 바꾸거나 변경할 수 밖에 없는 상황이라면 공사변경(Change) 조항을 적용하여 발주자에게 제안할 수 있을 것이다. 이와 같이 진행하기 위해서는 프로젝트의 상황이 각 계약서에서 설명하고 있는 공사변경(Change)의 정의(Definition)에 해당되는지 여부를 먼저 검토해야 한다.

329) 시공자가 발주자의 계획이나 입찰서에 정해진 대로 전부를 일괄하여 총액으로 제공하는 것을 약정하는 계약을 의미한다.

Each Variation may include:

1. Changes to the quantities of any item of work included in the Contract (however, such changes do not necessarily constitute a Variation),
2. Changes to the quality and other characteristics of any item of work,
3. Changes to the levels, positions and/or dimensions of any part of the Works,
4. Omission of any work unless it is to be carried out by others,
5. Any additional work, Plant, Materials or services necessary for the Permanent Works, including any associated Tests on Completion, boreholes and other testing and exploratory work, or
6. Changes to the sequence or timing of the execution of the Works[330)]

위 사례에서 설명하는 내용은 Sequence 또는 Timing을 포함하여 공사변경(Change)을 폭넓게 정의하고 있기 때문에 후속행위에 대한 공사변경(Change) 적용이 유리하다고 볼 수 있다. 또한 클레임으로 진행하면 대부분 Time Bar[331)]조항이 같이 적용되기 때문에 통지시점으로 인하여 시공자의 권리가 제한될 수도 있다. 물론 각 계약서별로 적용하고자 하는 조항(불가항력, 법령변경, 작업중단)에 대한 절차가 어떻게 기술되어 있는지도 매우 중요하다.

3.2 계약적인 절차

코로나로 인한 피해는 불가항력적인 상황과 그에 따른 지연의 형태로 나타나기 쉬운데, 이러한 점 때문에 공기연장(Extension of Time)과 관련된 클레임 조항을 위주로 검토하게 된다. 그러나 어떤 계약서는 불가항력 조항이 공사변경(Change) 조항으로 연결되거나 또는 클레임 조항으로 연결되는 내용이 없는 경우도 있기 때문에 계약적인 절차가 어떻게 구성되어 있는지를 잘 확인해야 한다.

대부분의 계약서에 불가항력적인 상황은 보상이 불가능하고 공사기간의 연장만 가능하기 때문에 시공자에게 유리하지는 않은 편이다. 따라서 공사변경(Change) 조항의 적용이 가능하다면, 우선적으로 공사변경(Change)으로 제안하고 발주자가 동의하지 않거나 협의되지 않으면 클레임 절차를 거쳐서 분쟁해결(Dispute Resolution) 절차로 진행하는 것이 바람직하다.

---

330) FIDIC Red Book

331) 특정한 시간을 경과하여 계약 상대방에게 통지하면 권리가 상실되는 조항으로 권리가 상실되지 않기 위해서는 특정 기간 내에 통지의 의무를 수행해야 한다.

〈코로나 사태의 피해에 대한 계약적인 절차〉

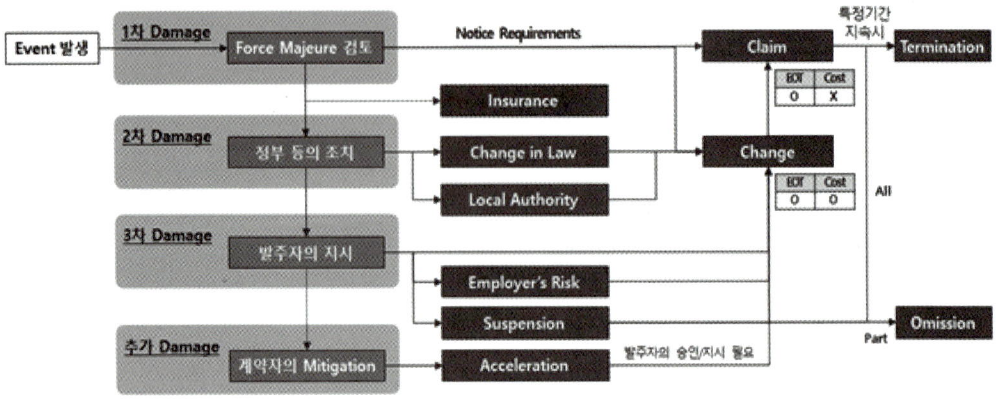

3.3 불가항력적 상황에서의 대응절차

코로나가 발생한 이후에 여러 상황이 추가적으로 발생하였지만, 일차적인 원인은 코로나이고 불가항력적인 상황이기 때문에 시공자는 계약서에 언급되어 있는 의무를 이행해야 한다.

시공자의 의무는 크게 3가지로 구분할 수 있는데, 통지(Notice), 완화(Mitigation), 상세 클레임 문서(Detail Particulars)이다. 구체적인 포함 내용은 위의 도표를 참고하여 대응하고, 중요한 내용 위주로 설명하면 아래와 같다.

〈불가항력 상황에서 시공자의 대응절차〉

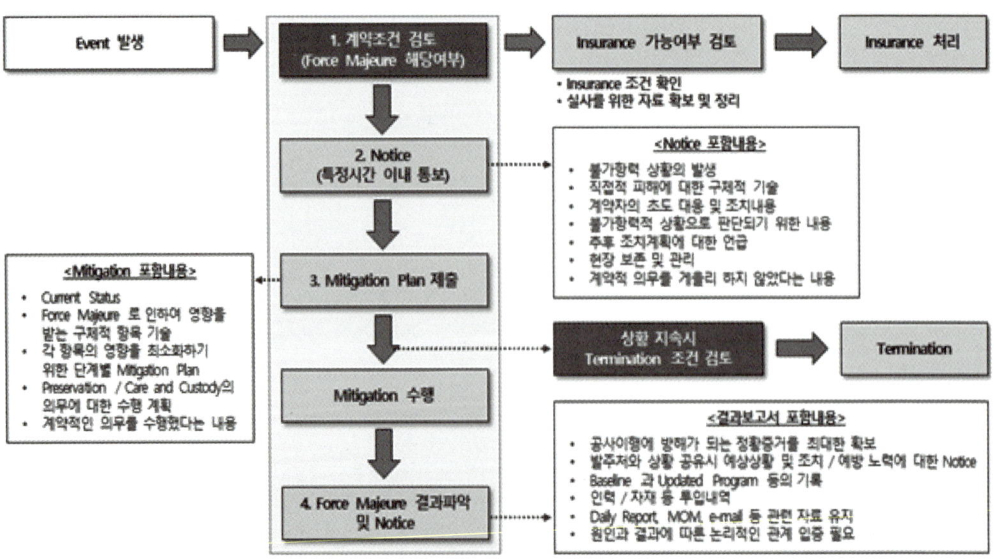

통지(Notice)

통지는 계약서에 명시된 특정한 시간 이내에 계약상대방에게 알리는 과정을 통하여 계약상대방으로 하여금 어떤 행위를 수행하게 요청하는 과정이다. 만약 어떤 피해가 발생했는데, 시공자가 발주자에게 적절한 시점에 알리지 않고 시간이 한참 경과한 이후에 손해배상 청구를 한다면, 발주자는 어떤 반응을 보일까? 발주자는 과거에 자신에게 그러한 사실을 알렸다면 피해를 최소화하기 위하여 어떤 행위를 했을 것이라고 주장할 것이다. 즉 통지를 하지 않았다는 것은 시공자가 계약적 행위를 하지 않는 선에서 그치는 것이 아니라 발주자의 기회를 뺏거나 또는 하지 못하게 방해(Prevention)하는 행위와 동일한 것이다. 따라서 사실관계에 입각하여 정확한 내용을 적절한 시기에 통지하는 것은 매우 중요하다고 볼 수 있다. 통지의 내용은 계약서에 정의되어 있는 불가항력의 내용을 충분히 입증하거나 설명하기에 충분한 내용이 포함되어야 한다.

완화(Mitigation)

완화행위는 시공자의 기본적인 의무에 해당하는데, 그렇다고 해서 당초 계획했던 자원에 대비하여 추가적인 비용, 인력을 투입하는 것까지 확대해서 시공자에게 의무를 부과하는 것은 아니다.

> …the duty to mitigate does not extend to requiring the Contractor to add extra resources or to work outside its planned working hours. The Contractor's duty to mitigate its loss has two aspects: first, the Contractor must take reasonable steps to minimise its loss; and secondly, the Contractor must not take unreasonable steps that increase its loss.[332)]

따라서 시공자는 불가항력적인 상황을 완화하기 위하여 합리적인 노력(Reasonable steps)이 포함된 완화계획서(Mitigation Plan)을 제출하고 수행한다. 만약 시공자가 부담하기 어려운, 예상하기 어려운 정도의 추가비용이 예상된다면 공기단축(Acceleration)에 해당할 수 있는데, 이는 발주자의 승인이 있어야만 추후 보상청구가 가능하다.

상세 클레임 문서(Detail Particulars)

통지 이후에 불가항력적 상황이 1개월 이상 지속된다면, 시공자는 월간보고서(Monthly Progress Report)에 피해현황을 업데이트해서 주기적으로 보고해야 한다. 또는 중요한 변경이 발생할 때마다 발주자와 적극적인 의사소통이 필요하다. 최종적으로 불가항력 상황이 종료되면 해당 내용을 공사변경(Change) 또는 클레임(Claim)으로 진행하기 위하여 계약적인 절차에 맞게 상세 클레임

---

332) CORE PRINCIPLES 15. Mitigation of delay and mitigation of loss, Delay and Disruption Protocol, the Society of Construction Law, 2nd Edition,2017

문서(Detail Particulars)를 작성해서 제출한다. 이 결과보고서에는 인과관계를 입증하기 위한 지연분석(Delay Analysis), 방해/간섭 분석(Disruption Analysis), 비용분석(Quantum Analysis)등이 포함되어야 한다.

4. 피해분석과 관련된 대응방안

4.1 지연분석(Delay Analysis)

지연분석은 전체 공사기간에 영향을 미치는 내용에 대해서 분석이 이루어져야 한다. 만약 코로나 사태로 인하여 영향이 발생했음에도 불구하고 전체 공사기간이 변경되지 않았다면, 방해/간섭(Disruption Analysis) 분석을 해야 한다. 즉 코로나 사태와 관계없는 다른 작업이 공사기간을 결정하고 있었다면, 코로나로 영향을 받은 작업들은 전체 공사기간 이내에만 완료하면 되기 때문에 지연분석에 따른 간접비 등의 청구 권리는 발생하지 않는다. 이러한 논리는 Float의 소유권에 대한 해석과 관련이 있는데, Float의 소유권은 계약 참여자 어느 누구에게 속하지 않는다고 보는 것이 일반적으로 받아들여지는 논리이다.

지연분석에 앞서 코로나가 발생하기 직전의 프로젝트의 지연상황에 대해서 정확히 확인하는 과정이 필요하다. 즉 과거에 이미 발생한 지연 이후에 코로나가 추가적으로 영향을 끼친 기간만 고려해야 한다. 아래 그림의 유형 1과 같이 전체작업 중단이 발생했다면 특별한 분석작업은 필요하지 않으며, 전체 작업중단 기간을 그대로 지연기간으로 계산한다. 유형 2가 가장 일반적인 형태에 해당하는데, 전체 Critical Path에 영향을 미친 내용 위주로 지연분석이 필요하며, 직접비의 손실을 청구하기 위하여 방해/간섭을 발생시킨 내용에 대한 분석이 필요하다. 유형 3과 같이 전체 공사기간에 지연을 발생시키지 않았다면 지연분석 작업은 필요 없으며, 방해/간섭 분석(Disruption Analysis)을 검토한다.

〈지연의 유형별 대응방향〉

시기	Program	고려사항	대응방향
Plan		• CPM으로 구성된 Program 유무 • 관련된 계약조항 확인 필요	• Program 작성 및 확보 검토
2020년 1월말	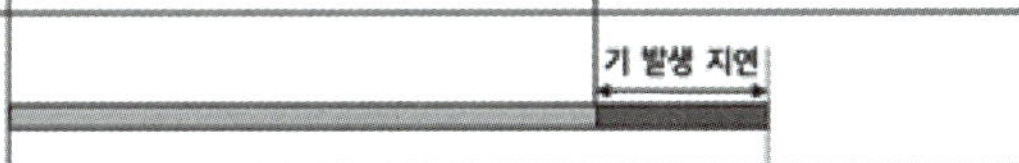	• **코로나 발생전의 프로젝트 지연 상태 확인** • Updated Program 확인	• Updated Program 작성 검토 • 발주자와 Communication 검토
코로나 발생	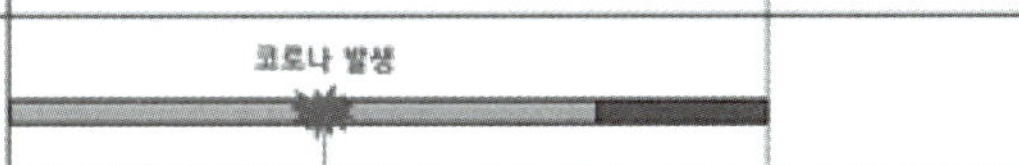	• 관련 조항에 따라 Notice 실시 • Time-bar 조항 검토	• 종료 전까지 매월 보고 • 종료 이후 최종 Impact 보고
유형	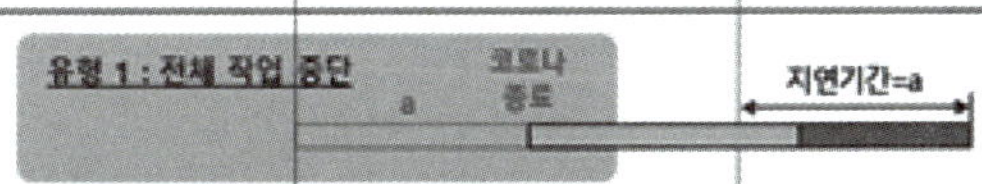	• 작업중단, 재개와 관련된 Evidence 확보 • 작전의 지연상태를 고려한 검토	• 특별한 분석작업은 필요 없음
	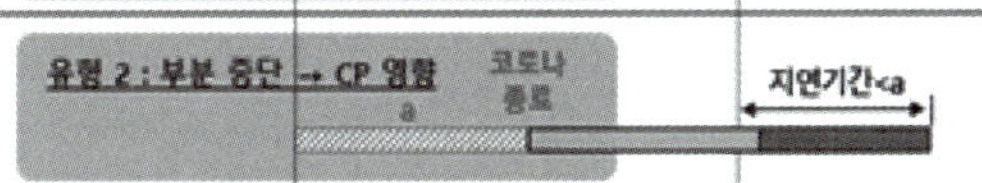	• Delay Analysis Method 결정 필요 • 지연의 성격에 대한 검토 필요 • Entitlement 를 고려한 분석 필요	• Critical Path에 대한 검토 필요 • Disruption 상황도 같이 검토 필요
	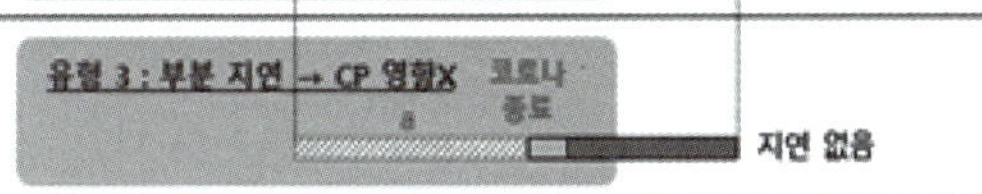	• 추가로 예상되는 Risk는 없는지 확인 필요 • 계약자의 노력 반영여부 검토	• Mitigation & Acceleration 검토 • Disruption 검토

〈지연분석(Delay Analysis) 방법〉

	IAP (Impacted As-Planned)
개요	• Baseline을 근거로 Employer's Delay events의 영향을 분석하는 것이며, Actual을 고려하지 않고 Baseline만 고려함
도해	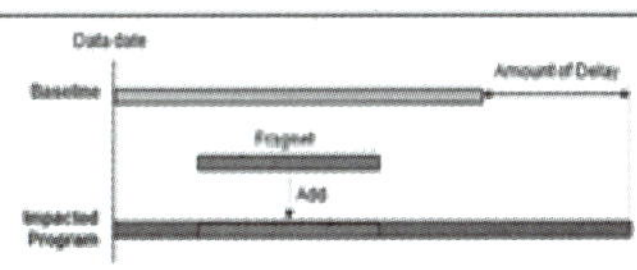
장, 단점	• 간단한 방법이며 이해하기 쉬움 • Actual을 고려하지 않기 때문에 이론적인 분석에 그침

	APAB (As-Planned versus As-Built)
개요	• 최초에 세운 계획과 실적을 비교하는 형태이며, 주로 소형 프로젝트에 사용되며, Window와 병행하여 분석
도해	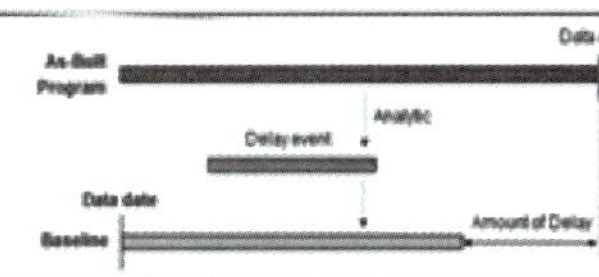
장, 단점	• 법원에서 많이 사용되고 있으며, 결과를 사실적으로 표현 • 복잡하거나 대형 프로젝트에는 사용되기 어려움

	TIA (Time Impact Analysis)
개요	• Delay Event가 발생한 시기에 Delay의 Impact를 분석하고, 시간의 경과에 따라 Net Impact를 누적적으로 분석
도해	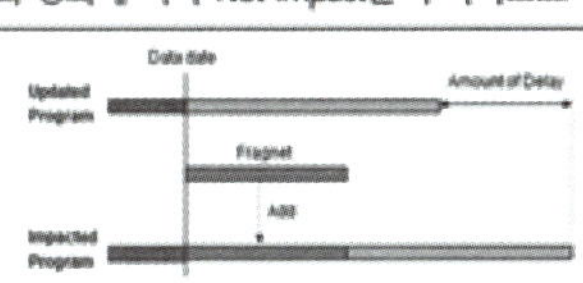
장, 단점	• 작성하는데 시간이 많이 소요되고 이해하기 어려움 • 가장 합리적인 방법으로 인정받고 있음

	CAB (Collapsed As-Built)
개요	• 계약자의 계획이나 의도와는 관계없이 Actual을 기본으로 "What if" 를 가정해서 계산함
도해	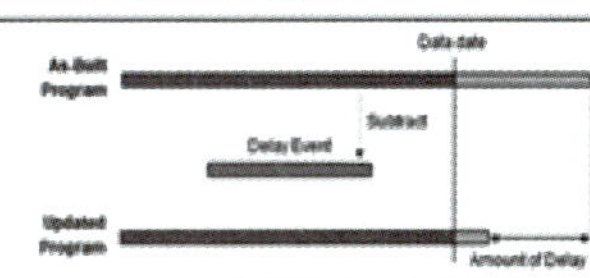
장, 단점	• 작성하는데 시간이 많이 소요되고 이해하기 어려움 • 가정적 조건이 많이 적용될 수 밖에 없음

지연을 분석하기 위해서 아래 그림과 같이 여러 분석방법이 사용되는데, 프로젝트가 진행되는 중간시점에서 가장 많이 활용되고 정확한 분석방법으로 인정받는 것은 TIA(Time Impact Analysis) 방법이다.

4.2 방해/간섭 분석(Disruption Analysis)

일반적으로 지연분석을 통해서 간접비(간접인력 및 공통비용 등)의 손실을 계산해서 청구하는 것에 반해, 방해/간섭 분석을 통해서 직접비(생산활동에 직접적으로 기여하는 직접인력 관련)의 손실을 계산한다. 코로나로 인하여 주로 발생한 방해/간섭의 유형과 대응방향은 아래와 같다.

〈방해/간섭의 유형 및 대응방안〉

구분	유형	고려사항 및 대응방향
생산성 저하 (Loss of Productivity)	• Site 출입강화로 인한 출입지연 • 관리자급의 근무 지연 및 불가 • 주요 Meeting 지연 • Engineering 제출물의 승인지연 • 주요 기자재 제작 지연 • 작업시 거리 유지 등	• 생산성 자료에 대한 분석이 필수적으로 필요 • 발생 전과 발생 후에 대한 분석이 필요함 • 계획생산성을 비교하는 형태는 바람직하지 않음. • 손실에 대한 기록을 유지하고 발주자와 Communication 필요 • Disruption Analysis 방법 결정 필요
Stand-by	• Site Shutdown • 주요 기자재 반입 지연 • 인허가 및 승인 지연 • 선행공종의 지연 • 일시적 작업 중단	• 대기시간에 발생한 근로자, 장비 등의 손실 계산 • 대기인원, 장비를 다른 Workfront에 배치할 수 있었는지에 대한 고려 필요 • Stand-by는 단기간에 발생하기 때문에 발생 즉시 발주자와 Communication 필요
생산량 저하 (Decrease of Product)	• 작업시간의 제한 • 투입인원의 감소 • 신규투입 인력의 제한	• 이와 같은 형태는 Disruption이 아니라 Delay 형태에 가까움 • 생산량의 감소는 Disruption 분석 대상이 아님
공기단축 (Acceleration)	• Overtime • Shift work • Overmanning&Trade stacking	• 기존인력의 야간근무 또는 Shift 작업시 발생하는 생산성 저하의 형태임 • Premium Wage 등의 손실 발생 • 코로나 사태 완료 이후 추가로 투입하는 인력으로 인하여 발생할 가능성이 있음.

코로나로 인하여 주로 발생한 생산성 저하(Loss of Productivity)는 아래와 같고, 이러한 현상이 발생하면 생산성이 떨어지기 때문에 프로젝트에서 발생하는 상황이 어떤 상황인지 확인한 이후에 그에 따른 적절한 대응이 필요하다.

〈코로나로 인하여 발생하는 생산성 저하의 유형〉

유형	내용
Reassignment of Manpower	인원의 재배치로 인하여 발생하는 Time loss, 숙련도 저하 등
Crew size Inefficiency	관련 작업에 대한 인원조합의 불균형(기공, 조공의 비율)
Concurrent Operations	작업 순서가 변경됨에 따라 발생하는 동시작업으로 인한 문제
Overtime	주당 근무시간이 늘어남에 따라 발생하는 생산성 저하
Shift	Shift 작업비율이 증가함에 따라 발생하는 생산성 저하
Overmanning & Trade Stacking	좁은 면적에 많은 사람이 투입되어 발생하는 생산성 저하
Learning Curve	신규 작업, 신규인원이 투입될 때 초기에 발생하는 생산성 저하
Adverse Weather	지연으로 인하여 불리한 기상조건으로의 작업기간으로 이동
Ripple	누적적인, 복합적인 변경의 효과로 인하여 발생함.

방해/간섭을 분석하기 위해서 아래 그림과 같이 주로 4가지 방법이 사용되며, 가장 합리적으로 인정받는 방법은 Actual vs Actual(Measured Mile) 방법이다.

〈방해/간섭(Disruption) 분석방법〉

Plan vs Actual	
개요	• 가장 단순한 방법으로 계획과 실적을 비교하는 방법이며, 그 차이가 Disruption 영향을 받은 것으로 계산한다.
도해	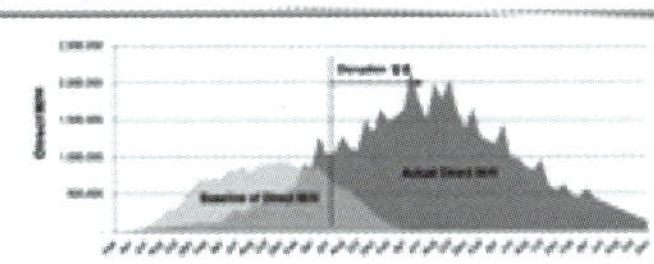
장, 단점	• 간단하고 쉽게 계산이 가능함. • 계획생산성, 계약자의 잘못 포함여부를 입증하기 어려움

Actual vs Actual (Measured Mile)	
개요	• Disruption을 받은 구간과 그렇지 않은 구간의 차이를 분석하여, 계획생산성을 고려하는 것이 아닌 Actual 구간을 분석함
도해	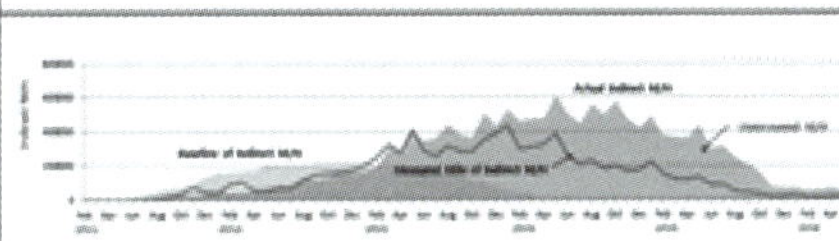
장, 단점	• 가장 합리적인 분석방법으로 인정받고 있음. • Measured Mile의 결정에 임의적인 판단이 개입할 수 있음.

Historic vs Actual	
개요	• 대형 프로젝트일수록 독립적으로 Event의 영향을 분석하기가 쉽지 않기 때문에 유사한 프로젝트의 데이터를 비교하는 방법
선정 기준	• Disruption작업과 비슷한 형태의 작업 • 기상조건이 유사한 작업기간 • 비교할만한 지역적인 장소 • 비교할만한 작업자의 조직상태
장, 단점	• Disruption 분석이 꼭 동일한 형태의 작업을 비교하는 것은 아니므로 유사한 작업환경의 데이터를 비교하는 것은 가능함 • 유사 프로젝트의 생산성에 대한 합리적인 증거 제시가 필요함.

Industry Studies	
개요	• 생산성에 대한 연구사례 등을 참고하여 분석 (Mechanical Contractors Association of America (MCAA) Guide)
도해	(아래 표)
장, 단점	• 단지 참고용으로 활용될 수 있는 내용임 • 생산성 분석 자료와 같이 제시되어야 함

Factor	Percent of Loss if Condition		
	Minor	Average	Severe
STACKING OF TRADES	10%	20%	30%
MORALE AND ATTITUDE	5%	15%	30%
REASSIGNMENT OF MANPOWER	5%	10%	15%
CREW SIZE INEFFICIENCY	10%	20%	30%
CONCURRENT OPERATIONS	5%	15%	25%
DILUTION OF SUPERVISION	10%	15%	25%

이 방법은 계획생산성과 실제생산성을 비교하는 것이 아니라, 영향을 받기 직전의 생산성과 영향을 받은 이후의 생산성을 비교하여 분석하는 방법이다.

4.3 비용 분석(Quantum Analysis)

비용분석은 크게 2가지로 구분할 수 있다. 먼저 지연분석(Delay Analysis)를 통하여 분석된 간접비의 산정인데, 흔히 Prolongation Cost라고 하며 아래의 항목이 포함된다.

- Site overheads and Establishment
- Head office overheads
- Financing and other charges

금액을 산출할 때는 산출시점이 매우 중요한데, Delay and Disruption Protocol을 참고하면 아래와 같다.

> Once it is established that compensation for prolongation is due, the evaluation of the sum due is made by reference to the period when the effect of the Employer Risk Event was felt, not by reference to the extended period at the end of the contract333)

즉 계약기간의 연장된 끝 시점만을 고려하는 것이 아니고 어떤 Event의 영향이 발생한 시기를 고려하여 Prolongation Cost를 고려해야 한다는 것이다. 이러한 관점은 국내사례와는 다르기 때문에 각 나라의 상황에 맞추어 고려해야 할 필요가 있다.

두 번째로 방해/간섭 분석(Disruption Analysis)을 통하여 계산되는 직접비이다. 주로 직접적인 생산활동을 위하여 투입되는 직접인력비용, 장비비 등이 이에 해당하며, 생산성 손실로 인하여 추가로 투입된 비용을 계산한다.

〈Measured Mile을 통하여 계산된 생산성 손실〉

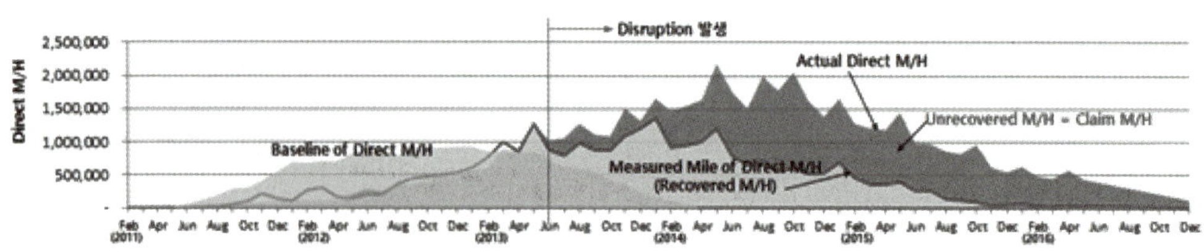

클레임에 있어서 보상을 청구하는 금액의 가장 중요한 기준은 그 금액이 실제 손실(Actual Loss)인지의 여부이다. 즉 이론적인 숫자와 가정, 공식을 적용하여 손실을 추정하는 금액이 계산되어서는 안 되고, 입증할 수 있는 실제 발생한 손실에 기초하여 금액을 계산해야 한다는 점이 매우 중요하다고 볼 수 있다.

---

333) Core Principles 22. Period for evaluation of compensation, Delay and Disruption Protocol 2nd Edition, The Society of Construction Law, 2017

5. 예상되는 기술적 쟁점

5.1 동시지연(Concurrent Delay[334])

공기지연을 다툴 때, 발주자가 가장 많이 언급하는 내용 중의 하나로 '시공자도 해당 기간에 지연을 발생시켰기 때문에 공기지연을 인정할 수 없다'는 내용이 동시지연(Concurrent Delay) 용어와 거의 비슷한 개념으로 볼 수 있다. 즉 시공자도 잘못이 있기 때문에 발주자가 책임질 수 없다는 것인데, 이런 상황은 3가지로 구분하여 고려할 수 있다.

첫 번째는 영향을 받는 동일한 작업에 발주자와 시공자가 각각 책임을 지는 지연을 발생시킨 상황이다. 예를 들자면, 철골제작이 Critical Path인데 지연되었고, 지연된 원인을 확인해보니 발주자는 설계변경을 지시하였고, 시공자는 도면을 늦게 작성해서 제출하였다.

〈유형1: 동일한 작업에 영향을 발생시킨 경우〉

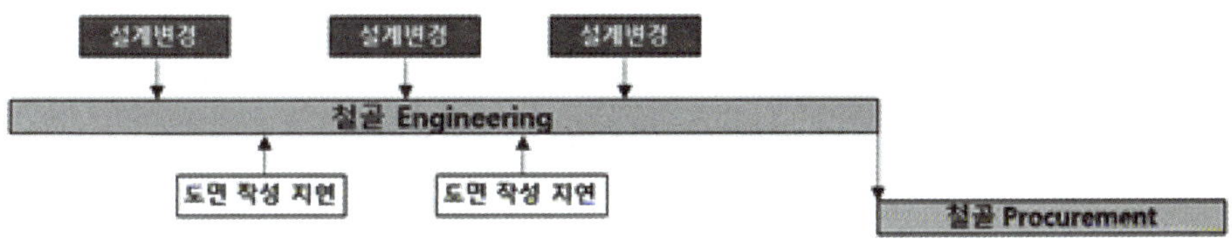

이런 상황은 발주자의 지연과 시공자의 지연이 섞여서 하나의 주요한 지연을 만들어낸 형태인데, 각 원인이 지연을 발생시킨 시점과 지연기간을 개별적으로 나눠서 확인해야 한다. 결국 어떤 지연기간을 Apportionment 개념으로 분할해서 분석하거나 또는 발생시점을 고려하여 동시지연 상황인지 아닌지를 판단해야 한다.

두 번째는 발주자의 지연과 시공자의 지연이 각각 다른 작업에 영향을 발생시킨 상황이다. 즉 두 개의 지연이 완료일에 영향을 발생시킨 사실은 확인되었으나, 각각 다른 작업에 영향을 끼친 경우인데, 이런 상황은 시간의 순서대로 발생시점이 빠른 지연을 먼저 분석하고 그 이후에 발생시점이 늦은 지연을 분석해야 한다. 최근 개정된 Delay and Disruption Protocol 2nd Edition도 이러한 분석을 뒷받침[335]하고 있으며 이러한 상황은 동시지연 상황이 아니라고 설명하고 있다.

334) 흔히 동시지연이라고 불리우며, 두 개 이상의 원인이 동일한 영향을 발생시켰을 때를 의미한다.

335) Paragraph 10.8~10.11 Delay and Disruption Protocol 2nd Edition,2017

〈유형2: 다른 작업에 영향을 발생시킨 경우〉

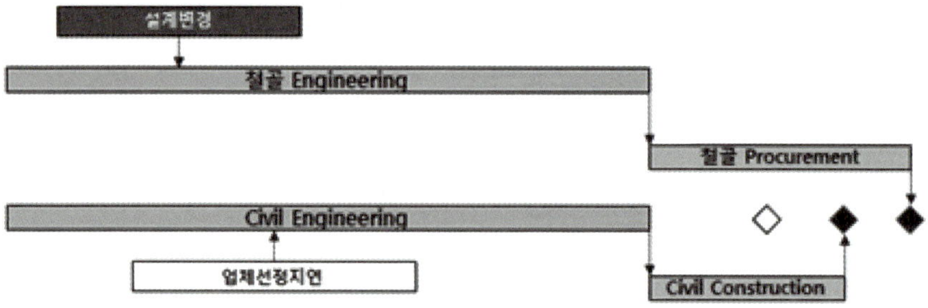

세 번째는 True Concurrency 상황이다. 즉 발주자의 지연과 시공자의 지연이 동시에 발생했고 동일하게 영향을 미친 경우이다.

〈유형3: 동시에 발생해서 동일하게 영향을 발생시킨 경우〉

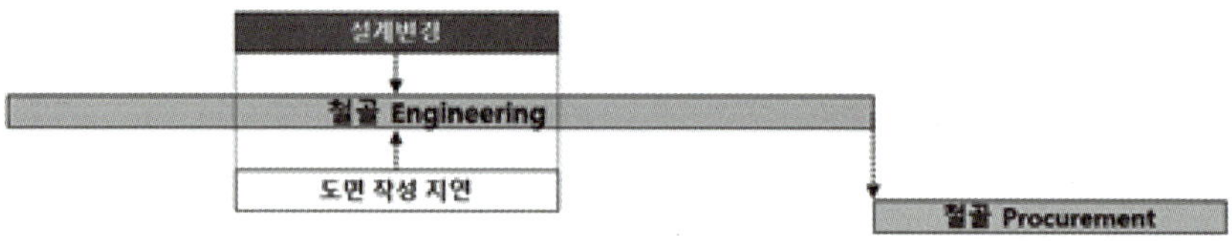

그러나 이와 같은 경우는 자주 발생하는 상황은 아니며, 이런 상황에서 호주 표준계약[336)]을 참고하면 시공자에게 공기연장의 권리를 부여하지 않기도 한다.

> Where more than one event causes concurrent delays and the cause of least one of those events, but not all of them, is not an employer's delay event, then to the extent that the delays are concurrent, Contract shall not be entitled to an extension of time for practical completion.[337)]

이 조항은 EPC Contract에도 가끔 확인할 수 있는데, 일반적인 Concurrency 상황이라기보다는 True Concurrency 상황에 적용된다고 볼 수 있으며, 이 내용에 대한 설명을 확인하면 아래와 같다.

> This clause, therefore, in contrast to the approach of most UK standard forms, serves to deny Contractor an extension of time in circumstances of true concurrency.[338)]

336) AS2124, Australian Standard

337) 16. Concurrency, Parallelism and Apportionment, Delay and Disruption in Construction Contracts 3rd edition, 2005

따라서 True Concurrency로 해석되는 상황을 피하기 위해서는 지연분석방법을 정확히 적용해서 동시지연(Concurrent Delay)을 해석해야 한다. 이와 같은 논리가 발전되어서인지 확실하지는 않지만 동시지연(Concurrent Delay)이 발생하면 시공자의 공사기간 연장 권리가 없다는 계약 조항도 가끔 있는 편이다.

> …then to the extent that the delays are concurrent, the Contractor will not be entitled to an extension of time…[339)]

이러한 상황을 극복하기 위해서는 "위의 계약조항은 True Concurrency 상황을 설명하는 조항이며, 해당 프로젝트에는 발생하지 않는 것이다" 와 같은 논리를 개발하거나, Time Impact Analysis 방법을 사용해서 시간의 순서대로 동시지연(Concurrent Delay)을 구분해서 분석해야 한다. 일반적으로 발주자의 주장대로 동시지연(Concurrent Delay)이 발생했다고 하더라도 이러한 지연은 시공자의 공사기간 연장에 영향을 미치지 않는다는 것이 학계와 산업계에서 일반적으로 받아들여지는 이론이다.

> Where Contractor Delay to Completion occurs or has an effect concurrently with Employer Delay to Completion, the Contractor's concurrent delay should not reduce any EOT due.[340)]

위와 같이 동시지연(Concurrent Delay)은 보통 수용 가능한 지연(면책 가능한 지연(Excusable Delay))로 해석되기 때문에 공사기간의 연장은 가능하며, 다만 보상을 받기 위해서는 특정 기간을 분석하여 식별된 기간에 대해서 보상 청구가 가능하다.

5.2 코로나 발생 직전의 지연

시공자 입장에서는 코로나 사태를 통하여 과거 발생했던 지연을 포함하여 공기연장을 받으려는 시도를 할 것이고 발주자 입장에서는 코로나 사태 이전에 발생한 지연과 코로나 사태로 인한 지연을 구분해서 부분적으로 공기연장을 인정하려고 할 것이다. 그러나 위에서 이미 설명한 바와 같이 코로나가 발생하기 직전의 지연은 구분해서 검토하는 것이 합리적이다. 쟁점이 예상되는 상황은 2가지로 나눠서 고려할 수 있다.

---

338) 상동

339) EPC Contract

340) CORE PRINCIPLES 10, Delay and Disruption Protocol, the Society of Construction Law, 2nd Edition,2017

먼저 지연이 있었음에도 불구하고 코로나가 발생하기 직전에 발주자에게 지연이 보고되지 않은 상황이다. 이런 상황은 시공자에게 유리한 상황에 가까우며, 코로나로 인한 지연만 분석하면 될 것으로 보인다. 물론 과거의 상황에 발주자가 지연을 확인하고 만회를 지시한 기록이 있었거나 시공자가 제출한 월간보고서의 공정표에 발주자가 코멘트를 한 상황이라면 추가적으로 더 검토할 필요는 있다. 대부분의 분석가들은 과거에 제출한 공정표에 어떤 기록들이 있었는지의 여부를 중요한 판단기준으로 보기 때문에 코로나 발생 이전에 제출한 기록이 중요하게 작용할 수 있다.

두 번째는 공사기간의 연장을 이미 제출했거나 어떤 형태로든 지연이 보고된 상황에서 코로나가 발생한 경우이다. 이런 상황은 결국 과거의 지연과 코로나의 지연이 섞이면서 적절한 지연기간을 산정하는데 어려움이 생길 수 있다.

〈코로나 발생 직전에 지연이 보고된 유형〉

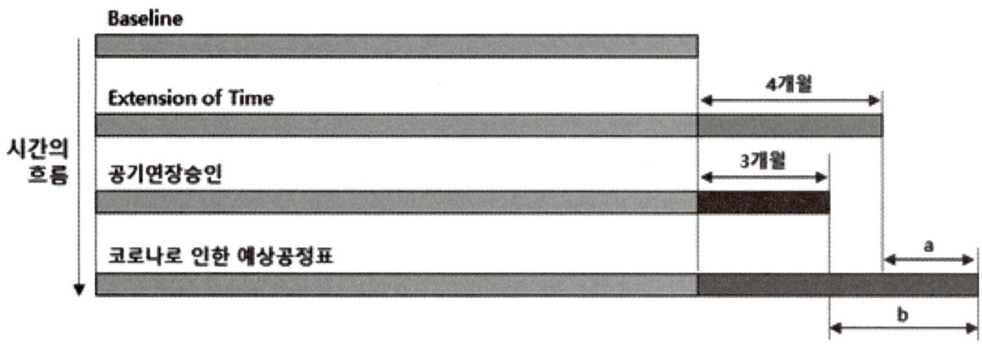

다시 2가지로 나눠서 고려해야 하는데, 먼저 공기연장이 4개월로 제출된 상황에서 승인 받지 못했다면, 코로나로 인한 지연기간은 4개월의 끝점으로부터 계산된 a기간이다. 그리고 공기연장을 4개월로 제출했고 3개월만 승인 받았다면, 코로나로 인한 지연기간은 3개월의 끝점으로부터 계산된 b기간이다. 이 부분에서 유의해야 할 점은 공기연장을 승인 받지 못했다고 해서 코로나로 인한 지연기간을 '4개월+a'로 계산해서는 안 된다는 점이다. 지연은 이미 4개월이 발생한 것이고(발생한 지연은 불변임), 공기연장을 인정한다는 것은 4개월 내에서 어떤 계약당사자가 책임을 얼마나 져야 하는지를 결정하는 문제이기 때문에 4개월의 지연은 여전히 유효한 것이다. 따라서 이런 상황에서는 제출된 지연기간은 그대로 둔 상태에서 코로나 사태로 인하여 추가로 발생한 지연 기간을 계산해야 한다.

5.3 지연 분석방법(Delay Analysis Method)의 선정

클레임에서 자주 발생하는 쟁점중의 하나로 시공자가 적용한 방법이 적절한지 아닌지에 대해서 논쟁이 발생하는 경우이다. 코로나 사태로 인한 피해는 지연의 형태가 가장 많을 것으로 추정되는데, 분쟁의 기간을 단축하거나 클레임 작성 시간을 줄이기 위해서는 분석방법을 정확히 선정하는 것이 중요하다. 아래의 4가지 순서에 의거하여 분석방법을 결정할 수 있다.

첫 번째로 계약서에 어떤 분석방법이 명시되어 있는지를 확인해야 한다. 일반적으로 일반계약조건(GTC)에 분석방법이 명시적으로 기재되지는 않기 때문에 다른 관련된 여러 계약문서를 확인한다. 만약 특정한 계약방법이 명시되어 있지 않다면, 두 번째는 공사기간의 연장(Extension of Time) 조항을 확인한다.

> …the CONTRACTOR shall be entitled to an adjustment to the KEY MILESTONE DATES to the extent that the CRITICAL PATH to achieving any KEY MILESTONE **isorwillbedelayed** by one of the following events or circumstances…[341)]

만약 위와 같이 "is or will be" 와 같은 내용이 있다면, 미래적(Prospective) 또는 동시적(Contemporaneous)인 분석방법을 적용해야 한다.

세 번째로 확인해야 할 것은 프로젝트의 진행시점이다. 만약 프로젝트 초기라면 월간공정표(Updated Program)[342)], As-Built Program[343)]이 거의 없기 때문에 IAP(Impacted As-Planned) 방법을 사용할 수 밖에 없으며, 프로젝트 중간시점에는 월간공정표(Updated Program)이 존재하고 미래를 예상해야 하는 관점이기 때문에 공기연장 클레임(EOT Claim)에 가장 적절하고 합리적인 TIA(Time Impact Analysis)를 사용하는 것이 적절하다. 프로젝트 완료시점 또는 완료에 가까운 시점에는 이미 지나간 과거를 분석하는 것이기 때문에 APAB(As-Planned vs As-Built) 방법 또는 CAB(Collapsed As-Built) 를 적용하는 것이 바람직하다.

네 번째로 확인할 사항은 프로젝트에서 유지하고 있는 공정표의 상태이다. 분석방법을 제대로 적용하기 위해서는 CPM으로 구성된 계획공정표(Baseline), 월간공정표(Updated Program), As-Built Program등이 필요한데, 만약 공정표가 없다면 원하는 분석방법을 사용하지 못할 수도 있기 때문이다. 따라서 분석방법을 결정하기 위해서는 공정표의 존재여부를 확인하는 과정이 필요하다.

---

341) EPC Contract

342) 월간보고서에 포함되는 월간공정표이며, 해당 월의 진행상황을 포함한다.

343) 프로젝트가 종료되는 시점에 완료된 최종공정표를 의미하며, 실제 진행된 모든 진행상황을 포함하고 있다.

〈지연분석방법의 선정순서〉

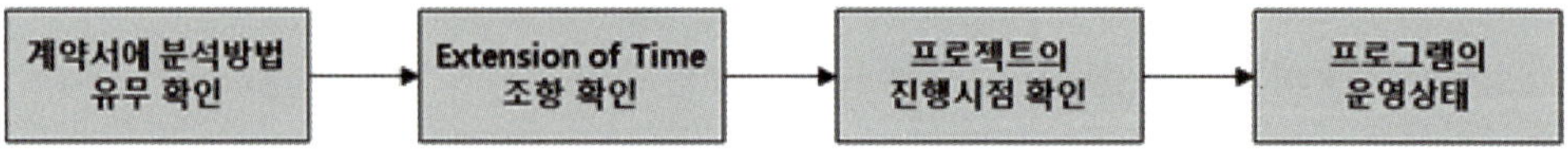

5.4 Time Bar 적용

대부분의 계약서는 클레임 관련 조항이 Time Bar를 포함하고 있기 때문에 통지기간을 준수해야 하는데, 발주자는 시공자의 통지가 늦어진 경우에 Time Bar를 적용하여 시공자의 권리가 없어진 것으로 간주하기도 한다. 코로나 사태와 관련된 불가항력(Force Majeure) 조항을 살펴 보면 통지기간은 클레임 조항의 통지기간보다 짧은 것이 일반적이나, Time Bar와 관련된 내용은 약간씩 상이하다. 대략 3가지 형태로 구분할 수 있는데, 먼저 클레임 조항과 동일하게 Time Bar를 포함하는 형태이다. 이와 같은 경우는 엄격하게 Time Bar를 준수해야 할 의무가 있다. 두 번째는 불가항력(Force Majeure) 조항이 Time Bar로 간주할 수 있는 내용을 포함하지 않는 경우다. 이런 경우는 준거법에 따라 다르게 해석될 수는 있지만, 통지를 안 했다고 해서 권리가 없어지는 것은 아니라고 볼 수도 있기 때문에 시공자가 권리를 주장해 볼 수 있을 것이다. 마지막으로 불가항력(Force Majeure) 조항에 Time Bar 내용이 직접적으로 언급되어 있지는 않으나, '클레임 조항을 참고해서 또는 준수해서'의 내용이 있거나 또는 '통지를 해야만 공사기간의 연장권리를 부여한다' 로 명시되어 있는 경우이다. 이런 조항도 거의 동일하게 Time Bar를 적용 받는 것으로 판단해야 할 것이다.

Time Bar의 기산시점과 관련해서는 과거에 많은 논쟁이 있었는데, Occurrence, Aware, Know, Give rise to 등 여러 시점이 있을 수 있기 때문에 해당 계약서가 어떤 단어를 사용하여 명시되어 있는지 내용을 잘 확인해야 한다. 가장 우려되는 점은 프로젝트에서 통지가 몇 일 늦었다고 해서 시공자 스스로가 권리를 포기하는 상황이다. 강조하지만 Time Bar의 기산시점을 활용하여 주장할 수 있는 여지가 있기 때문에, 늦었다고 생각하는 시점이더라도 통지를 꼭 보내서 시공자의 권리를 확보하는 것이 매우 중요하다. 아래 그림은 지연이 발생하는 주요 시점을 표현한 그림인데, 1번 시점은 어떤 문제의 Occurrence 시점이 될 수는 있지만 이 시점이 클레임을 발생시키거나 지연을 발생시켰다고 보기는 어렵다. 즉 시작시점은 지연되었으나, 이후에 빨리 끝낼 수도 있기 때문에 실제적인 지연이 확정되었다고 보기는 어렵다.

〈지연의 시작시점〉

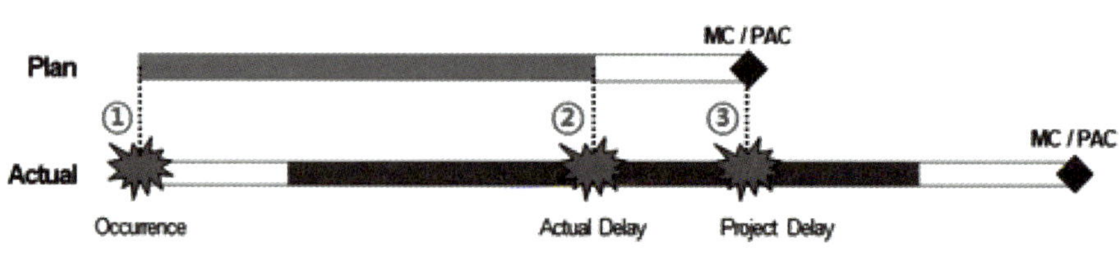

2번 시점은 어떤 작업의 실제 지연이 시작하는 시점이다. 당초 계획했던 어떤 작업의 완료일이 경과했기 때문에 이 시점 이후로는 분명히 지연이 발생한 것이다. 그러나 이러한 지연도 전체 프로젝트 완료일(MC 또는 PAC) 을 지연시킬지 여부는 불확실하다. 후속 공정에서 단축시킬 가능성도 있고 만약 시공자가 그런 자신이 있다면 2번 시점이더라도 클레임이나 지연이 발생하지 않을 것이라고 주장할 수도 있다. 결국 3번 시점인 당초 프로젝트의 완료일이 경과되어서야 비로소 실제 지연이 확정되었다고 볼 수 있다. 이와 같은 비슷한 개념은 아래의 유사 판례에서도 확인할 수 있다.

- Obrascon Huarte Lain SA v Her Majesty's Attorney General for Gibraltar [2014] EWHC 1028(TCC)
- Lee Masonry, Inc, No.M2008-02844-COA-R3-CV(2010) Tenn. Ct. App.

그렇다고 해서 통지를 늦게 해도 괜찮다는 의미는 아니며, 적절한 시기에 통지해야 하는 것은 매우 중요한 시공자의 의무이다. 다시 강조하지만, Time Bar의 기산시점은 상황에 따라서 다르게 주장할 수 있는 여지가 있기 때문에 통지기한을 경과했다고 해서 시공자 스스로가 권리를 포기하는 일은 없어야 할 것이다.

5.5 공기단축(Acceleration)

공기단축과 관련하여 발생할 수 있는 분쟁은 3가지로 고려가 가능하다. 첫 번째는 사실 공기단축이 아니라 완화(Mitigation)인데 시공자가 이에 대한 청구권리를 발주자에게 주장하는 경우이다. 완화행위는 시공자의 의무에 가깝기 때문에 청구권리는 거의 없다고 볼 수 있으며, 공기단축에 대한 청구권리에 있어서 가장 중요한 것은 발주자의 지시, 승인이기 때문에 이러한 과정을 거치지 않고 공기단축비를 청구하는 것은 합리적이지 않다.

두 번째는 코로나로 인한 지연을 만회하고자 시공자가 공기단축 계획서를 제출하고 승인 받은 이후에 진행되었으나, 이후 발주자가 그 공기단축은 시공자가 발생시킨 지연이 섞여 있었고 달성 조건을 엄격하게 해석하여 보상하지 않는 경우이다. 이런 상황은 공기단축과 관련된 분쟁에서 자주 발생하는데, 중요한 점은 공기단축 투입 전에 정확한 금액과 달성 조건을 합의하고 진행해야 한다는 것이다. 합의 시 주의해야 할 점은 아래와 같다.

- 공기단축 투입전에 프로젝트의 상황과 지연예상 기간에 대한 Consensus가 필요함
- 달성 Milestone은 가능하면 여러 개 또는 단계별로 나눠서 설정
- Incentive 적인 개념의 금액이 포함되어야 함.
- 공기단축을 합의하면, 연장되는 기간(당초 계약기간 보다 증가하는 기간) 에 대한 Prolongation Cost 보상권리는 상실될 수 있으므로 이 금액도 고려해야 함.

세 번째는 코로나로 인하여 분명히 공사기간의 지연이 발생하였고, 이에 대한 공기연장을 신청하였는데, 발주자가 부당하게 공기연장을 거절하고 계약기간 이내에 공사를 완료하라는 지시를 하는 경우이다. 이런 상황을 의제된 공기단축(Construction Acceleration)이라고 하는데, 결국 시공자는 지체상금(Liquidated Damages) 부과를 피하기 위하여 발주자가 공기단축 지시를 하지 않았음에도 불구하고 불가피하게 공기단축을 수행할 수 밖에 없는 상황에 놓이게 된다. 이런 과정을 통하여 시공자가 발생한 손실을 청구하는 개념인데, 최초에 미국에서 발전한 논리이지만 국내에서도 이와 같은 논리가 적용되고 있으며, 위에 설명된 과정이 확인된다면 검토 가능한 논리이다.

〈의제된 공기단축(Construction Acceleration) 상황〉

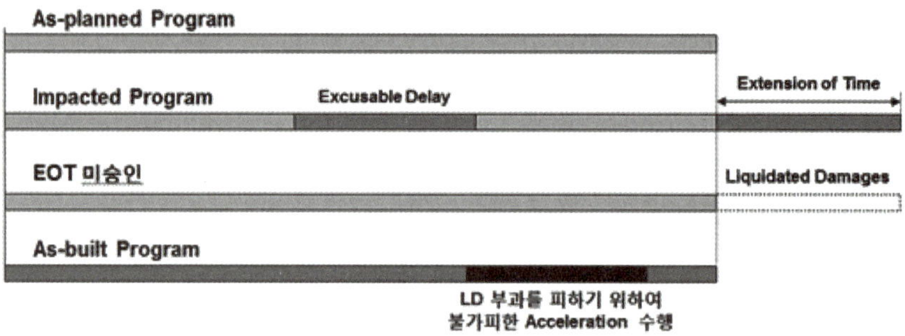

5.6 방해/간섭 분석방법(Disruption Analysis Method) 선정

방해/간섭의 분석방법 선정에 있어서 발주자와 시공자가 선뜻 합의하지 못하는 경우가 많이 발생하고 있다. 코로나가 끝나면 방해/간섭에 대한 손실을 계산해야 하는데, 분석방법에 대하여 사전에 어떤 방법을 사용할지를 협의해야 할 것이다. 대부분의 프로젝트는 계획(Plan)과 실적(Actual)을 비교하는 형태를 많이 사용하는데, 이는 합리적인 분석이라고 보기는 어렵다. 계획생산성은 국가, 프로젝트의 특성, 프로젝트의 규모에 따라 달라질 수 있기 때문에 계획생산성이 합리적인 수치라는 것을 입증하기가 매우 어렵다. 또한 계획생산성이 해당 프로젝트에서 달성된 수치인지, 실현 가능한 수치인지 여부가 불확실하기 때문에 계획과 실적을 비교한 생산성 분석으로 발주자와 분쟁을 지속하는 것은 바람직하지 못하다. 위에서 언급되었지만 Measured Mile을 통하여 확인된 생산성 분석이 합리적으로 인정받을 수 있는 방해/간섭 분석방법에 해당한다.

5.7 하도급자(Subcontractor), 공급자(Vendor) 손실의 입증

시공자 관점에서 코로나로 인하여 발생한 피해를 추정하면, 아마 시공자의 손실보다는 여러 하도급자(Subcontractor), 공급자(Vendor)의 피해 규모가 더욱 클 것이다. 만약 계약관계의 Flow down이 잘 되어 있어서 발주자로부터 보상을 받고 그러한 보상이 하도급자(Subcontractor), 공급자(Vendor)에게 집행된다면 가장 좋은 시나리오이겠으나, Flow down의 불일치로 인하여 시공자가 손해를 보는 경우는 피해야 할 것이다. 이 문제를 다루기 전에 클레임의 중요한 청구원칙과 청구근거를 생각해보면, 클레임은 실제 손실(Actual Loss)를 근거로 청구권리가 발생하는 것이다. 간혹 기대이익과 같은 Consequential loss가 같이 다루어지는 경우도 있으나 입증하기가 매우 어렵고 기대하기 어려운 내용이기 때문에 논외로 하겠다. 실제손실(Actual loss)의 의미를 이해하기 위해서 아래의 상황을 가정해보자.

> 코로나 사태로 인하여 어느 하도급자(Subcontractor) 장비가 대기하게 되었고 이에 따라 손실이 발생하였다. 하도급자(Subcontractor)와 시공자의 계약서는 불가항력(Force Majeure)로 인한 손실은 보상하지 않는다고 명시되어 있어서 하도급자(Subcontractor)는 시공자에게 클레임을 청구하지 않았다. 그러나 시공자의 관리자가 하도급자(Subcontractor) 장비가 대기한 상황을 알고 있었고, 발주자와의 계약서에는 불가항력(Force Majeure)로 인한 손실은 보상한다고 명시되었기 때문에 장비의 대기비용을 계산해서 발주자에게 클레임을 제기하였다.

과연 이러한 상황은 클레임의 원칙을 고려하였을 때 합리적인 클레임이라고 인정할 수 있을까? 여러 전문가들의 의견이 약간씩 다를 수는 있겠으나 필자 개인의 의견으로는 사기에 가까운 행위라고 보여진다. 시공자는 하도급자(Subcontractor)에게 손실비용을 지불하지 않을 것이기 때문에 실제손실(Actual Loss)이 발생하지 않았고, 발생하지도 않은 손실을 발주자에게 청구한 것이다.

Flow Down 형태에 따라 클레임 가능 여부를 그림으로 정리하면 아래와 같다. (하도급자(Subcontractor)의 손실을 발주자에게 청구할 수 있는지 여부에 대해서 고려한 것이다.)

〈Flow down 형태에 따른 클레임 가능여부〉

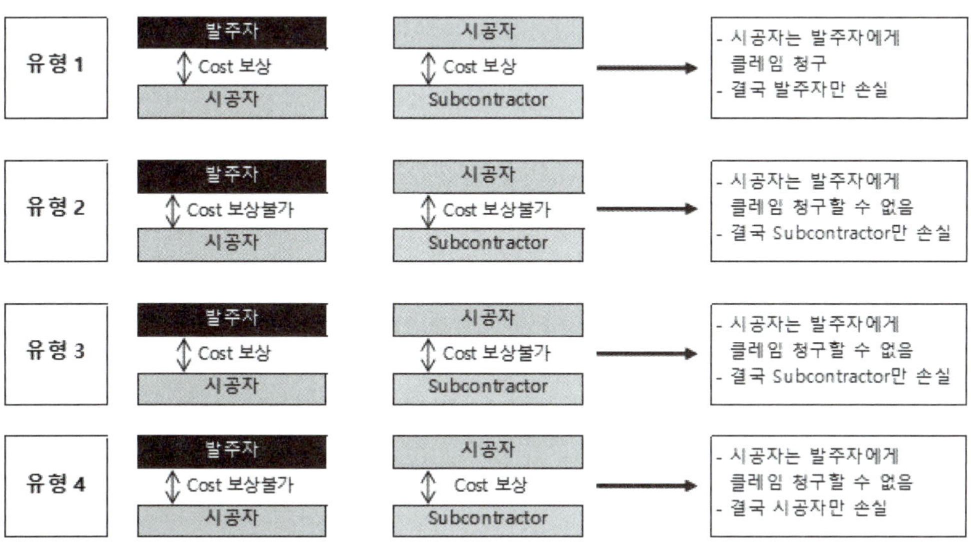

위에서 예를 들어 설명한 상황이 유형 3에 해당하는데, 시공자는 발주자에게 클레임을 청구할 수 없는 상황이며, 결국 하도급자(Subcontractor)에 손실이 발생한다. 유형 4는 일반적인 계약 원칙을 고려하였을 때 추정되는 결론이나, 아래 그림과 같이 각 국의 준거법의 원칙에 따라 조금씩 달리 해석될 수도 있을 것이다.

〈Middle East 지역의 주요 원칙〉

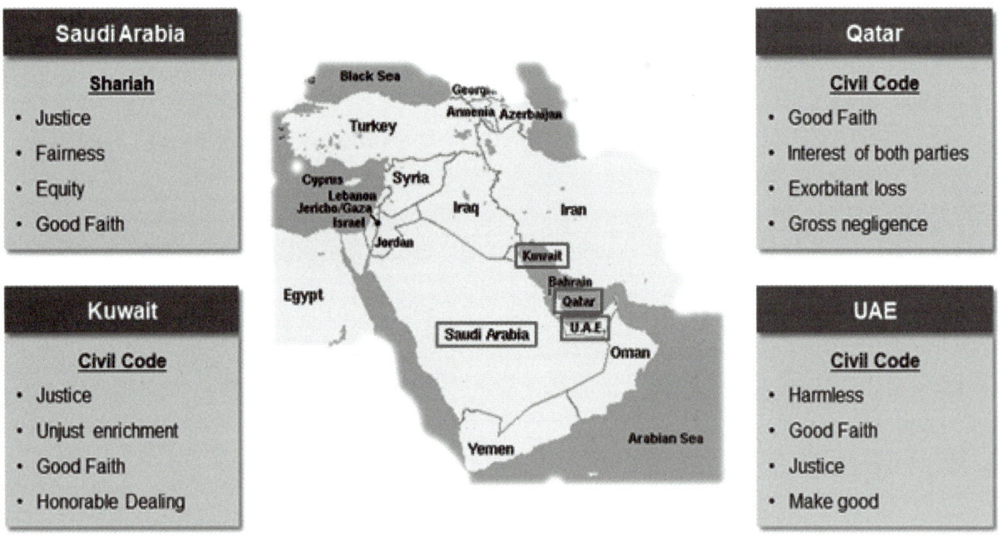

정리하자면, 시공자가 하도급자(Subcontractor), 공급자(Vendor)의 손실을 발주자에게 청구하기 위해서는 손실을 추정할 수 있는 하도급자(Subcontractor), 공급자(Vendor)가 제출한 클레임, 관련 레터, 입증증거 등이 확보되어야 한다. 바꿔 말해서 시공자는 코로나 사태로 인하여 하도급자(Subcontractor), 공급자(Vendor)에게 지불해야 하는, 지불이 예상되는 금액을 확인한 이후에 발주자와 클레임 협상을 진행해야 한다. 과도하게 부풀려진 금액, 이론적인 숫자로 계산된 금액 등으로 발주자와 협상을 지속하는 것은 바람직하지 않다.

6. 맺음말

현재 코로나 사태가 발생한지 거의 3달이 되어가고 있는 시점으로 아직 사태가 종료되지는 않았으나 어느 정도 피해가 예상되고 있다. 이러한 피해에 대하여 시공자로써 정당한 권리를 발주자에게 주장하여 피해구제를 위한 방향을 모색해야 할 시기이며, 위에서 언급한 3가지 내용을 중심으로 정확한 검토와 대응이 필요하다.

- 인과관계(Causation) 검토
- 계약적인 절차 고려
- 피해분석방법 선정 및 적용

또한 예상되는 기술적인 쟁점들을 미리 확인해서 지금부터라도 그에 맞게 논리를 검토하고 필요한 입증자료들을 준비하는 과정도 중요하다. 코로나가 종료되면 발생한 피해에 대한 공사변경 또는 클레임이 본격화될 것으로 예상되는데, 분쟁을 최소화하기 위해서는 현 상황에 대하여 피해규모를 객관적으로 파악해서 합리적인 자세로 발주자와 협의를 진행하고, 이를 위해서 실무적인 대응방안을 미리 준비해야 한다.

Appendix #2

Delay and Disruption Protocol 2nd Edition의 주요특징과 활용방안

K-Build (2017년 7월호), 이현경, 임정주

1. 들어가는 말

The Society of Construction Law[344](이하 'SCL') 에서 Delay and Disruption Protocol (이하 'Protocol') 개정판을 발간하였다. Protocol은 2002년 1st Edition 발간 이후 건설산업 분야에서 Delay와 Disruption[345]에 관한 분쟁을 해결하는데 있어서 가장 신뢰받는 지침서로 활용되어 왔는데, 15년만인 2017년 3월에 드디어 2nd Edition이 발간된 것이다. 2nd Edition은 최근 법원의 판결추세, 기술의 발전 등을 고려해서 개정되었기 때문에, 이와 관련한 특징 등을 자세히 살펴볼 필요가 있다.

〈Protocol 의 History〉

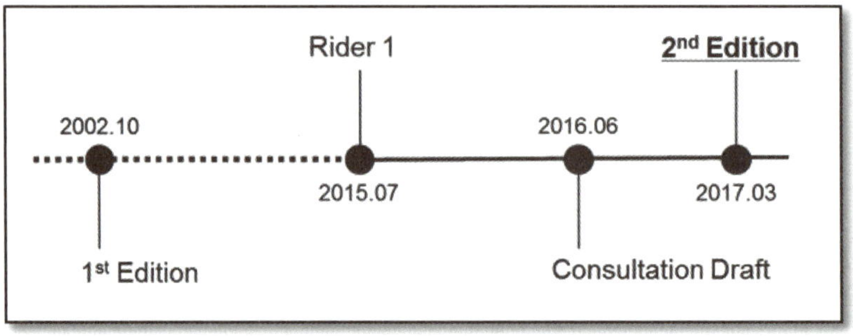

건설분쟁에 있어서 Delay와 Disruption은 대표적으로 나타나는 손실의 형태이다. 즉 거의 모든 분쟁은 Delay와 Disruption을 수반하게 되는데, Protocol은 이러한 결과에 대한 정확한 분석과 해석방법에 대한 유용한 지침을 제공함으로써 분쟁을 최소화하는데 그 목적이 있다고 볼 수 있다. 즉, Protocol은 합리적 기준을 제시하고 있기 때문에 이를 잘 활용하면, 성공적으로 분쟁을 해결하거나 합리적인 합의에 도달하는데 도움을 받을 수 있다.

344) 건설법 및 관련분야의 교육, 연구를 촉진하기 위한 협회로 1983년 영국에서 설립되었다. 특히 Delay and Disruption 관련 Issue 에 대해서는 국제적으로 가장 인정받는 기관이다.

345) Disruption은 Delay와는 다른 용어로써, 주로 작업효율의 저하로 인하여 증가한 작업기간과 관련된 용어이다.

물론, Protocol은 그 자체가 법적 구속력을 갖거나 계약문서의 일종으로 해석되는 건 아니다. 그러나 Delay와 Disruption에 대해서 체계적으로 정립된 내용은 그 동안 많은 전문가들에 의해 인용되었고, 특히 해외건설산업의 분쟁분야에 있어서 다양하게 활용되었다. Protocol은 아래의 주요한 내용에 대하여 합리적인 가이드라인을 제시하고 있다.

공정표

Delay는 대부분 공정표를 통해서 분석되는데, Protocol은 공정표에 대한 기본적인 조건과 내용들을 설명하고 있으며, 이와 관련한 계약적 절차에 대한 합리적인 기준을 제시한다.

Delay

Delay와 관련된 Float, 동시지연(Concurrent Delay), Acceleration, Compensation 등은 다르게 해석되거나 혼동해서 사용되는 경우가 많은데, 이와 같은 용어에 대한 개념과 정의를 정확히 설명하고 있다.

Disruption

Disruption은 빈번하게 발생하는 대표적인 손실의 한 형태이나, 아직까지 클레임 분야에 있어서 Delay 만큼 많이 활용되지는 않았다. Protocol은 Disruption과 관련된 다양한 분석방법과 필요한 기록 등을 제시함으로써, 합리적인 Disruption 분석에 도움을 줄 수 있다.

Extension of Time[346](이하 'EOT')

프로젝트는 공사기간을 초과하는 경우가 많은데, 이러한 경우에 진행하는 공기연장 클레임(EOT Claim)과 관련된 분석방법, 절차 등을 자세히 설명하고 있어서 좋은 참고자료로 활용할 수 있다.

346) 프로젝트의 계약적 완료일이 경과하는 경우 또는 경과가 예상되는 경우에 계약적 완료일을 연장하는 절차

2. Protocol 2nd Edition의 주요 특징

Protocol 2nd Edition에서 주목할만한 주요한 특징은 다음과 같다.

기록관리(Record Keeping)의 중요성 강조

2nd Edition은 Record에 대한 내용을 Appendix를 포함해서 15 페이지 분량을 할애하고 있는데, 분쟁을 최소화하기 위해 준비해야 할 Record에 대해서 구체적으로 설명하고 있다. 계약 시에 이러한 준비사항들을 계약당사자가 미리 합의해서 나중에 발생할 수 있는 분쟁에 효과적으로 대비하는데 목적이 있다고 볼 수 있다.

다양한 분석방법 제시

Delay에 대한 분석방법은 2개가 추가되어 6개의 분석방법을 소개하고 있다. 또한 Disruption에 대한 분석방법은 1st Edition에서는 거의 언급하지 않았으나, 2nd Edition은 9개의 분석방법을 소개하고 있다. 단 특정한 분석방법[347]을 권장하지는 않고, 다양한 적용상황에 대해서만 설명함으로써 분석방법에 대한 중립성을 유지하고자 하였다. 따라서 분석방법 자체의 논란을 최소화하고 계약당사자는 적절한 상황에 맞게 분석방법을 선택할 수 있다.

최근의 판례를 고려한 개정

1st Edition이 발간 된지 15년이 경과하였기 때문에, 과거의 상황에 비해서 환경이 많이 바뀌었고 새로운 판례들이 계속 나오고 있다. Concurrent Delay(이하 '동시지연'[348])는 과거에는 Employer에게 다소 불리한 해석이 많았으나, 최근에는 기술적인 발전 등으로 세부적으로 동시지연을 분석할 수 있기 때문에 2nd Edition에서는 Contractor에게 약간 불리해졌다고 볼 수 있다. Global Claim[349]은 과거에 법원에서 거의 인정받지 못하였으나, 실질적인 환경, 상황을 고려하여 일정 조건 등을 갖추면 관대하게 인정해주는 최근의 경향이 반영되었다.

---

347) 1st Edition에서는 Delay 분석방법 중 Time Impact Analysis 를 권장하였다.

348) 2개 이상의 원인에 의하여 동일한 시기에 영향이 발생한 지연

349) 구체적인 원인, 결과에 대한 분석 없이 전체적으로 합쳐서 분석하는 클레임의 종류

3. Protocol 2nd Edition의 주요 개정내용

3.1 Overview

2nd Edition은 전체적인 구조가 훨씬 짜임새 있게 변경되었다. 1st Edition에서 'Core Principles'은 'Section 1'의 세부적인 내용과 번호가 일치하지 않아서 혼란스럽게 기술이 되어 있었으며, Extension of Time 관련 내용은 나뉘어 기술되어서 구성이 복잡한 편이었다. 이러한 1st Edition의 구조는 아래와 같이 2nd Edition에서 간략하게 재구성되었다.

〈주요 목차의 변경사항〉

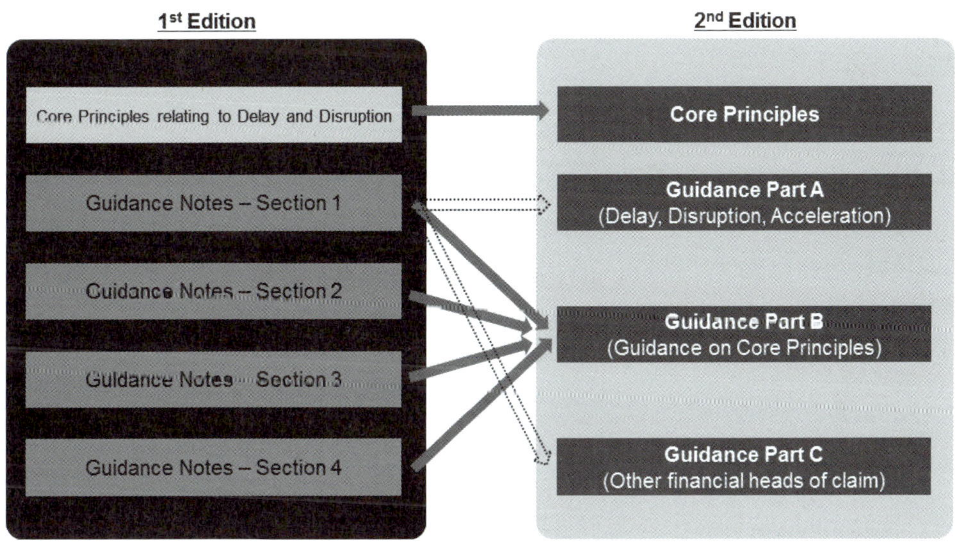

2nd Edition의 여러 개정내용 중에서 특히 눈에 띄는 것은 목적의 변경이다. 1st Edition은 **'건설계약에 있어서 일반적인 문제에 대한 유용한 지침을 제공하는 것'350)을** 주요한 목적으로 언급했으나, 2nd Edition은 **'건설프로젝트에 있어서 Delay와 Disruption에 대한 유용한 지침을 제공하는 것'351)**으로 보다 구체적으로 설명하고 있다. 이러한 방향은 1st Edition의 Appendix에 있던 'Model Specification Clause'와 'Model Record Clauses'가 삭제352)된 것을 보더라도 확인할 수 있으며, Introduction에도 그러한 내용을 반복적으로 강조하고 있다.

350) Useful guidance on some of the common issues that arise on construction contracts…

351) Useful guidance on some of the common delay and disruption issues that arise on construction projects

352) 일부 내용은 'Guidance Part B'로 합쳐졌다.

Protocol은 Core Principles이 가장 중요한 중심적인 내용으로써, 1st Edition에서는 21개였으나, Rider 1의 개정내용을 일부 포함해서 2nd Edition에는 22개로 증가하면서 내용이 추가되거나 수정되었다.

2nd Edition에 앞서 2015년 7월에 발간되었던 Rider 1은 1st Edition 중 아래의 몇 가지 내용을 먼저 개정하였다. 이 내용 중 일부는 2nd Edition에 그대로 반영된 것도 있기 때문에, 2nd Edition의 개정내용을 살펴보기 전에 미리 Rider 1의 내용을 확인 할 필요가 있다.

〈Rider 1 의 개정사항〉

Section	Clause
CORE PRINCIPLES	3 / 4 / 12
Guidance Section 1	1.2.4 ~ 1.2.8
Guidance Section 3	3.1 / 3.2
Guidance Section 4	All

전면적으로 변경된 'Guide Section 4(Guidelines on delay analyses time distant from the delay event)' 는 2nd Edition에서 'Core Principles 11 Analysis time-distant from the delay event'로 반영되었는데, 일반적으로 잘 알려진 4가지 Delay Analysis방법에 2가지가 새롭게 추가되었다.

〈Rider 1 에서 변경 및 추가된 분석방법〉

1st Edition	Rider 1
Impacted As-Planned	좌동
Time Impact Analysis	
Collapsed As-Built	
As-Planned vs As-Built	As-Planned vs As-Built Windows Analysis
-	Time Slice Windows Analysis
-	Longest Path Analysis

As-Planned vs As-Built 방법은 명칭이 약간 변경되었으며, Time Slice Window Analysis와 Longest Path Analysis 가 Rider 1에 새롭게 추가되었다.

- Time Slice Window Analysis : 기존에 Window Analysis로 알려진 방법과 거의 비슷하다.
- Longest Path Analysis : As-Built 공정표의 Critical Path[353]를 역으로 추적해서 계획공정표(Baseline)의 일정과 비교해서 분석하는 방법이다.

353) CPM 기법으로 계산되는 가장 긴 경로를 의미하며, Critical Path 의 지연은 곧 전체 프로젝트의 지연을 의미한다.

Protocol은 분석방법 2가지를 추가하여 설명함으로써, 사용자가 보다 다양하게 분석방법을 사용할 수 있게 하였으며, 이와 같이 정리된 6가지 분석방법은 2nd Edition에 그대로 적용되었다. 이외에 변경된 Core Principles 및 Guide Section은 나눠지거나 일부 내용이 삭제되어서 2nd Edition으로 반영되었다.

3.2 주요 개정내용

SCL은 2nd Edition의 주요 개정내용에 대해서 8가지를 기술하고 있다.

- 기록관리(Record Keeping)에 대한 세부적인 지침 추가
- 실시간으로 분석되는 공기연장 클레임(EOT Claim)을 강조
- 지연사건(Delay Event)가 오래 전에 발생한 경우에 특정한 분석방법은 추천하고 있지 않음
- 최근 판례를 고려해서 동시지연에 대한 해석개정
- Global Claim에 관대한 최근 추세를 반영
- Disruption에 대한 다양한 분석방법 추가
- Model Contract Clause 삭제
- Graphics Illustrating Points 삭제

기록관리(Record Keeping)

1st Edition의 'Programmes and Records(Guidance Section 2)'는 2nd Edition에서 Core Principle의 첫 번째 내용으로 이동하면서 그 중요성이 강조되었다. 특히 Record는 1st Edition에서 '2.4 Records'와 'Appendix C – Model Records Clauses'에서 간략하게 설명되었으나, 2nd Edition에서는 'Core Principle 1'과 'Appendix B – Record Types and Examples'로 구분해서 자세하게 설명하였다.

〈Core Principles 1 Programme and Records 내용 중 Records의 주요 목차〉

Contents		Core Principles
Categories of Records	Programme records	1.18 ~ 1.19
	Progress records	1.20 ~ 1.21
	Resource records	1.22 ~ 1.24
	Costs records	1.25 ~ 1.30
	Correspondence and administration records	1.31 ~ 1.35
	Contract and tender documents	1.36 ~ 1.38

특히 Cost Records 부분에서는 Head Office Overheads를 설명하고 있는데, 이와 관련하여 쉽게 사용할 수 있는 액셀자료(formula가 포함된) 를 SCL Homepage[354]에서 제공하고 있다.

많은 경우 부족한 Record로 인하여 Delay와 Disruption을 효과적으로 입증하지 못하기 때문에 분쟁이 쉽게 해결되지 않는 것이 사실이다. 이런 상황을 방지하기 위해서 2nd Edition은 프로젝트가 시작되기 전에 기록관리(Record Keeping)과 관련된 세부내용을 계약당사자가 미리 합의함으로써 분쟁상황에 효과적으로 활용해야 함을 강조하고 있다. 또한 2nd Edition은 일반적이고 이론적인 설명에 그치는 것이 아니라 Sample, 항목 등을 구체적으로 기술하고 있다.

실시간으로 분석되는 공기연장 클레임(EOT Claim) 선호

2nd Edition은 Core Principles 4에서 지연사건(Delay Event)를 실시간으로 분석해야 함을 강조하고 있다. 'wait and see'[355]의 접근방법에 대해서 1st Edition은 여러 Section에 걸쳐 적당하지 않음을 설명하긴 했으나, 2nd Edition에는 Core Principles의 항목으로 더욱 강조하고 있다.

> Core Principles. 4 Do not 'wait and see' regarding impact of delay events
> …EOT의 적용은 그 적용을 발생시킨 지연사건(Delay Event)에 근접한 시점에 작성되어야 한다.

즉 EOT는 지연사건(Delay Event)가 발생한 시점에 가능한 가장 가까운 시점으로 분석되어야 하며, 이는 결국 과거적(Retrospective)[356]분석보다는 예기되는 미래적(Prospective)[357]분석을 더욱 강조하고 있다고 볼 수 있다. 또한 Core Principles 11.2 에서 과거적(Retrospective) 분석은 비정상적인 결과를 초래할 수 있는 Risk를 가지고 있다고 설명한다.

> 이것은 계획공정표(Baseline) 잔여기간, 논리, Calendar 및 제약조건이 비정상적인 결과를 초래할 수 있는 Risk가 있는 곳에서 특히 중요하다.

2nd Edition은 분석시점과 관련해서 다양한 방법을 설명하고 있기는 하나, 결국 실시간으로 분석되는 접근방식이 지연사건(Delay Event)에 대하여 정확히 분석할 수 있는 것으로 결론 내리고 있다.

---

354) https://www.scl.org.uk/resources/delay-disruption-protocol

355) Event가 발생한 시점에 분석하지 않고, Event의 효과가 완료된 이후에 분석하는 Approach를 의미한다.

356) 일정시간이 이미 경과한 이후에 과거를 분석하는 형태

357) 현재시점을 기준으로 미래를 분석하는 형태(Protocol은 실시간 분석과 약간 구분하여 설명하고 있으나, Delay Analysis의 의미를 고려해 보면 큰 차이는 없음)

〈Approach와 관련된 조항〉

Approach	1st Edition	2nd Edition
Contemporaneous (Prospective)	**Guidance Section 3** Guidelines on dealing with extensions of time during the course of the project	**Core Principles. 4** Do not 'wait and see' regarding impact of delay events (contemporaneous analysis)
Retrospective	**Guidance Section 4** Guidelines on dealing with disputed extension of time issues after completion of the project - retrospective delay analysis	**Core Principles. 11** Analysis time-distant from the delay event

지연사건(Delay Event) 가 오래 전에 발생한 경우에 특정한 분석방법은 추천하고 있지 않음

1st Edition의 Guide Section 4(Retrospective Delay Analysis)는 아래와 같이 Time Impact Analysis를 적합한 분석방법으로 추천하고 있다.

> Time Impact Analysis 는 Employer Risk Event가 발생했을 때 시공자에게 부여해야 하는 EOT 기간을 결정하는 가장 좋은 기법이다.
>
> Time Impact Analysis 는 해당 지연 및 보상과 관련된 복잡한 분쟁을 해결하기 위해 선호되는 기술이다.

그러나 위의 내용은 Rider 1에서 이미 삭제되었고, 2nd Edition은 위에서 언급한 소급적으로 해석할 수 밖에 없는 상황에서 특정한 분석방법은 추천하고 있지 않으며, 단지 특정한 상황에서 가장 적합한 분석방법을 선택하는데 있어서 고려해야 할 내용들을 설명하고 있다.

위의 내용만 고려해서 SCL이 Time Impact Analysis 방법을 더 이상 선호하지 않는다고 판단해서는 안 된다. 단지 소급적인 상황에서 특정한 분석방법을 추천하지 않는 것이며, Core Principles 4의 4.2~4.15에 걸쳐서 Contemporaneous analysis of delay[358]를 설명하고, 결국 Time Impact Analysis를 적합한 분석방법으로 추천하고 있다.

최근 판례를 고려해서 동시지연에 대한 해석 개정

1st Edition에서는 관점을 구분하지 않고 동시지연이 EOT 기간을 감소시키지 않는다고 간단하게 기술하고 있으나, 2nd Edition은 실용적인 관점과 법적인 관점 2가지로 나눠서 설명하고 있다.

358) 지연사건(Delay Event)이 발생했을 때 실시간으로 즉시 분석하는 접근 방식

실용적인 관점은 1st Edition, 2nd Edition 둘 다 지연을 실제 발생시킨 Event에 대해서 가능한 빠른 시점에 분석하는 것을 동일하게 추천하고 있다. 그러나 2nd Edition에서는 법적인 관점에 대해서 최근 영국법원의 판례를 고려하여 2가지로 구분해서 설명하고 있다. 아래 그림은 Core Principles 10.7에서 설명하고 있는 예이다.

〈Core Principles 10.7 의 사례〉

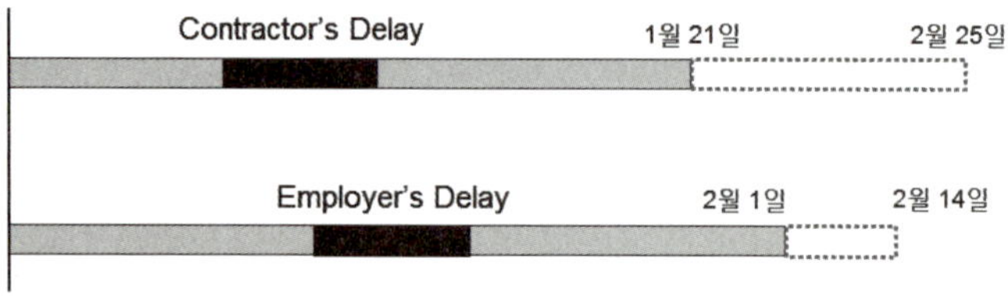

이와 같은 상황에서 전통적인 영국법원의 판례를 고려한다면, 2월 1일부터 2월 14일까지의 기간은 지연에 대한 원인으로 Contractor's Delay와 Employer's Delay 둘 다 유효하다고 보고 해당기간에 대해서 LD359)를 부과하지 않는 것으로 결정했다. 그러나 최근 영국법원의 판례360)는 이미 Contractor's Delay로 인하여 지연기간이 더 크게 발생한 상황이기 때문에 Employer's Delay는 유효한 지연이 아니라고 설명하고 있다.

〈전통적인 판례〉

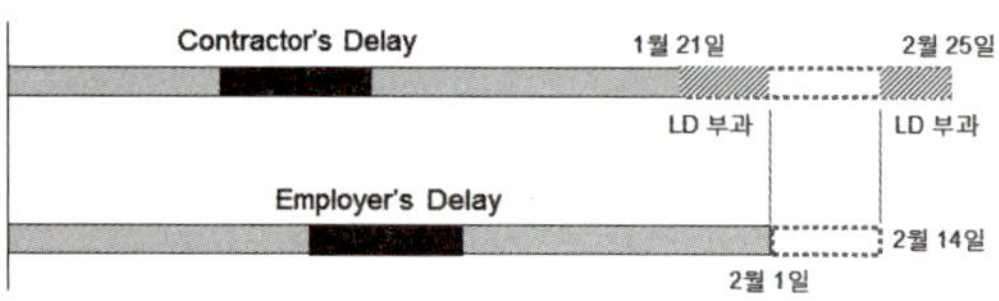

〈최근 판례〉

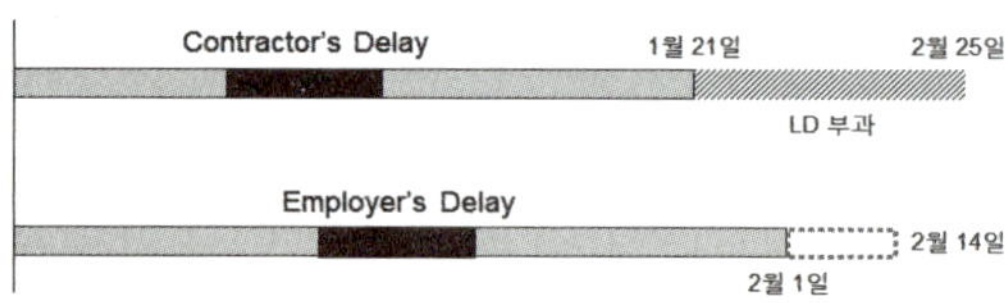

이 판례에서 결정의 전제조건으로 2가지를 고려하였는데, 하나는 Employer's Delay가 Contractor's Delay보다 나중에 발생했으며, 다른 하나는 Employer's Delay가 영향을 발생시킨 구간이 Contractor's Delay가 영향을 발생시킨 구간 이내에 있었다는 점이다. 이러한 조건하에서 Employer's Delay는 유효한 지연이 아니라고 판단하였고, 2nd Edition은 이 판례를 추천하고 있다.

이러한 결론은 Contractor 입장에서는 약간 불리하게 해석되었다고 볼 수 있으나, Delay 분석방법상 Contractor's Delay로 인한 지연기간이 먼저 계산되기 때문에, 보다 합리적인 해석방법이라고 볼 수 있다.

359) Liquidated Damages의 약자로써 계약적 완료일을 준수하지 못했을 때 시공자에게 부과되는 지체보상금

360) Protocol은 정확한 판례 정보를 제공하고 있지 않다.

Global Claims에 관대한 최근 추세를 고려

Protocol 은 Global Claims에 대하여 부정적인 시각을 유지하고 있었다. 그러나 최근 법원의 추세를 고려하여 Core Principles에 언급되었던 하기의 내용은 다음과 같이 변경되었다.

〈Global Claims 관련 내용〉

Edition	Core Principles	Description
1st Edition	19	거의 법원이 인정하지 않는···
2nd Edition	17	법원이 Global Claims을 고려할 때 좀 더 관대한 접근법을 취하는 명백한 추세에도 불구하고...

또한 Core Principles 17.2 ~ 17.4를 통해서 Global Claims의 상황에서 Contractor가 입증해야 할 내용과 순서에 대해서 설명하고 있다. Claim을 발생시킨 다양한 원인으로 인하여, 그 결과를 구별하기가 불가능한 경우에 한하여 Global Claims을 진행하는데, 이런 경우에 2 단계로 진행할 것을 권장하고 있다.

- Employer Risk Event와 손실에 대한 연관관계를 독립적으로 수량화할 것
- 잔여 부분에 대한 보상을 종합적으로(Composite whole) 청구할 것

위의 Composite whole에 대해서 17.3은 아래와 같이 추가적으로 설명하고 있다.

- Step 1: Employer Risk Event와 클레임의 내용에 대한 연관관계를 가능한 구체화
- Step 2: 이러한 구체화가 불가능하고 어려운 이유에 대한 설명
- Step 3: Contractor는 어떤 경우에도 청구에 포함된 비용을 초래하지 않았음을 입증

2nd Edition은 Event를 독립적으로 분석할 수 없는 불가피한 상황에서 Global Claims의 내용을 부분적으로 인정하고, 그러한 상황에서 수행해야 하는 행위 등을 설명하고 있다.

Disruption에 대한 다양한 분석방법 추가

Disruption은 입증하기 어려운 내용이지만, 손실을 분석하기 위해서는 필수적으로 포함해야 하는 내용이다. 1st Edition은 Guidance Section 1.19에서 Disruption의 정의와 Measured Mile[361]에 대한 간략한 설명만 기술되어 있으나, 2nd Edition은 Disruption 분석과 관련한 여러 가지 방법을 설명하고 있다.

---

361) Undisrupted Period 와 Disrupted Period 의 생산성을 비교하는 Disruption 분석방법

〈Disruption 분석방법〉

<table>
<tr><th>Based</th><th>Studies</th><th>Method</th></tr>
<tr><td rowspan="7">Productivity-based Methods</td><td rowspan="5">Project-specific studies</td><td>Measured mile analysis</td></tr>
<tr><td>Earned value analysis</td></tr>
<tr><td>Programme analysis</td></tr>
<tr><td>Work or trade sampling</td></tr>
<tr><td>System dynamics modelling</td></tr>
<tr><td colspan="2">Project-comparison studies</td></tr>
<tr><td colspan="2">Industry studies</td></tr>
<tr><td rowspan="2">Cost-based Methods</td><td colspan="2">Estimated v incurred labour</td></tr>
<tr><td colspan="2">Estimated v used cost</td></tr>
</table>

1st Edition과 2nd Edition 둘 다 Measured Mile을 가장 적합한 분석방법으로 권장하고 있으며, 기본적으로 Productivity-based Methods를 추천하고 있으나, Cost-based Methods는 정확하고 합리적인 분석을 위해서 병행해서 사용할 수 있다고 기술하고 있다. 2nd Edition은 특히 Cumulative Impact[362]에 대해서도 언급하고 있는데, Disruption Event가 많을수록 손실을 자세하게 수량화하기 어려운 상황에서 복합적이고 누적적인 분석도 가능함을 강조하고 있다.

Model Contract Clause 및 Graphics illustrating points 삭제

1st Edition은 2가지 Model Contract Clause를 포함하고 있었으나 2nd Edition에서는 삭제되었다.

〈삭제된 Model Contract Clause〉

Appendix	Description	내용
Appendix B	Model Specification clause	공정표와 관련된 정의와 절차
Appendix C	Model Records clause	Report, Record와 관련된 내용과 절차

이러한 조항은 입찰서류 또는 계약조건 등에 포함되는 것을 고려하여 1st Edition에 정리되었으나, SCL 은 Protocol이 계약문서로써 통합되는 것을 의도[363]하지는 않았기 때문에 2nd Edition에서 삭제되었다. 또한 이해를 돕기 위해 작성되었던 Graphics illustrating points는 삭제되었다.

362) 여러 개의 Event가 복합적, 누적적으로 발생했을 때 추가적으로 나타나는 Impact를 의미한다.

363) It is not intended that the Protocol should be a contract document. Nor does it purport to take precedence over the express terms and governing law of a contract or be a statement of the law. (Paragraph B of Introduction)

4. 활용방안

Contract Formation 시 활용

여러 종류의 표준계약에서 Delay와 Disruption에 대한 세부적인 조항은 찾아보기 힘들며, 실질적으로 분쟁이 발생하게 되면 관련 조항이 없거나 애매한 조항들로 인하여 분쟁해결이 더욱 어려웠던 것이 사실이다. 따라서 2nd Edition의 합리적인 조항들을 계약 체결시에 포함시키면 분쟁에 미리 대비할 수 있고 프로젝트 진행 중에도 합리적인 준비과정을 거칠 수 있다.

클레임 상황에서 효과적인 의사소통 및 협상자료로 활용

2nd Edition은 Delay, Disruption과 관련된 여러 가지 방법을 다양하게 포함하고 있고 손실비용 산출에 대한 기준들을 제시하고 있다. 따라서 자주 발생하는 분쟁상황에 대해서 계약당사자가 효과적으로 의사소통을 하는데 도움이 될 수 있고 좋은 협상자료로 활용될 수 있다. Delay와 Disruption에 대한 자료가 많이 부족한 상황에서 이와 같은 합리적인 지침서는 분쟁을 빨리 해결할 수 있는 유용한 도구가 될 수 있다.

Contractor에게 유리한 Tip

Protocol은 전반적으로 Contractor에게 유리한 내용들이 많은 편이다. Core Principles 1.55는 계획공정표(Baseline)의 승인과 관련해서 Contractor에게 다소 유리한 환경을 설명하고 있으며, Core Principles 8은 Float[364]에 대해서 다양하게 해석하고 주장할 수 있는 내용을 포함하고 있다. 또한 Core Principles 16은 직접 공기단축(Acceleration)을 지시 받지 못하는 상황에서 수행하는 의제된 공기단축(Construction Acceleration)[365]에 관한 기본적인 내용을 설명하고 있다. 특히 Lump sum EPC 계약은 Contractor에게 불리하게 해석되는 조건들을 많이 포함하고 있는데, Protocol의 이러한 내용들을 활용해서 불리한 조건에 대해 능동적으로 대응할 수 있다.

---

364) 작업시간의 여유를 의미하며, 보통 여유값이 0이면 Critical Path로 볼 수 있다.

365) Contractor가 Acceleration을 수행할 수 밖에 없는 불가피한 상황 (LD를 구제받기 위해서) 에서 진행되는 공기단축 (Acceleration) 의 종류이다.

5. 맺음말

최근 유가하락 등으로 인하여 과거에는 원만하게 처리되었던 내용들도 자주 분쟁상황으로 진행되는 경향이 있으며, EPC 산업을 둘러싼 환경은 갈수록 불리해지고 있다. 이러한 시점에서 개정된 Protocol을 충분히 이해하고 활용한다면, 해외건설업을 수행하는데 있어서 많은 도움이 될 수 있을 것으로 보인다.

Appendix #3

Typical Cause-Effect Matrix for Delay/Disruption Claim

Evaluation of changes in process plant projects, Long International, Richard J. Long, 2015

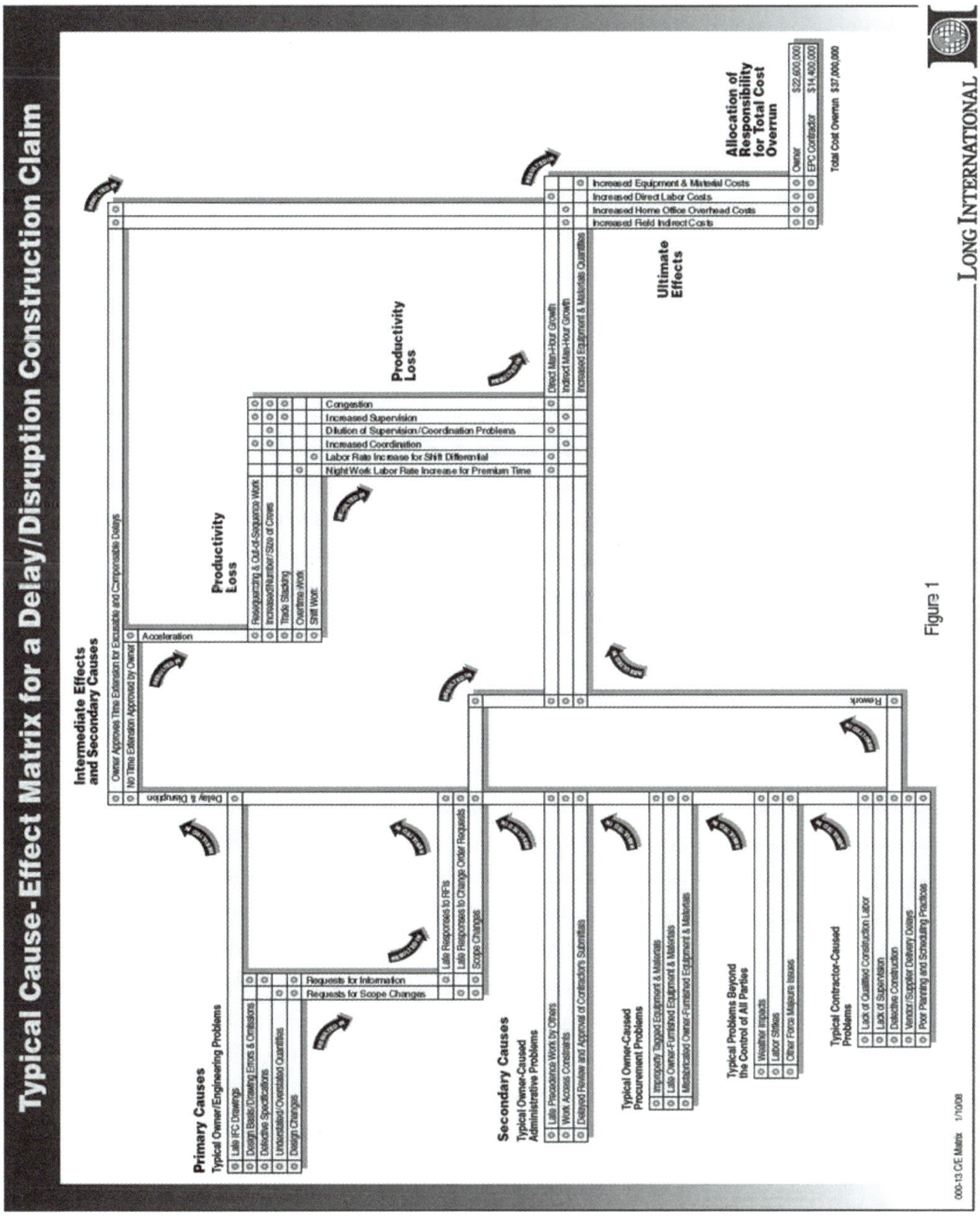

Appendix #4

Change Order Procedure

Effective Change Order Management, Long International, James M. Bolin, 2015

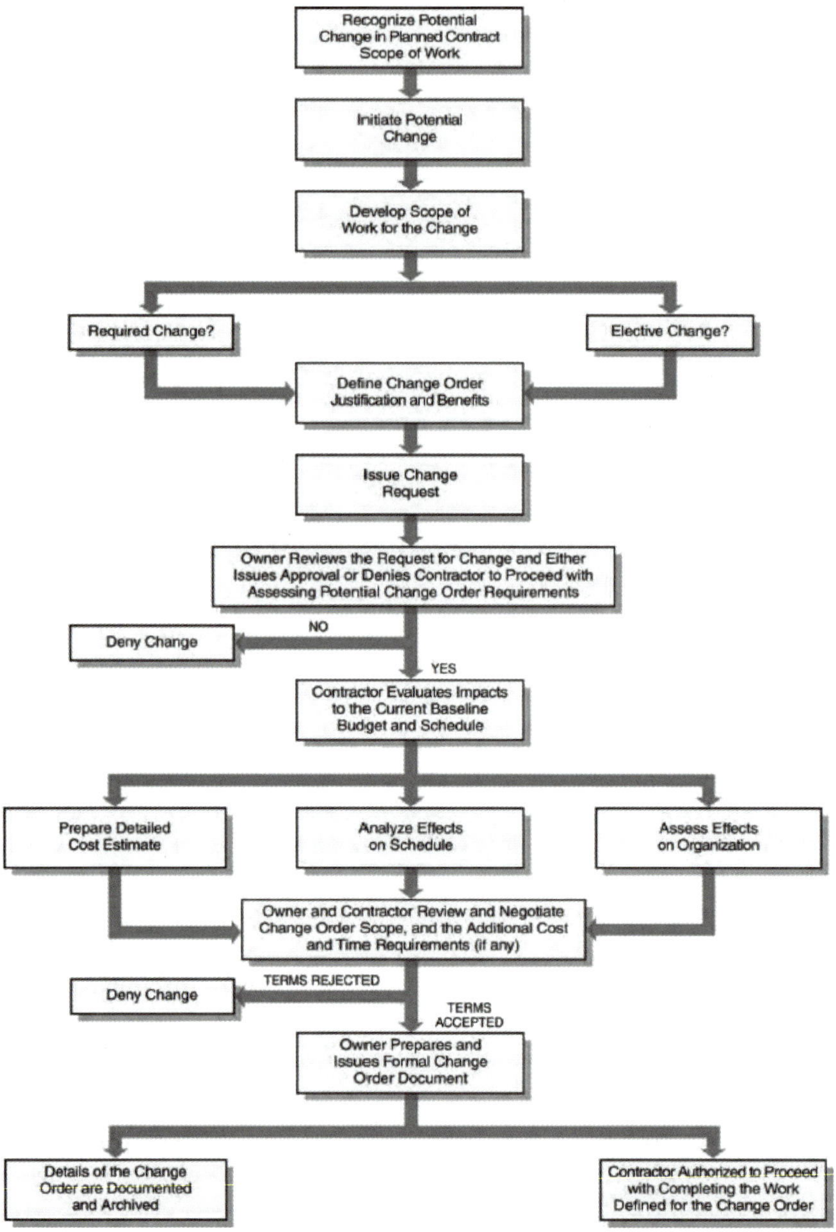

Appendix #5

Ten Mistakes Owners make that cause disputes

Navigant, James G. Zack, 2012

1. Solving contractor problems

Owners want projects completed on time and in budget. When the contractor encounters problems on the jobsite owners want resolution - now. When contractors appear to be dragging their feet over a problem, owners often step in and direct a solution. If the problem was truly the contractor's problem, not something caused by the owner, the directed solution may make the owner liable. In this case owners voluntarily make the contractor's problem their own. Should this happen the owner may owe compensation and time to implement the solution. If a contractor poses a problem not of the owner's making, owners should provide suggestions, not direction.

2. Proceeding with changes or variations before time and cost are agreed upon

When a need for a change or variation arises, owners may feel pressured to proceed before the time and cost of the change or variation is negotiated. By authorizing the contractor to proceed with the work before agreement on time and cost is reached, the owner's negotiating position evaporates. When directed change or instructed variations (also known as force account or time and material changes) are issued, the owner is at risk for the time and cost of the change or variation - regardless of how much higher these are than the owner thought at the outset. Owners are better advised to negotiate prospectively priced change orders or variation orders. Owners can learn the total time and cost impact before the work is underway and reach a business decision on whether the change or variation is worth the impact.

3. Failing to agree on the cost of changes or variations on a daily basis when directed changes or instructed variations are employed

When directed changes or instructed variation directives are issued by the owner, many do not demand that the contractor provide a daily record of labor, equipment, materials, etc. Failure to obtain a daily record of the changed or variation work may lead to higher costs. Failure to obtain and review the daily record of changes or variations denies the owner the opportunity to check on mitigation of damages. When a directed change or instructed variation directive is issued, one of the terms should be that the contractor shall provide a detailed daily record of the work involved in the change or variation to the owner.

4. Not understanding the contract

Owners frequently modify standard form contract documents but fail to train their own staff in the meaning and intent of the revised terms and conditions. The owner's staff may be left with a poor understanding of what is in the contract and the intent of various clauses. When questions are raised by the contractor about various sections of the contract, owner's staff may provide inaccurate responses which later develop into disputes. To avoid this situation, owners must train their staff about the contract — its contents and intent. If they know the contract and can explain it to contractors correctly, there is less likelihood of a dispute arising.

5. Using Requests for Information and contract interpretations to correct errors or redesign the project

Drawings and specifications sometimes require changes or variations to correct errors. Other times, owners decide to make other changes or variations to the plans. In either case, the contractor is typically owed additional cost and/or an extension of time. At times, however, owners or design professionals attempt to use interpretations or responses to Requests for Information to direct changes or variations to the work at the expense of the contractor. Should a scope of work need to be revised to overcome an error in the original documents or to provide for a change or variation the owner wants then owners must acknowledge their responsibility and instruct, or preferably agree upon a change or variation order with the contractor.

6. Objecting to written notices

Owners include numerous notice provisions in contract documents. Such requirements are intended to benefit the owner by bringing to their attention events and actions that may have potential impact to the time and cost of the project. Notwithstanding the clear benefit of written notices, many owners object when contractors file notices of time and cost impact. Some owners actively attempt to discourage contractors from submitting written notices despite the clear requirements of the contract. To avoid disputes concerning lack of timely written notice owners should discuss notice requirements with the contractor and encourage them to submit written notices whenever called for in the contract and then take appropriate action.

7. Requiring contractors to finance project change or variations

Construction is usually done on a cost reimbursement basis in that the contractor first spends their money to perform the work and only then can they request payment for work installed. Owners occasionally attempt to take advantage of their cash flow control position when faced with very large changes or variations. Owners may direct the contractor to proceed on a directed change or instructed variation basis knowing full well that the change or variation will take much time to be installed. As directed changes or instructed variations are often not paid until the work is in place, this has the effect of requiring the contractor to finance the owner's changes or variations. When an owner determines a need for a large change or variation, the easiest way to avoid a dispute over the financing of the change or variation is to negotiate and execute a prospectively priced change or variation order. Once executed, the change or variation order can be added as a pay item to the schedule of values and the contractor can seek payment routinely as the changed or variation work is installed.

8. Refusing to deal with extensions of time in a timely manner

The majority of changes or variations do not delay the outcome of the project, but some will. Owners may fear settling extensions of time when changes or variations are ordered, especially if the change or variation is issued early in the project. Owners say "What if I grant an extension of time now and it turns out the contractor really doesn't need it at the end of the project?" As a result of this doubt, owners may refuse to deal with extensions of time preferring to wait until later in the project "when the contractor really needs the time." Accordingly, contractors struggle to reserve their rights to delay and impact claims, planting the seeds for a later dispute. They argue the owner breached their agreement by not administering the contract properly; they may accelerate work to protect themselves against liquidated damages; they argue constructive acceleration or that time is now "at large" and they are only obligated to deliver the project "within a reasonable time"; etc. All can lead to a dispute at the end of the project. And, all are avoidable if the owner adheres to the terms of the contract and grants extensions of time when impacts to the end date of the work are demonstrated.

9. Refusing to deal with indirect costs when change or variation orders are issued

As with the extension of time issue, many owners refuse to deal with the impact of changes or variations. These are typically soft cost claims — lost productivity, extended field costs, etc. It is well known that multiple changes or variations can cause indirect costs far in excess of direct costs. Indirect cost claims often arise at the end of the work because the owner refused to deal with them earlier. At the end of the work, however, the contractor may pursue decreased profit margin in addition to cumulative impact, mixing the two together in hopes that the owner cannot disaggregate the costs. The way to avoid end of job claims is to work with the contractor when a change or variation order is being negotiated to determine what impacts are likely to result. Negotiate a reasonable cost for the indirect costs and include it in the change or variation order.

10. Failing to settle change or variation orders "full and final"

Many contractors seek to hedge their bet during the work by reserving their rights to delay and cumulative impact until the end of the project. And, owners allow this. At the end of the project it is likely that some element of decreased margin will be included in a cumulative impact claim. Owners now are arguing over what impact was caused by changes or variations and how much of the claimed cost is simply trying to recover for other problems unrelated to the changes or variations. To avoid this situation owners should negotiate the full time and cost of each change or variation order including indirect costs, preferably prior to work being performed in the field, and then include waiver language precluding the contractor from resurrecting settled changes or variations at the end of the project.

Construction projects are a fertile field, ripe for disputes. There are many parties involved in a construction project and the opportunity for things to go awry is significant. However, many disputes are selfinflicted. Owners who make one or more of the mistakes above invite such disputes. Each is avoidable if the owner adheres to the terms of their contract, deals with the contractor fairly, and proactively addresses issues as they arise.

Appendix #6

Event Analysis Sheet

Delay Analysis in Construction Contracts 2nd Edition, P.J.Keane & A.F.Caletka, 2015

EVENT ANALYSIS SHEET

EAS REFERENCE: 001

REFERENCE DOCUMENTS

Location: ______
CVI: ______
RFI: ______
PCE.CE: ______

JOB REF: 1009.004

Hotel and Casino Projects
Client: Steel Company Inc.

EVENT DESCRIPTION:

EAS 001 [EVENT DESCRIPTION HERE]

CPM Activity: [Activity ID & Description here]

	Plan*	Actual	Variance
	(a)	(b)	*(b) - (a)*
Start			
Finish			
Duration			
Total float			

**planned dates in current "windows" schedule*

WINDOWS REF: ______

ERECTION SEQUENCE: ______

PAY APP LINE ITEM REF: ______

TOTAL FLOAT LOSS IN WINDOW: ______

Time Analysis:

Relevant Facts:

Measurement of Delay:

Key Dates: - - -

SCHEDULE IMPACT : *(ACTIVITIES ADDED/DELETED/REVISED)*

ACTIVITY DESCRIPTION	ACTIVITY ID	DURATION	PRED	SUCC	LOGIC	CONSTR

COMMENTS / ASSUMPTIONS / ACTIONS :

Appendix #7

Construction Claims Analysis Checklist

Richard J. Long, Long International, 2015

IDENTIFY AND ANALYZE DOCUMENTATION FOR CLAIM ISSUES

1. Determine if the project documentation is reasonably organized and if a document database will be required. If the documentation is not well organized or too voluminous to review efficiently, a document database with OCR text recognition, keyword, issue, author, recipient, date, and other search fields may be necessary.
2. Obtain and review the contract terms and conditions, change management procedure, cost and schedule control procedures, and other contract documents that may affect the analysis of the claims.
3. Identify the law which governs the contract. Seek legal guidance for any contractual issues that will govern the analysis and dispute resolution based on the governing law.
4. Obtain and review the owner's Request for Proposal, the contractor's Proposal, and any documentation related to the development and understanding of the contract terms and the contractual scope of work.
5. Identify daily reports, diaries, correspondence, emails and other contemporaneous communications that may contain information regarding the claim issues,
6. Review any documents setting forth the contractor's claim(s) and the owner's counterclaims. Identify and describe the nature of the claims and problems incurred or alleged.
7. Interview project personnel to understand major problems encountered and the relevant documentation related to those problems.
8. Prepare issue files that contain information related to each problem and claim issue.
9. Prepare a chronological history of events related to each claim and problem.

10. Identify work areas of the project or parts of the facility affected by the claims and problems.

11. Identify change orders (approved, disputed, or pending) that have been submitted by the contractor. Identify notice letters related to change orders or other alleged impacting events.

12. Obtain and review the RFI log and RFI files if prepared during the project, or logs and documents related to other project mechanisms used to contemporaneously record potential impacts, such as Design Change Notices (DCNs).

13. Identify any actions or problems caused by the contractor or its subcontractors, vendors, and suppliers which may have contributed to the delays, man-hour overruns, and cost overruns incurred by the contractor.

14. Identify if construction means and methods changed because of the claims and problems.

15. Identify any hindrances or interferences to the contractor's work that were caused by actions/inactions of the owner or his agent(s).

16. Identify any owner-furnished information, equipment, materials, or other items that were delivered late or were defective which may have caused delays.

17. Identify any design or specification problems (errors, ambiguities, etc.) that may have caused or contributed to the claims and problems.

18. Perform a technical assessment of any engineering, specification, construction means and methods, or other technical issues to determine the contractor's entitlement to delay and additional costs.

19. Perform an assessment of the project and construction management performance of the owner and contractor. Use a standard of care, such as that identified in the contract, or industry standards such as the Project Management Institute (PMI), Construction Industry Institute (CII), AACE International, American Petroleum Institute (API), Associated General Contractors (AGC), Construction Management Association of America (CMAA), or others to determine responsibility for any mismanagement issues.

20. Evaluate any problems that may be associated with gross negligence or willful misconduct. Obtain guidance from legal counsel on these issues.
21. Identify any "specific information on matters of substance" that may have been withheld by the owner that, if provided, would have affected contractor's bid price.
22. If differing site conditions are being alleged, obtain all available soils reports and descriptions of site surface and underground conditions that were provided by the owner in the bid package and contract documents. Also, obtain all reports of the actual site surface and underground conditions.
23. If weather-related delay claims are being alleged, obtain all reports relating to weather conditions from the project record and from the closest weather station to the project site.

CLAIMS ANALYSIS RELATED TO SCHEDULE DELAY

1. Obtain all native electronic files for the baseline schedule, any rebaseline schedules, and periodic schedule updates.
2. Determine if the schedules contain logic errors or missing logic, or are governed by an unusually high number of constraints.
3. Determine if the contractor's as-planned schedule (sequences, durations, scope) was reasonable. Confirm that the as-planned schedule included the entirety of the originally contracted scope of work.
4. Identify specific requests for time extension sent to the owner and actual time extensions granted by the owner due to delays caused by approved change orders, and time extensions that are associated with pending change orders or other problems, such as force majeure events, suspensions, etc.
5. Identify any attempts to accelerate the work as a result of the problems encountered. Determine if the contractor was directed to accelerate or if constructive acceleration has occurred.
6. Determine if the contractor planned to complete the project work early. Determine how this early completion date was determined and how it was communicated to the owner.

7. Determine if the as-built start and finish dates for the schedule activities are accurate.
8. Identify the relevant milestones and/or time periods that must be analyzed. In some projects, for example, liquidated damages are assessed based on the delays to interim project milestones and not just project completion. Additionally, a contractor's time-related costs may be highly variable during the lifespan of a project, e.g., high during the construction phase but much lower during the engineering phase.
9. Determine the appropriate retrospective schedule delay analysis method(s) that need to be performed based on the delay-related issues being alleged. Refer to AACE International's Recommended Practice 29R-03, Forensic Schedule Analysis, for selection of the most appropriate method(s).
10. Determine if the schedule analysis should employ an assessment of delays during specific time periods (i.e., windows), such as between monthly schedule updates.
11. If appropriate and necessary, correct the schedules (logic, dates, durations, etc.) before performing a retrospective delay analysis, depending on the schedule delay analysis method(s) being performed.
12. For certain schedule analysis methodologies, prepare activity duration and relationship variance tables to quantify start and duration delays to schedule activities. These variance tables may need to be calculated for each of the various time periods being analyzed.
13. Apportion delays to the activities identified in the duration and relationship variance tables. Determine responsibility for delays using the Claim Issue analyses (Section 2 above) already performed, and seeking guidance from legal counsel and/or technical experts if appropriate.
14. Further analyze any large delays identified in the variance tables that are not explained by the Claim Issue analyses.
15. Identify the planned and actual start dates, milestone and final completion dates, and activity durations for activities associated with the problems, as well as activities on the critical and near-critical paths.

16. Determine if the as-planned and as-built critical paths are different for each period of the analysis.
17. Identify specific critical and near-critical activities that were delayed and/or impacted by the problems encountered.
18. Determine if the work affected by the problems was (i) on the as-planned critical path, or (ii) on the statused critical path at the time the problem occurred.
19. Determine if there were other delays that occurred before or after the problems that may be related to or were caused by the problems, i.e., dependent concurrent delays.
20. Identify any independent concurrent delays specific to the time frame of each problem.
21. Determine if the work was performed out of sequence as compared to the as-planned schedule.
22. Determine if there are any compensable delays associated with differing site conditions, suspensions, work being delayed into bad weather periods, or other claim issues for which time extensions have not been requested and granted.
23. For certain schedule analysis methodologies, prepare schedule delay fragnets based on the identification of the various delays, and identify the existing schedule activities that were impacted. A fragnet is a group of schedule activities inserted into a schedule that model delaying events.
24. Use an appropriate retrospective schedule analysis, such as a Time Impact or Update Impact Analysis, to determine if the contractor is entitled to a time extension.
25. Use an appropriate retrospective schedule analysis that considers concurrent delays, such as an As-Built But-For Analysis, to determine if the contractor is entitled to compensable delay time and costs.
26. Use an appropriate retrospective schedule analysis to determine if the contractor accelerated the work, and use the results of this analysis to allocate acceleration costs that have not already been paid through change orders.

27. Use an appropriate retrospective schedule analysis to determine if the owner is entitled to liquidated or actual delay damages.

28. Prepare narratives with supporting documentation that describe the information utilized, the problems encountered, the analyses performed, and the results of the schedule calculations and results.

CLAIMS ANALYSIS RELATED TO QUANTITIES, MAN-HOURS, AND COSTS

1. Obtain and review the contractor's bid and bid estimate calculations and assumptions, including productivity, material quantities, labor rates, contingency, field and home office overhead amounts, and profit.

2. Determine if the bid was reasonable, or if there could have been an underbid or bid error.

3. Obtain and review the contractor's budget and revised budget information, including quantity, man-hour, and cost data and underlying assumptions, noting any differences from the bid estimate.

4. Obtain and review the contractor's actual quantity, man-hour and costs data.

5. Determine the extent to which the contractor coded its additional man-hours and costs to discrete change-related cost codes, i.e., did the contractor segregate its additional work and its base scope work?

6. Obtain and evaluate the contractor's Work Breakdown Structure (WBS) coding and/or cost account structure. Evaluate the level of detail to determine if (disruption) claims can be assessed by discipline, work area, timeframe, etc. Confirm that the same coding structure was used for budgeted and actual man-hours and costs.

7. Obtain and evaluate the approved, pending, and disputed change orders on the project. To the extent possible, determine the material quantities, man-hours, and costs included in the changes (which may be difficult in respect to negotiated, lump sum change orders). Determine if the approved change orders included field and home office overhead costs.

8. Determine if accord and satisfaction was reached in the approved change orders. Are claims being sought for problems that have already been resolved? Did the contractor reserve its rights to assert additional claims?

9. Prepare a quantity variance analysis by material type or detailed WBS/cost account to determine which types of materials had significant variances when planned and actual quantities are compared, including consideration for any approved or pending change orders. Determine the extent to which quantity overruns affected labor man-hours and costs.

10. Prepare a man-hour variance analysis, comparing budgeted and actual man-hours at the most detailed level of the information available, including consideration for any approved or pending change orders.

11. Prepare a cost variance analysis, comparing budgeted and actual costs at the most detailed level of the information available, including consideration for any approved or pending change orders.

12. In preparing a claim, utilize the variance analyses to: (i) identify and claim discretely coded additional work; (ii) identify accounts with overruns that are claimable, (iii) identify accounts with overruns that are not claimable; (iv) identify escalation costs to labor, materials, or equipment, based upon comparisons between budgeted and actual rates; (v) quantify the claimed amounts for certain cost accounts when a Total Cost or Modified Total Cost Approach is used; and (vi) demonstrate that the claimed costs are reasonable, by showing the claimed amounts as compared to the variances or losses.

13. In defending against a claim, utilize variance analyses to: (i) identify potential underbid or bid error; (ii) demonstrate that claims are being improperly asserted for accounts in which no man-hour or cost overrun was experienced; (iii) demonstrate that the entirety of the man-hour or cost overrun for a given account is being claimed improperly because of demonstrable contractor responsible problems; and (iv) identify contractor-responsible issues (e.g., material quantity growth from its budget) that may be used to demonstrate incorrect claim amounts.

14. Related to claims for additional work: (i) confirm contemporaneous estimates included in the change order documentation; (ii) evaluate and confirm additional costs using invoices and/or labor man-hours and costs from discrete change-related accounts; or (iii) alternatively, when better data is not available, estimate the extent of the additional work.

15. Prepare disruption or loss of productivity claim, which is often the largest component of a contractor's claim. To the extent possible, compare the planned working conditions with the less-productive actual working conditions for discrete and measurable scopes of work, provide the causes of the changed conditions, and quantify the resulting loss of productivity.

16. Obtain if available contemporaneous data with respect to labor man-hours incurred and quantities installed by time (week or month). In preparing a disruption claim, utilize such time-series data to demonstrate productivity losses in discrete periods or show work stoppages or out-of-sequence work. Alternatively, in defending against a claim, determine if the timing and the magnitude of the claimed man-hours aligns with the alleged impacting events.

17. If appropriate man-hour and installed quantity data is available over the duration of the project, and if there are relatively un-impacted periods of work, perform a measured mile analysis to determine the loss of productivity man-hours that may be associated with the alleged impacts.

18. Alternatively, utilize various industry studies to estimate the loss of productivity man-hours associated with impacting events, such as:

    - Overtime
    - Stacked trades/congestion
    - Weather impacts
    - Out-of-sequence work
    - Cumulative impact due to multiple change orders
    - Other productivity impacts

19. Determine if management staff or overhead costs increased as a result of disruption, so that such discrete costs could be claimed as part of a disruption claims (rather than as part of a delay claim).

20. Determine if the contractor expended additional costs for acceleration and if the owner has paid for any acceleration costs.

21. Determine if the change orders resulting from the alleged problems included impact or loss of productivity costs.

22. Related to prolongation or delay claims, quantify the contractor's average time-related field overhead costs by day, week, or month. Use the results of the schedule analysis for compensable delay to quantify the contractor's delay damages. As noted above, the contractor's overhead costs may change substantially over the course of the project, and more than one period may have to be considered.

23. Determine if there any specific home office overhead man-hour and costs that can be tied directly to the delays. Consider the use of the Eichleay or other overhead cost allocation formulae to calculate the compensable home office overhead delay costs.

24. Determine what construction equipment was used for work relating to the problems. Obtain and analyze the type, duration, and costs associated with construction equipment ownership/rental costs during the period of delay. Using the delay analysis results, apportion construction equipment delay costs that were caused by the owner and caused by the contractor.

25. Using the man-hour and cost variance analysis, identify any labor, materials, or installed equipment escalation costs compared to the bid estimate for labor, materials, or installed equipment due to delays caused by problems.

26. Update the man-hour and cost variance analyses to include approved and pending change orders, contractor-caused problems, delays, and other claim issues to determine if the amount being claimed at the cost account level is reasonable. Ensure that the man-hours and costs associated with any claims for which the contractor may be entitled fit into the man-hour and cost variance matrices such

that the claimed man-hours and costs do not exceed the difference between the current contract value and the actual man-hours and costs when contractor-caused problems are accounted for in the variances.

27. Calculate the reasonable claim value associated with unresolved suspension or termination claims.

28. Calculate the reasonable value of any lost profits claims.

29. Calculate the reasonable value of any misrepresentation claims.

30. Calculate the reasonable value of any claims associated with a failure to perform to a standard of care claim.

31. Calculate the reasonable value of any Impossibility of Performance claims.

32. Calculate the reasonable value of any Unjust Enrichment claims.

33. Calculate the reasonable value of any superior knowledge claims.

34. Calculate the reasonable value of any breaches of Implied Warranties claims. and the owner's

35. Calculate the reasonable value of the contractor's claim counter claim against the contractor.

36. Prepare cause-effect matrices that connect the root causes of the problems to intermediate causes and then to the ultimate effects and costs.

37. Prepare narratives with supporting documentation that describe the information utilized, the problems encountered, the analyses performed, and the results of the damages calculations.

Appendix #8

Checkilst for Time Impact Analysis

Guideline for prepahensive extension of time claim, Khaled Ahmed Ali Alnaas, HBRC Journal, 2014

1. Study the scope of the change/risk event, and the extent of the delay encountered.
2. Issue a notice of delay to the employer once the contractor comes to know about thechange/risk event. Submittal of such notice/s should be within the allowed period stipulated in the contract clauses.
3. Review all reference materials, such as appropriate contract clauses, construction drawings, sketches, specifications, vendor data, regulatory and administrative codes, field directives, correspondence, and cost estimates.
4. Prepare an accurate description of the changed condition or the delay encountered.
5. Identify the contracting parties who are responsible for such change/risk event.
6. Identify all contracting parties who are affected by the direct or indirect delay and request any participation or documentation assistance that may be necessary.
7. All verbal instructions or instructions received vide emails should be recorded and confirmed by the employer in writing.
8. Determine which activity or activities on the project programme is or are potentially impacted by the added, delayed, changed work or any other risk event.
9. Review the programme and determine the scheduled start and finish dates for all affected activities.
10. Establish the record-keeping systems and form contacts with key project staff, identify and document the facts associated with the change and/or delay issue.
11. Update the project programme, as of the date just before the change or the risk event. In case of any delay exercised due to contractor's risk events, the contractor is obliged to recover such delay totally or partially if possible. The contractor should

describe in detail the action taken to mitigate or recover its delays.

12. Prepare a fragnet analysis illustrating the sequence of delay and define its relationship to the current adjusted schedule. The fragnet should identify the first notice involved and the sequence of activities necessary to mobilize the required work, and it should clearly demonstrate the effect or lack of effect of the expected delay on the existing programme and the remaining activities required to be performed.

13. Prepare a written narrative of the overall programme analysis and derive a time impact position to be taken for each delay. Factual references to contract clauses, programme information, drawings, specifications, sketches, industry standards, minutes of meetings, technical queries and any written or oral communications should be properly identified to support positions and ultimate conclusions. Weekends, holidays, and any recovery periods involved in the calculations should be noted.

14. Monitoring of three categories of activities; critical path (because those are the activities that will directly cause delay), near-critical path (because those are the activities that will be critical and will be delayed in the next period), and non-critical path (because those are the activities that will stack up at the end of the job and will negatively impact the costs and quality at the same time). Therefore, the impact of the change on the use or absorption of available float for the non-critical activities should be analyzed and reported with each programme update. This will give an early notice that another path is near-critical and another delay is expected.

15. Make sure that any extension of time for excusable delay is the direct result of the change or delay, and not for any non-excusable cause.

16. Formal documentation of each situation is encouraged. This can be accomplished by preparing a written time impact analysis to support each change order proposal and time extension request.

Appendix #9

Claim Procedure in FIDIC Gold book

FIDIC – a guide for practitioners, Axel-Volkmar Jaeger, 2010

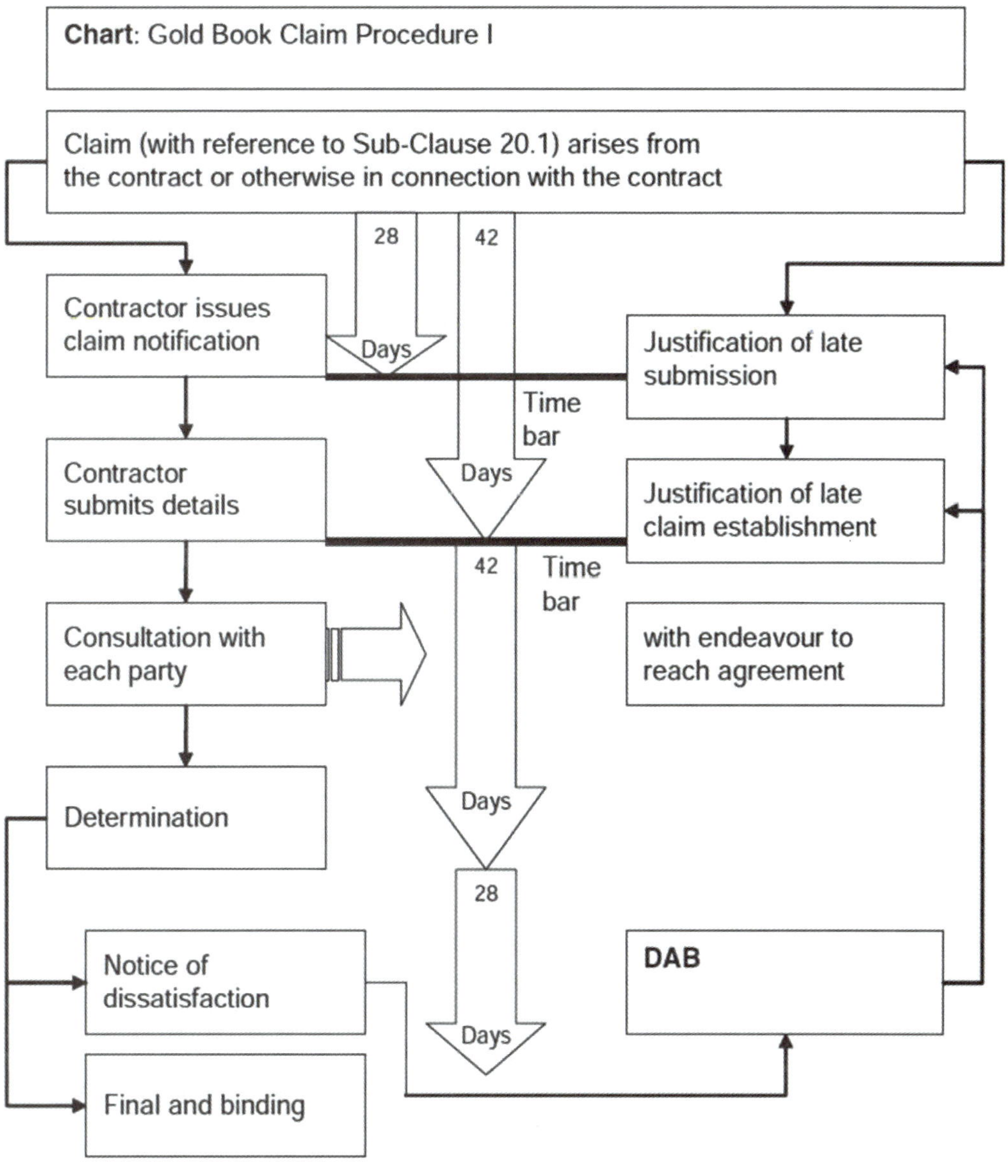

Appendix #10

영문계약용어 해설

영문계약용어 해설 http://ceylontea/14313845

as

'as'는 여러 의미로 사용되기 때문에 since, because, when, while 등의 의미로 사용하고자 하는 때에는 이들 용어를 사용하고 as는 사용하지 않는 것이 좋다

as the case may be

'경우에 따라서'라는 의미이다. 어떠한 규정사항이 둘 이상의 경우에 각각 대응하여 적용될 때에 하나 하나를 모두 기술하지 않고 간략하게 서술하기 위한 방법으로 사용된다.

at one's discretion

'재량으로', '자유롭게'의 뜻. 재량(Discretion)은 일방이 완전히 자유롭게 결정할 수 있는 경우와, 일방의 결정권에 일정한 조건이나 제한이 붙여진 경우가 있다.

at one's own risk, at the risk of

위험 내지 책임을 누가 부담하는지를 나타낼 때 사용하는 용어이다. 또는 아래 문장과 같이 'at the risk and for the account of'가 사용되는 경우도 있는데, 이는 위험 내지 책임부담 뿐만 아니라 비용부담 관계까지 명시하는 문언이다. 비용부담 관계만을 표시하고자 할 때에는 'at one's own expense(cost)' 또는 'at the expense(cost) of'를 사용한다.

> After the Machine is accepted by the Buyer, it shall be placed at the sole disposal of the Buyer and the Buyer may make whatever modification he deems necessary; provided, however, that any such modification shall be made entirely at the risk of the Buyer.

from v. commencing with v. after

기간을 표시함에 있어서 시기를 표시할 때 사용한다. 'from'은 그 익일이 기산일이 된다고 해석되고 있다. 따라서 "Korean Party shall deliver the goods to American party within 21days from(after) December 1, 1996."에서 선적 개시일은 1996년 12월 2일이 된다. 만약, 1996년 12월 1일부터 선적하고자 하는 경우에는 'from and including December 1, 1996'이라고 기재하여야 한다.

반면, 'commencing on(with)'는 그 날이 기산일이 된다. 따라서 "This Contract shall run for a period of one(1) year commencing on(with) December 1, 1996."의 경우 계약기간은 1996년 12월 1일부터 1997년 11월 30까지이다.

'after' 다음에 확정일자를 기재하면 'from'과 동일한 의미로서 그 다음날이 기산일이 되나"……at any time after the effective date of this Agreement"에서와 같이 확정된 일자 대신에 어떤 사실의 발생사실을 기산점으로 규정하고 있을 경우에는 그 발생일이 始期가 된다.

한편, 'from~to~'로 기간을 표시할 경우 종기로 표시된 날짜가 기간에 포함되는지 아닌지가 불분명하므로, 아래 예문에서와 같이 'commencing with~ending with~'를 사용하거나 'including' 또는 'not including'을 함께 사용하여 명확히 하는 편이 좋다.

> ~from January 1 to February 1, both days included" 또는 "~in the period commencing with January 1 and ending with February 1

before v. by

종료일을 표시할 때 사용한다. 'before'는 그 전일까지만을 의미하고, 'by'는 당해 날짜도 포함한다. 대부분의 계약서에서는 보다 명확하게 표시하기 위하여 당해 날짜도 포함하는 의미로서 'on or before'나 'till(until) and including'을 사용하기도 한다.

hereof

'of this writing', '이 서면상의' 또는 '이 계약서의'의 뜻으로 사용되며, 예를 들면, 'in accordance with the provisions hereof'에서 hereof는 이 계약서를 의미한다.

hereafter

'after this writing', '이 서면계약서 이후에는, 동문서 이후에는' 이라는 뜻의 미래를 표시하는 말이다. 그러나 계약서 또는 문서의 체결시점 이후를 표시하는지 아니면 계약서의 발효시점 이후를 의미하는지가 명확하지 않기 때문에, 예를 들면 'on and after the effective date of this contract of this writing'과 같이 가능한 명확히 표시하는 것이 바람직하다.

hereby

다음 두 가지의 의미가 포함되어 있다.

① by means of this writing(이 계약서 또는 문서에 의해)

② right now by means of this writing(이 계약 또는 문서에 의해 즉시)

②의 의미로 사용하는 경우에는 위에서 설명한 'hereafter'처럼 '계약 혹은 문서의 작성과 동시에'라는 의미인지 또는 '계약이나 문서의 발효와 동시에'라는 의미인지 애매하므로 명확하게 그 시점을 표시하는 표현을 사용하는 것이 좋다.

hereinafter

'after in this writing' '이 계약서 또는 문서 중의 이하에 있어서'라는 의미로, 이 말이 있는 곳으로부터 그 계약서 혹은 문서의 최후까지 사이의 범위를 나타낸다.

heretofore; hereunto

'before this writing' 또는 'into this writing', '이 계약서 또는 문서 이전에'라는 의미로서 대상이 되는 계약서 또는 문서보다 이전의 시간을 나타내는 표현이지만, 그 작성 이전을 나타내는지 아니면 그 발효시점 이전을 나타내는지 애매하므로 기준이 되는 시점을 분명하게 하는 표현, 예를 들면, 'on or before the effective date of this contract'와 같이 표현하는 것이 바람직하다.

include; including

사전적인 뜻은 '……을 포함하여'이지만, 계약서상 '예컨대'의 의미로서 예시, 열거하는 경우에 많이 사용된다.

subject to

규정하고 있는 사항이 법률이나 다른 조항의 규정내용 또는 정부의 허가나 결정 등을 조건으로 하는 경우, 그러한 것들이 당해 규정에 우선한다는 것을 표시하는 문구이다.

shall v. will v. must

계약서의 'shall'은 단순한 미래형의 조동사가 아니라 계약상의 의무(obligation)를 나타내는 의미로 일반적으로 사용된다. 'will'도 유사하지만 'shall' 보다 뜻이 약하기 때문에 별로 사용되지 않는다. 한편, 의무를 부과하는 뜻의 조동사는 'must'이지만 계약서에서는 거의 사용되지 않는다. 'shall'이 법적 의무의 뜻을 가지고 있으므로 만약 당해 조항이 이행되지 않았을 때에는 계약해지, 강제이행 또는 손해배상청구 등의 문제가 발생한다. 주의할 점은 단순한 용어의 정의나 의무를 부과하는 데에 미치지 못하는 당사자관계에 'shall'을 사용하기도 하나, 의미를 모호하게 하므로 사용하지 않는 것이 바람직하다.

to the extent

'……의 범위에서', '……의 한도에서'의 뜻. 보통 단서나 예외규정을 둘 경우에 사용되지만, 때로는 원칙, 규정에 사용되기도 한다.

without limiting the generality of the foregoing

어떠한 사항에 관하여 일반적으로 규정하고 그 중의 일부를 예시할 경우에, '예시일 뿐이며 앞의 일반규정내용을 한정하는 것이 아님'을 명확히 하는 문장이다. 예를 들면,

> Neither party shall be liable to the other for any delay in performing or failure to perform any of its obligations on account of any event which is beyond the control of the party so affected. Such events shall include, without limiting the generality of the foregoing, force majeure, war, riot, fire, flood ……

위 문장은 '당사자가 지배할 수 없는 사유로 인한 채무불이행이나 이행지체는 면책되며, 그러한 사유는 불가항력, 전쟁, 폭동, 화재, 홍수……등이며 여기에서 열거한 것들은 예시이며 앞의 일반규정을 한정하는 것이 아니다'라는 의미이다.

whereof

'of which'의 의미인데, 관계대명사 'which'의 선행사는 계약서에 있어서 그보다 앞에 오는 부분 전부이기 때문에 계약서의 종결부에는 'IN WITNESS WHEREOF(이상을 증명하기 위하여)'라는 형식으로 자주 사용된다.

References

해외문헌

1. Adnan Enshassi & Asmahan Jubeh, Delay Analysis Methods and Factors Affecting their Selection in the Construction Industry in Gaza Strip (2010)
2. Alfred Charles Richard Emden, Emden's Building Contracts and Practice (1980)
3. Australia, Australian Standard AS 4000-1997 General Conditions of Contract (1997)
4. ARCADIS, Global Construction Dispute Report 2020 (2020)
5. American Institute of Architecture, Glossary of Construction Industry Terms (2009)
6. Andrew Avalon, Calculating The As-Built Critical Path (2014)
7. Andy Hewitt, Construction Claims & Response, 2nd Edition (2016)
8. Atkin Chambers, Hudson's Building and Engineering Contracts, 13th Edition (2015)
9. Bechtel, Prime Contracts Management Manual (1995)
10. Brian Egglleston, Liquidated Damages and Extension 3rd edition (2009)
11. Brian J. Furniss, Construction Delays, 2nd Edition (2009)
12. Charles A. Leonard, The Effects of Change Orders on Productivity (1988)
13. Construction Management Association of America, CMAA Document A-3 (2005)
14. David Chappell, Building Contract Claims, 5th edition (2011)
15. David Chappell, Building Law Encyclopedia (2009)
16. Engineering Advancement Association of Japan, Model Form International for Engineering, Procurement and Supply for Plant Construction (2007)
17. Engineers Joint Contract Documents Committee, Standard General Conditions of the Construction Contract (2007)
18. Eric Webb, A Contract Manager Abroad (2016)

19. Ewan Mckendrick, Force Majeure and Frustration of Contract, 2nd Edition (2013)

20. FIDIC Silver Book, Red Book, Gold Book, 2nd Edition (2017)

21. FIDIC The FIDIC Contracts Guide, 1st Edition (2000)

22. Frank E. Riggs, Rules for surviving no damages for delay (2013)

23. Herold, Global Projects Database, His Herold, Mckinsey Analysis (2013)

24. Hill International, The Analysis and Valuation of Disruption (2011)

25. HKA, Claims and Dispute Causation a Digital Perspective (2018)

26. Hong Kong, HKBC05 Contract

27. International Chamber of Commerce, ICC Model Turnkey Contract for Major Projects (2007)

28. James G. Zack Jr., Pacing Delays (1999)

29. James J Adrian, Construction Claims, A Quantitative Approach (1993)

30. Keith Pickavance, Construction Law and Management (2007)

31. Keith Pickavance, Delay and disruption in construction contracts, 4th Edition (2016)

32. Keith Potts, Construction Cost Management (2008)

33. Mckinsey & Company, Organization for Economic Co-operation and Development

34. Michael Harris, The Importance and Value of 'Notice' provision in Construction Contracts (2015)

35. Michael Sergeant & Max Wieliczko, Construction Contract Variations (2014)

36. NEC3, Engineering and Construction Contract (2013)

37. Nuhu Braimah, An investigation into the use of construction delay and disruption analysis methodologies (2008)

38. Office of the chief of Engineers, Department of the Army, Modification and Claim Guide (1987)

39. Oxford University Press, A Dictionary of Law 5th Edition (2003)

40. P. J. Keane & A. F. Caletka, Delay Analysis in Construction Contracts 2nd Edition (2015)

41. Philip M. Spinelli, Pacing Delays - The Practical Effect on Construction Projects & Delay Claims (2014)

42. Project Management Institute, A Guide to the Project Management Body of Knowledge, 5th Edition (2013)

43. R. Peter Davison & John Mullen, Evaluating Contract Claims Second Edition (2009)

44. Ralph Goodchild, Proven by Computer? System Dynamics and Disruption Claims (2018)

45. Reg Thomas, Mark Wright, Construction Contract Claims 4th Edition (2016)

46. Richard J. Long, Constructive Changes (2015)

47. Richard J. Long, Cumulative Impact Claims, Long International (2013)

48. Richard J. Long, Differing Site Condition (2015)

49. Richard J. Long, Analysis of Concurrent Delay on Construction Claims (2014)

50. Richard J. Long, Acceleration Claims on Engineering and Construction Projects (2013)

51. Robert F. Cushman외 3인, Proving and Pricing Construction Claim, 3rd Edition (2001)

52. Roger Gibson, Extension of time and Prolongation Claims, Construction Delays (2008)

53. Roger Knowles, 200 Contractual Problems and their Solutions (2012)

54. Smith, Currie & Hancock, Common Sense Construction Law 4th Edition (2009)

55. The American Institute of Industrial Engineers, American National Standard Z-94.11, Industrial Eng'g Terminology.11-20 (1989).

56. The American Institute of Architecture, General Conditions of the Contract for Construction, AIA Document A201 (2007)

57. The American Institute of Architecture, Standard Form of Agreement between Contractor and Subcontractor, AIA Document A401 (2017)

58. The Joint Contracts Tribunal Limited, Standard Building Contract with Quantities, Revision 2 (2009)

59. The Society of Construction Law, Delay and Disruption Protocol 2nd Edition (2017)

60. The Society of Construction Law, Construction Law Update (2020)

61. The World Bank, Supply and Installation of Plant and Equipment (2005)

62. Thomas J. Kelleher Jr., Common Sense Construction Law (2009)

63. W. Stephen Date and Rober M. D'Onofrio. Construction Schedule Delay (2016)

64. Willian Ibbs, Change and the Loss of Productivity in Construction (2012)

65. William Ibbs and Gerald McEniry, Evaluating the Cumulative Impact of Changes on Labor Productivity (2008)

References

국내문헌

1. 김승현, 국제건설계약의 법리와 실무, FIDIC 계약조건을 중심으로 (2015)

2. 김승현, 국제건설계약에서 시공자 책임제한 법리 (2013)

3. 박기정, 예견불가능한 물리적 장애, K-Build 저널 (2017)

4. 박준기, 건설클레임 분쟁론 (2015)

5. 윤덕근, COVID-19 클레임 관련 주요 법률적/계약적 쟁점 세미나, SCL Korea (2020)

6. 윤덕근, 중동건설현장에서의 하도급계약 관련 쟁점, K-Build 저널 (2019)

7. 임정주, 공기연장 클레임 실무 (2016)

8. 전예원, 김기민, 최재현, 클레임 판례분석을 통한 국내 건설클레임 주요 원인도출

9. 정홍식, 국제건설계약에서 완공의 지연, 국제건설에너지법 이론과 실무 1권 (2017)

10. 기획재정부 계약예규, 공사계약일반조건

11. 대한상사중재원 건설중재판정사례집

12. 법무부 유권해석

13. 케이탑 영문계약용어 해설 (http://ceylontea/14313845)

그림 & 표 목록

Chapter 1. 클레임 관리(Claim Management)

Chapter 2. 공사변경 클레임(Change in Scope Claim)

Chapter 3. 예상할 수 없는 부지조건 클레임(Unforeseen Site Conditions Claim)

Chapter 4. 발주자 행위에 의한 클레임(Act of Employer Claim)

Chapter 5. 불가항력 클레임(Force Majeure Claim)

Chapter 6. 공사중단 & 계약해지 클레임(Suspension & Termination Claim)

Chapter 7. 공기연장 클레임(Extension of Time Claim)

Chapter 8. 방해/간섭 클레임(Disruption Claim)

Chapter 9. 공기단축 클레임(Acceleration Claim)

Chapter 10. 발주자 클레임(Employer's Claim)

Chapter 11. 기타 클레임(Other Claims)

Chapter 12. 기록 관리(Record Keeping)

Chapter 13. 클레임 문서의 작성(Claim Documentation)

Chapter 14. 클레임 전략과 협상(Claim Strategy & Negotiation)

찾아보기

영 문 색 인

(A)

(B)

(C)

(D)

(E)

(F)

(G)

(H)

(I)

(J)

(L)

(M)

(N)

국 문 색 인

(ㅈ)

(ㅊ)

(ㅋ)

(ㅌ)

(ㅍ)

(ㅎ)

저자 약력

▶ 임 정 주 | jungjooim73@gmail.com

- (현) ㈜더팀(The Team) 대표이사
- (전) SK건설 Prim Contract 팀장
- 중앙대학교 공과대학
- PMP / PMI-SP / PMI-RMP
- '공기연장 클레임 실무', 2016, 저자
- '국제건설에너지법 이론과 실무 제2권', 2019, 공저

▶ 이 현 경 | hlee@sk.com

- (현) SK건설 글로벌 법무계약그룹 그룹장
- 뉴질랜드 변호사
- 대한상사 중재원 (KCAB) 중재인
- 서울대학교 (BA),
- University of Auckland(LLB(Hons))

▶ 김 기 호 | Kiho_kim@naver.com

- (현) ㈜더팀(The Team) 상무이사
- (전) 대림산업 플랜트계약지원팀장
- University of Reading(Msc)
- 광운대 건설법무대학원 (박사과정)
- MClarb / MRICS(QS) / PMP

해외건설프로젝트의 시공자 관점

프로젝트 성공을 위한 클레임 관리

Claim Management for Project Success

인 쇄 일	2021.2.15
발 행 일	2021.2.26
발 행 인	김 형 철
발 행 처	대한경제
소 재 지	서울시 강남구 언주로 711(건설회관)
전 화	02)515-7320~2
홈페이지	www.dnews.co.kr
정 가	35,000원
I S B N	979-11-88761-63-0

 등록/제2-2호(62.11.21)